从火灾科学到公共安全：

范维澄院士学术思想精要

范维澄　张　辉　刘　奕　主编

科学出版社

北　京

内 容 简 介

本书全面介绍范维澄院士及其团队长期在火灾科学和公共安全领域的研究与实践，提出并形成安全科学与工程理论、技术和实践应用。上篇围绕火灾科学专题，重点介绍气体-液体-固体可燃物着火、大尺度森林火灾、锂电池火灾等的燃烧、行为、模型及其阻燃和仿真预测理论技术。下篇围绕公共安全专题，重点介绍人员疏散、城市安全韧性、多灾种耦合灾害等的动力学、风险评估、情景分析、应急平台等理论技术，并介绍国家安全管理和国家安全技术方面的研究情况与发展趋势。

本书可供火灾科学、公共安全与国家安全相关领域的科学研究人员、工程技术人员、高等院校师生、政府工作人员、企业管理人员，以及其他感兴趣的学者和人员阅读参考。

图书在版编目(CIP)数据

从火灾科学到公共安全：范维澄院士学术思想精要 / 范维澄，张辉，刘奕主编. —北京：科学出版社，2024.5

ISBN 978-7-03-078260-1

Ⅰ. ①从… Ⅱ. ①范… ②张… ③刘… Ⅲ. ①火灾 ②公共安全 ③国家安全 Ⅳ. ①TU998.1 ②D035.29 ③D035.3

中国国家版本馆 CIP 数据核字（2024）第 059305 号

责任编辑：马　跃 / 责任校对：杜子昂
责任印制：张　伟 / 封面设计：无极书装

科 学 出 版 社 出版

北京东黄城根北街 16 号
邮政编码：100717
http://www.sciencep.com
北京中科印刷有限公司印刷
科学出版社发行　各地新华书店经销
*

2024 年 5 月第 一 版　开本：787×1092 1/16
2024 年 5 月第一次印刷　印张：39 3/4
字数：900 000
定价：298.00 元

（如有印装质量问题，我社负责调换）

前　　言

本书酝酿于范维澄院士八十寿辰前夕。安全科技是范维澄院士科研生涯中一直不懈的追求，正如《诗经》中所言："如切如磋，如琢如磨。"从燃烧学和火灾科学的研究探索，再到公共安全科技的广泛实践和国家安全的宏观视野，每一步都留下了不断磨砺的足迹。六十余年的科教工作中，范维澄院士培养的大量学生、学者及合作的科研伙伴也一直是活跃在我国安全科技前沿的研究团队。本书汇聚了研究团队从燃烧学和火灾科学到公共安全和国家安全的研究成果，既是研究团队多年来学术成果的集中展现，也是范维澄院士六十余年科研生涯的足迹寻觅与成果采撷。

火灾一直是威胁人类生命和财产安全的主要灾害之一。近年来，全球城镇化、工业化进程加快，以及新建筑、新能源、新材料开发利用均带来大量新的城市火灾问题，全球气候暖干化趋势导致特大森林火灾在世界范围内频发，世界火灾总体形势持续严峻，我国火灾总体仍呈高发态势。范维澄院士在中国科学技术大学创建的火灾科学国家重点实验室是国内率先开展火灾研究的团队。火灾科学当时刚刚在世界范围内兴起，是典型的新兴交叉科学，具有巨大的创新空间。范维澄院士带领研究团队研究火灾共性机理和共性技术，研究成果应用于数百个国家重点防火场所。本书上篇汇聚研究团队长期致力于科学认识火灾的系列学术研究成果，探究火灾过程中燃烧化学反应与流动、传热传质、热解、相变的耦合作用，揭示火灾燃烧动力学的多物理场作用机制与规律，并发展先进火灾阻燃和仿真预测等防控技术。

公共安全首次被列入我国科技发展的重点领域始于《国家中长期科学和技术发展规划纲要（2006—2020 年）》，范维澄院士作为领域专家参加了国家中长期科技发展战略研究的编制工作，并担任公共安全领域战略研究报告的执笔人。面向国家对公共安全科技的重大需求，范维澄院士组建了清华大学公共安全研究中心（于2010 年更名为清华大学公共安全研究院），研究团队承担了国家应急平台体系的核心研发任务，支撑了我国第一代应急平台的建设。党的二十大报告以专章阐述和部署国家安全，把提高公共安全治理水平纳入"推进国家安全体系和能力现代化，坚决维护国家安全和社会稳定"的重要内容。范维澄院士领导的研究团队在国家安全方面也开展了大量研究。本书下篇汇聚研究团队长期致力于科学认识公共安全和应对突发事件的系列学术研究成果，包括探究突发事件复杂环境下承灾载体灾变机理与风险动力学演化机制，揭示安全韧性城市的内涵外延、建构评估及情景应对的重要规律和理论，提出应急平台核心技术体系并实践应用，发展国家安全事件情景推演、监测预警与决策技术等。

本书分为上下两篇：上篇包括第1～8章，主要介绍火灾科学研究中的燃烧、行为、模型及其防治技术；下篇包括第9～15章，主要介绍公共安全研究中的韧性城市、风险评估、情景分析、应急平台和国家安全管理等理论技术。

通过对研究团队在火灾科学和公共安全领域学术研究成果的凝练、介绍和阐述，读者可以更深入地了解相关领域的研究现状和发展趋势，更好地掌握安全科学的相关理论和技术。本书的编撰也力求理论方法与实践应用并重，对关键理论方法辅以实际应用案例进行示例说明，使读者更容易理解。

本书是研究团队长期学术成果的结晶，希望本书的出版能为公共安全领域的研究和探索提供更有力的支持。本书由清华大学范维澄、张辉、刘奕等共同编著，范维澄重点审校，张辉、刘奕对全书进行统稿。书中收录了清华大学张辉、袁宏永、翁文国、黄弘、刘奕、陈涛、陈建国、黄丽达、巴锐等，中国科学技术大学刘乃安、孙金华、胡源、宋卫国、纪杰、胡隆华、杨立中、王青松、蒋勇、胡勇等，中南大学陈长坤，南京工业大学周魁斌，以及其他高等学校和科研院所学者的相关研究成果。对于本书编撰团队魏娜、巴锐等在资料整理等方面付出的辛苦工作，在此一并表示感谢。

本书或有不足之处，恳请广大读者批评、指正。本书编者愿和读者一起，共同为我国的安全事业和安全发展贡献力量，不懈努力！

张 辉

2023 年 12 月

目　录

上篇　火灾科学专题

下篇 公共安全专题

火灾科学专题

第 1 章 高压泄漏喷射火的流动、燃烧与传热模型研究进展

周魁斌

1.1 概 述

随着高压可燃气体的广泛应用及储运压力的不断增加，喷射火事故次数与规模尺度呈现增长趋势，需要不断加深对喷射火的研究。喷射火不仅是主要的火灾形式之一，如油气开采过程的井喷火、化工装置泄漏引发的喷射火、燃气输运管道泄漏引发的喷射燃烧、动力电池热失控诱发的喷射火灾等，而且可应用于工业和能源动力等领域，如工业尾气处理与应急泄压的火炬系统、航天发动机的尾部喷射火焰等。天然气管道事故案例统计分析表明，泄漏天然气自燃的概率正比于管道压力和直径的平方的乘积[1]。工业火灾爆炸事故案例统计分析表明，50%的喷射火事故会诱发至少一种其他事故，即事故多米诺效应，从而扩大事故的规模和后果[2]。能源和环境问题促进了清洁能源的应用，例如，将氢气作为能源动力应用于汽车工业，但制约其发展的一个重要因素是，氢气必须高压储存（高达 70 MPa[3]），一旦发生氢气泄漏，就可能诱发灾难性的喷射火。因此，研究高压可燃气体泄漏过程与喷射火辐射热流场具有非常重要的理论与实际意义。

目前国内外关于气体泄漏模型、火焰几何尺寸模型及热辐射模型的研究已有很多。受泄漏压力、喷口形状尺寸、喷口方向、外界环境等因素影响，所使用的模型有所不同。本章着重对高压容器不同流动模式下的气体泄漏模型、不同主控机制下的火焰几何尺寸模型和不同火焰形态下的热辐射模型进行概括性综述。具体分析流程如图 1-1 所示。高压泄漏喷射火热灾害模型包括三个子模型：①气体泄漏模型，根据泄漏口气体的状态将其划分为临界流与亚临界流，并对两种状态下基于理想气

体状态方程、阿贝尔-诺布尔（Abel-Noble）状态方程和范德瓦耳斯（van der Waals）状态方程的气体泄漏模型进行概括性总结；②火焰几何尺寸模型，分别对喷射火的火焰长度、火焰宽度与推举高度在不同主控机制下的计算模型进行汇总分析；③热辐射模型，汇总并分析单点源、多点源、固体及线源等四种热辐射模型。这三种模型构成了高压可燃气体泄漏诱发喷射火热灾害的定量风险分析方法，可用于全尺寸泄漏喷射火的案例分析。

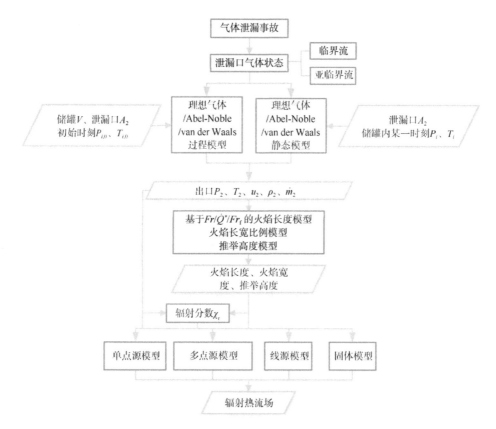

图 1-1　高压可燃气体喷射火热灾害分析流程图

1.2　气体泄漏模型

目前国内外已经有大量关于气体泄漏方面的研究。随着气体存储压力的不断增加，气体的行为特性发生变化，因此对于气体泄漏的研究也在不断加深。

较早开展的是对亚声速、动量控制的气体自由射流特性的研究。首先 Becker 等[4]分析了空气扰动射流喷口的浓度波动特性，然后 Antonia 等[5]、Venkataramani

等[6]对自由扰动热射流的气体速度、温度的波动情况进行了研究。随着气体压力的增加，一些学者对高压气体的声速、超声速流开展了进一步研究，此时气体处于高压欠膨胀状态，气体泄漏后将继续膨胀为超声速流，需要通过假设虚拟喷口来计算有效喷口处各物性参数。Birch 等[7, 8]首次对虚拟喷口进行了较为详细的定义，通过质量守恒定律和动量守恒定律推导出虚拟喷口处各有效的物性参数，使气体泄漏模型得到进一步完善。之后部分学者开始通过热力学过程方程，描述泄漏口内外气体状态变化的定量关系，建立了高压气体泄漏的过程模型，主要包括基于理想气体状态方程、Abel-Noble 状态方程或 van der Waals 状态方程的气体泄漏模型。Chenoweth 和 Paolucci[9-11]较早在理想气体模型的基础上，进一步提出了适用于高压气体泄漏的 Abel-Noble 状态方程和 van der Waals 状态方程的气体泄漏模型，并拓展用于预测高压气-固混合物泄漏流动。Schefer 等[12]将两种模型的预测结果进行对比分析，相差不是很大。国内大多数学者研究了基于理想气体模型建立的管线泄漏模型，根据泄漏口直径，管线泄漏模型分为小孔模型和管道模型。董玉华等[13]基于计算流体力学（computational fluid dynamics，CFD）理论，首次提出了介于两者之间的大孔泄漏模型，使得管线泄漏模型有了更全面的描述；刘延雷等[14]进行了管线泄漏的数值模拟，以验证管线泄漏模型的准确性；徐平等[15]、余照和袁杰红[16]运用数值模拟方法对高压储罐气体泄漏模型参数进行了修正。

除此之外，Woodward 和 Mudan[17]进一步建立了随时间变化的理想气体泄漏模型，使气体泄漏模型得到改进；李雪芳等[18]基于前人的理论基础，建立了高压储罐气体泄漏过程的理想气体状态方程和 Abel-Noble 状态方程的气体泄漏模型，并与模拟数据进行对比，说明了 Abel-Noble 状态方程的气体泄漏模型更接近模拟值。2018年，Zhou 等[19, 20]为了预测 90 MPa 氢气泄漏行为，进一步建立了基于 van der Waals 状态方程的高压气体泄漏过程模型，使气体泄漏模型不仅停留于稳态下，而且进行了瞬态过程性的描述。

通过分析国内外关于气体泄漏模型的研究，本节主要对不同储罐压力下基于理想气体状态方程、Abel-Noble 状态方程或 van der Waals 状态方程的气体泄漏模型进行概括性总结，并与临界流出口处虚拟喷口模型相结合，构建完整的气体泄漏模型。气体泄漏模型根据输入参数可以分为静态模型和过程模型。其中，静态模型需要输入储罐内某一时刻气体压力与温度和泄漏口面积，以预测稳态泄漏流动；过程模型仅需要输入储罐内初始时刻气体压力与温度、储罐体积和泄漏口面积，以预测瞬态泄漏流动。

1.2.1 静态模型：稳态泄漏

首先根据储罐压力判断泄漏流模式是临界流还是亚临界流，然后根据储罐内某一时刻气体压力与温度、泄漏口面积（分别为 P_i、T_i、A_2）对泄漏口处流动参数进行计算。

1. 基于理想气体状态方程的静态模型

在临界流阶段（$\frac{P_a}{P_i} < v_{cr}$，P_a 为环境压力）的出口处气体压力 P_2、温度 T_2 及质量流率 $\dot{m}_2$ 计算式如下：

$$P_2 = P_i v_{cr} = P_i \left(\frac{2}{k+1}\right)^{\frac{k}{k-1}} \tag{1-1}$$

$$T_2 = T_i \left(\frac{2}{k+1}\right) \tag{1-2}$$

$$\dot{m}_2 = A_2 P_i \sqrt{\frac{kM}{RT_i}\left(\frac{2}{k+1}\right)^{\frac{k+1}{k-1}}} \tag{1-3}$$

在亚临界流阶段（$\frac{P_a}{P_i} \geqslant v_{cr}$）的出口处气体压力、温度及质量流率计算式如下：

$$P_2 = P_a \tag{1-4}$$

$$T_2 = T_i \left(\frac{P_2}{P_i}\right)^{\frac{k-1}{k}} = T_i \left(\frac{P_a}{P_i}\right)^{\frac{k-1}{k}} \tag{1-5}$$

$$\dot{m}_2 = A_2 P_i \sqrt{\frac{2k}{k-1}\frac{M}{RT_i}\left[\left(\frac{P_2}{P_i}\right)^{\frac{2}{k}} - \left(\frac{P_2}{P_i}\right)^{\frac{k+1}{k}}\right]} \tag{1-6}$$

2. 基于 Abel-Noble 状态方程的静态模型

根据 Schefer 等[12]描述的在不同泄漏流模式下出口处气体密度 ρ_2、压力 P_2 及温度 T_2 的计算式如下：

$$\left(\frac{\rho_i}{1-b\rho_i}\right)^k = \left(\frac{\rho_2}{1-b\rho_2}\right)^k \left[1 + \frac{k-1}{2(1-b\rho_2)^2}Ma_2^2\right]^{\frac{k}{k-1}} \tag{1-7}$$

$$P_2 = \frac{\rho_2 T_2 R}{M(1 - b\rho_2)} \tag{1-8}$$

$$T_2 = \frac{T_i}{1 + \left((k-1)\big/2(1-b\rho_2)^2\right)Ma_2^2} \tag{1-9}$$

式（1-7）和式（1-9）用 Ma 区分临界流与亚临界流。$Ma=1$ 时，泄漏流速等于当地声速，泄漏流动处于临界流阶段；$Ma<1$ 时，泄漏流速小于当地声速，泄漏流动处于亚临界流阶段。

1.2.2　过程模型：瞬态泄漏

根据储罐内初始时刻气体压力与温度、储罐体积和泄漏口面积（分别为 $P_{i,0}$、$T_{i,0}$、V、A_2）对泄漏口处流动参数进行计算[17-20]。

1. 基于理想气体状态方程的过程模型[17, 18]

在临界流阶段，首先求出储罐内气体压力 P_i、温度 T_i 随时间 t 的变化：

$$P_i(t) = \frac{P_{i,0}}{(Ct+1)^{\frac{2k}{k-1}}} \tag{1-10}$$

$$T_i(t) = T_{i,0}\left(\frac{P_i}{P_{i,0}}\right)^{\frac{k-1}{k}} = \frac{T_{i,0}}{(Ct+1)^2} \tag{1-11}$$

式中，C 为常数，$C = \frac{A_2}{m_{i,0}}\frac{k-1}{2}\sqrt{k\frac{P_{i,0}}{v_{i,0}}\left(\frac{2}{k+1}\right)^{\frac{k+1}{k-1}}}$。然后通过式（1-1）～式（1-3）求得出口处气体压力、温度及质量流率。

在亚临界流阶段，同样首先求出储罐内气体压力 P_i'、温度 T_i' 随时间 t 的变化：

$$P_i'(t) = P_{i,0}'y^k \tag{1-12}$$

$$T_i'(t) = T_{i,0}'y^{k-1} \tag{1-13}$$

式中，

$$y = 1 - C'\int_{t_{\text{trans}}}^t r\sqrt{y^{k-1}-r^{k-1}}\,\mathrm{d}t, \quad r = \left(\frac{P_a}{P_{i,0}'}\right)^{\frac{1}{k}}$$

$$C' = \frac{A_2}{m'_{i,0}} \sqrt{\frac{2k}{k-1} \frac{P'_{i,0}}{v'_{i,0}}} \quad , \quad t_{\text{trans}} = \frac{1}{C} \left[\left(\frac{P_{i,0} \cdot v_{\text{cr}}}{P_a} \right)^{\frac{k-1}{2k}} - 1 \right]$$

同样然后通过式（1-4）~式（1-6）求得出口处气体压力、温度及质量流率。

2. 基于 Abel-Noble 状态方程的过程模型[17, 18]

首先求出不同阶段的储罐内气体压力、温度和比体积随时间的变化：

$$P_i(j+1) = P_i(j) \left[1 - k \frac{v_i(j+1) - v_i(j)}{v_i(j) - b} \right] \tag{1-14}$$

$$T_i(j+1) = \frac{P_i(j+1) \cdot \left[v_i(j+1) - b \right] M}{R} \tag{1-15}$$

$$v_i(j+1) = v_i(j) \left[1 + \frac{\dot{m}_2(j)}{m_i(j)} \Delta t \right] \tag{1-16}$$

式中，j 为时间迭代步数；Δt 为泄漏时间步长。同样然后通过式（1-7）~式（1-9）求得出口处气体密度、压力、温度。

3. 基于 van der Waals 状态方程的过程模型[19, 20]

泄漏出口处（图 1-2 中的 Level 2）气体状态参数（压力 P_2 和比体积 v_2）和流动参数（流速 u_2 和质量流率 $\dot{m}$）随时间的变化可表示为

$$P_2(j) = \begin{cases} \left[P_i(j-1) + \dfrac{a}{v_i^2(j-1)} \right] v_{\text{cr}}(j-1), & \left[P_i(j-1) + \dfrac{a}{v_i^2(j-1)} \right] v_{\text{cr}}(j-1) > P_a \text{（临界流）} \\[4mm] P_a, & \left[P_i(j-1) + \dfrac{a}{v_i^2(j-1)} \right] v_{\text{cr}}(j-1) \leq P_a \text{（亚临界流）} \end{cases}$$

$$\tag{1-17}$$

$$v_2(j) = \left[\frac{P_i(j-1) + \dfrac{a}{v_i^2(j-1)}}{P_2(j) + \dfrac{a}{v_2^2(j)}} \right]^{1/k} \left[v_i(j-1) - c \right] + c \tag{1-18}$$

$$v_{\text{cr}}(j) = \left\{ 1 + \frac{(k-1)}{2} \left[\frac{v_2(j)}{v_2(j) - c} \right]^2 \right\}^{\frac{k}{1-k}} \tag{1-19}$$

$$u_2(j) = \sqrt{\frac{2k}{k-1}\left[P_i(j-1)+\frac{a}{v_i^2(j-1)}\right]\left[v_i(j-1)-c\right]\left\{1-\left[\frac{P_2(j)+\dfrac{a}{v_2^2(j)}}{P_i(j-1)+\dfrac{a}{v_i^2(j-1)}}\right]^{\frac{k-1}{k}}\right\}}$$

（1-20）

$$\dot{m}(j) = \frac{Au_2(j)}{v_2(j)}$$

（1-21）

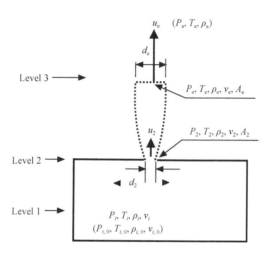

图 1-2　泄漏出口附近临界气流示意图

储罐内的气体比体积 v_i、质量 m_i、压力 P_i 和温度 T_i 随时间的变化可以表示为

$$v_i(j) = v_i(j-1)\left[1+\frac{\dot{m}(j)}{m_i(j)}\Delta t\right]$$

（1-22）

$$m_i(j) = m_i(j-1) - \dot{m}(j)\Delta t$$

（1-23）

$$P_i(j) = \left[P_i(j-1)+\frac{a}{v_i^2(j-1)}\right]\left[1-k\frac{v_i(j)-v_i(j-1)}{v_i(j-1)-c}\right]-\frac{a}{v_i^2(j)}$$

（1-24）

$$T_i(j) = \left[P_i(j)+\frac{a}{v_i^2(j)}\right]\frac{v_i(j)-c}{R_g}$$

（1-25）

式（1-17）～式（1-25）构成了一个封闭循环计算。具体而言，作为迭代步数 $j-1$ 和 j 函数的参数代表两个相差 Δt 时刻的数值。循环计算从 $j=1$ 开始。初始时刻，$P_i(0)=P_{i,0}$，$v_i(0)=v_{i,0}$，$m_i(0)=m_{i,0}$ 和 $v_{cr}(0)=v_{cr,0}$。Zhou 等[19]提出了可以计算初

始时刻的临界压力比（$v_{cr,0}$）的计算法则。初始时刻的气体比体积（$v_{i,0}$）可以通过 van der Waals 状态方程求解，即

$$\left[P_{i,0} + \frac{a}{v_{i,0}^2} \right](v-c) = R_g T_{i,0} \tag{1-26}$$

式中，气体常数 $R_g = R/M$；a 和 c 为 van der Waals 常数，可表示为

$$a = \frac{27R_g^2 T_c^2}{64P_c}, \quad c = \frac{R_g T_c}{8P_c} \tag{1-27}$$

式中，P_c 为气体临界压力；T_c 为气体临界温度，都与气体种类有关。储罐内的质量 $m_{i,0} = V/v_{i,0}$。

1.2.3 临界流虚拟喷口模型

对于高压储罐气体的泄漏，由于泄漏口处气体处于欠膨胀状态，离开泄漏口后气体将继续膨胀为超声速气流，气体的压力将逐渐降低，速度逐渐增加，直到气体压力降至周围环境大气压，速度达到当地声速，并在 Level 3 处形成正激波（图1-2），此时的气体处于稳定状态，所处激波面上的马赫数为 1，此界面称为马赫盘[21]。为计算激波面上的物性参数，需要使用合理的简化喷口模型代替复杂的欠膨胀射流区，以得到喷口处稳定气流的状态参数，为火焰几何尺寸模型提供一个等效的出口条件。

Birch 等[7, 8]提出"伪直径"的概念，假设流经虚拟喷口的气体流量与实际喷口的气体流量相同，并假设容器壁与气流的热交换及黏性损耗可忽略不计，即近似认为气流等熵流动。此时实际喷口与虚拟喷口处气流的质量守恒方程和能量守恒方程如下：

$$\rho_2 A_2 u_2 = \rho_e A_e u_e \tag{1-28}$$

$$\rho_2 A_2 u_2^2 - \rho_e A_e u_e^2 = A_2 (P_e - P_2) \tag{1-29}$$

根据式（1-28）和式（1-29）可推导出马赫盘处的有效流速（u_e）与有效直径（d_e）的表达式为

$$u_e = u_2 - \frac{P_e - P_2}{\rho_2 u_2} \tag{1-30}$$

$$d_e = d_2 \sqrt{\frac{u_2 \rho_2}{u_e \rho_e}} \tag{1-31}$$

式中，$P_e = P_a$；当喷口处气流为亚临界流时，$u_e = u_j$，$d_e = d_j$。

本节选取相同储存压力下的氢气（H_2）、甲烷（CH_4）和丙烷（C_3H_8）三种燃料进行研究。在环境压力 P_a 为 0.101325 MPa、环境温度 T_a 为 298 K 的情况下，选取储罐容积 V 为 0.45 m^3、泄漏口直径 d_2 为 0.02 m、储罐内气体初始温度 $T_{i,0}$ 与初始压力 $P_{i,0}$ 分别为 300 K 和 60 MPa。各燃料具体的状态参数及物性参数如表 1-1 所示。

表 1-1 各燃料的状态参数及物性参数

燃料	$v_{i,0}$ /(m³/kg)	$m_{i,0}$ /kg	b/(m³/kg)	k	T_{ad}/K	$(T_{ad}-T_a)/T_a$	f_s	P_c/MPa	T_c/K
氢气	2.06×10^{-2}	218	7.22×10^{-3}	1.4	2382	6.93	0.0283	1.3	33.2
甲烷	2.31×10^{-3}	1948	6.49×10^{-4}	1.3	2336	6.42	0.0550	4.6	190.6
丙烷	9.45×10^{-4}	4762	3.97×10^{-4}	1.3	2327	6.56	0.0602	4.25	368.8

对于三种燃料，分别运用三种泄漏过程模型可计算储罐内气体状态、泄漏口处流动状态和马赫盘处参数随时间的变化。图 1-3 给出了高压氢气瞬态泄漏的三种模型预测对比。对比表明，忽视气体分子体积和分子间作用力会导致模型高估气体的压力、温度、质量流率、有效直径和泄漏时间，从而导致模型先低估后高估气体泄漏流速。

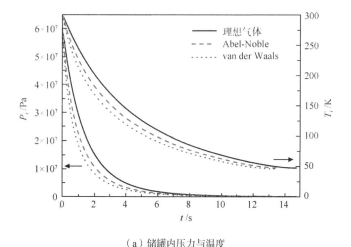

（a）储罐内压力与温度

图 1-3 氢气瞬态泄漏的三种模型预测对比

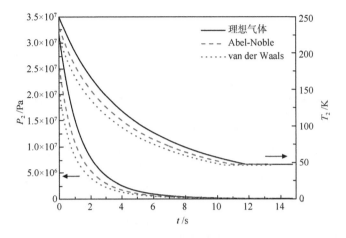

（b）泄漏口处压力与温度

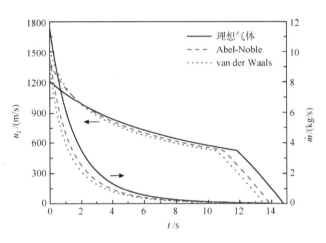

（c）泄漏口处流速与质量流率

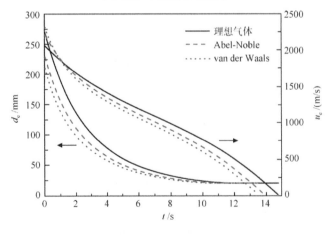

（d）有效直径与有效流速

图 1-3（续）

图 1-4 给出了氢气、甲烷、丙烷气体泄漏特性的预测对比。由图 1-4（a）可以看出，初始时刻泄漏气体处于临界流，随时间延长逐渐过渡到亚临界流，因此各气体初始时刻的有效直径都大于泄漏口直径，后逐渐减小直到等于泄漏口直径；相同初始压力和温度下，丙烷的有效直径比甲烷、氢气更大，丙烷气流从临界流过渡到亚临界流的时间比甲烷、氢气更长。由图 1-4（b）可以看出，各气体在泄压过程中的有效流速逐渐降低并趋近于 0；相同初始压力和温度下，初始时刻氢气的有效流速比丙烷、甲烷大得多，且随时间延长氢气的泄漏速率比丙烷、甲烷更大。从图 1-4 中可看出，理想气体状态方程泄漏模型计算的气流有效直径和有效流速都比 Abel-Noble 状态方程大一些，而 Abel-Noble 状态方程计算的气流有效直径和有效流

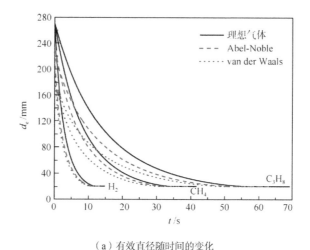

（a）有效直径随时间的变化

（b）有效流速随时间的变化

图 1-4　三种泄漏模型预测的各燃料在喷口处状态参数随时间的变化

速都比 van der Waals 状态方程大一些，原因是 Abel-Noble 状态方程考虑了气体分子体积，而 van der Waals 状态方程同时考虑了气体分子体积和分子间作用力。

1.3 火焰几何尺寸模型

气体泄漏后将形成喷射并扩散，若在泄漏口处被点燃将形成喷射火焰。目前国内外关于喷射火几何尺寸的研究已发展了较为成熟的经验或半经验模型。

火焰长度是燃烧火焰的一个重要参数，影响火焰的传播及辐射等特性。Hawthorne 等[22]、Hottel 和 Hawthorne[23]较早地分析了喷射火火焰类型随气流速度的变化规律，并将射流混合理论应用于强制对流的喷射火研究。为进一步简化火焰几何尺寸的计算，一些学者开展了大量的实验，并建立了适用于不同外界环境（无环境风、有环境风、低压）下的火焰几何尺寸模型。①关于无环境风作用下的火焰几何尺寸模型，Becker 等[24, 25]较早地提出了基于理查森数的火焰长度模型，并分别运用到自然对流与强制对流的喷射火；Gautam[26]做了进一步实验验证，因火焰顶端测量位置及空气卷吸的不同，故其结果与 Becker 等的有较小差异；部分学者通过开展不同燃料的喷射火实验，提出了浮力控制范围内的基于喷口弗劳德数的火焰长度模型[27-33]，但是因利用不同燃料和出口速度等实验数据拟合，故所得到的经验公式有所不同；部分学者建立了浮力主控范围内的无量纲火源功率的火焰长度模型[34-36]，并运用到预测射流火的火焰长度中，预测效果较好；由于之前的无量纲主控参数的火焰长度模型主要适用于浮力主控阶段，不能完整地预测火焰长度演化的整个过程，Delichatsios[37]通过分析浮力主控和动量主控的扩散火焰行为，首次引入了火焰弗劳德数，将火焰长度模型进一步扩展到动量控制区域，此模型后续得到了进一步验证[38]。除此之外，部分学者分析了喷射火火焰长度随喷口压力的变化规律[39, 40]，但对此方面的研究较少。②关于环境风作用下的火焰几何尺寸模型，目前有三方面较为成熟的研究：一是将火焰形态近似为平截头圆锥，并建立了基于动量通量比的火焰几何尺寸模型[41, 42]；二是根据平截头锥体的火焰形态，建立了基于静止理查森数的火焰几何尺寸公式[43-45]；三是考虑火焰单位面积耗氧量守恒，建立了无量纲火焰长度与环境风速、出口速度间的关系式[46, 47]。③关于低压条件下的火焰几何尺寸模型，主要研究了低氧低压与常压条件下喷射火火焰长度、火焰宽度及推举高度的变化规律[48, 49]，对于低氧低压条件下喷射火的特性有了进一步认识。

关于火焰宽度的研究，较早地建立了基于无量纲主控参数的火焰宽度模型，如基于喷口弗劳德数的火焰宽度模型[28, 50, 51]、基于无量纲火源功率的火焰宽度模型[35]；之后部分学者提出了随质量流率变化的火焰宽度模型[52]及随储罐压力变化的火焰宽度模型[39, 52]。通过分析前人的研究成果，Palacios 和 Casal[53]发现火焰长度与火焰宽度存在一定的比例关系，因不同燃料、不同气体状态下呈现的比例不同，其比值主要为 5.3 ~ 8.4[22, 28, 38, 39, 52-55]。

当气体出口速度达到一定界限时，将出现火焰推举现象。关于喷射火火焰推举高度的研究，Peters 和 Williams[56]首次提出了基于应变速率的火焰推举高度模型，大量学者对此模型进行了实验研究[28, 30-33, 57]，得出了不同燃料、出口速度下的经验公式；部分学者研究了推举高度与无量纲火源功率的关系[35]，但这方面的研究较少。

经分析国内外的研究成果，本节主要汇总不同控制力下的火焰几何尺寸模型，并提出将气体泄漏模型预测的喷口处稳定气流的各状态参数输入火焰几何尺寸模型中进行火焰尺寸的进一步预测。

1.3.1　基于喷口弗劳德数的火焰长度模型

关于喷口弗劳德数（ Fr ）的火焰长度模型研究，一般建立与无量纲火焰长度（ L/d_e ）的关系式[27, 28, 30-33]，此模型适用于浮力控制范围内的喷射火。部分学者研究了无量纲推举高度（ h/d_e ）与应变速率（ u_e/d_e ）的关系[28, 30-33, 56, 57]，由于多种因素的影响，所得到的半经验公式有所不同，如表 1-2 所示。

表 1-2　火焰长度和推举高度公式汇总

作者与参考文献	燃料	方向	d_e/mm	Fr	L/d_e	h/d_e
Suris 等[27]	氢气 甲烷 丙烷	垂直	1.5 ~ 11	$\leq 3 \times 10^4$	(14或16)$Fr^{0.2}$ (27或29)$Fr^{0.2}$ 40$Fr^{0.2}$	—
Sonju 和 Hustad[28]	甲烷 丙烷	垂直	2.3 ~ 5 2.3 ~ 80	$\leq 1 \times 10^5$	21$Fr^{0.2}$ 27$Fr^{0.2}$	$3.6 \times 10^{-3}(u_e/d_e)$
Costa 等[30]	甲烷	垂直	5 ~ 8	$\leq 1 \times 10^4$	25$Fr^{0.2}$	$3.1 \times 10^{-3}(u_e/d_e)$
Santos 和 Costa[31]	乙烯 丙烷	垂直	5 ~ 8	$\leq 2 \times 10^4$	24$Fr^{0.2}$ 36$Fr^{0.2}$	$0.8 \times 10^{-3}(u_e/d_e)$ $2.6 \times 10^{-3}(u_e/d_e)$
Kiran 和 Mishra[32]	LPG	垂直	2.2	$\leq 4.5 \times 10^4$	30$Fr^{0.2}$	$1.8 \times 10^{-3}(u_e/d_e)$

作者与参考文献	燃料	方向	d_e/mm	Fr	L/d_e	h/d_e
Palacios 等[33]	丙烷	垂直	$10 \sim 43$	$\leqslant 5 \times 10^5$	$61Fr^{0.11}$	$0.62Fr^{0.3}$
Gopalaswami 等[57]	LPG	水平	19	$\leqslant 2 \times 10^5$	$23Fr^{0.2}$	$9.7 \times 10^{-3} (u_e/d_e)$

注：LPG 指液化石油气（liquefied petroleum gas）。

无量纲火焰长度一般表示为

$$\frac{L}{d_e} = AFr^B \tag{1-32}$$

式中，$Fr = \dfrac{u_e^2}{gd_e}$；A 和 B 为经验常数。

基于全局剪切率的推举高度表示为

$$\frac{h}{d_e} = C\left(\frac{u_e}{d_e}\right) \tag{1-33}$$

式中，C 为经验常数。对于垂直氢气喷射火，$C=2.65\times10^{-5}$ s[58]；对于垂直甲烷喷射火，$C=3.60\times10^{-3}$ s[28]；对于垂直丙烷喷射火，$C=2.13\times10^{-3}$ s[59]；对于水平丙烷喷射火，$C=9.55\times10^{-3}$ s[59]。总火焰长度 $H=L+h$。

1.3.2　基于火焰弗劳德数的火焰长度模型

通过对浮力和动量主控范围内的喷射火火焰长度的研究[37, 38, 60]，Delichatsios[37] 首次提出了不同控制范围内的无量纲火焰长度（L^*）与火焰弗劳德数（Fr_f）的关系式：

$$L^* = \begin{cases} \dfrac{13.5Fr_f^{2/5}}{\left(1+0.07Fr_f^2\right)^{1/5}}, & Fr_f < 5 \\ 23, & Fr_f \geqslant 5 \end{cases} \tag{1-34}$$

式中，

$$L^* = \frac{Lf_s}{d_e\left(\rho_e/\rho_a\right)} \tag{1-35}$$

$$Fr_f = Fr^{1/2}\left(\rho_e/\rho_a\right)^{-1/4} f_s^{3/2}\left(\Delta T_f/T_a\right)^{-1/2} \tag{1-36}$$

1.3.3　火焰宽度模型

大量实验数据及理论分析表明，火焰长度与宽度（D_f）呈现一定的比例关系[22, 28, 35, 38, 39, 52-55]，在不同燃料或不同气体状态下的火焰长宽比有所不同，如表 1-3 所示，其一般表达式为

$$L = n_1 D_f \tag{1-37}$$

式中，n_1 为经验比例常数。

表 1-3　火焰长宽比汇总

作者与参考文献	燃料	方向	d_2/mm	n_1
Hawthorne 等[22]	碳氢燃料混合物	垂直	3 ~ 8	5.3
Schuller 等[54]	甲烷/丙烷	垂直	10 ~ 80	6.3
Sonju 和 Hustad[28]	甲烷/丙烷	垂直	10 ~ 80	8.4/6.75
Turns 和 Myhr[55]	碳氢燃料混合物	垂直	2.18 ~ 6.17	5.9
Sugawa 和 Sakai[35]	丙烷	垂直	6.5 ~ 28	5.1
Schefer 等[38]	氢气	垂直	5.08	5.9
Imamura 等[52]	氢气	水平	1 ~ 4	6
Mogi 和 Horiguchi[39]	氢气	水平	0.4 ~ 4	5.6
Palacios 和 Casal[53]	丙烷	垂直	10 ~ 43	7

将图 1-4 中的泄漏气体流动状态参数输入火焰长度模型和推举高度模型，可以对泄漏诱发的喷射火焰几何尺寸进行预测。本节选取三种燃料的初始压力都为高压，出口气流已达到临界流，较大的出口速度导致形成的喷射火处于动量控制范围，因此选取基于火焰弗劳德数的火焰长度模型。氢气、甲烷、丙烷推举高度的经验常数分别取 2.65×10^{-5} s[58]、3.6×10^{-3} s[28, 56]、2.13×10^{-3} s[59]。图 1-5（a）显示了氢气、甲烷和丙烷泄漏诱发的喷射火火焰长度随时间的变化；图 1-5（b）给出了甲烷和丙烷喷射火火焰推举高度随时间的变化。由图 1-5（a）可以看出，随时间延长，三种燃料的火焰长度逐渐减小且下降速率相似；相同压力下，丙烷形成的喷射火火焰长度相对较高，氢气形成的喷射火火焰长度相对较低，这是由于高压泄漏喷射火受动量控制，由式（1-34）和式（1-35）可知，火焰长度与有效直径和燃料−空气密度比成正比，而丙烷泄漏的有效直径和密度都较大；基于 Abel-Noble 状态方程预测结果的

火焰长度比理想气体的要低一些。由图 1-5（b）可以看出，随时间延长，甲烷和丙烷推举高度逐渐减小且甲烷推举高度的下降速率相对较大；基于 Abel-Noble 状态方程预测的火焰推举高度比理想气体的要低一些。

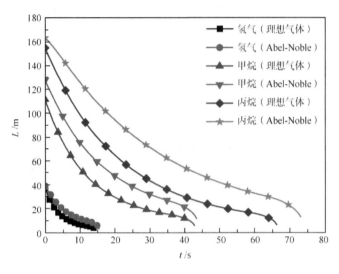

（a）火焰长度随时间的变化

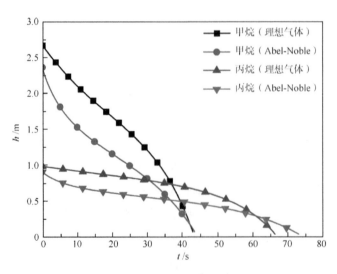

（b）推举高度随时间的变化

图 1-5　各燃料火焰的几何尺寸随时间的变化

1.4　热辐射模型

泄漏形成的喷射火的主要危害形式是喷射火焰产生的热辐射，因此对于火焰的热辐射分析也是研究喷射火的重点之一。国内外关于喷射火热辐射预测的半经验模型已经有了很大的发展。

目前大量学者研究了不同形态下喷射火的热辐射模型，主要包括四种重要模型（即单点源、多点源、固体及线源模型）。Mudan[61]建立了池火的单点源模型，后来逐渐被运用于喷射火热辐射的研究[62-65]，但此类模型过于简单，仅适用于远场、可忽略火焰几何形状的热辐射预测；Hankinson 和 Lowesmith[62, 66]根据 Sivathanu 和 Gore[67]对于近距离喷射火热辐射分数的分析提出了权重多点源模型，此类模型可用于预测近场的辐射热流密度，但仅适用于小尺寸的喷射火。同时学者展开了对固体火焰模型的研究，在计算热流密度时需要考虑火焰表面辐射力、视角系数及大气穿透系数。对于视角系数的研究，Mudan[61,68]对池火等大型火焰视角系数进行了分析，主要将火焰形状简化为圆柱体模型，一些学者将此模型应用到喷射火视角系数的计算[50, 69, 70]，但由于模型过于简化火焰形状，预测精度有限；Chamberlain[43]提出了平截头锥体火焰模型并对其视角系数进行了计算，此模型一般用于预测环境风作用下喷射火的热流密度[43, 45, 71]，更符合实际情况，但由于模型几何形状相对复杂，视角系数计算比较困难。对于火焰表面辐射力的研究，Sonju 和 Hustad[28]、McCaffrey[50]、Gómez-Mares 等[69]通过实验数据分析，建立了一定热辐射范围内某种气体燃料喷射火的火焰表面辐射力与辐射火焰长度的半经验公式；Chamberlain[43]、Molina 等[72]、Turns 和 Myhr[55]、Cook 等[71]进行实验数据研究，通过建立火焰的辐射分数公式以计算火焰的表面辐射力。然而，恒定的表面辐射力假定具有很大的局限性，且复杂火焰形状的假定会导致辐射分数计算烦琐。随着对热辐射模型的不断研究，部分学者开始对已有模型进行改善，Gómez-Mares 等[73]根据射流方向火焰温度的变化规律将火焰划分为 4∶3∶3 的三分区模型，部分学者基于三分区模型建立了分段的圆柱体热辐射模型及分区域-多点源模型，结合了多种模型的优点[70, 74]。国内的 Zhou 等[59, 60]结合火焰形状尺寸和辐射特性，建立了封闭的线源模型，该模型避免了单点源模型、固体模型的缺点，预测效果有所提高。

通过对国内外关于热辐射模型的研究分析，本节主要对预测火焰辐射分数模型及单点源、多点源、固体和线源四种热辐射模型进行汇总，并提出将气体泄漏模型预测的喷口处各状态参数和火焰几何尺寸模型预测的几何参数代入辐射分数模型中以确定辐射分数，并最终全部代入热辐射模型中进行火焰热辐射预测。

由于以上热辐射模型都涉及热辐射分数的计算，前期学者通过大量实验数据将不同燃料在一定条件下的辐射分数视为常数[75-77]，运用方便，但存在较大误差。后来学者通过考虑射流速度及火焰状态参数等因素，分别建立了辐射分数与射流速度[78]、有效射流速度[43, 71]、火焰停歇时间[31, 38, 55, 72]、无量纲热释放速率（heat release rate，HRR）[38, 79]、喷口弗劳德数[59]及火焰弗劳德数[80]的半经验关系式。此类关系式在一定范围内的准确性较高。其中，Molina 等[72]提出的表达式为

$$\chi_r = 0.085 \lg\left(\tau_f a_f T_{ad}^4\right) - 1.16 \tag{1-38}$$

式中，τ_f 为火焰停歇时间，$\tau_f = \dfrac{\rho_f D_f^2 L f_s}{3\rho_e d_e^2 u_e}$，$\rho_f$ 为当量燃烧火焰密度（甲烷的当量燃烧火焰密度为 0.151 kg/m³）；a_f 为普朗克平均吸收系数，本节氢气的 a_f 取值为 0.23、甲烷的 a_f 取值为 0.5[72]。

Zhou 等[80]提出的表达式为

$$\frac{\chi_r f_s}{\sqrt{\rho_e/\rho_a}} = \begin{cases} 0.0155, & Fr_f < 0.1 \\ 9\times10^{-3} Fr_f^{-0.265}, & 0.1 \leqslant Fr_f \leqslant 10 \\ 2\times10^{-4} Fr_f^{1.208}, & Fr_f > 10 \end{cases} \tag{1-39}$$

式中，$Fr_f < 0.1$ 代表喷射火焰为浮力控制；$Fr_f > 10$ 代表喷射火焰为动量控制；$0.1 \leqslant Fr_f \leqslant 10$ 代表喷射火焰为浮力和动量共同控制。式（1-39）的拟合数据涉及氢气、甲烷和丙烷等三种气体，垂直和水平喷射方向，泄漏口直径从几毫米至数百毫米，泄漏口气体流速从亚声速至超声速。

1. 单点源模型

单点源模型是将喷射火焰的几何中心模拟成一个虚拟的单点源[75, 77]，如图 1-6（a）所示，以虚拟点源的热辐射量来代替整个火焰的热辐射量的模型。其热流密度 $\dot{q}''$ 的表达式为

$$\dot{q}'' = \frac{\tau \chi_r \dot{Q}}{4\pi R_T^2} \cos\theta_T \tag{1-40}$$

式中，热释放速率 $\dot{Q} = \dot{m}_2 \Delta H$，$\Delta H$ 为燃烧热（甲烷的燃烧热为 52×10^3 kJ/kg）；τ 为大气穿透系数，对于干燥空气一般取值为 1[62]。

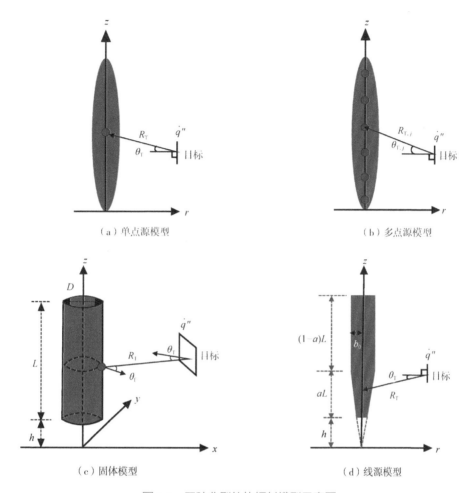

图 1-6　四种典型的热辐射模型示意图

2. 多点源模型

多点源模型是将喷射火焰看成由沿喷射中心线上若干等距离的热点源组成的模型，如图 1-6（b）所示，当假设每个点源的辐射力权重不同时为权重多点源模型。Hankinson 和 Lowesmith[62, 66]提出的热流密度的表达式为

$$\dot{q}'' = \sum_{j=1}^{N} \frac{w_j \tau_j \chi_r \dot{Q}}{4\pi R_{\mathrm{T},j}^2} \cos\theta_{\mathrm{T},j} \qquad (1\text{-}41)$$

式中，下标 j 表示第 j 个点源；N 为点源的总个数；w_j 为第 j 个点源的权重，其计算公式为

$$w_j = \begin{cases} w_j = j \cdot w_1, & j = 1, 2, \cdots, n \\ \left\{ n - \dfrac{n-1}{N-(n+1)} \cdot \left[j - (n+1) \right] \right\} w_1, & j = n+1, n+2, \cdots, N \\ \displaystyle\sum_{j=1}^{N} w_j = 1 \end{cases}$$

式中，$n = 0.75N$。

3. 固体模型

固体模型把火焰假设为圆柱[50, 69]或圆锥[43, 71]等简单固体形状，如图 1-6（c）所示，辐射能量从火焰表面发射出。目标接收的热流密度的表达式为

$$\dot{q}'' = \tau F_{f \to T} E \tag{1-42}$$

式中，Shokri 和 Beyler[81]提出的表面辐射力公式为

$$E = \frac{\chi_r \dot{Q}}{A_f} \tag{1-43}$$

火焰表面对目标的几何视角系数[68]为

$$F_{f \to T} = \frac{1}{\pi} \int_{A_f} \frac{\cos\theta_f \cos\theta_T}{R_T^2} \mathrm{d}A_f \tag{1-44}$$

视角系数公式可应用到圆柱体或圆锥体模型，为便于计算，本节选取圆柱体模型进行模拟。

4. 线源模型

线源模型即假设辐射能量全部来源于喷射火焰体的中心线，如图 1-6（d）所示，需要合理假设火焰的形状并计算单位长度辐射力（E'）。Zhou 等[59, 60]提出的附近目标接收的热流密度为

$$\dot{q}'' = \int_h^{L+h} \frac{\tau E'}{4\pi R_T^2} \cos\theta_T \mathrm{d}l \tag{1-45}$$

式中，单位长度辐射力与最大的单位长度辐射力分别为

$$E' = E_0' \left(\frac{b_f}{b_0} \right)^2 \tag{1-46}$$

$$E_0' = \frac{\chi_r \dot{Q}}{\int_h^{L+h}\left(\dfrac{b_f}{b_0}\right)^2 \mathrm{d}l} \qquad (1\text{-}47)$$

计算火焰中心线上任意一点处火焰半径与最大火焰半径的比值（b_f/b_0）时，需要考虑下部火焰长度与整个火焰长度之比（a_r）[60]（喷射火下部和上部为两种不同形状的结合体），a_r 为 0～1。本节模拟喷射火为大型火焰，可将火焰形态近似为圆锥+圆柱，a_r 取值为 0.25。

将图 1-4 中的流动状态参数和图 1-5 中的火焰几何参数输入辐射分数模型（式（1-38））和各热辐射模型，可以计算任一空间位置的热流密度。图 1-7（a）和（b）分别给出了甲烷喷射火在近场（与喷口的水平和垂直距离都为 10 m）和远场（与喷口的水平和垂直距离分别为 100 m 和 10 m）位置处热流密度随时间的变化。由图 1-7（a）可以看出，在近场处，多点源、固体和线源模型预测的热流密度随时间延长而逐渐降低，但初始时刻，固体模型的预测值相对较高，这可能是由于大尺度火焰的表面辐射力差异较大，而固体模型认为火焰表面辐射力相同，造成较大的预测值。单点源模型预测的热流密度先增加后降低。根据前人实验测量结果，热流密度随着泄漏时间延长而逐渐降低[82]，因此单点源不符合一般规律；基于 Abel-Noble 状态方程预测的热流密度比理想气体的要高一些。由图 1-7（b）可以看出，在远场处，四种热辐射模型预测的热流密度都逐渐降低且都很接近；基于两种气体泄漏模型预测

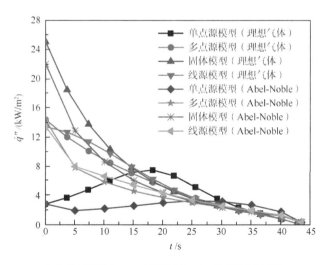

（a）距离泄漏口 10 m 水平距离和 10 m 垂直距离的目标

图 1-7　四种热辐射模型预测的甲烷喷射火辐射热流密度随时间的变化

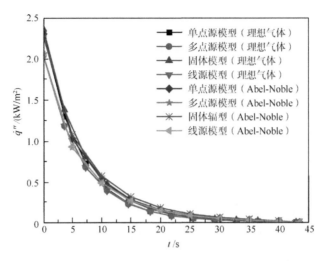

（b）距离泄漏口 100 m 水平距离和 10 m 垂直距离的目标

图 1-7（续）

测的热流密度都很接近，这说明对于远场，四种热辐射模型预测效果相似。因此对于远近场的热流密度的预测，可选取多点源模型和线源模型。

1.5　模型的应用：案例分析

虽然气体泄漏模型、火焰几何尺寸模型、热辐射模型的研究已有很多，但几乎没有将三者关联起来。受不同泄漏压力、喷口形状尺寸、外界环境等因素影响，所使用的模型有所不同。因此，将三者关联起来需要考虑不同的泄漏状态、火焰形态及远近热辐射场等因素。本节将基于 van der Waals 状态方程的高压气体泄漏模型、基于火焰弗劳德数的火焰长度模型和辐射分数模型、线源模型进行关联匹配，以预测高压天然气/氢气管道泄漏、燃烧和传热特性。

理论上讲，因为以上模型考虑了气体的摩尔质量、临界压力、临界温度、比热比、燃烧热、绝热火焰温度、化学当量比等物理化学属性参数，所以可以很好地预测各种气体泄漏喷射火的状态参数、流动参数、火焰尺寸和热辐射。混合气体的相关属性参数可以按道尔顿定律进行计算[20]。表 1-4 给出了氢气、天然气的物理化学属性参数。

表 1-4　泄漏气体的物理化学属性参数

燃料	R_g/(J/(kg·K))	a/(m⁶·Pa/kg²)	c/(m³/kg)	k	ΔH /(kJ/kg)	T_{ad}/K	$\Delta T_{ad}/T_a$	f_s	ρ_e/ρ_a
氢气	4157	6084	0.0132	1.40	1.42×10^5	2382	7.0	0.0283	0.069
天然气	489	843	0.0026	1.30	4.87×10^4	2334	7.3	0.0569	0.589
天然气/氢气混合气	609	1032	0.0031	1.32	5.18×10^4	2337	7.4	0.0551	0.471

注：天然气由 93%（体积分数，下同）的甲烷、5%的乙烯、0.3%的丙烷和 1.7%的氮气构成；天然气/氢气混合气由 22.3%的氢气和 77.7%的天然气构成；绝热火焰温度由 HPFLAME 软件计算获得，计算时假定周围环境温度为 298 K。

案例 1-1　全尺寸氢气喷射火

Acton 等[83]在野外做了全尺寸氢气管道泄漏喷射火实验测试。氢气管道连接储罐，储罐的初始绝对压力为 61 bar（1 bar = 10^5 Pa），总体积为 163 m³。管道的直径为 15.24 cm，其裂口由爆破方式产生，导致全口径泄漏。实验过程中测量了氢气泄漏的质量流率、喷射火火焰长度和辐射热流密度。辐射热流计的位置和朝向如图 1-8 所示。特别地，整个泄漏过程中辐射分数为 0.29，可能由砂石卷入氢气喷射火所致。测试时环境压力和环境温度分别为 1.01 bar 和 298 K。表 1-5 给出了氢气泄漏喷射火测试的初始工况条件。

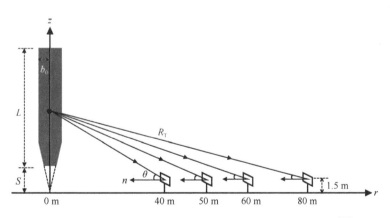

图 1-8　高压氢气泄漏喷射火向附近辐射热流计传热示意图[20]

表 1-5　氢气泄漏喷射火测试的初始工况条件

参数	数值	参数	数值	参数	数值	参数	数值
$P_{i,0}$ /MPa	6.1	d_2/cm	15.24	$v_{i,0}$/(m³/kg)	0.210	$v_{cr,0}$	0.503
$T_{i,0}$/K	298	V/m³	163	$m_{i,0}$ /kg	775.45		

将表 1-4 中氢气的物理化学属性参数和表 1-5 中测试的初始工况参数代入基于 van der Waals 状态方程的泄漏过程模型（式（1-17）~式（1-27））和虚拟喷口模型（式（1-30）和式（1-31）），可计算出氢气泄漏质量流率。图 1-9 给出了氢气泄漏质量流率随时间变化的预测值与测量值。模型可以很好地预测质量流率的瞬态衰减。假定的泄漏口偏离理想情况，即泄漏过程不是一个等熵过程，需要考虑泄漏口处的摩擦损失，那么实际的泄漏口直径比理想情况要小，从而预测值会更加接近测量值。由此可见，高压气体泄漏模型中的等熵过程假设很难吻合或描述实际的全尺寸泄漏行为。

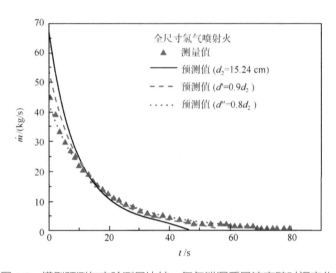

图 1-9　模型预测与实验测量比较：氢气泄漏质量流率随时间变化

将气体泄漏模型的输出参数和表 1-4 中氢气的物理化学属性参数代入基于火焰弗劳德数的火焰长度模型，即式（1-34）~式（1-36），可以预测火焰长度随时间的变化，如图 1-10 所示。实验测试中，高压泄漏的喷射火具有一个快速增长的初始时期，而现有的火焰长度模型不能预测初始时期的火焰长度增长，只能较好地预测后期的火焰长度衰减。对比图 1-9 和图 1-10 可以发现，气体泄漏模型输入参数的不确定性会影响火焰长度模型的预测结果。

将气体泄漏模型和火焰几何尺寸模型的输出参数代入线源模型，即式（1-45）~式（1-47），可以计算出氢气喷射火的辐射热流场。如图 1-11 所示，当距离泄漏口 50 m 以外时，模型预测值与实验测量值吻合很好。但是，当距离泄漏口 50 m 以内时，模型预测值明显高估了实验测量值，原因可能是输入热辐射模型的辐射分数为整个过程的时间平均值。喷射火辐射分数随泄漏速度减小而增大[80]，即辐射分数随泄漏时间延长而增加。

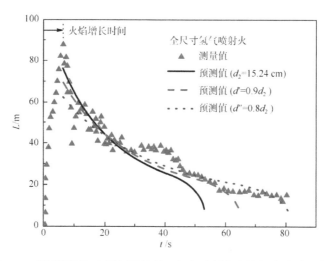

图 1-10　模型预测与实验测量比较：氢气喷射火火焰长度随时间变化

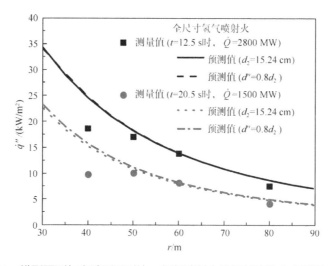

图 1-11　模型预测与实验测量对比：氢气喷射火的辐射热流密度随距离变化

案例 1-2　全尺寸天然气、天然气/氢气混合气喷射火

Lowesmith 和 Hankinson[84]也在野外做了两组全尺寸管道泄漏喷射火实验测试。一组是天然气管道，另一组是天然气/氢气混合输运管道。管道连接储罐，总体积为 163 m³。管道的直径为 15 cm，其裂口由爆破方式产生，导致全口径泄漏。实验过程中测量了氢气泄漏的质量流率、喷射火火焰长度和辐射热流密度。表 1-6 给出了

天然气、天然气/氢气混合气泄漏喷射火测试的初始工况条件。

表 1-6　天然气/氢气泄漏喷射火测试的初始工况条件

燃料	$P_{l,0}$/MPa	$T_{l,0}$/K	V/m³	d_2/cm	$v_{l,0}$/(m³/kg)	$m_{l,0}$/kg	$v_{cr,0}$
天然气	7.15	281	16	15	0.016	10516	0.477
天然气/氢气混合气	7.26	277	163	15	0.020	8150	0.481

　　将表 1-4 中天然气、天然气/氢气混合气的物理化学属性参数和表 1-6 中测试的初始工况参数代入基于 van der Waals 状态方程的泄漏过程模型（式（1-17）~式（1-27））、虚拟喷口模型（式（1-30）和式（1-31））、推举高度模型（式（1-33））、基于火焰弗劳德数的火焰长度模型（式（1-34）~式（1-36））和辐射分数模型（式（1-39））、线源模型（式（1-45）~式（1-47）），可以分别预测天然气、天然气/氢气混合气泄漏喷射火的质量流率、火焰长度、辐射分数和辐射热流密度随时间的变化。图 1-12 和图 1-13 分别给出了天然气、天然气/氢气混合气泄漏喷射火的模型预测与实验测量对比情况。考虑泄漏口处摩擦损失，即实际泄漏口面积比理想情况要小，气体泄漏模型才能准确地预测泄漏质量流率；天然气泄漏喷射火测试中出现较强的环境风，这导致火焰长度和辐射热流密度的预测值与测量值相差较大；辐射热流计的原理是基于感温元件温差反算，由于感温元件的温降具有滞后性，即元件响应时间较长，辐射热流密度的测量值随时间衰减比预测值的要慢。

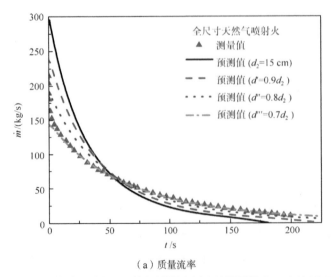

（a）质量流率

图 1-12　模型预测与实验测量对比：天然气泄漏喷射火的质量流率、火焰长度、辐射分数和
辐射热流密度随时间的变化

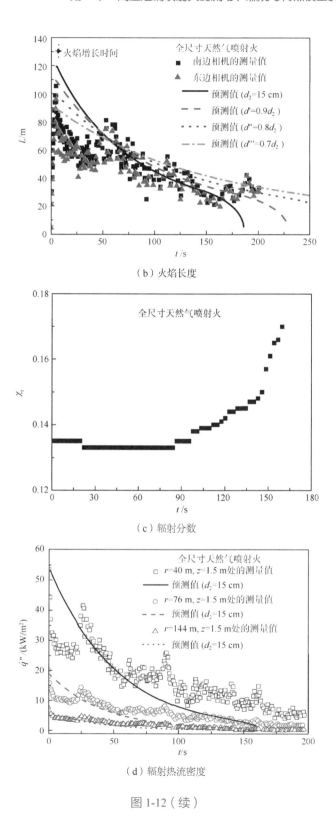

（b）火焰长度

（c）辐射分数

（d）辐射热流密度

图 1-12（续）

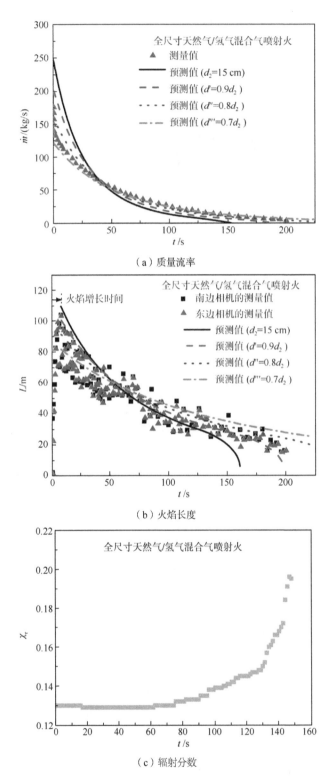

（a）质量流率

（b）火焰长度

（c）辐射分数

图 1-13　模型预测与实验测量对比：天然气/氢气混合气泄漏喷射火的质量流率、火焰长度、辐射分数和辐射热流密度随时间的变化

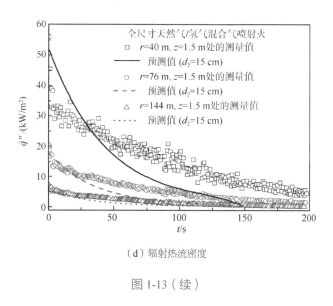

（d）辐射热流密度

图 1-13（续）

1.6　未来挑战与研究展望

高压泄漏常诱发喷射火燃烧灾害，并次生衍生其他事故，通常可以分为三个连续的过程：高压气体的泄漏流动、喷射燃烧和燃烧火焰向周围传热引起热灾害。学术界对高压泄漏动力学过程、喷射火燃烧行为特性和喷射火向外传热特性进行了深入的研究，并建立了相应的模型。然而，现有研究大多独立考虑这三个连续过程。因此，当把这些模型进行简单串联以分析高压泄漏喷射火热灾害范围时，需要根据具体的泄漏燃烧条件选择合适的模型，并考虑模型之间的耦合匹配，以避免误差在不同模型间传递过程中逐渐放大。很明显，这给高压泄漏喷射火燃烧热灾害的理论计算带来不确定性的挑战。

高压气体泄漏的建模以热力学第一定律、热力学过程方程和气体状态方程为理论基础，但现有模型的三个假定可能造成不确定的计算结果。第一个假定是泄漏过程为等熵过程[18, 19, 85-89]，实际上泄漏是非绝热过程，存在热量的失去或获得。例如，泄漏口处的高速摩擦存在热耗散，周围空气与储罐内介质可能通过储罐壁面换热。对于高压高温气体泄漏，基于等熵过程方程预测的储罐内压力瞬态衰减曲线可通过考虑热量损失进行较大幅度的校正[86]。理论计算表明，泄漏喷射火向破裂储罐表面的辐射传热量相当可观[90]。Zhou 等[19]假定高压氢气瞬态泄漏为绝热过程，忽略喷射火通过热辐射加热储罐，导致理论计算低估了储罐内的温度和压力；当多变过程指数从 1.4（等熵过程）逐渐变化为 1.0（等温过程）时，储罐内温度和压力衰减接近实验测量值。第二个假定是气体比热容或比热比为恒定值，而与气体的温度无关[18, 19, 85-89]，实际上比热比随气体温度和压力变化[7]。因此，当高压泄漏过程中气体温度变化很大时，该假定会导致理论计算结果偏离、失效。第三个假定是描述气体行为的状态方程。当空气压强超过 50 atm（1 atm = 1.01325×10⁵ Pa）时，空气为非理想气体[85]，而非理想气体的效应包括分子体积和分子间作用力。Abel-Noble 状态方程[18, 86]仅考虑了分子体积；贝蒂-布里奇曼（Beattie-Bridgeman）状态方程[87]和 van der Waals 状态方程[19]考虑了分子体积和分子间作用力。然而，已有的真实气体状态方程都是在理想气体状态方程的基础上引入修正系数，修正系数是经验性的，必然导致状态方程存在一定的适应条件或范围。这三个假定会给高压气体泄漏模型带来不确定性，需要具体分析影响模型的实际情况因素，估计偏离趋势和校正偏离程度。

虚拟喷口模型以质量守恒和动量守恒为理论基础，需要多个假定以建立并封闭守恒方程。第一个假定是没有空气通过虚拟喷管边界进入射流气体，即流过泄漏口（Level 2）和马赫盘（Level 3）的质量流率相等[7, 8]。第二个假定是相对于泄漏口与马赫盘之间的压力差，虚拟喷管边界的黏性力可以忽略不计[8]。这两个假定的目的是建立泄漏口和马赫盘之间的质量守恒和动量守恒方程，以求解马赫盘处的有效直径和流速，但方程的封闭需要预知马赫盘处的压力和温度。因此，第三个假定是马赫盘处的压力等于环境压力[7, 8]，温度等于环境温度[7]或储罐内温度[8]。泄漏口处的流速型线剖面为抛物线，而马赫盘处的流速型线剖面为均匀分布，建立守恒方程时需要引入泄漏系数。部分学者建议利用声速模型计算马赫盘处的有效流速，再利用质量守恒方程计算马赫盘处的有效直径[7]，从而抛弃动量守恒方程。本质上讲，马赫盘处物性参数的不同计算方法意味着虚拟喷口的定义不同，这给超声速泄漏喷射火的定量描述带来不确定性的挑战。

火焰几何尺寸模型主要以亚声速喷射火实验数据作为建模基础或模型验证，这给超声速泄漏流动与喷射火燃烧耦合的定量描述带来不确定性。很多学者研究了亚声速喷射流的速度和浓度沿射流轴线衰减，并建立了相应的衰减模型；为了把衰减模型推广至超声速泄漏射流，Birch 等把所计算的马赫盘处流动参数直接输入已有的亚声速射流衰减模型，发现可以很好地预测超声速射流的浓度[7]和速度[8]。类似地，Schefer 等[12]用马赫盘处的有效直径和流速分别替换亚声速泄漏口的直径和流速，直接输入亚声速火焰几何尺寸模型，以预测超声速喷射火行为，并与实验测量进行了对比。很明显，简单替换亚声速模型中的参数，没有改变火焰长度由弗劳德数主控的原则。然而，相对于亚声速喷射火，雷诺数和马赫数也会严重影响超声速火焰长度[91]。另外，环境边界条件也会影响火焰几何尺寸。例如，旋转流场会增加喷射火火焰长度，降低其推举高度[92]；泄漏口的不规则形状会降低喷射火火焰长度和推举高度[93]。因此，未来需要进一步研究弗劳德数、雷诺数和马赫数对超声速喷射火的耦合影响，以及环境边界条件因素对喷射火火焰长度和推举高度的影响趋势与程度。

辐射分数模型考虑的影响因素不全，具有很大的局限性。式（1-38）和式（1-39）都考虑了气体燃料的物理化学性质，式（1-39）还考虑了泄漏口尺寸和流速，但是环境风速、压力、固定边界等外界条件也会影响喷射火的辐射分数。纯氢气喷射火的辐射分数最大为 0.1[80]；埋地氢气管道泄漏喷射火卷入沙土之后，辐射分数能达到 0.29[83]；Zhou 等[94]也通过实验测量发现，沙子大幅度降低了丙烷喷射火的辐射分数。埋地管道泄漏喷射火会受到坑道边界的限制，导致丙烷喷射火的辐射分数增加[95]。对于案例 1-2，式（1-39）也许巧合性地准确预测了天然气喷射火的辐射分数，可能原因是卷入沙土的负效应与坑道的正效应相互抵消。由此可见，影响喷射火辐射分数的潜在因素众多，需要根据喷射火燃烧的环境条件进行客观辨别分析。另外，超声速喷射火的辐射分数数据匮乏。

除了高压气体的泄漏流动、喷射燃烧和燃烧火焰向周围传热引起热灾害等三个连续过程，高压储罐泄漏喷射火现象应该还需考虑喷射火向泄漏储罐的热反馈过程，以分析热反馈加热作用对储罐内压力和温度的影响程度与规律，实现模拟"高压泄漏流动—喷射火燃烧—热反馈—储罐内升温/升压—强化泄漏流动"的事故链演化过程。本章符号说明如表 1-7 所示。

表 1-7　符号说明

参数	定义	单位
a	经验气体压力修正项	Pa/kg^2
a_f	普朗克平均吸收系数	
a_r	下部火焰与整个火焰长度之比	
A	面积	m^2

参数	定义	单位
A_f	火焰表面积	m^2
b	Abel-Noble 状态方程中经验气体比体积修正项	m^3/kg
b_0	最大火焰半径	m
b_f	火焰中心线上任意一点处火焰半径	m
c	van der Waals 状态方程中经验气体比体积修正项	m^3/kg
d	泄漏口直径	mm
dl	火焰中心线上任意一微元线	
E	火焰表面辐射力	kW/m
E'_0	最大的单位长度辐射力	kW/m
Fr	喷口弗劳德数	
Fr_f	火焰弗劳德数	
$F_{f \to T}$	从火焰表面到目标视角系数	
f_s	燃料与空气化学当量比时燃料的质量分数	
g	重力加速度	m/s^2
h	推举高度	m
ΔH	气体燃烧热	kJ/kg
j	时间迭代步数	
k	比热比	
L	火焰长度	m
L^*	无量纲火焰长度	
m	气体质量	kg
$\dot{m}$	气体质量流率	kg/s
M	摩尔质量	g/mol
Ma	马赫数	
n	点源个数	
n_1	经验比例常数	
N	多点源的点源总个数	
P	气体压力	Pa
$\dot{q}''$	热流密度	kW/m^2
$\dot{Q}$	热释放速率	kW
R	通用气体常数（8.314 J/(mol·K)）	$J/(mol·K)$
R_g	气体常数	$J/(kg·K)$
R_T	火焰辐射点与目标的连线长	m

续表

参数	定义	单位
t	时间	s
t_{trans}	气体从临界流到亚临界流时间	s
Δt	时间步长	s
T	气体温度	K
T_{ad}	绝热火焰温度	K
ΔT_{f}	绝热火焰温度温升（$T_{\text{ad}}-T_{\text{a}}$）	K
u	速度	m/s
u_{w}	环境风速	m/s
v	气体比体积	m^3/kg
v_{cr}	临界压力比	
V	气体体积	m^3
w_j	第 j 个点源的权重	
θ_{f}	两点连线与火焰辐射面处外法线夹角	°
θ_{T}	两点连线与目标外法线夹角	°
ρ	气体密度	kg/m^3
ρ_{f}	当量燃烧火焰密度	kg/m^3
τ	大气穿透系数	
τ_{f}	火焰停歇时间	s
χ_{r}	火焰辐射分数	
上标		
$'$	亚临界流阶段气体状态参数	
下标		
a	周围环境气体状态参数	
c	临界状态	
e	马赫盘处各气体状态参数	
f	火焰	
i	储罐内气体状态参数	
0	初始时刻	
$i,0$	储罐内初始时刻气体状态参数	
j	多点源的第 j 个点源	
T	目标	
2	出口处气体状态参数	

参 考 文 献

[1] Acton M R，Baldwin P J. Ignition probability for high pressure gas transmission pipelines[C]. Calgary：Proceedings of 7th International Pipeline Conference，2009：331-339.

[2] Gómez-Mares M，Zárate L，Casal J. Jet fires and the domino effect[J]. Fire Safety Journal，2008，43（8）：583-588.

[3] Proust C，Jamois D，Studer E. High pressure hydrogen fires[J]. International Journal of Hydrogen Energy，2011，36（3）：2367-2373.

[4] Becker H A，Hottel H C，Williams G C. The nozzle-fluid concentration field of the round，turbulent，free jet[J]. Journal of Fluid Mechanics，1967，30（2）：285-303.

[5] Antonia R A，Prabhu A，Stephenson S E. Conditionally sampled measurements in a heated turbulent jet[J]. Journal of Fluid Mechanics，1975，72（3）：455-480.

[6] Venkataramani K S，Tutu N K，Chevray R. Probability distributions in a round heated jet[J]. Physics of Fluids，1975，18（11）：1413-1420.

[7] Birch A D，Brown D R，Dodson M G，et al. The structure and concentration decay of high pressure jets of natural gas[J]. Combustion Science and Technology，1984，36（5-6）：249-261.

[8] Birch A D，Hughes D J，Swaffield F. Velocity decay of high pressure jets[J]. Combustion Science and Technology，1987，52（1-3）：161-171.

[9] Chenoweth D R. Real Gas Results via the van der Waals Equation of State and Virial Expansion Extensions of its Limiting Abel-Noble Form[R]. Livermore：Sandia National Laboratories，1983.

[10] Chenoweth D R，Paolucci S. Compressible flow of a two-phase fluid between finite vessels—Ⅰ. Ideal carrier gas[J]. International Journal of Multiphase Flow，1990，16（6）：1047-1069.

[11] Chenoweth D R，Paolucci S. Compressible flow of a two-phase fluid between finite vessels—Ⅱ. Abel-Noble carrier gas[J]. International Journal of Multiphase Flow，1992，18（5）：669-689.

[12] Schefer R W，Houf W G，Williams T C，et al. Characterization of high-pressure，underexpanded hydrogen-jet flames[J]. International Journal of Hydrogen Energy，2007，32（12）：2081-2093.

[13] 董玉华，周敬恩，高惠临，等. 长输管道稳态气体泄漏率的计算[J]. 油气储运，2002，21（8）：4，11-15.

[14] 刘延雷，徐平，郑津洋，等. 管道输运高压氢气与天然气的泄漏扩散数值模拟[J]. 太阳能学报，2008，29（10）：1252-1255.

[15] 徐平，刘鹏飞，刘延雷，等. 高压储氢罐不同位置泄漏扩散的数值模拟研究[J]. 高校化学工程学报，2008，22（6）：921-926.

[16] 余照，袁杰红. 储氢罐泄漏扩散规律的数值仿真分析[J]. 化学工程与装备，2008，（9）：1-5.

[17] Woodward J L，Mudan K S. Liquid and gas discharge rates through holes in process vessels[J]. Journal of Loss Prevention in the Process Industries，1991，4（3）：161-165.

[18] 李雪芳，毕景良，柯道友. 高压氢气储存系统泄漏的热力学模型[J]. 清华大学学报（自然科学版），2013，53（4）：503-508.

[19] Zhou K B，Liu J Y，Wang Y Z，et al. Prediction of state property，flow parameter and jet flame size during transient releases from hydrogen storage systems[J]. International Journal of Hydrogen Energy，

2018，43（27）：12565-12573.

[20] Zhou K B，Wang X Z，Liu M，et al. A theoretical framework for calculating full-scale jet fires induced by high-pressure hydrogen/natural gas transient leakage[J]. International Journal of Hydrogen Energy，2018，43（50）：22765-22775.

[21] 李雪芳，毕景良，林曦鹏，等. 高压氢气泄漏扩散数值模拟[J]. 工程热物理学报，2014，35（12）：2482-2485.

[22] Hawthorne W R，Weddell D S，Hottel H C. Mixing and combustion in turbulent gas jets[J]. Symposium on Combustion and Flame，and Explosion Phenomena，1948，3（1）：266-288.

[23] Hottel H C，Hawthorne W R. Diffusion in laminar flame jets[J]. Symposium on Combustion and Flame，and Explosion Phenomena，1948，3（1）：254-266.

[24] Becker H A，Liang D. Visible length of vertical free turbulent diffusion flames[J]. Combustion and Flame，1978，32：115-137.

[25] Becker H A，Yamazaki S. Entrainment，momentum flux and temperature in vertical free turbulent diffusion flames[J]. Combustion and Flame，1978，33：123-149.

[26] Gautam T. Lift-off heights and visible lengths of vertical turbulent jet diffusion flames in still air[J]. Combustion Science and Technology，1984，41（1-2）：17-29.

[27] Suris A L，Flankin E V，Shorin S N. Length of free diffusion flames[J]. Combustion，Explosion and Shock Waves，1977，13（4）：459-462.

[28] Sonju O K，Hustad J. An experimental study of turbulent jet diffusion flames[J]. Norwegian Maritime Research，1984，4（12）：2-11.

[29] Peters N，Göttgens J. Scaling of buoyant turbulent jet diffusion flames[J]. Combustion and Flame，1991，85（1-2）：206-214.

[30] Costa M，Parente C，Santos A. Nitrogen oxides emissions from buoyancy and momentum controlled turbulent methane jet diffusion flames[J]. Experimental Thermal and Fluid Science，2004，28（7）：729-734.

[31] Santos A，Costa M. Reexamination of the scaling laws for NO_x emissions from hydrocarbon turbulent jet diffusion flames[J]. Combustion and Flame，2005，142（1-2）：160-169.

[32] Kiran D Y，Mishra D P. Experimental studies of flame stability and emission characteristics of simple LPG jet diffusion flame[J]. Fuel，2007，86（10-11）：1545-1551.

[33] Palacios A，Muñoz M，Casal J. Jet fires：An experimental study of the main geometrical features of the flame in subsonic and sonic regimes[J]. AIChE Journal，2009，55（1）：256-263.

[34] Zukoski E E，Kubota T，Cetegen B. Entrainment in fire plumes[J]. Fire Safety Journal，1981，3（2）：107-121.

[35] Sugawa O，Sakai K. Flame length and width produced by ejected propane gas fuel from a pipe[J]. Fire Science and Technology，1997，17（1）：55-63.

[36] Heskestad G. On Q^* and the dynamics of turbulent diffusion flames[J]. Fire Safety Journal，1998，30（3）：215-227.

[37] Delichatsios M A. Transition from momentum to buoyancy-controlled turbulent jet diffusion flames and flame height relationships[J]. Combustion and Flame，1993，92（4）：349-364.

[38] Schefer R W，Houf W G，Bourne B，et al. Spatial and radiative properties of an open-flame hydrogen

plume[J]. International Journal of Hydrogen Energy，2006，31（10）：1332-1340.

[39] Mogi T，Horiguchi S. Experimental study on the hazards of high-pressure hydrogen jet diffusion flames[J]. Journal of Loss Prevention in the Process Industries，2009，22（1）：45-51.

[40] Studer E，Jamois D，Jallais S，et al. Properties of large-scale methane/hydrogen jet fires[J]. International Journal of Hydrogen Energy，2009，34（23）：9611-9619.

[41] Kalghatgi G T. The visible shape and size of a turbulent hydrocarbon jet diffusion flame in a cross-wind[J]. Combustion and Flame，1983，52（1）：91-106.

[42] Huang R F，Chang J M. The stability and visualized flame and flow structures of a combusting jet in crossflow[J]. Combustion and Flame，1994，98（3）：267-278.

[43] Chamberlain G A. Developments in design methods for predicting thermal radiation from flares[J]. Chemical Engineering Research and Design，1987，65（4）：299-309.

[44] 王大庆，高惠临，霍春勇，等. 天然气管道泄漏射流火焰形貌研究[J]. 油气储运，2006，25（2）：1，47-49，62.

[45] 王兆芹，冯文兴，程五一. 高压输气管道喷射火几何尺寸和危险半径的研究[J]. 安全与环境工程，2009，16（5）：108-110，118.

[46] Majeski A J，Wilson D J，Kostiuk L W. Predicting the length of low-momentum jet diffusion flames in crossflow[J]. Combustion Science and Technology，2004，176（12）：2001-2025.

[47] 林树宝. 外界风下低动量湍流射流扩散火焰图像特征与燃烧特性[D]. 合肥：中国科学技术大学，2015.

[48] 门庆民. 不同低环境压力下扩散射流火焰高度的实验研究[J]. 消防科学与技术，2013，32（10）：1067-1069.

[49] 王强. 不同环境条件下扩散射流火焰形态特征与推举、吹熄行为研究[D]. 合肥：中国科学技术大学，2015.

[50] McCaffrey B J. Momentum diffusion flame characteristics and the effects of water spray[J]. Combustion Science and Technology，1989，63（4-6）：315-335.

[51] Bagster D F，Schubach S A. The prediction of jet-fire dimensions[J]. Journal of Loss Prevention in the Process Industries，1996，9（3）：241-245.

[52] Imamura T，Hamada S，Mogi T，et al. Experimental investigation on the thermal properties of hydrogen jet flame and hot currents in the downstream region[J]. International Journal of Hydrogen Energy，2008，33（13）：3426-3435.

[53] Palacios A，Casal J. Assessment of the shape of vertical jet fires[J]. Fuel，2011，90（2）：824-833.

[54] Schuller R B，Hustad J，Nylund J，et al. Effect of nozzle geometry on burning subsonic hydrocarbon jets[C]. Seattle：ASME/AIChE National Heat Transfer Conference，1983：33-36.

[55] Turns S R，Myhr F H. Oxides of nitrogen emissions from turbulent jet flames：Part I—Fuel effects and flame radiation[J]. Combustion and Flame，1991，87（3-4）：319-335.

[56] Peters N，Williams F A. Liftoff characteristics of turbulent jet diffusion flames[J]. AIAA Journal，1983，21（3）：423-429.

[57] Gopalaswami N，Liu Y，Laboureur D M，et al. Experimental study on propane jet fire hazards：Comparison of main geometrical features with empirical models[J]. Journal of Loss Prevention in the Process Industries，2016，41：365-375.

[58] Liu J Y，Fan Y Q，Zhou K B，et al. Prediction of flame length of horizontal hydrogen jet fire during high-pressure leakage process[J]. Procedia Engineering，2018，211：471-478.

[59] Zhou K B，Liu J Y，Jiang J C. Prediction of radiant heat flux from horizontal propane jet fire[J]. Applied Thermal Engineering，2016，106：634-639.

[60] Zhou K B，Jiang J C. Thermal radiation from vertical turbulent jet flame：Line source model[J]. Journal of Heat Transfer，2016，138（4）：042701.

[61] Mudan K S. Thermal radiation hazards from hydrocarbon pool fires[J]. Progress in Energy and Combustion Science，1984，10（1）：59-80.

[62] Hankinson G，Lowesmith B J. A consideration of methods of determining the radiative characteristics of jet fires[J]. Combustion and Flame，2012，159（3）：1165-1177.

[63] 王曰燕，罗金恒，赵新伟，等. 天然气输送管道火灾事故危险分析[J]. 天然气与石油，2005，23（3）：34-36，54.

[64] 沙锡东，姜虹. LPG 喷射火灾危害的研究和分析[J]. 工业安全与环保，2010，36（11）：46-48.

[65] 张网. 以"点源"模型计算可燃气体喷射火的伤害范围[C]. 济南：2011 中国消防协会科学技术年会，2011：197-200.

[66] Lowesmith B J，Hankinson G. Large scale high pressure jet fires involving natural gas and natural gas/hydrogen mixtures[J]. Process Safety and Environmental Protection，2012，90（2）：108-120.

[67] Sivathanu Y R，Gore J P. Total radiative heat loss in jet flames from single point radiative flux measurements[J]. Combustion and Flame，1993，94（3）：265-270.

[68] Mudan K S. Geometric view factors for thermal radiation hazard assessment[J]. Fire Safety Journal，1987，12（2）：89-96.

[69] Gómez-Mares M，Muñoz M，Casal J. Radiant heat from propane jet fires[J]. Experimental Thermal and Fluid Science，2010，34（3）：323-329.

[70] Palacios A，Muñoz M，Darbra R M，et al. Thermal radiation from vertical jet fires[J]. Fire Safety Journal，2012，51：93-101.

[71] Cook J，Bahrami Z，Whitehouse R J. A comprehensive program for calculation of flame radiation levels[J]. Journal of Loss Prevention in the Process Industries，1990，3（1）：150-155.

[72] Molina A，Schefer R W，Houf W G. Radiative fraction and optical thickness in large-scale hydrogen-jet fires[J]. Proceedings of the Combustion Institute，2007，31（2）：2565-2572.

[73] Gómez-Mares M，Muñoz M，Casal J. Axial temperature distribution in vertical jet fires[J]. Journal of Hazardous Materials，2009，172（1）：54-60.

[74] 陈国华，黄庭枫，梁栋. 分区域—多点源的高架火炬安全距离计算新模型[J]. 天然气工业，2013，33（12）：168-172.

[75] McGrattan K，Baum H，Hamins A. Thermal Radiation From Large Pool Fires[R]. Gaithersburg：National Institute of Standards and Technology，2000.

[76] Jo Y D，Ahn B J. A method of quantitative risk assessment for transmission pipeline carrying natural gas[J]. Journal of Hazardous Materials，2005，123（1-3）：1-12.

[77] Lowesmith B J，Hankinson G，Acton M R，et al. An overview of the nature of hydrocarbon jet fire hazards in the oil and gas industry and a simplified approach to assessing the hazards[J]. Process Safety and Environmental Protection，2007，85（3）：207-220.

[78] Cook D K，Fairweather M，Hammonds J，et al. Size and radiative characteristics of natural gas flares. Part 2—Empirical model[J]. Chemical Engineering Research and Design，1987，65（4）：318-325.

[79] Houf W，Schefer R. Predicting radiative heat fluxes and flammability envelopes from unintended releases of hydrogen[J]. International Journal of Hydrogen Energy，2007，32（1）：136-151.

[80] Zhou K B，Qin X L，Wang Z H，et al. Generalization of the radiative fraction correlation for hydrogen and hydrocarbon jet fires in subsonic and chocked flow regimes[J]. International Journal of Hydrogen Energy，2018，43（20）：9870-9876.

[81] Shokri M，Beyler C L. Radiation from large pool fires[J]. Journal of Fire Protection Engineering，1989，1（4）：141-149.

[82] Ngai E Y，Fuhrhop R，Chen J R，et al. CGA G-13 large-scale silane release tests—Part I . Silane jet flame impingement tests and thermal radiation measurement[J]. Journal of Loss Prevention in the Process Industries，2015，36：478-487.

[83] Acton M R，Allason D，Creitz L W，et al. Large scale experiments to study hydrogen pipeline fires[C]. Calgary：Proceedings of 2010 8th International Pipeline Conference，2011：593-602.

[84] Lowesmith B J，Hankinson G. Large scale experiments to study fires following the rupture of high pressure pipelines conveying natural gas and natural gas/hydrogen mixtures[J]. Process Safety and Environmental Protection，2013，91（1-2）：101-111.

[85] Donaldson C D. Note on the Importance of Imperfect-gas Effects and Variation of Heat Capacities on the Isentropic Flow of Gases[R]. Washington，D.C.：NACA.

[86] Enkenhus K R. On the Pressure Decay Rate in the Longshot Reservior[R]. Sint-Genesius-Rode：von Karman Institute for Fluid Dydamincs，1967.

[87] Mohamed K，Paraschivoiu M. Real gas simulation of hydrogen release from a high-pressure chamber[J]. International Journal of Hydrogen Energy，2005，30（8）：903-912.

[88] 李明海，臧立青，李超，等. 低压环境下放气系统的压降特性分析[J]. 兵工学报，2007，28（10）：1234-1237.

[89] Li X F，Christopher D M，Bi J L. Release models for leaks from high-pressure hydrogen storage systems[J]. Chinese Science Bulletin，2014，59（19）：2302-2308.

[90] Wu Y Q，Zhou K B，Zhou M Y，et al. Radiant heat feedback from a jet flame to the ruptured tank surface[J]. International Journal of Thermal Sciences，2022，172：107322.

[91] Molkov V，Saffers J B. Hydrogen jet flames[J]. International Journal of Hydrogen Energy，2013，38（19）：8141-8158.

[92] Zhou K B，Qin X L，Zhang L，et al. An experimental study of jet fires in rotating flow fields[J]. Combustion and Flame，2019，210：193-203.

[93] Zhou K B，Wang Y Z，Zhang L，et al. Effect of nozzle exit shape on the geometrical features of horizontal turbulent jet flame[J]. Fuel，2020，260：116356.

[94] Zhou K B，Nie X，Wang C，et al. Jet fires involving releases of gas and solid particle[J]. Process Safety and Environmental Protection，2021，156：196-208.

[95] Zhou K B，Zhou M Y，Huang M Y，et al. An experimental study of jet fires in pits[J]. Process Safety and Environmental Protection，2022，163：131-143.

第 2 章　不同边界条件下池火行为综述

胡隆华　唐飞　方俊　陈宇航

2.1　池火的起源与定义

许多人可能认为池火（pool fire）是指燃料在油池（一种用于盛放燃料的容器）中的燃烧现象。实际上，池火的含义不止于此。池火的科学定义[1, 2]是指发生在水平燃料面上，受浮力驱动的扩散燃烧现象，维持其燃烧的燃料具有较低初始动量的特点。燃料的种类不仅仅局限于液体[3-6]，还可以是固体[7, 8]或者气体[9-11]。在现实场景中，从一根小小的蜡烛火或打火机产生的火焰，到室内沙发着的火，再到化工园区中的大型油罐火灾或野外大面积的森林火灾，都属于池火的范畴（图 2-1）。

（a）蜡烛火　　　（b）打火机产生的火焰　　　（c）沙发着的火

（d）油罐火灾　　　（e）森林火灾

图 2-1　现实中常见的池火燃烧情景

作为火灾和燃烧领域最经典的科学问题之一，学者围绕池火主题进行了大量的研究。最早关于池火的研究可追溯至 20 世纪 50 年代，苏联科学家 Blinov 和 Khudyakov[12]于1957年系统性地研究了无风开放空间条件下盛放在油池中液体燃料池火的扩散燃烧行为。随后，欧洲、美国、日本等国家和地区的学者针对池火燃烧的特征参数开展了一系列基础研究与工程研究。1990~1992 年，汪箭和范维澄[13, 14]对非定常池火的燃烧过程进行了数值计算和分析，从此拉开了国内池火研究的帷幕。经过半个多世纪的发展，至 2000 年左右，经典无风开放空间条件下池火的理论已经相对成熟。但是在实际火灾场景中，池火会受到环境风、海拔（压强）等边界条件的影响，从而导致其热质传递-流动复杂耦合的扩散燃烧过程及火焰特征行为，成为池火研究的新挑战。近 20 年来，基于经典池火理论体系，国内学者在不同边界条件下的池火扩散燃烧行为基础研究方面取得了丰硕的进展与成果。

本章将概述池火研究的经典理论和近 20 年关于不同特殊边界条件下池火的研究进展与成果。首先介绍无风开放空间条件下的池火燃烧行为特性，包括燃烧速率、火焰卷吸与火焰形态、火焰热辐射；然后介绍环境风、低压等边界条件下有关池火燃烧特性研究的新进展；最后根据研究现状，提出池火的未来挑战与研究展望。

2.2　经典无风环境下池火燃烧行为理论

2.2.1　燃烧速率

燃烧速率是指在发生燃烧化学反应过程中燃料的消耗速率。对于液相或固相的凝聚相燃料，燃烧速率近似等于它们的质量损失速率（单位为 g/s）[15]。池火的燃烧速率与火焰的热释放速率直接相关，决定了浮力池火的燃烧强度。

本质上，凝聚相燃料池火中，燃料的热解-蒸发行为受火焰带来的热反馈作用控制，凝聚相燃料又为池火燃烧源源不断地提供可燃蒸气，形成了一个反馈循环的过程。在油池中燃料被点燃后，在此反馈循环过程中，池火的燃烧速率不断增大[16]。在理想无风开放空间的环境，池火燃烧最终会达到准稳定状态，此时燃烧速率会达到一个接近稳定的值。在火灾和燃烧领域研究中，一般取池火在准稳定燃烧阶段的燃烧速率进行分析。从传热的基本原理出发，池火燃料表面接收的热反馈可分为热传导（$\dot{Q}_{cond}$）、热对流（$\dot{Q}_{conv}$）与热辐射（$\dot{Q}_{rad}$）三部分（图 2-2）。热传导是指油池壁面受到火焰直接接触加热作用升温，并与油池中燃料接触换热的过程；热对流是指在浮力诱导作用形成的自然对流边界层内，高温火焰气体与油池表面燃料对流换热的过程；热辐射则是指火焰中热辐射对燃料表面的辐射加热过程。

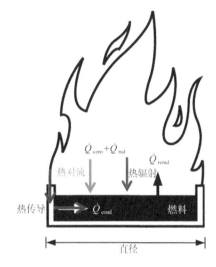

图 2-2　池火液面热反馈的三种传热方式

在实际场景中，池火存在明显不同的尺度，例如，蜡烛火的尺度在 10^{-3} m 量级，油罐火的尺度可达 10 m 量级。为了研究油池尺寸对燃烧速率的影响，学者开展了针对性的研究。Blinov 和 Khudyakov[12]通过大量实验发现了池火燃烧速率随油池尺寸增加的非单调变化规律，提出了尺度效应经典理论。如图 2-3 所示，在不同液面热反馈机制主控作用下，池火燃烧速率随油池直径（D）先减小后增大，最后趋于不变。

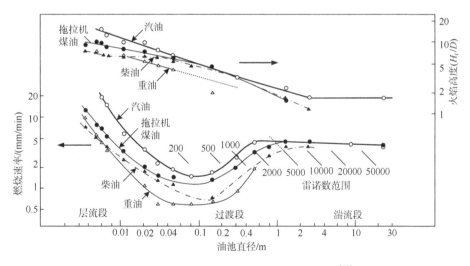

图 2-3　池火燃烧速率随油池直径变化规律[18]

对于火焰呈层流状的小尺寸池火，油池的面积-周长比较小，由于传导热与油池的周长存在线性函数关系，此时池火的燃烧速率受火焰传导热主控；对流热和辐射热都正比于油池面积，随着油池直径增加，传导热的作用逐渐减小，辐射热反馈作用逐渐超过自然对流传热作用；Babrauskas[17]指出当 $D > 0.2$ m 时，辐射传热会成为湍流池火液面热反馈的主控机制，对于绝大多数碳氢燃料，此时池火的单位面积燃烧速率 $\dot{m}''$ 可以表达为

$$\dot{m}'' = \dot{m}''_\infty \left(1 - \mathrm{e}^{-\kappa\beta D}\right) \tag{2-1}$$

式中，$\dot{m}''_\infty$ 为油池接近无穷大时达到的燃烧速率；κ 为火焰吸收-发射系数（m^{-1}）；β 为平均光程修正系数。

2013 年，Ditch 等[19]基于燃料液面热反馈分析，推导出了适用于对流或辐射传热主控机制条件下的池火燃烧速率表达式，仅需要获取油池直径、燃料汽化热和火焰的烟点高度便可预测池火的燃烧速率，提高了式（2-1）的适用性。

2.2.2 火焰卷吸与火焰形态

在竖直向上的浮力诱导作用下，池火燃烧产生的高温气相火焰向上升起，与周围常温的空气相互交汇，在浮力羽流外侧形成的涡旋结构使得空气（即氧化剂）被火焰吞没，这种在燃烧过程中将空气带入浮力羽流的行为通常称为卷吸（entrainment）[4, 20-23]。对于湍流扩散燃烧的池火，空气被卷入火焰后会进一步与高温燃气发生局部湍流混合，但其中仅有一部分空气会被用来维持燃烧，其余大部分空气（约 90%）[20]会稀释燃烧产物并在浮力对流的作用下竖直向上输运。目前，测量火焰卷吸速率的常用方法有四种[4]：第一种方法是通过测量火焰轴线方向上的速度和温度，利用理想气体定律计算火焰气体密度，并进一步估算火焰径向流率和火焰卷吸速率[24]；第二种方法是将火焰放入封闭空间，并维持该空间质量平衡，通过直接测量供应空气的质量流率来估算卷吸速率[25]；第三种方法是从稳定分层的燃烧产物中取样并进行气相色谱分析，基于质量守恒和组分守恒方程计算得到火焰卷吸速率[26]；第四种方法是通过激光多普勒测速仪、粒子图像测速仪[27]等精密光学仪器直接测量火焰周围的卷吸速度场。图 2-4 分别展示了直径为 1 m 的甲烷池火周围卷吸流场紫外图像，以及通过粒子图像测速仪测得的瞬时和平均卷吸速度场矢量图，可以看到在池火周围存在明显火焰卷吸诱导的空气流动。

火焰卷吸速率会直接影响池火火焰的规模与形状、燃烧效率、碳烟生成及火焰热辐射。对于一个轴对称的圆形或者方形池火，Delichatsios[20]基于火焰动力学与相似性分析，以油池直径（D）为特征参数，提出了火焰卷吸速率（$\dot{m}_{ent}$）在不同火

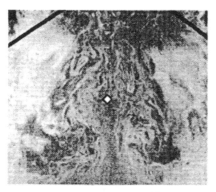

（a）卷吸流场紫外图像

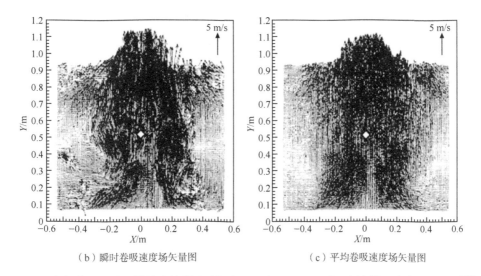

（b）瞬时卷吸速度场矢量图　　　　　　（c）平均卷吸速度场矢量图

图 2-4　直径为 1 m 的甲烷池火的卷吸流场紫外图像，以及瞬时和平均卷吸速度场矢量图[27]

焰高度位置（Z）处的函数关系式：

$$\frac{\dot{m}_{\text{ent}}}{(s+1)\dot{m}_{\text{f}}}Fr_{\text{f}} \sim \begin{cases} (Z/D)^{5/2}, & \text{油池表面附近区域} \\ (Z/D)^{3/2}, & \text{火焰颈缩区域} \\ (Z/D)^{1/2}, & \text{下游至火焰尖端以下区域} \end{cases} \qquad （2\text{-}2）$$

式中，火焰卷吸速率在油池表面附近区域正比于 $(Z/D)^{5/2}$，在火焰颈缩区域正比于 $(Z/D)^{3/2}$，继续往火焰下游直至火焰尖端以下区域则正比于 $(Z/D)^{1/2}$；s 为化学计量的空气-燃料质量比；$\dot{m}_{\text{f}}$ 为燃料质量供应速率（kg/s）；Fr_{f} 为火焰弗劳德数。Zhou 和 Core[22]通过粒子图像测速仪测量并获取了池火卷吸速率数据，发现无量纲卷吸速率与无量纲沿轴线方向上距离存在幂次律关系，验证了式（2-2）的有效性。

　　火焰卷吸行为伴随着涡旋结构的产生与耗散[28]，前人通过大量实验发现池火火焰的涡旋脱落频率（即火焰振荡频率）具有明显的周期性。火焰的不稳定性机制是火焰热流体发生振荡的本质，对于初始燃料动量较低的池火，瑞利-泰勒（Rayleigh-Taylor，R-T）不稳定性是其火焰周期性脉动的主控机制。在重力场的作用下，高温的浮力扩散火焰密度要低于周围环境密度，低密度的火羽流向高密度周围环境推进，形成了 R-T 不稳定现象。图 2-5 展示了一组池火燃烧时典型浮力扩散火焰时间序列图，时间间隔为 0.02 s，可以观察到火焰尖端做周期性运动。

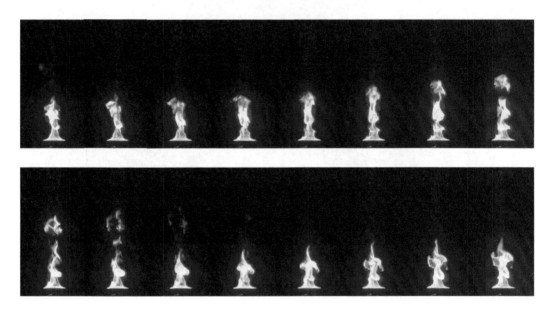

图 2-5　直径为 15 cm 的池火燃烧时典型浮力扩散火焰时间序列图

Hamins 等[29]论证了该种振荡机制与火焰燃烧的关系，通过实验发现非燃烧的等温氦羽流也存在脉动现象，并且发现高温羽流与池火火焰振荡频率不同，这是因为燃烧火焰通过燃烧源源不断地产生热量维持火焰的密度差，而非燃烧的羽流密度差随着与空气不断的卷吸掺混而减小。Cetegen 和 Dong[30]进一步总结了浮力扩散池火存在曲张（varicose）和蜿蜒（sinuous）两种脉动模式（图 2-6）。结合大量实验数据，前人总结发现火焰振荡频率（f）与油池直径（D）的平方根成反比（$f \propto D^{-0.5}$），即池火火焰振荡频率随着油池直径增大而减小，并且发现同种气体燃料的热释放速率对火焰振荡频率的影响很小。Hamins 等[29]、Malalasekera 等[31]又提出池火振荡频率可以用斯特劳哈尔数（Sr）与弗劳德数（Fr）间的函数关系来表达，即 $Sr \propto (Fr)^{-0.5}$，其中，$Sr = fD/V_f$，$Fr = V_f^2/(gD)$，该关系式与 $f \propto D^{-0.5}$ 本质上是一致的。2015年，Hu 等[32]通过对中小尺度乙醇池火颈缩和不稳定性机制进行研究，根据不稳定性定义了火焰三种不稳定模式，分别为扩展 R-T 不稳定性、常态 R-T 不稳定性及膨化（puffing）不稳定性。他们的研究认为火焰颈缩现象是由火焰根部浮力诱导卷吸造成的，火焰根部附近形成的大尺度涡旋结构像泵一样卷吸周围的空气。2018 年，Moreno-Boza 等[33]使用甲醇和正庚烷液体燃料研究了池火发生振荡的临界条件，实验中发现油池直径为 2 cm 左右时开始振荡，并给出了池火振荡的临界瑞利数（Ra）。

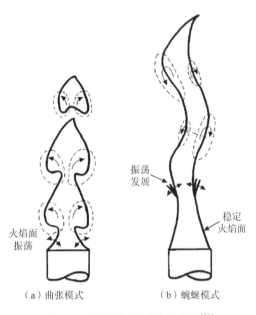

（a）曲张模式　　　　（b）蜿蜒模式

图 2-6　池火的振荡模式示意图[30]

　　浮力控制的湍流扩散池火火焰结构非常复杂，火焰从振荡层流底部上升到明亮火焰的中心区域，最终在火焰碎片组成的间歇燃烧区结束（图 2-5）。火焰高度是量化表征池火火焰行为最直观的、最重要的参数之一。从物理本质上来说，池火火焰高度代表火焰燃烧区向浮力羽流区过渡的边界。但是对于绝大多数池火，池火火焰本身具有复杂的湍流输运特性，火焰高度在时间和空间上不断地发生脉动。为了更好地量化及表征池火火焰高度，Zukoski 等[34]建议将火焰出现间歇性（intermittency）概率为 0.5 位置处的竖直高度作为平均火焰高度（L）（图 2-7）。此外，基于火焰的脉动特性，火焰尖端会存在最高位置及最低位置。基于火焰间歇性概率曲线的最大斜率，他们定义了表征池火火焰出现间歇性的特征尺度（L_l），并且发现 L_l 与 L 的比值随池火火源热释放速率的减小而增大。先前的研究大多使用图像观察法和特征参数法测量池火的平均火焰高度，但是图像观察法需要对火焰图

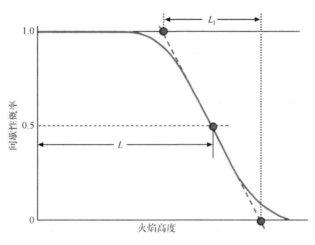

图 2-7　池火的间歇性概率曲线[36]

像逐帧处理，过程较为烦琐，受人为主观因素影响大；特征参数法需要使用精密设备测量火焰内部参数（如压力），对设备要求较高。为了提供一种简便而又准确的火焰高度提取方法，陈志斌等[35]基于火焰图像亮度统计分析原理，使用 MATLAB 编制了图像分析算法。通过该算法，结合拍摄的火焰视频，研究者便可以直接获取池火火焰轮廓的时空分布概率云图。

火焰高度受到很多控制因素的影响，包括池火燃烧速率、油池几何形状、燃料特性及火焰卷吸行为等。值得注意的是，火焰高度与空气或氧气的卷吸量成反比。前人对池火火焰高度进行了广泛的研究，并建立了无量纲火焰高度与不同的无量纲参数之间的表达式，包括 Thomas 等[37]提出的 $\dot{Q}^2/(gD^5)$、Steward[38]提出的燃烧数 N_{co}、Zukoski 等[34]提出的经典的无量纲火源功率 $\dot{Q}^* = \dot{Q}/\left(\rho_\infty C_P T_\infty g^{0.5} D^{2.5}\right)$、Heskestad[39]提出的 N 数（正比于 $\dot{Q}^{*2}$），以及 Delichatsios[20]提出的火焰弗劳德数 Fr_f。池火火焰高度与无量纲火源功率 $\dot{Q}^*$ 的函数关系可表达为

$$L/D \sim \dot{Q}^{*2/5} \tag{2-3}$$

式（2-3）的适用范围为 $1 < \dot{Q}^* < 100$。当 $\dot{Q}^*$ 为 $0.1 \sim 1$ 时，L/D 与 $\dot{Q}^{*2/3}$ 呈函数关系；当 $\dot{Q}^* < 0.1$ 时，对应油池直径较大，形成了大面积池火[40]，此时火焰较为分散，呈现为一簇簇独立小火焰的形态，L/D 与 $\dot{Q}^{*2}$ 呈函数关系。

以上火焰高度的表达式都是基于火焰卷吸理论推导出的，但是被大尺度涡旋卷吸的空气并不会在火羽流边界层附近及时与燃气掺混、反应。在池火火焰内部湍流掺混速率控制下，燃料蒸气与部分空气进一步发生燃烧。de Ris[41]指出人们对于空

气被火焰卷吸后的湍流掺混行为仍然缺乏认识，火焰高度模型或许可以通过火焰湍流掺混特征参数进行推导。2017 年，Lei 和 Liu[42]采用空气与燃料的湍流输运理论，基于前人测量的池火与非反应羽流的速度和质量分数基础数据，结合湍流黏度、湍流扩散率等参数，推导出无量纲火焰高度与$\dot{Q}^{*2/5}$呈函数关系，从另一角度证实了前人基于卷吸理论推导的火焰高度公式。

2.2.3　火焰热辐射

辐射是能量传递的一种重要方式。在大尺度油罐火灾中，高温火焰热辐射是造成人员伤亡和财产损失的最主要危险源。此外，前面已经提到，在大尺度池火中，火焰热辐射也是燃料液面热反馈的主控机制。因此，研究火焰热辐射无论对池火基础研究还是对火灾工程应用都具有很高的价值。

池火的燃烧产物主要包括气相产物（一氧化碳、二氧化碳、水蒸气等）和未燃碳烟（即碳黑），其中，气相辐射对波长具有选择性，不同气体吸收和发射辐射能的能力有明显差异，因此气相辐射往往集中分布在光谱的特定位置，并产生离散的带状光谱；碳烟辐射是固体辐射，在高温条件下碳烟颗粒的原子能级跃迁释放出光子，可以发射和吸收全部波长范围内的辐射能，因此碳烟辐射在可见光与红外光谱范围内发散出的辐射是连续的[43-45]。池火火焰辐射由气相辐射和碳烟辐射共同组成，碳烟辐射则是碳氢燃料池火火焰辐射的主要来源。碳烟颗粒的生成与火焰温度、燃烧产物组分浓度和分布、碳烟生成路径、碳烟体积分数（f_v）及碳烟驻留时间等息息相关。为了预测池火火焰对其燃料表面热反馈或者对外部目标辐射热流密度，需要提前获取池火火焰形态（如火焰高度（L）、油池直径（D））、火焰辐射温度及火焰发射率（包括火焰吸收-发射系数（κ）的影响）。

池火火焰形态前面已经进行了介绍，前人的研究总结了一系列火焰高度的预测模型，可以被用来计算池火火焰与外部目标的辐射视角系数。火焰温度（T_f）也是衡量池火火焰与辐射特性的重要参数之一。沿池火高度轴线方向上的火焰温度也已经被学者广泛研究，最典型的是 McCaffrey[46]提出的火焰中心线温度分布三段模型。他们通过实验发现，连续性火焰区内的火焰温升几乎为一个常数，间歇性火焰区内的火焰温升与$\left(Z/\dot{Q}\right)^{-1}$呈函数关系，超出火焰区的浮力羽流区域的火焰温升与$\left(Z/\dot{Q}\right)^{-5/3}$呈函数关系。在计算火焰热辐射时，通常将池火火焰假设为均质、等温的灰体发射体，此时灰体发射体的温度通常称为火焰平均辐射温度（也称施密特温度）[44]。实验研究表明，湍流扩散池火的施密特温度为 1200～1500 K，并且随着油池直径增大，火焰生成碳烟会增多，施密特温度会稍微减小。一般来说，辐射较弱的池火对应的火焰温度较高。

火焰发射率（ε_f）与池火火焰的辐射热流直接相关。发射率（ε）是实际物体的辐射能力和相同温度下的黑体辐射能力的比值。固体和液体的辐射能力在不同波长上的分布是不均匀的，因此实际物体的光谱发射率（ε_λ）与波长（λ）有关。但在实际应用中，一般不需要考虑不同波长范围的发射率，因此计算过程中使用池火火焰发射率在全波段上的平均值，即

$$\varepsilon_f = 1 - \exp\left(-\kappa L_m\right) \tag{2-4}$$

式中，κ 为火焰吸收-发射系数（m^{-1}）；L_m 为平均光学厚度，通常可以表达为 $L_m=3.6V_f/A_f$，其中，V_f 为池火火焰体积[8, 47]，A_f 为池火火焰面积。通常假设无风条件下池火的形状为圆锥或者圆柱。Raj 和 Prabhu[48]总结了测量池火火焰发射率的三种方法：①针对辐射主控池火，基于质量损失速率估算池火火焰发射率；②将电加热高温发射物体或黑体放到火焰后面，使用红外热像仪测量总辐照强度，基于火焰辐射基本原理，预测池火火焰发射率；③使用双色高温计测量池火火焰发射率和温度。

火焰辐射释放的总能量 $\dot{Q}_{rad}$ 占池火燃烧的总热释放速率 $\dot{Q}$ 的比例 χ_r 称为辐射分数，$\chi_r = \dot{Q}_{rad}/\dot{Q}$。Orloff 和 de Ris[8]结合不同尺度（0.1～0.7 m）池火辐射基础数据，假设单位湍流扩散火焰体积的热释放速率 $\dot{Q}'''$ 为定值（1200 kW/m³），提出了池火辐射分数的估算模型：

$$\chi_r = \frac{3.6\sigma T_f^4 \chi_A}{\dot{Q}''' L_m}\left[1 - \exp\left(-\kappa L_m\right)\right] \tag{2-5}$$

单点源模型和固体模型常被用来测量目标表面接收辐射能量的集中程度，它通常可以用接收目标单位面积通过的辐射量（$\dot{q}_f''$，kW/m²）来表示。其中，单点源模型主要用来计算距离池火较远的目标，对池火近场区域辐射预测效果较差。该模型首先将池火的辐射视为各向同性，把辐射热流计放置在距离池火足够远的位置，Hamins 等[49]建议与池火轴线的距离大于等于 5 倍油池直径，放置高度为火焰高度的40%附近，假设存在一个辐射点源位于火焰中心向周围空间呈球状辐射（图 2-8）。

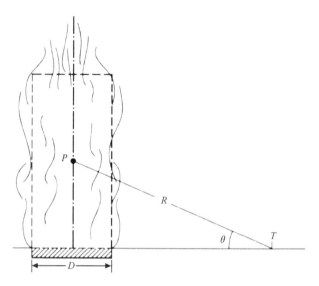

图 2-8　池火的单点源模型[50]

辐射热流计与火源中心的距离可定义为球的半径（R），此时池火火焰辐射释放的总能量可被简单估算为

$$\dot{Q}_{rad} = 4\pi R^2 \dot{q}_f'' / \cos\theta \tag{2-6}$$

2012 年，Hankinson 和 Lowesmith[51]首次提出了权重多点源模型来计算射流火的近场及远场辐射，其假设火焰轴线上均匀分布 N 个辐射点源，每个辐射点源权重为 w_i，每个点源的权重通过狭缝辐射热流计测量确定，将多点辐射热流密度累加求和可得到火焰对目标的总辐射。Zhou 等[52]、White 等[53]将多点源模型推广到圆形、方形及线性的池火辐射计算。

固体模型将油池浮力扩散火焰假想为竖直火焰圆柱、棱柱或者圆锥，假设整个池火火焰为均质的灰体发射体，通过火焰外表面以施密特温度和发射率（ε_f）向外辐射能量。外部目标接收池火火焰辐射热流密度可以表达为火焰面发射功率（E）、辐射视角系数（F）和大气透射率（τ）的乘积[54]：

$$\dot{q}'' = EF\tau \tag{2-7}$$

式中，火焰面发射功率 $E = \varepsilon_f \sigma \overline{T}_f^4$，其中，$\sigma$ 为斯特藩-玻尔兹曼常数，5.67×10^{-8} W/(m²·K⁴)；大气透射率 τ 与空气对辐射的吸收和散射物理过程相关，其中，空气中吸收热辐射的主要成分为水蒸气和二氧化碳。基于多点源模型的思想，Zhou 和 Wang[55]进一步改进了固体模型，考虑了火焰温度沿竖直火焰高度方向上的变化，将

圆柱形火焰分为 N 层相同高度的圆柱微元。结合 McCaffrey 提出的经典池火火焰中心线温度分布三段模型，估算逐层圆柱的火焰温度，最后求和得到圆柱池火火焰面对外部目标的辐射热流密度：

$$\dot{q}_f'' = \sum_{i=1}^{N} E_i F_i \tau \qquad (2\text{-}8)$$

式中，F_i 为每层火焰圆柱与辐射目标之间的辐射视角系数，通常可用查表法直接获取；E_i 为每层火焰圆柱的发射功率。

油池直径增加之后，燃料表面可能富集大量可燃蒸气，形成燃料蒸气锥，影响燃料的辐射传热及化学反应过程，火焰碳烟生成特性也会因此发生变化，从而进一步影响火焰的辐射特性。基于前人测量的不同燃料池火火焰辐射分数数据，Koseki[18] 总结发现对于大多数碳氢燃料（如汽油、柴油）池火，当油池直径小于 5 m 时，池火的辐射分数为 0.4～0.5（图 2-9）；当油池直径大于 5 m 时，油池燃烧会产生浓厚的黑烟并笼罩在湍流火焰的外部，间歇性地遮蔽了部分发光火焰，影响了火焰向外的辐射输出，使得辐射分数随油池直径增大而下降，该过程也称辐射阻隔（radiation blockage）[56] 效应。对于乙醇或者甲醇等碳含量相对较低的燃料，其燃烧火焰中含有的碳烟相对较少，碳烟辐射也相对较少，因此辐射分数相对较低（为 0.1～0.2）。

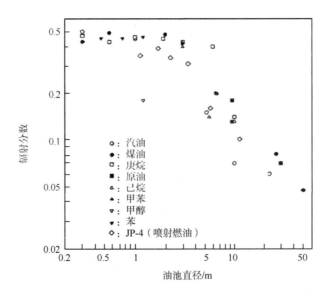

图 2-9　不同燃料池火的火焰辐射分数随油池直径的变化[18]

2.3　不同边界条件下的池火燃烧特性

2.2 节主要介绍了经典无风开放空间条件下的池火燃烧行为，实际发生的火灾往往受到不同边界条件的影响。池火燃烧中的热质传递行为、流动行为和化学反应等都将发生本质性改变，影响了池火燃烧特性与火焰行为。近 20 年来，各国学者尤其是我国学者围绕环境风、低压等不同边界条件下的池火燃烧行为展开了广泛的研究，取得了一系列成果和进展。本节将主要介绍不同边界条件下池火燃烧特性、火焰行为与无风开放空间条件下池火的区别，并从物理机制上进行剖析和总结。

2.3.1　环境风作用下的池火

在大多数情况下，火灾发生在室外，极易受到室外环境风的影响。在无风环境下，池火浮力扩散火焰受热浮力控制；在环境风条件下，池火会同时受到火羽流热浮力与惯性力的作用[2]。图 2-10 为池火风洞燃烧实验典型图片，人们可以直接观察到火焰向下游倾斜，宏观形态发生变化。这种火焰形态的变化让燃料液面热反馈的传热机制变得更加复杂。首先，无风条件下中心对称的油池壁面热传导（$\dot{Q}_{cond}$）变为沿平行于风向的油池中心线轴对称分布。一方面，背风侧会因火焰向下游偏移而更多地接触油池壁面，提升了下游火焰对壁面的导热系数；另一方面，油池迎风侧的火焰变少，同时会受到环境风的冷却作用，减弱了迎风侧热传导效应。随着环境风速的增大，池火由浮力诱导的自然对流主控机制逐渐向强迫对流主控机制转变，油池燃料表面尤其是迎风侧附近的热边界层明显变薄，增强了对流换热系数与对流热反馈（$\dot{Q}_{conv}$）。环境风下的火焰碳烟生成和火焰辐射特性会发生变化，火焰向下游倾斜可能造成燃料表面与火焰之间的辐射视角系数减小，从而影响燃料液面的辐射热反馈（$\dot{Q}_{rad}$）。

Blinov 和 Khudyakov[12]报道过环境风作用下池火燃烧速率数据，发现 1.3 m 直径池火的燃烧速率在 3 m/s 风速条件下相对于无

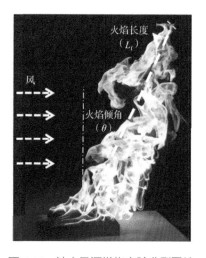

图 2-10　池火风洞燃烧实验典型图片

风环境增加了 40%，原因是火焰燃料–空气掺混更加充分导致了燃烧反应。Babrauskas[17]基于 Blinov 和 Khudyakov 的池火燃烧速率数据得到了环境风作用下池火燃烧速率（$\dot{m}''_{\text{windy}}$）与无风环境下池火燃烧速率（$\dot{m}''_{\text{still}}$）的关系式：

$$\frac{\dot{m}''_{\text{windy}}}{\dot{m}''_{\text{still}}} = 1 + 0.15 \frac{u}{D} \qquad (2\text{-}9)$$

式中，D 为油池直径；u 为环境风速。

Woods 等[57]实验研究了油池直径为 7.5～30 cm 甲醇燃料池火燃烧速率随风速的变化规律，发现其燃烧速率随风速的变化规律与油池直径相关。当油池直径为 7.5 cm 或者 10 cm 时，燃烧速率随风速增加呈单调递增趋势，从无风到风速为 5.5 m/s，燃烧速率大约增加了 2.5 倍；当油池直径为 30 cm 时，燃烧速率基本保持不变；当油池直径为 15 cm 或 20 cm 时，燃烧速率随风速增加呈先增后减的非单调变化趋势。Hu 等[58]使用正庚烷燃料实验研究了光学薄（optically thin）、中尺度（油池直径为 25～70 cm）池火燃烧速率随环境风速的演变规律。研究发现对于不同尺度池火，燃烧速率随风速增加多次出现转折变化现象，这些燃烧速率的转折行为是由热反馈传热机制与油池迎风侧火焰脱离行为耦合作用导致的。其中，迎风侧火焰脱离行为同时受化学反应时间和驻留时间控制，在环境风影响下，驻留时间变短，导致驻留时间与化学反应时间之比减小。

通过总结前人实验研究结果可以发现，环境风作用下的池火燃烧速率变化规律受油池直径（D）、环境风速（u）、燃料类型等因素共同影响，究其本质原因是热反馈机制的复杂转折与变化。为了系统性探究尺度效应对环境风作用下池火燃烧速率的影响，Hu 等[59]研究了 0～3 m/s 环境风速条件下，油池直径为 5～25 cm 汽油燃料池火燃烧速率的变化规律。实验发现，在特定的环境风速范围内，池火的燃烧速率随着油池直径的增加而减小（图 2-11），这与无风环境下经典的尺度效应理论相反。Hu 等[60]又进一步深入量化分析了 0～3 m/s 环境风速条件下，油池直径为 10～25 cm 的乙醇和正庚烷燃料的中小尺度池火三种热反馈占比随风速的演变行为。在该风速范围内，迎风侧火焰没有发生脱离现象，迎风侧油池壁面温度因环境风冷却作用随风速增加而降低，另外三个油池壁面温度随风速增加而升高，整体的传导热反馈（$\dot{Q}_{\text{cond}}$）随风速增加而增加；由于池火火焰向下游倾斜，火焰辐射热反馈（$\dot{Q}_{\text{rad}}$）随风速增加而逐渐减小，在风速较强时，几乎可以忽略不计；对流热反馈（$\dot{Q}_{\text{conv}}$）随风速增加而增加，并且逐渐成为液面热反馈的主控机制（尤其是对于尺度相对较

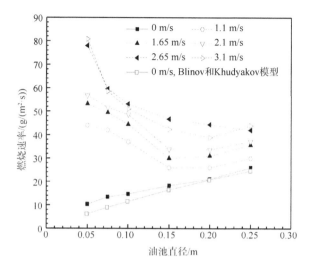

（a）环境风作用下不同尺度池火燃烧速率变化

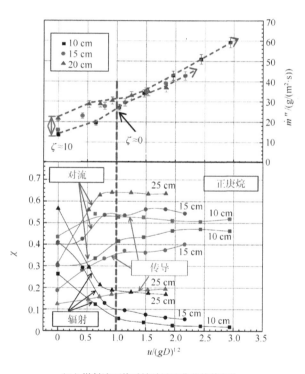

（b）燃料液面热反馈随风速弗劳德数变化

图 2-11　环境风作用下不同尺度池火燃烧速率变化和燃料液面热反馈随风速弗劳德数变化[60]

ζ 为同一风速下不同尺度油池燃烧速率差值

大的正庚烷池火）。基于边界层扩散燃烧理论，他们又进一步提出了基于对流传热主控机制，预测环境风作用下池火燃烧速率的滞止膜模型：

$$\dot{m}'' \sim \left(u/D\right)^{1/2}\left(\frac{\rho_{\mathrm{g}}^{1/2}k_{\mathrm{g}}}{\mu_{\mathrm{g}}^{1/2}C_P}\right)\ln\left(1+B/\chi_{\mathrm{conv}}\right) \tag{2-10}$$

式中，B 为斯波尔丁 B 传递数（Spalding B number），是控制燃烧行为最重要的化学参数，表示单位质量的燃料化学反应放热与有效汽化热的比值；ρ_{g} 为气相密度（kg/m³）；C_P 为比定压热容（kJ/(kg·K)）；k_{g} 为气相导热系数（W/(m·K)）；μ_{g} 为动力黏度（N·s/m²）；χ_{conv} 为对流热反馈占比；B/χ_{conv} 为修正后的斯波尔丁 B 传递数，同时考虑辐射和传导热反馈。式（2-10）适用于风速弗劳德数 $u/\left(gD\right)^{1/2}>1$ 的条件。

之前有关环境风作用下池火燃烧速率的研究主要针对中小尺度油池，关于大尺度池火的研究仍然不多。2019 年，Yao 等[61]通过综合对比大量前人实验研究数据，发现环境风会显著提升中小尺度（油池直径 < 0.2 m）池火的燃烧速率。随着油池直径的不断增大，完全发展为湍流的大尺度池火燃烧受火焰及烟气的辐射传热机制主控，环境风对池火燃烧速率的影响越来越小。2015 年，Lam 和 Weckman[62]研究了直径为 2 m 的 Jet-A 型航空燃料池火随风速的变化规律，当风速为 7～10 m/s 时池火燃烧速率增加较快。2022 年，Lei 等[63]研究了直径为 7～20 m 的航空煤油、柴油燃料池火燃烧速率在更广风速范围内（0～17 m/s）随风速的变化关系，发现燃烧速率随风速的增加上升到峰值后趋于平稳。这些实验结果表明当达到一定临界风速时，大尺度池火达到渐近燃烧速率，受辐射热反馈机制主控。

池火的火焰形态与周围流体的流动密切相关，从某种程度上可以将明亮的火焰视为一种天然的流场示踪剂。在环境风作用下池火形态会发生显著变化，火焰沿风向下游偏转会形成火焰倾角（θ），火焰长度（L_{f}）也会受到影响（图 2-10），这两种形态参数直接影响火焰对外热辐射通量。向下游倾斜的火焰可能直接接触或者通过辐射引燃邻近可燃物，从而引发更大规模的火灾。Welker 等[64]利用甲醇、丙酮、苯、正己烷、环己烷等燃料研究了环境风作用下不同油池直径的池火火焰形态，基于浮力扩散火焰的动量守恒分析，指出倾角会受风速弗劳德数、雷诺数（Re_{D}）和燃料蒸气-空气密度比的影响，提出了火焰倾角（θ）的预测模型：

$$\frac{\tan\theta}{\cos\theta}=3.3Re_{\mathrm{D}}^{0.07}Fr^{0.8}\left(\rho_{\mathrm{g}}/\rho_{\infty}\right)^{-0.6} \tag{2-11}$$

式中，ρ_{∞} 为空气密度（kg/m³）；雷诺数的指数较小，表明火焰倾角主要受风速弗劳德数和燃料蒸气特性的影响。此外，Thomas[65]结合环境风作用下木垛火实验数据，提出了火焰倾角余弦值与无量纲环境风速 u^* 的表达式，$\cos\theta=0.7u^{*-0.49}$，其中，$u^*=u/\left(g\dot{m}''D/\rho_\infty\right)^{1/3}$，$\left(g\dot{m}''D/\rho_\infty\right)^{1/3}$ 可以视为燃料上升的特征速度。美国燃气协会（American Gas Association，AGA）基于无量纲环境风速 u^* 得到了火焰倾角的分段函数：

$$\cos\theta=\begin{cases} 1, & u^*\leqslant 1 \\ \dfrac{1}{\sqrt{u^*}}, & u^*>1 \end{cases} \qquad (2\text{-}12)$$

基于池火火焰区域内浮力诱导热羽流和横向环境风的质量通量守恒关系，Oka 等[66]指出火焰倾角正切值与风速弗劳德数、无量纲火源功率（$\dot{Q}^*$）存在函数关系（function，记为 fcn），即 $\tan\theta\sim\text{fcn}\left(Fr,\dot{Q}^*\right)$。如式（2-11）和式（2-12）所示，之前预测火焰倾角公式大多没有衡量池火火源功率在不同风速下的变化。2013 年，Hu 等[67]通过分析火焰微元浮力上升特征速度和水平环境风速相互竞争关系，推导并提出了表征火焰倾角的无量纲特征参数：

$$\tan\theta\sim\left(\frac{\rho_\infty C_P T_\infty^2 u^5}{\dot{m}''D^2\Delta H_c g^2\Delta T_f}\right)^{1/5} \qquad (2\text{-}13)$$

式中，T_∞ 为环境温度（K）；ΔH_c 为燃料的燃烧热（kJ/kg）；g 为重力加速度（m/s^2）；ΔT_f 为火焰和周边环境的温差（K）。式（2-13）考虑了池火燃烧速率随环境风速的变化。随后，式（2-13）又被证实可用来预测丙酮池火和油池直径为 0.7 m 的正庚烷池火火焰倾角。

在环境风惯性力与火焰热浮力耦合作用下，火焰向下游偏移并被拉长。前面已经提到，无风条件下火焰高度受火焰卷吸行为的影响，火焰高度与空气卷吸速率成反比[15]。在环境风作用下，火焰热流体本身的湍流特性、环境风的湍流特性及它们之间复杂相互作用使池火的卷吸行为变得异常复杂。在火焰迎风侧，两种流体交汇产生的速度差引发了开尔文-亥姆霍兹（Kelvin-Helmholtz，K-H）不稳定性，形成了大尺度涡旋，该涡旋结构会促进燃料与空气中氧化剂的掺混，加剧了化学反应；在火焰背风侧，由于重力的作用，涡旋结构和火焰卷吸可能会被抑制。因此，很难对环境风作用下火焰整体的卷吸速率进行定量评估。之前有关环境风作用下池火倾斜火焰长度的研究相对较少，Thomas[65]开展了环境风作用下木垛火的燃烧实验，给出了环境风作用下倾斜火焰长度的经验表达式：

$$\frac{L_f}{D} = a_1 \left(\frac{\dot{m}''}{\rho_\infty \sqrt{gD}} \right)^{a_2} u^{*a_3} \tag{2-14}$$

式中，a_1、a_2、a_3 分别为通过拟合得到的经验指数，这些经验指数的数值在不同研究中存在区别；u^* 为无量纲环境风速。

不同于火源功率保持不变的气体燃料池火，对于环境风作用下的液体燃料池火，不仅池火火焰卷吸行为会发生变化，而且燃料蒸发燃烧过程和燃料性质会影响倾斜火焰长度。Hu 等[68]以正庚烷、乙醇为典型燃料，研究了不同尺度（油池直径为 10 ~ 25 cm）池火倾斜火焰长度随风速演变规律，实验结果表明池火火焰在环境风作用下被明显拉长。随后，他们进一步提出了考虑池火燃烧速率增量的倾斜火焰长度表达式：

$$\frac{L_f}{D} = \frac{L}{D} + 2.48 \left(\frac{u}{\sqrt{gD}} \cdot \frac{s\Delta H_c}{M_{fuel}\Delta H_{fg}} \cdot \frac{M_{o_2}}{\rho_\infty Y_{o_2,\infty}} \right) \tag{2-15}$$

式中，s 为化学计量的空气-燃料质量比；ΔH_{fg} 为有效汽化热；M 为摩尔质量。式（2-15）是基于小尺度池火燃烧速率随环境风速单调递增的前提得出的，对于燃烧速率随风速非单调变化的中尺度、大尺度池火的适用性还有待进一步验证。

除了火焰倾角与倾斜火焰长度这两个典型特征参数，池火在环境风作用下还会形成一些特殊的火焰形态结构，如火焰下洗长度、火焰贴地长度（图 2-12）。

（a）火焰下洗

（b）火焰贴地

图 2-12　环境风作用下的池火火焰下洗[69]与贴地[70]行为典型图片

对于油池表面凸出地面一定高度的池火，在环境风作用下，蒸发的燃气顺着油池背风侧边沿下沉（即火焰下洗行为）受两方面因素影响：一方面，燃料蒸气的密度比周围空气更大；另一方面，在环境风作用下油池的背风侧形成了反向涡旋结构。

火焰下洗长度（H_s）一般被定义为油池表面与底部下沉火焰的距离。随着风速的增加，火焰下洗长度可能拉长，直至触碰地面。在触碰地面之后，火焰会继续沿地面向下游方向发展，从而进一步形成火焰贴地长度（ΔD）。对于油池表面与地面平齐的池火，相对空气密度较大的燃气被风拖曳，使得空气-燃气混合物会超出油池背风侧边缘，沿着地面随风向下游延伸，也会造成火焰贴地行为。火焰贴地长度（ΔD）被定义为油池背风侧边沿至火焰由于浮力作用离开地面抬升处的水平距离。

Lautkaski[71]曾报道过直径为 52 m 的己烷油罐火灾的火焰下洗长度数据；Rew 等[72]经验性地指出火焰下洗长度大约为相同风速条件下油罐火火焰贴地长度的1/3。Zhang 等[69]使用直径为 10~20 cm 的气体扩散燃烧器研究了不同风速条件下扩散火焰下洗长度随火源功率的变化规律。他们发现火焰下洗长度随风速增加而增加，随油池直径增加而减小。火焰接触地面的临界风速随油池直径和凸出地面高度增加而增加，随着火源功率增大而减小。根据相似性分析，他们提出了一种新的特征长度尺度 $\rho_\infty u^2 / (\rho_\infty - \rho_f) g$ 来表征扩散火焰下洗长度，同时给出了下洗火焰触碰地面的临界风速表达式。

环境风下的池火火焰贴地长度受燃料-空气密度比、风速弗劳德数共同影响。Welker 和 Sliepcevich[73]、Moorhouse[74]、Mudan[54]、Lautkaski[71]分别根据不同烃类池火火焰贴地长度（ΔD）实验数据，提出了无量纲火焰贴地长度的经验表达式：

$$\frac{D + \Delta D}{D} \propto Fr^{b_1} \left(\frac{\rho_g}{\rho_\infty} \right)^{b_2} \tag{2-16}$$

式中，b_1、b_2 为不同实验中得到的拟合系数。Raj[75]基于质量守恒、能量守恒、动量守恒等方程，同时考虑了风速、油池直径、燃料蒸气密度和池火火源功率，进一步推导出了更普适性的火焰贴地长度物理模型：

$$\frac{\Delta D}{D} = \Gamma Re_D^{-0.25} Fr^{0.5} \tag{2-17}$$

式中，特征参数 Γ 同时考虑燃料蒸气密度、燃烧热值、化学计量的空气-燃料质量比等参量的影响。

2018~2019 年，Lin 等[70, 76]研究了强风作用下中小尺度池火贴地行为的演变规律，发现火焰贴地长度随环境风速发生转折，呈现先增加后减小的趋势（图 2-13）。当环境风速较小时，在相同的化学反应特征时间内，燃料-空气混合物微元在环境风

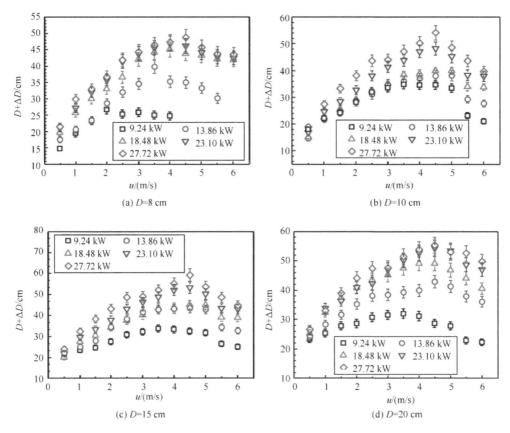

图 2-13　强风作用下池火火焰贴地长度的转折行为[76]

作用下向下游运动，火焰沿水平方向延伸，贴地长度也会变长。当环境风速较大时，环境风为扩散火焰的燃烧带来了更多的氧化剂，促进了空气卷吸，使得火焰变短。与此同时，当环境风速较大时，化学反应时间变短，达姆科勒数（Damköhler number）变小，化学反应难以维持，此时火焰可能会被吹熄。Lam 和 Weckman[62]指出当环境风速较大时，水平环境风的动量会完全压过火焰浮力通量，并主导火焰贴地行为的发生。基于环境风速、湍流扩散池火热浮力，以及空气卷吸的相互作用分析，Lin 等[76]进一步提出了无量纲空气卷吸流量（即空气卷吸体积流量（$u^2 \times \left(u^2 / g \right)^2$）与燃料完全燃烧时需要空气量（$S\dot{m}_f / \rho_\infty$）的比值）来量化火焰贴地长度、水平火焰长度、火焰高度、火焰倾角、火焰迹线等五种特征参数。无量纲空气卷吸流量适用于环境风速较大的工况，即火焰卷吸受环境风速主控。Tang 等[77]进一步研究了不同线性比矩形池火火焰贴地长度的变化规律，同样发现火焰贴地长度随风速先增后减的非单调变化趋势，指出火焰贴地长度发生转折前的峰值随线性比增加而缩短。Hu

等[78]研究了不同压强作用下火焰贴地行为的演化规律，在合肥（压强约 100 kPa）和拉萨（压强约 64 kPa）两地分别开展了池火燃烧实验，发现火焰贴地长度在低压条件下更长。这一方面是因为高原环境氧浓度较低，火焰需要拉长来卷吸足够多的空气维持燃烧；另一方面是因为低压条件下空气密度降低，燃料更易顺地面流动并燃烧。2023 年，Lei 等[79]使用开口式风洞研究了油池直径为 7 ~ 20 m 大尺度航空煤油、柴油燃料池火在 0 ~ 17 m/s 环境风速下的火焰形态，引入了特征浮力长度，并对混合分数公式进行积分，推导出了池火贴地长度的表达式。基于该表达式，他们预测了大尺度池火火焰贴地行为发生时的临界风速。对于中小尺度池火，火焰贴地行为发生时的临界风速可能仅为厘米每秒量级，因此很难预测实验室尺度下池火火焰贴地行为发生时的临界风速。

2.3.2　低压条件下的池火

由理想气体定律可以得知，周围环境空气的压强与密度成正比（$P \sim \rho$），在低压条件下，空气密度减小，空气卷吸速率可能下降。此外，格拉晓夫数（$Gr = \rho^2 g L_c^3 \Delta\theta / \mu^2$）一般被用来表征浮力与黏性力的比值，考虑动力黏度 μ、重力加速度 g 和特征尺度 L_c 在不同压强条件下基本不变，因此在低压条件下格拉晓夫数变小，可以认为扩散效应增强，这与微重力环境下对流被抑制、扩散主导燃烧过程是类似的。除此之外，高海拔地区、航天飞机都存在低压条件，研究低压条件下的池火兼具基础科学意义和工程应用价值。目前国内低压火灾实验研究主要在低压仓和西藏自治区高原火灾安全实验室实现。西藏自治区高原火灾安全实验室能够开展 64 kPa 压强条件下国际标准化组织（International Organization for Standardization，ISO）国际标准火燃烧实验和不同海拔移动车内火灾实验；中国科学技术大学火灾科学国家重点实验室配备了相同的实验条件，可开展两种典型压强条件下火灾燃烧对比实验。

池火的燃烧速率与液面热反馈密切相关，而液面热反馈与蒸发燃烧的物理-化学相关过程都与压强存在密切关系。相关实验研究表明，池火的单位面积燃烧速率与压强呈指数关系（$\dot{m}'' \sim P^n$）[80]，指数 n 又与油池直径存在关系。表 2-1 总结了前人实验研究得到的指数 n 与不同热反馈机制主控条件下油池的关系。Fang 等[81, 82]通过实验发现低压条件下池火火焰的中心线温度要高于常压条件，这与 Most 等[83]开展的低压下池火实验数据一致，在传导热主控阶段，火焰直接接触并加热油池壁面，气相火焰的导热系数及油池壁面的导热系数可近似认为与外界压强无关。与此同时，低压条件下的燃料沸点降低，因此层流小尺度池火的燃烧速率会被显著提升。对于辐射热主控和对流热主控的池火，基于辐射和对流基础传热表达式和 de Ris 等[84]提出的火灾辐射模型（radiation fire modelling）理论，他们又进一步推导发现池火燃烧速率与压强的指数 n 为 $0 \sim 1$，这与表 2-1 总结的相关实验结果吻合。但是，表 2-1 中指数 n 的数据大多是在 64 kPa 的压强条件下开展的，未来需要在不同海拔或者不同压强条件下进一步验证指数 n 的普适性。

表 2-1 不同热反馈机制主控条件下指数 n 的数值[80]

热反馈机制	D/cm	n	
传导热主控	< 7	$-0.4 \sim 0$	（D=4.5～6.8 cm）
		0	（D=6.8 cm）
对流热主控	$7 \sim 10$	$0 \sim 1$	（D=7.9～9.0 cm）
	$10 \sim 20$	1.3	（D=15.5 cm）
辐射热主控	> 20	$1 \sim 1.45$	（D=10.2～19.2 cm）
		1	（D=33.9 cm）
		1	（D=23.1 cm）

　　低压条件下的池火形貌与常压条件下也存在明显区别。图 2-14 展示了低压与常压条件下典型小尺度池火序列图片，低压条件下池火火焰偏蓝并且变得更加层流化，燃料核心区域扩大；常压条件下池火的颜色更加明亮，火焰显得更加湍流化。这是因为在低压条件下，周围空气密度减小，火焰和周围卷吸流流动变弱，空气卷吸速率下降，让火焰显得更加层流化。扩散火焰的单位体积碳烟形成正比于吸收-发射系数（κ），两者与压强强烈相关；碳烟形成的化学特征时间尺度（τ_c）则与压强的二次方成反比[85]。因此，压强降低后，碳烟形成时间变长，碳烟生成变少。因为碳烟生成减少，所以火焰辐射热损失下降，低压条件下池火的温度较常压条件下偏高。此外，因为环境空气密度（ρ_∞）降低，所以冷空气对火焰的冷却作用减弱。Markstein[86]利用小尺度池火研究了火焰温度和辐射分数的关系，发现辐射分数与火焰尖端温度（T_{ft}）和绝热火焰温度（T_{ad}）大致存在如下关系：

$$\chi_r \sim \frac{T_{ad} - T_{ft}}{T_{ad} - T_\infty} \tag{2-18}$$

因为火焰温度在低压条件下有所升高，所以低压条件下辐射分数会下降。Liu 和 Zhou[87]研究了 0.4 ~ 1 atm 条件下油池直径为 4 ~ 10 cm 的池火辐射分数变化规律，发现池火辐射分数随压强的降低而降低，证实了式（2-18）的有效性。

低压条件下池火的火焰高度和火焰振荡频率也是表征火焰特性的重要特征参数。前人研究结果表明低压条件下的池火火焰高度与油池直径存在关系。对于小尺度圆形池火，在低压条件下由于空气卷吸变弱，池火的火焰高度变大（图 2-14）。

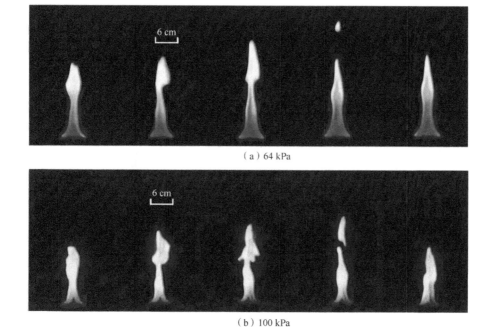

（a）64 kPa

（b）100 kPa

图 2-14　64 kPa 和 100 kPa 压强条件下油池直径为 6 cm 的典型池火序列图片

涂然[88]指出传导热主控的池火与压强存在如下关系：

$$\left(\frac{H}{D}+1.02\right)\sim \dot{Q}^{*2/5}\sim P^{-0.4} \tag{2-19}$$

当池火尺度较大时，较大尺度火焰的湍流输运和卷吸行为仍能够为火焰燃烧提供充足的氧气，因此其火焰高度几乎不受压强的影响。他们在实验中发现油池直径为 0.25 m 的正庚烷池火火焰高度在常压条件下约为 0.533 m，在 64 kPa 低压条件下约为 0.54 m。此外，低压条件下不同线性比的池火高度也与油池面积存在一定关系。Hu 等[89]研究了面积为 36 cm²、线性比（即长边与短边的比值）为 1 ~ 4 的传导热主控池火火焰燃烧特性，发现火焰高度随线性比增加而降低，并且低压条件下的火焰高度要高于常压。Tu 等[82]研究了面积为 900 cm^2、线性比为 1～8 的辐射热主控的池火火焰燃烧特性，发现 64 kPa 低压对火焰高度并没有明显的影响。

研究低压条件下池火的脉动行为对探测和防治高原火灾也具有一定意义。Fang 等[81]发现油池直径为 4～33 cm 的池火在西藏低压条件下的振荡频率会稍稍提高，他们将其归因于火焰温度的升高和对流换热比例的增大。Tang 等[90]在西藏低压条件下开展的传导热主控的不同线性比池火实验中也观察到了振荡频率提高现象。Durox 等[91]在低压仓中的实验结果却表明，射流扩散火焰的振荡频率随压强降低而提高。这可能是由于低压仓实验中的氧分压保持不变，而高原环境中氧浓度低于平原，导致火焰卷吸行为和形貌发生变化。未来需要开展更大尺度的池火实验来进一步验证和探索低压条件下池火的火焰燃烧特性。

2.4　未来挑战与研究展望

作为燃烧领域和火灾领域的经典科学问题之一，池火的研究已有 70 余年的历史。对于经典无风环境下的池火，从燃烧速率与热反馈机制，到火焰卷吸与火焰形态，再到池火火焰的碳烟生成与热辐射，大量相关研究加深了人们对池火的理解和认知。在范维澄院士的带领下，近 20 多年，我国兴起了火灾科学研究，对不同边界条件下尤其是环境风及低压条件下的池火燃烧特性（如燃烧速率、火焰形貌、火焰不稳定性、火焰热辐射）已展开了丰富的研究，取得了长足的进步，产生了一系列原创性成果。但是实际火灾中的池火涉及燃烧与湍流在多尺度时间和空间上的复杂耦合，想要完全掌握和预测池火的行为仍存在一些困难与挑战。

（1）大尺度池火的燃烧特性。前人有关池火的研究主要集中在中小尺度，大尺度池火的燃烧机制远比中小尺度池火复杂。即使在无风条件下，大尺度池火处于完全湍流阶段，大量动态涡旋结构随时间和空间不断演变，火焰根部周围卷吸流的流动行为难以精准量化。大量可燃蒸气富集在燃料表面，形成的燃料蒸气锥会使到达液面的热辐射衰减，改变了热反馈机制，与此同时，火焰外围会产生浓厚的黑烟，火焰的辐射阻隔效应明显，影响了火焰内部碳烟生成，降低了池火火焰的发射功率。这些分过程互相关联，提高了预测大尺度池火行为的难度。此外，环境风和低压条件下大尺度池火燃烧时的流动、热质传递、化学反应等过程会发生明显变化，展现出的火焰特性可能也会不同，希望未来能够得到进一步系统性的研究。

（2）湍流池火火焰组分、流场等的测量。目前有关池火组分（包括燃料、燃烧产物）、碳烟生成、火焰温度、发射率的测量大多针对沿火焰中心的轴向及不同火焰高度处的径向。为了更好地理解湍流池火燃烧的时空分布特性，未来可能需要对整个池火火焰体积不同位置处的碳烟颗粒生成、火焰温度等瞬时数据进行更全面精准的采集，深入了解池火燃烧的瞬态与时均特性。此外，目前较为先进的流场测量设备为粒子图像测速仪和激光多普勒测速仪，这是因为燃料碳含量较高的池火火焰发烟量大，火焰内部碳含量高，用现有技术手段测量尺度大、碳含量高的油池扩散火焰仍具有一定挑战性。现有的池火流场测量对象大多为中小尺度、燃料碳含量低的池火。为了加深对湍流池火周期性脉动、空气卷吸等流动行为的理解，希望下一步可以研制出适用于大尺度池火流场测量的高精度装置。

（3）池火的数值模拟。由于池火燃烧中高精度湍流反应流场、精细火焰结构等一些信息很难通过实验手段直接获取，选择数值模拟方法是一种较为可行的研究途径。数值模拟工具近些年来逐渐发展为未来燃烧与火灾领域的主流方向。但是池火燃烧过程中凝聚相蒸发燃烧、气相火焰对凝聚相燃料热反馈、多尺度火焰湍流输运等过程存在内在关联机制，给数值模拟池火燃烧行为带来了巨大挑战。例如，湍流流动与燃烧/碳烟生成复杂化学过程在多尺度空间的强烈耦合、湍流涡旋与热辐射传输在多尺度空间的复杂相互作用等关键过程仍然是数值计算中的难点。为了降低计算成本，目前在数值计算过程中对这些湍流流动、化学反应步骤等都采取了一定的简化和假设，却降低了计算精度。希望未来能够通过实验测量并获得更充实的池火参数数据库，进一步改进池火湍流燃烧过程计算程序，服务并推动火灾数值模拟工具的发展。

参 考 文 献

[1] Joulain P. The behavior of pool fires: State of the art and new insights[J]. Symposium （International） on Combustion，1998，27（2）：2691-2706.

[2] Hu L H. A review of physics and correlations of pool fire behaviour in wind and future challenges[J]. Fire Safety Journal，2017，91：41-55.

[3] Abe H，Ito A，Torikai H. Effect of gravity on puffing phenomenon of liquid pool fires[J]. Proceedings of the Combustion Institute，2015，35（3）：2581-2587.

[4] Hou X C，Gore J P，Baum H R. Measurements and prediction of air entrainment rates of pool fires[J]. Symposium （International） on Combustion，1996，26（1）：1453-1459.

[5] Klassen M，Gore J P. Structure and radiation properties of pool fires[J/OL]. （2022-08-29）[2023-11-10]. https://www.zhangqiaokeyan.com/ntis-science-report_other_thesis/02071946993.html.

[6] Sudheer S，Prabhu S V. Measurement of flame emissivity of gasoline pool fires[J]. Nuclear Engineering and Design，2010，240（10）：3474-3480.

[7] Markstein G H. Scanning-radiometer measurements of the radiance distribution in PMMA pool fires[J]. Symposium （International） on Combustion，1981，18（1）：537-547.

[8] Orloff L，de Ris J. Froude modeling of pool fires[J]. Symposium （International） on Combustion，1982，19（1）：885-895.

[9] Hamins A，Konishi K，Borthwick P，et al. Global properties of gaseous pool fires[J]. Symposium （International） on Combustion，1996，26（1）：1429-1436.

[10] Brown A，Bruns M，Gollner M，et al. Proceedings of the first workshop organized by the IAFSS working group on measurement and computation of fire phenomena （MaCFP）[J]. Fire Safety Journal，2018，101：1-17.

[11] Hamins A. Energetics of Small and Moderate-Scale Gaseous Pool Fires[R]. Gaithersburg：U.S. Department of Commerce，National Institute of Standards and Technology，2016.

[12] Blinov V I，Khudyakov G N. Certain laws governing the diffusive burning of liquids[J]. Academiia Nauk，SSR Doklady，1957，113：1094-1098.

[13] 汪箭，范维澄. 油池火蔓延过程的数值模拟[J]. 中国科学技术大学学报，1992，22（3）：361-364.

[14] 汪箭，范维澄. 非定常池火燃烧过程的数值计算和分析[C]. 西安：第三届高校工程热物理学术会议，1990：156-159.

[15] Quintiere J G. Fundamentals of Fire Phenomena[M]. Chichester：John Wiley，2006.

[16] Ahmed M M，Trouvé A. Large eddy simulation of the unstable flame structure and gas-to-liquid thermal feedback in a medium-scale methanol pool fire[J]. Combustion and Flame，2021，225：237-254.

[17] Babrauskas V. Estimating large pool fire burning rates[J]. Fire Technology，1983，19（4）：251-261.

[18] Koseki H. Large scale pool fires：Results of recent experiments[J]. Fire Safety Science，2000，6：115-132.

[19] Ditch B D，de Ris J L，Blanchat T K，et al. Pool fires—An empirical correlation[J]. Combustion and Flame，2013，160（12）：2964-2974.

[20] Delichatsios M A. Air entrainment into buoyant jet flames and pool fires[J]. Combustion and Flame，1987，70（1）：33-46.

[21] Tamanini F. Reaction rates，air entrainment and radiation in turbulent fire plumes[J]. Combustion and Flame，1977，30：85-101.

[22] Zhou X C，Gore J P. Air entrainment flow field induced by a pool fire[J]. Combustion and Flame，1995，100（1-2）：52-60.

[23] Delichatsios M A，Orloff L. Entrainment measurements in turbulent buoyant jet flames and implications for modeling[J]. Symposium （International） on Combustion，1985，20（1）：367-375.

[24] Koseki H. Combustion properties of large liquid pool fires[J]. Fire Technology，1989，25（3）：241-255.

[25] Ricou F P，Spalding D B. Measurements of entrainment by axisymmetrical turbulent jets[J]. Journal of Fluid Mechanics，1961，11（1）：21-32.

[26] Zukoski E E，Kubota T，Cetegen B. Entrainment in fire plumes[J]. Fire Safety Journal，1981，3（2）：

107-121.

[27] Tieszen S R，O'hern T J，Schefer R W，et al. Experimental study of the flow field in and around a one meter diameter methane fire[J]. Combustion and Flame，2002，129（4）：378-391.

[28] Weckman E J，Sobiesiak A. The oscillatory behaviour of medium-scale pool fires[J]. Symposium （International） on Combustion，1989，22（1）：1299-1310.

[29] Hamins A，Yang J C，Kashiwagi T. An experimental investigation of the pulsation frequency of flames[J]. Symposium （International） on Combustion，1992，24（1）：1695-1702.

[30] Cetegen B M，Dong Y. Experiments on the instability modes of buoyant diffusion flames and effects of ambient atmosphere on the instabilities[J]. Experiments in Fluids，2000，28（6）：546-558.

[31] Malalasekera W M G，Versteeg H K，Gilchrist K. A review of research and an experimental study on the pulsation of buoyant diffusion flames and pool fires[J]. Fire and Materials，1996，20（6）：261-271.

[32] Hu L H，Hu J J，de Ris J L. Flame necking-in and instability characterization in small and medium pool fires with different lip heights[J]. Combustion and Flame，2015，162（4）：1095-1103.

[33] Moreno-Boza D，Coenen W，Carpio J，et al. On the critical conditions for pool-fire puffing[J]. Combustion and Flame，2018，192：426-438.

[34] Zukoski E E，Cetegen B M，Kubota T. Visible structure of buoyant diffusion flames[J]. Symposium （International） on Combustion，1985，20（1）：361-366.

[35] 陈志斌，胡隆华，霍然，等. 基于图像亮度统计分析火焰高度特征[J]. 燃烧科学与技术，2008，14 （6）：557-561.

[36] Maynard T B，Butta J W. A physical model for flame height intermittency[J]. Fire Technology，2018，54（1）：135-161.

[37] Thomas P H，Webster C T，Raftery M M. Some experiments on buoyant diffusion flames[J]. Combustion and Flame，1961，5：359-367.

[38] Steward F R. Prediction of the height of turbulent diffusion buoyant flames[J]. Combustion Science and Technology，1970，2（4）：203-212.

[39] Heskestad G. Engineering relations for fire plumes[J]. Fire Safety Journal，1984，7（1）：25-32.

[40] Delichatsios M，Zhang J P. Ground wind generated near the base by the massive convective column of very large-scale mass fires[J]. Fire Safety Journal，2020，111：102914.

[41] de Ris J L. Mechanism of buoyant turbulent diffusion flames[J]. Procedia Engineering，2013，62：13-27.

[42] Lei J，Liu N A. Scaling flame height of fully turbulent pool fires based on the turbulent transport properties[J]. Proceedings of the Combustion Institute，2017，36（2）：3139-3148.

[43] Fang J，Wang J W，Tu R，et al. Optical thickness of emissivity for pool fire radiation[J]. International Journal of Thermal Sciences，2018，124：338-343.

[44] de Ris J. Fire radiation—A review[J]. Symposium （International） on Combustion，1979，17（1）：1003-1016.

[45] Tien C L，Lee S C. Flame radiation[J]. Progress in Energy and Combustion Science，1982，8（1）：41-59.

[46] McCaffrey B J. Purely Buoyant Diffusion Flames：Some Experimental Results[R]. Washington，D.C.：National Bureau of Standards，1979.

[47] Orloff L. Simplified radiation modeling of pool fires[J]. Symposium （International） on Combustion，

1981, 18（1）: 549-561.

[48] Raj V C, Prabhu S V. A refined methodology to determine the spatial and temporal variation in the emissivity of diffusion flames[J]. International Journal of Thermal Sciences, 2017, 115: 89-103.

[49] Hamins A, Klassen M, Gore J, et al. Estimate of flame radiance via a single location measurement in liquid pool fires[J]. Combustion and Flame, 1991, 86（3）: 223-228.

[50] Hurley M J, Gottuk D, Hall J R Jr, et al. SFPE Handbook of Fire Protection Engineering[M]. 5th ed. New York: Springer, 2016.

[51] Hankinson G, Lowesmith B J. A consideration of methods of determining the radiative characteristics of jet fires[J]. Combustion and Flame, 2012, 159（3）: 1165-1177.

[52] Zhou L, Zeng D, Li D Y, et al. Total radiative heat loss and radiation distribution of liquid pool fire flames[J]. Fire Safety Journal, 2017, 89: 16-21.

[53] White J P, Link E D, Trouvé A C, et al. Radiative emissions measurements from a buoyant, turbulent line flame under oxidizer-dilution quenching conditions[J]. Fire Safety Journal, 2015, 76: 74-84.

[54] Mudan K S. Thermal radiation hazards from hydrocarbon pool fires[J]. Progress in Energy and Combustion Science, 1984, 10（1）: 59-80.

[55] Zhou K B, Wang X Z. Thermal radiation modelling of pool fire with consideration on the nonuniform temperature in flame volume[J]. International Journal of Thermal Sciences, 2019, 138: 12-23.

[56] Brosmer M A, Tien C L. Radiative energy blockage in large pool fires[J]. Combustion Science and Technology, 1987, 51（1-3）: 21-37.

[57] Woods J A R, Fleck B A, Kostiuk L W. Effects of transverse air flow on burning rates of rectangular methanol pool fires[J]. Combustion and Flame, 2006, 146（1-2）: 379-390.

[58] Hu L H, Kuang C, Zhong X P, et al. An experimental study on burning rate and flame tilt of optical-thin heptane pool fires in cross flows[J]. Proceedings of the Combustion Institute, 2017, 36（2）: 3089-3096.

[59] Hu L H, Liu S, Xu Y, et al. A wind tunnel experimental study on burning rate enhancement behavior of gasoline pool fires by cross air flow[J]. Combustion and Flame, 2011, 158（3）: 586-591.

[60] Hu L H, Hu J J, Liu S, et al. Evolution of heat feedback in medium pool fires with cross air flow and scaling of mass burning flux by a stagnant layer theory solution[J]. Proceedings of the Combustion Institute, 2015, 35（3）: 2511-2518.

[61] Yao Y Z, Li Y Z, Ingason H, et al. Scale effect of mass loss rates for pool fires in an open environment and in tunnels with wind[J]. Fire Safety Journal, 2019, 105: 41-50.

[62] Lam C S, Weckman E J. Wind-blown pool fire. Part II: Comparison of measured flame geometry with semi-empirical correlations[J]. Fire Safety Journal, 2015, 78: 130-141.

[63] Lei J, Deng W Y, Liu Z H, et al. Experimental study on burning rates of large-scale hydrocarbon pool fires under controlled wind conditions[J]. Fire Safety Journal, 2022, 127: 103517.

[64] Welker J R, Pipkin O A, Sliepcevich C M. The effect of wind on flames[J]. Fire Technology, 1965, 1（2）: 122-129.

[65] Thomas P H. The size of flames from natural fires[J]. Symposium （International） on Combustion, 1963, 9（1）: 844-859.

[66] Oka Y, Sugawa O, Imamura T, et al. Effect of cross-winds to apparent flame height and tilt angle from

several kinds of fire source[J]. Fire Safety Science，2003，7：915-926.

[67] Hu L H，Liu S，de Ris J L，et al. A new mathematical quantification of wind-blown flame tilt angle of hydrocarbon pool fires with a new global correlation model[J]. Fuel，2013，106：730-736.

[68] Hu L H，Wu L，Liu S. Flame length elongation behavior of medium hydrocarbon pool fires in cross air flow[J]. Fuel，2013，111：613-620.

[69] Zhang X Z，Zhang X L，Hu L H，et al. An experimental investigation and scaling analysis on flame sag of pool fire in cross flow[J]. Fuel，2019，241：845-850.

[70] Lin Y J，Zhang X L，Hu L H. An experimental study and analysis on maximum horizontal extents of buoyant turbulent diffusion flames subject to relative strong cross flows[J]. Fuel，2018，234：508-515.

[71] Lautkaski R. Validation of flame drag correlations with data from large pool fires[J]. Journal of Loss Prevention in the Process Industries，1992，5（3）：175-180.

[72] Rew P J，Hulbert W G，Deaves D M. Modelling of thermal radiation from external hydrocarbon pool fires[J]. Process Safety and Environmental Protection，1997，75（2）：81-89.

[73] Welker J R，Sliepcevich C M. Bending of wind-blown flames from liquid pools[J]. Fire Technology，1966，2（2）：127-135.

[74] Moorhouse J. Scaling criteria for pool fires derived from large scale experiments[J]. EFCE Publication Series，71：165-179.

[75] Raj P K. A physical model and improved experimental data correlation for wind induced flame drag in pool fires[J]. Fire Technology，2010，46（3）：579-609.

[76] Lin Y J，Delichatsios M A，Zhang X L，et al. Experimental study and physical analysis of flame geometry in pool fires under relatively strong cross flows[J]. Combustion and Flame，2019，205：422-433.

[77] Tang F，He Q，Wen J. Effects of crosswind and burner aspect ratio on flame characteristics and flame base drag length of diffusion flames[J]. Combustion and Flame，2019，200：265-275.

[78] Hu L H，Zhang X L，Delichatsios M A，et al. Pool fire flame base drag behavior with cross flow in a sub-atmospheric pressure[J]. Proceedings of the Combustion Institute，2017，36（2）：3105-3112.

[79] Lei J，Deng W Y，Mao S H，et al. Flame geometric characteristics of large-scale pool fires under controlled wind conditions[J]. Proceedings of the Combustion Institute，2023，39（3）：4021-4029.

[80] Tu R，Zeng Y，Fang J，et al. Low air pressure effects on burning rates of ethanol and n-heptane pool fires under various feedback mechanisms of heat[J]. Applied Thermal Engineering，2016，99：545-549.

[81] Fang J，Tu R，Guan J F，et al. Influence of low air pressure on combustion characteristics and flame pulsation frequency of pool fires[J]. Fuel，2011，90（8）：2760-2766.

[82] Tu R，Fang J，Zhang Y M，et al. Effects of low air pressure on radiation-controlled rectangular ethanol and n-heptane pool fires[J]. Proceedings of the Combustion Institute，2013，34（2）：2591-2598.

[83] Most J M，Mandin P，Chen J，et al. Influence of gravity and pressure on pool fire-type diffusion flames[J]. Symposium （International） on Combustion，1996，26（1）：1311-1317.

[84] de Ris J L，Wu P K，Heskestad G. Radiation fire modeling[J]. Proceedings of the Combustion Institute，2000，28（2）：2751-2759.

[85] Markstein G H，de Ris J. Radiant emission and absorption by laminar ethylene and propylene diffusion flames[J]. Symposium （International） on Combustion，1985，20（1）：1637-1646.

[86] Markstein G H. Radiant emission and smoke points for laminar diffusion flames of fuel mixtures[J]. Symposium （International） on Combustion，1988，21（1）：1107-1114.

[87] Liu J H, Zhou Z H. Examination of radiative fraction of small-scale pool fires at reduced pressure environments[J]. Fire Safety Journal，2019，110：102894.

[88] 涂然. 高原低压低氧对池火燃烧与火焰图像特征的影响机制[D]. 合肥：中国科学技术大学，2012.

[89] Hu L H, Tang F, Wang Q, et al. Burning characteristics of conduction-controlled rectangular hydrocarbon pool fires in a reduced pressure atmosphere at high altitude in Tibet[J]. Fuel，2013，111：298-304.

[90] Tang F，Hu L H，Wang Q，et al. Flame pulsation frequency of conduction-controlled rectangular hydrocarbon pool fires of different aspect ratios in a sub-atmospheric pressure[J]. International Journal of Heat and Mass Transfer，2014，76：447-451.

[91] Durox D, Yuan T, Villermaux E. The effect of buoyancy on flickering in diffusion flames[J]. Combustion Science and Technology，1997，124（1-6）：277-294.

第 3 章　溢油火灾火蔓延行为综述

纪杰　李满厚　葛樊亮　王晨　罗赛

3.1　概　　述

　　液体燃料作为工业"血液"，是全球经济发展的重要动力和能源保障。随着全球经济社会的快速发展，世界各国对液体燃料的需求量日益增加。根据国际能源署披露的数据，2021 年全球原油日均消费量为 9620 万桶。然而，巨大的液体燃料存储运输规模在促进经济社会发展的同时，也给世界各国带来了较大的火灾隐患。液体燃料易燃、易爆、具有流动性，且燃烧热值一般较高，因此火灾危险性大，在储存、运输及加工使用的过程中稍有不慎出现液体燃料的意外泄漏，极易引发火灾、爆炸事故。例如，2005 年，英国东北部邦斯菲尔德油库的一个储油罐在装满油品后未及时有效切断输油阀门，导致油品溢出，造成火灾爆炸事故（图 3-1（a）），持续超过 50 h，直接经济损失达 2.5 亿英镑。2018 年，伊朗油轮 SANCHI 号与一艘货船相撞，溢出的燃油在海面上形成了 13 km×11 km 大小的浮油并发生燃烧（图 3-1（b）），间接导致该船在中国东海沉没，造成 32 名船员死亡。2019 年，美国休斯敦洲际码头公司的一个装有易燃液态碳氢化合物的储罐起火，泄漏的燃料燃烧并引起了周围多个罐体着火。由此可见，液体燃料泄漏引发的火灾事故是各国共同面临的重大安全问题[1]。

　　因液体燃料泄漏而引发的火灾通常称为溢油火灾。深入理解溢油火灾的发生、发展过程及其物理机制是此类火灾防控的关键。总结以往的溢油火灾事故案例，其发展往往经历以下两个过程：①液体燃料泄漏后，在基底表面流淌扩散，形成面积逐渐增大的油层；②泄漏燃料在物理边界的限制下形成一定厚度的油层，在引火源的作用下火焰在液体燃料表面蔓延，直至火焰覆盖整个燃料表面，最终形成池火燃

（a）英国邦斯菲尔德火灾　　　　　　　　　（b）伊朗油轮SANCHI号泄漏火灾

图 3-1　溢油火灾事故案例

烧。鉴于现有文献对于池火燃烧行为的研究及其综述较为丰富和完善，在此将不再赘述。本章主要聚焦液体燃料泄漏的扩散行为、点火后燃料表面的火蔓延行为，以及其关键影响因素，旨在从科学研究和工程应用的角度为学者和消防救援人员提供理论依据与数据支持；根据溢油火蔓延的研究现状，提出未来挑战与研究展望。

3.2　液体燃料的扩散行为

液体燃料泄漏的发生场景多种多样，如储罐区、居民区、海上钻井平台[2]。在不同的场景下，泄漏的液体燃料可能会在混凝土、沥青路面、水面、土壤、金属甲板等材料上扩散。基底材料的渗透性、粗糙度、孔隙率等性质均会影响液体燃料的扩散行为[3-8]。尽管基底种类繁多，但是根据扩散过程受力差异可以大致归为液体基底和固体基底两类。图 3-2 展示了液体燃料在固体基底和液体基底表面的扩散过程

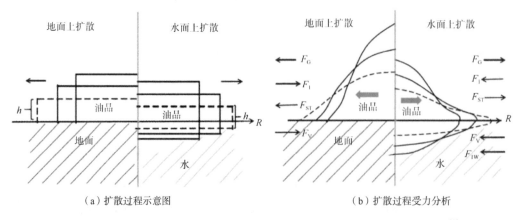

（a）扩散过程示意图　　　　　　　　　　　（b）扩散过程受力分析

图 3-2　液体燃料在固体基底和液体基底表面的扩散过程和受力分析示意图[9]

和受力分析示意图。常见的烃类燃料不溶于水，且密度小于水，因此其扩散行为发生在水面并与水体有明确边界。总的来说，燃料在液体基底上的扩散行为需要排开原有液体和改变基底边界；燃料在固体基底上的扩散过程不需要抵抗惯性力，不会导致基底边界的改变[8]。下面对液体燃料在两类基底上的扩散行为进行介绍。

3.2.1　液体基底

对于燃料在液体基底的扩散，最早的研究可以追溯到 1894 年 Pockels[10]开展的小尺度油滴在水面上的扩散实验。他认为燃料在水面上的扩散同时受到表面张力与油水界面张力的影响，重点关注了燃料的化学成分对张力的影响，但尚未对扩散行为及机制开展深入分析。1969 年，Fay[11]对燃料在水面上的扩散行为进行了开创性的研究，认为液体燃料在水面上的扩散主要受到两种力的作用：①驱动力，包括油的重力和水的表面张力；②阻力，包括惯性力和黏性力。驱动力驱动燃料向水平方向扩散；阻力起到平衡上述驱动力的作用，阻碍燃料的扩散。随后，Fay[12]进一步以海洋上船舶、油井的泄漏事故为背景，对水面上石油的扩散过程进行了理论分析，燃料在水面上扩散过程的受力情况如图 3-3 所示。该扩散模型不考虑风、洋流、波浪的影响，根据扩散过程的驱动力和阻力将燃料在水面上的扩散过程划分为三个阶段：重力扩散、黏性扩散和表面张力扩散（表 3-1）。

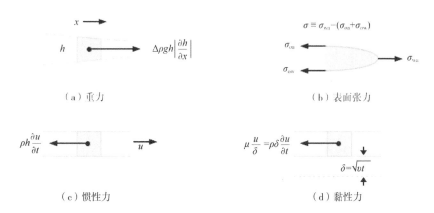

图 3-3　液体燃料在水面上扩散过程的受力情况[12]

h 为燃料厚度；ρ 为密度；u 为燃料的流动速度；v 为水的运动黏度；μ 为燃料的动力黏度；σ 为表面张力，下标 o 指油，a 指气，w 指水；δ 为厚度

表 3-1　Fay 提出的石油在水面扩散不同阶段的扩散公式[12]

扩散阶段	一维	二维（轴对称）
重力扩散	$l = k\left(\Delta g A t^2\right)^{1/3}$	$r = k\left(\Delta g V t^2\right)^{1/4}$
黏性扩散	$l = k\left(\Delta g A^2 t^{3/2} \upsilon^{-1/2}\right)^{1/4}$	$r = k\left(\Delta g V^2 t^{3/2} \upsilon^{-1/2}\right)^{1/6}$
表面张力扩散	$l = k\left(\sigma^2 t^3 \rho^{-2} \upsilon^{-1}\right)^{1/4}$	$r = k\left(\sigma^2 t^3 \rho^{-2} \upsilon^{-1}\right)^{1/4}$

注：l 为扩散距离；r 为扩散半径；$\Delta g = g\left(1 - \rho_{\text{fuel}} / \rho_{\text{water}}\right)$ 为有效密度，其中，ρ_{fuel} 和 ρ_{water} 分别为燃料和水的密度；A 为沿扩散方向单位长度的燃料体积；V 为泄漏的燃料体积；υ 为水的运动黏度；σ 为表面张力；t 为扩散时间；k 为常数。

　　该扩散模型对外界条件进行了大量的假设，实际环境中存在的风、洋流、波浪等外部环境因素可能对燃料在液体表面的扩散行为产生复杂的影响。Hoult[13]考虑了环境风对燃料的湍流剪切作用，推导出了环境风与洋流同时存在时燃料控制体质心的运动方程，发现在扩散的早期阶段环境风与洋流的作用比燃料自身的扩散趋势慢得多。Fay[14]也认为环境风导致的水面波动对扩散行为的影响是微弱的。此外，研究者也陆续研究了海浪作用和液体温度等因素对燃料扩散行为的影响[15-17]。

　　上述相关研究均关注燃料一次性泄漏情形。2003 年，Fay[18]针对液化天然气（liquefied natural gas，LNG）和石油油轮的海上泄漏问题开展了研究。他考虑了燃料泄漏的过程，将泄漏问题分为水上泄漏和水下泄漏，对不同燃料容量、泄漏高度、泄漏口尺寸条件下燃料在水面上的扩散规律进行了理论分析，建立了相关的计算方法。此外，他还认为当泄漏口尺寸比较大时可以视为一次性泄漏，并给出了相关判据。Zhao 等[19]以水面瞬时泄漏模型为基础，将其推广至持续泄漏情景。例如，扩散距离可以表示为 $l = k^{2/3} \cdot \sqrt[3]{\alpha \Delta g Q / W} \cdot t$，其中，$l$ 为扩散距离，$\Delta g = g\left(1 - \rho_{\text{fuel}} / \rho_{\text{water}}\right)$ 为有效密度，Q 为泄漏速率，W 为油池宽度，t 为扩散时间，k 和 α 为常数。通过开展不同泄漏速率下的扩散实验，Zhao 等[19]得到了扩散模型中的常数项取值，并验证了模型的预测可靠性，如图 3-4 所示。

3.2.2　固体基底

　　如前所述，水面上的燃料扩散过程与扩散液体密度、基底水层密度密切相关，这是由于水面上的扩散过程中燃料的前进必须将排开的水推开，因此水面上的扩散模型是根据扩散前沿处扩散液体的压力差与前端阻力之间的平衡建立的。早在 1987年，Webber 和 Jones[20]就认为液体在固体表面的扩散过程中受到的阻力来自整个液

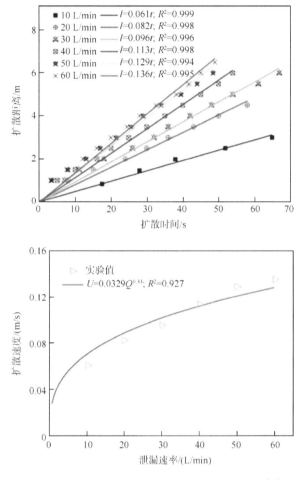

图 3-4　不同泄漏速率下的扩散距离和扩散速度[19]

体下方与地面之间的摩擦，与水上扩散具有非常不同的规律。然而在很长一段时间内，Raj[21]等部分学者误解了 Fay[11, 12]进行的液体燃料在水面上扩散的工作，认为这是一种重力-惯性模型而非前沿阻力模型，将水面上的扩散规律直接沿用至固体基底上。

1990 年，Webber[22]在研究 LNG、LPG 等低温易挥发液体的泄漏危险性时对液体在固体表面的扩散进行了详细研究。他认为液体在固体表面的扩散行为也可以划分为三个阶段，即无黏性阶段、重力-湍流阶段、重力-黏性阶段，并建立了不同阶段相关扩散参数的计算方法。对于泄漏的初始阶段，由于燃料较厚且流速较快，基底的摩擦阻碍对液体扩散的影响是可以忽略的，其扩散行为可以表示为

$$\frac{\mathrm{d}R}{\mathrm{d}t} = U \tag{3-1}$$

$$\frac{dV}{dt} = Q - WA - D \qquad (3\text{-}2)$$

$$U = K\left(gh\right)^{1/2} \qquad (3\text{-}3)$$

式中，R 为扩散距离；U 为扩散速度；V 为瞬时体积；A 为扩散面积，$A=\pi R^2$；h 为燃料平均厚度，$h=V/A$；Q 为泄漏速率；W 为蒸发速率；D 为下渗速率；K 为常数，$K=1.078$；g 为重力加速度。随着扩散面积的增大，粗糙表面的液体扩散开始受到地面摩擦的阻碍作用，其扩散速度满足以下关系：

$$\frac{dU}{dt} = \Phi(s)\frac{4gh}{R} - F \qquad (3\text{-}4)$$

式中，$\Phi(s)$ 为关于地面摩擦的函数，$s=\Phi_1(\varepsilon)a/(2h)$，其中，$a$ 为地面的粗糙尺度，$\Phi_1(\varepsilon)=(1+\varepsilon)^{1/2}-1$，其中，$\varepsilon=8U^2/(ga)$；$F$ 为摩擦阻力，湍流与层流状态下受到的摩擦阻力可分别表示为 $F_L = \beta(s)\frac{3\upsilon U}{h^2}$ 和 $F_T = \frac{\alpha(s)1.5\times10^{-3}U|U|}{h}$，其中，$\beta(s)=2.53j(s)^2$，$\alpha(s)=4.49j(s)$，$j(s)=1$。图 3-5 展示了体积为 $1\times10^6\,\mathrm{m}^3$、密度为 $500\,\mathrm{kg/m}^3$、黏度为 $1\times10^{-3}\,\mathrm{kg/(m\cdot s)}$ 的难挥发液体在水面与固体表面一次性泄漏后扩散半径随时间的变化关系[22]。不同基底上的扩散行为存在明显差异，扩散全过程的阶段性在固体基底上体现得更为明显，这是由于水面的扩散全过程始终存在前沿阻力，且浮油下方水层的运动减弱了不同阶段之间的差异。

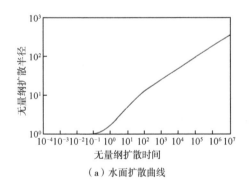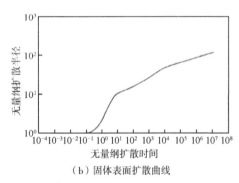

（a）水面扩散曲线　　（b）固体表面扩散曲线

图 3-5　水面与固体表面一次性泄漏扩散半径[22]

上述关于密实固体基底上液体扩散的理论研究已经比较全面，但实际的固体基底材料复杂多样，其对液体扩散行为有显著影响。Simmons 等[3]在难渗透基底（混凝土、沥青）和易渗透基底（土壤、砾石）上开展了小泄漏量（40 ml）的燃料瞬时泄漏扩散实验，发现燃料在难渗透基底上的扩散行为主要由燃料与基底的浸润作用控制，燃料在易渗透基底上的扩散行为主要受燃料黏度的影响。对于冰这种特殊的固体基底，Bellino 等[5]实验研究了石油在矩形冰槽内的扩散行为。他们基于 Fay[12]提出的理论，将重力项替换为浮力项，认为油在冰槽内扩散过程中的受力情况可以划分为三个阶段，即浮力-惯性力、浮力-黏性力和表面张力-黏性力。在扩散的早期阶段，惯性力是主要的阻力，浮力是主要的驱动力。随着扩散的进行，液体燃料层不断变薄，惯性力的影响逐渐减弱，较弱的惯性力让步于黏性力，黏性力开始占据主导地位。在扩散后期，液体燃料层接近单分子层结构，浮力受到抑制，不再是主要的驱动力，表面张力将驱动液体向外扩散，黏性力则阻碍液体的运动。

对于有限体积的液体燃料，当燃料停止扩散后，会在地面上形成稳定的液体薄层，Simmons 和 Keller[6]建立了简单的液体燃料扩散平衡模型来表达燃料泄漏体积、燃料扩散面积和燃料厚度之间的关系，即 $V = A\delta\lambda + Ah$。其中，V 为燃料泄漏体积，A 为燃料扩散面积，δ 为燃料渗透基底深度，λ 为固体基底的孔隙率，h 为燃料厚度。后来，Mealy 等[23]在多种固体基底（涂有环氧密封剂的混凝土、拉丝混凝土、胶合板、定向刨花板等）上开展了燃料的瞬时扩散实验，通过计算不同燃料扩散达到稳定状态时的燃料厚度，发现液体表面张力 σ 与燃料厚度 h 之间存在如下函数关系：

$$h = -1.79 + 0.57(\sigma - 5)$$

上述研究主要关注水平固体基底上的扩散行为。固体基底的坡度条件也会影响液体燃料在其表面的流动扩散行为。为满足排水需要，国内相关规范建议工业储罐区防火堤内的地面宜设 0.5%的坡度[24]，一般公路地面宜设一个坡度小于 2%的横坡[25]。此外，根据地形，公路也会存在一定程度的纵坡[25]。一旦液体燃料出现泄漏，燃料在重力的作用下会加速向下坡方向扩散，并形成比水平地面更薄的油层。Simmons 等[3]研究了坡度对液体燃料扩散行为的影响，他们在水平基底的液体扩散模型基础上耦合二维重力流[26]、格林-安普特（Green-Ampt）渗透模型[27]来模拟坡面上的溢油扩散。他们发现对于一定体积燃料的泄漏，坡度对最终扩散面积的影响并不显著，但燃料的扩散形状和燃料厚度的分布有较大的差异，坡度的增加使得扩散范围增大，扩散速度也明显加快。对于持续泄漏的液体燃料扩散，Klein 等[28]于 2018 年在坡度为 3%、5%和 7%的混凝土基底上进行了恒定泄漏速率下汽油（含 10%乙醇）扩散实验。结果表明，基底坡度越小，汽油沿垂直于泄漏方向扩散的宽度越大，会导致更大的扩散面积。2021 年，Li 等[29]开展了不同坡度下正丁醇持续泄漏实验，得到了坡面上不同位置处燃料流动速度与燃料厚度的变化规律，如图 3-6 所示。

溢油槽的倾斜明显加快了燃料的流动速度，沿溢油槽向下方向燃料厚度逐渐减小。此外，他们通过推导建立了倾斜溢油槽不同位置处燃料厚度变化的微分方程，可用于燃料厚度的定性预测。

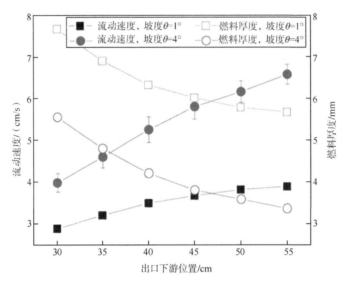

图 3-6　坡度条件下不同位置处燃料流动速度和燃料厚度[29]

3.3　液体燃料表面火蔓延的气-液传热机制

液体燃料表面的火蔓延是一个非常复杂的问题，包含多相流动（浮力诱导的自然对流、燃烧产物竖直向上扩散和火焰前方的液相对流（又称表面流）等）和传热过程[30-36]。相关研究可以追溯到 20 世纪 30 年代[37]，早期的研究认为液体燃料火蔓延机理与固体燃料火蔓延机理相同，通常使用固体燃料火蔓延理论来解释液体燃料火蔓延问题[38]。但是学者发现燃料初始温度较低时出现的脉动火蔓延现象和火焰锋面前方的表面流无法用固体燃料火蔓延理论进行解释。此后，学者对液体燃料火蔓延展开了系统研究[34, 39-43]。尤其是 20 世纪 90 年代后，学者借助计算机模拟技术及纹影、微细热电偶、红外热像、彩色纹影偏振、激光示踪粒子、高速摄影和烟丝等先进实验技术，从实验和数值模拟两方面对液体燃料火蔓延过程和机理进行了深入研究[33, 44-47]。研究重点主要集中在液体燃料表面火蔓延的气-液传热机制，包括液体燃料闪点与初始温度对火蔓延模式的影响、脉动火蔓延及液体燃料的表面流运动行为等方面。

3.3.1　液体燃料的闪点

当液体燃料处于某特定温度时，液体表面蒸发产生的燃料蒸气-空气混合物为贫燃料燃烧的极限浓度（简称燃烧极限），这一温度称为闪点（T_{flash}）。液体燃料初始温度与闪点的相对关系是影响液体燃料火蔓延的关键。关于闪点测量的研究已经进行了许多年，其主要目的是对各种液体可燃物的可燃危险性进行分类。对于单一组分的液体，如果知道这种物质的燃烧极限与饱和蒸气压-温度关系，就可以计算出理论闪点（T_t）。对于不知道燃烧极限的物质，特别是多组分系统，通常通过实验手段来测量闪点。目前广泛使用的实验方法是在液体表面倒置一个杯状容器，用于收集燃料蒸气-空气混合物。实验时缓慢升高液体温度，在倒置容器的顶部采用小型点火装置进行持续的间歇性点火，当燃料蒸气发生一闪即灭时的温度就是闪点。这种方法测得的闪点称为闭口闪点（T_c）。早在 1966 年，Roberts[48]就研究发现通过这种实验方法测得的闭口闪点一般会比理论闪点高数摄氏度。另一种实验方法同样在液体表面指定高度上持续地间歇性点火，但不再使用杯状容器，这种在开放空间测得的闪点称为开口闪点（T_o）。开口闪点通常比闭口闪点还要高数摄氏度。在"闭口"测量中，燃料池上方的燃料蒸气浓度几乎均匀，测量结果更接近理论闪点。"开口"测量允许燃料蒸气扩散到周围环境中，更符合大多数实际泄漏场景。因此，研究者认为使用开口闪点来界定是否支持火焰持续蔓延更具有代表性。

通过实验确定的闪点与理论闪点往往存在一定的差别，导致这一现象的原因有很多，例如，实验中采用的加热速率是有限的，蒸气浓度可能与预期的饱和蒸气浓度不一致。此外，实际燃料蒸气浓度在液体燃料表面也会分层，研究者通过气体取样、色谱分析[49, 50]和干涉测量[51]等方法也已证实这一现象。以图 3-7 中的甲醇为例，燃料蒸气-空气浓度当量比接近 1 的情况仅存在于燃料表面上方的狭窄边界层中，即使液体的初始温度高于闪点（甲醇闪点为 11℃），燃料蒸气-空气浓度当量比也小于 1。引火源几乎不可能放置在燃料蒸气-空气浓度当量比显著大于 1 的狭窄边界层中，进而点燃可燃蒸气。实验测量的闪点也随着引火源位置的变化而显著变化。实验发现，当引火源移动了 250 μm 时，正庚烷的闪点测量结果变化了 1℃[52]。如果引火源远离燃料表面，闪点测量结果会高于理论闪点。如果引火源离燃料表面太近，点火可能不会发生，这是因为在液体燃料表面上方存在一个与燃料类型相关的极限非点火距离，称为淬熄高度[53]。在这个区域内，大部分点火能量用于加热液相，而不是激活燃料蒸气–空气混合物。因此，闪点的测量应在不同的引火源位置和点火能量下进行[53, 54]。标准方法测得的闪点可能高于或低于燃料的理论闪点，这主要取决于试验点火能量（与所需的最小点火能量相比）和引火源位置（与燃料池表面上方的淬熄高度相比）。因此，标准方法得到的闪点可能无法直接等同于实际油池中液体可以被点燃的最低温度。用于液体燃料火蔓延研究时，还需要考虑燃料初始温度是否均匀、引火源位置和点火能量等的影响。

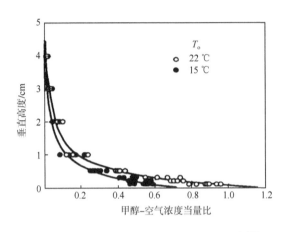

图 3-7　甲醇燃料表面上方的蒸气浓度分布[49]

3.3.2　液体燃料火蔓延模式

　　火焰在燃料表面的蔓延速度与燃料蒸气浓度密切相关，而蒸气浓度直接受到燃料初始温度的影响，因此一般采用初始温度作为变量来划分火蔓延模式。不同初始温度下液体燃料的火蔓延模式一直是研究的热点，其中具有代表性的是 Glassman、Akita 和 Degroote 三个团队所进行的研究[32, 55-58]。1968 年，Glassman 和 Hansel[55]对燃料初始温度对火蔓延速度的影响进行了研究，首次将液体燃料火蔓延速度以燃料闪点为界限，划分为气相控制火蔓延和液相控制火蔓延，如图 3-8 所示。当液体燃料初始温度低于闪点时，火焰锋面前方存在表面流，它起到加热前方未燃燃料的作用，此阶段的火蔓延模式为预热火蔓延，也称液相控制火蔓延，液相控制火蔓延速度较慢，一般在 20 cm/s 以下；当燃料初始温度高于闪点时，燃料上方的可燃蒸气浓度超过燃烧下限，一旦点火，火焰便以预混模式向前蔓延，此阶段也称气相控制火蔓延，气相控制火蔓延速度较快，达到 1 m/s 以上。

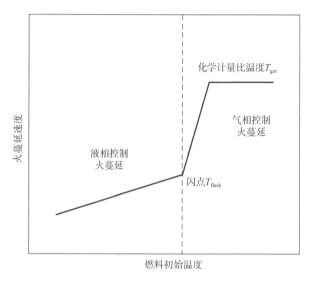

图 3-8　气相控制与液相控制火蔓延的划分[55]

Akita[32]在 1973 年对甲醇火蔓延进行了系统研究，首次将甲醇燃料在不同初始温度条件下火蔓延速度划分为低速稳定火蔓延、脉动火蔓延、高速稳定火蔓延和预混火蔓延四种模式，其中，低速稳定火蔓延、脉动火蔓延、高速稳定火蔓延属于液相控制火蔓延，预混火蔓延属于气相控制火蔓延。2005 年，Degroote 和 García Ybarra[56-58]在乙醇燃料火蔓延研究中发现，当火蔓延处于预混火蔓延模式时，火蔓延速度仍随着燃料初始温度呈现出较大的变化，当初始温度超过化学计量比温度时，火蔓延速度不再发生显著变化。因此，在前人的基础上，他们对不同初始温度下的火蔓延进行了更加详细的模式划分，包括低速稳定火蔓延、脉动火蔓延、高速稳定火蔓延、稳定加速火蔓延和预混火蔓延五种模式，如图 3-9 所示。液体燃料的火蔓延速度与燃料的初始温度（T_0）是否达到闪点（T_3）密切相关。对于液相控制火蔓延（$T_0 < T_2$），在较低与较高的初始温度下（$T_0 < T_4$ 或 $T_3 < T_0 < T_2$），火焰均稳定向前蔓延，这两个阶段分别对应低速稳定火蔓延和高速稳定火蔓延阶段[32]；当初始温度介于中间时（$T_4 < T_0 < T_3$），火焰以脉动形式向前蔓延，称为脉动火蔓延阶段。对于气相控制火蔓延（$T_0 > T_2$），根据初始温度是否高于化学计量比温度（T_1），可以将火蔓延进一步划分为稳定加速火蔓延（$T_2 < T_0 < T_1$）和预混火蔓延（$T_0 > T_1$）[59]。Burgoyne 和 Roberts[43]、Akita[32]发现，在稳定加速火蔓延阶段，随着初始温度升高，火蔓延速度急剧增大。这是由于火蔓延速度与燃料蒸气浓度密切相关，而燃料蒸气浓度随温度的升高以近似指数的形式增大。当燃料初始温度达到化学计量比温度时，燃料蒸气–空气混合物浓度达到化学当量比浓度，此时的火蔓延速度达到最大值，为层流燃烧速度的 4 ~ 5 倍[60]。

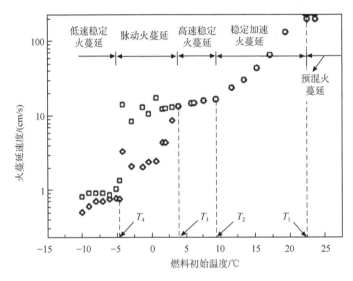

图 3-9　不同初始温度下乙醇表面火蔓延阶段划分[57]

3.3.3　脉动火蔓延行为

脉动火蔓延行为是液体燃料火蔓延所独有的现象，在固体燃料火蔓延或者液体浸砂火蔓延中没有此类现象[61]。许多研究者尝试对这一现象进行解释[32, 53, 55, 62-65]。Glassman 和 Hansel[55]在研究正癸烷的脉动火蔓延时认为，只有当火焰前方出现表面流时，才会发生火焰脉动现象。MacKinven 等[63]认为脉动火蔓延是由液体闪点与燃点的差异导致的。这一解释后来被 Dryer 和 Newman[53]推翻，他们认为醇类燃料的闪点和燃点几乎相同，但是仍然存在火焰脉动现象。Akita 等[32, 62]对脉动火蔓延与燃料闪点和燃点的关系进行了研究，提出了自加速理论，认为脉动火蔓延是火焰锋面自加速行为造成的，它与火焰锋面和表面流前端的相对位置紧密相关。当初始温度低于闪点时，火焰前方存在一个速度恒定的热表面流，加热火焰前方的低温燃料，低温燃料被完全预热后，火焰快速向前蔓延并到达表面流的前端，这个过程中表面流的运动速度不发生改变。此后，火焰停止向前蔓延，新的表面流开始形成，当再次达到燃烧条件时，火焰将会再次向前跳跃。Glassman 认为火焰的自加速理论本质上是燃料层上方蒸气的扩散燃烧与预混燃烧周期性变换的过程。Glassman 和 Dryer[54]在 1981 年对液体燃料火蔓延过程进行了研究，认为不同燃料的闪点和燃点是固定的，但脉动火蔓延是非线性的，自加速理论不适用于对脉动火蔓延机理的解释。此外，他们认为只有火焰前方出现表面流时，才会出现脉动火蔓延现象，首次提出液体燃料火蔓延是火焰前方液相和气相两相耦合作用的结果。随后，Higuera 和 García Ybarra[66]认为火焰根部和前方冷燃料之间存在显著的温度梯度，当这一梯度受到干扰时，火焰迅速向前移动，即出现脉动火蔓延现象。但是这一假设仍未完全解释脉动火蔓延现象，这是因为作者仅仅考虑了液相的流动情况，而没有考虑气相浮力诱导的自然对流及燃料蒸气和空气的混合过程等因素。

随着科学技术的发展，学者对火焰的脉动行为开展了进一步的研究。Schiller 和 Sirignano[67]利用二维非稳态纳维-斯托克斯（Navier-Stokes）方程对脉动火蔓延过程进行了模拟，结果发现产生火焰脉动行为的临界条件为气相涡旋的形成，而非液相表面流的形成。该气相涡旋是贴近油面位置表面流的无滑移边界作用和远离油面位置的逆向浮力流作用共同导致的。Miller 和 Ross[68]利用烟气可视化技术在常重力和微重力下均观察到这个气相涡旋，如图 3-10 所示。随后，Ito 等[36, 69, 70]利用先进的液相显示技术——全息干涉技术，在脉动火焰前方的表面流中观察到了周期性出现与消失的冷温区。他们认为，这是由表面张力与浮力驱动流的共同作用导致的。冷温区延缓了火蔓延，火焰无法跳跃，直至液体表面上方积聚足够的液体蒸气。这一认识与 Schiller 和 Sirignano[67]的理论假设本质上是相同的。具体来说，冷温区液体温度较低，其上方的燃料蒸气浓度也比较低；当蒸气浓度低于燃烧下限时，火焰无法向前蔓延（对应脉动周期的爬行阶段）。在冷温区上方的涡旋可能是由油面附近的热气体膨胀与反向的逆流浮力诱导的自然对流的共同作用产生的。随着时间的推移，燃料蒸气从液相扩散到空气中，扩散出来的蒸气汇集到气相涡旋中。当涡旋中的燃料蒸气浓度达到燃烧下限时,火焰快速向前跳跃(对应脉动周期的跳跃阶段），并耗尽气相涡旋中的燃料蒸气，气相涡旋遭受破坏。与此同时，表面流中的冷流对

图 3-10　烟气可视化技术观察到的正丁醇火蔓延气相涡旋[68]

流也在火焰的跳跃过程中快速消失。

综上所述，液体燃料火蔓延过程中的火焰脉动行为是由液相流动（液相冷流对流影响火焰脉动行为）和气相流动（气相涡旋是脉动发生的必要条件）的共同作用导致的。

3.3.4 液体燃料的表面流

对于发生在初始温度低于闪点的液体燃料上的火蔓延行为，燃料表面的蒸气浓度一般低于贫燃料燃烧极限，因此燃料需要经历一定的预热时间才能形成可燃混合物。在预热的过程中，未燃燃料同时受到火焰下方高温燃料的热扩散作用和高温火焰体的辐射对流传热作用。此外，基于火焰直接热传导和热辐射的作用，近火焰位置的燃料具有较高温度，而未燃区域燃料的温度较低，两者存在明显的温差。油温的变化会直接影响液体的表面张力，液体的表面张力与温度负相关。表面张力的差异分布最终导致液体燃料内部的表面流运动。这一表面流运动受控于表面张力与热浮力[41]，对传热过程具有显著的促进作用[55]。图 3-11 为丙醇燃料表面发生火蔓延时表面流在不同时刻的形态图[71]。

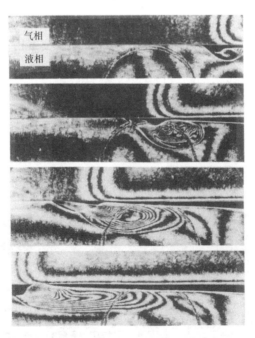

图 3-11 丙醇燃料内部表面流在不同时刻的形态图[71]

对于液体燃料内部的表面流运动的研究可以追溯到 1967 年，Tarifa 和 Torralbo[38]首次提出对于高闪点液体燃料，火蔓延时火焰下方温度较高的区域向火焰前方液体低温区的对流传热是火蔓延主要控制机理的假设。此后，以 Glassman 为代表的研究者对液体燃料火蔓延过程中产生的高温表面流进行了深入研究，研究主要集中在表面流的产生机制与驱动机理等方面。1968～1969 年，Glassman 等[55, 72]通过煤油表面火蔓延研究，首次实验证明了火焰锋面下方高温表面流的存在，同时论证了高温表面流是液体燃料火蔓延的主要控制因素，并认为液体燃料表面的表面张力梯度是产生高温表面流的直接原因。Sirignano 等[40, 73, 74]于 1970～1972 年对液体燃料火蔓延过程中燃料表面高温导致的浮力与表面张力梯度对表面流的影响机制进行了研究，认为表面张力梯度是高温表面流的主要控制因素。1981 年，Glassman 和 Dryer[54]对液体燃料火蔓延的相关研究进行了回顾，将 Tarifa 和 Torralbo[38]在 1967 年提出的理论假设列为液体燃料火蔓延的重要研究成果，并认为燃料表面张力梯度是由燃料液面的温度梯度导致的。

表面流的产生机制逐渐明晰之后，学者又对表面流的驱动模式开展了进一步的研究。20 世纪 70 年代，普林斯顿大学与康奈尔大学的研究团队对表面流的驱动机制进行了理论分析[40, 73-75]，对于表面张力与浮力的驱动作用，他们一致认为表面张力的驱动作用占据主导地位。1991 年，Ito 等[71]将表面流划分为两个区域，即薄层的表面张力驱动流动和圆形的涡旋流动，它们分别由表面张力和重力驱动，如图 3-12 所示。随着燃料厚度的增大，浮力的作用逐渐增强，因此表面张力与浮力对表面流驱动作用的相对大小也在发生变化。浮力与表面张力对表面流驱动作用的相对大小可以用邦德数（即瑞利数与马兰戈尼数的比值）来表示[76]：$Bd = \dfrac{Ra}{Ma} = \dfrac{\rho_T g h_*^3}{\sigma_T L_*}$。当邦德数大于 1 时，浮力对表面流的驱动作用占据主导地位；反之，表面张力对表面流的驱动作用占据主导地位。

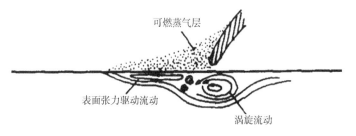

图 3-12　表面流结构示意图[71]

3.4 燃料尺度对火蔓延行为的影响

液体燃料泄漏后受到固体边界限制，形成特定的燃料尺度，包括燃料厚度、平面几何尺度、空缺高度（lip height）等。对于气相控制的火蔓延，火焰前方不存在表面流，因此燃料尺度不会对液体燃料火蔓延行为产生显著影响[77]。然而，当火蔓延处于液相控制阶段时，火蔓延往往受到燃料尺度相关参数的影响[63]。因此，除非特别说明，本节中介绍的燃料尺度影响火蔓延的研究都是针对液相控制火蔓延的情况。

3.4.1 燃料厚度

在实际的液体燃料泄漏事故中，不同的燃料泄漏量往往导致燃料在有边界限制下形成不同厚度的燃料层。对于气相控制的火蔓延，其蔓延行为与燃料层内部的表面流无关，因此几乎不受燃料厚度影响。例如，Murphy[78]开展了厚度为 1.5 ~ 3.0 mm、初始温度约为 20 ℃的甲醇（闪点约为 11.1 ℃）表面火蔓延实验，发现燃料厚度对火蔓延速度没有明显的影响。但是对于液相控制的火蔓延，较薄的燃料层与基底之间存在热量传递，且基底的黏滞力会导致表面流发展不充分，进而影响火蔓延行为的发展。因此，液相控制的火蔓延行为与燃料厚度密切相关。

1970 年，MacKinven 等[63]对厚度为 1.0 ~ 18.8 mm 的正癸烷表面火蔓延进行了系统的研究。图 3-13 展示了该项研究中正癸烷火蔓延速度（V_f）与燃料厚度（h）的关系曲线。研究发现正癸烷燃料的火蔓延速度从 2.1 cm/s（燃料厚度为 2.0 mm）逐渐增加至 6.0 cm/s（燃料厚度为 18.8 mm），且火蔓延速度的增长速率（dV_f / dh）随燃料厚度的增加而减小；如果燃料厚度小于 1.5 mm，火蔓延行为不存在，正癸烷无法燃烧，他们认为这是由燃料层向基底的热量损失导致的。1992 年，Miller 和 Ross[79]对厚度为 2.0 ~ 10.0 mm 的正丙醇表面火蔓延行为进行了研究，发现燃料厚度越薄，油池底对表面流的黏滞力越强，进而导致蔓延火焰的脉动周期和脉动距离缩短。因此，燃料厚度对火蔓延行为的影响主要是由表面流运动行为的差异导致的。但是，如果燃料层足够厚，以致表面流可以得到充分发展，再继续增大燃料厚度不会显著影响表面流运动行为。2005 年，Takahashi 等[47]通过分析前人基于纹影技术获得的丙醇燃料火蔓延行为中的表面流数据，发现如果燃料厚度小于 5.0 mm，表面

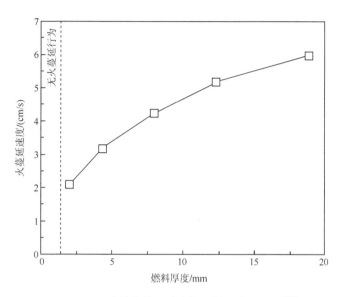

图 3-13　正癸烷火蔓延速度与燃料厚度的关系[63]

流的无量纲尺寸数（表面流厚度和长度的比值（h_s/L））与燃料厚度存在正相关关系；如果燃料厚度大于 5.0 mm，表面流的无量纲尺寸数与燃料厚度无关。2008 年，Takahashi 等[80]继续研究燃料厚度对于火蔓延行为的影响，开展了燃料厚度为 2～50 mm 的正丁醇火蔓延实验，发现火蔓延速度与普朗特数（Pr）和马兰戈尼数（Ma）存在如下函数关系：

$$\frac{V_f}{V_D} \propto \frac{1}{Ma \cdot Pr} = \frac{4\mu^2 a L^2}{\gamma^2 \rho \sigma_T \Delta T_V h_s^3} \tag{3-5}$$

式中，V_f/V_D 为无量纲火蔓延速度；μ 为液体自身的理化性质参数。Ma 的表达式中包含需经实验才可获取的 h_s 和 L，为进行更加合理的量纲分析，需将式（3-5）右侧的 h_s 和 L 进行参数替换。格拉晓夫数（Gr）与 h_s 存在函数关系，Ma 与 L 存在函数关系，因此根据量纲变化，L^2/h_s^3 与 Gr 和 Ma 的关系如下：

$$\frac{L^2}{h_s^3} = C_1 \left(\frac{Gr}{Ma \cdot Pr} \right)^{C_2} \tag{3-6}$$

式中，C_1 和 C_2 为常数。将式（3-6）代入式（3-5）中得到

$$\frac{V_f}{V_D} \propto \frac{Gr^{-C_2(1-C_2)}}{Ma \cdot Pr} = \left(\frac{4C_1 \mu^2 a}{\gamma^2 \rho \sigma_T \Delta T_V} \right)^{1/(1-C_2)} \tag{3-7}$$

结合实验数据可得，C_1 为 420，C_2 为 –0.25。因此，$Gr^{0.2}/(Ma \cdot Pr)$ 作为一个新

的无量纲式来划分不同燃料厚度下的薄油池或厚油池火蔓延机制。图 3-14 展示了 $Gr^{0.2}/(Ma\cdot Pr)$ 和 V_f/V_D 的关系。他们发现薄/厚油池火蔓延机制判定的临界值如下：

$$Gr^{0.2}/(Ma\cdot Pr)<6\times10^{-4}, \quad 薄油池火蔓延机制 \qquad （3-8）$$

$$Gr^{0.2}/(Ma\cdot Pr)>6\times10^{-4}, \quad 厚油池火蔓延机制 \qquad （3-9）$$

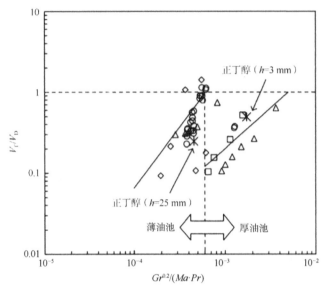

图 3-14 $Gr^{0.2}/(Ma\cdot Pr)$ 和 V_f/V_D 的关系[33, 80]

在薄油池火蔓延中，表面流运动会受到油池底部的影响，火蔓延速度随着燃料厚度的增加而增加。在厚油池火蔓延中，表面流运动不会受到油池底部的影响，若其他边界条件不变，则火蔓延速度与燃料厚度无关。Takahashi 等[80]还建立了薄/厚油池火蔓延速度与无量纲数之间的函数关系：

$$V_f/V_D=\left[Gr^{0.2}/(Ma\cdot Pr)\right]^{1.5}, \quad 薄油池火蔓延机制 \qquad （3-10）$$

$$V_f/V_D=Gr^{0.2}/(Ma\cdot Pr), \quad 厚油池火蔓延机制 \qquad （3-11）$$

2015 年，李满厚[46]也提出了一种方法来确定薄/厚油池火蔓延机制。他开展了厚度为 1.0～8.0 mm 的航空煤油火蔓延实验，发现燃料厚度小于 4.0 mm 为薄油池火蔓延机制，燃料厚度大于 4.0 mm 为厚油池火蔓延机制；并且发现薄/厚油池火蔓延机制也可以通过无量纲数 $Fr/Ma^{0.5}$ 的变化趋势来划分，其中，Fr 为弗劳德数。图 3-15 展示了航空煤油火蔓延 $Fr/Ma^{0.5}$ 和火蔓延速度随燃料厚度的变化关系。薄/厚油池火蔓延之间存在的分界点是：对于薄油池，$Fr/Ma^{0.5}$ 随着燃料厚度的增大而减小；对于厚油池，$Fr/Ma^{0.5}$ 不随燃料厚度的变化而改变。

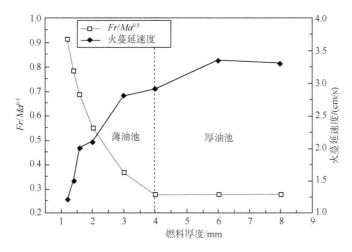

图 3-15　航空煤油火蔓延 $Fr/Ma^{0.5}$ 和火蔓延速度随燃料厚度的变化关系[81]

　　除表面流运动行为以外，薄油层燃料及表面上方火焰向基底的传热也会影响火蔓延行为。早在 1970 年，MacKinven 等[63]就发现了若燃料厚度小于 1.5 mm，则火蔓延行为不存在。他们认为这是由燃料层向基底的热量损失过大导致的。遗憾的是，至今学界对薄油层火蔓延行为无法发展的解释依旧停留在定性描述上[79, 82]。对于火焰可以蔓延的薄油层，虽然有少量研究提及或者推测，燃料变薄后，基底导致的热量损失会影响火蔓延行为，但尚未有进一步的研究。在薄油层池火的燃烧行为研究中，已经有一部分学者关注到燃料层向基底传递的热量会影响燃料的燃烧速率，建立了薄油层池火的传热模型，并对其热反馈机制进行了研究。图 3-16 展示了薄油层燃烧时的燃料层传热示意图，其中，q_{conv} 为火焰与液层表面对流换热密度；q_{rad} 为火焰反馈到油层表面的辐射热流密度。根据能量守恒定律，燃料表面接收的来自火焰的一部分辐射热流会直接用于燃料蒸发 q_e；q_{ref} 为油品表面反射的辐射热流密度，Hamins 等[83]发现该部分占辐射反馈热流密度的 3%，在实际计算中通常忽略不计；q_{cov} 为扩散油层与底面的对流换热密度；q_{pe} 为穿透油层的辐射热流密度，一部分穿透油层的辐射热流会被基底吸收，另一部分穿透油层的辐射热流会被基底表面反射回燃料中。因此，在薄油层动态燃烧行为的燃烧热反馈中，由基底热损失所引起的 q_{cov} 和 q_{pe} 需要被重点关注。2022 年，纪杰[84]开展了一系列燃料厚度为 2.0～14.0 mm、油池直径为 5.0～30.0 cm 的薄油层燃烧实验。基于基底表面接收的热辐射及基底上/

下表面和油池侧壁的温度数据，他对 q_{cov} 和 q_{pe} 进行了计算，发现随着燃料厚度的增加，基底的主要热损失由热对流逐渐转变为热辐射。例如，燃料厚度为 2.0 mm、8.0 mm、14.0 mm 且油池直径为 20.0 cm 时，热辐射损失占比分别为 29.4%、31.1% 和 59.5%。他也计算了基底的总热损失占燃料的总热反馈的比例，发现液体燃料厚度越小或油池直径越大会导致该比值越大，如图 3-17 所示。在此基础上，他计算了辐射、对流和传导热反馈分数，继而得出了薄油层池火的热反馈主控机制。随着油池直径的增加，当液体燃料厚度小于 5.0 mm 时，主控机制从热对流转变为热辐射；当燃料厚度为 5.0~10.0 mm 时，主控机制将从热辐射转变为热对流，然后转变为热辐射；当燃料厚度大于 10.0 mm 时，主控机制将从热传导转变为热对流，然后转变为热辐射。无论燃料厚度如何变化，当油池直径足够大时，主控机制都是热辐射。

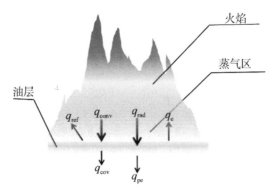

图 3-16 薄油层燃烧热反馈机制

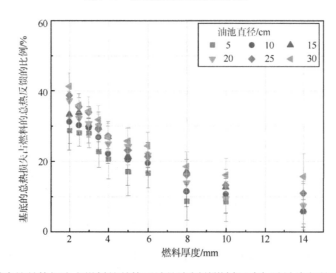

图 3-17 基底的总热损失占燃料的总热反馈的比例随燃料厚度与油池直径的变化关系[84]

3.4.2　油池尺寸

1. 油池宽度

油池宽度与火蔓延过程中的油池侧壁的热量损失、动量损失、火焰辐射及液体上方气体的流动等紧密相关，这些参数的变化都有可能影响火蔓延速度、火焰高度、液相表面流速度等火蔓延行为特性参数。

早在 1968 年，Burgoyne 和 Roberts[43]通过开展异戊醇在三种油池宽度（2.5 cm、3.3 cm 和 6.3 cm）下的火蔓延实验，发现火蔓延速度随着油池宽度的增大而增大。1970 年，MacKinven 等[63]以正癸烷为燃料开展了不同油池宽度下的火蔓延实验，其认为当油池宽度小于 15 cm 时，火蔓延速度随油池宽度减小而快速下降是由于油池壁面的黏性力作用，这一作用也导致了火蔓延速度在燃料表面的非均匀性。2001 年，T'ien 等[85]发现，当油池比较窄时，火蔓延速度较慢，但火焰前锋沿着油池中心线方向上是对称的，其推测这是由油池侧壁的热量损失和黏性剪切共同造成的，这两个作用都会削弱火蔓延速度。

由上述研究可见，油池宽度对火蔓延速度的影响主要源于燃料接收/损失的热量、油池侧壁对燃料的黏性剪切作用两方面的变化。首先介绍燃料接收/损失的热量对火蔓延速度影响的相关研究。为了量化表面流对未燃冷燃料传递的热量，揭示液体燃料火蔓延过程中火焰前方未燃区域的主控传热机制，Ito 等[71]开展了不同油池宽度（0.5~5 cm）的正丙醇火蔓延实验。根据实验测得的不同油池宽度下的火蔓延速度，结合 Newman[86]利用激光多普勒测速仪得到的 45%的乙醇水溶液火蔓延过程中的液相速度分布，Ito 等[71]对火焰前方控制体内的能量交换进行了分析。所建立的控制体如图 3-18 所示，该控制体的尺寸如下：x 轴由 0 到$-\infty$，y 轴由 0 到$-h$。

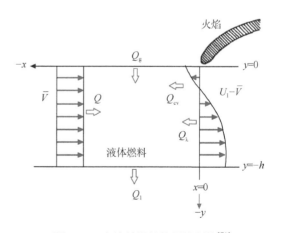

图 3-18　火焰前沿的能量控制体[71]

通过气相热传导进入控制体的能量为

$$Q_{\mathrm{g}} = \int_{-\infty}^{0} \lambda_1 \frac{\partial T}{\partial y_{y=0}} \mathrm{d}x \qquad (3\text{-}12)$$

式中，λ_1 为液体燃料的导热系数。通过液相热传导进入控制体的能量为

$$Q_{\lambda} = \int_{-h}^{0} \lambda_1 \frac{\partial T}{\partial x_{x=0}} \mathrm{d}y \qquad (3\text{-}13)$$

式中，h 为液体燃料厚度。通过液相对流进入控制体的能量为

$$Q_{\mathrm{cv}} = \int_{-h}^{0} \rho_1 U_1 \left[\int_{T_{\infty}}^{T} c_1 \mathrm{d}T \right]_{x=0} \mathrm{d}y \qquad (3\text{-}14)$$

式中，ρ_1 为液体燃料密度；U_1 为液体燃料速度在 $-x$ 方向的分量，通过油池底部损失的能量为

$$Q_1 = \int_{-\infty}^{0} \lambda_1 \frac{\partial T}{\partial y_{y=-h}} \mathrm{d}x \qquad (3\text{-}15)$$

控制体内积累的净能量可以表示为

$$Q_{\mathrm{T}} = Q_{\mathrm{g}} + Q_{\lambda} + Q_{\mathrm{cv}} - Q_1 \qquad (3\text{-}16)$$

根据能量守恒定律，控制体内积累的净能量 Q_{T} 应该与控制体的净热焓 Q 相等。因此，可以得到如下关系式：

$$Q = \int_{-h}^{0} \rho_1 \bar{V}_{\mathrm{f}} \left[\int_{T_{\infty}}^{T} c_1 \mathrm{d}T \right]_{x=0} \mathrm{d}y = Q_{\mathrm{T}} \qquad (3\text{-}17)$$

式中，$\bar{V}_{\mathrm{f}}$ 为平均火蔓延速度。通过对式（3-12）～式（3-17）进行联立求解，发现对于均匀火蔓延阶段，液相对流是液体燃料火蔓延的主要传热模式，气相对流和液相传导对能量平衡的影响可以忽略不计。

2022 年，Li 等[87]研究了宽度为 3～10 mm 狭窄油池内的正丁醇火蔓延行为，发现当液相对流进入狭窄油池后，其流动速度急剧下降。基于表面张力、黏性力和剪切力总和平衡的假设（$\mu \frac{\partial u}{\partial y} + \tau = \frac{\partial \sigma}{\partial x}$，其中，$\mu$ 为液体的动力黏度，$\frac{\partial u}{\partial y}$ 为速度梯度，τ 为侧壁的剪切力，$\frac{\partial \sigma}{\partial x}$ 为表面张力梯度），可以计算受限阶段的表面流速度。此外，根据能量守恒定律，当燃料的热量损失大于总热通量的 43%时，火焰无法在狭窄油池内蔓延。通过进一步计算，发现燃料层通过狭窄油池侧壁损失的能量占据总热量损失的 80%以上，这也证明了侧壁的冷却效应是火焰无法在狭窄油池内蔓延

的主要原因。

　　随着油池宽度的增加，蔓延过程中火焰体积不断增大，这意味着宽度较小的油池内火蔓延为一维运动的假设不再成立，此时的火蔓延应该视为二维运动。为了揭示二维火蔓延与小尺寸油池内的火蔓延行为及传热机制差异，Fu 等[88]在油池直径为 1.0 m 的纯柴油和柴油浸润的砂床上开展了二维火蔓延实验，不同工况下的火焰形态演变过程如图 3-19 所示。实验过程中，通过改变引火源位置，他们发现从油池边缘点燃的柴油火蔓延速度大于从油池中心点燃的情况。此外，当从油池边缘点火时，对于较薄和较厚的燃料层（3.0 mm 和 20.0 mm），由于火蔓延时间较长，通过广泛预热未燃燃料提升燃料表面温度，后期火蔓延速度大于前期，这也证实了火焰的辐射传热在较宽油池的火蔓延过程中起着重要作用。

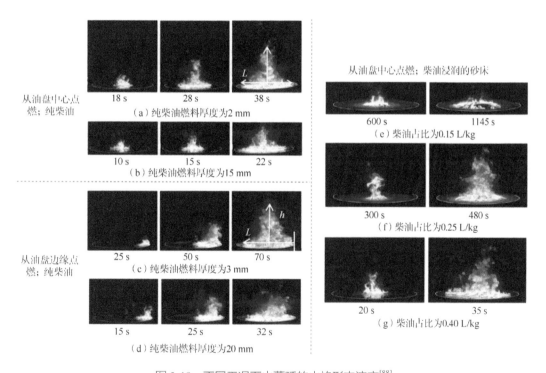

图 3-19　不同工况下火蔓延的火焰形态演变[88]

　　然后阐述影响火蔓延速度的另一关键因素——油池侧壁对燃料的黏性剪切作用。在黏性力作用下，火焰前锋前方表面流的运动会受到抑制。前人研究均把水平方向上的表面流速度作为一个定值进行分析，发现表面流速度随着油池宽度的增加而增大，定性认为这是由油池宽度的增大使得侧壁黏性剪切力的作用变弱导致的[35, 47, 63, 89]。事实上，距离侧壁越远位置的表面流受到侧壁黏性剪切力的影响越弱，这意味着表面流前锋在水平方向上应该是弯曲的[90]，且其速度在水平方向存在差异。基于此，Wang 等[90]开展了油池宽度为 4 ~ 25 cm 的柴油火蔓延实验。基于油池宽度方向上不同位置的热电偶响应时间，绘制了表面流轨迹，如图 3-20 所示。随着油池宽度的增大，表面流的前锋轨迹会逐渐由小开口 U 形转变为大开口 U 形。油池侧壁黏性剪切力和液体表面张力存在竞争关系，共同控制着表面流运动行为，会使得表面流前锋轨迹的主导区域出现差异，如图 3-21 所示。此外，随着油池宽度的增加，表面流轨迹的主控机制将从侧壁黏性剪切力过渡至液体表面张力。

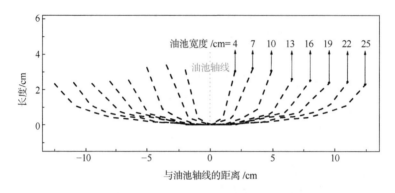

图 3-20 不同油池宽度下的表面流轨迹[90]

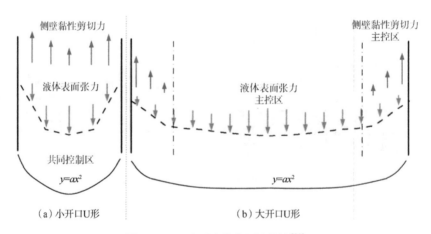

图 3-21 两种形式的表面流轨迹[90]

上述研究阐述了不同油池宽度下火蔓延速度、表面流轨迹、传热机制等的演变特性，未来可以针对性地开展更为深入的定量研究，揭示尺度效应对火蔓延行为的作用机制，实现不同宽度下火蔓延行为特征参数的量化表征与预测。

2. 空缺高度

对于有边界限制的液体燃料，如果燃料液面低于约束边界上边缘，在空缺高度的影响下，空气的卷吸方向与卷吸强度均会受到一定程度的改变[63, 91]。此外，火焰底部的不稳定性将改变燃料表面接收的热反馈，继而影响燃烧行为[92, 93]。目前，前人对空缺高度影响下的液体燃料火蔓延行为[63, 91]和池火燃烧行为[92, 94-96]研究均十分有限。

1970 年，MacKinven 等[63]在宽度为 15 cm 的油池内开展了空缺高度分别为 0 mm、6.6 mm、12.9 mm 的二戊烯火蔓延实验，发现火蔓延速度随着空缺高度的增大而下降，其认为这可能是空缺高度的作用使得空气的卷吸受到抑制。2019 年，Gao 等[91]在宽度为 2 cm、高度为 3 cm 的油池内开展了空缺高度为 4 ~ 24 mm 的柴油火蔓延实验，图 3-22 为火蔓延过程中的火焰形态演变过程，其中，h 为燃料厚度，H 为空缺高度。在空缺效应的影响下，横向空气卷吸受限，氧气无法维持沿着油池长边的连续主火焰，火焰断断续续。由于空气供应不足，火焰高度增大。当空缺高度减小至 4 mm 时，横向卷吸受限程度较弱，在充足的氧气供应下，主火焰连续，空缺高度对火蔓延的影响几乎可以忽略不计。此外，他们还发现在没有空缺效应的情况下，随着柴油厚度的增加，火蔓延速度先增大，后保持恒定，直到热边界层完全发展，如图 3-23 所示，其中，δ_t 为热边界层厚度。随着无量纲空缺高度的增加，柴油的火蔓延速度先下降后小幅上升至一恒定值。

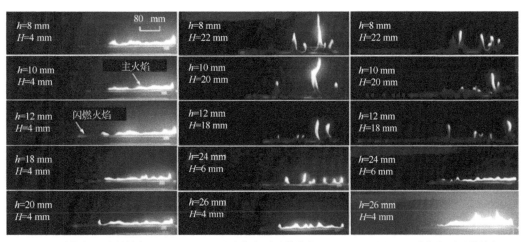

（a）纯柴油（无空缺效应）　　　（b）纯柴油（有空缺效应）　　　（c）5%乙醇柴油（有空缺效应）

图 3-22　不同工况下的火蔓延行为 [91].

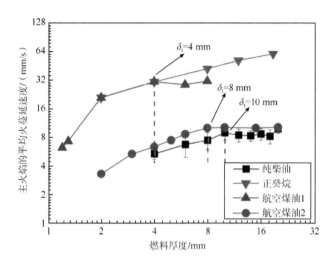

（a）火蔓延速度随燃料厚度变化规律

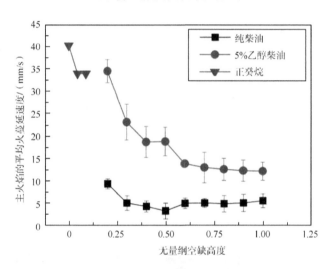

（b）火蔓延速度随无量纲空缺高度变化规律

图 3-23　空缺高度对火蔓延速度的影响[63, 83, 91, 97]

由上述研究可见，空缺高度对火蔓延过程中火焰形态及火蔓延速度等行为参数的影响十分显著。遗憾的是，已知研究十分缺乏。目前还存在一些空缺高度影响下的池火燃烧行为研究，了解空缺高度对池火燃烧的影响机理可以为理解空缺效应作用下的火蔓延行为提供一定的参考。2020 年，Liu 等[92]系统地研究了不同空缺高度（从 0 到火焰自熄）下的正庚烷和乙醇池火燃烧的火焰结构特性。通过实验观察，发现当空缺高度为 0 时，火羽流在油池口附近存在一个相对稳定的锥形结构，锥形结构之上火焰变得不稳定。在空缺高度较小时，羽流呈蘑菇状周期性脉动特征。此时，不稳定的羽流从油池口附近生成，然后翻滚、膨胀、向上运动；其下部的羽流被不断拉伸变细，最终从主体羽流脱离。随着空缺高度的进一步增加，羽流蘑菇状脉动变得不明显。随后，Liu 等[94]根据实验得到了不同空缺高度下的火焰概率云图，结合数值模拟研究得到了火焰形态结构、温度及速度流线分布，根据羽流根部与油池口上边缘的关系，认为随着空缺高度增加，可以将羽流的流动模式划分为以下三个阶段：①火焰根部悬浮在油池口上边缘；②火焰进入油池但其轴线处无火焰；③火焰进入油池并在其轴线处燃烧。图 3-24 展示了三个阶段的羽流流动模式。为了揭示空缺高度影响下的池火热反馈机制，Liu 等[98]进一步研究发现燃料表面接收的辐射热流密度随空缺高度增加呈先增加后降低的趋势。图 3-25 的理论计算结果显示，随着空缺高度增加，传导热反馈分数线性增加，最终成为主控机制；辐射热反馈分数先增加后降低，对流热反馈分数与之相反。

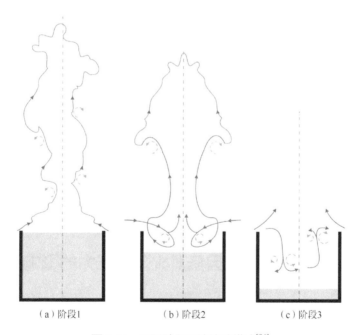

（a）阶段1　　　　（b）阶段2　　　　（c）阶段3

图 3-24　不同阶段羽流流动模式[94]

空缺高度可能显著改变液体燃料火蔓延和池火的燃烧行为与热反馈机制，然而目前已有研究十分匮乏，未来可以针对空缺高度影响下的火蔓延行为开展系统研究，揭示空缺高度对火蔓延传热机制的影响规律，推导并建立相关燃烧特性参数的物理预测模型，为消防安全设计、火灾事故应急救援决策与管理提供理论依据。

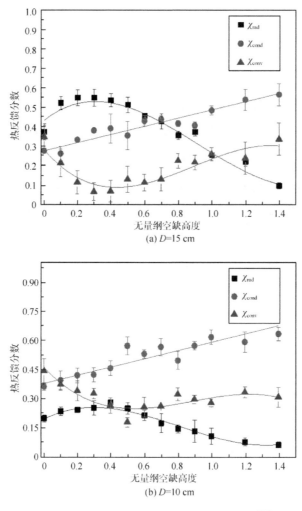

(a) $D=15$ cm

(b) $D=10$ cm

图 3-25　空缺高度影响下的热反馈分数演变[98]

3.5　外部环境因素对火蔓延行为的影响

前述研究主要集中在常氧常压、静止环境中的火蔓延上。在现实火灾场景中，环境风、氧浓度与气压等环境因素可能发生变化。环境风不仅影响火焰前锋燃烧、流动和传热，而且会与重力和惯性力共同作用于液体燃料扩散，影响扩散速度、燃料厚度等。在两方面的耦合作用下，环境风作用下的火蔓延行为将呈现出与静止液面火蔓延显著不同的发展特性。氧浓度与气压的变化则通过影响热边界层发展、液体蒸发速率等，进而影响燃料表面的火蔓延行为。

3.5.1　环境风

根据风向与火蔓延方向的关系，可将环境风作用下的火蔓延行为分为顺风火蔓延与逆风火蔓延。早在 1968 年，Burgoyne 和 Roberts[43]就开展了丙醇与戊醇的顺风和逆风火蔓延实验，发现当环境风速大于 100 cm/s 时，顺风与逆风火蔓延速度才开始迅速增大/减小，在更小的风速范围内，火蔓延速度变化幅度很小。1982 年，Suzuki 和 Hirano[99]发现甲醇燃料逆风（风速最大达 600 cm/s）火蔓延速度随风速增加缓慢减小，直至蔓延停滞；顺风火蔓延速度先随风速增加保持不变，当风速达到无风时的火蔓延速度以后，火蔓延速度随风速增加开始显著增加。2003 年，Kim 和 Sirignano[100]发现风速较小（<0.3 m/s）时，正丙醇燃料逆风火蔓延速度较无风时增加，他们认为是由于环境风增加了燃料蒸发及其与空气的掺混。2008 年，Zamashchikov[101]研究了正丁醇在长度为 1 m、直径为 9 mm 的圆柱状石英管内的逆风火蔓延行为，发现过高和过低的风速都会导致火焰熄灭，而熄灭前的燃烧行为存在较大差异：风速减小，火焰的脉动幅值增加，达到数厘米；风速增大，火蔓延速度减小，火焰的脉动幅值减小但脉动现象没有消失。2012 年，Mansoor Ali 等[102]采用瞬态、两相反应流模型研究了环境风速为 1.3～5.1 m/s 的甲醇火蔓延，发现顺风火蔓延速度随风速增大而增加，且火蔓延速度沿着燃料液面并非均匀分布，由于点火作用，点火端接收热量更多、速度更高。2018 年，Li 等[103]发现在 0.535～2.065 m/s 的风速内，柴油逆风火蔓延速度随风速增加单调减小，顺风火蔓延速度随风速增加先减小后增加。

除了火蔓延速度，环境风作用下的火焰倾角和火焰高度等蔓延行为特征参数的演变规律也吸引了一些学者的关注。Wang 等[104]发现在环境风（风速为 0.8～2.4 m/s）作用下，柴油火蔓延的火焰倾角呈现非线性演变规律。随后，Li 等[105]发现随着风速从 0 m/s 增大到 2.57 m/s，3 号航空煤油的顺风与逆风火蔓延的火焰倾角均从 0°增大到约 75°。对于环境风作用下的火蔓延，火焰倾角的变化是竖向的热浮力与水平方向的环境风相互作用的结果。由于已有的火焰倾角模型[95, 106, 107]主要针对池火，不能准确预测环境风作用下液体燃料火蔓延的火焰倾角演变过程，在 Welker 模型[106]、Thomas 模型[107]和 Oka 模型[95]的基础上，Li 等[105, 108]引入了特征尺寸比 $\lambda = d / D$（其中，d 为实际火蔓延的油池宽度，D 为最大火蔓延的油池宽度）来表征火焰倾角，这些修正模型的计算值与实验值具有良好的相关性。

对于顺风火蔓延，当环境风速较大时，在惯性力作用下，火焰倾斜且被拉长，使得下游区域燃料表面温度升高，燃料接收的辐射热通量增强。对于逆风火蔓延，火焰倾斜方向与火蔓延方向相反，火焰向燃料表面的辐射热通量小于无风环境。此外，无论是顺风火蔓延还是逆风火蔓延，表面流长度特征均不同于无风环境，通过表面流向未燃区域传递的能量也各不相同。研究不同风向时火蔓延的传热与传质过程有助于进一步理解环境风对火蔓延的影响。Ross 和 Miller[33]研究了低速（5～30 cm/s）逆风作用下的正丁醇燃料火蔓延，首次在火焰前锋前方观察到了对称的朝向油池侧壁的孪生涡旋（图 3-26），并发现火焰前方中间部分的热流体会沿着火焰的上游直线不断向前移动，对未燃区域液体产生预热作用。2018 年，Li 等[103]开展了环境风速为–2.065～2.065 m/s（"–"代表逆风）的柴油火蔓延实验，发现表面流长度随着反向风速的增加而增大，而在同向气流作用下表面流较短。图 3-27 为不同方向环境风作用下火蔓延传热与传质过程示意图。其推测认为这是由于顺风火蔓延时火焰会向燃料液面倾斜，悬垂的热气体通过传导向燃料传递了大量的热量[109]，削弱了火焰前方未燃燃料与火焰下方热流体的冷热对流。通过定性分析，其认为逆风与低速顺风火蔓延的主要传热机制为液相对流，高速顺风火蔓延的主要传热机制为火焰辐射与可燃气体的热传导。随后，Li 等[110]进一步定量研究了环境风作用下火蔓延的传热过程，对火焰辐射施加于未燃区域的热量（即火焰辐射）Q_{fr} 进行了定量计算，最终建立了包括液相对流 Q_{cv}、液相传导 Q_{cd}、火焰辐射 Q_{fr}、气相传导 Q_g、净热焓 Q_T 对流散热损失的气-液传热模型。计算结果如图 3-28 所示，逆风与低速（＜1.3 m/s）

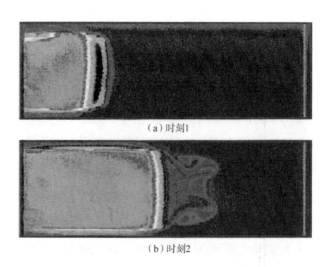

（a）时刻1

（b）时刻2

图 3-26 利用红外热像仪记录的火焰前方液体表面温度变化[33]

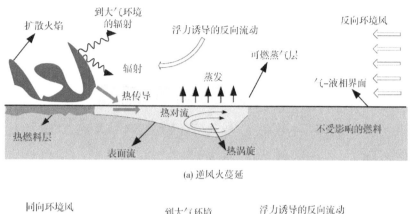

(a) 逆风火蔓延

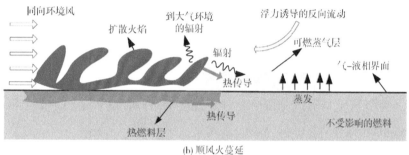

(b) 顺风火蔓延

图 3-27　环境风作用下火蔓延的传热与传质过程[103]

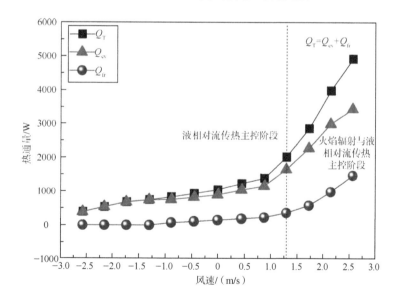

图 3-28　计算得到的热通量随风速的变化情况[110]

顺风火蔓延的主要传热机制为液相对流；高速（＞1.3 m/s）顺风火蔓延的主要传热
机制为火焰辐射和液相对流。

综上，在环境风作用下的火蔓延行为研究中，由于研究者采用的燃料类型、风速范围、实验尺度存在差别，得到的多为仅适用于自身工况的定性描述与少量的定量结果，有些结论甚至相互矛盾，例如，对于低速逆风作用下的火蔓延速度随风速增大还是减小，不同学者持不同观点[99, 100, 103]。未来可以考虑开展更为系统的实验研究与理论分析，揭示燃料类型、实验尺度等因素与不同风速范围耦合作用下火蔓延行为演变规律。

3.5.2　气压与氧浓度

燃料可能会在非常规大气环境中泄漏并发生火灾，例如，穿越高海拔地区的长距离输油管道发生泄漏，飞机在高海拔地区机场起落时油箱燃油发生泄漏。随着海拔的升高，空气密度与氧气分压会有一定程度的下降，这种变化会影响液体蒸发速率，使得液体燃料的火蔓延行为不同于常规大气环境。

对于不同氧浓度下的火蔓延行为，Ross 和 Sotos[111]发现当环境中的氧浓度≤18%时，丙醇燃料的火焰以脉动形式蔓延；当氧浓度≥30%时，火蔓延过程中没有出现火焰脉动行为。此外，他们发现火蔓延速度随着氧浓度的增大而逐渐增大。Miller 等[89]研究了不同氧浓度下的正丁醇逆风（风速为 30 cm/s）火蔓延行为，得到的火蔓延轨迹如图 3-29 所示，证实了火蔓延速度随着氧浓度的增加而增加。此外，他们发现在一定氧浓度（25%～26%）内，随着氧浓度增大，火焰的振荡频率不断增大。当氧浓度超过 27%后，火焰均匀蔓延。Takahashi 等[45]研究了多种醇类燃料（甲醇、乙醇、正丙醇、正丁醇）在不同氧浓度条件下的火蔓延行为。图 3-30 为他们观察到的不同氧浓度下火蔓延及动量边界层与热边界层形状，通过对比可见，热边界层和动量边界层的尺寸随着氧浓度的降低而增大，但形状始终保持相似。此外，虽然热边界层厚度随着氧浓度的降低而增大，但热边界层厚度与表面流特征长度的比值基本不变。

Shepherd 等[112]在密闭客舱中测试了航空煤油的闪点，发现其闪点随气压降低而下降。Li 等[113]在高海拔地区（拉萨，海拔为 3650 m）与低海拔地区（合肥，海拔为 50 m）开展了正丁醇火蔓延实验，发现相对于低海拔地区，高海拔地区的火焰亮度较弱、火焰更高。这是由于烟灰的产生量与气压成正比，高海拔地区烟灰的产生量较少，因此火焰燃烧强度较低，火焰亮度较弱。高海拔地区火焰更高是由于静压

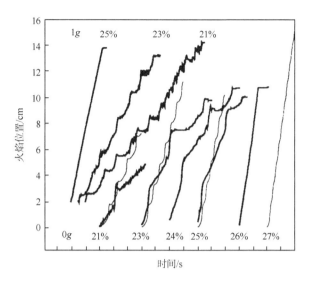

图 3-29　不同氧浓度下 2 mm 深油池中的正丁醇火蔓延轨迹[89]

0g 表示微重力环境，1g 表示常重力环境

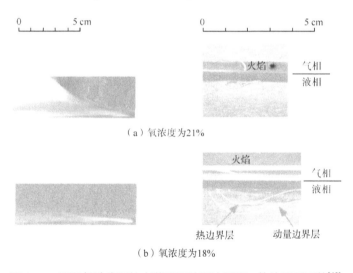

（a）氧浓度为21%

（b）氧浓度为18%

图 3-30　不同氧浓度下的火蔓延及动量边界层、热边界层形状[45]

和浮力的作用更弱，火焰需要进一步远离燃料表面以卷吸氧气。随后，Li 等[31]在相同的环境条件下开展了柴油燃料火蔓延实验，从海拔对闪点和表面张力影响的角度出发，探究了高度影响火蔓延的内在原因。首先，根据前人基于克劳修斯-克拉珀龙方程得到的饱和蒸气压与温度的关系[114]，结合海拔与压力的相关关系[115]，得到了海拔与液体沸点的关系。然后，结合液体沸点与闪点的关系[116]，得到了不同海拔液体燃料闪点的表达式，发现随海拔增加，燃料的闪点降低。对于表面张力，根据吉布斯吸附方程[117]和理想气体、液体表面光滑等假设，得到了表面张力与气压的相关

关系，发现液体表面张力随着气压的增加而减小。由此可见，在低气压条件下，较大的表面张力和较低的闪点有利于火焰在液体燃料表面蔓延，综合因素导致火蔓延速度更大。

由上述相关研究成果可见，不同氧浓度与气压条件下的研究相对常压常氧的研究较少，且多为实验现象的描述与定性解释，理论分析研究较为有限。无论是从科学研究还是从实际防火需求的角度出发，都有必要对不同气压与氧浓度条件下的火蔓延行为开展更为深入的研究。

3.6 未来挑战与研究展望

作为火灾事故的常见类型之一，溢油火灾的相关研究已持续多年。本章针对溢油火灾的发展和蔓延过程及其关键影响因素进行了系统的回顾，讨论了一系列经典理论及最新的研究成果，可为学者和消防救援人员的科学研究与实际应急救援处置提供理论依据和数据支持。然而，实际溢油火灾的发展和蔓延过程是流动、燃烧与传热在空间和时间上的复杂耦合，溢油火蔓延领域仍存在很多未解决的问题，在未来的工作中有以下潜在的研究重点。

（1）燃料扩散与火蔓延的耦合发展行为。当前的溢油火蔓延研究工作大多针对泄漏之后形成的静止燃料表面。实际上，基于溢油火灾事故的复杂性，火蔓延行为很可能发生在液体燃料的泄漏流淌过程中。在这种情况下，液体燃料的扩散和火焰的蔓延耦合发展，火焰前锋向预热区的传热会受到燃料流动的影响。此外，燃料在流动扩散时一般较薄，可达到毫米量级，这完全不同于静止燃料表面的火蔓延。目前仅有极少数学者关注到这种场景，对燃料流动带来的热量损失进行了初步的探索，但是对于这一过程中的传热机理尚不清晰。未来可关注火焰前锋与燃料流动前锋合并临界条件与共同蔓延机制，研究火焰前锋向预热区的传热机理，揭示燃料流动对火蔓延行为的影响机制等。

（2）大尺度火蔓延行为。现阶段国内外学者大多采用宽度较小的矩形或线形油池开展火蔓延行为研究，对火蔓延进行了一维假设。然而，实际的燃料泄漏火蔓延通常是非一维的，在火蔓延过程中火焰体积的持续增加会影响火焰向未燃区的热量传输过程。目前，已有少数学者关注到该问题并开展了二维火蔓延研究，结果表明一维火蔓延假设显著低估了火焰辐射对火蔓延传热过程的影响。现有的二维火蔓延研究中采用的最大油池直径仅为 1 m，对于更大尺度的火蔓延，火焰辐射随尺度的演变规律及其对火蔓延行为的影响机制尚不清楚。未来需要开展尺度更大的火蔓延实验，系统研究大尺度火蔓延过程中的气-液传热特性，揭示尺度变化对火蔓延行为的影响机制。

（3）火蔓延行为的三维数值模拟研究。火蔓延行为是质量、动量和能量在气-液两相之间传递的复杂耦合问题，现有实验技术难以同时获得火焰前沿处速度、温度和物质浓度的三维分布，火蔓延数值模拟研究多为二维模型，忽略了侧壁对传热和空气卷吸的影响。此外，火蔓延与燃烧密切相关，化学反应模型的选取对燃烧过程的模拟精度和计算难度有显著影响，现有研究多将气相燃烧与液相流动解耦计算，化学反应模型和物理模型的耦合求解器尚待开发。未来可关注多物理场耦合下的火蔓延三维数值模拟研究，明晰火焰前沿的物质能量分布运动状态，揭示火蔓延现象的底层物理机制，开展非静止液面火蔓延数值模拟研究等。

参 考 文 献

[1] Guo X X，Ji J，Khan F，et al. Fuzzy bayesian network based on an improved similarity aggregation method for risk assessment of storage tank accident[J]. Process Safety and Environmental Protection，2021，149：817-830.

[2] Mealy C，Benfer M，Gottuk D. A study of the parameters influencing liquid fuel burning rates[J]. Fire Safety Science，2011，10：945-958.

[3] Simmons C S，Keller J M，Hylden J L. Spills on flat inclined pavements[J/OL]. （2022-08-29）[2023-11-10]. https://www.zhangqiaokeyan.com/ntis-science-report_other_thesis/02071240231.html.

[4] Benfer M E. Spill and Burning Behavior of Flammable Liquids[R]. Park：University of Maryland，College Park，2010.

[5] Bellino P W，Flynn M R，Rangwala A S. A study of spreading of crude oil in an ice channel[J]. Journal of Loss Prevention in the Process Industries，2013，26（3）：558-561.

[6] Simmons C S，Keller J M. Status of Models for Land Surface Spills of Nonaqueous Liquids[R]. Richland：Pacific Northwest National Laboratory，2003.

[7] Putorti A D. Flammable and Combustible Liquid Spill/Burn Patterns[R]. Washington，D.C.：U.S. Department of Justice，Office of Justice Programs，National Institute of Justice，2001.

[8] Brambilla S，Manca D. Accidents involving liquids：A step ahead in modeling pool spreading，evaporation and burning[J]. Journal of Hazardous Materials，2009，161（2-3）：1265-1280.

[9] Briscoe F，Shaw P. Spread and evaporation of liquid[J]. Progress in Energy and Combustion Science，1980，6（2）：127-140.

[10] Pockels A. On the spreading of oil upon water[J]. Nature，1894，50（1288）：223-224.

[11] Fay J A. The Spread of Oil Slicks on a Calm Sea[M]. Boston：Springer，1969.

[12] Fay J A. Physical processes in the spread of oil on a water surface[J]. International Oil Spill Conference Proceedings，1971，（1）：463-467.

[13] Hoult D P. Oil spreading on the sea[J]. Annual Review of Fluid Mechanics，1972，4（1）：341-368.

[14] Fay J A. Spread of large LNG pools on the sea[J]. Journal of Hazardous Materials，2007，140（3）：541-551.

[15] Waldman G D，Fannelop T K，Johnson R A. Spreading and transport of oil slicks on the open ocean[C]. Houston：Offshore Technology Conference，1972.

[16] Palczynski R J. Model studies of the effect of temperature on spreading rate of a crude oil on water[M]// Bulman T L，Lesage S，Fowlie P，et al. Oil in Freshwater：Chemistry，Biology，Countermeasure Technology. Amsterdam：Elsevier，1987：22-30.

[17] Tkalich P. A CFD solution of oil spill problems[J]. Environmental Modelling and Software，2006，21（2）：271-282.

[18] Fay J A. Model of spills and fires from LNG and oil tankers[J]. Journal of Hazardous Materials，2003，96（2-3）：171-188.

[19] Zhao J L，Huang H，Li Y T，et al. Experimental and modeling study of the behavior of a large-scale spill fire on a water layer[J]. Journal of Loss Prevention in the Process Industries，2016，43：514-520.

[20] Webber D M，Jones S J. A model of spreading vaporising pools[C]. Boston：CCPS Annual International Conference，1987.

[21] Raj P K. Evaporating liquid flow in a channel（An integral model based on shallow water flow approximation）[J]. Journal of Loss Prevention in the Process Industries，2011，24（6）：886-899.

[22] Webber D M. A Model for Pool Spreading and Vaporisation and Its Implementation in the Computer Code GASP[M]. London：HMSO Books，1990.

[23] Mealy C，Benfer M，Gottuk D. Liquid fuel spill fire dynamics[J]. Fire Technology，2014，50（2）：419-436.

[24] 魏致宏，胥敏，丁小虎. 关于储油罐区防火堤设计的若干问题探讨[J]. 石油工业技术监督，2010，26（5）：53-54.

[25] 郭腾峰，汪晶. 《公路工程技术标准》（2014版）修订概述[J]. 工程建设标准化，2015（5）：48-49，54.

[26] Lister J R. Viscous flows down an inclined plane from point and line sources[J]. Journal of Fluid Mechanics，1992，242：631-653.

[27] Acton J M，Huppert H E，Worster M G. Two-dimensional viscous gravity currents flowing over a deep porous medium[J]. Journal of Fluid Mechanics，2001，440：359-380.

[28] Klein R，Maevski I，Ko J，et al. Fuel pool development in tunnel and drainage as a means to mitigate tunnel fire size[J]. Fire Safety Journal，2018，97：87-95.

[29] Li M H，Luo Q T，Ji J，et al. Hydrodynamic analysis and flame pulsation of continuously spilling fire spread over n-butanol fuel under different slope angles[J]. Fire Safety Journal，2021，126：103467.

[30] Li M H，Fukumoto K，Wang C J，et al. Phenomenological characterization and investigation of the mechanism of flame spread over butanol-diesel blended fuel[J]. Fuel，2018，233：21-28.

[31] Li M H，Lu S X，Chen R Y，et al. Experimental investigation on flame spread over diesel fuel near sea level and at high altitude[J]. Fuel，2016，184：665-671.

[32] Akita K. Some problems of flame spread along a liquid surface[J]. Symposium （International） on Combustion，1973，14（1）：1075-1083.

[33] Ross H D，Miller F J. Detailed experiments of flame spread across deep butanol pools[J]. Symposium （International） on Combustion，1996，26（1）：1327-1334.

[34] MacKinven R，Hansel J G，Glassman I. Flame Spreading Across Liquid Fuels at Sub-flash Point Temperature：Measurements and Techniques[R]. Princeton：Ballistics Research Laboratory，1970.

[35] Burelbach J P，Epstein M，Plys M G. Initiation of flame spreading on shallow subflash fuel layers[J]. Combustion and Flame，1998，114（1-2）：280-282.

[36] Konishi T，Tashtoush G，Ito A，et al. The effect of a cold temperature valley on pulsating flame spread over propanol[J]. Proceedings of the Combustion Institute，2000，28（2）：2819-2826.

[37] Kinbara T. Bulletin of the institute[J]. Physics Chemistry Research Japan，1932，9：561.

[38] Tarifa C S，Torralbo A M. Flame propagation along the interface between a gas and a reacting medium[J]. Symposium （International） on Combustion，1967，11（1）：533-544.

[39] Burgoyne J，Roberts A. The spread of flame across a liquid surface. Ⅲ. A theoretical model[J]. Proceedings of the Royal Society of London Series A-Mathematical and Physical Sciences，1968，308 （1492）：69-79.

[40] Sirignano W，Glassman I. Flame spreading above liquid fuels：Surface-tension-driven flows[J]. Combustion Science and Technology，1970，1（4）：307-312.

[41] Torrance K E，Mahajan R L. Fire spread over liquid fuels：Liquid phase parameters[J]. Symposium （International） on Combustion，1975，15（1）：281-287.

[42] Burgoyne J H，Roberts A F，Quinton P G. The spread of flame across a liquid surface. Ⅰ. The induction period[J]. Proceedings of the Royal Society of London Series A-Mathematical and Physical Sciences，1968，308（1492）：39-53.

[43] Burgoyne J H，Roberts A F. The spread of flame across a liquid surface. Ⅱ. Steady-state conditions[J]. Proceedings of the Royal Society of London Series A-Mathematical and Physical Sciences，1968，308 （1492）：55-68.

[44] Konishi T，Ito A，Kudou Y，et al. The role of a flame-induced liquid surface wave on pulsating flame spread[J]. Proceedings of the Combustion Institute，2002，29（1）：267-272.

[45] Takahashi K，Kodaira Y，Kudo Y，et al. Effect of oxygen on flame spread over liquids[J]. Proceedings of the Combustion Institute，2007，31（2）：2625-2631.

[46] 李满厚. 液体表面火焰传播及表面流传热特性研究[D]. 合肥：中国科学技术大学，2015.

[47] Takahashi K，Ito A，Kudo Y，et al. Scaling and instability analyses on flame spread over liquids[J]. Proceedings of the Combustion Institute，2005，30（2）：2271-2277.

[48] Roberts A F. Spread of Flame on a Liquid Surface[D]. London：Imperial College，1966.

[49] Hirano T，Suzuki T，Mashiko I，et al. Gas movements in front of flames propagating across methanol[J]. Combustion Science and Technology，1980，22（1-2）：83-91.

[50] Kinbara T. Surface combustion phenomena of liquids[J]. Bulletin of the Institute of Physics and

Chemical Research （Japan）, 1932, 9: 561-570.

[51] Ishida H, Iwarna A. Some critical discussions on flash and fire points of liquid fuels[J]. Fire Safety Science, 1986, 1: 217-226.

[52] ASTM. Standard Test Methods for Flash Point by Pensky-Martens Closed Tester, Fire Test Standards: ASTM D 93-85[S]. 3rd ed. West Conshohocken: ASTM International, 1990.

[53] Dryer F, Newman J. Flame spread over liquid fuels—The mechanism of flame pulsation[C]. La Jolla: Fall MTG of Western States of The Combustion Institute, 1976: 1-21.

[54] Glassman I, Dryer F L. Flame spreading across liquid fuels[J]. Fire Safety Journal, 1981, 3（2）: 123-138.

[55] Glassman I, Hansel J G. Some Thoughts and Experiments on Liquid Fuel Flame Spreading, Steady Burning and Ignitability in Quiescent Atmospheres[R]. Princeton: Princeton University, 1968.

[56] Degroote E, García Ybarra P L. Flame propagation over liquid alcohols. Part Ⅰ. Experimental results[J]. Journal of Thermal Analysis and Calorimetry, 2005, 80（3）: 541-548.

[57] Degroote E, García Ybarra P L. Flame propagation over liquid alcohols. Part Ⅱ. Steady propagation regimes[J]. Journal of Thermal Analysis and Calorimetry, 2005, 80（3）: 549-553.

[58] Degroote E, García Ybarra P L. Flame propagation over liquid alcohols. Part Ⅲ. Pulsating regime[J]. Journal of Thermal Analysis and Calorimetry, 2005, 80（3）: 555-558.

[59] Ross H D, Miller F J. Understanding flame spread across alcohol pools[J]. Fire Safety Science, 2000, 6: 77-94.

[60] Liebman I, Corry J, Perlee H E. Flame propagation in layered methane-air systems[J]. Combustion Science and Technology, 1970, 1（4）: 257-267.

[61] Ross H D. Ignition of and flame spread over laboratory-scale pools of pure liquid fuels[J]. Progress in Energy and Combustion Science, 1994, 20（1）: 17-63.

[62] Akita K, Fujiwara O. Pulsating flame spread along the surface of liquid fuels[J]. Combustion and Flame, 1971, 17（2）: 268-269.

[63] MacKinven R, Hansel J G, Glassman I. Influence of laboratory parameters on flame spread across liquid fuels[J]. Combustion Science and Technology, 1970, 1（4）: 293-306.

[64] Xu B P, Wen J X. Computational analysis of the mechanisms and characteristics for pulsating and uniform flame spread over liquid fuel at subflash temperatures[J]. Combustion and Flame, 2022, 238: 111933.

[65] Li L Y, Guo X C, Lu R S, et al. Experimental study on horizontal fire spread characteristics of transformer oil[J]. Journal of Energy Resources Technology, 2021, 144（1）: 1-11.

[66] Higuera F J, García Ybarra P L. Steady and oscillatory flame spread over liquid fuels[J]. Combustion Theory and Modelling, 1998, 2（1）: 43-56.

[67] Schiller D N, Sirignano W A. Opposed-flow flame spread across *n*-propanol pools[J]. Symposium （International） on Combustion, 1996, 26（1）: 1319-1325.

[68] Miller F J, Ross H D. Smoke visualization of the gas-phase flow during flame spread across a liquid pool[J]. Symposium （International） on Combustion, 1998, 27（2）: 2715-2722.

[69] Ito A, Narumi A, Konishi T, et al. The measurement of transient two-dimensional profiles of velocity and fuel concentration over liquids[J]. Journal of Heat Transfer, 1999, 121（2）: 413-419.

[70] Tashtoush G，Narumi A，Ito A，et al. Simulation of the convective flow in liquids induced by a spreading flame[C]. San Diego：Fifth ASME/JSME Joint Thermal Engineering Conference，1999.

[71] Ito A，Masuda D，Saito K. A study of flame spread over alcohols using holographic interferometry[J]. Combustion and Flame，1991，83（3-4）：375-389.

[72] Glassman I，Hansel J G，Eklund T. Hydrodynamic effects in the flame spreading，ignitability and steady burning of liquid fuels[J]. Combustion and Flame，1969，13（1）：99-101.

[73] Sharma O P，Sirignano W A. A hydrodynamical analysis of the flame spreading over liquid fuels[C]. New York：Proceedings of the 9th Aerospace Sciences Meeting，1971：207.

[74] Sirignano W A. A critical discussion of theories of flame spread across solid and liquid fuels[J]. Combustion Science and Technology，1972，6（1-2）：95-105.

[75] Torrance K E. Subsurface flows preceding flame spread over a liquid fuel[J]. Combustion Science and Technology，1971，3（3）：133-143.

[76] Takahashi K，Ito A，Kudo Y，et al. Scaling subsurface layer circulation induced by pulsating flame spread over liquid fuels[J]. Progress in Scale Modeling，2008，1：149-162.

[77] Matsumoto Y，Saito T. Propagation of pool burning[J]. The Japan Society of Mechanical Engineers，1980，46（405）：998-1006.

[78] Murphy M J. Flame spread rates over methanol fuel spills[J]. Combustion Science and Technology，1985，42（3-4）：223-227.

[79] Miller F J，Ross H D. Further observations of flame spread over laboratory-scale alcohol pools[J]. Symposium（International）on Combustion，1992，24（1）：1703-1711.

[80] Takahashi K，Ito A，Kudo Y，et al. Scaling analysis on pulsating flame spread over liquids[J]. International Journal of Chemical Engineering，2008，2008：1-10.

[81] 郭进. 航空煤油表面火焰脉动及表面流特性研究[D]. 合肥：中国科学技术大学，2012.

[82] Li M H，Lu S X，Guo J，et al. Effects of pool dimension on flame spread of aviation kerosene coating on a metal substrate[J]. International Journal of Heat and Mass Transfer，2015，84：54-60.

[83] Hamins A，Fischer S J，Kashiwagi T，et al. Heat feedback to the fuel surface in pool fires[J]. Combustion Science and Technology，1994，97（1-3）：37-62.

[84] 纪杰. 液体燃料泄漏火灾全过程非稳态燃烧行为及其物理预测模型研究[R]. 合肥：中国科技大学火灾科学国家重点实验室，2022.

[85] T'ien J S，Shih H Y，Jiang C B，et al. Mechanisms of flame spread and smolder wave propagation [M]//Ross H D. Microgravity Combustion：Fire in Free Fall. Cleveland：Academic Press，2001：299-418.

[86] Newman J S. Lase Droplet Velocimeter Measurements of the Gas and Liquid Flow Fields Induced by Flame Propagation over a Liquid Surface[R]. Princeton：Princeton University，1979.

[87] Li M H，Hu P Y，Ji J，et al. Motion of liquid convective flow and heat transfer analysis of flame spread over butanol fuel within narrow channels[J]. Fire Safety Journal，2022，127：103502.

[88] Fu Y Y，Gao Z H，Ji J，et al. Experimental study of flame spread over diesel and diesel-wetted sand beds[J]. Fuel，2017，204：54-62.

[89] Miller F J，Ross H D，Kim I，et al. Parametric investigations of pulsating flame spread across 1-butanol pools[J]. Proceedings of the Combustion Institute，2000，28（2）：2827-2834.

[90] Wang C，Hu H，Zhang H，et al. Experimental study of the horizontal subsurface flow trajectory and dynamic external radiation of flame spread over diesel[J]. Energy，2022，260：125078.

[91] Gao Z H，Lin S H，Ji J，et al. An experimental study on combustion performance and flame spread characteristics over liquid diesel and ethanol-diesel blended fuel[J]. Energy，2019，170：349-355.

[92] Liu C X，Ding L，Jangi M，et al. Experimental study of the effect of ullage height on flame characteristics of pool fires[J]. Combustion and Flame，2020，216：245-255.

[93] Ma L，Nmira F，Consalvi J L. Large eddy simulation of medium-scale methanol pool fires—Effects of pool boundary conditions[J]. Combustion and Flame，2020，222：336-354.

[94] Liu C X，Jangi M，Ji J，et al. Experimental and numerical study of the effects of ullage height on plume flow and combustion characteristics of pool fires[J]. Process Safety and Environmental Protection，2021，151：208-221.

[95] Oka Y，Kurioka H，Satoh H，et al. Modelling of unconfined flame tilt in cross-winds[J]. Fire Safety Science，2000，6：1101-1112.

[96] Nakakuki A. Heat transfer in pool fires at a certain small lip height[J]. Combustion and Flame，2002，131（3）：259-272.

[97] Guo J，Lu S X，Zhou J B，et al. Experimental study of flame spread over oil floating on water[J]. Chinese Science Bulletin，2012，57（9）：1083-1087.

[98] Liu C X，Ding L，Jangi M，et al. Effects of ullage height on heat feedback and combustion emission mechanisms of heptane pool fires[J]. Fire Safety Journal，2021，124：103401.

[99] Suzuki T，Hirano T. Flame propagation across a liquid fuel in an air stream[J]. Symposium（International）on Combustion，1982，19（1）：877-884.

[100] Kim I，Sirignano W A. Computational study of opposed-force-flow flame spread across propanol pools[J]. Combustion and Flame，2003，132（4）：611-627.

[101] Zamashchikov V V. Flame spread across shallow pools in modulated opposed air flow in narrow tube[J]. Combustion Science and Technology，2008，181（1）：176-189.

[102] Mansoor Ali S，Raghavan V，Velusamy K，et al. A numerical study of concurrent flame propagation over methanol pool surface[J]. Journal of Heat Transfer，2012，134（4）：1-9.

[103] Li M H，Wang C J，Li Z H，et al. Combustion and flame spreading characteristics of diesel fuel with forced air flows[J]. Fuel，2018，216：390-397.

[104] Wang L A，Dong Y H，Su S C，et al. The effects of transient heat release rate and crosswind on flame length and tilt angle of flames at different positions in the spread of fire over a diesel pool[J]. Fire and Materials，2019，43（2）：189-199.

[105] Li M H，Shu Z Z，Geng S W，et al. Experimental and modelling study on flame tilt angle of flame spread over jet fuel under longitudinally forced air flows[J]. Fuel，2020，270：117516.

[106] Welker J R. The Effect of Wind on Uncontrolled Buoyant Diffusion Flames from Burning Liquids[R]. Michigan：University of Oklahoma，1965.

[107] Thomas P H. The size of flames from natural fires[J]. Symposium（International）on Combustion，1963，9（1）：844-859.

[108] Li M H，Shu Z Z，Chen B，et al. Influence of pool width on pioneering flame height of flame spread

over jet fuel inside a bench-scale air flow tunnel[J]. Tunnelling and Underground Space Technology, 2021, 108: 103763.

[109] Ishida H. Propagation of precursor flame tip in surrounding airflow along the ground soaked with high-volatile liquid fuel[J]. Journal of Fire Sciences, 2005, 23（3）: 247-260.

[110] Li M H, Shu Z Z, Chen B, et al. Experimental study of temperature profile and gas-liquid heat transfer in flame spread over jet fuel under longitudinal air flow[J]. Applied Thermal Engineering, 2021, 185: 116320.

[111] Ross H D, Sotos R G. An investigation of flame spread over shallow liquid pools in microgravity and nonair environments[J]. Symposium （International） on Combustion, 1991, 23（1）: 1649-1655.

[112] Shepherd J E, Nuyt C D, Lee J J. Flash Point and Chemical Composition of Aviation Kerosene（Jet A）[R]. Pasadena: California Institute of Technology, 2000.

[113] Li M H, Lu S X, Guo J, et al. Flame spread over *n*-butanol at sub-flash temperature in normal and elevated altitude environments[J]. Journal of Thermal Analysis and Calorimetry, 2015, 119（1）: 401-409.

[114] Reynolds W C, Perkins H C. Engineering Thermodynamics[M]. New York: McGraw-Hill, 1970.

[115] Jacob D J. Atmospheric Pressure. Introduction to Atmospheric Chemistry[M]. University: Princeton University Press, 1999.

[116] Catoire L, Naudet V. A unique equation to estimate flash points of selected pure liquids application to the correction of probably erroneous flash point values[J]. Journal of Physical and Chemical Reference Data, 2004, 33（4）: 1083-1111.

[117] Alberty R A. On the derivation of the Gibbs adsorption equation[J]. Langmuir, 1995, 11（9）: 3598-3600.

第4章 固体可燃物热解着火研究综述

杨立中　龚俊辉

固体可燃物热解着火在决定火灾能否发生和火灾发生后的火蔓延速度方面起着关键作用，本章重点对固体可燃物的热解着火机理、热解动力学参数、实验和分析方法、控制及影响因素等进行较为全面的阐述，对未来研究面临的挑战进行分析。本章讨论的固体可燃物包括天然材料（如木材、生物质材料）和合成材料（如纯聚合物和功能性复合材料）。

4.1 概　　述

火灾都由着火引起，着火过程因其实用价值而被广泛研究[1]。对固体可燃物热解着火过程的研究是火灾调查人员、火灾科研学者及相关工程技术人员等都非常关心的问题。固体可燃物常被用作能源燃料、结构和功能性组件等，与之相关的火灾涉及住宅建筑和非住宅结构火灾[2]、森林火灾[3]、草原火灾[4]、森林城市交界域火灾[5]、机动车火灾[6]等。

大多数有机固体可燃物本质上都是聚合物，如塑料、木材、纸张、有机织物和泡沫等，它们均由大量的简单重复单元通过化学键连接成很长的链状分子并呈现复杂的空间结构。长链和复杂结构意味着这些材料只能以固体形式存在[7]。例如，植物等木质纤维材料主要包含三种基本成分，即纤维素（占比为 40%~45%）、半纤维素（占比为 25%~35%）和木质素（占比为 20%~30%）[8]。这些成分以一种骨架结构无序地分布在细胞壁内[9]。纤维素聚集成纤维并形成细胞壁的框架，半纤维素和木质素以黏结剂的作用填充其中。半纤维素和木质素通过氢键与纤维素结合，木质素与半纤维素以氢键和共价键结合[10]。热解通过高温裂解化学键将长分子链和复杂结构转化为挥发性碎片和单体[11]，是一个热化学过程，涉及一系列复杂的物理和化学子过程，产生挥发性易燃分子，这些过程需要外部能量[12]。热解通常是指在非氧化条件下发生的热解过程，如果环境气氛中存在氧气，则称为氧化性热解[13]。热解会产生气态和固态产物或只产生气态产物。一方面，热解是一种生产高价值热解产物或处理固体废物的有效方法，例如，利用生物质产生生物质油、生物质碳和其他热解副产物[14]，从废塑料和轮胎中获得高热值的可再生液体/气体燃料；另一方面，热解释放的可燃性气体挥发物在氧气环境中可能会被点燃而引发火灾。

图 4-1 为木材着火前热解及传热传质示意图。热解产生的气相产物和固态炭都可能发生氧化反应。炭氧化是发生在炭表面的异相反应（涉及固-气两相），会导致阴燃[15]或炭氧化着火[16]。气相产物的氧化反应是在空气中进行的，会导致有焰燃烧，是一个均相反应（只涉及气相）。常温下固体可燃物受外部热源加热时，其温度会升高，最高温度位于固体表面，吸收的热量通过热传导扩散到固体内部。随着固体温度的升高，靠近表面的一层发生热解，固体中的大分子分解为各种小分子。由于内部压力较高或存在浮力，气态热解产物被传输到气-固界面并释放。氧气处于空气中且木材是一种多孔介质，因此氧气会扩散到木材内部并在木材内部形成氧浓度梯度，氧浓度在表面达到环境值。热解产物的传输和氧气的扩散均受局部渗透性与产生/消耗率的影响。一些固体可燃物的热解受氧浓度影响较大，会发生氧化性热解；另一些固体可燃物的热解受氧浓度影响不大[17]。产生的气体产物可能是完全氧化产物（如二氧化碳）、部分氧化产物（如一氧化碳）、其他可燃性气体（如甲

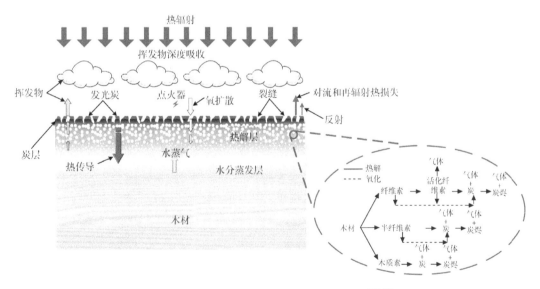

图 4-1　木材着火前热解及传热传质示意图[18, 19]

烷和氢气）及惰性气体（如氮气和水蒸气）[20]。一般来说，热解是由许多化学反应控制的吸热过程。因此，热解开始后热解层的温度上升速率会下降。固体炭化过程中形成的炭层对热量和热解气质量传输均有较大的阻碍作用，因此对着火有很大的影响。Cullis 和 Hirschler[21]、Drysdale[22]分别揭示了聚合物和木材产炭的化学过程。与非炭化材料相比，炭氧化放热会使炭氧化反应自加速而发生剧烈氧化和表面发光现象，导致表面温度显著升高。炽红的高温炭作为初始引火源可引发气相燃烧而着火。内热相变（如聚合物熔融和生物质中水分的蒸发）也对固体中的温度分布有很大的影响，进而影响着火。

为实现着火，气相中至少有一个点必须满足着火条件。热解产物从燃料表面析出后，与环境中的氧气混合。起初可燃气质量流率较小，其浓度低于燃烧下限[7]，气相混合物不可燃。随着热解的进行，气相混合物中可燃气浓度不断增加，直到超过燃烧下限，形成可燃混合气。如果气相可燃区存在引火源（如小火焰、高温表面或电火花），局部混合物被点燃，随后火焰扩散到整个可燃区，实现点火。着火时间定义为从可燃物开始暴露于辐射热流下到产生可持续火焰的时间。如果没有引火源，可燃混合气需不断升高温度，直到发生气相热自燃[23-26]。此时，气相混合物须通过气相吸收辐射热量来达到自燃温度。同时，它也会将一部分吸收的热量损失到环境中。因此，自燃时间通常比引燃时间长得多，或在某些特定情况下，自燃无法实现而引燃可以实现。自燃通常与实验条件有关，且对环境非常敏感。不同学者测得的自燃着火数据通常因差别较大而不具有可比性[1]。

最早揭示固体可燃物着火机理的工作可追溯到 20 世纪 50 年代，Lawson 和 Simms[27]使用烧蚀理论来预测木材在热辐射下的着火时间。他们假设只有当表面温度升高到一个临界值时才会发生着火，固体燃料到气态挥发物的转化是在无限快热解反应速率下瞬间完成的[28]。该模型未考虑气相过程，过于简化。实验表明，对某些固体，其临界温度随入射热流密度的增大而增大[29, 30]。后续学者探索了其他影响着火的因素，包括固相中挥发物传输[31]、材料孔隙率[32]、表面炭化[33]、材料倾角[34]和几何形状[35, 36]、点火器能量和位置[37]、含水率[38]、环境压力和氧浓度[39-42]、表面对流[43, 44]、炭氧化着火[16]、熔融[45]等。最近，辐射源光谱特性[46]、半透明材料深度吸收[47-52]、气体产物的辐射衰减[53]和时变热流密度[54-68]受到越来越多的关注。

4.2　热解动力学

固体可燃物着火研究中所用的热解方法不涉及分子水平的化学变化。相反，热解过程由若干伪组分和伪化学反应来描述，其复杂程度较低。事实证明，该方法可以最小的计算成本成功预测实验结果[69]。分析静止空气中特别是高热流密度下的引燃着火时，往往不需要考虑固体热解，如锥形量热仪实验。着火前的绝大部分时间里，固体并不发生热解；只有着火前的一小段时间内，固体才发生热解。引火源使得着火时挥发分的燃烧下限降低，对应的热解时间和着火时间也较短。为降低分析的复杂性，在计算着火时间时常忽略热解。该假设不会造成着火时间预测的明显误差，表面温度达到临界值时着火。该分析过程只涉及固相传热，也是经典着火理论的基本概念。然而，在其他着火情况下，不能忽略热解过程，如低热流密度（接近临界热流密度）的引燃着火[70]、湿生物质着火[58, 65]、自燃[58, 65]、受迫对流下的自燃和引燃[43, 71]、阻燃性固体着火[1, 72]、阴燃[16]、飞火颗粒引发的着火[73]。热解动力学参数是准确预测这些着火行为的必要条件。

热解动力学是指一组包含若干组分的一系列反应和描述这些反应速率的参数，通常假设其遵循阿伦尼乌斯方程。该方程有三个参数：指前因子（A）、活化能（E_a）和反应级数。动力学参数不能直接测得，因此须利用微尺度实验数据结合一些分析方法进行间接计算。首先，根据实验曲线的形状（如热重实验中质量损失率曲线的峰值）确定反应路径。然后，通过合理的方法求得相应的动力学参数。求解方法通常包括两种：直接分析法[74]和曲线拟合法[75-78]。直接分析法可根据参考点（如峰值反应速率或固定转换率）提供唯一解，但往往精度有限。曲线拟合法通过特定软件或代码对实验曲线进行数值模拟。在迭代过程中，未知动力学参数作为模型输入参数可进行动态调整，直到数值模拟曲线和实验曲线的吻合度达到预设的误差范围，即迭代收敛。最初，迭代过程是手动完成的[79, 80]。随后，采用遗传算法[81]、粒子群优化算法[75]、洗牌复杂进化（shuffled complex evolution，SCE）算法[82]、爬山算法[76]等实现了反演过程的自动化。曲线拟合法可分析复杂、多步、反应温度区重叠的反应和噪声数据，但需要较长的计算时间。动力学参数的补偿效应也是曲线拟合法中一个未解决的问题，即活化能的变化可通过指前因子或其他参数的变化得到部分或完全补偿，反之亦然。用完全相同的初始解重复运行优化可能不会得到相同的优化结果。大多数固体（特别是复合材料）往往同时发生数个反应，经常导致热重/微商热重曲线中反应峰的重叠。这使热解建模只能选择最简单的形式描述复杂的反应，并用特定模型的动力学参数对实验曲线进行数值模拟。尽管包含在反应机理中的伪组分没有物理意义，而且存在补偿效应，但是曲线拟合法提供了拟合实验数据的最佳方法。常用的实验方法、解析方法、数值方法和优化算法可在相关文献或工具书中找到，此处不再赘述。

4.3　固体可燃物着火的实验研究

常用的表征固体可燃性的着火测试方法包括两大类：模拟火焰法和准确控制的辐射法。模拟火焰法是指符合实验要求的设备能实现类似火焰的加热环境，直接模拟实际火灾中的加热条件。大多数模拟火焰法测试同时涉及固体可燃性和火蔓延表征，且理论分析较少，很少有测试只关注固体可燃性。准确控制的辐射法可为可预测着火行为的分析方法提供输入参数，测试中样品表面接收均匀辐射热流密度，其对流热流密度非常小。对流加热方式很少在此类设备中使用，这是因为很难实现样品表面的均匀对流热流密度，且很难消除辐射加热。常用的两种着火测试系统为锥形量热仪[83]和火焰传播装置（fire propagation apparatus，FPA）[84]，其详细的设计原理、测试过程、特点与优势、数据分析方法、各自的适用性等均可在相应标准中找到，此处不再赘述。本节重点介绍国内外学者为研究固体可燃物着火自制的着火研究系统。

中国科学技术大学火灾科学国家重点实验室杨立中研究团队搭建了两套固体可燃物热解着火测试实验系统，每套系统使用一组硅碳棒作为辐射加热器[31, 34, 37, 58, 85-94]。较小的便携式系统如图 4-2（a）所示，10 个直径为 1 cm 的硅碳棒固定于一个边长为 30 cm 的正方形金属盒内作为加热源，样品距离加热器辐射口 10 cm 时可提供 50 kW/m² 的均匀热流密度。辐射热流密度的均匀性通过测量样品中心和角落位置的热流密度来验证。该加热器与美国俄亥俄州立大学（Ohio State University，OSU）量热仪所采用的 30 cm×30 cm 硅碳棒辐射热源（最大辐射热流密度为 65 kW/m²）相似[95]。图 4-2（a）测试用样品为 5 cm×5 cm 的正方形，厚度可达 5 cm，电火花点火器位于样品中心上方 10 mm 处。质量损失和样品表面及内部温度分别由一个高精度电子天平和一组 K 型热电偶测量。该设备可灵活控制辐射源与样品方向，可用于测试样品在水平、垂直及任意方向的热解着火行为[34, 90]。利用该设备，该团队系统研究了一些关键因素对不同类型固体可燃物热解着火的影响，如点火器位置和能量[37, 91, 92]及样品表面的强制空气流[88]。利用其便携的特点，该团队在国内不同海拔地区开展了一系列热解着火实验以研究环境压力和氧浓度的影响，例如，在合肥、拉萨[31, 37, 86, 90]和西宁[91]等地开展了木材和聚甲基丙烯酸甲酯（polymethylmethacrylate，PMMA，又称有机玻璃）的自燃和引燃着火特性研究。此外，通过程序控制该加热器的输出功率，还可实现时变热流密度[58, 85, 87, 93, 94]，更接近实际火灾发展过程中未燃材料接收的辐射热流密度。该系统只涉及固体着火测试，未涉及热释放速率、气体、烟雾等相关参数的测量。

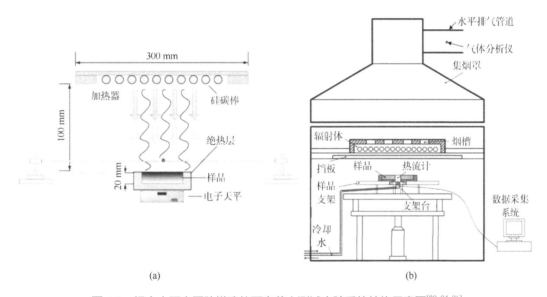

(a)　　　　　　　　　　　　　(b)

图 4-2　杨立中研究团队搭建的两套着火测试实验系统结构示意图[89, 94, 96]

为测试更大尺寸的样品和研究气体中热解产物对辐射的衰减，杨立中研究团队搭建了另一套类似的系统[53, 56, 96, 97]，如图 4-2（b）所示。该系统采用 15 个直径为 2 cm 的硅碳棒加热元件组成一个 40 cm×40 cm 的正方形辐射加热器，可对边长为 15 cm 的正方形样品（厚度可达 5 cm）进行测试。在加热器上方增加了集烟罩、水平排气管道和气体分析仪，可以测量热释放速率并进行气体成分及浓度分析。加热器与样品间的距离可通过一个可调节的升降台精确控制在 5～40 cm。在辐射热流密度气相衰减测试中，在样品中心钻一个圆孔以容纳水冷热流计，热流计直径与圆孔内径相同。热流计放置时与样品上表面平齐，并记录样品表面高度处在有样品和无样品时所接收的热流密度差异以研究热解挥发分对辐射热流密度的衰减效应。该两套系统中使用的硅碳棒加热元件具有类灰体的辐射特性，且发射率较高（0.8～0.9），在2～15 μm的波长内材料表面发射率变化很小[98]。正常运行温度为600～1100 ℃，该温度范围与火焰温度范围（低于 1000 ℃）大体一致，因此可有效模拟火灾中火焰的辐射热流密度。

南京工业大学龚俊辉研究团队为对比研究恒定热流密度和多种时变热流密度下固体可燃物热解着火行为的差异并发展可预测相应着火时间的预测模型，搭建了一套可实现多种变化热流密度的实验装置。该装置将锥形量热仪的锥形加热器与可编程比例-积分-微分（proportional-integral-derivative，PID）温度控制器相结合，实现对加热器加热功率的灵活程序控制，继而实现多种时变热流密度，如线性上升热流密度[60]、幂律上升热流密度[65, 67]、指数上升热流密度[62]、线性衰减热流密度[64, 66]，如图 4-3 所示。利用该装置，该团队对木材、压缩木材和几种常用聚合物（从热薄固体到热厚固体）的自燃和引燃特性进行了着火测试并建立了相关的预测模型。Bilbao 等[63]也采用锥形加热器开展过随时间衰减热流密度下木材的热解着火实验，不同的是其衰减热流密度是通过加热器达到设定热流密度后关闭电源条件下的自然冷却来实现的，并不能人为控制。2019 年，Santamaria 和 Hadden[99]采用 4 个类似 FPA 加热源的红外加热装置产生线性上升热流密度并开展了相关的着火实验；Fang 等[61]使用一个由 10 根硅碳棒组成的加热器实现了周期性辐射热流密度；Didomizio 等[100]使用锥形加热器实现了四阶多项式热流密度；Vermesi 等[55]使用 FPA 的热源和

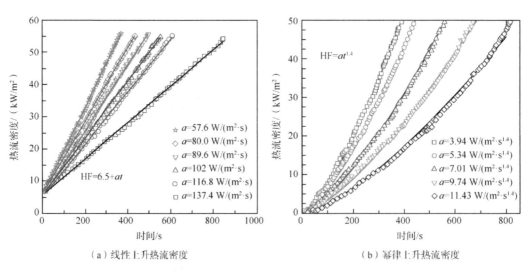

（a）线性上升热流密度 （b）幂律上升热流密度

图4-3　龚俊辉研究团队通过改进锥形加热器实现的时变热流密度[60, 62, 65]

HF 指热流密度；t 指时间

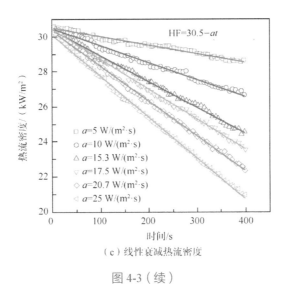

（c）线性衰减热流密度

图 4-3（续）

锥形加热器分别实现了抛物线和分阶段的时变热流密度。

以上设备均是在无风环境下进行的。在有风环境下可燃物表面对流气流对着火过程的影响不可忽略。针对此问题，国内外学者也开发了相应的设备以进行相关研究。例如，美国加利福尼亚大学伯克利分校学者在美国国家航空航天局（National Aeronautics and Space Administration，NASA）的赞助下搭建了一个由红外加热器组成的强制对流点火和火蔓延实验装置[39-42]。该装置通过小型风洞实现了样品表面的均匀强制对流，其风速为 0 ~ 100 cm/s。McAllister 等[38, 101]搭建了一个相似的装置研究木材的着火过程，其热流密度和风速分别为 0 ~ 50 kW/m² 和 0 ~ 1.6 m/s。

以上设备均为辐射主导。一些特殊场景的着火过程是热气流对流加热引发的，辐射加热的作用是次要的。为研究此类着火现象，一些学者搭建了热气流诱发着火的实验装置。美国杨百翰大学 Safdari 等[102]搭建了一个通过平面火焰燃烧器产生高温热气流的装置，用于研究森林可燃物在该热气流加热条件下的着火过程并分析热解产物。该装置可以实现三种加热模式：①纯辐射；②纯对流；③辐射和对流的组合。Roenner 和 Rein[43]采用电加热空气方式搭建了一个装置用于研究对流加热条件下聚合物的着火过程。该装置可实现温度高达 700 ℃的热空气流对固体表面的对冲加热。利用该装置，Roenner 和 Rein 研究了聚对苯二甲酸丁二醇酯（polybutylene terephthalate，PBT）在热气流加热下的着火过程。McAllister 和 Finney[103]设计了一个类似的设备，用于研究木材在 800 ℃高温气流中的自燃。以上设备测试用样品主要通过对流加热，但仍有一小部分样品通过辐射加热。

4.4 着火类型和临界参数

4.4.1 自燃与引燃

如前所述，自燃和引燃取决于热解产物与氧化剂（空气）形成的可燃气相区域是否存在引火源。自燃须同时满足两个条件才能使得发生：①气相中有足够的热解挥发物和氧气；②气相温度足够高。引燃只需满足第一个条件，即可只分析固相过程来预测着火；自燃必须考虑气相过程。自燃中，混合物须吸收足够的热量才能达到临界自燃温度，该热量与达姆科勒数（Da）相关[104]，达姆科勒数用于描述同一系统中化学反应相比其他现象的时间尺度。化学反应时间是化学反应发生的持续时间，可通过反应速率的倒数来估算，反应速率通常以阿伦尼乌斯公式形式表示。因此，化学反应时间直接受反应物温度的影响。温度越高，化学反应时间越短，反之亦然。停滞时间是对应变量或反应物在一定位置上保持不变或持续接触的时间，受速度场的影响。较大的局部速度或较大的速度梯度会导致较短的停滞时间。如果化学反应时间比停滞时间短，气相燃烧反应就有足够的时间发生，火焰就能持续；反之，火焰不能持续，即不能实现着火。因此，可定义一个自燃的临界达姆科勒数值，超过该临界值自燃才可以发生[104]。准确预测自燃需对流场和温度场进行全面解析，并需对燃烧反应动力学有全面的了解。

固体被热气流加热即对流加热，如 Roenner 和 Rein[43]、McAllister 和 Finney[103]实验中 700 ~ 800 ℃ 的气流。混合气体达到临界达姆科勒数值所需的能量来自氧化剂，自燃主要由流速决定。如果混合气体的加热速率比固体快，自燃将发生在远离固体表面的位置，此时固体表面起散热作用。相反，如果固体的加热速率比混合气体快，自燃将发生在靠近燃料表面的地方，这种情况在炭化材料中常见，这是因为炭氧化放热导致表面温度较高[65, 67]。由于自燃过程复杂且对实验条件和环境较为敏感，实验结果只能作为特定测试条件下的参考值。通常情况下，即使是相同材料，不同文献中的实验结果也存在较大差异，例如，自燃温度的偏差可达到 150 ℃[7]。

与自燃相比，引燃在实际火灾中更为常见，这是因为在未燃固体附近通常有引火源，如火焰、火花或热表面。引火源明显简化了气相过程，并降低了对环境的敏感性。引燃最先发生在引火源位置处，且在热解挥发分浓度达到其燃烧下限时发生。因此，引燃实验的重复性远好于自燃实验，这表明不同研究中的引燃数据具有一定的可比性。

此外，引燃实验将气-固相分析过程解耦，引燃只需考虑固相的物理化学过程便可较好地预测着火时间，这比需同时解决复杂的气-固相耦合问题要简单得多[27, 35, 41, 52, 54, 61, 65]。

4.4.2　着火临界参数

已有文献给出了一些较为实用且简化的着火判据。尽管它们侧重临界条件的不同方面或采用不同的简化假设，但是着火临界判据都源于相同的气相临界条件，即在气相中形成持续火焰的必需条件。本节将介绍这些临界判据的基本概念、适用性、局限性及常见材料的典型值。

1. 临界温度

临界温度（T_{cri}）即固体可燃物的临界着火温度，超过此温度，可燃物将被点燃。该假设表明固体表面附近的物质将以无限快的速率分解为挥发分，挥发分在固相和气相中扩散所需的时间忽略不计。该临界判据对大多数非炭化材料是有效的，但对炭化材料和自燃有明显的局限性。例如，木材着火很大程度上取决于炭氧化。图 4-4 为热流密度、表面气流速度（v）和含水率（MC）对木材临界温度的影响。在低热流密度区，临界温度随热流密度增大而降低；当热流密度超过一定值时，临界温度基本不变。在高/低热流密度下，含水率较高的木材临界温度更高。在低热流密度下，高含水率会增加木材的热惯性（$k\rho C_P$）及热解层温度的均匀性，最终导致着火前的炭层更厚，释放出更多的热量，因此临界温度更高。在高热流密度下，产生的水蒸气稀释了气体中挥发分，推迟了着火时间，为了达到热解挥发分的燃烧下限，需要更高的热解速率，即更高的临界温度。Janssens[105]的研究表明含水率每增加 1 个百分点，临界温度升高约 2 ℃。

实验测量临界温度的不确定度限制了使用临界温度预测着火时间的精度。测量临界温度需使用高精度热电偶以减少系统误差，实验中很难保证热电偶与样品表面的长期良好接触，许多材料在着火前会形变、熔化、起泡、开裂等。因此，测得的临界温度平均值只能视为近似或参考值。尽管可使用光学非接触式温度测量技术，但是样品表面的发射率不易准确确定，其与温度及材料表面纹理相关[106]。此外，Gong 等[52]的研究表明，当考虑辐射深度吸收和表面热损失时，材料最高温度位于表面以下，显然，临界温度不适用于半透明固体。典型固体可燃物临界温度见表 4-1。

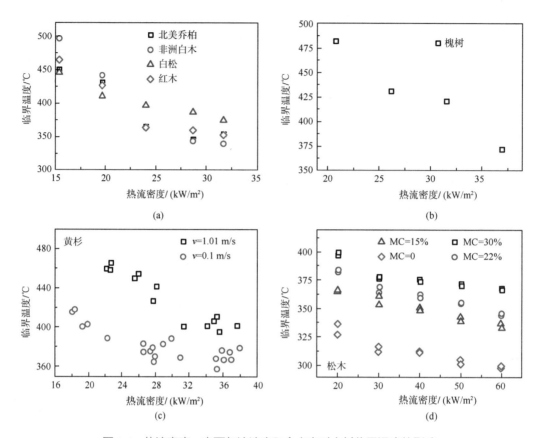

图 4-4　热流密度、表面气流速度和含水率对木材临界温度的影响

表 4-1　典型固体可燃物临界温度

可燃物	临界温度/℃	热流密度/(kW/m²)	实验条件说明
	引燃		
PMMA	380[7]	—	恒定热流密度
	320～383[55]	—	恒定和时变热流密度
	330[41]	10～45	气流速度为0.5～1.5 m/s；氧浓度为14%～30%
	340[61]	—	2～20 kW/m²的周期热流密度
	324～345[40]	16	气流速度为0.4 m/s；压力为7～100 kPa
	287～323[39]	0～15	气流速度为0～0.7 m/s；压力为37.6～101 kPa；氧浓度为21%～30%
PE	360～367[107, 108]	19～34	恒定热流密度
PP	332～340[107, 108]	17～42.5	
PS	361～369[107, 108]	15.5～34	
POM	277～288[107, 108]	15.5～34	

续表

引燃			
可燃物	临界温度/℃	热流密度/(kW/m²)	实验条件说明
PMMA	300 ~ 312[107, 108]	14 ~ 37.5	恒定热流密度
	301 ~ 317[107, 108]	13 ~ 38	
木材	210 ~ 497[106]	—	—
	220 ~ 260[106]	—	
	296 ~ 497[106]		恒定热流密度
	210 ~ 450[106]	—	—
红雪松	346 ~ 450[109]	15.4 ~ 31.7	炭氧化着火
非洲白木	340 ~ 497[109]		
白松	375 ~ 446[109]		
桃心木	353 ~ 465[109]		
花旗松	358 ~ 419[110]	18.1 ~ 38.0	气流速度为 0.1 m/s
	396 ~ 465[110]	22.2 ~ 38.0	气流速度为 1.01 m/s
松木	285[63]	26.1 ~ 62	恒定和随时间衰减热流密度
	350[53]	26 ~ 57	恒定热流密度
白松	384 ~ 468[111]	40	含水率为 3.4% ~ 38%
松木	$300+6\dot{q}''$, $\dot{q}'' < 40\text{kW/m}^2$ [112] 525, $\dot{q}'' \geqslant 40\text{kW/m}^2$	14.3 ~ 53.5	气流速度为 0 ~ 5.0 m/s
桦树	424 ~ 475[111]	40	含水率为 3.2% ~ 36%
落叶松	295 ~ 549[111]	20 ~ 60	竖纹和横纹
红木	204 ~ 375[16]	10 ~ 70	

自燃			
可燃物	临界温度/℃	热流密度/(kW/m²)	实验条件说明
PMMA	324[87]	—	线性和幂律上升热流密度
	324 ~ 389[64]	—	线性衰减热流密度
	397 ~ 465[60]	—	线性上升热流密度
	346 ~ 389[66]	—	线性衰减热流密度
	337 ~ 405[113]	30 ~ 60	气流速度为 0 ~ 1.2 m/s
木材	200 ~ 510[114]	—	—
	220 ~ 300[114]	—	—
	254 ~ 530[114]	—	—
	200 ~ 525[114]	—	—

续表

	自燃		
可燃物	临界温度/℃	热流密度/(kW/m²)	实验条件说明
槐树	372~482[31]	20.8~37	拉萨，压力为 65 kPa
	361~410[31]	31.6~37	合肥，常压
松木	525[63]	41.5~62	恒定和随时间衰减热流密度
	420[53]	26~57	恒定热流密度
白松	306~335[58]	—	线性和幂律上升热流密度
金合欢	319~353[94]	—	线性上升热流密度，测量值
	464~538[57]	—	线性上升热流密度，计算值
椿树	302~328[94]	—	线性上升热流密度，测量值
	459~518[57]	—	线性上升热流密度，计算值
泡桐树	271~292[94]	—	线性上升热流密度，测量值
	412~483[57]	—	线性上升热流密度，计算值
榆树	457~550[57]	—	线性上升热流密度，计算值
红木	383~487[16]	10~70	炭氧化着火
	424~578[16]	10~70	—
松树	307~588[115]		
榉树	270~506[115]		
樱桃树	334~543[115]		样品厚度为 10~30 mm；含水率为 10.0%~
橡树	354~512[115]	50~75	12.1%
枫树	332~491[115]		
灰烬	264~488[115]		
榉树	370~440[67]	—	幂律上升热流密度；含水率为 0~38%
OSB	457~527[65]	—	幂律上升热流密度

注：PE 指聚乙烯（polyethylene）；PP 指聚丙烯（polypropylene）；PS 指聚苯乙烯（polystyrene）；POM 指聚甲醛（polyoxymethylene）；OSB 指定向结构刨花板（oriented strand board）。

2. 临界质量流率

考虑热解挥发分的燃烧下限，临界质量流率（$\dot{m}''_{cri}$）是一个更合理的着火判据，它考虑了固相中的热解，通常用于数值模型中。当临界质量流率恒定时，点火时刻的表面温度随热流密度的增大而升高。在高热流密度下，热解区域仅限于表面附近的一个薄层，与低热流密度下较厚的热解层相比，该薄层须达到更高的温度才能热解出所需的临界质量流率[29]。表 4-2 列出了典型固体可燃物临界质量流率。引燃临界质量流率通常比自燃临界质量流率低得多，这是因为气态热解产物需要额外的加热时间才能达到自燃温度。与临界温度相似，临界质量流率对实验设备和环境的敏感性很强，且着火前的一小段时间内质量损失率增加很快，因此，实验测量的临界质量流率不确定度较大，不同研究结果的数值差异往往很大，只能视为近似或参考值。例如，Deepak 和 Drysdale[116]早期测得的 PMMA 引燃临界质量流率为 4～5 g/(m²·s)，Drysdale 和 Thomson[117]后期使用相同的实验设备测得的 PMMA 引燃临界质量流率为 1.9 g/(m²·s)。

表 4-2　典型固体可燃物临界质量流率

	引燃		
可燃物	临界质量流率/(g/(m²·s))	热流密度/(kW/m²)	实验条件说明
PMMA	4.1～9.0[55]	—	恒定和时变热流密度
	1.0～4.0[41]	10～45	气流速度为 0.5～1.5 m/s；氧浓度为 14%～30%
	3.9～5.1[116]	12.5～20	恒定热流密度
	3.2[115]	—	恒定热流密度
	3.0[118]	15.9	垂直和水平样品
	3.3～10.4[119]	12～28	气流速度为 0～60 L/min；氧浓度为 19%～60%
	1～1.4[61]	—	2～20 kW/m² 周期性热流密度
	2.8～8.5[37]	21.2，25.4	点火器位于样品上方 6～70 mm
	7.2～10.5[37]	13.1～32.1	合肥，常压
	4.2～6.5[37]	13.1～32.1	拉萨，压力为 65 kPa
	3.9～13.5[34]	0～45	水平和垂直样品
	2.0～4.6[92]	17.4～25.2	不同点火器高度的水平样品
PMMA	4.2～7.0[92]	17.8～25.2	不同点火器高度的垂直样品
	3.2～10.1[92]	17.8～25.2	不同点火器距离的垂直样品
	1.48+0.005P[40]	16	气流速度为 0.4 m/s；压力为 7～100 kPa
	1.82～3.75[119]	20～200	深度吸收
	2.42[120]	20～200	深度吸收
	2.5[120]	20～200	深度吸收
PP	0.5～5.2[41]	10～45	气流速度为 0.5～1.5 m/s；氧浓度为 14%～30%
	2.2[121]	—	恒定热流密度

续表

引燃			
可燃物	临界质量流率/(g/(m²·s))	热流密度/(kW/m²)	实验条件说明
PP	1.03 ~ 1.22[117]	13 ~ 33	恒定热流密度
FRPP	2.34 ~ 3.58[117]		
PMMA	1.80 ~ 2.04[117]		
PMMA	1.89 ~ 2.06[117]		
FRPX	3.46 ~ 5.19[117]		
POM	1.64 ~ 1.89[117]		
PE	1.15 ~ 1.38[117]		
PS	0.91 ~ 1.07[117]		
FRPS	4.42 ~ 5.98[117]		
POM	3.9[121]	—	恒定热流密度
PE	1.9[121]		
PS	3.0[121]		
PMMA	1.9[121]		
PMMA	0.8 ~ 2.0[121]		
PMMA	2.1 ~ 3.0[122]	10 ~ 75	不同湿度
PA-66	1.1 ~ 4.2[123]		
POM	1.8 ~ 2.1[123]		
PC	2.9 ~ 3.8[123]		
PPSU	1.1 ~ 4.8[123]		
木材	2.5[121]	—	恒定热流密度
木材	7.5[124]	11.5 ~ 35.8	恒定热流密度
胶合板	3.4[118]	25 ~ 50	氧浓度为 15% ~ 21%
枞树	2.6 ~ 6.4[91]	16.1 ~ 31.8	常压，点火器功率不同
枞树	3.7 ~ 6.3[91]	16.2 ~ 31.3	压力为 65 kPa，点火器功率不同
榆树	2.58[96]	20 ~ 60	恒定热流密度
自燃			
可燃物	临界质量流率/(g/(m²·s))	热流密度/(kW/m²)	实验条件说明
PMMA	5[87]	—	线性和幂律上升热流密度
PMMA	4.17 ~ 4.34[66]	—	线性衰减热流密度
云杉木	0.2 ~ 5.9[123]	28 ~ 50	时变热流密度

续表

自燃			
可燃物	临界质量流率/(g/(m²·s))	热流密度/(kW/m²)	实验条件说明
木材	3.5 ~ 13.0[125]	25 ~ 75	样品厚度为 10 ~ 30 mm；含水率为 10.0% ~ 12.1%
椿树	21.7 ~ 30.0[56]	—	线性上升热流密度
泡桐树	18.4 ~ 30.0[56]		
榆树	13.3 ~ 30.0[56]		
金合欢	23.3 ~ 26.7[56]		
松木	2.5[53]	26 ~ 57	恒定热流密度
白松	7.7 ~ 8.0[58]	—	线性和幂律上升热流密度
榆树	14.1 ~ 17.2[96]	20 ~ 60	恒定热流密度
白杨树	1.0 ~ 3.6[38]	20 ~ 50	气流速度为 0.8 ~ 1.6 m/s；含水率为 0 ~ 18%
红木	15.8[16]	10 ~ 70	火焰点火器
OSB	10.1 ~ 13.5[65]	—	幂律上升热流密度

注：FRPP 指阻燃聚丙烯（fire-retarded polypropylene）；FRPX 指阻燃有机玻璃（fire-retarded perspex）；FRPS 指阻燃聚苯乙烯（fire-retarded polystyrene）；PA-66 指聚酰胺-66（polyamide-66）；PPSU 指聚亚苯基砜树脂（polyphenylene sulfone resins）；PC 指聚碳酸酯（polycarbonate）。

　　环境条件可在一定程度上影响临界质量流率，如辐射热流密度、含水率、强制对流流速、氧浓度和环境压力。热流密度增大时，湿木材[38]、干胶合板[126]、PMMA、聚丙烯-玻璃纤维复合材料[41]的临界质量流率均会增加。高热流密度下能量集中在表面薄层中，由于氧气可穿透该层，在表面附近会发生强烈的氧化性热解，这意味着会有更多的氧化性物质被释放出来。氧化的气体物质具有较低的燃烧热值，因此需要更多的热解挥发物以形成足够热的火焰进而产生持续的火焰，相当于更大的临界质量流率。在 McAllister[38]的实验中，木材含水率每增加 1 个百分点，临界质量流率增加 5%。产生的水蒸气稀释了气相热解产物，因此需要更高的临界质量流率来达到热解产物的燃烧下限。随着气流速度的增加，临界质量流率稍有增加[41]。当气流速度小于 1 m/s 时，临界质量流率几乎无变化，这是因为样品表面浮力驱动的流速与强制流速相当。当气流速度大于 1 m/s 时，氧化剂将进一步稀释挥发分，需更高的临界质量流率。在 Rich 等[41]的测试中，PMMA 的临界质量流率在18% ~ 27%的氧浓度内变化不明显。Rasbash 等[127]在固定辐射热流密度和气流速度下测量

PMMA 临界质量流率时，发现氧浓度低于 18% 时不能点燃；当氧浓度从 19% 增加到 21% 时，临界质量流率迅速从 10.4 g/(m²·s) 下降到 3.3 g/(m²·s)；当氧浓度为 21% ~ 30% 时，临界质量流率几乎保持不变。Fereres 等[40]、McAllister 等[39]发现，PMMA 的临界质量流率分别在 101 Pa ~ 7 kPa 和 101 Pa ~ 37.6 kPa 内随环境压力的下降而下降。

3. 临界能量

固体可燃物在吸收一定热量后会着火是临界能量的基本概念，即

$$Q_{ig} = \int_0^{t_{ig}} \varepsilon \dot{q}''_{ext}(t)\,dt \tag{4-1}$$

这一概念只有在采用临界温度时才有效[1]。临界能量的典型值有恒定热流密度下 PMMA 的 2.0 MJ/m²[1]和干燥木材的 2.40 ~ 4.24 MJ/m²[67]、抛物线热流密度下 PMMA 的 8.8 ~ 11.2 MJ/m²[55]和幂律上升热流密度下干燥木材的 4.53 ~ 6.61 MJ/m²[67]。基于这一概念，Reszka 等[54]得到时变热流密度下着火时间的预测公式，即着火时间（t_{ig}）与入射热流密度的积分平方相关（也称能量平方临界判据）：

$$t_{ig} = \left(\frac{1}{\theta_{ig}\sqrt{\pi k\rho C_P}} \int_0^{t_{ig}} \varepsilon \dot{q}''_e(t)\,dt \right)^2 \tag{4-2}$$

或

$$t_{ig} = \left(\frac{2}{3\theta_{ig}\sqrt{\pi k\rho C_P}} \int_0^{t_{ig}} \varepsilon \dot{q}''_{net}(t)\,dt \right)^2 \tag{4-3}$$

式中，$\dot{q}''_e$ 和 $\dot{q}''_{net}$ 分别为外部热流密度和净热流密度。Reszka 等[54]、Gong 等[60, 62]分别使用线性上升热流密度和指数上升热流密度验证了式（4-2）和式（4-3）的准确性。

4. 复合着火判据

仅使用单一的着火判据可能无法成功预测某些特定热环境下（特别是时变热流密度下）固体的着火。Vermesi 等[55]、Gong 等[66]在研究 PMMA 在抛物线热流密度和线性衰减热流密度下的引燃和自燃时，分别提出了耦合临界温度和临界质量流率的复合着火判据，即只有当最大温度和质量流率都超过相应的临界值时才会着火。

Gong 等[66]在一些无着火实验中测得的最大质量流率超过了着火实验中的临界质量流率,证明单一的临界质量流率并不是合理的着火临界判据。利用该复合着火判据并结合数值模型,成功预测了实验所测着火时间。Yang 等[94]基于线性上升热流密度木材着火实验研究,提出了热流密度上升速率-临界温度的复合着火判据,若热流密度上升速率过低,长时间加热形成的厚炭层会阻碍着火。

4.5　着火影响因素

固体可燃物着火会受到外部因素的影响,如辐射热流密度、样品的几何形状和方向、环境参数(如氧浓度和压力)、点火器的位置和能量。即使同一种材料,其内部因素(包括其固有的热物理特性、含水率、炭氧化等)也会对着火产生影响。本节将重点讨论这些影响因素。

4.5.1　固体热物性参数

热物性参数直接影响固相传热,进而影响热解和着火。这些参数包括相变潜热、密度(ρ)、导热系数(k)和比热容(C_P)。不同物质的相变可能有不同的形式,如玻璃化转变、熔融、水蒸发等。聚合物玻璃化转变既不吸热也不放热,但材料的属性会随温度的升高而形成渐进或急剧变化,这些变化会进一步影响传热,最终影响着火。图 4-5 为 PMMA 的密度、导热系数、比热容及其热惯性($k\rho C_P$)与温度的关系[128-130]。在玻璃化转变温度处材料参数有突变。熔融和水蒸发都是吸热过程。

材料密度较易测定,比热容可通过示差扫描量热实验进行测定[129],导热系数可用稳态法和瞬态法进行测量。稳态法需要在热平衡条件下进行,这通常需要很长时间才能达到所需的平衡,且由于水分传输,不能用于潮湿的材料。相比之下,瞬态法可在较小的温度变化过程中进行测量,且速度较快。瞬态平面法和非稳态热线法是最常用的两种瞬态法,这两种方法都假定测量过程中不发生物理或化学变化。然而,在火灾研究中,固体在着火前通常会经历一个或多个过程,如软化、熔化、热解和炭化,处于相变阶段和反应中间及最终产物的导热系数均无法通过这些方法直接测量。因此,近年来通过数值模型逆向模拟实验结果以确定导热系数的间接方法

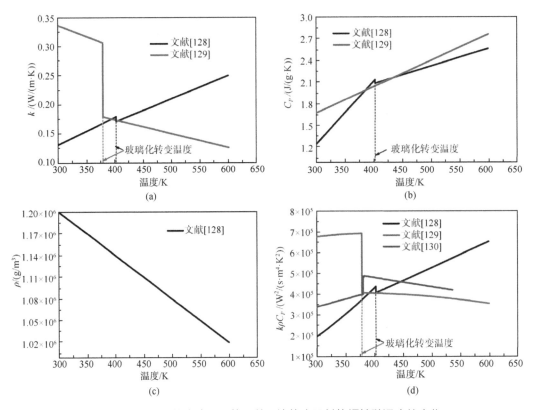

图 4-5　PMMA 的密度、导热系数、比热容及其热惯性随温度的变化

得到普遍应用。该方法通常采用恒定热流密度下样件特定位置（如顶面、底面或内部特定位置）处的实验温度，利用数值模型进行反演计算，从而确定不同物质的导热系数与温度的线性关系。此类方法的典型应用可参考美国马里兰大学 Stoliarov 研究团队的相关工作[129]。

4.5.2　辐射热流密度形式

标准固体可燃性测试（如锥形量热仪和 FPA）常采用恒定热流密度。实际火灾中，未燃材料接收的辐射热流密度会随火焰传播或火势增长而改变。图 4-6 为 Cohen[131] 在森林火灾中固定位置处测定的火灾辐射热流密度，该热流密度变化过程可近似用幂函数来描述。近年来，固体在时变热流密度下的热解着火问题引起了国内外学者的广泛关注。

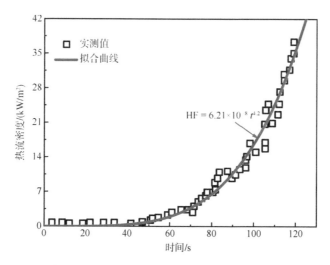

图 4-6　森林火灾中特定位置处热流密度及幂函数拟合曲线[131]

　　杨立中研究团队通过控制加热器输出功率实现了几组线性上升热流密度，并对木材的着火问题开展了实验研究[56, 85, 93, 94]。根据其着火数据，Ji 等[57]提出了一个用于预测着火时间的积分模型，发现着火时间与热流密度上升速率的 0.69 次方成反比。随后，Zhai 等[58, 87]利用类似的实验方法研究了 PMMA 和干燥木材在线性和平方上升热流密度下的着火过程，并基于拉普拉斯变换提出了一个新的解析模型。Lamorlette[132]建立了多项式热流密度下固体着火时间的预测模型；Vermesi 等[126]通过改进标准锥形量热仪加热器输出功率，研究了恒定和两步时变热流密度下木材的着火过程；Didomizio 等[100]用类似的方法实验了四次方上升热流密度以研究木材的引燃过程；Santamaria 和 Hadden[99]通过控制 FPA 中加热器电压的方式获得了线性上升热流密度，并开展了聚酰胺-6（polyamide-6，PA-6）的着火实验研究；Reszka 等[54]在研究森林可燃物着火时，将恒定热流密度下的经典着火公式拓展到时变热流密度，提出了临界能量判据。最近，龚俊辉开展了一系列时变热流密度着火实验研究，并开发了相应的解析和数值模型，包括线性上升热流密度[59, 60, 133]、平方上升热流密度[134]、幂律上升热流密度[45, 65, 67, 68]、指数上升热流密度[62]、先上升后稳定热流密度[135]等，这些都是随时间增长的热流密度。理论上对热厚或无限厚固体，如果时间足够长，上升热流密度总会达到较高值而诱发着火。这一结论对非炭化固体（如 PMMA、PE、PP）是适用的，但并不适用于炭化材料。例如，Yang 等[94]在研究木材被线性上升热流密度加热着火时发现，当热流密度上升速率低于一个临界值时，样品表面在着火前会产生非常厚的炭层而不能着火。

Bilbao 等[63]在加热器达到预设热流密度后，通过关闭加热器电源，实现了自然冷却条件下的随时间衰减热流密度，并在几组特定热流密度下研究了松木的着火问题。结果表明，不同的衰减热流密度主要决定着火是否发生，而不是着火时间。所测量的着火时间均短于 1 min，其几乎不受热流密度衰减速率的影响。Gong 等[64, 66]、Zhai 等[136]实验设计了两组线性衰减速率不同的热流密度以研究 PMMA 的着火过程，发现了区分着火和非着火区之间的临界热流密度衰减速率，并用解析公式和数值模型较好地确定了这一临界值。

固体可燃物在其他非单调变化时变热流密度下的着火问题也有相关研究，如抛物线热流密度[55]和周期热流密度[61]。图 4-7 为文献中一些代表性的时变热流密度。时变热流密度使着火问题的建模更加复杂。例如，Gong 等[66]发现当存在随时间衰减的热流密度加热段时，单一的着火临界判据并不适用，需采用耦合临界温度和临界质量流率的复合着火判据。Delichatsios 和 Chen[28]基于热惯性假设，得到了固体表面温度与热流密度的量化关系式：

$$\theta(0,t) = \frac{1}{\sqrt{\pi k \rho C_P}} \int_0^t \frac{\dot{q}''_{\text{net}}(\tau)}{\sqrt{t-\tau}} d\tau \quad (4\text{-}4)$$

式中，θ 为相对温度，$\theta = T - T_0$，其中，T 和 T_0 分别为瞬时温度和初始温度；$\dot{q}''_{\text{net}}(\tau)$ 为恒定或时变热流密度；τ 为积分变量。然而，由式（4-4）不是总能得到着火时间的显式解，这取决于时变热流密度的形式。在数值模型中，时变热流密度作为固相受热的边界条件对模型复杂度几乎没有影响。

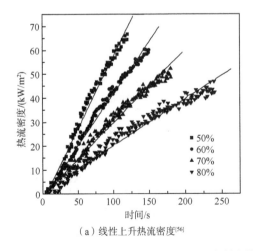

（a）线性上升热流密度[56]

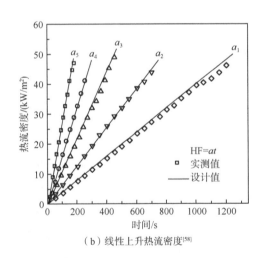

（b）线性上升热流密度[58]

图 4-7 文献中代表性时变热流密度

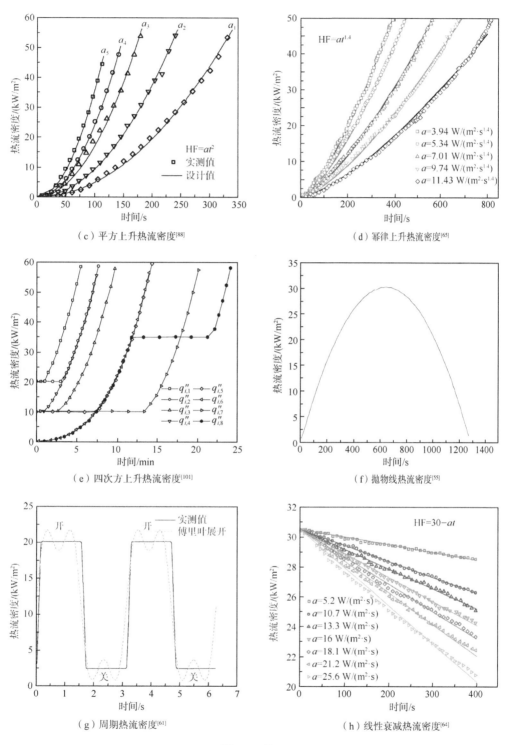

（c）平方上升热流密度[88]

（d）幂律上升热流密度[65]

（e）四次方上升热流密度[101]

（f）抛物线热流密度[55]

（g）周期热流密度[61]

（h）线性衰减热流密度[64]

图 4-7（续）

4.5.3 可燃物几何结构

几何结构指固体尺寸和形状。本节只讨论可简化为一维场景的平面材料。当固体被加热时，吸收的热量会扩散到内部。最初，热量只扩散到一个有限厚的薄层内，该薄层称为热穿透层，厚度为 δ_T。在该薄层以内，温升明显；在该薄层以下，温度与环境温度（T_0）一致；在该薄层末端，温度梯度为零。由于固体被持续加热，δ_T 随时间不断增大。对热惯性固体，δ_T 可粗略估算为 $2\sqrt{at}$，其中，$a = k/(\rho C_P)$ 为热扩散系数，t 为时间。在着火时刻，如果 δ_T 小于样品的物理厚度（L），则该固体为热厚材料。在这种情况下，可以假设固体为半无限厚。在着火时刻，如果 δ_T 大于样品的物理厚度，必须考虑固体内部温度梯度和 L 末端热边界条件，则该固体为热中材料。如果固体非常薄，如纸或厚度小于 1 mm 的塑料薄膜，由于其在着火前的大部分时间里，厚度方向的温度梯度可忽略不计，则该固体为热薄材料。

固体是否可被视为热薄材料可用毕奥数（Bi）区分。毕奥数是一个无量纲参数，表征固体中的传导热阻与表面的传热热阻的比值[7]：

$$Bi = hL/k \qquad (4\text{-}5)$$

式中，h 为表面的全局传热系数。如果毕奥数远小于 1，则可燃物为热薄固体，此时固体中的温度梯度可忽略不计，否则应考虑温度梯度[7]。对于对流加热，临界毕奥数为 0.1[137]。对于着火问题，通常采用辐射加热的方式，辐射毕奥数（Bi_{R}）的定义为[137]

$$Bi_{\mathrm{R}} = \frac{\varepsilon \dot{q}'' L}{k \theta_{\mathrm{cri}}} \qquad (4\text{-}6)$$

式中，ε 为表面吸收率；$\theta_{\mathrm{cri}} = T_{\mathrm{cri}} - T_0$。热厚固体、热中固体和热薄固体传热问题在相应工具书中均可找到[138]。当忽略固相热解时，容易求得辐射热流密度下热薄材料和热厚材料的着火时间显式解，但热中材料的着火时间没有显式解。Delichatsios[35, 115]通过改进热厚和热薄材料着火时间的解析公式，提出了两个热中材料着火时间的近似解析解。Quintiere[139]提出了一个基于毕奥数的热中材料着火时间解析公式。

4.5.4 炭氧化

热解后产生的炭层及其氧化反应对着火影响很大，聚合物和木材炭化的详细化学过程可分别在 Witkowski 等[140]、Cullis 和 Hirschler[21]、Drysdale[22]的研究中找到。聚合物在加热时有四种分解过程：随机断链、末端断链、链剥离和交联。一些聚合物只包含一种分解过程，另一些聚合物则可能包含多种分解过程。前两种分解过程一般将固体聚合物转化为小分子团或低分子量的单体，只留下很少或没有固体残留物，通常为非炭化聚合物。后两种分解过程一般产生挥发性气相产物和固体炭，即炭化聚合物。炭可进一步分解为二次炭或灰，二次炭可通过一步或多步反应进一步分解为残渣或灰。炭是一种多孔介质，其密度、导热系数和比热容都很低，因此炭层具有绝热作用，能延缓内部未分解物质的进一步受热和热解。同时，炭层会阻碍热解挥发分的析出。表面生成的炭层通常会延长着火时间，因此非炭化材料的可燃性一般比炭化材料高，可通过添加阻燃剂来提高其耐火性[141]。如果固体被非常低的热流密度长时间加热，则可能产生很厚的炭层而无法着火[94]。

着火前，氧气主要影响固相热解。木材产生的炭直接与空气接触发生氧化性反应放热，可使炭达到较高温度。高温炽热的炭可作为着火的直接引火源。实验表明，木材在低热流密度下的着火温度远高于高热流密度下的着火温度[65, 67, 94]。Boonmee 和 Quintiere[16, 142]实验对比了 10～70 kW/m² 热流密度下木材自燃和引燃情况，发现当热流密度低于 40 kW/m² 时，木材有明显的炭氧化现象，着火温度也高得多；当热流密度高于 40 kW/m² 时，木材没有炭氧化现象且着火时间较短，着火温度也基本保持不变。Bilbao 等[112]提出了一个着火时刻炭氧化温度与热流密度的量化关系式：$T_{\text{glowing}} = 573 + 6\dot{q}''_{\text{in}}$，$\dot{q}''_{\text{in}} < 40 \text{ kW/m}^2$。当存在炭氧化时，该关系式在预测木制品着火时间时也是有效的[65, 67]。

氧气对聚合物着火的影响与木材不同，且对不同类型的聚合物影响不尽相同[143]。对一些聚合物，氧化性热解温度比无氧热解温度低得多，这使得着火过程提前，该类材料的典型代表是 PP，氧气可渗透到正在热解的 PP 内部而不仅仅影响 PP 表面。氧气对一些聚合物的着火却几乎没有影响，如 PMMA、聚对苯二甲酸乙二酯（polyethylene terephthalate，PET）和 PA-6。这些聚合物在分解前先熔融，热解产生的挥发性分子积聚在熔融层内形成气泡，逐渐向上迁移且最终从表面喷出。大部分挥发性气体来自聚合物内部而不是表面，因此主要的热解过程是在无氧条件下进行的。对其他材料，氧气会促使材料表面形成热稳定性较好的炭层而延迟着火。

4.5.5 含水率

固体含水率通过三方面影响着火[1, 144]：①改变材料热物性参数；②自由水的蒸发和结合水的解耦是强吸热过程；③分子扩散传递热量。此外，气体中水蒸气也一定程度上可延迟着火。木材由于应用广泛，在使用过程中其含水率跨度很大。常温下，干燥木材和活的鲜木材的含水率分别可达 30% 和 200%[145]。木材含水率可能改变其热分类，如干燥的枯叶、颗粒和树枝通常是热薄材料，高含水率的活体由于水的比热容和潜热很大，可能被归为热中材料甚至热厚材料[38]。通常情况下，水分在木材或其他生物质中以自由水（细胞腔和空腔中的液态水或水蒸气）和结合水（由细胞壁内的分子间吸引力保持）的形式存在。自由水可以很容易地通过干燥去除，但结合水很难被完全消除。在稳定环境中，木材中的平均含水率由温度和相对湿度决定[146]。木材的导热系数、比热容、密度和热惯性与含水率的关系为[144]

$$k = \left(1 + 2.1\text{MC}\right)k_{\text{dry}} \tag{4-7}$$

$$C_P = \left(1 + 5\text{MC}\right)C_{P,\text{dry}} \tag{4-8}$$

$$\rho = \left(1 + \text{MC}\right)\rho_{\text{dry}} \tag{4-9}$$

$$k\rho C_P = k_{\text{dry}}\rho_{\text{dry}}C_{P,\text{dry}}\left(1 + 2.1\text{MC}\right)\left(1 + \text{MC}\right)\left(1 + 5\text{MC}\right) \tag{4-10}$$

Shen 等[147]、McAllister[38]发现木材的高含水率可推迟热解的开始时间并降低炭化速率。McAllister[38]在研究含水率分别为 0、8% 和 18.5% 的木材引燃时发现临界质量流率随含水率的增加而增加。在高含水率下，水在着火时仍在蒸发，因此需要更高的质量流率。Moghtaderi 等[148]研究表明松木的着火时间、临界质量流率和临界温度都随含水率的增加而增加。Janssens[105]发现含水率每增加 1 个百分点，木材临界温度升高 2 ℃，含水率与热厚材料和热薄材料着火时间的关系式为

$$\begin{cases} t_{\text{ig,thick}} \propto \left(1 + 4\text{MC}\right)^2 \\ t_{\text{ig,thin}} \propto \left(1 + 6\text{MC}\right) \end{cases} \tag{4-11}$$

4.5.6 引火源位置

在引燃实验中，引火源用于诱发气相中最初始的燃烧。理想情况下，该引火源不应在受热固体上施加额外局部热流密度，且应体积较小从而不阻挡辐射。同

时，该引火源应位于固体热解时气相中最易达到挥发分燃烧下限的位置。引火源特性的详细介绍可参考文献[1]。常用的引火源包括小火焰[110]、电火花[37, 90-92]和电热丝[30, 38-42]。火焰体积较大、抗干扰能力差，且测量热释放速率时会引入信号噪声，因此现在很少使用火焰作为引火源。对水平样品，如果引火源非常接近表面，则热解开始后不久，其将与可燃混合物接触，此时的质量流率远不能维持火焰。因此，在形成稳定持续火焰前，会观察到几次闪燃。如果引火源离样品表面太远，其将在热解产物的局部浓度首次达到燃烧下限时点燃混合气体，随后火焰会向下蔓延，点燃整个固体表面并形成持续的火焰。这种情况下，着火时热解产物的质量流率大于维持火焰的最小值，因此着火延迟。显然，引火源应设置在合适位置以减少着火前闪燃次数和形成持续火焰所需的挥发分质量流率。在锥形量热仪中，引火源位于水平样品中心上方 13 mm 处或垂直样品盒顶部上方 5 mm 处。在 FPA 中，直径为 6.35 mm 的不锈钢燃烧器（60%乙烯+40%空气）引火源位于水平样品上方 10 mm 处或垂直样品表面 10 mm 处。Wu 等[92]实验研究了引火源位置对水平和垂直木材样品着火的影响，如图 4-8 所示。在图 4-8（a）中，着火时间近似与引火源高度线性相关。当引火源低于 13 mm 时，临界质量流率几乎不变。当引火源高于 13 mm 时，临界质量流率随引火源高度增加而迅速增大。在图 4-8（b）中，随着引火源位置的升高，着火时间和临界质量流率都出现了 U 形变化曲线。引火源在最低位置时，需要较厚的热解产物浓度层来包覆引火源；引火源在最高位置时，需要卷吸更多空气来稀释热解产物，这两个过程都会导致着火时间延长和临界质量流率增加。在引火

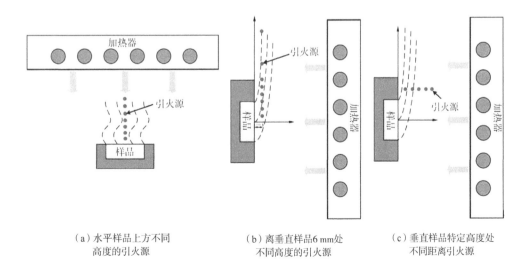

（a）水平样品上方不同　　　（b）离垂直样品6 mm处　　　（c）垂直样品特定高度处
　　高度的引火源　　　　　　　不同高度的引火源　　　　　　不同距离引火源

图 4-8　引火源位置对木材着火的影响

源高于样品顶部 10 mm 时，着火时间最短且临界质量流率最小。在图 4-8（c）中，着火时间和临界质量流率均随引火源距离增加而单调递减，当引火源距离超过 32 mm 时不能发生着火。

4.5.7 可燃物方向

由于高温热解挥发分的流动是浮力引起的，样品方向会对着火过程产生重要影响。常用的标准仪器可进行水平（样品面朝上）和垂直样品燃烧测试，如锥形量热仪、FPA、OSU 量热仪[149]。对水平样品，空气从四周进入，在着火前，表面温度保持相对均匀。该方向能较好地观测热塑性塑料、液体、固体加热时的熔化或滴落现象，因此最常用。对垂直样品，样品表面会形成一个边界层，样品底部温度较低而上部温度较高。然而，由于较低的温度区域只出现在样品底部边缘附近和样品侧面，冷空气只能扩散非常小的距离，样品表面的大部分区域温度较为均匀[150]。表 4-3 列出了已有文献中关于样品方向对固体着火过程影响的相关研究及主要结论，其中重点考查的参数包括着火时间（t_{ig}）、临界温度（T_{cri}）、临界质量流率（$\dot{m}''_{cri}$）和临界热流密度（HF_{cri}），其中，H、V 和 C 分别表示水平、垂直和样品受热面朝下方向。垂直着火时间与水平着火时间之比的典型值为 1.2 ~ 1.4[1, 151]，垂直样品着火时间更长。水平样品上方加热时会形成一个类似锥体的热解产物区，其中，位于可燃浓度内的较小引火源即可引发着火。对于垂直样品，浮力形成的薄边界层覆盖在样品表面，因此引火源需要更高的能量。此外，可燃混合物区域可能偏离引火源位置，导致着火延迟。特别地，对一些非炭化材料，引火源是着火的必要条件，这是因为在无引火源的情况下，即使整个样品都热解消耗掉，也可能不会发生自燃，如 PMMA。对木材，自燃则可通过炭氧化反应实现。同时，垂直方向需要的着火条件较高。

表 4-3 样品方向对固体着火过程影响结果汇总

参考文献	点火模式	加热器类型	方向	比较
Kashiwagi[152]	自燃	激光	H 和 V	t_{ig}: V > H; T_{cri}: V > H; HF_{cri}: V > H
Tsai[153]	引燃	锥形量热仪	H 和 V	t_{ig}: V > H; T_{cri}: V > H; HF_{cri}: V > H
Shields 等[151]	自燃和引燃	锥形量热仪	H 和 V	t_{ig}: V > H
Chen 等[154]	引燃	锥形量热仪	C、H 和 V	t_{ig}: V > H > C; T_{cri}: C > V > H; $\dot{m}''_{cri}$: 不变

续表

参考文献	点火模式	加热器类型	方向	比较
Qie 等[90]	引燃	硅碳棒	H 和 V	t_{ig}: V < H; $\dot{m}''_{cri}$: V > H
Wu 等[92]	引燃	硅碳棒	H 和 V	t_{ig}: V > H; $\dot{m}''_{cri}$: V > H
Atreya 等[155]	引燃	电热圈	H 和 V	t_{ig}: V > H; HF_{cri}: V > H
Dutta 等[156]	引燃	电热圈	H 到 V, 30°、45°、60°角度	t_{ig}: V > H; T_{cri}: V > H
Gotoda 等[157]	引燃	激光	C 到 H, 15°间隔	t_{ig}: V > H > C
Dutta 等[158]	引燃	锥形量热仪	H 和 V	t_{ig}: V > H; T_{cri}: 不变; HF_{cri}: V > H
			H 到 V, 15°间隔	t_{ig}: V > H; T_{cri}: V > H; HF_{cri}: V > H
Nakamura 和 Kashiwagi[159]	自燃	锥形量热仪	H、V 和 45°	t_{ig}: V > H > 45°; T_{cri}: V > H > 45°; HF_{cri}: V > H > 45°
Peng 等[34]	自燃和引燃	硅碳棒	H 到 V, 15°间隔	t_{ig}: V > H; $\dot{m}''_{cri}$: V > H; HF_{cri}: 45° > H

如图 4-9 所示，如果样品加热面朝下，热空气和热解气将流过样品表面，在到达表面边缘后向上扩散。样品下方分层的气体环境不利于热解产物与空气的混合，因此明显推迟了着火。Shields 等[151]研究发现，样品向下受热的着火时间和临界质量流率分别约为水平方向（受热面朝上）的 3 倍和垂直方向的 3~4 倍。此外，被加热样品也可能在其他任意角度和方向，如图 4-9 所示。Peng 等[34]、Dutta 等[156]、Gotoda 等[157]、Nakamura 和 Kashiwagi[159]都对固体在多个方向上的着火进行了研究，发现在中间某个角度时着火时间最短，如 30°[34, 156]或 45°[157]，这与样品表面复杂的气相边界层有关。

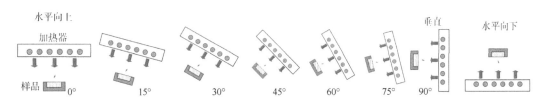

图 4-9　不同方向可燃物受热着火示意图[34]

4.5.8　气相氧浓度和压力

对可渗透固体，如多孔介质和木材，氧气可渗透到内部并形成氧浓度梯度。当被加热时，扩散的氧浓度梯度和固体内部的压力梯度及气相化学反应都会影响着火。对非可渗透材料，氧化只发生在热解过程中的表面，因此对热解的影响可忽略[3]。此外，氧浓度和压力均可影响气相热解挥发分与氧气的燃烧反应，进而影响着火。杨立中团队通过开展一系列平原标准气压（合肥）和高原低压低氧（西宁、拉萨）环境下的对比实验，系统研究了氧浓度和环境压力对木材和 PMMA 着火的影响[31, 37, 86, 89-91]。结果发现在拉萨（压力为 0.67 atm，相对氧浓度为 21%）木材着火的临界质量流率为在合肥木材着火的临界质量流率的 0.6。基于建立的数值模型，减小的临界质量流率主要归因于两方面：①低压力环境下样品表面的对流传热系数减小；②与无量纲临界质量流率相关的达姆科勒数减小。由于高原环境下氧浓度降低且可燃气浓度降低（对应较小的临界质量流率），固体的着火过程相较平原地区更为困难。

Atreya 和 Abu-Zaid[110]实验发现，在强制气流条件下，13.5%～31%的氧浓度对木材引燃有影响。临界温度、临界质量流率和临界热流密度都随氧浓度的降低而增加。Cordova 等[30]在氧浓度为 18%～45%的强制气流条件下对 PMMA 的着火过程进行了研究，发现当氧浓度低于 25%时，着火时间随氧浓度的增加而缩短；当氧浓度超过 25%时，着火时间与氧浓度无关。这是因为在较低氧浓度下，化学反应速率较低，从而推迟了着火；在高氧浓度下，氧化剂充足，化学反应速率很高，因此化学反应不受氧浓度进一步增加的影响。McAllister 等[39]在实验中得到了类似的结论，即氧浓度从 21%增加到 24%时，PMMA 的着火时间缩短；在更高氧浓度下，PMMA 的着火时间不变。

Rich 等[41]发现 PMMA 的临界质量流率在 18%～27%的氧浓度内变化不明显。Delichatsios[115]研究木材着火时在 15%～21%的氧浓度内也得到了类似的结论。临界质量流率和着火时间都在一定程度上受氧浓度下降的影响，这是因为在高氧浓度下的气相化学反应速率很快，临界质量流率保持不变且与达姆科勒数无关。McAllister 等[39]认为恒定的临界质量流率归因于火焰温度变化和固相中部分氧化性热解间的相互抵消。随氧浓度的增加，较低的临界质量流率可形成更高温度的火焰以确保着火时刻的临界热释放速率恒定。然而，较高的氧浓度有利于固体中的氧化性热解，并释放出更多部分氧化的气体产物，这些产物的燃烧热值较低，因此需要更大的临界质量流率来满足着火所需的热量。这两方面最终导致恒定的临界质量流率。

对于环境压力的影响，McAllister 等[39]实验发现在 7～101 kPa 压力内着火时间随压力变化呈 U 形曲线，如图 4-10 所示。当压力从标准大气压开始下降时，着火时间先缩短，在 28 kPa 时达到最短值，随后急剧延长，直到 7 kPa，低于 7 kPa 无法着火。该研究通过分析确定了三种着火机制：质量传输控制区、化学反应控制区和过渡区。在质量传输控制区，着火时间和临界质量流率都随压力的降低而减小[40, 42]。在压力下降的同时，散失到环境中的热损失减少，使净热流密度增大，从而着火时间缩短。同时，在较低的压力下，氧浓度的降低和边界层的扩大均需要较小的临界质量流率以实现着火时的燃烧下限。在化学反应控制区，着火时间由气相中的化学反应控制。在过渡区，以上两种影响机制同等重要。

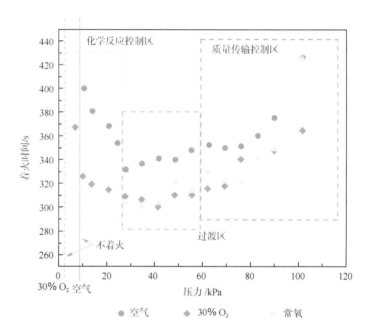

图 4-10　氧浓度和压力耦合影响 PMMA 引燃着火示意图[39]
黑色虚线和红色实线分别为 30%氧浓度及空气条件下能够着火的压力下限

4.6　着火模型

4.6.1　经验模型

早期的着火模型主要是基于实验数据拟合得到的经验模型，应用较为广泛的经验模型如下[27, 105, 160]：

$$\left(\dot{q}_{e}'' - \dot{q}_{cri}''\right)t_{ig}^{n} = \text{Const} \tag{4-12}$$

式中，$\dot{q}''_{\text{cri}}$、n 和 Const 都是通过拟合实验数据确定的，Const 与 $k\rho C_P$ 有关。由于不同固体可燃物的 C_P 相差不大，且 k 随 ρ 的增加而增加，假设 $k \propto \rho^n$，则有 $t_{\text{ig}} \propto \rho^m$ [114]。Babrauskas[114] 通过实验数据得到了水平和垂直样品着火时间的经验公式：

$$t_{\text{ig,V}}^{-0.55} / \rho^{-0.4} = \text{Const} \cdot \dot{q}''_{\text{e}} \qquad (4\text{-}13)$$

$$t_{\text{ig,H}} = \frac{130\rho^{0.73}}{(\dot{q}''_{\text{e}} - 11)^{1.82}} \qquad (4\text{-}14)$$

Qie 等[90] 通过对比水平与垂直木材着火实验数据发现两者着火时间的关系如下：

$$t_{\text{ig,V}} = 0.83 t_{\text{ig,H}} - 6.04 \qquad (4\text{-}15)$$

在对比拉萨和合肥着火时间的基础上，Qie 等[90] 得到了两地着火时间的经验公式：

$$t_{\text{ig,Lhasa}} = 0.78 t_{\text{ig,Hefei}} + 2.34 \qquad (4\text{-}16)$$

此外，自燃与引燃着火时间之间的经验关系式如下[151]：

$$t_{\text{ig,auto}} / t_{\text{ig,piloted}} = 2.86 - 0.0172\dot{q}''_{\text{e}} \qquad (4\text{-}17)$$

式（4-12）～式（4-17）均为恒定热流密度下的结果，Yang 等[56] 在研究线性上升热流密度下木材的着火过程中发现，着火时间与热流密度上升速率有关：

$$t_{\text{ig}} = \text{Const}\chi^{-0.687} \qquad (4\text{-}18)$$

式中，χ 为热流密度上升速率。

4.6.2 解析模型

在引燃实验中，引火源使固相热解反应时间较加热时间要短得多，因此可以忽略不计。基于该假设和临界温度，可通过只分析固相传热得到着火时间和表面温度的解析解。经典热厚材料的表面温度和着火时间解析公式为[27, 28]

$$T(0,t) = \frac{\dot{q}''_{\text{e}}}{h}\left[1 - e^{\tau}\text{erfc}\left(\sqrt{\tau}\right)\right] \qquad (4\text{-}19)$$

$$t_{\text{ig}}^{-0.5} = \frac{2}{\sqrt{\pi k\rho C_P}\,(T_{\text{cri}} - T_0)}\left(\dot{q}''_{\text{e}} - \frac{\pi\dot{q}''_{\text{cri}}}{4}\right) \qquad (4\text{-}20)$$

$$t_{\text{ig}}^{-0.5} = \frac{2}{\sqrt{\pi k\rho C_P}\,(T_{\text{cri}} - T_0)}\left(\dot{q}''_{\text{e}} - 0.64\dot{q}''_{\text{cri}}\right) \qquad (4\text{-}21)$$

式中，$\tau = h^2 t / (k\rho C_P)$，$h = \varepsilon\sigma\left(T^2 + T_0^2\right)\left(T + T_0\right) + h_c$ 为总传热系数，σ 为斯特藩-玻尔兹曼常数，h_c 为对流传热系数。式（4-19）~式（4-21）均假设辐射热流密度为表面吸收。对半透明材料的深度吸收情况，Delichatsios 和 Zhang[48]提出了同时考虑表面和深度吸收的解析模型：

$$t_{\text{ig},\lambda=0}^{-0.5} = \frac{2\kappa\sqrt{a}}{\sqrt{\pi} + 2\kappa\sqrt{a}\,/\,t_{\text{ig},\lambda=1}^{-0.5}}, \quad \dot{q}_e'' \leqslant 80 \text{ kW/m}^2 \qquad （4\text{-}22）$$

$$t_{\text{ig},\lambda=0}^{-0.5} = -\kappa\sqrt{\frac{a}{\pi}} + \sqrt{\frac{a\kappa^2}{\pi} + 2\kappa\sqrt{\frac{a}{\pi}}t_{\text{ig},\lambda=1}^{-0.5}}, \quad \dot{q}_e'' > 80 \text{ kW/m}^2 \qquad （4\text{-}23）$$

$$t_{\text{ig},\lambda}^{-0.5} = \frac{2\kappa\sqrt{a}}{\sqrt{\pi}\left(1-\lambda\right) + 2\kappa\sqrt{a}\,/\,t_{\text{ig},\lambda=1}^{-0.5}}, \quad 0<\lambda<1 \qquad （4\text{-}24）$$

式中，κ 为材料深度吸收系数；λ 为表面吸收比例。Dai 等[86]通过分析传热控制方程，得到了考虑环境压力的着火时间解析公式：

$$t_{\text{ig}}^{-0.5} = \frac{\dot{q}_e'' - \beta\dot{q}_{\text{cri\_std}}''}{C_{\text{ig}}\left(P_\infty / P_{\text{std}}\right)^n} \qquad （4\text{-}25）$$

式中，β 为修正因子；$\dot{q}_{\text{cri\_std}}''$ 为标准压力下的临界热流密度；C_{ig} 和 n 为实验确定的常数；P_∞ 和 P_{std} 为环境压力和标准压力。

式（4-19）~式（4-25）均为热厚材料的解析公式。对于热薄材料，单面加热和双面加热的着火时间解析公式较为简单[1, 36]：

$$t_{\text{ig}} = \frac{\rho C_P L}{h}\ln\left[1 - \frac{h\left(T_{\text{cri}} - T_0\right)}{\dot{q}_e''}\right], \quad \text{单面加热} \qquad （4\text{-}26）$$

$$t_{\text{ig}} = \frac{\rho C_P L}{2h}\ln\left[1 - \frac{h\left(T_{\text{cri}} - T_0\right)}{2\dot{q}_e''}\right], \quad \text{双面加热} \qquad （4\text{-}27）$$

式中，L 为燃料厚度。对于中间厚度的热中材料，Delichatsios[35, 115]、Quintiere[139]、Gong 等[113]均提出了相应的解析公式。以上解析公式均采用临界温度作为着火判据，为了将临界质量流率引入解析公式，Lautenberger 和 Fernandez-Pello[29]用一个幂函数取代了阿伦尼乌斯热解速率：

$$\exp\left(-\frac{T_a}{T_s}\right) \approx C_1\left(\frac{T_s}{T_0}\right)^{C_2} \qquad （4\text{-}28）$$

$$C_1 = \exp\left(-\frac{T_a}{T_1}\right), \quad T_1 \approx 357 \text{ K} \qquad (4\text{-}29)$$

$$C_2 = \frac{T_a}{T_2}, \quad T_2 \approx 615 \text{ K} \qquad (4\text{-}30)$$

进而得到恒定热流密度下着火时间的预测公式：

$$t_{ig}^{-0.5} = \frac{2\dot{q}_e''}{\sqrt{\pi k \rho C_P}\left(T_{cri}^* - T_0\right)} \qquad (4\text{-}31)$$

$$T_{cri}^* = T_0\left[\frac{T_a^v \dot{m}_{cri}'' \dot{q}_e''}{k\rho\mu A T_0 \exp\left(-T_a/T_1\right)}\right]^{T_2/T_a} \qquad (4\text{-}32)$$

式中，$\mu = 341.3$，$v = 0.85$。Gong 等[50]采用相同的近似方法，得到了考虑深度吸收情况下半透明材料恒定热流密度下着火时间的近似公式：

$$t_{ig,in}^{-0.5} = (1-\beta)C_B'\kappa^{0.36}\left(\frac{\dot{q}_e''}{T_{ig,in}^* - T_0}\right)^{0.64} \qquad (4\text{-}33)$$

$$C_B' = 0.75\alpha^{0.5}/k^{0.64} \qquad (4\text{-}34)$$

$$T_{ig,in}^* = T_0\left[\frac{\dot{m}_{ig}'' \dot{q}_e''}{1.6\rho_s Z k T_0 \exp\left(-T_a/T_1\right)}\right]^{T_2/T_a} \qquad (4\text{-}35)$$

式（4-28）～式（4-35）是在恒定热流密度条件下得出的。在时变热流密度下，热厚固体的表面温度可用 Delichatsios 和 Chen[28]提出的积分方程来表示：

$$T(0,t) = \frac{1}{\sqrt{\pi k \rho C_P}}\int_0^t \frac{\dot{q}_{net}''(\tau)}{\sqrt{t-\tau}}\mathrm{d}\tau + T_0 \qquad (4\text{-}36)$$

式中，$\dot{q}_{net}''$为固体吸收的净热流密度。Ji 等[57]在分析线性上升热流密度下固体受热时，提出了着火时间的积分模型：

$$t_{ig} = \left(\frac{4k\rho C_P}{3}\right)^{1/3}\left(T_{ig} - T_0\right)^{2/3}\chi^{-2/3} \qquad (4\text{-}37)$$

式中，χ为热流密度上升速率。Zhai 等[58]在研究$\dot{q}_e'' = at^b$形式的时变热流密度时，得到了着火时间的解析公式：

$$\frac{1}{t_{ig}^{b+0.5}} = \frac{ab!}{\left(T_{ig} - T_0\right)\sqrt{k\rho C_P \pi}\,(b+0.5)!} \qquad (4\text{-}38)$$

Gong 等[50]在研究随时间衰减热流密度（$\dot{q}'' = \dot{q}_0'' - at$）下 PMMA 着火时，提出了预测着火时间和临界热流密度衰减速率的解析公式：

$$\frac{1}{\sqrt{t_{ig,a}}} = \left[\frac{(1-\beta)}{\sqrt{t_{ig,const}}} - \frac{a\sqrt{\pi k\rho C_P}\,\theta_{ig}\dot{q}_0''}{3(1-\beta)^2\left(\dot{q}_0'' + hT_0\right)^3} \right] \frac{\dot{q}_0'' + hT_0}{\dot{q}_0''} \tag{4-39}$$

$$\beta = T_0 / \left(\dot{q}_0'' / h + T_0 \right) \tag{4-40}$$

$$a_{cri} = \frac{8\dot{q}_0''^3}{9\pi k\rho C_P \theta_{ig}^2} \tag{4-41}$$

在指数上升热流密度（$\dot{q}'' = \dot{q}_0''\mathrm{e}^{bt}$）下，Gong 等[62]采用临界温度得到了纯表面吸收、纯深度吸收及两者混合吸收的着火时间解析公式：

$$t_{ig} = \frac{1}{b}\ln\left(\frac{\theta_{ig}}{C_A}\right), \quad C_A = \frac{\dot{q}_0''}{\sqrt{bk\rho C_P} + h} \tag{4-42}$$

$$t_{ig} = \frac{1}{b}\ln\left(\frac{\theta_{ig}}{C_B}\right), \quad C_B = \frac{\alpha\kappa\dot{q}_0''}{\left(\kappa\sqrt{\alpha} + \sqrt{b}\right)\left(h\sqrt{\alpha} + k\sqrt{b}\right)} \tag{4-43}$$

$$t_{ig} = \frac{1}{b}\ln\left(\frac{\theta_{ig}}{C_C}\right), \quad C_C = (1-\lambda)C_B + \lambda C_A \tag{4-44}$$

此外，在考虑深度吸收和幂律上升热流密度（$\dot{q}_e'' = at^b$）情况下，Gong 等[133]通过理论分析和临界温度得到了着火时间的解析公式：

$$\frac{1}{t_{ig,in}^{b+1}} = \frac{a\alpha^{-0.26}\kappa^{0.24}}{\left(T_{ig} - T_0\right)\rho C_P\left(b+1\right)} \tag{4-45}$$

式中，α 为热扩散系数。在将化学反应的阿伦尼乌斯公式进行简化的基础上，将临界质量流率引入解析公式，得到了着火时间的解析解[133]：

$$\frac{1}{t_{ig,in}^{b+1}} = \frac{\alpha^{-0.26}\kappa^{0.24}a}{\left(T_{ig,in}^* - T_0\right)\rho C_P\left(b+1\right)} \tag{4-46}$$

$$T_{ig,in}^* = T_0\left(\frac{0.25B\kappa\dot{m}_{cri}''}{\rho AZ}\right)^{1/B} \tag{4-47}$$

在表面吸收情况下，将临界质量流率引入解析公式得到的线性上升热流密度下着火时间方程为[59]

$$t_{\text{ig}}^{-1.5} = \frac{4a}{3\sqrt{\pi k \rho C}\left(T_{\text{ig},1}^* - T_0\right)} \quad (4\text{-}48)$$

$$T_{\text{ig},1}^* = T_0 \left(\frac{\dot{m}_{\text{cri}}''}{2C_1 \rho A Z \sqrt{\alpha t_{\text{ig}}}}\right)^{1/B} \approx T_0 \left(\frac{\dot{m}_{\text{cri}}''}{20 C_1 \rho A Z \sqrt{\alpha}}\right)^{1/B} \quad (4\text{-}49)$$

平方上升热流密度下着火时间方程为[59]

$$t_{\text{ig}}^{-2.5} = \frac{16a}{15\sqrt{\pi k \rho C_P}\left(T_{\text{ig},2}^* - T_0\right)} \quad (4\text{-}50)$$

$$T_{\text{ig},2}^* = T_0 \left(\frac{\dot{m}_{\text{cri}}''}{2C_2 \rho A Z \sqrt{\alpha t_{\text{ig}}}}\right)^{1/B} \approx T_0 \left(\frac{\dot{m}_{\text{cri}}''}{20 C_2 \rho A Z \sqrt{\alpha}}\right)^{1/B} \quad (4\text{-}51)$$

式中，C_1 和 C_2 均为常数。Reszka 等[54]将恒定热流密度下 $t_{\text{ig}}^{-0.5}$ 与热流密度的线性关系推广至时变热流密度，也得到了着火时间的解析公式。

4.6.3 数值模型

与解析模型相比，数值模型可包括固相和气相子过程，并可考虑更多细节，如复杂反应、相变（玻璃化转变、熔融、蒸发、升华）、膨胀和收缩、多孔介质中氧扩散和挥发物质量输送、热解气在固相内的对流传热、炭氧化等。常用的数值模型包括 ThermaKin 或 ThermaKin2D[161]、Gpyro 或 Gpyro3D[162]、FDS[163]、OpenFOAM 中的 FireFOAM[164]，以及 Yang 等[37, 86, 89]和 Gong 等[51, 65]构建的数值模型。ThermaKin 和 Gpyro 可解决固相中的瞬态热解、能量和质量传输问题，但不涉及气相过程。FDS 和 FireFOAM 可解决气-固耦合问题，但需要大量计算时间。对引燃或气相过程不重要的着火过程，推荐使用仅涉及固相的数值模型以提高计算效率。若气相不可忽略，如自燃、有强迫气流的引燃、伴随有闪燃的着火等，须用 CFD 中的气相过程来获得完整的气相解。通过与 FDS 耦合，Gpyro 也可用来模拟涉及气相计算的固体着火及燃烧[71]。

4.7　未来挑战与研究展望

本章介绍了常见固体可燃物热解着火实验的基本方法，除标准仪器（如锥形量热仪和 FPA)外重点介绍了火灾科学国家重点实验室自制的非标着火实验装置等，重点阐述了引燃与自燃的区别和控制机理、四类常用的着火临界判据、临界温度和临界质量流率的典型值及应用场景，探讨了固体内部因素和外部环境因素对着火的影响，最后介绍了基于不同假设和简化建立的着火经验、解析和数值模型。

尽管现有研究已对固体可燃物热解着火过程进行了广泛探索，但是仍存在一些未解决的问题。例如，涉及多组分和多步反应的动力学参数确定的可靠方法仍有待研究，需考虑与分析方法相关的不确定度和与优化方法相关的补偿效应，特别是对复杂程度较高的热解过程。确定一组合理的固体反应动力学参数是相当复杂的，即使对特定材料，文献中也经常存在动力学参数差别较大的情况，这意味着所给出的动力学参数仅适用于特定模型。国际火灾安全科学协会(International Association for Fire Safety Science，IAFSS)发起了一项国际合作研究，由来自 10 个国家的 16 家机构组建了火灾现象测量与计算(Measurement and Computation of Fire Phenomena，MaCFP)工作小组，以探索一种可靠的通用方法来获取用于模拟火灾过程的动力学参数，这项国际合作研究目前仍在进行中。此外，由于实际火灾中的升温速率通常较热重分析实验中的升温速率高得多，前者约为 100 K/min，热重分析实验中低升温速率获得的动力学参数可能并不适合火灾模拟。在快速热解和闪热解等特殊情况下，升温速率可高达 10 ~ 200 K/s 甚至 $10^3 \sim 10^4$ K/s[11]。升温速率对热解反应路径、产物种类和数量都有很大的影响。目前，关于揭示升温速率影响的研究鲜有涉及。此外，由固相热接触引发的着火现象也是最近几年火灾研究的重点。两种常见的固相导热着火包括导线着火[165]和飞火颗粒引燃的着火[73]。导线中的金属芯会在短路时产生焦耳热，并可能通过热传导加热引发外绝缘层着火。同时，如果导线受外部辐射、对流、耦合加热，金属芯也可能改变传热过程。单个飞火颗粒或飞火颗粒堆主要通过热传导或热传导-辐射耦合的方式加热可燃物并引发着火。近年来，热对流加热诱发着火的研究也逐渐受到国内外学者的普遍关注。这些涉及热传导和对流加热的研究大多关注对实验现象及测量结果的定性解释和分析，缺乏能够准确描述/预测复杂着火过程的预测模型。本章内容未涉及对气相挥发分的分析。然而，通过气相分析(如傅里叶变换红外光谱仪和气相色谱-质谱联用仪)来识别未知气相组分和浓度，可基于识别的热解挥发分中多种组合的浓度，结合每种组分的燃烧下限实现更准确的着火时间预测，这有别于传统通过临界质量流率实现着火时间的预测。现有研究大多侧重对着火过程中固相的研究，对揭示气相中的物理化学过程，特别是对自燃、闪燃、吹熄等的临界着火条件、对流加热着火及在氧浓度、压力和重力变化等非常规环境下的着火研究较少。同时，考虑全尺寸实验的费用和安全性，此类大尺度着火实验研究较少。中小尺度实验结论和理论是否适用于大尺度火灾目前还未充分研究。

此外，21 世纪以来，机器学习、深度学习、支持向量机、决策树、随机森林和元启发式方法等人工智能迅速发展，使定量计算热解和着火行为的智能方法成为可能[166]。人工智能可解决无法通过传统技术解决的线性和高度非线性问题。目前，人工智能几乎在所有工程领域都有应用。在火灾科学研究领域，人工智能已成功应用于腔室[167]/建筑[168]/草原[169]/森林[170]火灾预测、火灾损伤评估[171]、火灾中火焰[172]和烟雾[173]预测、火灾中材料耐火性分析[174]、火灾风险评估[175]、火灾中人的行为[176]和灭火系统[177]等。然而，很少有人尝试通过人工智能方法来解决固体可燃物的复杂热解和着火问题。

参 考 文 献

[1] Babrauskas V. Ignition Handbook[M]. Issaquah：Fire Science Publishers，2003.

[2] Jennings C R. Social and economic characteristics as determinants of residential fire risk in urban neighborhoods：A review of the literature[J]. Fire Safety Journal，2013，62：13-19.

[3] Li X Y，Jin H J，Wang H W，et al. Influences of forest fires on the permafrost environment：A review[J]. Advances in Climate Change Research，2021，12（1）：48-65.

[4] Stubbs D C，Humphreys L H，Goldman A，et al. An experimental investigation into the wildland fire burning characteristics of loblolly pine needles[J]. Fire Safety Journal，2021，126：103471.

[5] Gaudet B，Simeoni A，Gwynne S，et al. A review of post-incident studies for wildland-urban interface fires[J]. Journal of Safety Science and Resilience，2020，1（1）：59-65.

[6] Boehmer H R，Klassen M S，Olenick S M. Fire hazard analysis of modern vehicles in parking facilities[J]. Fire Technology，2021，57（5）：2097-2127.

[7] Hurley M J，Gottuk D，Hall J R Jr，et al. SFPE Handbook of Fire Protection Engineering[M]. 5th ed. New York：Springer，2016.

[8] Burhenne L，Messmer J，Aicher T，et al. The effect of the biomass components lignin，cellulose and hemicellulose on TGA and fixed bed pyrolysis[J]. Journal of Analytical and Applied Pyrolysis，2013，101：177-184.

[9] Dai L L，Wang Y P，Liu Y H，et al. A review on selective production of value-added chemicals via catalytic pyrolysis of lignocellulosic biomass[J]. Science of the Total Environment，2020，749：142386.

[10] Yaashikaa P R，Senthil Kumar P，Varjani S J，et al. Advances in production and application of biochar

from lignocellulosic feedstocks for remediation of environmental pollutants[J]. Bioresource Technology, 2019, 292: 122030.

[11] Yogalakshmi K N, Devi T P, Sivashanmugam P, et al. Lignocellulosic biomass-based pyrolysis: A comprehensive review[J]. Chemosphere, 2022, 286: 131824.

[12] Zhang Y N, Cui Y L, Liu S Y, et al. Fast microwave-assisted pyrolysis of wastes for biofuels production—A review[J]. Bioresource Technology, 2020, 297: 122480.

[13] Saitova A, Strokin S, Ancheyta J. Evaluation and comparison of thermodynamic and kinetic parameters for oxidation and pyrolysis of Yarega heavy crude oil asphaltenes[J]. Fuel, 2021, 297: 120703.

[14] Miranda N T, Motta I L, Filho R M, et al. Sugarcane bagasse pyrolysis: A review of operating conditions and products properties[J]. Renewable and Sustainable Energy Reviews, 2021, 149: 111394.

[15] Lin S R, Chow T H, Huang X Y. Smoldering propagation and blow-off on consolidated fuel under external airflow[J]. Combustion and Flame, 2021, 234: 111685.

[16] Boonmee N, Quintiere J G. Glowing and flaming autoignition of wood[J]. Proceedings of the Combustion Institute, 2002, 29 (1): 289-296.

[17] di Blasi C. Modeling and simulation of combustion processes of charring and non-charring solid fuels[J]. Progress in Energy and Combustion Science, 1993, 19 (1): 71-104.

[18] Haberle I, Skreiberg O, Lazar J, et al. Numerical models for thermochemical degradation of thermally thick woody biomass, and their application in domestic wood heating appliances and grate furnaces[J]. Progress in Energy and Combustion Science, 2017, 63: 204-252.

[19] Richter F, Rein G. Heterogeneous kinetics of timber charring at the microscale[J]. Journal of Analytical and Applied Pyrolysis, 2019, 138: 1-9.

[20] Kashiwagi T, Nambu H. Global kinetic constants for thermal oxidative-degradation of a cellulosic paper[J]. Combustion and Flame, 1992, 88 (3-4): 345-368.

[21] Cullis C F, Hirschler M M. The Combustion of Organic Polymers[M]. Oxford: Clarendon Press, 1981.

[22] Drysdale D. An Introduction to Fire Dynamics[M]. 2nd ed. New York: John Wiley & Sons Inc, 2013.

[23] Torero J L. Scaling-up fire[J]. Proceedings of the Combustion Institute, 2013, 34 (1): 99-124.

[24] Cox G. Combustion Fundamentals of Fire[M]. London: Academic Press, 1995.

[25] Fernandez-Pello A C. On fire ignition[J]. Fire Safety Science, 2011, 10: 25-42.

[26] Niioka T, Takahashi M, Izumikawa M. Gas-phase ignition of a solid fuel in a hot stagnation-point flow[J]. Symposium (International) on Combustion, 1981, 18 (1): 741-747.

[27] Lawson D I, Simms D L. The ignition of wood by radiation[J]. British Journal of Applied Physics, 1952, 3 (9): 288-292.

[28] Delichatsios M A, Chen Y. Asymptotic, approximate, and numerical solutions for the heatup and pyrolysis of materials including reradiation losses[J]. Combustion and Flame, 1993, 92 (3): 292-307.

[29] Lautenberger C, Fernandez-Pello A. Approximate analytical solutions for the transient mass loss rate and piloted ignition time of a radiatively heated solid in the high heat flux limit[J]. Fire Safety Science, 2005, 8: 445-456.

[30] Cordova J L, Walther D C, Torero J L, et al. Oxidizer flow effects on the flammability of solid

combustibles[J]. Combustion Science and Technology，2001，164（1）：253-278.

[31] Wang Y F，Yang L Z，Zhou X D，et al. Experiment study of the altitude effects on spontaneous ignition characteristics of wood[J]. Fuel，2010，89（5）：1029-1034.

[32] Antonov D V，Valiullin T R，Iegorov R I，et al. Effect of macroscopic porosity onto the ignition of the waste-derived fuel droplets[J]. Energy，2017，119：1152-1158.

[33] Li J，Gong J H，Stoliarov S I. Development of pyrolysis models for charring polymers[J]. Polymer Degradation and Stability，2015，115：138-152.

[34] Peng F，Zhou X D，Zhao K，et al. Experimental and numerical study on effect of sample orientation on auto-ignition and piloted ignition of poly(methyl methacrylate)[J]. Materials，2015，8（7）：4004-4021.

[35] Delichatsios M A. Ignition times for thermally thick and intermediate conditions in flat and cylindrical geometries[J]. Fire Safety Science，2000，6：233-244.

[36] Lamorlette A，Candelier F. Thermal behavior of solid particles at ignition：Theoretical limit between thermally thick and thin solids[J]. International Journal of Heat and Mass Transfer，2015，82：117-122.

[37] Dai J K，Delichatsios M A，Yang L Z. Piloted ignition of solid fuels at low ambient pressure and varying igniter location[J]. Proceedings of the Combustion Institute，2013，34（2）：2497-2503.

[38] McAllister S. Critical mass flux for flaming ignition of wet wood[J]. Fire Safety Journal，2013，61：200-206.

[39] McAllister S，Fernandez-Pello C，Urban D，et al. The combined effect of pressure and oxygen concentration on piloted ignition of a solid combustible[J]. Combustion and Flame，2010，157（9）：1753-1759.

[40] Fereres S，Lautenberger C，Fernandez-Pello C，et al. Mass flux at ignition in reduced pressure environments[J]. Combustion and Flame，2011，158（7）：1301-1306.

[41] Rich D，Lautenberger C，Torero J L，et al. Mass flux of combustible solids at piloted ignition[J]. Proceedings of the Combustion Institute，2007，31（2）：2653-2660.

[42] McAllister S，Fernandez-Pello C，Urban D，et al. Piloted ignition delay of PMMA in space exploration atmospheres[J]. Proceedings of the Combustion Institute，2009，32（2）：2453-2459.

[43] Roenner N，Rein G. Convective ignition of polymers：New apparatus and application to a thermoplastic polymer[J]. Proceedings of the Combustion Institute，2019，37（3）：4193-4200.

[44] McAllister S，Finney M. Convection ignition of live forest fuels[J]. Fire Safety Science，2014，11（2）：1312-1325.

[45] Jiang Y，Zhai C J，Shi L，et al. Assessment of melting and dripping effect on ignition of vertically discrete polypropylene and polyethylene slabs[J]. Journal of Thermal Analysis and Calorimetry，2021，144（3）：751-762.

[46] Boulet P，Parent G，Acem Z，et al. Radiation emission from a heating coil or a halogen lamp on a semitransparent sample[J]. International Journal of Thermal Sciences，2014，77：223-232.

[47] Jiang F H，de Ris J L，Khan M M. Absorption of thermal energy in PMMA by in-depth radiation[J]. Fire Safety Journal，2009，44（1）：106-112.

[48] Delichatsios M A，Zhang J P. An alternative way for the ignition times for solids with radiation

absorption in-depth by simple asymptotic solutions[J]. Fire and Materials，2012，36（1）：41-47.

[49] Pizzo Y，Lallemand C，Kacem A，et al. Steady and transient pyrolysis of thick clear PMMA slabs[J]. Combustion and Flame，2015，162（1）：226-236.

[50] Gong J H，Li Y B，Wang J H，et al. Approximate analytical solutions for temperature based transient mass flux and ignition time of a translucent solid at high radiant heat flux considering in-depth absorption[J]. Combustion and Flame，2017，186：166-177.

[51] Gong J H，Chen Y X，Jiang J C，et al. A numerical study of thermal degradation of polymers：Surface and in-depth absorption[J]. Applied Thermal Engineering，2016，106：1366-1379.

[52] Gong J H，Chen Y X，Li J，et al. Effects of combined surface and in-depth absorption on ignition of PMMA[J]. Materials，2016，9（10）：820.

[53] Zhou Y P，Yang L Z，Dai J K，et al. Radiation attenuation characteristics of pyrolysis volatiles of solid fuels and their effect for radiant ignition model[J]. Combustion and Flame，2010，157（1）：167-175.

[54] Reszka P，Borowiec P，Steinhaus T，et al. A methodology for the estimation of ignition delay times in forest fire modelling[J]. Combustion and Flame，2012，159（12）：3652-3657.

[55] Vermesi I，Roenner N，Pironi P，et al. Pyrolysis and ignition of a polymer by transient irradiation[J]. Combustion and Flame，2016，163：31-41.

[56] Yang L Z，Guo Z F，Zhou Y P，et al. The influence of different external heating ways on pyrolysis and spontaneous ignition of some woods[J]. Journal of Analytical and Applied Pyrolysis，2007，78（1）：40-45.

[57] Ji J W，Cheng Y，Yang L Z，et al. An integral model for wood auto-ignition under variable heat flux[J]. Journal of Fire Sciences，2006，24（5）：413-425.

[58] Zhai C J，Gong J H，Zhou X D，et al. Pyrolysis and spontaneous ignition of wood under time-dependent heat flux[J]. Journal of Analytical and Applied Pyrolysis，2017，125：100-108.

[59] Gong J H，Li Y B，Chen Y X，et al. Approximate analytical solutions for transient mass flux and ignition time of solid combustibles exposed to time-varying heat flux[J]. Fuel，2018，211：676-687.

[60] Gong J H，Zhang M R，Zhai C J，et al. Experimental，analytical and numerical investigation on auto-ignition of thermally intermediate PMMA imposed to linear time-increasing heat flux[J]. Applied Thermal Engineering，2020，172：115137.

[61] Fang J，Meng Y R，Wang J W，et al. Experimental，numerical and theoretical analyses of the ignition of thermally thick PMMA by periodic irradiation[J]. Combustion and Flame，2018，197：41-48.

[62] Gong J H，Zhai C J，Yang L Z，et al. Ignition of polymers under exponential heat flux considering both surface and in-depth absorptions[J]. International Journal of Thermal Sciences，2020，151：106242.

[63] Bilbao R，Mastral J F，Lana J A，et al. A model for the prediction of the thermal degradation and ignition of wood under constant and variable heat flux[J]. Journal of Analytical and Applied Pyrolysis，2002，62（1）：63-82.

[64] Gong J H，Zhai C J，Cao J L，et al. Auto-ignition of thermally thick PMMA exposed to linearly decreasing thermal radiation[J]. Combustion and Flame，2020，216：232-244.

[65] Gong J H，Zhang M R. Pyrolysis and autoignition behaviors of oriented strand board under power-law

radiation[J]. Renewable Energy，2022，182：946-957.

[66] Gong J H，Zhang M R，Zhai C J. Composite auto-ignition criterion for PMMA（poly methyl methacrylate）exposed to linearly declining thermal radiation[J]. Applied Thermal Engineering，2021，195：117156.

[67] Gong J H，Cao J L，Zhai C J，et al. Effect of moisture content on thermal decomposition and autoignition of wood under power-law thermal radiation[J]. Applied Thermal Engineering，2020，179：115651.

[68] Gong J H，Li J，Li C Y，et al. Analytical prediction of heat transfer and ignition time of solids exposed to time-dependent thermal radiation[J]. International Journal of Thermal Sciences，2018，130：227-239.

[69] Bal N，Rein G. On the effect of inverse modelling and compensation effects in computational pyrolysis for fire scenarios[J]. Fire Safety Journal，2015，72：68-76.

[70] Sabi F Z，Terrah S M，Mosbah O，et al. Ignition/non-ignition phase transition：A new critical heat flux estimation method[J]. Fire Safety Journal，2021，119：103257.

[71] Shotorban B，Yashwanth B L，Mahalingam S，et al. An investigation of pyrolysis and ignition of moist leaf-like fuel subject to convective heating[J]. Combustion and Flame，2018，190：25-35.

[72] Gong T，Xie Q Y，Huang X Y. Fire behaviors of flame-retardant cables. Part I：Decomposition, swelling and spontaneous ignition[J]. Fire Safety Journal，2018，95：113-121.

[73] Nazare S，Leventon I，Davis R. Ignitibility of Structural Wood Products Exposed to Embers During Wildland Fires：A Review of Literature[R]. Gaithersburg：National Institute of Standards and Technology，2021.

[74] Vyazovkin S，Burnham A K，Criado J M，et al. ICTAC Kinetics Committee recommendations for performing kinetic computations on thermal analysis data[J]. Thermochimica Acta，2011，520（1-2）：1-19.

[75] Ding Y M，Zhang Y，Zhang J Q，et al. Kinetic parameters estimation of pinus sylvestris pyrolysis by Kissinger-Kai method coupled with particle swarm optimization and global sensitivity analysis[J]. Bioresource Technology，2019，293：122079.

[76] Gong J H，Zhu H，Zhou H E，et al. Development of a pyrolysis model for oriented strand board. Part I：Kinetics and thermodynamics of the thermal decomposition[J]. Journal of Fire Sciences，2021，39（2）：190-204.

[77] Li N，Gu Y M，Gong J H. Development of a pyrolysis model for poly(vinylidene fluoride-co-hexafluoropropylene) and its application in predicting combustion behaviors[J]. Polymer Degradation and Stability，2021，193：109739.

[78] Gong J H，Zhou H E，Zhu H，et al. Development of a pyrolysis model for oriented strand board. Part II. Thermal transport parameterization and bench-scale validation[J]. Journal of Fire Sciences，2021，39（6）：477-494.

[79] Li J，Stoliarov S I. Measurement of kinetics and thermodynamics of the thermal degradation for charring polymers[J]. Polymer Degradation and Stability，2014，106：2-15.

[80] Li J，Stoliarov S I. Measurement of kinetics and thermodynamics of the thermal degradation for

non-charring polymers[J]. Combustion and Flame，2013，160（7）：1287-1297.

[81] Chen R Y，Xu X K，Zhang Y，et al. Kinetic study on pyrolysis of waste phenolic fibre-reinforced plastic[J]. Applied Thermal Engineering，2018，136：484-491.

[82] Ding Y M，Huang B Q，Li K Y，et al. Thermal interaction analysis of isolated hemicellulose and cellulose by kinetic parameters during biomass pyrolysis[J]. Energy，2020，195：117010.

[83] Cornelissen A A. Smoke release rates—Modified smoke chamber versus cone calorimeter-comparison of results[J]. Journal of Fire Sciences，1992，10（1）：3-19.

[84] ASTM. Standard Test Methods for Measurement of Material Flammability Using a Fire Propagation Apparatus（FPA）：ASTM E2058-13a[S/OL]. [2023-11-11]. https://webstore.ansi.org/standards/astm/astme205813a.

[85] Yang L Z, Zhou Y P, Wang Y F，et al. Predicting charring rate of woods exposed to time-increasing and constant heat fluxes[J]. Journal of Analytical and Applied Pyrolysis，2008，81（1）：1-6.

[86] Dai J K，Yang L Z，Zhou X D，et al. Experimental and modeling study of atmospheric pressure effects on ignition of pine wood at different altitudes[J]. Energy and Fuels，2010，24（1）：609-615.

[87] Zhai C J，Peng F，Zhou X D，et al. Pyrolysis and ignition delay time of poly(methyl methacrylate) exposed to ramped heat flux[J]. Journal of Fire Sciences，2018，36（3）：147-163.

[88] Lai D M，Gong J H，Zhou X D，et al. Pyrolysis and piloted ignition of thermally thick PMMA exposed to constant thermal radiation in cross forced airflow[J]. Journal of Analytical and Applied Pyrolysis，2021，155：105042.

[89] Dai J K，Delichatsios M A，Yang L Z，et al. Piloted ignition and extinction for solid fuels[J]. Proceedings of the Combustion Institute，2013，34（2）：2487-2495.

[90] Qie J F，Yang L Z，Wang Y F，et al. Experimental study of the influences of orientation and altitude on pyrolysis and ignition of wood[J]. Journal of Fire Sciences，2011，29（3）：243-258.

[91] Wu W，Yang L Z，Gong J H，et al. Experimental study of the effect of spark power on piloted ignition of wood at different altitudes[J]. Journal of Fire Sciences，2011，29（5）：465-475.

[92] Wu W，Zhou X D，Yang L Z，et al. Experimental study on the effect of the igniter position on piloted ignition of polymethylmethacrylate[J]. Journal of Fire Sciences，2012，30（6）：502-510.

[93] Yang L Z，Guo Z F，Chen X J，et al. Predicting the temperature distribution of wood exposed to a variable heat flux[J]. Combustion Science and Technology，2006，178（12）：2165-2176.

[94] Yang L Z，Guo Z F，Ji J W，et al. Experimental study on spontaneous ignition of wood exposed to variable heat flux[J]. Journal of Fire Sciences，2005，23（5）：405-416.

[95] ASTM. Standard Test Method for Heat and Visible Smoke Release Rates for Materials and Products Using an Oxygen Consumption Calorimeter：ASTM E1354-17[S]. West Conshohocken：ASTM International.

[96] Yang L Z, Zhou Y P, Wang Y F, et al. Autoignition of solid combustibles subjected to a uniform incident heat flux：The effect of distance from the radiation source[J]. Combustion and Flame，2011，158（5）：1015-1017.

[97] Zhou Y P，Yang L Z，Dai J K，et al. Attenuation of incident heat flux by pyrolysis volatiles when heated

using resistance element radiant heater[J]. Journal of Fire Sciences, 2009, 27（5）: 447-464.

[98] Toison M L. Infrared and Its Thermal Applications[M]. Madison: Philips Technical Library, 1964.

[99] Santamaria S, Hadden R M. Experimental analysis of the pyrolysis of solids exposed to transient irradiation. Applications to ignition criteria[J]. Proceedings of the Combustion Institute, 2019, 37（3）: 4221-4229.

[100] Didomizio M J, Mulherin P, Weckman E J. Ignition of wood under time-varying radiant exposures[J]. Fire Safety Journal, 2016, 82: 131-144.

[101] McAllister S, Grenfell I, Hadlow A, et al. Piloted ignition of live forest fuels[J]. Fire Safety Journal, 2012, 51: 133-142.

[102] Safdari M S, Amini E, Weise D R, et al. Comparison of pyrolysis of live wildland fuels heated by radiation vs. convection[J]. Fuel, 2020, 268: 117342.

[103] McAllister S, Finney M. Autoignition of wood under combined convective and radiative heating[J]. Proceedings of the Combustion Institute, 2017, 36（2）: 3073-3080.

[104] Williams B. Combustion Theory[M]. Boca Raton: Addison-Wesley, 1965.

[105] Janssens M. Piloted ignition of wood: A review[J]. Fire and Materials, 1991, 15（4）: 151-167.

[106] Linteris G, Zammarano M, Wilthan B, et al. Absorption and reflection of infrared radiation by polymers in fire-like environments[J]. Fire and Materials, 2012, 36（7）: 537-553.

[107] Thomson H E, Drysdale D D. Flammability of plastics. I: Ignition temperatures[J]. Fire and Materials, 1987, 11（4）: 163-172.

[108] Thomson H E, Drysdale D D, Beyler C L. An experimental evaluation of critical surface-temperature as a criterion for piloted ignition of solid fuels[J]. Fire Safety Journal, 1988, 13（2-3）: 185-196.

[109] 李玉栋. 木材点燃温度的测定[J]. 火灾科学, 1992, 1（1）: 25-30.

[110] Atreya A, Abu-Zaid M. Effect of environmental variables on piloted ignition[J]. Fire Safety Science, 1991, 3: 177-186.

[111] Liu Q A, Shen D K, Xiao R, et al. Thermal behavior of wood slab under a truncated-cone electrical heater: experimental observation[J]. Combustion Science and Technology, 2013, 185（5）: 848-862.

[112] Bilbao R, Mastral J F, Aldea M E, et al. Experimental and theoretical study of the ignition and smoldering of wood including convective effects[J]. Combustion and Flame, 2001, 126（1-2）: 1363-1372.

[113] Gong J H, Zhang M R, Jiang Y, et al. Limiting condition for auto-ignition of finite thick PMMA in forced convective airflow[J]. International Journal of Thermal Sciences, 2021, 161: 106741.

[114] Babrauskas V. Ignition of wood: A review of the state of the art[J]. Journal of Fire Protection Engineering, 2002, 12（3）: 163-189.

[115] Delichatsios M A. Piloted ignition times, critical heat fluxes and mass loss rates at reduced oxygen atmospheres[J]. Fire Safety Journal, 2005, 40（3）: 197-212.

[116] Deepak D, Drysdale D D. Flammability of solids an apparatus to measure the critical mass flux at the firepoint[J]. Fire Safety Journal, 1983, 5（2）: 167-169.

[117] Drysdale D D, Thomson H E. Flammability of plastics II: Critical mass flux at the firepoint –

Sciencedirect[J]. Fire Safety Journal，1989，14：179-188.

[118] Tewarson A. Experimental evaluation of flammability parameters of polymeric materials[M]//Lewin M，Atlas S M，Pearce E M. Flame-Retardant Polymeric Materials. Boston：Springer，1982：97-153.

[119] Magee R S，Reitz R D. Extinguishment of radiation augmented plastic fires by water sprays[J]. Symposium（International）on Combustion，1975，15（1）：337-347.

[120] Bal N，Rein G. Numerical investigation of the ignition delay time of a translucent solid at high radiant heat fluxes[J]. Combustion and Flame，2011，158（6）：1109-1116.

[121] Safronava N，Lyon R E，Crowley S，et al. Effect of moisture on ignition time of polymers[J]. Fire Technology，2015，51（5）：1093-1112.

[122] Staggs J. The effects of gas-phase and in-depth radiation absorption on ignition and steady burning rate of PMMA[J]. Combustion and Flame，2014，161（12）：3229-3236.

[123] Koohyar A N，Welker J R，Sliepcevich C M. The irradiation and ignition of wood by flame[J]. Fire Technology，1968，4（4）：284-291.

[124] Bamford C H，Crank J，Malan D H. The combustion of wood[J]. Mathematical Proceedings of the Cambridge Philosophical Society，1946，42（2）：166-182.

[125] Shi L，Chew M Y L. Experimental study of woods under external heat flux by autoignition：Ignition time and mass loss rate[J]. Journal of Thermal Analysis and Calorimetry，2013，111（2）：1399-1407.

[126] Vermesi I，Didomizio M J，Richter F，et al. Pyrolysis and spontaneous ignition of wood under transient irradiation：Experiments and a-priori predictions[J]. Fire Safety Journal，2017，91：218-225.

[127] Rasbash D J，Drysdale D D，Deepak D. Critical heat and mass transfer at pilot ignition and extinction of a material[J]. Fire Safety Journal，1986，10（1）：1-10.

[128] Stoliarov S I，Crowley S，Lyon R E，et al. Prediction of the burning rates of non-charring polymers[J]. Combustion and Flame，2009，156（5）：1068-1083.

[129] Li J，Gong J H，Stoliarov S I. Gasification experiments for pyrolysis model parameterization and validation[J]. International Journal of Heat and Mass Transfer，2014，77：738-744.

[130] Torero J. Flaming ignition of solid fuels[M]//Hurley M J，Gottuk D T，Hall J R，et al. SFPE Handbook of Fire Protection Engineering. 5th ed. New York：Springer，2016：633-661.

[131] Cohen J D. Relating flame radiation to home ignition using modeling and experimental crown fires[J]. Canadian Journal of Forest Research，2004，34（8）：1616-1626.

[132] Lamorlette A. Analytical modeling of solid material ignition under a radiant heat flux coming from a spreading fire front[J]. Journal of Thermal Science and Engineering Applications，2014，6（4）：044501.

[133] Gong J H，Stoliarov S I，Shi L，et al. Analytical prediction of pyrolysis and ignition time of translucent fuel considering both time-dependent heat flux and in-depth absorption[J]. Fuel，2019，235：913-922.

[134] Chen Y X，Gong J H，Wang X，et al. Effect of radiation absorption modes on ignition time of translucent polymers subjected to time-dependent heat flux[J]. Journal of Thermal Analysis and Calorimetry，2019，135（4）：2183-2195.

[135] Gong J H，Zhai C J. Estimating ignition time of solid exposed to increasing-steady thermal radiation[J]. Journal of Thermal Analysis and Calorimetry，2022，147（5）：3763-3778.

[136] Zhai C J, Zhang S Y, Yao S R, et al. Analytical study on ignition time of PMMA exposed to time-decreasing thermal radiation using critical mass flux[J]. Scientific Reports, 2019, 9: 11958.

[137] Bergman T, Lavine A, Fundamentals of Heat and Mass Transfer[M]. 6th ed. New York: John Wiley & Sons, 2007.

[138] Carslaw H S, Jaeger J C. Conduction of Heat in Solids [M]. 2nd ed. London: Oxford University Press, 1959.

[139] Quintiere J G. Approximate solutions for the ignition of a solid as a function of the Biot number[J]. Fire and Materials, 2019, 43（1）: 57-63.

[140] Witkowski A, Stec A A, Hull T R. Thermal decomposition of polymeric materials[M]// Hurley M J, Gottuk D, Hall J R Jr, et al. SFPE Handbook of Fire Protection Engineering. 5th ed. New York: Springer, 2016: 167-254.

[141] Hu C, Bourbigot S, Delaunay T, et al. Poly(isosorbide carbonate): A "green" char forming agent in polybutylene succinate intumescent formulation[J]. Composites Part B-Engineering, 2020, 184: 107675.

[142] Boonmee N, Quintiere J G. Glowing ignition of wood: The onset of surface combustion[J]. Proceedings of the Combustion Institute, 2005, 30（2）: 2303-2310.

[143] Fina A, Camino G. Ignition mechanisms in polymers and polymer nanocomposites[J]. Polymers for Advanced Technologies, 2011, 22（7）: 1147-1155.

[144] Ferguson S C, Dahale A, Shotorban B, et al. The role of moisture on combustion of pyrolysis gases in wildland fires[J]. Combustion Science and Technology, 2013, 185（3）: 435-453.

[145] Humar M, Lesar B, Kržišnik D. Moisture performance of facade elements made of thermally modified norway spruce wood[J]. Forests, 2020, 11（3）: 348.

[146] Bartlett A I, Hadden R M, Bisby L A. A review of factors affecting the burning behaviour of wood for application to tall timber construction[J]. Fire Technology, 2019, 55（1）: 1-49.

[147] Shen D K, Fang M X, Luo Z Y, et al. Modeling pyrolysis of wet wood under external heat flux[J]. Fire Safety Journal, 2007, 42（3）: 210-217.

[148] Moghtaderi B, Novozhilov V, Fletcher D F, et al. A new correlation for bench-scale piloted ignition data of wood[J]. Fire Safety Journal, 1997, 29（1）: 41-59.

[149] Smith E E. Heat Release Rate of Building Materials[R]. West Conshohocken: ASTM International, 1972.

[150] Gong J H, Zhu Z X, Zhang M R, et al. Piloted ignition of vertical polymethyl methacrylate（PMMA）exposed to power-law increasing radiation[J]. Applied Thermal Engineering, 2022, 217: 118996.

[151] Shields T J, Silcock G W, Murray J J. The effects of geometry and ignition mode on ignition times obtained using a cone calorimeter and ISO ignitability apparatus[J]. Fire and Materials, 1993, 17（1）: 25-32.

[152] Kashiwagi T. Effects of sample orientation on radiative ignition[J]. Combustion and Flame, 1982, 44（1-3）: 223-245.

[153] Tsai K C. Orientation effect on cone calorimeter test results to assess fire hazard of materials[J].

Journal of Hazardous Materials，2009，172（2-3）：763-772.

[154] Chen X A，Zhou Z H，Li P，et al. Effects of sample orientation on pyrolysis and piloted ignition of wood[J]. Journal of Fire Sciences，2014，32（6）：483-497.

[155] Atreya A，Carpentier C，Harkleroad M. Effect of sample orientation on piloted ignition and flame spread[J]. Fire Safety Science，1986，18（1）：97-109.

[156] Dutta S，Kim N K，Das R，et al. Evaluating orientation effects on the fire reaction properties of flax-polypropylene composites[J]. Polymers，2021，13（16）：2586.

[157] Gotoda H，Manzello S L，Saso Y，et al. Effects of sample orientation on nonpiloted ignition of thin poly （methyl methacrylate） sheets by a laser - 2. Experimental results[J]. Combustion and Flame，2006，145：820-835.

[158] Dutta S，Kim N K，Das R，et al. Effects of sample orientation on the fire reaction properties of natural fibre composites[J]. Composites Part B-Engineering，2019，157：195-206.

[159] Nakamura Y，Kashiwagi T. Effects of sample orientation on nonpiloted ignition of thin poly(methyl methacrylate) sheet by a laser - 1. Theoretical prediction[J]. Combustion and Flame，2005，141（1-2）：149-169.

[160] Janssens M. Fundamental Thermophysical Characteristics of Wood and Their Role in Enclosure Fire Growth[D]. Belgium：University of Gent，1991.

[161] Stoliarov S I，Leventon I T，Lyon R E. Two-dimensional model of burning for pyrolyzable solids[J]. Fire and Materials，2014，38（3）：391-408.

[162] Lautenberger C. Gpyro3D：A three dimensional generalized pyrolysis model[J]. Fire Safety Science，2014，11：193-207.

[163] McGrattan K. Fire Dynamics Simulator，Technical Reference Guide. Volume 2：Verification[R]. Gaithersburg：NIST，2017.

[164] Ding Y M，Wang C J，Lu S X. Modeling the pyrolysis of wet wood using FireFOAM[J]. Energy Conversion and Management，2015，98：500-506.

[165] Huang X Y，Nakamura Y. A review of fundamental combustion phenomena in wire fires[J]. Fire Technology，2020，56（1）：315-360.

[166] Naser M Z. Mechanistically informed machine learning and artificial intelligence in fire engineering and sciences[J]. Fire Technology，2021，57（6）：2741-2784.

[167] Hodges J L，Lattimer B Y，Luxbacher K D. Compartment fire predictions using transpose convolutional neural networks[J]. Fire Safety Journal，2019，108：102854.

[168] Lo S M，Liu M，Zhang P H，et al. An artificial neural-network based predictive model for pre-evacuation human response in domestic building fire[J]. Fire Technology，2009，45(4)：431-449.

[169] Hodges J L，Lattimer B Y. Wildland fire spread modeling using convolutional neural networks[J]. Fire Technology，2019，55（6）：2115-2142.

[170] Zhai C J，Zhang S Y，Cao Z L，et al. Learning-based prediction of wildfire spread with real-time rate of spread measurement[J]. Combustion and Flame，2020，215：333-341.

[171] Naser M Z. Autonomous fire resistance evaluation[J]. Journal of Structural Engineering，2020，146

（6）：1-12.

[172] Wang Y，Yu Y F，Zhu X L，et al. Pattern recognition for measuring the flame stability of gas-fired combustion based on the image processing technology[J]. Fuel，2020，270：117486.

[173] Pundir A S，Raman B. Dual deep learning model for image based smoke detection[J]. Fire Technology，2019，55（6）：2419-2442.

[174] Naser M Z. Fire resistance evaluation through artificial intelligence—A case for timber structures[J]. Fire Safety Journal，2019，105：1-18.

[175] Jafari Goldarag Y，Mohammadzadeh A，Ardakani A S. Fire risk assessment using neural network and logistic regression[J]. Journal of the Indian Society of Remote Sensing，2016，44（6）：885-894.

[176] Musharraf M，Khan F，Veitch B. Validating human behavior representation model of general personnel during offshore emergency situations[J]. Fire Technology，2019，55（2）：643-665.

[177] McNeil J G，Lattimer B Y. Autonomous fire suppression system for use in high and low visibility environments by visual servoing[J]. Fire Technology，2016，52（5）：1343-1368.

第5章　大尺度森林火灾燃烧动力学

刘乃安

5.1　概　　述

森林火灾是地球上最重要的自然灾害之一，不仅造成巨大的人员伤亡、财产损失和自然资源破坏，而且对生态平衡和气候变化产生重大的影响。自20世纪80年代以来，全球气候暖干化趋势导致大尺度森林火灾频发。根据美国国家火灾统计中心的数据，森林火灾及森林-城镇交界域火灾中，失控的大尺度火灾数量虽仅占火灾总数的3%，但其造成的火灾防治代价占比高达95%。我国2019年和2020年凉山森林火灾、美国2018年加利福尼亚州大火和澳大利亚2019~2020年丛林大火均凸显了大尺度森林火灾研究的紧迫性和重要性。

许多国家的法律和规范通常按照过火面积对森林火灾进行分类。学术界则从燃烧特征或火行为特征来描述大尺度森林火灾，例如，Andrews和Rothermel[1]建议将火线强度为1700 kW/m作为火灾失控的阈值，Viegas[2]则指出大尺度火灾中常常诱发以超高强度燃烧或超快蔓延为典型特征的多类极端火行为(extreme fire behavior)。大量案例表明，极端火行为对火灾的蔓延速度、燃烧强度及扩展规模的跃升起关键作用。常规森林火灾的蔓延速度为0.01~0.1 km/h，大尺度森林火灾的蔓延速度峰值可达10 km/h量级，例如，美国2018年加利福尼亚州大火的蔓延速度峰值约33 km/h[3]。

森林火灾的物理复杂性在于复杂的火场环境（包括燃料、气象和地形条件）促使燃烧化学反应、传热过程和空气流动过程相互作用，导致火灾在不同尺度受控于不同的机制，表现出不同的火行为。正因如此，小尺度火灾的理论模型往往难以直接外推至大尺度火灾；换言之，不能将高强度火灾简单视为低强度火灾在大尺度下的表现。

目前，人们对大尺度森林火灾蔓延机制的科学认识尚不完备，难以对火行为进行精确的数学描绘。大尺度森林火灾具有很强的随机性，这决定了在实际条件下难以充分获取火行为与火环境的相关信息。此外，安全与实验成本等问题也限制了大量野外实验的开展。

尽管困难重重，在过去数十年间，学者仍然在理论及室内或野外实验等方面都取得了重要进展，显著丰富了对大尺度森林火灾的加速机制和火行为的科学认识，提高了火蔓延预测能力。本章将讨论大尺度森林火灾加速理论[4-8]，总结对森林火蔓延加速起重要作用的几类高强度燃烧行为的研究进展，并介绍大尺度森林火灾防治的未来挑战与研究展望。

5.2 森林火蔓延加速机制

森林火蔓延过程在物理上受控于两种基本的反馈效应。一种反馈效应是针对火前锋的燃烧过程。火前锋本质上是浮力火羽流，其燃烧速率主要受控于火焰向燃料表面的热量反馈。浮力引发了火焰周围的空气入流（空气卷吸）、火焰内部的气体上升及火焰上方的对流柱。燃料表面获得的热量反馈促使燃料发生热解反应，生成气态挥发物。挥发物从燃料表面释放出来，参与火焰燃烧。因此，火前锋燃烧受净热反馈和挥发物释放所需热量之间的能量平衡控制，即

$$\dot{Q}_g = \dot{m} \cdot \left[H_g + C_P \left(T_s - T_\infty \right) \right] = \dot{Q}_{net} \qquad （5-1）$$

式中，$\dot{Q}_g$ 为挥发物释放所需热量；$\dot{Q}_{net}$ 为净热反馈；$\dot{m}$、H_g、C_P、T_s、T_∞ 分别为质量燃烧速率、汽化热、燃料比热容、燃料表面温度和环境温度。

另一种反馈效应是针对火前锋的蔓延过程，通常包括以下连续过程。①外部热源引发燃料的热解反应，释放出气相挥发物。当挥发物累积到一定量、与周围空气混合并吸收来自外部热源的能量后，便会被点燃。②挥发物燃烧释放出热量，其中的一部分热量传递至火前锋前方的未燃燃料，导致其温度升高。这一过程称为燃料预热。③未燃燃料的温度升高至一定值后，会发生热解反应，继而生成气相挥发物并引发燃料着火。火蔓延正是火前锋前方燃料被连续点燃的过程，蔓延速度是燃烧区边界通过这种反馈效应在原始燃料上移动的局部水平速度。由此，火前锋前方燃料微元焓、火焰热传递和环境热损失的能量平衡[9]可表示为

$$\dot{Q}''_i = \rho_f H_i R = \dot{Q}''_{net} \qquad (5\text{-}2)$$

式中，$\dot{Q}''_i$ 为单位面积燃料的焓变速率；$\dot{Q}''_{net}$ 为已燃和未燃燃料边界上单位面积净能量的传输速率；ρ_f、H_i、R 分别为燃料密度、燃料点燃所需的单位质量焓和火蔓延速度。式（5-2）通过静态意义上 $\dot{Q}''_i$ 和 $\dot{Q}''_{net}$ 之间的能量平衡表征稳态火蔓延。

从动态视角看，式（5-2）还指明了一种可能的森林火灾发展过程的反馈机制：当控制机制及燃烧行为发生转变时，火前锋向前方的传热模式也将发生变化，进而导致未燃燃料预热机制和火前锋燃烧行为发生变化。这种动态反馈可能破坏原有能量平衡，诱发火蔓延加速，并促使火灾动力学系统跃升至一个新的高强度稳态。图 5-1 描绘了森林火蔓延加速的主要潜在因素：①地表火蔓延加速；②大尺度火焰（狂燃火（conflagration）、火暴（fire storm）、火旋风（fire whirl））；③特殊蔓延模式（爆发火（eruptive fire）、树冠火（crown fire）、飞火（spot fire））；④多火焰燃烧和融合。在特定的燃料、气象和地形条件下，这些火行为促进森林火蔓延偏离最初稳态（具有较低的蔓延速度和燃烧强度），并通过非稳态物理转变达到新的稳态（具有较高的蔓延速度和燃烧强度），可能导致灾难性后果。

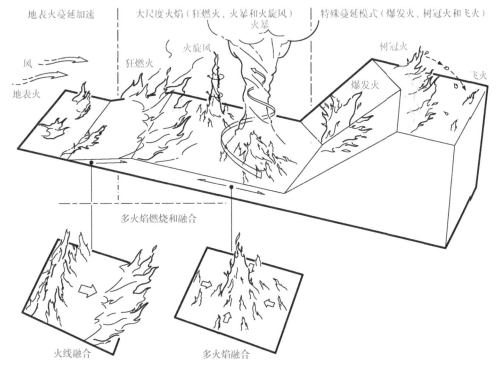

图 5-1　小尺度火蔓延转变为大尺度森林火灾的诱发因素

大量火灾案例证实了图 5-1 所示因素对火蔓延加速的关键作用。例如，我国 1987 年大兴安岭特大森林火灾早期以中高强度地表火为主，随后发生了树冠火、飞火、火暴和火旋风等，火蔓延速度峰值高达 20 km/h[10]。Jin 和 Cheng[11]指出，大兴安岭特大森林火灾中，古莲、西林吉、马林等林区的火旋风对火势增强起到关键作用。

5.2.1 地表火蔓延加速

森林火灾一般可分为地下火（消耗地表凋落物以下的有机物）、地表火（燃烧地表的凋落物、木材、草等）和树冠火（燃烧至树木的顶部）。地表火在实际火灾中最普遍，因此其消防投入占比最大[4]。

影响地表火行为的燃料或燃料床特征参数包括燃料有机物含量、燃料含水率、燃料载荷（单位面积的质量）、燃料微元尺寸、燃料微元形状（以表面积与体积比为特征参数）、燃料床孔隙率或填充比、燃料分布均匀性和燃料微元连续性等。其中，燃料含水率（水的重量相对于燃料干重的百分比）已被大量研究证实是影响火行为的关键燃料参数[12]。

影响火行为的气象条件包括空气湿度、温度、风速、风向及大气环流等。风可为火前锋提供氧气并使火焰前倾，从而增强燃料预热，导致火蔓延加速。自然界中的风速和风向通常是不断变化的，可导致火蔓延方向和行为发生变化。此外，风可向火前锋前方抛掷飞火颗粒，在主要燃烧区外造成大量新的火点。

对于地形条件，与平地相比，高坡度地形下的火蔓延速度通常更快，这很大程度上源自火焰前倾导致的热辐射增强，以及火焰附着于燃料床导致的热对流增强。地形平面曲率也显著影响火蔓延过程，尤其是峡谷等凹形燃料床对火蔓延加速有很大贡献[13, 14]。

燃料、气象和地形三个因素的相互作用对火蔓延起着至关重要的作用。燃料种类依赖海拔和坡向等地形条件，燃料含水率依赖气象条件，等等。特定地形（如峡谷）可能产生地表风，诱发火蔓延加速。此外，在大尺度火灾中，火与大气间可能存在显著的相互作用，即火灾产生的浮力热羽流形成大尺度对流柱，影响大气运动，进而诱发地表强风，强风反过来又会影响火蔓延行为。

燃料预热机制包括以下三种：①热辐射，包括由火焰向燃料床的辐射加热、由余烬向燃料床的辐射加热，以及由燃料床向外部环境的辐射热损；②热传导，包括通过燃料床的传导加热和传导热损；③热对流，包括燃料床表面的对流加热、燃料床内部的对流加热、火焰涡旋湍流扩散的对流加热，以及火焰入流空气沿着燃料床表面的对流冷却（热损）。

火蔓延中热传导效应通常可以忽略[15]，则净热反馈（$\dot{Q}_{net}$）可以表示为

$$\dot{Q}_{net} = \dot{Q}_{fr} + \dot{Q}_{er} + \dot{Q}_{sc} + \dot{Q}_{ic} + \dot{Q}_{tc} - \dot{Q}_{rl} - \dot{Q}_{cl} \tag{5-3}$$

式中，$\dot{Q}_{fr}$、$\dot{Q}_{er}$、$\dot{Q}_{sc}$、$\dot{Q}_{ic}$ 和 $\dot{Q}_{tc}$ 分别为火焰辐射、余烬辐射、地表对流、内部对流和湍流扩散导致的火焰对流，均为加热机制；$\dot{Q}_{rl}$ 和 $\dot{Q}_{cl}$ 分别为向外部环境的辐射和对流热损，均为冷却机制。如图 5-2 所示，多种燃料预热机制可同时作用于火蔓延过程。从物理本质上说，火蔓延过程中燃烧强度和蔓延速度的复杂变化主要源于燃料预热主导机制的变化。

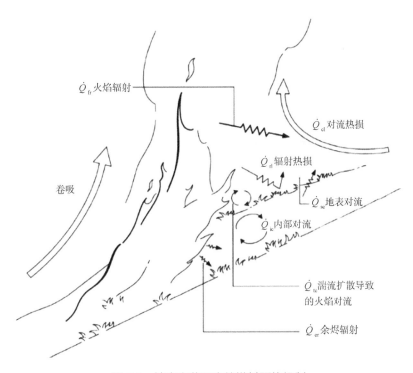

图 5-2　地表火蔓延中的燃料预热机制

5.2.2　大尺度火焰

大尺度森林火灾经常会在特定条件下突然形成尺度显著提升但特征各不相同的火焰，对火蔓延加速起着重要作用。典型的大尺度火焰包括火暴、狂燃火和火旋风，

它们与周围气流发生复杂的相互作用。

（1）火暴是一种强烈的大尺度驻定火焰，伴随很强的火焰上方对流活动和火焰燃烧引发的强烈周边入流。火暴几乎是驻定的，即不会向外蔓延，其特点是具有高耸的对流柱和高速的周边空气入流。一般认为，火暴是由大范围的多火焰迅速融合形成的[16]。

（2）狂燃火是一种快速蔓延的大尺度火焰，通常具有很长的移动火前锋，以及较窄的高强度燃烧区[17]。

（3）火旋风是涡旋形状的旋转扩散火焰。在流体力学意义上，火旋风的本质是伴有燃烧的集中涡。与相同燃料尺寸的无旋转浮力火焰相比，火旋风的燃烧速率、火焰温度和火焰高度均显著增加，历史记载的火旋风的火焰高度可达上千米，因此它可能是地球上最高的火焰。

5.2.3 特殊蔓延模式

在特定环境下，地表火蔓延可能转变为三种特殊蔓延模式，即爆发火、树冠火和飞火，从而导致燃烧强度和过火面积显著增大。爆发火往往与地形条件关系密切，树冠火主要与燃料条件相关，飞火则主要取决于燃料和气象条件。

（1）爆发火是指火灾的燃烧强度在瞬间增大的火行为，常发生于峡谷等复杂地形，是一种特殊的突变蔓延模式，可引起火蔓延速度迅速增大。

（2）树冠火是指地表火蔓延至树冠的火行为。树冠火分为三种主要类型[18]：①被动型树冠火，地表火蔓延速度较低，树冠火蔓延完全依赖地表火，不会由单一树冠蔓延到其他树冠；②主动型树冠火，地表火和树冠火作为整体共同蔓延；③独立型树冠火，树冠火自行提供蔓延所需的水平热通量。地表火到树冠火的转变取决于冠层高度、叶片含水率等。

（3）飞火是指火灾中阴燃或明火状态的燃烧屑块被火羽流抬升，通过对流柱或风传输到火前，并引发新的火点。飞火通常由树冠火、火旋风、火暴和狂燃火等引发，这些强烈燃烧行为的火羽流上升速度大，能够有效抬升飞火颗粒。飞火还可以反向诱发多火焰融合、爆发火和狂燃火等火行为。飞火是一种非连续的火蔓延模式，在许多灾难性历史森林火灾中发挥了主导作用[19]，至少 50%的森林-城镇交界域火灾是由飞火引起的[20]。

5.2.4　多火焰燃烧和融合

多火焰燃烧相互作用机制复杂，是诱发地表火蔓延加速、大尺度火焰和特殊蔓延模式的关键因素。多火焰燃烧和融合与大尺度森林火灾的关系如图 5-3 所示。

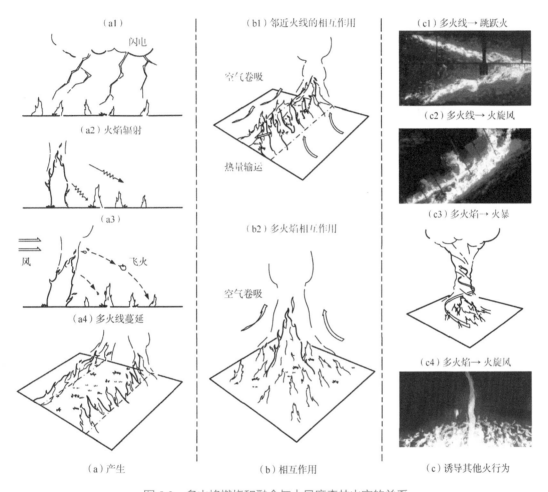

图 5-3　多火焰燃烧和融合与大尺度森林火灾的关系

多火焰场景可通过自然或人为因素产生，其中，闪电是最常见的因素。例如，2002～2003 年维多利亚丛林大火中，雷击引发了 80 多处火点[21]。非连续燃料条件也是多火焰场景形成的重要原因。多火焰场景还可能由飞火颗粒的燃烧诱发。此外，灭火行动或计划烧除也可能导致多火焰燃烧，人为分割的火线有时会由多火焰相互作用而融合[22]。

多火焰相互作用可能显著影响地表火的火线演变。邻近火线可能由于多火焰相互作用而融合，并产生具有更高燃烧强度的火线。特别地，当两条火线以较小夹角相交时，其交点的蔓延速度会急剧增大，这种现象称为跳跃火（jump fire）[23]。在坡度较高的峡谷地形下，火线轮廓很大程度上取决于邻近火线的相互作用。多火焰相互作用可诱发火旋风（图 5-4）、火暴、狂燃火和爆发火等极端火行为。

 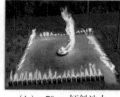 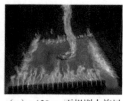 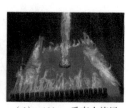

（a）t=10 s，垂直池火　　（b）t=70 s，倾斜池火　　（c）t=120 s，不规则火旋风　　（d）t=180 s，垂直火旋风

图 5-4　多火焰中心火焰转变为垂直火旋风（正庚烷，中心油池直径为 25 cm，
周围油池直径为 5 cm）[24]

5.3　多火焰燃烧研究

过去数十年间，学者已开展了大量单火焰燃烧研究[25-27]。相比之下，多火焰燃烧研究仍十分有限。早期多火焰燃烧研究可追溯至 20 世纪 60 年代，背景是核武器轰炸等军事行动引起的大规模城市火灾，大多旨在建立基于火焰高度的多火焰融合判据和比例模型[28-36]。自 20 世纪 90 年代起，多火焰燃烧研究更多地源自地震火灾、工业火灾、森林火灾及森林-城镇交界域火灾[5, 37, 38]等火灾背景。

5.3.1　双火线相互作用

1. 单火线燃烧特征

森林火灾中，火线宽度通常大于火线深度。因此，火蔓延模型中常常将火线表征为线性或矩形火焰，并假设其具有恒定的火焰温度和火焰高度，但这种假设会给火蔓延预测带来误差。因此，准确预测线性火焰燃烧特征，对提升火蔓延模型精度具有重要意义。同时，单火线燃烧理论也是双火线燃烧研究的基础。

20 世纪 60 年代初，Yokoi[39]、Thomas 等[28, 40]、Steward[41]、Lee 和 Emmons[42]率先开展了单火线燃烧研究。Lee 和 Emmons[42]对线性池火的稳态燃烧行为进行了研究，发现线性火焰的速度和温度横向服从高斯分布，并用空气卷吸常数来量化火羽流高度方向上的半宽增长。基于布辛涅司克（Boussinesq）假设，他们采用积分法建立了二维羽流控制方程，实现了羽流半宽、竖向速度和浮力的理论预测。Yokoi[39]对比了点源和线源火羽流，分别给出了羽流温度和速度自相似分布的解析解，发现羽流的对流热通量保持恒定，与 Lee 和 Emmons[42]理论分析的结果相一致。

此后，Thomas[28]通过量纲分析对温升和火焰高度与火源形状之间的依赖关系进行了探讨。对于线火源，基于量纲分析，发现高度 z 处温升满足关系式：

$$\theta_c \propto \left(\dot{Q}_c'\right)^{2/3} \Big/ z \tag{5-4}$$

式中，$\dot{Q}_c'$ 为单位长度对流热释放速率；θ_c 为温升。假设火焰高度与燃料体积流率（Q_v）和燃烧器宽度相关。基于空气卷吸理论，卷吸速率正比于局部上升速度，得到火焰高度满足关系式：

$$H/W \propto \left(Q_v^{\,2} \big/ gW^5\right)^{1/(2q+1)} \tag{5-5}$$

式中，系数 q 依赖于火源形状，对于线火源，$q=1$。随后，Steward[41]对轴对称和二维线性火羽流进行了严谨的近似隐式分析，建立包含了燃料密度变化的模型，指出线性火的火焰高度正比于单位长度热释放速率的 2/3 次方。

20 世纪 80 年代，Hasemi 和 Nishihata[43]通过丙烷燃烧器模拟了不同火源长宽比的矩形火焰，发现线性火满足关系式：$H/W \propto \left(\dot{Q}'^*\right)^{2/3}$，其中，$\dot{Q}'^* = \dot{Q}' \big/ \left(\rho_\infty C_{P\infty} T_\infty g^{1/2} W^{3/2}\right)$，$\dot{Q}'$ 为单位长度热释放速率，T_∞、$C_{P\infty}$ 和 ρ_∞ 分别为环境气体的温度、比热容及密度，g 为重力加速度。之后，大量研究工作通过不同燃烧器长宽比条件下的实验对火焰高度的 2/3 次幂律关系进行了验证。

Quintiere 和 Grove[44]将火羽流分为两个区域：近场燃烧区和具有理想羽流特征的远场区。在此基础上，他们[45]进行了新的积分求解，在近场解中应用二阶修正，以更好地确定火焰高度和空气卷吸。之后，Biswas 和 Gore[46]推动了湍流线性火的火灾动力学模拟（fire dynamics simulator，FDS）研究。

以上研究均基于布辛涅司克假设和卷吸常数，将 $\dot{Q}'$ 视为线性火的特征参数。然而，在火焰区 $\dot{Q}'$ 并不总是守恒标量，火焰高度的 2/3 次幂律关系可能不适用于所有 $\dot{Q}'$。Hasemi 和 Nishihata[43]指出，当 $\dot{Q}'$ 达到一定值时，幂指数会呈现 2/3 向 2/5 的转变。Gao 等[47]针对浮力线性火，基于混合分数（守恒标量），构建了火焰高度的近似预测模型：

$$\frac{\rho_0}{\rho_\infty \beta}\left[1-\frac{\alpha_\rho\left(\rho_\infty-\rho_0\right)}{4\beta\rho_0 Fr}\right]\left(\frac{H}{W}\right)+\frac{1}{Fr_m}\left(\frac{H}{W}\right)^3=\frac{\left(\rho_0 Z_0/\rho_\infty\right)^2\gamma^2}{2Z_{st}^2\beta^2} \quad (5\text{-}6)$$

式中，$Fr=u_0^2/(gW)$ 和 $Fr_m=u_0^2/\left[\alpha_\rho\left(1-\rho_{st}/\rho_\infty\right)gW\right]$ 分别为初始弗劳德数和修正弗劳德数；u 为轴向速度；W 为出口宽度；Z 为混合分数；下标 0、∞ 和 st 分别对应燃料出口、周围环境及化学当量状况；β、α_ρ 和 γ 为积分常数。由此可见，浮力线性火满足关系式：$H/W \propto \left(Fr_m\right)^{1/3}$，由 $\dot{Q} \propto Fr^{1/2}$（量纲分析得出）可得 $H/W \propto \dot{Q}^{2/3}$。该模型对前述经典幂律关系提供了物理验证，并适用于不同燃料流速、燃料类型及火源尺度下的线性火。如图 5-5 所示，当 $Fr_m < 10^5$ 时，线性火由浮力主导，火焰高度与 Fr_m 的幂指数为 1/3；当 $10^5 \leqslant Fr_m \leqslant 10^7$ 时，火焰高度与 Fr_m 的幂指数为 0～1/3；当 $Fr_m > 10^7$ 时，线性火转变为由非浮力主导。

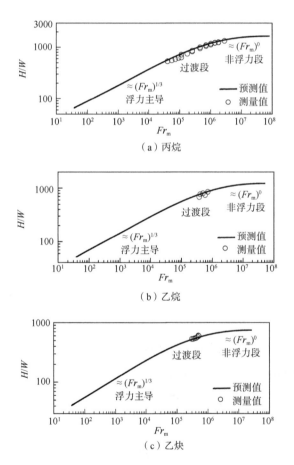

图 5-5　浮力湍流线性火焰高度的预测值与测量值对比（W=0.9 mm，L=20.5 mm）

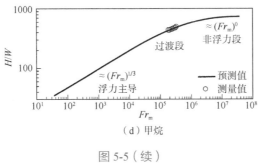

图 5-5（续）

2. 双火线相互作用

实际森林火灾中，邻近火线相互作用会影响空气卷吸和热量反馈。早期双线性火研究主要针对工业中的预混火焰。针对森林火灾中常见的扩散火焰，Roper[48, 49]将单层流火焰模型扩展到平行层流双火焰，并预测火焰高度随着火源间距的减小逐渐增加，但是火焰高度的预测值低于测量值。Kuwana 等[50]指出两个相同层流线性火焰的相互作用在不同火源间距下存在明显差异，但是没有考虑浮力引起的流动加速效应。

双平行湍流线性火焰耦合了湍流空气卷吸，其浮力效应更为复杂。Thomas 等[33]指出平行矩形火焰满足关系式：$b\sin\phi = P$，其中，P 为火焰间压差，b 为浮力，ϕ 为火焰轴线相对于竖直方向的倾角。当火焰尖端开始触碰时满足关系式：$\sin\phi = S/(2H)$。假设卷吸不受火焰倾斜的影响，根据伯努利方程可以得出火焰开始融合高度与火源间距满足关系式：$H/W = 9(S^3/WL^2)^{1/2}$，其中，S、W 和 L 分别为火源间距、燃烧器宽度和燃烧器长度。但是，模型预测值与实验测量值之间存在明显偏差。

Sugawa 和 Takahashi[51]将两个平行矩形火的火焰高度表征为 $H/H_m = (f_1)^{2/3}$，其中，H_m 为融合火焰高度，$f_1 = (2WL + S^2)/[2(WL + S^2)]$ 为修正因子。在燃料间距由无限大逐渐减小为零时，平行火焰逐渐由两个独立的火焰（$f_1 = 1/2$）发展为更大的融合火焰。虽然该方法预测值与实验测量值一致性良好，但是未考虑火焰相互作用的物理机制。

Liu 等[52]基于 Thomas 等[33]的经典压差理论，发现火焰间相互作用包括五个典型阶段，不同相互作用阶段下的无量纲火焰高度（H/H_0，其中，H_0 为单火焰高度）可以表示为无量纲火源间距（S/z_c）和长宽比（L/W）的函数（图 5-6），其中，

特征长度 $z_c = \left[\dot{Q}' \big/ \left(\rho_\infty C_P T_\infty g^{1/2} \right) \right]^{2/3}$。当火焰间相互独立、没有相互作用（状态 I）时，无量纲火焰高度等于 1；当无量纲火源间距进入状态 II 时，火焰间发生弱相互作用，随着无量纲火源间距的降低，无量纲火焰高度先逐渐减小后趋于常数 C_f，这由两种效应的相互竞争所致：火焰高度由于空气供应受限而升高，同时，火焰间压力降低，火焰发生倾斜，导致火焰高度降低；随着无量纲火源间距继续降低，从状态 III（火焰间歇触碰）发展到状态 IV（部分融合火焰），无量纲火焰高度由于卷吸受限而不断增大；对于不存在间隙的完全融合火焰（状态 V），基于解析计算得到的无量纲火焰高度趋于常数 1.59，与实验测量值吻合。

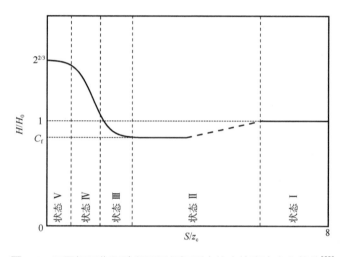

图 5-6 不同相互作用阶段双平行矩形火的火焰高度变化趋势[52]

Maynard 等[22, 53]详细研究了双平行湍流线性火焰的流场特征。通过互相关速度测量方法，观察到火焰两侧存在非对称卷吸，验证了火焰倾斜机理，并建立了火焰倾斜的势流理论模型。Sugawa 等[54]测量了双平行火焰的竖向温度分布，确定了三个明显的温度分布区域：预融合区、融合发展区和融合区。随着热释放速率的增加，三个区域的轴向温度均逐渐升高，与单线性火羽流一定程度上类似[46, 55]。

5.3.2 多火焰相互作用与融合

多火焰会受到两种机制的作用：①每个火焰都会受到周围火羽流的热量反馈，导致燃烧加剧（热反馈增强机制）；②空气供应的受限可能抑制燃烧（卷吸受限机制）[52, 56]。因此，燃烧速率可能随着火源间距呈现非线性变化。

1. 火焰融合判据

总体来讲，火焰融合判据仍是基于半经验性方法构建的，涉及的参量可能包括火源间距（S）、燃烧器宽度（W）或火焰高度（H），判据形式各不相同。例如，Baldwin[34]基于火焰卷吸分析，提出 $1 < H/W < 300$ 时火焰融合判据为 $S/H = 0.22$。Liu 等[24]进一步指出，火焰融合发生在火源间距为融合火焰长度的 0.29～0.34 时。Zhang 等[57]提出了基于温度数据的火焰融合状态判断方法。Finney 和 McAllister[37]指出，火焰融合判据的不一致性可能源自不同的火焰融合确定方法、不同的燃料类型及火焰测量的不确定性等。

2. 燃烧速率

虽然液体燃料并非森林可燃物，但是两者具有类似的火焰相互作用机制，因此液体燃料常用于多火焰燃烧研究。

Huffman 等[16, 36]以液体甲醇、丙酮、正己烷、环己烷和苯为燃料，由九个或十三个小圆形油池构成火焰阵列。甲醇火具有较低的辐射热输出和流体流动，火源间距对燃烧速率的影响较小。其他燃料的燃烧速率随着火源间距的减小非单调变化。对于丙酮、正己烷、环己烷，无量纲燃烧速率（$\dot{m}/\dot{m}_0$，其中，$\dot{m}_0$ 为单火焰燃烧速率，$\dot{m}$ 为多火焰燃烧速率）随无量纲火源间距（S/d，其中，d 为油池直径）的变化如图 5-7 所示。随着无量纲火源间距的减小，中心火焰燃烧速率先增后减，反映了两种火焰相互作用机制的竞争。随着油池直径的增加，丙酮火焰燃烧速率增加，而环己烷和正己烷火焰燃烧速率减小。这种差异可能由两种机制造成：首先，燃烧生成的烟尘吸收来自火焰的热反馈[16]；其次，空气卷吸受限，大量未消耗的燃料蒸气聚集在燃料表面，阻碍了火羽流的热反馈[58]。此外，高辐射火焰的相互作用程度比低辐射火焰更为显著，如 $d = 2$ in（1 in=2.54 cm）工况所呈现的，己烷火焰燃烧速率的变化相比丙酮火焰更为明显。

Jiao 等[59]测量了正庚烷和乙醇多火焰燃烧的热反馈与空气卷吸。结果表明，由于卷吸受限，燃烧速率和热反馈速率均随火源间距单调变化，并基于池火中的滞留层理论建立了多火焰燃烧速率的预测模型。

在实际多火焰场景中，所有火焰均以不同于单火焰的燃烧速率自由燃烧。控制

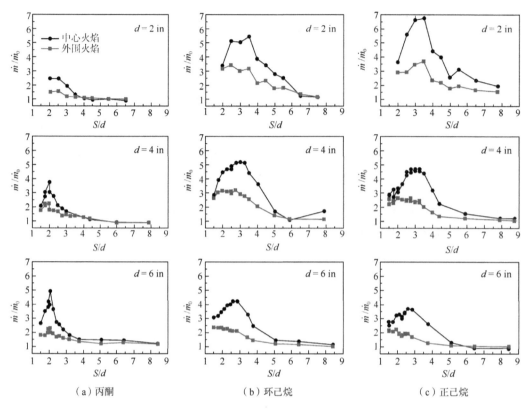

（a）丙酮　　　　　　　　　（b）环己烷　　　　　　　　　（c）正己烷

图 5-7　九个圆形油池模式下多池火焰的无量纲燃烧速率随着无量纲火源间距变化[16]

气体燃料热释放速率和控制液体燃料深度可能均难以模拟实际森林火灾。为此，Liu 等[24, 56, 60]进行了正庚烷方形火阵列自由燃烧实验，无量纲全局平均燃烧速率（BR^*，$BR^* \equiv \left[N_f \middle/ \sum_{i=1}^{N_f} BOT(i) \right] \middle/ (1/BOT_r)$，其中，$N_f$ 为火点数量，$BOT(i)$ 为火焰 i 燃尽时间；BOT_r 为单火焰燃尽时间）与火焰燃料面比率（r_S，燃料表面积与 $N \times N$ 火阵列整体面积之比，$r_S = \dfrac{N^2 \cdot (\pi/4) \cdot d^2}{\left[d + (N-1)S \right]^2} = \dfrac{\pi/4}{\left[1/N + (N-1)/N \cdot S^* \right]^2}$，其中，$S^* \equiv S/d$，$r_S$ 随着 S^* 或 N 单调降低）的关系如图 5-8 所示。区域 1 中，无量纲全局平均燃烧速率可以表示为火焰燃料面比率的高阶函数，热反馈增强机制占主导地位。区域 2 中，无量纲全局平均燃烧速率与火焰燃料面比率线性相关，这是两种相互作用机制的强烈竞争所致。区域 3 中，无量纲全局平均燃烧速率与火焰燃料面比率偏离线性关系，这是由于在阵列内部空气卷吸受到强烈限制，最终与大尺度单火焰类似。

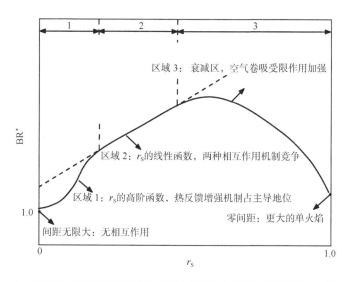

图 5-8　热反馈增强和空气卷吸受限对火阵列全局平均燃烧速率的影响[56]

3. 火焰高度

多火焰的火焰高度研究中通常引入修正因子,以实现不同相互作用下火焰高度的经验性表征。当火源间距为零时,多火焰可以视为大尺度单火焰;当火源间距无穷大时,多火焰可以视为不存在相互作用的小尺度单火焰。对于圆形或方形火阵列,火焰高度 $H \propto \dot{Q}^{2/5}$,同时 $H/H_{\mathrm{m}} = 1/N$,其中, H_{m} 为融合火焰高度。假设不同间距下, $H/H_{\mathrm{m}} = \left(S^2 + NW^2\right)/\left[N\left(S^2 + W^2\right)\right]$,当 $S = 0$ 时, $H/H_{\mathrm{m}} = 1$,当 $S \to \infty$ 时, $H/H_{\mathrm{m}} = 1/N$ [51]。对于双矩形或线性火源,火焰高度满足关系式: $H/H_{\mathrm{m}} = \left(S^2 + 2LW\right)/\left[2\left(S^2 + LW\right)\right]$ 。

5.4　火旋风研究

火旋风作为一种剧烈燃烧的集中涡,早在 20 世纪五六十年代就引起了研究者的关注。Byram 和 Martin[61]总结了火旋风形成的三个必要条件:生成涡(作为涡量源)、流体汇(由浮力火羽流引起)和摩擦力(形成入流边界层)。生成涡可由环境风或地形导致的局部流[62]、多火焰形成的剪切流[24]、水平涡向垂直涡的转变[63]来产生。因此,在地面附近诱导产生了强烈的径向入流,极大地增强了火焰到燃料的对流换热,并且造成了燃料燃烧速率的显著增加。火旋风上部稳定的涡旋结构会限制径向空气卷吸和燃料–空气混合,使得火焰高度、火焰温度和火焰发射率增大,最终导致火焰发射功率和火蔓延速度显著增大。

火旋风室内实验主要建立在产生稳定可控生成涡的基础上，稳定可控的生成涡可通过人为控制旋转纱幕或剪切流、燃烧自然诱发的空气卷吸或两者结合产生。最常用的实验室火旋风装置是旋转纱幕式装置和固定框架式装置。前者由 Emmons 和 Ying[64]设计，其生成涡强度可由纱幕角速度来进行精确控制，但装置内部的测量存在困难；后者通常采用两个偏移放置的半圆柱体、几个错开放置的垂直平面墙或围绕在火焰四周的空气幕来使卷吸的空气产生切向流动。因此，生成涡强度（通常表示为外加环量 $\Gamma = 2\pi r u_\theta$）与浮力通量（通过热释放速率 $\dot{Q}$ 进行特征表示）是耦合的。

5.4.1 火旋风的形成

在森林火灾中，火旋风的形成机制对其预测预警具有重要意义。风洞或风墙的缩尺度实验和数值模拟结果表明，在给定火源和燃烧速率条件下，火旋风只发生于特定风速范围内，风速范围取决于热释放速率。Lee 和 Garris[65]指出，当线火源放置在两个平行且运动方向相反的垂直挡板之间时，在临界条件下会形成多个等间距的静止火旋风。Kuwana 等[66]发现，在均匀风场中，沿着线火源产生的火旋风主要取决于线火源长度及风与火源的夹角。旋转纱幕的精细控制实验表明，当外加环量低于火旋风形成的临界环量值时，自由浮力火焰转变为倾斜火焰（没有自旋）[67, 68]。倾斜火焰绕着装置中心稳定旋转，旋转角速度与生成涡角速度相同[69]。据推测，火焰倾斜是由科里奥利力引起的压力不平衡导致的，倾角的切线大致与生成涡的角速度成正比[69]。倾斜火焰会在临界环量值下转化为火旋风，同时涡旋从火焰尖端向下延伸到燃烧器出口，而火旋风又会在另一个较低临界环量值下转化为倾斜火焰[69]。

对于在线火源上形成的多个火旋风，流体力学线性不稳定理论表明，表征外加环量的临界雷诺数（$Re = U_s L_h / \nu_\infty$）取决于无量纲火焰浮力通量（$B = G L_h^3 / (\rho_\infty \nu_\infty^3)$），且 $Re/B^{1/5}$ 为常数，这与实验测量值吻合良好[65]。其中，ν_∞ 为环境空气的运动黏度，L_h 为两个平行移动挡板之间距离的一半，两个平行移动挡板产生可控制的剪切力诱发火旋风的形成，U_s 为挡板移动速度，G 为浮力源强度。研究发现，$U_c/(gW)^{1/2} \sim (\dot{Q}''^*)^{1/3}$ 适用于单个火旋风，其中，U_c 为临界风速，U_c 与轴向速度成正比，$\dot{Q}''^* = \dot{Q}''/(\rho_\infty C_{P_\infty} T_\infty g^{1/2} W^{1/2})$，$\dot{Q}''$ 为单位面积的热释放速率。结果表明，当控

制参数 $Re_l/B_l^{1/4}$ 和 $Re_t/B_t^{1/3}$ 达到特定临界值时，可形成单个的层流和湍流火旋风[69]。图 5-9 总结了不同尺度实验和现场观测的数据，与理论结果吻合较好。其中，层流和湍流火旋风两条曲线交点的特征值 $B=8.34\times10^{12}$。

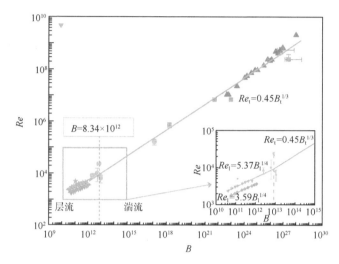

图 5-9 层流和湍流火旋风形成的外加环量的临界雷诺数和无量纲火焰浮力通量的关系[62, 67, 69-73]

5.4.2 火旋风的特征

1. 流场

与自由浮力火焰不同，火旋风由上部主火焰区和底部类似埃克曼（Ekman）的入流边界层组成。在火焰上部，径向压力梯度与离心力大致平衡，这是火旋风结构稳定的基础。在火焰底部，地面摩擦力降低了旋转速度和离心力，空气在较大的径向压力梯度作用下向火焰中心移动。地面边界层是一个由底部薄径向流入区和上部流出区组成的环状结构。卷吸的空气在流入层的顶部转变为快速向上流动。火旋风的燃烧特性与其独特的流动结构密切相关。

1）轴向速度

Lei 等[74]通过对火旋风动量方程进行积分，提出入流边界层上方的中心轴向速度（u_z）可以表示为

$$u_z^2 - u_{z0}^2 = \frac{2(T_C - T_\infty)}{T_\infty}g(z-z_0) + \left[\frac{u_{\theta m}^2}{2}\left(\frac{1}{\alpha} + \frac{\rho_\infty}{\rho_f}\frac{1}{\beta}\right)\right]_{z_0}^{z} \quad (5\text{-}7)$$

式中，u_{z0} 为入流边界层顶部的中心轴向速度（ $z = z_0$ ）；T_C 为中心线温度；$u_{\theta m}$ 为最大切向速度；ρ_f 为火焰内部气体密度；α 和 β 分别为涡核内外径向切向速度的拟合指数。由此可见，中心轴向速度取决于浮力及切向速度的轴向和径向分布，热核、轴向速度核和涡核相互耦合。

在连续火焰区，轴向速度通常随着高度的增加而增加，增长速度与环量有关。对于浮力主导的弱火旋风，中心轴向速度按 $z^{1/2}$ 变化，但可能小于同一高度处自由浮力火焰的轴向速度。随着外加环量的增加，入流边界层顶部的中心轴向速度增加。对于环量主导的火旋风，在连续火焰下部区域（ $z/H < 0.32$ ），中心轴向速度按 $z^{1/3}$ 变化；在连续火焰上部区域，中心轴向速度缓慢增加。中心轴向速度始终高于同一高度处自由浮力火焰的轴向速度。

Lei 等[74]发现，在连续火焰区，轴向速度的径向分布为双峰型。当热释放速率超过 100 kW 时，轴向速度的径向分布逐渐转变为平台型[74]。在间歇火焰区和羽流区中，轴向速度的径向分布可以用衰减的指数函数来拟合。研究结果进一步证明，当热释放速率相对较低时，随着外加环量的增加，轴向速度的径向分布可以是单峰型、平台型或双峰型[75]。

2）切向速度与环量

火旋风的特征切向速度与轴向速度通常具有相同的数量级。在平均火焰高度的范围内，外加环量（ Γ ）保持相对稳定，切向速度的径向分布具有自相似性，可大致通过伯格斯涡（ $u_\theta = \left[\Gamma / (2\pi r) \right] \cdot \left[1 - \exp\left(-kr^2 \right) \right]$ ）进行描述，表明火旋风存在一个刚体旋转的内涡核区和一个外部的自由涡区，其中，k 为与涡核半径 b_v 有关的参数，$b_v = 1.1207 k^{-0.5}$。这解释了在自由旋转的射流火焰中，火旋风没有快速横向蔓延，可以维持其稳定结构。

3）质量流率

燃料-氧气反应速率和火焰高度依赖空气卷吸过程。因为径向速度太小（约 10^{-2} m/s），无法直接测量，所以采用火羽流的轴向质量流率来表征卷吸过程。火羽流的轴向质量流率几乎都是由径向入流引起的。结果表明，与自由浮力火焰相比，火旋风在入流边界层的轴向质量流率增加更快；然而，火旋风连续火焰区的质量

流率按 $z^{0.83}$ 变化，其幂指数（0.83）小于湍流自由浮力火焰连续火焰区的幂指数（1）。在平均火焰高度的范围内，火旋风的质量流率是所需化学计量数的 5.28 倍，远低于自由浮力火羽流的 10～12 倍；根据质量流率所计算出的平均空气卷吸常数为 0.0122，比自由浮力火羽流低一个数量级[64, 74]。在羽流区，火旋风的卷吸常数随火焰高度的增加而增大，最终接近自由浮力火羽流的卷吸常数。

所有结果均表明，在平均火焰高度的范围内，火旋风的空气卷吸被显著抑制。Lei 等[74]确定了两种抑制空气卷吸的稳定机制。首先，径向压力梯度与涡核径向向外的离心力大致平衡，流动处于旋转平衡状态（ $-\partial P/\partial r = u_{\theta}^{2}/r$ ）。这种平衡抑制了剪切和空气卷吸，从而限制了径向横向流动[76]。为了描述这一机制，引入了代表离心力和剪切力相对大小的理查森数（ $Ri_{A} \sim (u_{\theta m}/u_{zm})^{2}$ ）。 Ri_{A} 和旋流射流中表征旋流强度的旋流数相似。然后，火旋风的气体密度梯度和离心加速度都是径向向外的，与重力分层流一样，火旋风在径向上会产生稳定分层，因此界面处的空气卷吸和湍流混合被进一步抑制[74, 76]。引入另一个理查森数（ $Ri_{B} = (\rho_{\infty} - \rho_{f})/\rho_{\infty} \cdot (u_{\theta m}/u_{zm})^{2}$ ）来量化这种稳定机制， Ri_{B} 越大，表明湍流混合的抑制作用越强。由于间歇性的涡混合和连续的尖端卷吸共存，平均卷吸常数与平均 Ri_{B} 之间呈-1 次方的幂律关系[74]。

2. 燃烧速率

许多研究表明，在相同燃料尺寸条件下，火旋风的燃烧速率是普通池火的数倍，并且随着外加环量的增加而稳步增加。这表明与普通池火相比，火旋风火焰对燃料表面的热反馈明显增强。较大的燃料尺度的热反馈主要取决于对流传热和辐射传热。当燃烧速率一定时，火焰形状的改变会导致入射到燃料表面的辐射热流密度下降。火旋风的辐射与总热反馈的比值远低于相同尺度下的自由浮力火焰。因此，燃烧速率增加主要是由于对流热反馈的增强，这与特定的入流边界层有关。

火旋风的燃烧速率取决于外加环量（ Γ ）、油池直径（ d ）和燃料特性。Muraszew 等[77]将燃料表面的传热系数分解为不旋转部分（自由浮力火焰）和旋转部分。根据边界层理论，质量燃烧速率的增加表示为 $\dot{m}^{*} - \dot{m}_{ns}^{*} = C_{1} \cdot \alpha \cdot b_{v}^{*-1/2} \Gamma^{*1/2}$ ，其中， $\dot{m}^{*} = \dot{m}/(\rho_{\infty}v_{\infty}d)$ ， $b_{v}^{*} = b_{v}/(d/2)$ ， $\Gamma^{*} = \Gamma/v_{\infty}$ ，下标 ns 表示无旋状态， C_{1} 为无量纲系数。实验拟合参数 α 取决于燃料特性和旋流强度。对于小尺度火旋风，Chuah 等[78]通过伯格斯涡速度分布推导了燃料表面的对流换热速率，并得到了燃烧速率增加的关系式： $\dot{m}^{*} - \dot{m}_{ns}^{*} = C_{2} \cdot b_{v}^{*-2}$ 。

一般情况下，油池边缘的火旋风火焰靠近燃料表面并且位于薄边界层内。沿着径向向内方向，火焰逐渐抬升，在边界层上方突然变成富含燃料核心的圆柱形火焰。火旋风内部非反应区和外部反应区涉及不同的传热与传质机制。外部反应区火焰靠近燃料表面，导致传热增强，燃烧速率增大。Lei 等[79]使用奇尔顿–科尔伯恩（Chilton-Colburn）类比，并基于光滑和粗糙燃料表面动量边界层解，得到了湍流边界层中的对流换热速率与壁面摩擦力的关系式，根据辐射修正的滞止膜理论，建立了质量燃烧速率的一般关系式：$\dot{m}^* = C_3 \Gamma^{*1/(1+n)}$。该关系式对层流和湍流火旋风均适用。对于层流流动[80]，n 为 1；对于光滑表面和粗糙表面的湍流流动，n 分别为 1/4 和 0。如图 5-10 所示，层流理论与 Emmons 和 Ying[64]的小尺度实验数据符合良好。在较大的外加环量下，由于液体燃料被火焰覆盖的表面积减小，小尺度火旋风的燃烧速率会降低[81]，该关系式可能不适用。中尺度湍流火旋风的实验结果与粗糙表面的湍流理论值符合较好[79]。

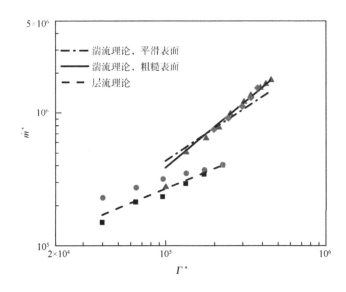

图 5-10 层流和湍流火旋风的质量燃烧速率随外加环量的变化[64, 73, 79, 82]

3. 火焰高度

与自由浮力火焰相比，在相同热释放速率下，火旋风的高度显著增加。层流火旋风火焰高度关系式是基于混合分数方程建立的，该方程通过涡核模型中的速度分布（α_v）来描述外加环量的影响，包括可变密度（$(T_m/T_0)^{2-\alpha_T}$，其中，α_T 为依赖温度的质量扩散系数），以及燃料气和氧化剂的质量扩散率之比（α_D）的影响。

然而，层流火旋风的火焰高度（ $H^* = H/d$ ）总是与佩克莱数（ Pe ）成正比：

$$H^* = \alpha_D \frac{2}{\alpha_v} \left(\frac{T_m}{T_0} \right)^{2-\alpha_T} \frac{Pe}{16Z_{st}} \tag{5-8}$$

式中， $Pe = u_0 d/D$ ， D 为燃料气的质量扩散系数； Z_{st} 为化学计量混合物分数。

对于较大尺度的火旋风，火焰高度与热释放速率或外加环量相关。这些尺度相关性在不同数据源之间并不一致，偏移量约为 8 倍[83]。在 Lei 等[84]的工作中，火旋风的质量流率（空气卷吸速率）是通过涡核半径与外加环量之间的关系式（ $b_v = \Gamma^{-1}Hd^\gamma$ ）和轴向特征速度关系式（ $u_z \sim z^\eta$ ）得到的。由此推导得到的火焰高度关系式为

$$H^* = K \left(\dot{Q}^* \cdot \Gamma^{*2} \right)^m \tag{5-9}$$

如图 5-11 所示，式（5-9）与相关文献中自由浮力火焰（ $\dot{Q}^* < 6.0$ ）和射流火焰（ $\dot{Q}^* > 10^4$ ）所生成的火旋风的数据符合较好。

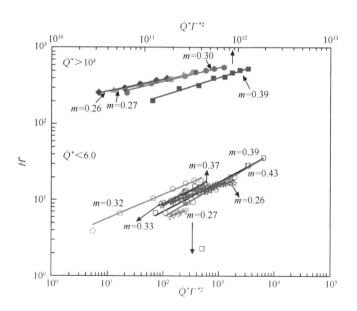

图 5-11　自由浮力火焰和射流火焰高度[64, 73, 74, 82-86]

此外，Lei 等[87]基于湍流抑制推导出了一个新的火焰高度关系式。湍流混合长度被建模为稳定参数（ Ri_B ）的线性函数，羽流膨胀速率通过旋转强度进行定量描述，通过对混合分数方程进行径向积分，建立了适用于不同燃料类型的火焰高度关系式：

$$H^* = \Pi^{1/(2+n)} - 1.75 \left(1 - \beta \overline{Ri_B} \right)^{-1} \tag{5-10}$$

式中，$\Pi = C_3\dot{Q}^* \left(1 - \beta\overline{Ri_B}\right)^{-2}$。由此可见，热释放速率（$\dot{Q}^*$）的增加或湍流程度（$1 - \beta\overline{Ri_B}$）的降低都会引起湍流火旋风火焰高度的增加。在给定的热释放速率下，相比于自由湍流池火，湍流抑制作用对湍流火旋风的火焰伸长起决定性作用。

4. 热场

火旋风的流场与火焰形状对火焰温度和辐射特性有很大影响。研究证明，与池火相似，火旋风由连续火焰区、间歇火焰区和羽流区组成，但归一化 z/H 范围不同[74, 84]。火旋风的连续火焰高度与整体火焰高度之比达到 0.68，远高于普通池火的连续火焰高度与整体火焰高度之比（0.40），这说明火旋风更加稳定。连续火焰区中心轴线过余温度随火焰高度的增加而稳定增加，并在火焰顶部达到最高温度，其最高温度远高于普通池火的最高温度[84]。此外，由于气体与空气混合被抑制，火焰温度随着外加环量的增加而升高[75]。

火旋风连续火焰区的径向温度分布呈双峰型，表明火旋风具有一个富燃涡核[64, 74, 77, 84]。在间歇火焰区，中心轴线过余温度逐渐降低，最高温度出现在中心轴线上，服从高斯分布[74]。热释放速率和油池直径对径向温度分布影响不大[84]。在羽流区，由于空气卷吸和混合，中心轴线过余温度持续下降。然而，基于外加环量的稳定作用，中心轴线过余温度随火焰高度的衰减速率低于但接近自由羽流随火焰高度的衰减速率（$\sim z^{-5/3}$）[74, 84]。对于较大的热释放速率（$\dot{Q} \geqslant 100\ \text{kW}$），轴向速度特征半径（$b_w$，在径向位置 $u_z = u_{zm}/2$ 定义）大于过余温度特征半径（b_T，在径向位置 $\Delta T = \Delta T_m/2$ 定义）和涡核半径（b_v）[74]。对于较低的热释放速率，涡核半径大于轴向速度特征半径和过余温度特征半径[74, 88]。

火焰辐射取决于火焰形状、火焰温度和火焰发射率。与自由浮力火焰相比，火旋风具有稳定的圆柱形火焰和更高的火焰温度，因此其辐射更显著。此外，火旋风的火焰发射率也被证明高于自由浮力火焰[89]。计算得到火旋风的碳烟体积分数约为自由浮力火焰的 5 倍[89]，因此火旋风的发射功率显著增加。研究发现，火旋风的辐射热流密度在垂直方向上先增大后减小，在水平方向上逐渐减小[90]。火旋风的辐射热占总热释放速率的 42%，远高于自由浮力火焰（30%，油池直径为 20～55 cm）[90]。研究证明，可用一个多区域火焰模型（其中每个区域假定为一个灰体）准确预测火旋风的辐射通量[89]。

5.4.3　火旋风的燃烧模式和移动

火旋风由外部旋转流场与浮力火羽流耦合产生，旋转流场中的浮力火焰具有多种燃烧模式[91]。当外加环量大范围变动时，可以观察到自由浮力火焰（图 5-12（a））、倾斜火焰（图 5-12（b））、弱火旋风（图 5-12（c）和（d））、锥形火旋风（图 5-12（e）～（g））、过渡火旋风（图 5-12（h）～（j））、柱形火旋风（图 5-12（k）～（n））、弯曲柱形火旋风（图 5-12（o）～（q））、不规则火焰（图 5-12（r））或火焰熄灭。对于特定燃料，这些火焰模式在特定热释放速率和外加环量范围内出现，且其临界外加环量随热释放速率的增加而增加。基于稳定效应，弱火旋风的火焰高度较自由浮力火焰显著增加，但随外加环量增加变化不大，这说明空气动力效应保持不变[91, 92]。锥形火旋风的火焰高度随外加环量的增加而迅速增大。当 $\dot{Q} \geqslant 1.20\ \mathrm{kW}$ 时，会发生由锥形火旋风向柱形火旋风的转变。否则，锥形火旋风将在熄灭极限附近转变为极不稳定的蓝色火焰，并在临界条件下熄灭[91]。在锥形火旋风到柱形火旋风的转变过程中，火焰顶部首先出现不稳定的絮状火焰，火焰显著膨胀[91, 93]。据观察，火旋风的顶部不再闭合，形成柱形火焰，下部火焰和上部羽流之间没有明显的分界面。随着外加环量的增加，柱形火焰的底部在一个平均水平位置处波动。随着外加环量的继续增加，该水平位置向下移动，直到火焰底部，这个过程伴随着火焰

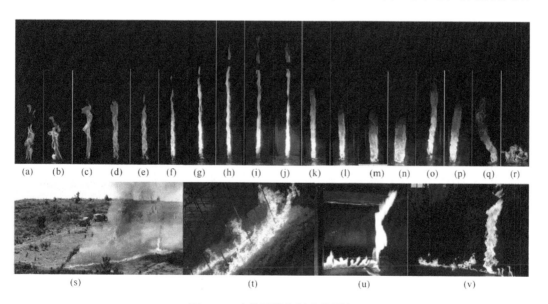

图 5-12　火旋风的各种火焰形态

（a）～（r）丙烷火焰随着外加环量增加的演变[91]，（s）野外实验的静止火旋风[94]，（t）30°倾斜燃料床火线上的移动火旋风[95]，（u）L 形线火源上的移动火旋风[66]，（v）攻角 25°线火焰上的移动火旋风[96]

直径和亮度的显著增加，火焰高度则显著降低[91, 97]。火焰高度的显著降低与一定平均水平位置上中心轴向速度的快速下降同步[98]。柱状火旋风羽流区出现双胞涡结构和中心回流区，并随着外加环量的增加而向下移动[98]。柱形火旋风显著增加了火焰熄灭的临界外加环量。当 $\dot{Q} \geqslant 6.25$ kW 时，在很强的旋转作用下，火旋风不会熄灭，而是变成弯曲柱形火旋风或分散的、无旋转的不规则火焰。

除了外加环量和热释放速率，燃料种类也会显著影响火旋风行为。研究发现，在较低外加环量条件下，甲烷火旋风会明显地从燃烧器表面抬升[99]。随着外加环量增加，火焰的抬升高度先缓慢增加然后迅速降低。抬升火焰流场最明显的特征是瞬时火焰底部周围矢量是发散的。抬升火焰底部的平均轴向速度稳定在甲烷最大层流火焰速度的 1~2 倍。

在自然界中，火旋风并不总是静止的（图 5-12（s）和（t））[70]，它的移动会增加火蔓延速度。在上坡火蔓延过程中观察到，无坡度下的 U 形火线在坡度达到 20° 时变为 V 形火线，火旋风形成并沿两个火侧翼移动（图 5-12（t））[97, 100]。火旋风出现频率随坡度增大而增加，火头处形成的火旋风显著增强了对流换热，从而提高了火蔓延速度[101]。

如上所述，在特定的风速范围内（图 5-12（u）和（v）），线火源与环境风相互作用会诱发火旋风，它通常沿火线向下游方向运动。然而，在特定的火线布置下，在火旋风形成的风速下限附近，火旋风倾向向上游移动。据推测，拖曳力、升力和地面摩擦力之间的不平衡是线火源火旋风移动的主要机制[102]。

5.5 爆发火研究

爆发火是一种以短时间内火蔓延速度和热释放速率陡增为特征的特殊森林火行为[103]。学者关于爆发火的定义存在一个共同点，即物理机制改变诱发火蔓延速度突变，导致火灾由低强度向高强度转变。

5.5.1 爆发火形成机制

学者对爆发火的许多解释仍然停留在猜想的层面，并没有被验证。Viegas 和 Simeoni[103] 将这些解释分为两种类型：一种类型与外部条件的变化有关，包括风力或方向的变化、植被中的温度带和火灾上方的大气不稳定；另一种类型与火灾自身有关，包括火灾的对流热反馈、火焰附壁、可燃气体积聚等。

1. 与大气不稳定相关的湍流风

Byram 和 Nelson[104]认为爆发火与与大气不稳定相关的湍流密切相关。Byram[105]进一步提出，大尺度森林火灾的高能量输出可能导致不稳定气流。风速随高度增加而降低，火焰建立"烟囱"或对流柱，因此在能量转换中发生了剧烈的连锁反应，火焰将一部分热能转化为湍流或动能。从本质上说，这种机制将爆发火的发生归因于湍流风的外部垂直分布对火灾的影响。基于这种机制得出的一些解释是推测的，并没有得到证实。虽然风会引起火蔓延加速，但是在无风条件下的实验[13, 106]已经证实可发生爆发火。1966 年南加利福尼亚州卢普火灾（Loop fire）[107]案例研究表明，即使在逆风条件下也可能发生爆发火。

2. 温度带

爆发火的另一种缺乏证据支持的解释是温度带。温度带是指在冷空气流动引起的逆温条件下，山顶和山谷温度较低、可燃物含水率较高，而凸起的山坡温度较高、可燃物含水率较低[108]。温度带影响可燃物的含水率。由于存在温度带，山坡中部可燃物的含水率较低，火灾将比较低地点处更严重。根据这种解释，在温度带以下的特定斜坡上火灾发生后会形成火蔓延加速，这是因为它会蔓延至含水率较低的可燃物[103]。这一机制似乎是合理的，但它不能解释许多爆发火发生在相对较小的区域且显然没有温度带的情况。

3. 可燃气体积聚

可燃气体积聚旨在解释爆发火的强烈燃烧是如何由火灾本身引起的。这一机制的前提是存在植被热解产生的未燃可燃产物，这可能源自部分灭火或植被燃烧过程中氧气供应不足[103]。Dold 等[109]推测未燃烧物质可能具有相对较高的分子质量，在特定的较封闭地形（如深谷）下积聚，并与空气混合形成易燃混合物。一旦含有高比例可燃气体的混合物接触火源，瞬间就会引发类似爆燃的强烈燃烧，蔓延速度急剧增大[110]。这种机制似乎与消防员的认知一致[103]，因此经常被用来解释一些爆发火事故[109, 111, 112]。例如，在 2000 年 9 月的法国帕拉斯卡大火中，火灾迅速蔓延了近

6 hm² （1 hm² = 10⁴ m²）的面积，导致一些消防队员被火灾吞没。幸存者回忆，他们在 1 min 内被火海包围。

可燃气体-空气混合物可能与火灾加热植被产生的挥发性有机化合物（volatile organic compound，VOC）有关，因此火蔓延加速可能是 VOC 被引燃的结果[103, 113, 114]。当受热时，几乎所有植物都会产生和释放 VOC，形成易燃混合气。Chetehouna 等[115]证明植物可以在相对较低的温度下释放高度易燃的气体。这些混合物具有较低的着火温度，比典型的热解产物（如一氧化碳和甲烷）更易燃。然而，没有任何研究证实可燃混合物存在于野外，也没有在实验室研究确定 VOC 与森林爆发火之间的联系。

4. 火焰附壁

Dold 和 Zinoviev[106]提出了另一种引发火蔓延加速的机制，即火焰附壁。对于在水平燃料床上蔓延的火焰，浮力作用使得火焰竖直上升，并将周围的空气从两侧卷吸到火焰中。上坡火的坡度如果超过一定的阈值，火焰前方的气流就会附着在燃料床上，这被认为是诱发爆发火的关键因素[116, 117]。Dold 和 Zinoviev[106]开展了上坡火蔓延实验，在倾斜燃料床（可燃物为秸秆，坡度为 15°、20°、25°、30°和 35°）两侧安装了间隔为 60 cm 的侧板，以防止侧向空气卷吸。通过向空气中注入肥皂气泡来观察火焰前方的气流。结果表明，在高坡度条件下，当火焰附着在燃料床表面时，会发生火蔓延加速。

Xie 等[118]开展了上坡沟槽火蔓延实验研究，在 0°～30°坡度内，使用不同高度的侧板构成沟形燃料床。实验发现，火焰附壁由坡度与高宽比的耦合作用形成。火焰附壁之后火焰长度与火焰深度显著增大，可燃物燃烧速率也大为提高，同时产生强烈的对流加热，导致火蔓延速度快速增加，诱发爆发火。

5. 火蔓延自加速

一些理论认为，在特定条件下火蔓延会发生自加速。简单的自加速理论源于一个描述在热薄或热厚固体表面上蔓延的火焰公式[103, 119]。其基本假设是，预热长度与火焰长度相关，因此取决于能量释放率。该理论关于固体可燃物上的小尺度火蔓延已经得到证实[119]，包括向上的层流或湍流火蔓延。然而，Viegas 和 Simeoni[103]认为很难验证预热长度与火焰长度之间的比例关系适用于森林火灾。

Viegas[120]提出了一种更合理的解释：在有风或坡度的条件下，火前锋诱导的对流热反馈效应可能引发爆发火。风将氧气输送至燃烧区，增强了燃烧过程，提升了火焰长度。同时，未燃烧的可燃物吸收更强的热辐射，导致火蔓延速度不断增加，直至非常高的数值。

5.5.2　爆发火模型

关于爆发火模型的研究很少，这在很大程度上可能源自学界对火蔓延加速的基本机制缺乏共识。Viegas[120]提出了一种基于火灾对流热反馈机制的爆发火模型。该模型假设坡度效应和风效应之间存在相似性，火蔓延速度仅取决于火前锋附近的流速（U）。联合 Rothermel[121, 122]提出的关系式（$R' = 1 + a_1 U'^{b_1}$）和假设的关系式（$\mathrm{d}U'/\mathrm{d}t = a_2 R'^{b_2}$）可得

$$\frac{\mathrm{d}R'}{\mathrm{d}t'} = c_1 \left(R' - 1 \right)^{c_2} R'^{c_3} \tag{5-11}$$

式中，$R' = R/R_0$；$U' = U/U_0$；$t' = t/t_0$，其中，R_0 为无风无坡情况下的火蔓延速度，U_0 为相对风速，t_0 为特征时间；系数 c_1、c_2 和 c_3 为常数。

该模型明确揭示了火蔓延速度随时间的变化。Viegas[123]对四种典型可燃物的模型参数进行了评估，以预测火蔓延速度。研究结果表明，在疏松多孔的燃料床中更容易发生爆发火。虽然在自然界中没有无限长的斜坡和峡谷，但该模型中没有火蔓延速度上限。此外，因为所包含的参数是通过实验确定的，所以该模型仍然是经验模型。

5.5.3　峡谷地形爆发火

文献中许多大尺度森林火灾的事故与峡谷地形有关。本节主要探讨峡谷地形的爆发火。

1. 案例

许多案例表明，峡谷地形爆发火造成了致命的火灾事故。Viegas 等[110]对 2000～2007 年欧洲五次森林大火的调查报告显示，所有事故都与峡谷爆发火密切相关。其中，2000 年法国北部科西嘉岛森林大火的火势在 1 min 内迅速蔓延近 6 hm²，只有可燃气体积聚或火焰附壁理论才能解释如此迅速的火蔓延。2005 年西班牙瓜达拉哈拉森林大火是由一场从深谷底部蔓延引燃爆发火造成的。2006 年葡萄牙森林火灾中

峡谷地形爆发火造成 6 人死亡。

2. 模型研究

关于峡谷火蔓延模型的研究很少。Viegas 和 Pita[13]于 2004 年首次提出峡谷火蔓延的几何分析模型。该模型基于对称的峡谷地形，假设植被均匀分布，使用引火源引燃后保持恒定的火蔓延速度。然而，该模型无法准确预测在一系列峡谷火蔓延实验中观测到的火线蔓延。此外，该模型没有考虑相邻火线之间的相互作用，因此高坡度下恒定火蔓延速度的假设是不成立的。

Xie 等[14]进一步探讨了峡谷火蔓延中的火线演化规律。研究发现，在不同的峡谷主坡度角（α）条件下，火线呈现完全不同的演变模式（图 5-13）。当主坡度角为 0 时，火头先蔓延至燃料床侧端，后形成两条平行于燃料床底端的火线；当主坡度角为 20°时，火线轮廓以椭圆形向外发展，后发展为蝴蝶状，两侧对称；当主坡度角为 30°时，火头沿中心线迅速蔓延至燃料床顶端，后形成两条对称的火线，向燃料床两侧蔓延。

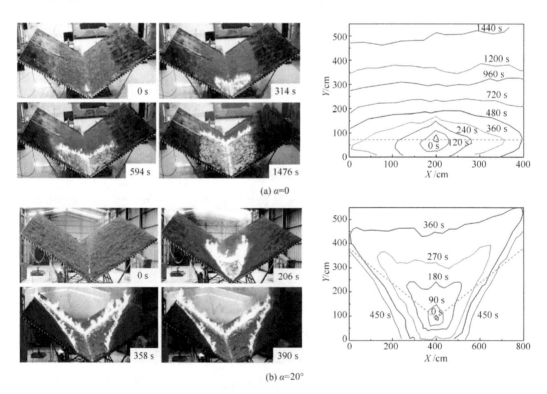

图 5-13　不同坡度条件下的峡谷火线演化模式[14]

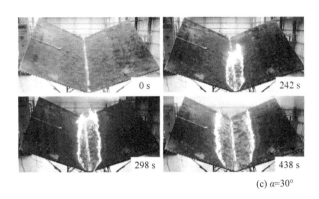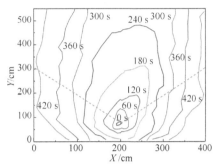

(c) α=30°

图 5-13（续）

对于常规上坡火蔓延，火头沿最大坡度线方向蔓延；对于峡谷火蔓延，火头的蔓延方向会偏离最大坡度线方向，偏向峡谷中心线。不同的火线演化模式导致不同的火蔓延速度变化规律。峡谷两侧可燃物面上火线之间有明显的相互作用，影响火头的蔓延方向及热量输运机制。两侧可燃物面上火焰相互辐射加热，形成辐射热反馈，加快了燃烧反应；在燃烧过程中火线逐渐增长，两侧的辐射热反馈也加强。在峡谷中心区域的可燃物受两侧火焰辐射加热，燃烧更剧烈；形成半受限空间，空气卷吸加强，同时燃烧区的热气体流向前方未燃可燃物，产生对流加热，又会加强火线间的相互作用。这种正向的对流加热的热反馈机制可能是火蔓延速度急剧上升继而诱发爆发火的物理机制。

5.6　飞火现象研究

飞火现象包括三个连续过程：①飞火颗粒生成；②飞火颗粒抬升、输运和沉降；③飞火颗粒着陆后的点燃。学者对飞火现象进行了大量实验和模拟研究[19, 20, 124-126]，本节旨在探讨飞火现象的基础燃烧问题。

5.6.1　飞火颗粒生成

当燃烧的材料受热分解、失去结构完整性并断裂成更小的燃烧碎片时，通常就会产生飞火颗粒。对不同材料和结构产生的飞火颗粒，大量研究关注了其尺寸、形状、质量和能量特性[126]。然而，很少有研究涉及对飞火颗粒热-力作用机理的分析和建模。

Barr 和 Ezekoye[127]通过耦合具有自相似分支特征的树枝的热分解模型，开发了一个飞火颗粒断裂模型。该模型以阻力诱导和重力诱导的应力强度比为框架，当分支连接处随时间延长而增加的应力达到树枝的临界应力时，就会发生断裂。该工作首次揭示了飞火颗粒的断裂机制，其模型与火羽流及飞火输运模型相结合，预测了森林火灾案例中飞火颗粒的质量分布和输运距离。随后，Tohidi 等[128]在近似森林火灾条件下实验研究了燃烧过程对不同类型圆柱形木销强度的影响，并揭示了燃烧过程影响木销断裂行为的两种机制。Caton-Kerr 等[129]在无风条件下实验探究了圆柱形木销暴露在不同加热条件下的断裂机制，提出了一个研究外部负载下木构件热降解行为的框架。量纲分析表明，加载过程中可恢复弹性应变对销钉的极限强度有较大影响。

森林火灾中飞火颗粒的生成取决于多种因素，如可燃物尺寸、可燃物类型、火灾强度和气流速度。飞火颗粒通常源于极端火行为，如火旋风、树冠火、火暴及狂燃火。

5.6.2 飞火颗粒抬升、输运和沉降

飞火颗粒一旦产生，就会被强烈的火焰和火羽流抬升进入大气，然后通过对流柱或环境风场向下风处输运，最远可达数十公里[130]。早期研究通常假设飞火颗粒随风速水平输运，同时以沉降速度下降。在给定风速下的最大输运距离取决于飞火颗粒释放的最大高度和颗粒直径。前人在树冠火、对流柱、湍流旋转自然对流羽流、燃烧树木、风驱动的地表火[131]、没有森林覆盖地形上的边界层风及线火源等流场结构中研究了飞火颗粒的抬升和输运过程。

由于火旋风的上升速度较高，火旋风可以诱发远距离飞火，然而相关研究十分欠缺。Lee 和 Hellman[132, 133]对湍流旋流羽流场进行了研究，但并未与火旋风的内部速度场进行关联。Muraszew 等[134]将火旋风流场分为三个区域：以固体旋转为特征的火旋风核心区、核心区周围的角动量恒定旋转区，以及位于核心区和旋转区之上的延伸区，并分析了飞火颗粒的输运轨迹，结果表明，抬升至 1000 m 以上的飞火颗粒可在燃烧状态下输运数公里。

飞火颗粒的输运轨迹取决于风速和颗粒的气动特性。地表风的速度分布可以用

幂律或对数关系来近似，也可以通过 CFD 求解大气边界层来获得速度分布。通过求解力平衡方程，在拉格朗日框架中描述飞火颗粒在边界层中的运动。然而，该方法常忽略飞火颗粒与局部流体间的相互作用。Himoto 和 Tanaka[135]建立了一个三维空间中碟形飞火颗粒的输运模型，其中，飞火颗粒的轨迹通过同时求解动量和角动量守恒方程来描述，并采用适用于低马赫数流动的纳维-斯托克斯方程的近似形式来描述流体的运动。计算结果指出，环境风向上的飞火颗粒的平均输运距离与一个无量纲参数相关。Sardoy 等[136]在侧风条件下对线火源上方火羽流中燃烧着的飞火颗粒的输运进行了数值分析，重点关注飞火颗粒着陆时的特征及其分布。计算结果表明，当飞火颗粒在输运过程中发生深度热解（明火燃烧）和炭氧化（灼热燃烧或阴燃）时，着陆状态呈现双峰分布。短距离输运的颗粒着陆时仍处于热解状态，远距离输运的颗粒着陆时则处于炭氧化状态。Koo 等[137]使用基于物理的森林火灾模拟软件 FIRETEC 来计算流体流动和飞火颗粒输运过程，模拟了碟形和圆柱形飞火颗粒的运动轨迹，以便根据可能的飞火颗粒直径和输运距离来评估飞火点燃的危险性。研究结果表明，没有采用沉降速度假设的飞火颗粒输运距离比采用该近似的飞火颗粒输运距离更远，同时树冠火产生的飞火颗粒的输运距离大于地表火产生的飞火颗粒的输运距离。Anand 等[130]采用大涡模拟（large eddy simulation，LES）方法，在拉格朗日框架下对圆柱形恒定质量飞火颗粒在湍流边界层内的扩散和沉积进行了研究。结果表明，沉降颗粒的分布在翼展方向呈现对称性。此外，从较高处释放的飞火颗粒的地面分布呈现尖峰状。

飞火颗粒本身的燃烧对其输运具有极大影响。Tarifa 等[138]率先提出了对流燃烧过程中球形和圆柱形飞火颗粒密度与尺寸变化的经验表达式。Muraszew 等[139]用一阶阿伦尼乌斯方程近似表达了与木材热解和燃烧有关的密度变化。Woycheese[140]在木牌燃烧实验中观察到完全燃烧和自熄两种机制。随后，Almeida 等[141]提出了桉树皮颗粒燃烧质量的指数衰减表达式，并在不同流量和速度条件下对其进行了修正。

木质飞火颗粒在强制对流中的燃烧过程较为复杂，涉及热解、炭氧化，甚至热解产物的燃烧，同时燃料形成的灰烬可能覆盖在颗粒表面或被对流风剥离，影响燃烧过程[126]。因此，飞火颗粒输运轨迹的预测需要更精确的颗粒燃烧模型。Sardoy 等[136, 142]将飞火颗粒燃烧模拟为一个经历热解和炭氧化的过程，并将此模型应用于飞火输运模拟中。Baum 和 Atreya[143]建立了不同形状和尺寸的飞火颗粒燃烧模型，指出颗粒的燃尽时间与形状无关，仅取决于颗粒的质量。随后，Chen 等[144]基于 Baum

和 Atreya[143]的数值方法，提出了不同形状木质颗粒的热解模型，推导了转换时间与表面积体积比之间的幂律相关性。关于飞火颗粒在强迫对流条件下的质量和形状变化，有待开展更多的实验和数值研究。

5.6.3 飞火颗粒着陆后的点燃

飞火颗粒点燃可燃物是一个涉及固相和气相物理化学过程的复杂问题[145]。实验中观察到直接明火点燃、阴燃点燃或未点燃等现象，点燃结果受飞火颗粒的燃烧状态、燃料的热解和着火倾向，以及在环境条件下飞火颗粒和燃料之间的热交换过程等因素的影响。

与飞火颗粒点燃过程相关，大量研究关注金属热颗粒点燃天然燃料床或建筑材料。电力导线碰撞或由机器、打磨和焊接产生的金属颗粒是发生森林火灾的原因之一。对于飞火点燃研究，Manzello 等[126]指出，金属热颗粒诱导点火的热点理论为预测点燃时的颗粒直径-温度关系提供了一种合理的方法。

前人研究揭示了金属热颗粒点燃多种可燃物的临界颗粒直径和颗粒初始温度间的关系。松针、纤维素粉末等木质纤维素燃料的着火边界遵循颗粒直径与初始温度的双曲线关系，即较小的颗粒需要较高的温度才能点燃燃料床[146]。Wang 等[147]通过金属热颗粒点燃松针燃料床的实验研究，提出了点燃边界经验关系式。该关系式证明了金属颗粒直径与初始温度间的双曲线关系。Wang 等[148, 149]也进行了金属热颗粒点燃交界域建筑保温材料（膨胀型 PS 泡沫）的实验和数值研究，发现了类似的点燃边界。图 5-14 给出了文献中不同燃料在金属热颗粒作用下的点燃边界。

与非反应性和等温的金属颗粒（毕奥数较小）相比，木质飞火颗粒点燃过程更加复杂，要考虑飞火颗粒本身的热物性、热解和燃烧反应，以及内部温度梯度。Manzello 等[150]指出飞火颗粒直径、气流速度和燃料含水率是影响森林可燃物点燃过程的重要因素。燃料含水率也被认为是评估点燃概率和点燃时间（即点火延滞时间）的重要参数[151]。Ganteaume 等[152]评估了不同木质飞火颗粒的点燃能力，指出体积密度和燃料含水率的增加会导致点燃时间的延长和点燃概率的降低。Yin 等[153]建立传热模型，揭示了点燃时间的平方根与燃料含水率之间存在良好的线性关系。Ellis[154]测试了风速对灼热燃烧树皮点燃能力的影响。实验结果表明，无风条件下只能阴燃点燃，有风条件下出现明火点燃。Urban 等[155]研究了燃料含水率对灼热燃烧

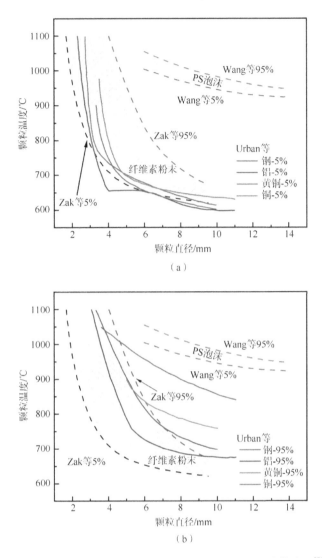

图 5-14　不同燃料在金属热颗粒作用下的 5%和 95%点燃边界[73]

飞火颗粒阴燃点燃红杉锯末的影响，发现较大的颗粒能够点燃更高燃料含水率的锯末燃料床。这些研究表明，燃料含水率和环境风速是影响飞火点燃的关键因素。亟待更多的实验研究，以量化飞火颗粒、燃料和环境条件三大因素对飞火点燃的综合影响。

　　除实验研究外，前人还建立了分析模型来研究飞火点燃问题。热点理论最初应用于评估凝聚相含能材料的点火风险，随后应用于飞火颗粒点燃天然燃料领域。Urban 等[155]比较了飞火颗粒和燃料在阴燃燃烧中释放的能量、燃料中水分蒸发所需的能量及向周围环境损失的能量，提出了一种用于定性预测点燃边界与飞火颗粒直径和燃料含水率关系的能量模型。Wessies 等[156]提出了一种用于预测飞火颗粒和燃料（阁楼隔热材料）的温度及燃料热解气体质量通量变化的传热传质模型，然而模型忽视了环境风和飞火颗粒燃烧的复杂影响。热点理论假设热点完全嵌入无限大的燃料中，且燃料经历一阶全局反应，将燃料表面复杂的飞火点燃和点火过程中的燃料反应过度简化。

此外，研究者还建立了描述飞火点燃过程中化学反应和传热过程的数值模型，用以准确预测飞火点燃行为。Fernandez-Pello 等[145, 157]提出了基于燃料三步热解反应模型及质量守恒方程等的飞火颗粒数值模型。Urban 等[146]发展了一个简化的一维球形数值模型，考虑了多孔介质传热和氧传质，并采用三步反应模型来模拟天然燃料的阴燃点燃。Wang 等[148]构建了一个结合材料热解和气相氧化的模型，明确了不点燃、不稳定点燃及稳定点燃三种点燃状态。Matvienko 等[158]提出了阴燃飞火颗粒诱发点火的三维计算模型，能够预测燃料的阴燃和明火点燃。

当前可用的模型均是确定性的，然而实验结果表明，飞火点燃是一种概率现象。因此，需要建立能够反映点燃概率的数值模型。此外，在数值模拟中还需要综合考虑飞火颗粒与燃料床之间复杂的边界条件和传热过程，以及木质飞火颗粒的燃烧过程。

5.6.4 在火蔓延模拟中耦合飞火现象

飞火模型已或多或少地嵌入森林火蔓延预测的应用工具中。火灾模拟系统BEHAVE 中包含子程序 SPOT，可用于计算从燃烧树木或构件中产生的飞火颗粒的最远输运距离[159]。随后，该子程序被应用于火蔓延概率模型——EMBYR 模型[160]。EMBYR 模型基于元胞自动机，描述了火灾从每个点燃的元胞蔓延到八个未燃的相邻元胞中的任何一个的概率。研究指出，引入飞火现象，火蔓延速度和燃烧面积均有所增加，并且增强了火灾穿越潜在障碍物和不易燃烧区域的能力。随后，Alexandridis 等[161]在增强型火蔓延预测方法中也使用了元胞自动机框架，该方法包含一个独立的规则来描述飞火现象对火蔓延的影响。Perryman 等[162]基于元胞自动机提出了一种具有更复杂逻辑过程的新规则来模拟飞火现象。研究发现，考虑飞火现象的火蔓延速度远高于预测的地表火蔓延速度[162]。最新开发的森林火灾模拟器，尤其是模拟火灾范围的模拟器，也将飞火的影响考虑为随机[163, 164]或概率过程[165]，并明确了飞火现象对扩大火灾范围的影响。下一步需要在模拟器中更多地考虑飞火过程的物理元素，更准确地预测火蔓延速度和火灾范围。

5.7　未来挑战与研究展望

因为火灾本质上是一种不受控制的燃烧现象，所以森林火灾研究是一个与燃烧学密切相关的多学科领域。尽管一个多世纪以来学者在探索森林火灾现象、行为和机理等方面取得了重大进展，但该领域仍然存在许多"已知的未知"（known unknowns）。发展应对大尺度森林火灾的应用工具所需的基础理论还非常缺乏。

本章着重描述了森林火灾中各种独特的剧烈燃烧行为，如爆发火、火旋风、火暴和狂燃火。科学界对这些行为的基本描述和定义仍然存在很多争议，人们更多的是对这些行为进行现象化的总结和案例解释，尚未从物理本质上对这些行为进行严谨的科学表征。

大尺度森林火灾的复杂性主要源于上述剧烈燃烧行为普遍包含的燃烧、传热和大气流动显著的相互作用机制，这决定了大尺度森林火灾呈现出高度非线性的动力学行为。非线性相互作用导致不同类型的正反馈过程，使得火灾规模、蔓延速度和火灾强度迅速增大。迄今要全面解释和准确预测大尺度森林火灾的动态过程仍然非常困难，在研究层面仍面临诸多挑战。

第一个挑战在于在森林火灾中，在自然环境复杂的燃料、气象和地形条件下，不同的剧烈燃烧行为受到不同机制的控制。火灾的发展和加速行为可能同时受多种机制控制，但通常受一种或数种机制主控。不同的主控机制导致了不同的动力学行为。过往在火行为模式识别方面已取得重要进展，但对火行为在不同条件下的主控机制仍知之甚少。例如，地表火在燃料预热阶段显示出多种传热模式，学者很难对不同火灾环境中决定火蔓延速度的主控机制达成共识。对于火旋风，学者已经确定了不同外加环量下的多种火焰模式，但解释和表征这些火焰模式的理论仍不完善。学者已经发现了峡谷地形中独特的火线轮廓，但仍然不能完备地解释峡谷地形中爆发火的诱发机制，也尚未建立峡谷地形下爆发火的物理预测模型。通常情况下，学者可以开发具有特定参数和边界条件的物理模型来表征具有明确控制机制的特定行为，但需要不同的数学模型来预测不同控制机制下的行为模式（如火旋风的多种模式）。要实现对不同的强烈燃烧行为的准确建模，就必须依赖对流动、辐射/对流传热和燃烧之间的显著相互作用相关的非线性本质的理论阐释。

第二个挑战是不同火行为形成的关键临界条件，这些条件往往包含物理机制的变化，且不同的火行为所依赖的物理机制不同。例如，火焰融合的形成与火焰的热反馈和空气卷吸的变化有关，火旋风的产生则主要由火焰周围的生成涡和火焰燃烧的相互作用控制。尽管学者已初步阐明火焰融合和火旋风产生的临界条件，但现有的理论和模型仍然不能完全地转化为这些强烈燃烧行为的预警技术。此外，不同的森林火灾行为彼此密切相关，即一种行为可能在特定情况下触发其他类型的行为。大量火灾案例和实验都证明了这一点。例如，火暴和狂燃火经常引发火旋风；飞火中的飞火颗粒通常来自树冠火、火旋风、火暴或狂燃火，反过来，飞火可以引起多火焰融合，进而引发爆发火或狂燃火；多火焰燃烧可由飞火产生，多火焰融合被证明是触发爆发火、火暴、狂燃火和火旋风的基本机制。图 5-15 所示的不同火行为间的转变均在加速森林火蔓延方面发挥着重要作用。然而，诱导这些转变的关键条件仍不明确，这主要是因为很难在实验室设计模拟这些转变的模型实验，也难以对这些不稳定转变过程进行理论分析。例如，目前大尺度火焰（火旋风、树冠火和狂燃火）的理论尚未与飞火的发生机制进行关联。总之，有必要开发创新的实验设计与测量技术来模拟和观察不同火行为的非稳态转变。

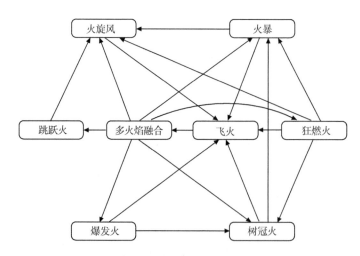

图 5-15　森林火灾中不同火行为之间的转变

第三个挑战涉及不同尺度的森林火灾建模方法。大尺度森林火灾通常涉及复杂的物理化学过程，包括毫米级的热解化学反应、百米级的火焰燃烧过程和百公里级的天气过程。过往对不同尺度的森林火灾进行建模的方法各有侧重。对于与较小尺

度的火-燃料相互作用相关的模型，主要处理固体燃料的热解、气体燃烧及从火焰到
固体燃料的热反馈，致力于建立经验相关性（经验模型）或（以某种近似方式）求
解流动、燃烧和传热的方程（物理模型）。在这些模型中，坡度和风被简单地视为
恒定的输入参数，建模的重点是区分不同传热模式的相对贡献，没有考虑火灾引起
的大气运动及其对火灾的影响。对于大尺度的森林火灾，火焰燃烧产生的浮力会引
起强烈的上升气流（对流柱），继而诱发复杂的大气运动，这可能引起强烈的地表
风，反过来影响火蔓延过程。因此，火灾与大气的双向相互作用对于模拟大尺度森
林火灾至关重要。这种建模旨在将 CFD 模型与火蔓延模拟结合起来。目前此类建模
通常使用经验模型来预测火蔓延速度。更准确地预测火对环境风的响应及大气对浮
力火羽流的响应将是火灾学家和气象学家所面临的长期挑战。

参 考 文 献

[1] Andrews P L，Rothermel R C. Charts for Interpreting Wildland Fire Behavior Characteristics[R]. Ogden：USDA Forest Service，Intermountain Forest and Range Experiment Station，1982.

[2] Viegas D X. Extreme fire behaviour[M/OL]// Cruz A C B, Correia R E G. Forest Management：Technology，Practices and Impact.（2012-08）[2024-01-31]. https://www.researchgate.net/publication/291121378_Forest_management_Technology_practices_and_impact.

[3] Chambers J，Gorman C，Feng Y，et al. Camp Fire Processed Landsat 8 Images，Pre-fire，During-fire，Post-fire[R]. Berkeley：Lawrence Berkeley National Lab，2019.

[4] Williams F A. Urban and wildland fire phenomenology[J]. Progress in Energy and Combustion Science，1982，8（4）：317-354.

[5] Pitts W M. Wind effects on fires[J]. Progress in Energy and Combustion Science, 1991, 17（2）：83-134.

[6] Werth P A，Potter B E，Clements C B，et al. Synthesis of Knowledge of Extreme Fire Behavior：Volume Ⅰ for Fire Managers[R]. Portland：USDA Forest Service，Pacific Northwest Research Station，2011.

[7] Mell W，Jenkins M A，Gould J，et al. A physics-based approach to modelling grassland fires[J]. International Journal of Wildland Fire，2007，16（1）：1-22.

[8] Hirano T，Saito K. Fire spread phenomena：The role of observation in experiment[J]. Progress in Energy and Combustion Science，1994，20（6）：461-485.

[9] Weber R O. Modelling fire spread through fuel beds[J]. Progress in Energy and Combustion Science，1991，17（1）：67-82.

[10] Zheng H，Zhou Z，Di X. The behavior and effects of forest fires during May 1987 in the Great Xingan Mountains region[J]. Northern Forest Silvi- culture and Management，1988：30-35.

[11] Jin X，Cheng B. The characteristics of forest fire whirlwind[J]. Journal of Natural Disasters，1997，6（2）：34-41.

[12] Viegas D X, Viegas M, Ferreira A D. Moisture content of fine forest fuels and fire occurrence in central Portugal[J]. International Journal of Wildland Fire, 1992, 2（2）: 69-86.

[13] Viegas D X, Pita L P. Fire spread in canyons[J]. International Journal of Wildland Fire, 2004, 13（3）: 253-274.

[14] Xie X D, Liu N A, Raposo J R, et al. An experimental and analytical investigation of canyon fire spread[J]. Combustion and Flame, 2020, 212: 367-376.

[15] Baines P G. Physical mechanisms for the propagation of surface fires[J]. Mathematical and Computer Modelling, 1990, 13（12）: 83-94.

[16] Huffman K G. The Interaction and Merging of Flames from Burning Liquids[D]. Oklahoma: The University of Oklahoma, 1968.

[17] Countryman C M. Mass Fires and Fire Behavior[R]. Berkeley: USDA Forest Service, Pacific Southwest Forest and Range Experiment Station, 1964.

[18] van Wagner C E. Conditions for the start and spread of crown fire[J]. Canadian Journal of Forest Research, 1977, 7（1）: 23-34.

[19] Koo E, Pagni P J, Weise D R, et al. Firebrands and spotting ignition in large-scale fires[J]. International Journal of Wildland Fire, 2010, 19（7）: 818-843.

[20] Caton S E, Hakes R S P, Gorham D J, et al. Review of pathways for building fire spread in the wildland urban interface. Part I: Exposure conditions[J]. Fire Technology, 2017, 53（2）: 429-473.

[21] Esplin B, Gill A M, Enright N. Report of the Inquiry into the 2002-2003 Victorian Bushfires[R]. Victoria: Department of Premier and Cabinet, 2003.

[22] Maynard T, Princevac M, Weise D R. A study of the flow field surrounding interacting line fires[J]. Journal of Combustion, 2016, 2016: 1-12.

[23] Viegas D X, Raposo J R, Davim D A, et al. Study of the jump fire produced by the interaction of two oblique fire fronts. Part 1. Analytical model and validation with no-slope laboratory experiments[J]. International Journal of Wildland Fire, 2012, 21（7）: 843-856.

[24] Liu N A, Liu Q, Deng Z H, et al. Burn-out time data analysis on interaction effects among multiple fires in fire arrays[J]. Proceedings of the Combustion Institute, 2007, 31（2）: 2589-2597.

[25] Joulain P. The behavior of pool fires: State of the art and new insights[J]. Symposium （International） on Combustion, 1998, 27（2）: 2691-2706.

[26] Heskestad G. Dynamics of the fire plume[J]. Philosophical Transactions of the Royal Society of London Series A: Mathematical, Physical and Engineering Sciences, 1998, 356（1748）: 2815-2833.

[27] Mudan K S. Thermal radiation hazards from hydrocarbon pool fires[J]. Progress in Energy and Combustion Science, 1984, 10（1）: 59-80.

[28] Thomas P H. The size of flames from natural fires[J]. Symposium （International） on Combustion, 1963, 9（1）: 844-859.

[29] Baldwin R. Some Tentative Calculations of Flame Merging in Mass Fires[R]. Borehamwood: Fire Research Station, 1966.

[30] Thomas P H, Baldwin R, Theobald C R. Some Model-scale Experiments with Multiple Fires[R]. Borehamwood: Fire Research Station, 1968.

[31] Putnam A A，Speich C F A model study of the interaction of multiple turbulent diffusion flames[J]. Symposium （International） on Combustion，1963，9（1）：867-877.

[32] Baldwin R，Thomas P，Wraight H. The Merging of Flames from Separate Fuel Beds[R]. Borehamwood：Fire Research Station，1964.

[33] Thomas P H，Baldwin R，Heselden A J M. Buoyant diffusion flames：Some measurements of air entrainment，heat transfer，and flame merging[J]. Symposium （International） on Combustion，1965，10（1）：983-996.

[34] Baldwin R. Flame merging in multiple fires[J]. Combustion and Flame，1968，12（4）：318-324.

[35] Thomas P H. On the Development of Urban Fires from Multiple Ignitions[R]. Borehamwood：Fire Research Station，1968.

[36] Huffman K G，Welker J R，Sliepcevich C M. Interaction effects of multiple pool fires[J]. Fire Technology，1969，5（3）：225-232.

[37] Finney M A，McAllister S S. A review of fire interactions and mass fires[J]. Journal of Combustion，2011，2011：1-14.

[38] Vasanth S，Tauseef S M，Abbasi T，et al. Multiple pool fires：Occurrence，simulation，modeling and management[J]. Journal of Loss Prevention in the Process Industries，2014，29：103-121.

[39] Yokoi S. Study on the Prevention of Fire-spread Caused by Hot Upward Current[R]. Tokyo：Building Research Institute，Japanese Ministry of Construction，1960.

[40] Thomas P H，Webster C T，Raftery M M. Some experiments on buoyant diffusion flames[J]. Combustion and Flame，1961，5（4）：359-367.

[41] Steward F R. Linear flame heights for various fuels[J]. Combustion and Flame，1964，8（3）：171-178.

[42] Lee S L，Emmons H W. A study of natural convection above a line fire[J]. Journal of Fluid Mechanics，1961，11（3）：353-368.

[43] Hasemi Y，Nishihata M. Fuel shape effect on the deterministic properites of turbulent diffusion flames[J]. Fire Safety Science，1989，2：275-284.

[44] Quintiere J G，Grove B S. A unified analysis for fire plumes[J]. Symposium （International） on Combustion，1998，27（2）：2757-2766.

[45] Grove B S，Quintiere J G. Calculating entrainment and flame height in fire plumes of axisymmetric and infinite line geometries[J]. Journal of Fire Protection Engineering，2002，12（3）：117-137.

[46] Biswas K，Gore J P. Fire dynamics simulations of buoyant diffusion flames stabilized on a slot burner[J]. Combustion and Flame，2006，144（4）：850-853.

[47] Gao W，Liu N A，Jiao Y，et al. Flame length of buoyant turbulent slot flame[J]. Proceedings of the Combustion Institute，2019，37（3）：3851-3858.

[48] Roper F G. Laminar diffusion flame sizes for interacting burners[J]. Combustion and Flame，1979，34：19-27.

[49] Roper F G. The prediction of laminar jet diffusion flame sizes：Part I . Theoretical model[J]. Combustion and Flame，1977，29：219-226.

[50] Kuwana K，Kato S，Kosugi A，et al. Experimental and theoretical study on the interaction between two identical micro-slot diffusion flames：Burner pitch effects[J]. Combustion and Flame，2016，165：

346-353.

[51] Sugawa O，Takahashi W. Flame height behavior from multi-fire sources[J]. Fire and Materials，1993，17（3）：111-117.

[52] Liu N A，Zhang S J，Luo X S，et al. Interaction of two parallel rectangular fires[J]. Proceedings of the Combustion Institute，2019，37（3）：3833-3841.

[53] Maynard T. Fire Interactions and Pulsation-theoretical and Physical Modeling[D]. Riverside：University of California，2013.

[54] Sugawa O，Takahash W，Oka Y. Flame merging from two rectangular fire sources in parallel configuration[J]. Fire Safety Science，1992，1：485-490.

[55] Yuan L M，Cox G. An experimental study of some line fires[J]. Fire Safety Journal，1996，27（2）：123-139.

[56] Liu N A，Liu Q，Lozano J S，et al. Global burning rate of square fire arrays：Experimental correlation and interpretation[J]. Proceedings of the Combustion Institute，2009，32（2）：2519-2526.

[57] Zhang S J，Liu N A，Lei J A，et al. Experimental study on flame characteristics of propane fire array[J]. International Journal of Thermal Sciences，2018，129：171-180.

[58] Steinhaus T，Welch S，Carvel R O，et al. Large-scale pool fires[J]. Thermal Science，2007，11（2）：101-118.

[59] Jiao Y，Gao W，Liu N A，et al. Interpretation on fire interaction mechanisms of multiple pool fires[J]. Proceedings of the Combustion Institute，2019，37（3）：3967-3974.

[60] Liu N A，Liu Q，Lozano J S，et al. Multiple fire interactions：A further investigation by burning rate data of square fire arrays[J]. Proceedings of the Combustion Institute，2013，34（2）：2555-2564.

[61] Byram G M，Martin R E. The modeling of fire whirlwinds[J]. Annals of Forest Science，1970，16（4）：386-399.

[62] Emori R I，Saito K. Model experiment of hazardous forest fire whirl[J]. Fire Technology，1982，18（4）：319-327.

[63] Forthofer J M，Goodrick S L. Review of vortices in wildland fire[J]. Journal of Combustion，2011，2011：1-14.

[64] Emmons H W，Ying S J. The fire whirl[J]. Symposium （International） on Combustion，1967，11（1）：475-488.

[65] Lee S L，Garris C A. Formation of multiple fire whirls[J]. Symposium（International）on Combustion，1969，12（1）：265-273.

[66] Kuwana K，Sekimoto K，Minami T，et al. Scale-model experiments of moving fire whirl over a line fire[J]. Proceedings of the Combustion Institute，2013，34（2）：2625-2631.

[67] Chuah K H，Kushida G. The prediction of flame heights and flame shapes of small fire whirls[J]. Proceedings of the Combustion Institute，2007，31（2）：2599-2606.

[68] Lei J，Liu N A，SATOH K. Buoyant pool fires under imposed circulations before the formation of fire whirls[J]. Proceedings of the Combustion Institute，2015，35（3）：2503-2510.

[69] Lei J，Liu N A. Reciprocal transitions between buoyant diffusion flame and fire whirl[J]. Combustion and Flame，2016，167：463-471.

[70] Soma S，Saito K. Reconstruction of fire whirls using scale models[J]. Combustion and Flame，1991，86（3）：269-284.

[71] Kuwana K，Sekimoto K，Saito K，et al. Scaling fire whirls[J]. Fire Safety Journal，2008，43（4）：252-257.

[72] Satoh K，Liu N，Xie X，et al. CFD study of huge oil depot fires—Generation of fire merging and fire whirl in （7×7） arrayed oil tanks[J]. Fire Safety Science，2011，10：693-705.

[73] Liu N A，Lei J A，Gao W，et al. Combustion dynamics of large-scale wildfires[J]. Proceedings of the Combustion Institute，2021，38（1）：157-198.

[74] Lei J，Liu N A，Zhang L H，et al. Temperature，velocity and air entrainment of fire whirl plume：A comprehensive experimental investigation[J]. Combustion and Flame，2015，162（3）：745-758.

[75] Lei J A，Ji C C，Liu N A, et al. Effect of imposed circulation on temperature and velocity in general fire whirl：An experimental investigation[J]. Proceedings of the Combustion Institute，2019，37（3）：4295-4302.

[76] Beér J M，Chigier N A，Davies T W，et al. Laminarization of turbulent flames in rotating environments[J]. Combustion and Flame，1971，16（1）：39-45.

[77] Muraszew A，Fedele J B，Kuby W C. The fire whirl phenomenon[J]. Combustion and Flame，1979，34：29-45.

[78] Chuah K H，Kuwana K，Saito K. Modeling a fire whirl generated over a 5-cm-diameter methanol pool fire[J]. Combustion and Flame，2009，156（9）：1828-1833.

[79] Lei J，Liu N A，Zhang L H, et al. Burning rates of liquid fuels in fire whirls[J]. Combustion and Flame，2012，159（6）：2104-2114.

[80] Li S P，Yao Q A，Law C K. The bottom boundary-layer structure of fire whirls[J]. Proceedings of the Combustion Institute，2019，37（3）：4277-4284.

[81] Coenen W，Kolb E J，Sánchez A L，et al. Observed dependence of characteristics of liquid-pool fires on swirl magnitude[J]. Combustion and Flame，2019，205：1-6.

[82] Wang P F，Liu N A，Zhang L H，et al. Fire whirl experimental facility with no enclosure of solid walls：Design and validation[J]. Fire Technology，2015，51（4）：951-969.

[83] Hartl K A，Smits A J. Scaling of a small scale burner fire whirl[J]. Combustion and Flame，2016，163：202-208.

[84] Lei J A，Liu N A，Zhang L H，et al. Experimental research on combustion dynamics of medium-scale fire whirl[J]. Proceedings of the Combustion Institute，2011，33（2）：2407-2415.

[85] Zhou K B，Liu N A，Lozano J S，et al. Effect of flow circulation on combustion dynamics of fire whirl[J]. Proceedings of the Combustion Institute，2013，34（2）：2617-2624.

[86] Zhou K B，Qin X L，Zhang L，et al. An experimental study of jet fires in rotating flow fields[J]. Combustion and Flame，2019，210：193-203.

[87] Lei J，Liu N A，Tu R. Flame height of turbulent fire whirls：A model study by concept of turbulence suppression[J]. Proceedings of the Combustion Institute，2017，36（2）：3131-3138.

[88] Wang P F，Liu N A，Hartl K，et al. Measurement of the flow field of fire whirl[J]. Fire Technology，2016，52（1）：263-272.

[89] Wang P F, Liu N A, Bai Y L, et al. An experimental study on thermal radiation of fire whirl[J]. International Journal of Wildland Fire, 2017, 26（8）: 693-705.

[90] Zhou K, Liu N, Satoh K. Experimental research on burning rate, vertical velocity and radiation of medium-scale fire whirls[J]. Fire Safety Science, 2011, 10: 681-691.

[91] Lei J, Liu N A, Jiao Y, et al. Experimental investigation on flame patterns of buoyant diffusion flame in a large range of imposed circulations[J]. Proceedings of the Combustion Institute, 2017, 36（2）: 3149-3156.

[92] Kuwana K, Morishita S, Dobashi R, et al. The burning rate's effect on the flame length of weak fire whirls[J]. Proceedings of the Combustion Institute, 2011, 33（2）: 2425-2432.

[93] Emmons H W. Fundamental problems of the free burning fire[J]. Symposium （International） on Combustion, 1965, 10（1）: 951-964.

[94] Pinto C, Viegas D, Almeida M, et al. Fire whirls in forest fires: An experimental analysis[J]. Fire Safety Journal, 2017, 87: 37-48.

[95] Silvani X, Morandini F, Dupuy J L. Effects of slope on fire spread observed through video images and multiple-point thermal measurements[J]. Experimental Thermal and Fluid Science, 2012, 41: 99-111.

[96] Zhou K B, Liu N A, Yuan X S. Effect of wind on fire whirl over a line fire[J]. Fire Technology, 2016, 52（3）: 865-875.

[97] Chigier N A, Beér J M, Grecov D, et al. Jet flames in rotating flow fields[J]. Combustion and Flame, 1970, 14（2）: 171-179.

[98] Liu Z H, Liu N A, Lei J A, et al. Evolution from conical to cylindrical fire whirl: An experimental study[J]. Proceedings of the Combustion Institute, 2021, 38（3）: 4579-4586.

[99] Lei J A, Miao X Y, Liu Z H, et al. Lifted flame in fire whirl: An experimental investigation[J]. Proceedings of the Combustion Institute, 2021, 38（3）: 4595-4603.

[100] Dupuy J L, Maréchal J, Portier D, et al. The effects of slope and fuel bed width on laboratory fire behaviour[J]. International Journal of Wildland Fire, 2011, 20（2）: 272-288.

[101] Silvani X, Morandini F, Dupuy J L, et al. Measuring velocity field and heat transfer during natural fire spread over large inclinable bench[J]. Experimental Thermal and Fluid Science, 2018, 92: 184-201.

[102] Zhou K, Liu N, Yin P P, et al. Fire whirl due to interaction between line fire and cross wind[J]. Fire Safety Science, 2014, 11: 1420-1429.

[103] Viegas D X, Simeoni A. Eruptive behaviour of forest fires[J]. Fire Technology, 2011, 47（2）: 303-320.

[104] Byram G M, Nelson R M. The possible relation of air turbulence to erratic fire behavior in the Southeast[J]. Fire Control Notes, 1951, 12（3）: 1-8.

[105] Byram G M. Atmospheric Conditions Related to Blowup Fires[R]. Asheville: USDA Forest Service, Southeastern Forest Experiment Station, 1954.

[106] Dold J W, Zinoviev A. Fire eruption through intensity and spread rate interaction mediated by flow attachment[J]. Combustion Theory and Modelling, 2009, 13（5）: 763-793.

[107] Countryman C M, Fosberg M A, Rothermel R C, et al. Fire weather and fire behavior in the 1966 loop fire[J]. Fire Technology, 1968, 4（2）: 126-141.

[108] Sharples J J. An overview of mountain meteorological effects relevant to fire behaviour and bushfire

risk[J]. International Journal of Wildland Fire，2009，18（7）：737-754.

[109] Dold J，Weber R，Gill M，et al. Unusual phenomena in an extreme bushfire[C]. Adelaide：5th Asia-Pacific Conference on Combustion，2005：309-312.

[110] Viegas D X，Simeoni A，Xanthopoulos G，et al. Recent Forest Fire Related Accidents in Europe[R]. Ispra：European Commission Joint Research Centre Institute for Environment and Sustainability,2009.

[111] Peuch C E. Wild fire safety：Feed back on sudden ignitions causing fatalities[C]. Seville：4th International Wildland Fire Conference，2007：1-10.

[112] Dold J，Simeoni A，Zinoviev A，et al. The Palasca fire，September 2000：Eruption or flashover[J]. Recent Forest Fire Related Accidents in Europe，2009：54.

[113] Raffalli N，Picard C，Giroud F. Safety and awareness of people involved in forest fires suppression[C]. Coimbra：4th International Conference on Forest Fire Research，2002：1-7.

[114] Courty L，Chetehouna K，Garo J P，et al. Experimental investigations on accelerating forest fires thermochemical hypothesis[C]. Coimbra：7th International Conference on Forest Fire Research,2014：203-208.

[115] Chetehouna K，Courty L，Mounaïm-Rousselle C，et al. Combustion characteristics of p-cymene possibly involved in accelerating forest fires[J]. Combustion Science and Technology，2013，185（9）：1295-1305.

[116] Tang W，Miller C H，Gollner M J. Local flame attachment and heat fluxes in wind-driven line fires[J]. Proceedings of the Combustion Institute，2017，36（2）：3253-3261.

[117] Gallacher J R，Ripa B，Butler B W，et al. Lab-scale observations of flame attachment on slopes with implications for firefighter safety zones[J]. Fire Safety Journal，2018，96：93-104.

[118] Xie X D，Liu N A，Lei J A，et al. Upslope fire spread over a pine needle fuel bed in a trench associated with eruptive fire[J]. Proceedings of the Combustion Institute，2017，36（2）：3037-3044.

[119] Hurley M J，Gottuk D T，Hall Jr J R，et al. SFPE Handbook of Fire Protection Engineering[M]. 5th ed. New York：Springer，2016.

[120] Viegas D X. A mathematical model for forest fires blowup[J]. Combustion Science and Technology，2004，177（1）：27-51.

[121] Rothermel R C. A Mathematical Model for Predicting Fire Spread in Wildland Fuels[R]. Ogden：USDA Forest Service，Intermountain Forest and Range Experiment Station，1972.

[122] Rothermel R C. How to Predict the Spread and Intensity of Forest and Range Fires[R]. Ogden：USDA Forest Service，Intermountain Forest and Range Experiment Station，1983.

[123] Viegas D X. Parametric study of an eruptive fire behaviour model[J]. International Journal of Wildland Fire，2006，15（2）：169-177.

[124] Hakes R S P，Caton S E，Gorham D J，et al. A review of pathways for building fire spread in the wildland urban interface. Part II：Response of components and systems and mitigation strategies in the United States[J]. Fire Technology，2017，53（2）：475-515.

[125] Fernandez-Pello A C. Wildland fire spot ignition by sparks and firebrands[J]. Fire Safety Journal，2017，91：2-10.

[126] Manzello S L，Suzuki S,Gollner M J,et al. Role of firebrand combustion in large outdoor fire spread[J].

Progress in Energy and Combustion Science，2020，76：100801.

[127] Barr B W，Ezekoye O A. Thermo-mechanical modeling of firebrand breakage on a fractal tree[J]. Proceedings of the Combustion Institute，2013，34（2）：2649-2656.

[128] Tohidi A，Caton S，Gollner M，et al. Thermo-mechanical breakage mechanism of firebrands[C]. Maryland：10th U.S. National Combustion Meeting，2017：1-6.

[129] Caton-Kerr S E，Tohidi A，Gollner M J. Firebrand generation from thermally-degraded cylindrical wooden dowels[J]. Frontiers in Mechanical Engineering，2019，5：1-12.

[130] Anand C，Shotorban B，Mahalingam S. Dispersion and deposition of firebrands in a turbulent boundary layer[J]. International Journal of Multiphase Flow，2018，109：98-113.

[131] Albini F A. Potential Spotting Distance from Wind-driven Surface Fires[R]. Ogden：USDA Forest Service，Intermountain Forest and Range Experiment Station，1983.

[132] Lee S L，Hellman J M. Study of firebrand trajectories in a turbulent swirling natural convection plume[J]. Combustion and Flame，1969，13（6）：645-655.

[133] Lee S L，Hellman J M. Firebrand trajectory study using an empirical velocity-dependent burning law[J]. Combustion and Flame，1970，15（3）：265-274.

[134] Muraszew A，Fedele J B，Kuby W C. Trajectory of firebrands in and out of fire whirls[J]. Combustion and Flame，1977，30（3）：321-324.

[135] Himoto K，Tanaka T. Transport of disk-shaped firebrands in a turbulent boundary layer[J]. Fire Safety Science，2005，8：433-444.

[136] Sardoy N，Consalvi J L，Kaiss A，et al. Numerical study of ground-level distribution of firebrands generated by line fires[J]. Combustion and Flame，2008，154（3）：478-488.

[137] Koo E，Linn R R，Pagni P J，et al. Modelling firebrand transport in wildfires using HIGRAD/ FIRETEC[J]. International Journal of Wildland Fire，2012，21（4）：396-417.

[138] Tarifa C S，del Notario P P，Moreno F G. On the flight paths and lifetimes of burning particles of wood[J]. Symposium （International） on Combustion，1965，10（1）：1021-1037.

[139] Muraszew A，Fedele J B，Kuby W C. Firebrand Investigation[R]. The Aerospace Corporation，1975.

[140] Woycheese J P. Brand Lofting and Propagation from Large-scale Fires[D]. Berkeley：University of California，2001.

[141] Almeida M，Viegas D X，Miranda A I. Combustion of eucalyptus bark firebrands in varying flow incidence and velocity conditions[J]. International Journal of Wildland Fire，2013，22（7）：980-991.

[142] Sardoy N，Consalvi J L，Porterie B，et al. Modeling transport and combustion of firebrands from burning trees[J]. Combustion and Flame，2007，150（3）：151-169.

[143] Baum H R，Atreya A. A model for combustion of firebrands of various shapes[J]. Fire Safety Science，2014，11：1353-1367.

[144] Chen Y W，Aanjaneya K，Atreya A. A study to investigate pyrolysis of wood particles of various shapes and sizes[J]. Fire Safety Journal，2017，91：820-827.

[145] Fernandez-Pello A C，Lautenberger C，Rich D，et al. Spot fire ignition of natural fuel beds by hot metal particles，embers，and sparks[J]. Combustion Science and Technology，2015，187（1-2）：269-295.

[146] Urban J L，Zak C D，Song J Y，et al. Smoldering spot ignition of natural fuels by a hot metal particle[J].

Proceedings of the Combustion Institute，2017，36（2）：3211-3218.

[147] Wang S P，Huang X Y，Chen H X，et al. Interaction between flaming and smouldering in hot-particle ignition of forest fuels and effects of moisture and wind[J]. International Journal of Wildland Fire，2017，26（1）：71-81.

[148] Wang S P，Huang X Y，Chen H X，et al. Ignition of low-density expandable polystyrene foam by a hot particle[J]. Combustion and Flame，2015，162（11）：4112-4118.

[149] Wang S P，Chen H X，Liu N A. Ignition of expandable polystyrene foam by a hot particle：An experimental and numerical study[J]. Journal of Hazardous Materials，2015，283：536-543.

[150] Manzello S L，Cleary T G，Shields J R，et al. Ignition of mulch and grasses by firebrands in wildland-urban interface fires[J]. International Journal of Wildland Fire，2006，15（3）：427-431.

[151] Viegas D X，Almeida M，Raposo J，et al. Ignition of mediterranean fuel beds by several types of firebrands[J]. Fire Technology，2014，50（1）：61-77.

[152] Ganteaume A，Lampin-Maillet C，Guijarro M，et al. Spot fires：Fuel bed flammability and capability of firebrands to ignite fuel beds[J]. International Journal of Wildland Fire，2009，18（8）：951-969.

[153] Yin P P，Liu N A，Chen H X，et al. New correlation between ignition time and moisture content for pine needles attacked by firebrands[J]. Fire Technology，2014，50（1）：79-91.

[154] Ellis P F M. Fuelbed ignition potential and bark morphology explain the notoriety of the eucalypt messmate "stringybark" for intense spotting[J]. International Journal of Wildland Fire，2011，20（7）：897-907.

[155] Urban J L，Song J Y，Santamaria S，et al. Ignition of a spot smolder in a moist fuel bed by a firebrand[J]. Fire Safety Journal，2019，108：102833.

[156] Wessies S S，Chang M K，Marr K C，et al. Experimental and analytical characterization of firebrand ignition of home insulation materials[J]. Fire Technology，2019，55（3）：1027-1056.

[157] Lautenberger C，Fernandez-Pello A C. Spotting ignition of fuel beds by firebrands[J]. WIT Transactions on Modelling and Simulation，2009，48：603-612.

[158] Matvienko O V，Kasymov D P，Filkov A I，et al. Simulation of fuel bed ignition by wildland firebrands[J]. International Journal of Wildland Fire，2018，27（8）：550-561.

[159] Andrews P L. BEHAVE：Fire Behavior Prediction and Fuel Modeling System—Burn Subsystem，Part 1[R]. Ogden：USDA Forest Service，Intermountain Forest and Range Experiment Station，1986.

[160] Hargrove W W，Gardner R H，Turner M G，et al. Simulating fire patterns in heterogeneous landscapes[J]. Ecological Modelling，2000，135（2-3）：243-263.

[161] Alexandridis A，Vakalis D，Siettos C I，et al. A cellular automata model for forest fire spread prediction：The case of the wildfire that swept through Spetses Island in 1990[J]. Applied Mathematics and Computation，2008，204（1）：191-201.

[162] Perryman H A，Dugaw C J，Varner J M，et al. A cellular automata model to link surface fires to firebrand lift-off and dispersal[J]. International Journal of Wildland Fire，2013，22（4）：428-439.

[163] Kaur I，Mentrelli A，Bosseur F，et al. Turbulence and fire-spotting effects into wild-land fire simulators[J]. Communications in Nonlinear Science and Numerical Simulation，2016，39：300-320.

[164] Trucchia A，Egorova V，Pagnini G，et al. On the merits of sparse surrogates for global sensitivity

analysis of multi-scale nonlinear problems：Application to turbulence and fire-spotting model in wildland fire simulators[J]. Communications in Nonlinear Science and Numerical Simulation，2019，73：120-145.

[165] Trucchia A，Egorova V，Butenko A，et al. RandomFront 2.3：A physical parameterisation of fire spotting for operational fire spread models-implementation in WRF-SFIRE and response analysis with LSFire+[J]. Geoscientific Model Development，2019，12（1）：69-87.

第6章 锂电池火灾防控策略综述

王青松　张林　孙金华

6.1　概　述

随着传统能源日渐稀缺及社会对环境污染问题的关注度日益提高，全球对于新能源产业的需求不断增长。其中，锂离子作为一种极具前景的储能装置，凭借其高能量密度、长寿命周期及高工作电位的优势而广泛应用于消费电子、电化学储能站和新能源汽车等领域[1]。然而，基于其独特的化学成分、储能特性及结构，锂电池在滥用条件（过热、过度充电、挤压、刺穿、浸水、短路等）下容易引发电池火灾[2-6]。目前尽管研发了一些热管理方法（空气冷却、液体冷却、相变材料、热管冷却、混合热管理策略）[7-10]和本质安全设计（耐高温隔膜、阻燃电解液、无锂枝晶阴极、热稳定阳极等）[11-15]改善锂电池安全性，但是锂电池火灾仍然频繁发生，每次事故通常伴随爆炸和有毒气体释放，对人身安全构成严重威胁[16, 17]。因此，锂电池的火灾防控受到了广泛的关注。

锂电池火灾具有较高的热释放速率、温升速率和较长的高温持续时间[18]。此外，热失控后高温电池与邻近电池间的热传递可能诱发模组内的热失控传播，导致火灾事故的进一步扩大[19, 20]。因此，传统灭火剂难以有效抑制锂电池火灾。即使短时间内被扑灭，锂电池在没有灭火剂持续释放的情况下容易复燃，依然存在安全隐患。火灾致死的主要原因是吸入烟雾和有毒气体，锂电池火灾产生的有毒气体主要有一氧化碳、氟化氢、氮氧化物和二氧化硫等，其产量远高于普通民用建筑火灾[21, 22]。而且一些灭火剂在熄灭锂电池火灾的过程中会增加有毒气体产量，增大了灭火难度[23, 24]。

目前，灭火剂对锂电池火灾的抑制效果仍不能满足需求，对灭火策略仍缺乏深刻认识。合适的灭火策略可以提高灭火剂的灭火降温效果，抑制锂电池火灾的复燃，对抑制锂电池火灾具有重要意义。本章综述锂电池火灾起源及其独特的火灾行为，总结常见的锂电池灭火剂及其灭火效能，介绍锂电池灭火策略，并进行未来挑战与研究展望。

6.2　锂电池火灾起源及火灾行为

6.2.1　锂电池火灾致因

锂电池燃烧是氧化剂、可燃物和引火源综合作用的结果。因此，锂电池热失控机理可以简化为"热失控三角形"，如图 6-1 所示。燃烧过程可以随着"热失控三角形"中任何元素的破坏而终止。因此，对"热失控三角形"的深刻理解可以指导我们有效扑灭锂电池火灾。

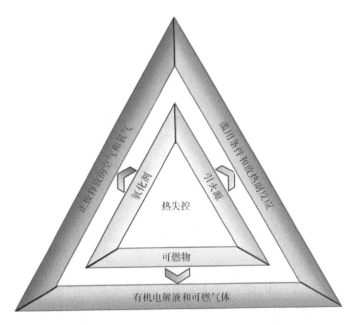

图 6-1　锂电池的"热失控三角形" [25]

在热滥用、电滥用或机械滥用的情况下，锂电池内部可能出现异常温升。随着温度的升高，锂电池内部材料经历一系列放热反应，进一步提高了锂电池的温度和反应速率。热失控过程中锂电池内部主要放热反应如图 6-2 所示[18]。

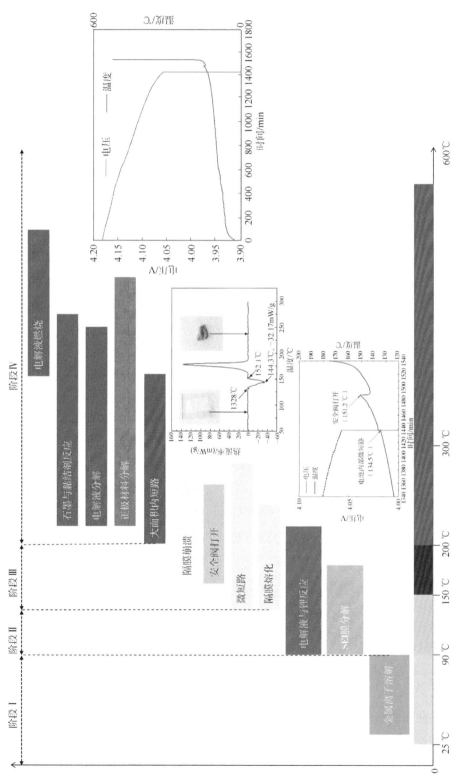

图6-2　热失控过程中锂电池内部放热反应[18]

热失控反应的第一阶段是固体电解质界面（solid electrolyte interphase，SEI）膜的破坏，SEI 膜在 90～120 ℃下分解，导致石墨阴极暴露在电解液中。失去 SEI 膜的保护，石墨阴极与电解液发生反应。当温度超过 130℃时，电池内部隔膜收缩、熔化，导致电池正负极接触，形成微短路，将电池中存储的电能转化为焦耳热，并进一步加速电池的温升[5, 26]。随着温度升高，隔膜进一步收缩，短路面积越来越大，电池内部发生大规模的短路和焦耳热积累[27]。当温度超过 200 ℃时，电池内的阴极、阳极和电解液加速分解，短时间内产生大量的热量，导致电池温度呈指数上升，电池成为高温引火源[28]。电池内的阴极、阳极、隔膜和电解液等均为易燃材料。同时，电池内部的放热反应产生一些可燃气体，如氢气、甲烷、乙烯和乙烷[20, 29]。氧化剂可以由空气提供，阳极分解也可以产生氧气。例如，镍钴锰酸锂（LiNi$_{1-x-y}$Co$_x$Mn$_y$O$_2$，NCM）阳极材料的性质取决于氧化物中镍、钴和锰含量。一般来说，镍含量高的 NCM 阳极材料容量高，但其热稳定性差。NCM 阳极材料在高温、溶剂下的分解反应如下[30]：

$$NCM(R\overline{3}m)\xrightarrow{\Delta T, 溶剂}(Mn,Ni)O(Fm\overline{3}m)+CoO+Ni+O_2 \qquad （6-1）$$

当在极端条件下电池触发反应（6-1）时，引火源、可燃物和氧化剂三种元素都可以在电池热失控过程中产生。因此，电池的"热失控三角形"非常牢固，常规灭火措施难以达到理想的灭火效果。

6.2.2 锂电池火灾行为

锂电池热失控过程中的可燃物包括石墨阴极（可燃固体材料）、有机电解液（可燃液体）、氢气及烷烃类气体（可燃气体）和锂金属（可燃金属），而且可燃材料的组分在热失控过程中不断变化[31]。此外，燃烧反应不一定依赖外部氧气供应，NCM 阳极材料在高温下分解会释放氧气。因此，锂电池火灾是一种复杂多变的火灾，对锂电池火灾行为的深刻理解可以指导我们合理控制锂电池火灾。

1. 极高的温升速率

锂电池在某些极端条件下会自发地发生放热反应。当达到热失控临界温度时，电池内部放热反应剧烈，短时间内产生大量热量，使电池温度急剧升高。热失控过程中电池的温升速率可以超过 100 ℃/s，表面温度可以超过 800 ℃[32]。放热反应发生在电池内部，因此电池内部温度更高，甚至可以达到 1000 ℃[33]。施加灭火剂后，电池表面温度会出现短暂降低，但由于灭火剂很难进入电池内部进行冷却，电池内部温度仍然较高。灭火剂释放结束后，在温度梯度的作用下，电池表面温度会有所回升。电池仍维持高温状态（潜在的引火源），灭火后发生复燃的概率仍然很高。

2. 剧烈的射流火

方形硬壳电池和圆柱形电池通常配置安全阀，以避免因压力过大而发生爆炸行为。随着电池温度不断升高，电池内部的化学反应释放出大量的气体。随着气体的不断积聚，电池内部压力逐渐增大。当电池内部压力达到阈值时，安全阀破裂，喷出大量可燃气体、电解液及材料颗粒。当热失控发生时，高温火花及电池壳体极易点燃喷射出的可燃气体和电解液，产生剧烈的射流火，火焰高度甚至可以达到 1~2 m[34-36]。一些大型锂电池甚至出现多次射流火现象，如图 6-3 所示[1]。电池的燃烧特性可分为以下六个阶段：电池膨胀阶段、射流火阶段、稳定燃烧阶段、第二次射流火及其后的稳定燃烧阶段、第三次射流火及其后的稳定燃烧阶段、衰退和熄灭阶段。软包电池由于没有安全阀，当内部压力达到阈值时，在软包电池薄弱处发生破裂，将所有易燃的电解液和气体暴露在火源下[37]。此外，软包电池可能存在多个薄弱点，会形成多处射流火，显著增加火焰规模。

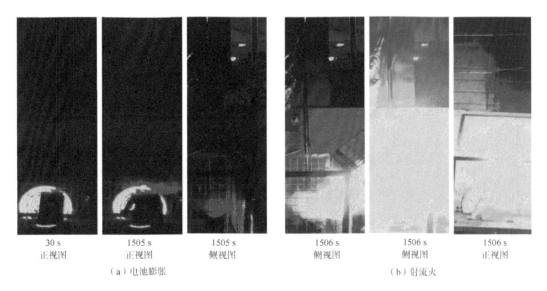

30 s 正视图	1505 s 正视图	1505 s 侧视图	1506 s 侧视图	1506 s 侧视图	1506 s 正视图
（a）电池膨胀			（b）射流火		

图 6-3　100%荷电状态（state of charge，SOC）电池全尺寸燃烧实验中燃烧现象的
视频截图（侧面和正面）[1]

1522 s
侧视图

1592 s
正视图

1672 s
正视图

（c）稳定燃烧

1694 s
侧视图

1696 s
侧视图

1697 s
正视图

（d）第二次射流火

1710 s
侧视图

1717 s
侧视图

1719 s
侧视图

（e）稳定燃烧

（f）第三次射流火

1783 s
侧视图

2100 s
侧视图

2100 s
正视图

（g）稳定燃烧

（h）衰退和熄灭

图 6-3（续）

3. 极高的热释放速率

热释放速率是表征燃烧程度、确定火灾危险性的关键参数之一[38]。热失控发生时，电池内部的放热反应会产生大量的热量，并伴有剧烈的喷射火。因此，锂电池火灾具有极高的热释放速率。有研究发现，单个储能锂电池在热失控时，其峰值热释放速率（peak heat release rate，PHRR）甚至可达 100 kW[22, 34, 39]。此外，部分学者比较了一些可燃物的归一化热释放速率。研究发现，满电状态电池的归一化热释放速率与汽油的热释放速率近似，热危害性较大[40]。

4. 易发生火灾蔓延

基于电动汽车和电化学储能对容量的高需求，人们使用的电池模块越来越大[41]。例如，一辆特斯拉电动汽车上配备了超过 7000 个 18650 型锂电池，总能量可达 85 kW·h。模组内电池排列紧密，以增加系统的体积能量密度。当电池模组中的单个电池发生热失控时，紧密排列使热量迅速传递到相邻电池，使其温度快速升高[42]。此外，由于顶棚的阻挡，剧烈的射流火对相邻电池的热辐射增加，进一步提升电池的温度，直至其发生热失控，最终在电池模组内发生热失控传播，导致锂电池火灾的灭火和冷却难度加大[43]。

5. 产生大量可燃气体

储能电池发生热失控时会产生大量的气体，包括一氧化碳、二氧化碳、甲烷、乙烯、氢气和电解液因高温汽化产生的电解液蒸气[44]。不同体系电池在热失控时产生的气体成分及占比会有些许不同，如图 6-4 所示。这些可燃气体通过破裂的安全阀喷射到电池模组中。部分可燃气体在燃烧过程中消耗，未燃烧的可燃气体则在电池模组中积聚。随着模组中热失控传播的不断扩展，可燃气体越来越多，模组压力增加，最终可能因压力过大而发生物理爆炸[45]。此外，可燃气体的浓度逐渐增加，当达到混合可燃气体的爆炸极限，且高温电池、电火花、拉弧等作为引火源而遇到足够的氧气时，可燃气体会发生化学爆炸，产生较高的爆炸超压，从而对电池簇、集装箱造成严重的破坏，进而带来经济损失，甚至人员伤亡。例如，"4·16"北京

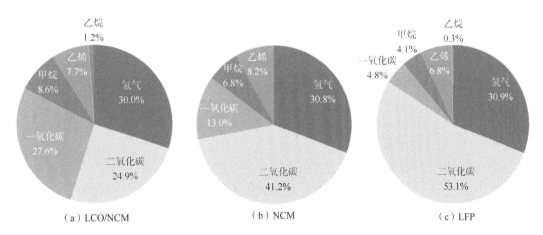

（a）LCO/NCM　　　　（b）NCM　　　　（c）LFP

图 6-4　锂电池热失控气体成分（摩尔分数）[46]

LCO 指钴酸锂（LiCoO$_2$）；LFP 指磷酸铁锂（LiFePO$_4$）

丰台区储能电站火灾爆炸事故就是一起典型的由可燃气体集聚进而引发爆炸的案例，该事故导致 4 人伤亡[47]。

6. 气体具有较高毒害性

储能电池火灾中产生的气体除具有可燃性之外，还具有很高的毒害性，这是造成人员伤亡的主要原因之一。一氧化碳是火灾中最具毒性的气体之一。它可与人体血液中的血红蛋白相结合，降低血红蛋白的携氧能力，进而对人体组织造成伤害，使人眩晕、昏迷等。在热失控时，一氧化碳浓度可超过 250 ppm（$1 \text{ ppm} = 10^{-6}$），对人体产生严重的中毒危害。Mao 等[22]针对电动公交车车库中 10 个电池组热失控火灾产生的窒息性气体（一氧化碳和二氧化碳）的毒性进行了评估，发现锂电池火灾毒害性非常严重，远超过人体可接受的值。氟化氢作为电池热失控产物的另一种有毒气体，具有较高的刺激性。它主要由六氟磷酸锂（$LiPF_6$）和电解液在高温下分解产生，如反应（6-2）所示[48, 49]。因此，水会促进氟化氢的形成。部分研究发现，水基灭火剂灭火后会暂时增加氟化氢的产量[23]。当氟化氢浓度为 500 ppm 时，一半的人将失去疏散能力[50]。一个容量为 20 A·h 的 100%SOC LFP 电池热失控时氟化氢最高浓度约为 145 ppm，远高于所规定的氟化氢安全浓度[51]。储能电站的一个集装箱中有成百上千个电池，当发生大规模的电池热失控火灾时，将会产生大量的有毒有害气体，严重威胁工作人员和救援人员的人身安全。

$$LiPF_6 \longrightarrow LiF + PF_5$$
$$LiPF_6 + H_2O \longrightarrow LiF + POF_3 + 2HF \qquad (6\text{-}2)$$
$$PF_5 + H_2O \longrightarrow POF_3 + 2HF$$

综上，储能电站的火灾特征为：①热失控时反应剧烈，具有极高的温升速率，电池温度高，高温持续时间长；②产生剧烈的射流火，具有极高的热释放速率，热危害大；③发生热失控传播，火灾呈现复燃性；④释放的气体量大，大部分气体具有可燃性、爆炸性和毒害性。

6.3　锂电池系统主动安全

为了提高安全性，研究者对锂电池组件进行了很多改良尝试。改性行为可分为以下几类：对正极、负极或电解液的改性以及通过电池管理系统监测电池状态，保证电池系统的安全运行。

1. 正极材料改性

在正极改性方面，表面包覆是提高正极热稳定性的常用形式。Li 等[52]在 $Li(Ni_{1/3}Co_{1/3}Mn_{1/3})O_2$ 表面包覆二氧化钛，表面包覆对 $Li(Ni_{1/3}Co_{1/3}Mn_{1/3})O_2$ 的晶格没有影响，但提高了其放电能力和循环稳定性。硫酸锰（$MnSiO_4$）是一种新型表面包覆材料，与纯 LCO 相比，覆盖着 $MnSiO_4$ 的 LCO 具有更好的耐过充性和更高的热稳定性[53]。覆盖着磷酸钴（$Co_3(PO_4)_2$）的 $LiNi_{0.93}Co_{0.07}O_2$ 具有更好的电化学循环稳定性和热稳定性[53]。

除包覆方式外，在正极材料中进行某些特定金属原子的替代和掺杂也可以提高其稳定性。通过提高 $xLi(Ni_{1/3}Co_{1/3}Mn_{1/3})O_2$-$yLi(Ni_{2/3}Mn_{1/3})O_2$-$zLi(Ni_{1/3}Mn_{1/3}Al_{1/3})O_2$（$x+y+z=1$）固体混合系统中的 y 和 z，Ni 和 Al 可部分替代 $Li(Ni_{1/3}Co_{1/3}Mn_{1/3})O_2$ 中的 Co。其中，Al 替代可提高热稳定性，但使容量降低；Ni 替代可提高容量[54]。有研究者使用热重分析、质谱和 X 射线衍射技术研究了充电后的 Al 替代的 $Li(Ni_{1/3}Co_{1/3}Mn_{1/3})O_2$ 正极材料[55]。与普通的 $Li(Ni_{1/3}Co_{1/3}Mn_{1/3})O_2$ 正极材料相比，由于脱锂的 $Li_{1-x}(Ni_{1/3}Co_{1/3}Al_{1/3})O_2$ 正极材料在脱锂和高温处理时产生的中间体的晶型更加稳定[55]，其质量损失更少且产热更少。应用此种正极材料的锂电池拥有高的比容量、高温稳定性、卓越的安全性和优越的高温循环性能。

2. 负极材料改性

负极材料改性包括表面改性和电解液添加剂。将极细的直接原子层沉积在负极表面可以提升天然石墨复合电极的安全性能。N, N-二炔酸-二乙氧基磷酰胺（N, N-diallyic-diethyoxyl phosphamide）等其他磷酰胺添加剂可以提高 SEI 膜的热稳定性[56, 57]。除石墨材料外，其他新型材料也应用于锂电池负极。硅的放电电压低，但其拥有目前已知的最高的理论比容量（4200 mA·h/g[58]）。然而，在锂离子脱嵌时，硅的体积变化达到 400%，会造成结构的损坏和容量的衰减。Chan 等[59]使用硅纳米线作为高性能的锂电池负极材料。硅纳米线能够承受强机械应变，且电接触良好，是相对优异的导体。此外，尖晶石结构的钛酸锂（$Li_{1.33}Ti_{1.67}O_4$，LTO）[60]也被用于电池负极材料。很多研究者基于高温条件下的产气分析、热分析数据和电池热失控实验都证明了 $Li_4Ti_5O_{12}$ 比石墨更安全。

3. 安全电解液

电解液及其分解产物为电池燃烧提供了主要可燃物，因此电解液改性成为研究重点。其中，提高电解液安全性最常见的方式包括电解液添加剂、离子液体和固态聚合物电解质。

研究者测试了大量的电解液添加剂，并分析了这些添加剂提高电解液和电池热稳定性或过充保护的能力。Xu 等[61]合成了一种新型氟化磷酸烷基酯（fluorinated alkylphosphate）、三(2, 2, 2-三氟乙基)磷酸盐（tris (2, 2, 2-trifluoroethyl) phosphate，TFP）来作为锂电池电解液的阻燃共溶剂，TFP 含量低于 20%的不燃电解液的电池性能表现良好。

除电解液添加剂外，传统电解液也可以被离子液体或固态聚合物电解质替代，从而提高电池安全。离子液体由离子组成，离子间的库仑力很强，因此其黏性很高、蒸气压低。低蒸气压使离子液体很难点燃，但其高黏性会降低电导率，且与其他电池材料相容性较差，因此离子液体不算是一种理想的电解液替代物。

固态聚合物电解质被视为可解决高能锂电池火灾危险性问题的一种可行方案。与电解液相比，固态聚合物电解质的确有一些优势，如不会挥发、难燃、易加工、具有电化学和化学稳定性。此外，固态聚合物电解质电池无须大面积密封，可以降低电池生产成本。

4. 电池管理系统

为了保证锂电池不暴露在异常的温度或负荷下，电池管理系统被应用到电池模块或单个电池上，以监测电池和/或环境的状态。电池管理系统本质上由电子或机械控制，可以用于一个电池组、电池模块或单个电池。电池管理系统功能全面，包括评估 SOC、放电深度、健康状态和功能状态，监测电池运行温度，防止电池过热。

电池管理系统常设置水冷和相变材料等热管理及阻隔措施[62]。Qin 等[7]研发了新型全氟己酮液冷系统，相较传统液冷系统，该系统抑制热失控传播的效能更高。Wilke 等[63]通过实验研究发现，相变复合材料无法有效抑制单体电池热失控，但相邻电池表面温度降低 80 ℃，且热失控传播被有效阻隔。

6.4　锂电池系统被动安全

6.4.1　灭火剂及其应用

灭火剂的主要作用是消除"热失控三角形"中一个或两个因素，从而抑制火灾发生、控制火灾蔓延。灭火剂的灭火机理主要分为隔离、窒息、冷却和化学抑制。目前用于抑制锂电池火灾的常用灭火剂可分为气体灭火剂（二氧化碳、七氟丙烷、全氟己酮、气溶胶等）、液体灭火剂（水喷淋、细水雾、泡沫等）和固体灭火剂（干粉等）。

1. 气体灭火剂

气体灭火剂因其不导电、无腐蚀、无残留和流动速度快的优势而广泛应用于精密仪器和电气火灾事故。同时，气体灭火剂在密闭空间内可发挥更好的灭火效果，因此在储能电站火灾防控中发挥着重要作用。气体灭火剂通常需要高压状态存储，锂电池火灾中常用的气体灭火剂如下。

1）二氧化碳

二氧化碳具有价格低廉、制备方便、易液化、储存方便、无污染等特点。二氧化碳释放进火区后立即蒸发，产生大量的气态二氧化碳，降低可燃物周围的氧浓度，窒息火焰[64]。此外，液态二氧化碳在蒸发过程中从周围吸收热量，降低火焰温度并加速火焰熄灭。目前研究发现二氧化碳只有物理抑制作用，冷却作用有限，一般无法彻底扑灭锂电池火灾。这是因为锂电池在热失控过程中会产生氧气，削弱了二氧化碳的窒息效果，且难以降低电池温度。此外，基于液态二氧化碳的吸热反应，喷嘴释放液态二氧化碳时温度急剧下降，导致蒸气凝结成冰并堵塞管道。Wang 等[65]研究了二氧化碳对锂电池火灾的灭火效率，发现释放液态二氧化碳过程中，蒸气凝结成冰，附着在管道上，导致二氧化碳流量减小，难以扑灭锂电池火灾，如图 6-5 所示。此外，二氧化碳无法完全消除引火源和氧化剂，即使火焰被扑灭后，锂电池依然容易复燃。

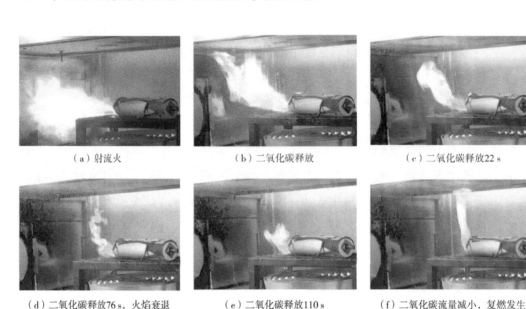

（a）射流火　　　　　　　　（b）二氧化碳释放　　　　　　（c）二氧化碳释放22 s

（d）二氧化碳释放76 s，火焰衰退　　（e）二氧化碳释放110 s　　　（f）二氧化碳流量减小，复燃发生

图 6-5　二氧化碳抑制钛酸锂电池火过程[65]

2）七氟丙烷

作为具有优异灭火性能的哈龙替代灭火剂，七氟丙烷是储能电站常用的灭火剂之一。七氟丙烷的灭火机理包括物理抑制和化学抑制。七氟丙烷具有较大的汽化潜热，气化和分解可以吸收周围热量，降低火区温度，稀释氧气。同时，七氟丙烷可以中断燃烧的连锁反应。七氟丙烷在高温下分解产生的氟化物（如氟化羰基、三氟甲基和二氟化基）可以捕获燃烧性的游离自由基·H、·OH 和·CH$_3$ 等，起到抑制火焰的作用[66]。七氟丙烷的化学抑制机理如图 6-6 所示，其中，·H 自由基的捕获对灭火效率的贡献最大，其次是·O 自由基，·OH 自由基的捕获对灭火效率的贡献较小。但是氟化物与自由基反应产生的氟化氢相对稳定，不能像溴化氢那样再次捕获·OH 自由基[67]。因此，七氟丙烷的灭火效率低于哈龙灭火剂。氟化氢浓度达到阈值会对个人健康和设备造成损害。

但是，七氟丙烷具有明显的温室效应，将被逐渐淘汰。此外，对于锂电池火灾，七氟丙烷的冷却性能仍较为有限，不足以消除高温火源，灭火后依然有复燃的可能。Wang 等[68]发现七氟丙烷能快速扑灭单体钛酸锂电池火灾，但随着电池内部的放热反应持续进行，电池发生复燃。同时，当锂电池火灾热释放速率较大时，七氟丙烷在开放环境中的灭火效率受到限制。Zhang 等[39]发现在开放环境内七氟丙烷难以扑灭容量为 243 A·h 的 LFP 电池火灾。因此，建议在受限空间使用七氟丙烷。此外，应尽早使用七氟丙烷，并延长冷却时间，以提高灭火效果。

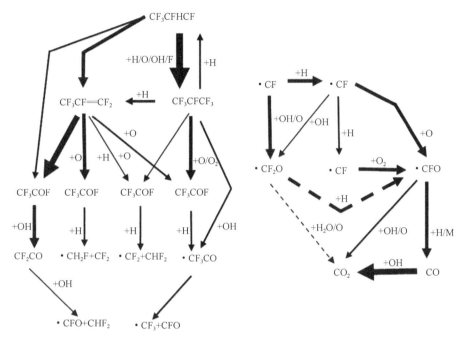

图 6-6　七氟丙烷的化学抑制机理[67]

M 指进入激发态的其他活化中间体

3）全氟己酮

全氟己酮是一种新型清洁的哈龙替代灭火剂，具有优异的灭火性能、洁净环保、不导电及无腐蚀等特点，是目前公认的七氟丙烷替代灭火剂。全氟己酮主要通过物理抑制和化学抑制作用扑灭锂电池火灾。全氟己酮室温下为液体，沸点为 49 ℃，具有较高的汽化潜热。因此，全氟己酮灭火剂释放进火区后可以吸收大量的热量，降低火场温度，同时隔绝氧气，窒息火焰。全氟己酮在高温下分解产生三氟甲基和二氟化基等氟化物，可以清除燃烧过程中的自由基，中断燃烧链式反应，如图 6-7 所示[69, 70]。虽然全氟己酮具有优异的灭火性能和较好的冷却性能，但是其价格较高，限制了其市场的进一步开拓。此外，全氟己酮在扑灭锂电池火灾时会产生氟化氢，使用时需要考虑防护措施。

Wang 等[65]首次研究了全氟己酮对锂电池火灾的抑制作用，结果表明全氟己酮可在 30 s 内扑灭锂电池火灾，且灭火冷却效果优于二氧化碳和七氟丙烷，灭火后电池未发生复燃。Liu 等[71]发现了全氟己酮的负抑制效用，当全氟己酮剂量较低时其表现出负抑制作用，并随着剂量的增加逐渐转化为抑制作用。全氟己酮可以抑制电池模组内的热失控传播。Zhang 等[72]研究了全氟己酮对大尺寸电池模组火灾的灭火实验，研究发现全氟己酮具有良好的灭火和冷却效果，可成功抑制储能电站模组内的热失控传播。全氟己酮不仅适用于储能电站火灾，而且对电动汽车和电动自行车具有良好的灭火与冷却效果，但是在灭火设计中需要考虑氟化氢的威胁。Liu 等[24]指出，全氟己酮的应用增加了系统毒性，随着全氟己酮剂量的增加，灭火后系统的毒性增加。

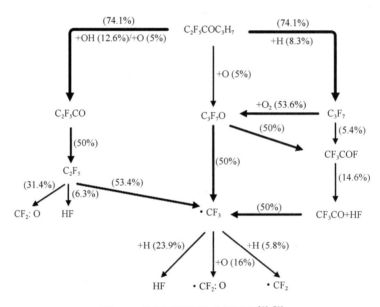

图 6-7　全氟己酮高温分解路径[69, 70]

4）液氮

　　液氮具有无污染、不导电、无腐蚀、无残留及冷却性能优异的特点，可以用于储能电站火灾抑制。液氮在标准大气压下的沸点为-196 ℃。液氮释放进火区后会迅速蒸发，吸收大量热量并释放大量氮气。因此，液氮可以通过冷却和窒息作用抑制火焰。液氮对储能电池火灾具有较好的冷却和灭火效果，表现出较好的应用前景。但是由于储运成本较高及液氮释放过程中可能堵塞管道等问题，液氮灭火技术尚未普及。

　　Huang 等[73]研究了液氮对锂电池热失控的抑制、延迟和冷却作用。液氮对锂电池的冷却效果远优于其他气体灭火剂，可将电池表面温度降至 0 ℃以下。Huang 等[73]还定义了临界热失控抑制温度，即当电池温度超过临界热失控抑制温度后，电池内部热失控放热反应无法抑制，电池温度将持续升高至热失控临界温度，进而触发热失控。液氮可以在电池表面温度达到临界热失控抑制温度之前延迟甚至阻止热失控，并且对电池的循环性能没有显著影响。液氮在锂电池火灾事故的灭火和救援中有着巨大的应用前景。然而，储存和运输问题仍然是液氮应用的障碍。

5）气溶胶

气溶胶作为哈龙替代灭火剂，凭借其优异的灭火效率、低残留和不导电性而广泛应用于高风险场所和受限空间。气溶胶是指悬浮在气体介质中的固态或液态颗粒所组成的气态分散系统。气溶胶灭火剂的颗粒直径一般小于 5 μm，可以长时间悬浮在空气中，且不受障碍物影响，灭火效率高。气溶胶颗粒由气溶胶形成剂燃烧产生，不需要耐压容器。气溶胶分解产生的金属离子可以消除维持燃烧所需的自由基，从而中断连锁反应[74]。同时，金属氧化物和碳酸盐分解产生的水蒸气和二氧化碳会降低氧浓度，且在这一过程中会吸收一定热量，进而熄灭火焰。气溶胶灭电池火机理如图 6-8 所示。气溶胶的产生与燃烧有关，不利于火焰区域的冷却，对锂电池复燃的抑制效率较差，不适用于储能电站火灾抑制。挪威船级社报告表示气溶胶可快速扑灭锂电池火灾，但无法降低锂电池温度，因此灭火后容易复燃，且无法阻止热失控传播[75]。此外，吸水后残留的气溶胶产品具有腐蚀性和导电性，容易造成锂电池损坏甚至外部短路，因此在使用气溶胶灭火剂后，需要及时清洁保护区。

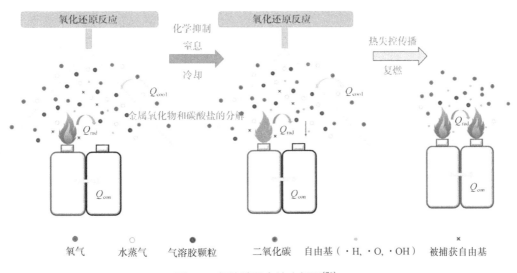

图 6-8 气溶胶灭电池火机理[76]

2. 液体灭火剂

液体灭火剂主要是一些水基灭火剂，包括纯水、含添加剂的水、泡沫等。水和水雾遇高温蒸发并吸热形成水蒸气，体积扩大，可稀释燃烧区的氧气，具有窒息和冷却的作用。由于其具有冷却效果优良、天然和成本低的优势，水是使用最广泛的灭火剂。

1）水注射

水注射是指用大流量的水覆盖甚至浸没可燃物，从而将可燃物的温度降低到燃点以下，并隔离氧气。水注射是扑灭锂电池火灾最有效的方式之一。然而由于水具有导电性和腐蚀性，灭火后电池（尤其是高压电池模组）仍存在复燃的风险。大多数情况下，水浸没电池后，不会触发电池热失控，但是会影响电池的电化学性能及热稳定性。Zhang 等[6]研究了浸水对电池电化学性能和热稳定性的影响。浸水后电池的循环寿命降低，氯化钠溶液对电池的影响更为严重，显著降低了电池的热稳定性。此外，在电池通电工作过程中，水注射可能对系统造成严重损坏，甚至引起电气火灾。水注射是一种破坏性灭火措施，应作为锂电池火灾的最后一道防线谨慎使用。Blum 和 Long[77]对全尺寸电动车辆火灾中水注射的有效性进行了实验研究。水注射可以有效扑灭全尺寸电动车辆火灾，但耗水量远高于传统车辆火灾，而且依旧有复燃的可能。因此，水注射后需要及时清洁和检查电池系统，将受损电池分离。

2）水喷淋

水喷淋系统在较高的水压下通过喷嘴将水流分为粒径大于 1000 μm 的水滴喷出。水滴容易到达火焰区域，覆盖和冷却可燃物，并吸收大量热量，水滴蒸发成水蒸气，稀释火焰区域的氧气。因此，水喷淋的灭火机理主要是冷却、窒息和隔离。水喷淋因其成本低廉、灭火效率高、性能稳定、适用范围广而适用于建筑火灾。与水注射相比，水喷淋减少了耗水量，且对锂电池火灾具有较好的灭火和冷却效果。瑞典环境科学研究院评估了水喷淋对电池模组火灾的抑制效果，如图 6-9 所示。在电池模组内部直接喷淋水可快速扑灭火灾；当喷嘴位于模组外部时，因为水滴无法穿透模组外壳并到达其内部电池的表面，所以无法扑灭电池火灾。同时，低流速和较长释放时间可有效地阻止热失控传播。Zhang 等[23]发现水喷淋可以迅速降低电池温度，但当水量不足时，电池表面温度会发生反弹，有可能触发热失控传播。减少水流量和延长喷淋持续时间可提高冷却效率。此外，水喷淋会影响热失控气体产量，水喷淋释放结束后，一氧化碳、氢气和氟化氢浓度增加，二氧化碳浓度减少[23, 70]。此外，水喷淋具有导电性，电池系统的短路威胁仍然存在。因此，毒性的增加和短路的威胁已成为水喷淋在锂电池火灾中应用的限制因素。灭火后的及时通风和检查可减弱水喷淋的负面影响。

（a）灭火剂释放过程

（b）灭火剂释放结束

图 6-9　水喷淋灭电池火过程[78]

3）细水雾

美国消防协会细水雾消防系统标准（NFPA750）规定细水雾是指在最小设计工作压力下、距喷嘴 1 m 处的平面上，99%的水颗粒直径小于 1000 μm 的水微粒[79]。由于细水雾颗粒直径很小，相对同样体积的水，其表面积剧增，从而加强了热交换的效能，起到了良好的降温效果。细水雾吸收热量后迅速汽化，使得体积急剧膨胀，降低了空气中的氧浓度，抑制了燃烧中氧化反应的速度，起到了窒息的作用。此外，细水雾具有非常优越的阻断热辐射传递的效能，可有效地阻断火焰及高温物体的对外热辐射。细水雾具有绝缘性，以及优异的灭火、冷却和环保性能，对锂电池火灾有较好的抑制效果，抑制机理如图 6-10 所示。但是，细水雾释放后残留的水渍依然具有强导电性，如果不能及时排出，对高压储能电池系统的威胁较大。

目前一些研究发现，细水雾可有效地扑灭锂电池火灾。刘昱君等[80]比较了各种灭火剂对容量为 38 A·h 的 NCM 电池火灾的灭火和冷却效果。研究发现，水基灭火剂、全氟己酮、七氟丙烷、二氧化碳和干粉灭火剂都能迅速扑灭火焰，但二氧化碳

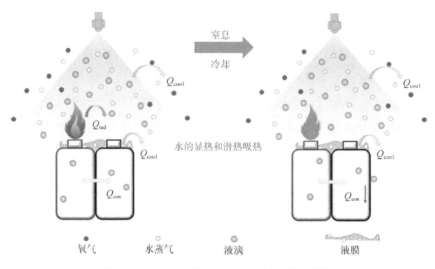

氧气　　　　　　水蒸气　　　　　液滴　　　　　　　液膜

图 6-10　细水雾对锂电池火灾的抑制机理[76]

灭火剂释放结束后电池发生复燃。灭火剂的冷却效率从高到低分别为：水基灭火剂>全氟己酮>七氟丙烷>干粉>二氧化碳。细水雾对锂电池火灾的抑制效果还与喷雾时刻、持续时间、水量、水压和喷雾强度等有关。Liu 等[25]研究表明，每瓦时消耗 1.95×10^{-4} kg 水可以阻止电池模组内的热失控传播。此外，在电池温度低于临界热失控抑制温度时，释放细水雾可以阻止电池发生热失控[32, 81, 82]。Xu 等[83]进行了细水雾抑制热失控传播的研究，发现细水雾可以有效地冷却电池，抑制热失控和热失控传播。延长细水雾释放的持续时间可以进一步延迟热失控传播发生时刻，并最终抑制热失控传播。Liu 等[70]研究了不同工作压力（1 MPa、2 MPa 和 3 MPa）下细水雾对热失控后锂电池的冷却效果。结果表明，随着工作压力的增加，电池峰值温度降低。此外，细水雾对电池热失控过程中产生的烟雾颗粒也具有良好的净化效果。但是细水雾也存在许多问题，这限制了其在锂电池火灾中的应用。例如，当锂电池火的热释放速率较大时，细水雾颗粒的直径和动量较小，无法穿透火焰浮力到达电池表面，导致细水雾的灭火效率较低。当喷雾强度不足时，细水雾甚至会加剧火焰。此外，受通风和障碍物的影响，细水雾颗粒难以到达电池表面。现有的研究集中在单体电池或者电压不超过 300 V 的电池模组，细水雾是否导致高压储能电站的外部短路值得进一步研究。此外，部分研究发现，细水雾的释放会增加氟化氢的产量，因此应考虑灭火期间毒性增加的威胁[51]。

4）含添加剂的水

如上所述，在某些情况下，细水雾不能满足扑灭锂电池火灾的要求。因此，一些研究使用添加剂进一步改善细水雾的灭火和冷却性能。添加剂种类繁多，可分为无机盐和有机化合物。使用添加剂对细水雾的改善主要体现在细水雾的物理和化学性能上。物理性能有助于提高冷却性能。物理添加剂可以调节水滴的表面张力，使其适合不同的场景。无机盐添加剂可增加水滴的表面张力，从而提高其渗透性；而表面活性剂可降低水滴的表面张力，从而减小水滴直径并增大水雾的表面积[70]。然而，经添加剂改善的细水雾的冷却性能提升有限。含添加剂细水雾的灭火性能的显著增强主要取决于化学抑制，化学抑制切断燃烧反应链，从而明显提高灭火效率[84]。一些添加剂甚至可以与毒性气体和烟雾反应以降低其浓度。添加剂存在一个最佳浓度，使细水雾具有最优的冷却和灭火性能。综合考虑各种添加剂的优缺点，某些添加剂复合使用可提供更好的灭火和冷却效果。然而，一些具有腐蚀性、导电性、毒性大的添加剂不适合扑灭锂电池火灾。

目前学者开展了含添加剂的细水雾抑制电池热失控研究。Liu 等[70]研究发现含有碳酸氢钾（$KHCO_3$）和草酸钾（$K_2C_2O_4 \cdot H_2O$）的细水雾显示出更好的冷却效果，可以降低电池峰值温度和缩短高温持续时间。无机盐添加剂可以增强水滴的渗透性，使其可以穿透热失控产生的烟雾和热浮力，到达电池表面，展现出更好的冷却效果。同时，含碳酸氢钾和氟碳表面活性剂 FS3100 添加剂的细水雾小幅增加了体系的氟化氢产量，含十二烷基苯磺酸钠（sodium dodecylbenzenesulphonate，SDBS）和草酸钾的细水雾大幅增加了体系的氟化氢产量，提高了体系的刺激性气体毒性。Xu 等[85]使用含添加剂的细水雾来扑灭锂电池火灾。研究发现，与纯水相比，含添加剂的细水雾可以缩短灭火时间、降低电池峰值温度和火焰传播速度。张青松等[86]研究了含有复合添加剂的细水雾对电池火灾的抑制作用。表面活性剂和尿素的组合主要通过增加物理吸热能力和捕获化学自由基来增强细水雾的灭火性能，物理和化学添加剂的协同效应可以显著提高细水雾抑制热失控产生射流火的能力。朱明星等[87]研究发现，一些表面活性剂可以吸收一氧化碳和甲烷。因此，吸收电池热失控期间产生的有毒和易燃气体的添加剂具有巨大的前景。然而，一些添加剂对锂电池也有一些负面影响。例如，无机盐具有高腐蚀性和导电性，尿素的分解会产生有害气体。

目前，作为一种无毒、低腐蚀的添加剂，F-500 灭火剂可以用来扑灭锂电池和变压器火灾。F-500 的灭火机制包括物理冷却和化学抑制。F-500 可降低水的表面张力，使水滴更容易蒸发成水蒸气，从而降低火焰区域的温度并稀释氧气。F-500 的化学抑制显著增强了细水雾的灭火性能。F-500 的主要成分是一种两亲表面活性剂，它具有一个亲水极性端和一个疏水非极性端。亲水极性端易溶于水；疏水非极性端排斥水分子，转而寻求其他类型的分子结合，特别是可燃分子。两端相对活动自如，可分别抓住油性物质和水。当 F-500 与水混合时，亲水极性端将迅速吸附到水滴表面，疏水非极性端尾排斥水分子以捕获可燃分子并将其包裹形成微胶囊。微胶囊可以消除可燃物并中断燃烧自由基的链式反应。Egelhaaf 等[88]进行了一系列用水、F-500（添加剂）抑制锂电池火灾的实验，发现使用 1%浓度的 F-500 混合物可在14 s 内扑灭锂电池火灾，明显缩短了灭火时间且减少了耗水量。但是水的高电导率仍然限制了其发展和应用。

5）泡沫

水的黏度较小，在灭火过程中很难附着在可燃物表面，导致水资源流失、浪费。此外，水的密度大，会增加可燃液体的燃烧面积，因此不适合扑灭液体火灾。泡沫具有更大的黏度、更小的密度和优异的灭火效果，适用于扑灭 A 类和 B 类火灾。泡沫按照发泡方式可分为化学泡沫和机械泡沫，通过化学反应或机械方法与水混合产生灭火泡沫。化学泡沫由碳酸氢钠和硫酸铝在发泡剂催化的水溶液中的相互作用产生；机械泡沫通过液体发泡剂与压力气体的混合水溶液或其他机械方法形成。虽然发泡机理不同，但是化学泡沫和机械泡沫的灭火机理相似。泡沫具有更大的黏度和更小的密度，可以覆盖可燃物表面，从而隔离氧气和火焰热辐射。此外，泡沫沉淀的水蒸发带走了大量热量，产生的水蒸气也可稀释氧气[89]。

近年来，一些研究使用泡沫抑制锂电池火灾。Cui 等[90]进行了全尺寸火灾实验，以评估泡沫的灭火效率，如图 6-11 所示。结果表明，消耗 0.743 m³/(kW·h) 的泡沫可以有效抑制电动汽车中全尺寸锂电池组的热失控。然而，李毅等[91]发现，在明火被 3%的抗溶性水成膜泡沫（aqueous film forming foam extinguishing agent，AFFF）扑灭 45 s 后，电池会发生复燃并剧烈燃烧。虽然泡沫可以覆盖锂电池表面并隔离外部氧气，但是阳极分解产生的氧气限制了窒息效果。此外，与水相比，泡沫的冷却性能没有显著改善。泡沫对锂电池火灾的抑制效果一般。挪威船级社认为泡沫不适用于储能电站火灾[75]。泡沫具有较高的水利用率，可以长时间连续覆盖并冷却电池，在某些特殊场景中具有巨大的前景。例如，陈智明和王晓君[92]建议采用泡沫完全淹没和覆盖的方式扑灭电动汽车火灾，泡沫比纯水更快、更容易淹没火焰区域。此外，泡沫具有一些不容忽视的缺陷。例如，化学泡沫更具腐蚀性，AFFF 对人类和环境有害。

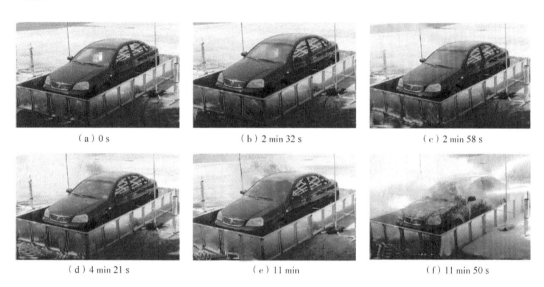

（a）0 s　　　　　　　　（b）2 min 32 s　　　　　　　　（c）2 min 58 s

（d）4 min 21 s　　　　　　　（e）11 min　　　　　　　（f）11 min 50 s

图 6-11　泡沫抑制新能源汽车火灾过程[90]

3. 固体灭火剂

干粉等固体灭火剂因其灭火效率高、储存方便、成本低、应用范围广而广泛用于扑灭 A 类、B 类、C 类和电气火灾。

1）干粉

干粉是通过干燥、粉碎和混合具有灭火效率的无机盐和少量添加剂而形成的固体粉末。根据主要成分，干粉可分为 ABC 干粉、BC 干粉和 D 干粉。ABC 干粉适用于扑灭 A 类、B 类和 C 类火灾，适用范围最广。ABC 干粉的主要成分是磷酸铵，可以通过隔离、窒息、冷却和化学抑制来熄灭火焰。图 6-12 展示了 ABC 干粉对锂电池火灾的抑制机理。干粉释放进火焰区后，在高温下的分解产物可以捕获 ·H、·OH 自由基，中断燃烧连锁反应[93]。同时，干粉的分解将吸收大量热量并产生氨和水蒸气，稀释火焰区的氧气，如反应（6-3）所示[94]。此外，干粉落在高温可燃物的表面，熔化形成玻璃覆盖层，隔离氧气并使可燃物窒息。BC 干粉的主要成分是碳酸氢钠，可扑灭 B 类和 C 类火灾。D 干粉的主要成分为氯化钠，适用于扑灭金属火灾。超细干粉颗粒较小，可长时间悬浮在空气中，提供更好的灭火效果。

$$NH_4H_2PO_4 \longrightarrow HPO_3(g)+NH_3(g)+H_2O(g) \qquad (6-3)$$

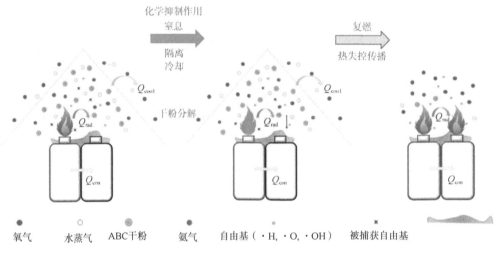

图 6-12　ABC 干粉对锂电池火灾的抑制机理[76]

Meng 等[95]研究表明干粉的灭火效果与许多因素有关。ABC 干粉的灭火效果随释放压力和持续时间的增加而增加，释放压力较大、持续时间较长时能够成功扑灭电池火灾，而喷雾角度对灭火性能几乎没有影响。刘昱君等[80]发现 ABC 干粉可以快速扑灭锂电池火灾，但冷却性能有限。ABC 干粉释放结束后，电池温度仍较高，容易触发邻近电池热失控，甚至电池模组内发生热失控传播。Zhao 等[96]在四个电池组成的电池阵列中进行了热失控传播抑制实验，发现 BC 超细干粉对热失控传播完全没有抑制作用，而 ABC 超细干粉抑制后，电池阵列中有一个电池未发生热失控，阻止了电池阵列中的热失控传播。另外，干粉的冷却性能有限，无法快速降低电池温度，电池的内部反应可能会继续，因此干粉灭火后电池易复燃。李毅等[91]研究了干粉对钛酸锂电池火灾的灭火效果，发现明火被 ABC 干粉扑灭 8 s 后发生了复燃。此外，使用干粉后，残留的粉末会污染保护区，损坏精密仪器。如果不及时清理，残留粉末吸水后可能导电，导致电池外部短路。因此，干粉不适合扑灭锂电池火灾。

2）其他固体灭火剂

其他固体灭火剂（包括砂土、水泥粉和灭火毯等）具有成本低、数量大的特点。

当周围没有其他有效的灭火剂时，可以使用它们扑灭初始的火灾。这些固体灭火剂通过隔离和窒息作用抑制火焰，适用于扑灭液体流淌火灾和危险化学品火灾。然而，由于灭火效率低和冷却性能低，此类固体灭火剂不适合扑灭锂电池火灾。

6.4.2　灭火策略

理想的灭火系统应具有良好的灭火和冷却效果，能够快速扑灭明火并降低电池系统温度，防止模组内外发生热失控传播，阻止复燃和爆炸。目前的灭火剂还无法满足应用场景需求。灭火策略一定程度上可以弥补灭火剂的不足，合适的灭火策略可以提高灭火剂的灭火和冷却效果，抑制锂电池火灾的复燃。详细的灭火策略总结如下。

1. 火灾探测管

为了满足对高能量密度的需求，锂电池系统包含的电池更多、排列更紧密。一般来说，灭火剂释放到火源位置时，灭火效果更好。然而，每个电池都有发生故障的可能性，对于如此多的电池，点对点灭火是一个重大挑战。火灾探测管不仅可以探测锂电池火灾，而且能主动灭火，最大限度地减少损失。当达到阈值温度时，火灾探测管发生破裂，并释放出压力容器中储存的灭火剂，从而实现点对点灭火。因此，火灾探测管兼具报警和灭火功能，可迅速将火灾扑灭在萌芽状态。黎可等[97]实验研究了火灾探测管位置对锂电池灭火的影响。结果表明，当火灾探测管直接布置在电池上方时，压力容器中的全氟己酮可短时间内扑灭火灾，但无法抑制火灾探测管有效覆盖区域外的火灾，这可能导致模组内发生热失控传播。Liu 等[70]还验证了火灾探测管布置在电池上方时，可以轻松扑灭容量为 38 A·h 的三元锂电池火灾。因此，火灾探测管覆盖电池模组内的所有电池方能发挥有效的锂电池火灾抑制效果。

2. 水气协同

灭火剂各有优缺点，一些情况下，单一灭火剂可能无法有效控制锂电池火灾。气体灭火剂具有优异的灭火性能，但冷却效果不足，导致灭火后易发生复燃。水基灭火剂表现出优异的冷却性能，但灭火效率不足，而且水基灭火剂具有导电性，可能导致电池发生外短路。挪威船级社首次提出了协同灭火抑制锂电池火灾[75]：使用气体灭火剂，降低环境中的易燃易爆性；如果锂电池火灾未被完全扑灭或温度继续升高，则使用水基灭火剂冷却电池系统，防止高温下热失控传播。Liu 等[70]设计了将细水雾与全氟己酮结合的新型协同灭火策略，显著提高了锂电池火灾的灭火和冷却效果。Zhang 等[39]比较了不同气体灭火剂和细水雾协同的灭火方法对容量为 243 A·h 的大型 LFP 电池火灾的抑制效果，发现协同灭火方法的灭火和冷却效果明显优于单一灭火剂。气体灭火剂率先释放可以降低电池的热释放速率、烟雾羽流及热浮力，便于后续的细水雾颗粒到达电池表面，彻底冷却电池。其中，全氟己酮与细水雾协同灭火方法的灭火和冷却效果最佳。

3. 间歇喷雾

当灭火剂剂量有限时，电池温度易反弹，甚至在灭火剂消耗完后发生复燃。因此，扑灭锂电池火灾往往需要消耗大量的灭火剂冷却电池并抑制复燃。李毅等[91]发现，使用二氧化碳、ABC 干粉和泡沫等灭火剂熄灭锂电池火灾后不久电池均发生复燃。一些研究发现，延长灭火剂的主动灭火时间对冷却电池和抑制复燃具有积极作用[98]。Zhang 等[23]通过降低水压和延长喷水时间，增强了水喷淋对热失控电池的冷却效果，但是当喷雾流量过小时也不能扑灭锂电池火灾。目前，间歇喷雾已成为一种提高冷却效率的主动流量控制方法，通常用于电子元件的散热和电池热管理。间歇喷雾由喷雾时间和间隔时间组成，可延长抑制时间，提高药剂利用效率。Zhang 等[33]研究了不同周期和占空比的间歇喷雾对热失控电池的冷却效果。结果表明，间歇喷雾可以显著提高水利用率，而且喷射脉冲多、单次持续时间短的间歇喷雾往往具有更好的冷却效果。同时，随着占空比的减小，间歇喷雾的冷却效果先增大后减小。Meng 等[99]提出了一种新的冷却策略，以间歇喷雾的方式释放全氟己酮抑制锂电池火灾，发现间歇喷雾不仅可以改善冷却效果，而且可以在环境中长时间保持全氟己酮的灭火浓度，防止复燃。

4. 微胶囊

微胶囊是一种以聚合物为壳材料、液体或固体为芯材料的核-壳结构。微胶囊技术为相变材料提供了更多可能性，这些相变材料广泛用于锂电池热管理。同时，微胶囊技术为灭火策略指明了新方向。Zhang 等[100]设计了一种由全氟己酮和七氟丙烷混合而成的"防护服"，由微胶囊包覆，直接附着在锂电池表面。微胶囊在一定温度下会破裂，释放灭火剂，在初始阶段抑制锂电池热失控，使其不影响邻近电池。Yim 等[101]提出了一种新的策略，通过集成含灭火剂的温度响应微胶囊来实现锂电池的自灭火性能。微胶囊在电解液中具有良好的相容性和合理的电化学性能。当电池内部温度异常升高时，微胶囊释放灭火剂，以抑制进一步的温升和热失控。

5. 通风抑爆

电池热失控时产生大量的可燃易爆气体，当电池火焰被熄灭后，这些可燃易爆气体仍积聚在电池模组或者预制舱内。由于氧浓度低，这些可燃气体通常无法燃烧。如果在高温热源存在的情况下打开舱门，氧气进入，则可能发生爆燃，具有显著的爆炸特性和破坏性。爆燃问题是灭火救援的巨大阻碍，严重威胁消防员的人身安全。因此需要在电池灭火后及时将这些可燃易爆气体排出，降低电池模组或预制舱内的压力和浓度，防止爆炸。对于电池模组，通过设置泄压阀，当模组内部压力过大时，泄压阀开启，将可燃气体释放到预制舱中，进而降低模组内部压力。对于预制舱，通过设置排气扇，将可燃气体排出预制舱。此外，可以同步在电池模组或预制舱中释放惰性气体，降低可燃气体浓度，防止气体发生爆炸，抑制火灾事故的进一步扩大。陈智明和王晓君[92]发现增大通风面积可以防止锂电池热失控产生的可燃气体积聚，使其无法达到爆炸下限。Liu 等[102]研究了通风口三种典型主动控制模式下电池的冷却和燃烧阻断能力。结果表明，与无主动控制相比，主动控制通风可显著提高灭火剂的冷却性能和氧抑制效果。

6.5　灭火剂效能评估

灭火剂的灭火性能、冷却性能是抑制热失控火灾的基本指标，同时应综合考虑其绝缘性、毒性、残留物及成本。灭火剂的效能参数评估如图 6-13 所示。

锂电池火灾是一种复杂多变的火灾。灭火剂的灭火性能对于抑制锂电池火灾至关重要。气体灭火剂在封闭空间中表现出更优异的灭火性能。其中，全氟己酮和液氮的灭火性能最好，其次是七氟丙烷。气溶胶和二氧化碳不能满足扑灭锂电池火灾的要求，容易复燃。直接接触电池时，水基灭火剂具有较好的灭火效果，但是水基灭火剂覆盖面积小，易受障碍物影响，限制了其灭火性能。固体灭火剂对锂电池火灾的灭火性能最差。

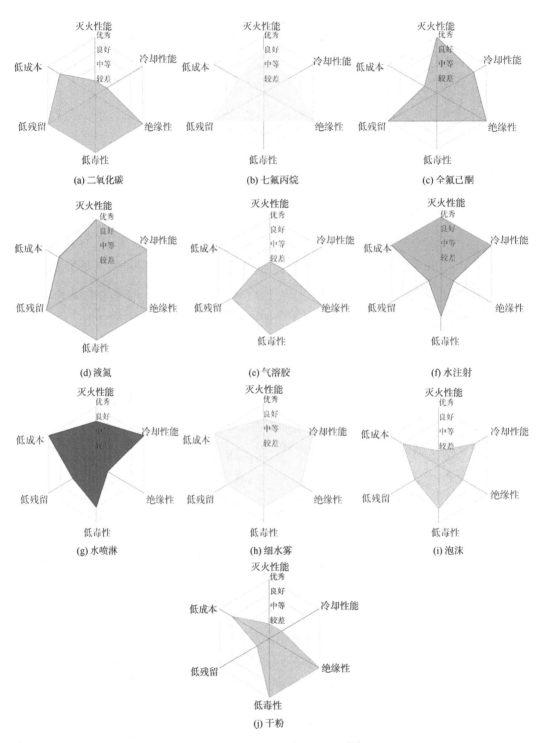

图 6-13 灭火剂的效能参数评估[76]

灭火剂的冷却性能对抑制电池复燃具有积极作用。水基灭火剂具有优异的冷却性能，合适的添加剂（如 F-500）可以提高纯水的冷却性能。固体灭火剂和气体灭火剂的冷却性能较差。其中，液氮的冷却性能最好，其次是全氟己酮、七氟丙烷、二氧化碳、干粉和气溶胶。

随着锂电池向更高电压和更高能量密度方向发展，灭火剂的绝缘性已成为首要考虑的指标。水基灭火剂绝缘性差，尤其是水注射和水喷淋，可能导致高压电池模组短路并引发二次火灾。细水雾颗粒直径较小，不易润湿可燃材料的表面。因此，细水雾具有更好的电气绝缘性能。然而，对于具有数千伏特电压的储能电站，细水雾的电气绝缘性能有待进一步验证。固体灭火剂和气体灭火剂具有较好的绝缘性，在灭火过程中一般不会导致锂电池短路。

毒性是灭火过程中保护人身安全不可忽视的指标。除了灭火剂本身的毒性，灭火剂扑灭锂电池火灾过程中副产物的毒性也应考虑。除七氟丙烷具有明显的温室效应，将逐渐退出市场，上述其他灭火剂自身毒性较低。此外，七氟丙烷和全氟己酮在分解过程中会产生氟化氢，细水雾在灭火过程中也会促进氟化氢的生成，对人体健康和电子设备有害[51, 67, 69]，因此需要考虑保护措施。液氮和气溶胶在灭火过程中一般不会产生有毒物质。

残留物是评价灭火后潜在危险的重要指标。气体灭火剂除气溶胶外通常没有残留物。气溶胶灭火剂有少量残留物，固体颗粒沉积在锂电池表面后具有导电性和腐蚀性。干粉灭火剂具有大量残留物，吸水后具有导电性。水基灭火剂在灭火后会产生水渍，水渍具有导电性和腐蚀性。细水雾残留物较少，其次是水喷淋和水注射。因此，灭火后的残留物应及时清理，避免造成二次事故。

灭火剂的成本也是决定灭火剂应用范围的重要指标。全氟己酮和气溶胶的成本较高，其次是七氟丙烷、二氧化碳、液氮、干粉和水基灭火剂。尽管细水雾和液氮的成本较低，但是其系统建设和维护、液氮的储运成本相对较高。

综上所述，全氟己酮、液氮和水基灭火剂具有优异的灭火和冷却性能。其他灭火剂对锂电池火灾的灭火或冷却效果较差，容易复燃，不适合扑灭锂电池火灾。然而，导电性对于水基灭火剂扑灭锂电池火灾是巨大的挑战。水注射和水喷淋是一种完全破坏性的灭火策略，适合作为防止锂电池热失控大范围传播的补充措施。细水雾具有良好的绝缘性，适用于开放环境或低压场景的锂电池火灾，如电动汽车火灾，但不适用于高压储能电站火灾。同时，考虑使用水基灭火剂后的残留物和副产品毒性，灭火过程中的安全防护和灭火后残留物的及时处理非常关键。全氟己酮和液氮不导电且无残留物，适用于受限环境或高压储能电站火灾。全氟己酮的应用受到其高成本和分解产生的毒性氟化氢的限制。液氮具有成本低、无毒、冷却性能好等优点，非常适合扑灭锂电池火灾，但是其储运问题仍然是液氮广泛应用的障碍。

6.6 未来挑战与研究展望

安全问题仍然是制约锂电池在电动汽车和储能系统上大规模应用的主要障碍。由于锂电池在极端条件下易起火爆炸，抑制锂电池火灾已成为一项重大挑战。本章综述了锂电池的火灾行为、主动安全设计、被动灭火方法和灭火策略。

在热滥用、电滥用或机械滥用的情况下，锂电池内部可能出现异常温升。随着电池温度的升高，电池的内部材料（如 SEI 膜、负极、正极和电解液）将经历一系列放热反应，这进一步提高了电池的温度和反应速率，最终导致热失控。热失控过程中会产生各种可燃物甚至氧气，伴随着高温，具备了"热失控三角形"的所有元素。因此，锂电池火灾的"热失控三角形"很难被破坏，电池火的燃烧特性包括温升速率高、射流火剧烈、热释放速率极高、易发生热失控传播、产生有毒和易燃气体。

目前锂电池具有诸多的本质安全设计，但开发更稳定的电极、电解液和隔膜材料是解决锂电池安全问题最本质的方法。设计更安全的电解液和电极，使其具有良好的电化学性能和热稳定性非常重要。此外，目前灭火剂存在诸多问题，如冷却效果差、导电性差、消耗量大、产生有毒气体、易复燃等，无法满足抑制大规模电池火灾的需求。一些气体灭火剂（如七氟丙烷、二氧化碳和气溶胶）可以快速扑灭锂电池火灾，但冷却效果有限，导致电池易复燃。干粉等固体灭火剂冷却效果差，也不适合扑灭锂电池火灾。全氟己酮和液氮具有良好的灭火和冷却性能，适用于扑灭受限环境内锂电池火灾，但是全氟己酮分解产生氟化氢，液氮储运问题也是广泛应用的阻碍。水基灭火剂凭借优良的冷却效果、低成本，常被用于扑灭锂电池火灾，但是导电性是水基灭火剂的最大制约因素。此外，水基灭火剂扑灭电池火过程中会促进氟化氢的生成，在灭火救援过程中应重点关注。

随着需求的增加和应用范围的不断扩大，锂电池包的容量和尺寸增大，抑制锂电池火灾的难度将进一步增加。由于电池模组密封性强，电池之间紧密排列，灭火剂很难接触电池表面。此外，基于灭火剂本身的缺陷，以上灭火剂不能满足扑灭电池火的需求。优化灭火策略可以提高对电池的灭火和冷却效率，如火灾探测管、水气协同、间歇喷雾、微胶囊、通风抑爆。开发适用于扑灭锂电池火灾的理想灭火剂也是未来研究和开发工作的重点。锂电池理想灭火剂应具有强冷却性、高电气绝缘性、高效灭火性、低成本、低残留和无毒性。开发能够吸收热失控产生的烟雾和有毒气体的灭火剂也有广阔的应用前景。开发适合扑灭锂电池火灾的理想灭火剂需要来自安全工程、化学、材料科学和电池制造等行业背景的专业人员之间的良好合作。理想灭火剂与新型灭火策略相结合是锂电池灭火未来的发展方向，可以确保当前和未来锂电池技术的安全。

参 考 文 献

[1] Ping P，Wang Q S，Huang P F，et al. Study of the fire behavior of high-energy lithium-ion batteries with full-scale burning test[J]. Journal of Power Sources，2015，285：80-89.

[2] Hu J，Liu T，Wang X S，et al. Investigation on thermal runaway of 18650 lithium ion battery under thermal abuse coupled with charging[J]. Journal of Energy Storage，2022，51：104482.

[3] Hu J，Liu T，Tang Q，et al. Experimental investigation on thermal runaway propagation in the lithium ion battery modules under charging condition[J]. Applied Thermal Engineering，2022，211：118522.

[4] Ping P，Kong D P，Zhang J Q，et al. Characterization of behaviour and hazards of fire and deflagration for high-energy Li-ion cells by over-heating[J]. Journal of Power Sources，2018，398：55-66.

[5] Mao B B，Chen H D，Cui Z X，et al. Failure mechanism of the lithium ion battery during nail penetration[J]. International Journal of Heat and Mass Transfer，2018，122：1103-1115.

[6] Zhang L，Zhao C P，Liu Y J，et al. Electrochemical performance and thermal stability of lithium ion batteries after immersion[J]. Corrosion Science，2021，184：109384.

[7] Qin P，Jia Z Z，Jin K Q，et al. The experimental study on a novel integrated system with thermal management and rapid cooling for battery pack based on $C_6F_{12}O$ spray cooling in a closed-loop[J]. Journal of Power Sources，2021，516：230659.

[8] Qin P，Liao M R，Mei W X，et al. The experimental and numerical investigation on a hybrid battery thermal management system based on forced-air convection and internal finned structure[J]. Applied Thermal Engineering，2021，195：117212.

[9] Qin P，Liao M R，Zhang D F，et al. Experimental and numerical study on a novel hybrid battery thermal management system integrated forced-air convection and phase change material[J]. Energy Conversion and Management，2019，195：1371-1381.

[10] Qin P，Sun J H，Yang X L，et al. Battery thermal management system based on the forced-air convection：A review[J]. eTransportation，2021，7：100097.

[11] Wang Q S, Jiang L H, Yu Y, et al. Progress of enhancing the safety of lithium ion battery from the electrolyte aspect[J]. Nano Energy, 2019, 55: 93-114.

[12] Mei W X, Jiang L H, Zhou H M, et al. Correlating electrochemical performance and heat generation of Li plating for lithium-ion battery with fluoroethylene carbonate additive[J]. Journal of Energy Chemistry, 2022, 74: 446-453.

[13] Jiang L H, Wang Q S, Sun J H. Electrochemical performance and thermal stability analysis of $LiNi_xCo_yMn_zO_2$ cathode based on a composite safety electrolyte[J]. Journal of Hazardous Materials, 2018, 351: 260-269.

[14] Wei Z S, Liang C, Jiang L H, et al. In-depth study on diffusion of oxygen vacancies in $Li(Ni_xCo_yMn_z)O_2$ cathode materials under thermal induction[J]. Energy Storage Materials, 2022, 47: 51-60.

[15] Peng Q K, Ling F X, Yang H, et al. Boosting potassium storage performance via construction of $NbSe_2$-based misfit layered chalcogenides[J]. Energy Storage Materials, 2021, 39: 265-270.

[16] Wang Q S, Ping P, Zhao X J, et al. Thermal runaway caused fire and explosion of lithium ion battery[J]. Journal of Power Sources, 2012, 208: 210-224.

[17] Jia Z Z, Qin P, Li Z, et al. Analysis of gas release during the process of thermal runaway of lithium-ion batteries with three different cathode materials[J]. Journal of Energy Storage, 2022, 50: 104302.

[18] Li H, Duan Q L, Zhao C P, et al. Experimental investigation on the thermal runaway and its propagation in the large format battery module with $Li(Ni_{1/3}Co_{1/3}Mn_{1/3})O_2$ as cathode[J]. Journal of Hazardous Materials, 2019, 375: 241-254.

[19] Huang Z H, Liu J L, Zhai H J, et al. Experimental investigation on the characteristics of thermal runaway and its propagation of large-format lithium ion batteries under overcharging and overheating conditions[J]. Energy, 2021, 233: 121103.

[20] Huang Z H, Zhao C P, Li H, et al. Experimental study on thermal runaway and its propagation in the large format lithium ion battery module with two electrical connection modes[J]. Energy, 2020, 205: 117906.

[21] Liu P J, Sun H L, Qiao Y T, et al. Experimental study on the thermal runaway and fire behavior of $LiNi_{0.8}Co_{0.1}Mn_{0.1}O_2$ battery in open and confined spaces[J]. Process Safety and Environmental Protection, 2022, 158: 711-726.

[22] Mao B B, Liu C Q, Yang K, et al. Thermal runaway and fire behaviors of a 300 Ah lithium ion battery with $LiFePO_4$ as cathode[J]. Renewable and Sustainable Energy Reviews, 2021, 139: 110717.

[23] Zhang L, Duan Q L, Liu Y J, et al. Experimental investigation of water spray on suppressing lithium-ion battery fires[J]. Fire Safety Journal, 2021, 120: 103117.

[24] Liu Y J, Yang K, Zhang M J, et al. The efficiency and toxicity of dodecafluoro-2-methylpentan-3-one in suppressing lithium-ion battery fire[J]. Journal of Energy Chemistry, 2022, 65: 532-540.

[25] Liu T, Liu Y P, Wang X S, et al. Cooling control of thermally-induced thermal runaway in 18650 lithium ion battery with water mist[J]. Energy Conversion and Management, 2019, 199: 111969.

[26] Ping P，Wang Q S，Huang P F，et al. Thermal behaviour analysis of lithium-ion battery at elevated temperature using deconvolution method[J]. Applied Energy，2014，129：261-273.

[27] Feng X N，He X M，Ouyang M G，et al. Thermal runaway propagation model for designing a safer battery pack with 25Ah LiNi$_x$Co$_y$Mn$_z$O$_2$ large format lithium ion battery[J]. Applied Energy，2015，154：74-91.

[28] 王海燕，唐爱东，黄可龙. Oxygen evolution in overcharged Li$_x$Ni$_{1/3}$Co$_{113}$Mn$_{1/3}$O$_2$ electrode and its thermal analysis kinetics[J]. 中国化学：英文版，2011，29（8）：1583-1588.

[29] Essl C，Golubkov A W，Fuchs A. Fuchs，comparing different thermal runaway triggers for two automotive lithium-ion battery cell types[J]. Journal of The Electrochemical Society，2020，167（13）：130542.

[30] Röder P，Baba N，Wiemhöfer H D. A detailed thermal study of a Li[Ni$_{0.33}$Co$_{0.33}$Mn$_{0.33}$]O$_2$/LiMn$_2$O$_4$-based lithium ion cell by accelerating rate and differential scanning calorimetry[J]. Journal of Power Sources，2014，248：978-987.

[31] Qin P，Sun J H，Wang Q S. A new method to explore thermal and venting behavior of lithium-ion battery thermal runaway[J]. Journal of Power Sources，2021，486：229357.

[32] Liu T，Tao C F，Wang X S. Cooling control effect of water mist on thermal runaway propagation in lithium ion battery modules[J]. Applied Energy，2020，267：115087.

[33] Zhang L，Duan Q L，Meng X D，et al. Experimental investigation on intermittent spray cooling and toxic hazards of lithium-ion battery thermal runaway[J]. Energy Conversion and Management，2022，252：115091.

[34] Liu P J，Li Y Q，Mao B B，et al. Experimental study on thermal runaway and fire behaviors of large format lithium iron phosphate battery[J]. Applied Thermal Engineering，2021，192：116949.

[35] Russo P，di Barib C，Mazzaroc M，et al. Effective fire extinguishing systems for lithium-ion battery[J]. Chemical Engineering Transactions，2018，67：727-732.

[36] Huang P F，Wang Q S，Li K，et al. The combustion behavior of large scale lithium titanate battery[J]. Scientific Reports，2015，5：1-12.

[37] Shan T X，Wang Z P，Zhu X Q，et al. Explosion behavior investigation and safety assessment of large-format lithium-ion pouch cells[J]. Journal of Energy Chemistry，2022，72：241-257.

[38] Babrauskas V，Peacock R D. Heat release rate：The single most important variable in fire hazard[J]. Fire Safety Journal，1992，18（3）：255-272.

[39] Zhang L，Li Y Q，Duan Q L，et al. Experimental study on the synergistic effect of gas extinguishing agents and water mist on suppressing lithium-ion battery fires[J]. Journal of Energy Storage，2020，32：101801.

[40] Peng Y，Yang L Z，Ju X Y，et al. A comprehensive investigation on the thermal and toxic hazards of large format lithium-ion batteries with LiFePO$_4$ cathode[J]. Journal of Hazardous Materials，2020，381：120916.

[41] Al-Hallaj S，Selman J R. Thermal modeling of secondary lithium batteries for electric vehicle/hybrid electric vehicle applications[J]. Journal of Power Sources，2022，110（2）：341-348.

[42] Feng X N，Sun J，Ouyang M G，et al. Characterization of penetration induced thermal runaway

propagation process within a large format lithium ion battery module[J]. Journal of Power Sources, 2015, 275: 261-273.

[43] Zhai H J, Chi M S, Li J Y, et al. Thermal runaway propagation in large format lithium ion battery modules under inclined ceilings[J]. Journal of Energy Storage, 2022, 51: 104477.

[44] Larsson F, Bertilsson S, Furlani M, et al. Gas explosions and thermal runaways during external heating abuse of commercial lithium-ion graphite-LiCoO$_2$ cells at different levels of ageing[J]. Journal of Power Sources, 2018, 373: 220-231.

[45] Larsson F, Mellander B E. Lithium-ion Batteries used in Electrified Vehicles—General Risk Assessment and Construction Guidelines from a Fire and Gas Release Perspective[M/OL]. 2017. [2023-11-12]. http://tkolb.net/FireReports/2017/LithiumIonBattStudy120317.pdf.

[46] Golubkov A W, Fuchs D, Wagner J, et al. Thermal-runaway experiments on consumer Li-ion batteries with metal-oxide and olivin-type cathodes[J]. RSC Advances, 2014, 4（7）: 3633-3642.

[47] 搜狐网. 北京储能电站爆炸调查结果：8 个诱因，没有定论[EB/OL]. （2021-04-29）[2023-11-12]. https://www.sohu.com/a/463618993_100044558.

[48] Kawamura T, Okada S, Yamaki J I. Decomposition reaction of LiPF$_6$-based electrolytes for lithium ion cells[J]. Journal of Power Sources, 2006, 156（2）: 547-554.

[49] Yang H, Zhuang G V, Ross P N. Ross, Thermal stability of LiPF$_6$ salt and Li-ion battery electrolytes containing LiPF$_6$[J]. Journal of Power Sources, 2006, 161（1）: 573-579.

[50] ISO Technical Committees. Life-threatening Components of Fire—Guidelines for the Estimation of Time to Compromised Tenability in Fires: ISO 13571[S]. Vernier: ISO Technical Committees, 2012.

[51] Larsson F, Andersson P, Blomqvist P, et al. Characteristics of lithium-ion batteries during fire tests[J]. Journal of Power Sources, 2014, 271: 414-420.

[52] Li J G, Fan M S, He X M, et al. TiO$_2$ coating of LiNi$_{1/3}$Co$_{1/3}$Mn$_{1/3}$O$_2$ cathode materials for Li-ion batteries[J]. Ionics, 2006, 12（3）: 215-218.

[53] 杨占旭. 高安全性锂离子电池正极材料的制备及性能研究[D]. 北京：北京化工大学, 2009.

[54] Zhou F, Zhao X M, Jiang J W, et al. Advantages of simultaneous substitution of Co in Li[Ni$_{1/3}$Mn$_{1/3}$Co$_{1/3}$]O$_2$ by Ni and Al[J]. Electrochemical and Solid-State Letters, 2009, 12（4）: A81-A83.

[55] Love C T, Johannes M D, Swider-Lyons K. Thermal stability of delithiated Al-substituted Li(Ni$_{1/3}$Co$_{1/3}$Mn$_{1/3}$)O$_2$ cathodes[J]. ECS Transactions, 2010, 25（36）: 231-240.

[56] Zhang S S. A review on electrolyte additives for lithium-ion batteries[J]. Journal of Power Sources, 2006, 162（2）: 1379-1394.

[57] Cao X A, Li Y X, Li X B, et al. Novel phosphamide additive to improve thermal stability of solid electrolyte interphase on graphite anode in lithium-ion batteries[J]. ACS Applied Materials and Interfaces, 2013, 5（22）: 11494-11497.

[58] Boukamp B A, Lesh G C, Huggins R A. All-solid lithium electrodes with mixed-conductor matrix[J]. Journal of the Electrochemical Society, 1981, 128（4）: 725-729.

[59] Chan C K, Peng H L, Liu G, et al. High-performance lithium battery anodes using silicon nanowires[J]. Nature Nanotechnology, 2008, 3（1）: 31-35.

[60] Yao X L, Xie S, Chen C H, et al. Comparisons of graphite and spinel Li$_{1.33}$Ti$_{1.67}$O$_4$ as anode materials

for rechargeable lithium-ion batteries[J]. Electrochimica Acta，2005，50（20）：4076-4081.

[61] Xu K，Zhang S S，Allen J L，et al. Nonflammable electrolytes for Li-ion batteries based on a fluorinated phosphate[J]. Journal of the Electrochemical Society，2002，149（8）：A1079.

[62] Murali G，Sravya G S N，Jaya J，et al. A review on hybrid thermal management of battery packs and it's cooling performance by enhanced PCM[J]. Renewable and Sustainable Energy Reviews，2021，150：111513.

[63] Wilke S，Schweitzer B，Khateeb S，et al. Preventing thermal runaway propagation in lithium ion battery packs using a phase change composite material：An experimental study[J]. Journal of Power Sources，2017，340：51-59.

[64] Saito N，Ogawa Y，Saso Y，et al. Flame-extinguishing concentrations and peak concentrations of N_2，Ar，CO_2 and their mixtures for hydrocarbon fuels[J]. Fire Safety Journal，1996，27（3）：185-200.

[65] Wang Q S，Li K，Wang Y，et al. The efficiency of dodecafluoro-2-methylpentan-3-one on suppressing the lithium ion battery fire[J]. Journal of Electrochemical Energy Conversion and Storage，2018，15（4）：041001.

[66] Hynes R G，Mackie J C，Masri A R. Sample probe measurements on a hydrogen-ethane-air-2-*H*-heptafluoropropane flame[J]. Energy and Fuels，1999，13（2）：485-492.

[67] Hynes R G，Mackie J C，Masri A R. Inhibition of premixed hydrogen-air flames by 2-*H* heptafluoropropane[J]. Combustion and Flame，1998，113（4）：554-565.

[68] Wang Q，Shao G，Duan Q，et al. The efficiency of heptafluoropropane fire extinguishing agent on suppressing the lithium titanate battery fire[J]. Fire Technology，2015，52：387-396.

[69] Xu W，Jiang Y，Ren X Y. Combustion promotion and extinction of premixed counterflow methane/air flames by $C_6F_{12}O$ fire suppressant[J]. Journal of Fire Sciences，2016，34（4）：289-304.

[70] Liu Y J，Duan Q L，Xu J J，et al. Experimental study on a novel safety strategy of lithium-ion battery integrating fire suppression and rapid cooling[J]. Journal of Energy Storage，2020，28：101185.

[71] Liu Y J，Duan Q L，Xu J J，et al. Experimental study on the efficiency of dodecafluoro-2-methylpentan-3-one on suppressing lithium-ion battery fires[J]. RSC Advances，2018，8（73）：42223-42232.

[72] Zhang L，Ye F M，Li Y Q，et al. Experimental study on the efficiency of dodecafluoro-2-methylpentan-3-one on suppressing large-scale battery module fire[J]. Fire Technology，2023，59（3）：1247-1267.

[73] Huang Z H，Liu P J，Duan Q L，et al. Experimental investigation on the cooling and suppression effects of liquid nitrogen on the thermal runaway of lithium ion battery[J]. Journal of Power Sources，2021，495：229795.

[74] Senecal J A. Halon replacement：The law and the options[J]. Operations Progress，1992，11（3）：182-186.

[75] Edison C. Considerations for ESS Fire Safety[R]. Oslo：DNV GL，2017.

[76] Zhang L，Jin K Q，Sun J H，et al. A review of fire-extinguishing agents and fire suppression strategies for lithium-ion batteries fire[J]. Fire Technology，2022：1-42.

[77] Blum A，Long R T. Full-scale fire tests of electric drive vehicle batteries[J]. SAE International Journal of Passenger Cars - Mechanical Systems，2015，8（2）：565-572.

[78] Bisschop R，Willstrand O，Rosengren M. Handling lithium-ion batteries in electric vehicles：Preventing and recovering from hazardous events[J]. Fire Technology，2020，56（6）：2671-2694.

[79] NFPA. Standard on Water Mist Fire Protection Systems：NFPA 750[S]. Quincy：NFPA，2003.

[80] 刘昱君，段强领，黎可，等. 多种灭火剂扑救大容量锂离子电池火灾的实验研究[J]. 储能科学与技术，2018，7（6）：1105-1112.

[81] Liu T，Hu J，Tao C F，et al. Effect of parallel connection on 18650-type lithium ion battery thermal runaway propagation and active cooling prevention with water mist[J]. Applied Thermal Engineering，2021，184：116291.

[82] Liu T，Hu J，Zhu X L，et al. A practical method of developing cooling control strategy for thermal runaway propagation prevention in lithium ion battery modules[J]. Journal of Energy Storage，2022，50：104564.

[83] Xu J J，Duan Q L，Zhang L，et al. Experimental study of the cooling effect of water mist on 18650 lithium-ion battery at different initial temperatures[J]. Process Safety and Environmental Protection，2022，157：156-166.

[84] Joseph P，Nichols E，Novozhilov V. A comparative study of the effects of chemical additives on the suppression efficiency of water mist[J]. Fire Safety Journal，2013，58：221-225.

[85] Xu J J，Duan Q L，Zhang L，et al. The enhanced cooling effect of water mist with additives on inhibiting lithium ion battery thermal runaway[J]. Journal of Loss Prevention in the Process Industries，2022，77：104784.

[86] 张青松，程相静，白伟. 含复合添加剂细水雾抑制锂电池火灾效果分析[J]. 消防科学与技术，2018，37（9）：1211-1214.

[87] 朱明星，朱顺兵，罗炜涛. 含表面活性剂细水雾抑制锂离子电池火灾研究[J]. 消防科学与技术，2018，37（6）：799-803.

[88] Egelhaaf M，Kress D，Wolpert D，et al. Fire fighting of Li-ion traction batteries[J]. SAE International Journal of Alternative Powertrains，2013，2（1）：37-48.

[89] Xu Z S，Guo X，Yan L，et al. Fire-extinguishing performance and mechanism of aqueous film-forming foam in diesel pool fire[J]. Case Studies in Thermal Engineering，2020，17：100578.

[90] Cui Y，Liu J H，Han X，et al. Full-scale experimental study on suppressing lithium-ion battery pack fires from electric vehicles[J]. Fire Safety Journal，2022，129：103562.

[91] 李毅，于东兴，张少禹，等. 典型锂离子电池火灾灭火试验研究[J]. 安全与环境学报，2015，15（6）：120-125.

[92] 陈智明，王晓君. 受限空间内锂电池火灾扑救的试验研究[J]. 今日消防，2021，6（7）：4-8.

[93] Luo Z M，Wang T，Tian Z H，et al. Experimental study on the suppression of gas explosion using the gas-solid suppressant of CO_2/ABC powder[J]. Journal of Loss Prevention in the Process Industries，2014，30：17-23.

[94] Su C H，Chen C C，Liaw H J，et al. The assessment of fire suppression capability for the ammonium dihydrogen phosphate dry powder of commercial fire extinguishers[J]. Procedia Engineering，2014，

84：485-490.

[95] Meng X D，Yang K，Zhang M J，et al. Experimental study on combustion behavior and fire extinguishing of lithium iron phosphate battery[J]. Journal of Energy Storage，2020，30：101532.

[96] Zhao J C，Xue F，Fu Y Y，et al. A comparative study on the thermal runaway inhibition of 18650 lithium-ion batteries by different fire extinguishing agents[J]. iScience，2021，24（8）：102854.

[97] 黎可，王青松，孙金华. 基于火探管式的锂离子电池灭火技术研究[J]. 火灾科学，2018，27（2）：124-132.

[98] Si R J，Liu D Q，Xue S Q. Experimental study on fire and explosion suppression of self-ignition of lithium ion battery[J]. Procedia Engineering，2018，211：629-634.

[99] Meng X D，Li S，Fu W D，et al. Experimental study of intermittent spray cooling on suppression for lithium iron phosphate battery fires[J]. eTransportation，2022，11：100142.

[100] Zhang W X，Wu L，Du J Q，et al. Fabrication of a microcapsule extinguishing agent with a core-shell structure for lithium-ion battery fire safety[J]. Materials Advances，2021，2：4634-4642.

[101] Yim T，Park M S，Woo S G，et al. Self-extinguishing lithium ion batteries based on internally embedded fire-extinguishing microcapsules with temperature-responsiveness[J]. Nano Letters，2015，15（8）：5059-5067.

[102] Liu Y B，Gao Q，Wang G H，et al. Experimental study on active control of refrigerant emergency spray cooling of thermal abnormal power battery[J]. Applied Thermal Engineering，2021，182：116172.

第7章 阻燃技术与理论研究综述

胡源

7.1 阻燃聚合物材料的发展

7.1.1 人类文明与火的关系

在东方与西方的古老神话中都存在人类先祖发现火的传说。在希腊神话中，普罗米修斯为解救饥寒交迫的人类，瞒着宙斯偷取火种带到人间，从此人类可以凭借火抵抗严寒与驱逐野兽。在我国神话中也有阏伯同情人类，违反天条私自把火种带到人间，惹怒了天帝，最后献出了生命的故事。虽然人类发现火及其用途的真实过程不得而知，但是从这些神话中可以看出火对人类生存及生活方式的改变极其重要。

随着社会与科技的进步，人们开始逐渐掌握火，调控火的各种形态，使其为人们的生活提供更多的帮助。然而，火具有两面性：当它处于可控状态时，火能够为人们带来光明、温暖、健康及安全；当它处于不可控状态时，火会给人们造成巨大的人员伤亡与财产损失，甚至造成严重的山林火、草原火等自然灾害。2021 年，我国共接报火灾事故 74.8 万起，死亡 1987 人，受伤 2225 人，直接财产损失达 67.5 亿元，与 2020 年相比，火灾事故起数、伤亡人数和损失分别上升 9.7%、24.1%和 28.4%。预防与控制火灾事故已成为世界各国的共识。

7.1.2 聚合物材料及其火灾事故

天然聚合物材料（如橡胶、棉花、麻布、丝绸）早在数百年前就已应用在人们的生活中。人工合成聚合物材料一直在 1850 年左右才由英国化学家亚历山大·帕克斯在偶然间将胶棉与樟脑混合制备得到。20 世纪初，随着酚醛树脂与聚酰胺树脂（又称尼龙）被相继创造，聚合物材料的种类层出不穷，性能也不断更新。如今，聚合物材料已经在人类生活和社会发展中占据了重要的地位，被广泛应用在服装、食物、药品等生活领域，以及航天飞机、集成电路、新能源电池等重要军事、科技领域。

　　大部分聚合物材料由碳、氢、氧等元素组成，具有高易燃性和火灾危险性。聚合物在燃烧过程中会释放出大量的热量与有毒烟气，造成严重的人员伤亡和财产损失。例如，2010 年 11 月 15 日，我国上海市某高层公寓因电焊过程中飞溅的火花引燃了违规堆放的聚氨酯（polyurethane，PU）泡沫，造成了严重的火灾事故，共有58 人死亡、71 人受伤。2014 年大连市、2018 年郑州市、2019 年沈阳市、2019 年南京市、2022 年长沙市均发生了高层建筑外墙保温材料的火灾事故。2017 年，英国伦敦某 24 层公寓大楼发生了严重的火灾事故，共造成 79 人死亡。后续的调查报告指出，该大楼易燃的外墙保温材料是这次事故的主要原因。火灾事故让各国政府意识到聚合物材料的火灾危险性，开始针对聚合物材料的阻燃性能制定相关法律与法规。例如，2006 年，美国颁布了床垫阻燃新标准（*Standard for the Flammability （Open Flame） of Mattress Sets*），并从 2007 年 7 月 1 日起要求在美国生产或进口到美国的所有床垫必须符合该项阻燃新标准，为此我国相关出口企业委托检验机构进行了上千次的床垫燃烧测试[1]。

7.1.3　阻燃聚合物材料的出现与兴起

　　由于各国政府与机构开始重视聚合物材料的火灾危险性，研究机构及企业对聚合物材料的阻燃性能展开了一系列研究。在 Web of Science 核心合集中输入关键词flame retardancy，可以发现首篇阻燃相关的研究论文于 1951 年发表在 *Textile Research Journal* 上。1951～1990 年，阻燃相关的研究论文发表数量从未突破 10 篇/年，甚至 1951～1970 年仅有五年有阻燃相关的研究论文与专利发表。2002～2021年，阻燃相关的研究论文逐渐增多，2021 年达到 1040 篇（图 7-1（a））。1999～2010 年，Web of Science 核心合集中共有 1283 条检索结果，主要发表在 *Polymer Degradation and Stability*（共 203 篇）和 *Journal of Applied Polymer Science*（共 173篇）上，主要由中国科学技术大学胡源教授（共 42 篇）、四川大学王玉忠教授（共39 篇）、法国里尔大学 Bourbigot 教授（共 37 篇）、美国马奎特大学 Wilkie 教授发表（共 27 篇）等发表（图 7-1（b））。自 2010 年起，阻燃相关的研究论文与专利逐渐增多，2011～2021 年，Web of Science 核心合集中共有 7400 条检索结果，主要由中国科学技术大学胡源教授（共 421 篇）、四川大学王玉忠教授（共 135 篇）、北京化工大学张胜教授（共 152 篇）、西班牙马德里高等材料研究院王德义教授（共 138 篇）等发表（图 7-1（c））。此外，1999～2021 年，Web of Science 核心合集上显示以 flame retardancy 为关键词的检索结果共有 8650 条，主要发表在 *Journal of Applied Polymer Science*（共 687 篇）、*Polymers for Advanced Technologies*（共 350 篇）、*Polymer Degradation and Stability*（共 783 篇）、*Journal of Thermal Analysis and Calorimetry*（共 233 篇）上（图 7-1（d））。从阻燃相关的论文与专利的发表数量可以看出，越来越多的研究者与机构开始关注材料的阻燃性能。以我国工业化与经

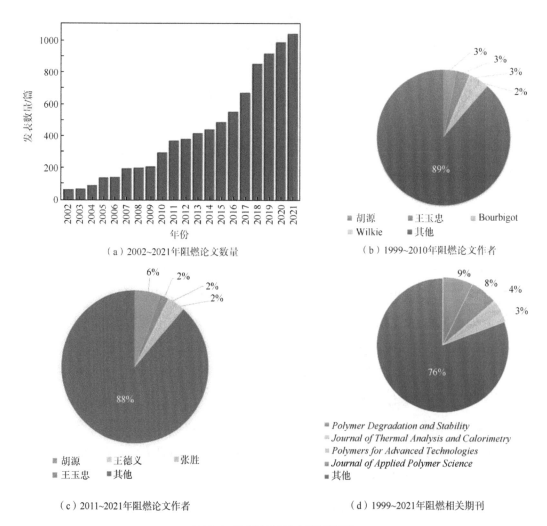

（a）2002~2021年阻燃论文数量

（b）1999~2010年阻燃论文作者

■ 胡源　■ 王玉忠　■ Bourbigot
■ Wilkie　■ 其他

（c）2011~2021年阻燃论文作者

■ 胡源　■ 王德义　■ 张胜
■ 王玉忠　■ 其他

（d）1999~2021年阻燃相关期刊

■ *Polymer Degradation and Stability*
■ *Journal of Thermal Analysis and Calorimetry*
■ *Polymers for Advanced Technologies*
■ *Journal of Applied Polymer Science*
■ 其他

图 7-1　阻燃相关论文统计情况

济发展为例，2001 年国内生产总值仅为 11.09 万亿元，2010 年国内生产总值增长为 41.21 万亿元。此外，2001 年全球生产总值为 33.62 万亿美元，2010 年全球生产总值为 66.6 万亿美元。2001～2010 年，无论是世界经济还是我国经济都得到了快速的发展，人们的生活水平迅速提高，对人身安全与财产安全也日益重视。在这样的时代背景下，应用在人们生活与工业领域各个方面的聚合物材料的安全性能受到各国政府与机构的重视。

7.1.4　阻燃聚合物材料的发展历史

当前研究者通常采用反应型与添加型两种机制提升聚合物材料的阻燃性能。其中，反应型主要是指将磷、硅、硼、溴、氯等阻燃元素引入聚合物分子链结构中；添加型是指直接将阻燃剂通过物理加工的方式引入聚合物材料中。虽然反应型阻燃聚合物材料通常具有更高的阻燃效率及更久的耐候性和服役性，但是其往往需要改变树脂合成工艺，这导致生产工艺成本的巨大提高。添加型阻燃聚合物材料只需要购买商业化阻燃剂与聚合物母粒，直接共混加工便可制得，因此在商业成本方面远优于反应型阻燃聚合物材料。此外，添加型阻燃剂可分为无机阻燃剂与有机阻燃剂两大类：无机阻燃剂主要包括锑化合物、红磷、磷酸盐、硼化合物、硅酸盐、氢氧化物等；有机阻燃剂主要包括硼系、溴化物、氯化物、氮系、磷酸酯等。

此外，阻燃机理可分为气相阻燃与凝聚相阻燃。气相阻燃是指在气相中使燃烧中断或延缓链式燃烧反应而产生的阻燃作用，最具代表性的阻燃剂即卤系阻燃剂。在燃烧过程中，卤系阻燃剂发生热解形成含卤自由基，与燃烧链增长自由基反应，切断燃烧反应中的链增长过程，抑制燃烧。此外，氢氧化物和三聚氰胺（melamine，MA）等在受热时会释放出大量惰性气体与水蒸气，不仅可以稀释可燃物与氧气，而且可以覆盖在聚合物表面，隔绝材料与火焰。但气相阻燃机理中，燃烧反应链增长过程的中断容易造成毒性烟颗粒的生成，往往会产生更严重的烟灾害，使得火灾危险性增加。凝聚相阻燃是指在凝聚相中延缓或中断阻燃材料热分解而产生的阻燃作用，包括添加高比热容的无机填料、通过蓄热和导热使材料不易达到热分解温度，以及阻燃剂与聚合物材料形成多孔炭层来隔绝氧气与热量。

在 Web of Science 上输入关键词 halogen flame retardancy，可以发现首篇关于卤系阻燃剂对聚合物阻燃性能影响的研究论文于 1972 年发表在 *Journal of Applied*

Polymer Science 上。该研究工作中，Papa 和 Proops[2]研究了脂肪族二溴新戊二醇作为二元醇对 PU 泡沫阻燃性能的影响。通过垂直燃烧测试和残炭量对比发现，脂肪族二溴新戊二醇的引入并不能改变氧指数，但 500 ℃下残炭量从 0 增加至 20%。有趣的是，在 Web of Science 上输入关键词 phosphorus flame retardancy 后，显示的最早研究成果仍是该研究工作。Proops 等同时报道了多种含磷二元醇对 PU 泡沫阻燃性能的影响。受限于当时的科技水平，阻燃测试只能用简陋的热重与极限氧指数（limiting oxygen index，LOI）进行分析。这种情况在 20 世纪 80 年代美国国家标准技术研究所（National Institute of Standards and Technology，NIST）发明锥形量热仪后得到了显著改善。

在 Web of Science 上输入关键词 hydroxide flame retardancy 后，关于氢氧化物阻燃聚合物材料的研究论文于 1993 年首次发表在 *Annual Technical Conference of the Society of Plastics Engineers* 上。在这之后，关于氢氧化物阻燃性能的研究未受到广泛的学术关注，1993～2003 年的研究论文发表数量均小于 10 篇/年。2003 年，关于氢氧化物阻燃性能的研究开始增多。这可能与国际社会对卤系阻燃剂造成的环境与健康危害引起重视有关。2001 年 5 月，联合国环境规划署理事会通过了《关于持久性有机污染物的斯德哥尔摩公约》，并于 2004 年 5 月开始生效，其中，多溴联苯、多溴二苯醚、六溴环十二烷等阻燃剂将被逐渐淘汰。欧盟制定了强制性标准《关于限制在电子电器设备中使用某些有害成分的指令》（*Restriction of Hazardous Substances*，RoHS），并于 2006 年 7 月 1 日正式实施，旨在消除电子电器产品中的铅、汞、镉、六价铬、多溴联苯和多溴二苯醚等有害物质。在这一时代背景下，价格低廉、来源丰富、环境友好的氢氧化物开始受到各国学者与研究机构的重点关注。

氢氧化物的阻燃机理主要是通过吸收燃烧的热量产生水分，稀释可燃物与氧气，从而提升聚合物材料的阻燃性能。这一阻燃机理导致氢氧化物对聚合物材料阻燃性能的提升效果不佳。多组分协效阻燃机制是指通过不同阻燃剂之间协同合作，发挥单一阻燃剂无法比拟的效果，其中最有效的是膨胀型阻燃剂（intumescent flame retardant，IFR）体系。在 Web of Science 上输入关键词 intumescent flame 后，首篇膨胀型阻燃的研究论文于 1967 年由 Lämmke[3]发表在 *European Journal of Wood and Wood Products* 上。1967～1995 年，关于膨胀型阻燃的论文发表数量未超过 10 篇/年。2005 年，各国机构与研究者发表的关于膨胀型阻燃的论文仅为 27 篇；2008 年，各国机构与研究者发表的关于膨胀型阻燃的论文达到 64 篇。此后，膨胀型阻燃的研究工作报道逐年增多。这一时间节点恰好与欧盟制定 RoHS 的时间接近。IFR 体系一般由三部分组成：酸源（脱水剂）、炭源（成炭剂）和气源（氮源和发泡源）。酸源一般是指无机酸或能在燃烧加热时在原位生成酸的盐类，如磷酸及磷酸盐、硫酸及硫酸盐、硼酸及硼酸盐、烷基磷酸酯、卤芳基磷酸酯等。炭源一般是指多碳的多元醇化合物，如淀粉、环糊精、季戊四醇等。气源一般包括含氮化合物，如脲、脲醛树脂、尿素、MA 等。酸源在加热条件下形成脱水剂，与炭源反应形成熔融炭层，此时气源热解产生惰性气体，促使炭层发泡，在聚合物表面生成一层均匀的炭质泡沫层，起到隔热、隔氧、抑烟的作用。2008 ~ 2022 年，Web of Science 检索结果发现，以 intumescent flame 为关键词发表论文最多的是中国科学技术大学（共 147 篇）、北京化工大学（共 78 篇）、法国里尔大学（共 75 篇）。由于价格较低、无毒、低烟，IFR 正发挥着越来越重要的作用。

　　然而，上述传统阻燃剂仍存在一些问题，如大添加量导致材料的力学与加工性能恶化。这一问题在氢氧化物阻燃聚合物材料中尤为突出。由于氢氧化物阻燃效果较差，添加量往往较大，导致聚合物材料力学性能差，难以加工成型。此外，聚合物材料燃烧产生的毒性烟气一直是火灾事故中人员伤亡的主要因素。传统阻燃剂主要针对热灾害进行防治，对毒性烟气抑制效果较差。同时，有机阻燃剂的添加势必影响高温环境下聚合物的熔融黏度，导致带有火焰的熔滴，造成火灾蔓延。

　　纳米材料具有催化作用特殊、比表面积大、拉伸模量高等优点，在制备综合性能优异的阻燃聚合物材料领域呈现了难以比拟的优势。纳米材料是指在三维空间中至少有一维处于纳米尺寸（1 ~ 100 nm）或由它们作为基本单元构成的材料。根据微观形貌，纳米材料可分为零维的纳米颗粒、一维的纳米管或纳米纤维、二维的纳米片，分别以金属氧化物纳米粒子、碳纳米管（carbon nanotube，CNT）、蒙脱土（montmorillonite，MMT）为代表。基于良好的热稳定性与低廉的价格，MMT 的阻燃性能引起了研究者的广泛关注。以 MMT 或 montmorillonite 和 flame retard* 为关键词，检索结果发现在 2001 年第 27 届北美热分析学术会议上 Singh 等便报道了 MMT 的阻燃性能，但并未揭示纳米 MMT 的阻燃性能。2004 年，Bartholmai 和 Schartel[4] 提出了层状 MMT 是提升聚合物材料阻燃性能的一种新途径，并且设计了燃烧模型，验证了该观点，其中，透射电镜被用来揭示纳米 MMT 在聚合物基体中的分散状态。以 nano 和 flame retard* 为关键词，首篇关于纳米材料在阻燃聚合物材料中的应用由 2002 年北京理工大学黄宝晟等[5] 报道。该工作报道了镁铝双氢氧化物对聚氯乙烯复合材料的阻燃抑烟性能，发现镁铝双氢氧化物的添加量达到 20%可使聚氯乙烯的峰值产烟速率和峰值烟密度下降约 40%。

富勒烯、CNT 与石墨烯作为碳纳米材料，具有高热稳定性和导热性，能够发挥阻隔作用并移走热量，提升聚合物的阻燃性能。因此，研究者相继对这三种碳纳米材料的阻燃性能展开了一系列研究。以 fullerene 和 flame retard*为关键词，Web of Science 检索结果发现在 2004 年第 6 届富勒烯和原子团簇国际研讨会上 Loutfy 和 Wexler[6]首次提出了富勒烯可作为阻燃材料。2005 年，Kashiwagi 等[7]在 *Nature Materials* 发表了关于 CNT 能够在聚合物基体中形成连接的网络结构，有效提升聚合物熔融状态下的黏度，从而降低聚合物的火灾危险性。早在 2000 年，Horacek 和 Pieh[8]便在 *Polymer International* 上报道了石墨作为 IFR 体系中的炭源，提升聚合物火灾安全性的研究工作。自英国曼彻斯特大学安德烈·海姆和康斯坦丁·诺沃肖洛夫通过简单的机械胶带剥离法制备石墨烯纳米片（graphene nanosheets，GNS）后，研究者才开始通过石墨粉制备石墨烯并将其应用于聚合物阻燃性能的研究[9]。以 graphene 和 flame retard*为关键词，Web of Science 检索结果表明石墨烯首次用于提高聚合物阻燃性能的研究工作报道在 *Composites Part B: Engineering* 上[10]。由于比表面积大、热稳定性良好，石墨烯在聚合物基体中有效阻隔了燃烧过程中的热质传递，因此抑制了火灾危险性。此后，二维纳米片层材料（如氮化硼、二硫化钼（MoS_2）、氮化碳、黑磷（black phosphorus，BP））在聚合物阻燃性能的提升方面展现了巨大的潜力。

7.1.5 阻燃聚合物材料当前存在的问题

阻燃剂的研制与应用有效地抑制了聚合物材料的火灾危险性，但是存在成本较高、环境污染性大、加工困难、耐候性差等问题。以有机磷酸酯阻燃剂为例，相对卤系阻燃剂，有机磷酸酯阻燃剂更加环保。但一些研究表明有机磷酸酯阻燃剂会通过氧化应激对肝细胞产生毒副作用[11]。此外，许多学者也在人们活动、生存的环境中监测到有机磷酸酯阻燃剂[12]。因此，各国政府针对有机磷酸酯阻燃剂的使用制定了相关法规。例如，欧盟禁止三（1-氮丙啶基）氧化膦应用在与皮肤接触的纺织品中。因此，阻燃剂的发展应该更加侧重环保性和环境降解性。当前一些学者开始关注生物基阻燃剂的合成与应用，如腰果酚、香草醛、单宁酸[13]。生物基多羟基化合物作为成炭剂有效改善了聚合物材料的膨胀型阻燃性能[14]。以生物基材料制备阻燃剂与阻燃聚合物材料不仅有助于缓解石油资源紧缺问题，而且提升了环境友好性。

纳米材料具有突出的催化性能和大的比表面积，在抑制聚合物火灾毒性烟气释放方面呈现了巨大的潜力[15]。例如，MoS_2 在燃烧过程中会形成氧化钼（MoO_3）纳米粒子，高温过程中 MoO_3 中的晶格氧会被释放，能够将毒性气体氧化成二氧化碳[16]。此外，过渡金属钼离子中的空轨道能够与聚合物富电子原子形成过渡环状结构，促进聚合物炭化，抑制热解产物的进一步释放[17]。然而，纳米材料的合成成本与其在聚合物基体中的分散性一直限制了其在阻燃领域的应用。例如，石墨烯一般由液相超声法和化学氧化法制备。其中，液相超声法涉及有机溶剂的大量消耗及长时间的超声条件。化学氧化法中高锰酸钾、浓硫酸的使用不仅对环境造成了一定的破坏，而且增加了工艺的危险性。因此，即使纳米材料在聚合物热灾害、烟灾害方面呈现了显著的抑制效果，其在商业化应用方面仍然任重而道远。低成本的合成路径与良好的分散性是纳米材料作为商业化阻燃剂必须解决的两大关键问题。

7.2　阻燃聚合物火灾安全设计

7.2.1　聚合物火灾安全设计背景及思路

火灾是威胁公众安全和社会发展的主要灾害之一。广泛应用于电子电气、建筑、交通、航空航天等领域的聚合物材料存在两大火灾安全问题：燃烧热释放速率大和烟气毒害性高。火灾释放出大量热量和有毒有害烟气，严重威胁现场人员的生命安全，同时可能引发爆炸事故，造成巨大的财产损失。这类火灾发生的根源在于使用的聚烯烃（polyolefins，PO）、PU 等聚合物材料具有严重的火灾危险性，燃烧热量大、火蔓延速度快、燃烧产物毒性大，需进行阻燃处理以降低其火灾危险性。有毒有害烟气是火灾事故中人员伤亡的主因，统计结果表明，火灾中 85% 以上遇难者是由于吸入了烟尘及有毒气体昏迷后致死的。传统阻燃理论和方法研究以抑制燃烧为主，在有效降低阻燃材料燃烧 PHRR、减少有毒烟气、提高使用性能等方面的研究显著不足。因此，开展提高聚合物材料的火灾安全性研究，不仅要推迟材料燃烧过程中达到 PHRR 的时间，而且要降低聚合物材料燃烧过程中有毒有害烟气的产量，延长人员逃生时间，降低人员伤亡率。研发低烟低毒气产量兼具低热释放速率的聚合物材料是安全科学与工程领域的国际前沿课题，也是服务于健全国家公共安全体系、提升防灾减灾能力的战略需求。

近 20 年来，学者主要围绕降低燃烧热释放和减少有毒烟气产量两个核心点开展火灾安全设计研究工作。在热危害的火灾安全设计方面，开展了聚合物材料火灾安全设计新理论和新方法的研究，通过层状无机物界面性能调控构建纳米复合结构，揭示其形成和性能增强机理，进一步将纳米复合和催化成炭理论与传统阻燃理论有机结合，提出新型纳米复合协同阻燃和纳米复合催化阻燃的材料火灾安全设计新思想，有效降低燃烧热释放、减少有毒烟气产量，同时提高力学和热学等性能，以达到提升材料火灾安全性的目的。在烟毒危害的火灾安全设计方面，开展了基于多组分杂化体系的抑烟减毒安全设计新理论和新方法的研究，构建了界面调控的有机或无机多组分杂化体系，显著提升了杂化纳米材料在聚合物中的分散状态和性能增强效应；揭示了有机-无机杂化性能增强机理，实现了阻燃增效、抑烟和减毒性能的同步提升；提出了吸附阻隔、催化交联炭化和氧化消除毒性等多重抑烟减毒机理，大幅度降低了有毒有害烟气产量，达到了提升聚合物材料火灾安全性的目的。下面针对热危害和烟毒危害火灾安全设计两方面的研究进行展开叙述。

7.2.2 热危害的火灾安全设计

1. 纳米复合结构界面性能调控

通过层状无机物界面性能调控构建纳米复合结构，揭示其形成和性能增强机理。

（1）针对传统化学氧化还原法制备的氧化石墨烯（graphene oxide，GO）和石墨烯的片层缺陷多、稳定性差、单片层少等问题，发明了密闭氧化法和氨-水合肼复合还原法制备 GO 和石墨烯的方法[18]。

（2）揭示了层状无机物界面特性调控构建纳米复合结构的形成和性能增强机理。围绕二维纳米材料片层之间具有较强的范德瓦耳斯力、易团聚、与聚合物基体相容性差等难题，发展了母粒-熔融复合和单体接枝-原位聚合等层状无机物/聚合物界面特性调控方法，成功实现了石墨烯等二维纳米材料在聚合物中的良好层离和均匀分散，揭示了其对聚合物的热学、力学、阻燃性能影响的机理[19]。

（3）阐明了相容剂/MMT 界面性能的调控机理及对聚合物热稳定性影响的机理。针对 MMT 极性较强、易团聚、难以与非极性或弱极性聚合物形成纳米复合结构等问题，采用不同结构的相容剂，通过固相预插层-熔体插层对 MMT 片层的界面性能进行复合调控构建纳米复合结构，揭示了纳米复合结构形成机理[20]。

2. 纳米复合协同阻燃

传统阻燃聚合物材料阻燃性能差、燃烧热释放速率快、毒性或腐蚀性烟气产量高、力学性能和热稳定性差。基于层状无机物物质与能量双重阻隔和增强炭化的作用机制，提出了纳米复合协同阻燃的材料火灾安全设计新思路。

（1）提出了层状无机物协同传统阻燃剂的阻隔效应和增强炭化的双重作用机制。开发了基于单体/阻燃剂预插层-原位聚合的纳米复合协同阻燃新方法：首先形成稳定的阻燃剂/单体/MMT 插层复合物；然后通过原位聚合制备阻燃聚合物/MMT 纳米复合材料。相对传统阻燃材料，阻燃聚合物/MMT 纳米复合材料的协同增强作用使得材料的拉伸强度增加 70%、热释放速率降低 57%、烟密度降低 15%、主要毒性产物一氧化碳的产量减少 86%，提出了 MMT 与磷氮类阻燃剂的协同阻燃机理[21]。

（2）揭示了 MMT 与阻燃剂的协同增效与拮抗对基体性能影响的机理。提出了基于固相预插层-熔体插层的纳米复合协同阻燃新方法：首先通过空气中的微量水分子引发固相表面反应，将小分子有机改性剂接枝到阻燃剂和 MMT 的表面；然后与大分子相容剂及聚合物基体熔融共混，制备阻燃聚合物/MMT 纳米复合材料，从而实现了对材料力学性能和火灾安全性的同步改善。提出了 MMT 与阻燃剂的协同增效与拮抗作用机理：MMT 与含溴阻燃剂对聚酰胺-6 的协同阻燃机理主要在于含溴阻燃剂的气相自由基捕获和 MMT 的凝聚相物理阻隔与增强炭化作用；MMT 与含氮阻燃剂的拮抗机理主要在于 MMT 的物理阻隔抑制了含氮阻燃剂促进聚合物基体熔融流淌的降温作用[22, 23]。

3. 纳米复合催化阻燃

揭示了金属离子/层状无机物杂化材料的物理阻隔和催化成炭的多重作用机制。通过将具有催化交联和捕获自由基功能的过渡性金属离子与层状无机物相结合，提出了纳米复合催化阻燃的材料火灾安全设计新思路，赋予层状无机物高温凝聚相催化成炭和氧化一氧化碳的能力，从而达到降低燃烧热释放和有毒烟气产量的目的。建立了有机改性铁基 MMT 的水热原位合成新方法，获得层间距与结构可控及组分单一的有机改性铁基 MMT；通过单体预插层-原位聚合构建纳米复合结构，制备了分散均匀的聚合物/铁基 MMT 纳米复合材料，提出具有催化活性的铁基 MMT 对聚合物基体热稳定性的影响为能量与物质阻隔、催化成炭和稳定炭层三重机制[24]。

7.2.3 烟毒危害的火灾安全设计

1. 多组分杂化火安全功能体系设计

传统纳米粒子之间具有较强的范德瓦耳斯力、易团聚、与聚合物基体相容性差。通过以纳米粒子不同类型的表面悬键为活性位点，采用单体接枝-原位聚合法、离子吸附-共沉淀法等对不同组分纳米材料间的界面性能进行调控，成功制备了一系列多组分杂化纳米结构，解决了纳米粒子之间易团聚的难题，实现了多组分杂化纳米结构在聚合物基体中的均匀分散。采用单体接枝-原位聚合法制备了有机磷氮类阻燃剂/GO 或 BP 等多组分杂化物，有机磷氮类阻燃剂与 GO 或 BP 之间形成共价键，既避免了 GO 或 BP 的聚集，又改善了与聚合物基体的相容性[25-27]。采用离子吸附-共沉淀法将无机层状过渡金属化合物负载到 GO 表面，制备出过渡金属化合物/GO 多组分杂化物，避免了过渡金属化合物或 GO 的聚集，有效改善了杂化纳米材料在聚合物基体中的分散状态[28, 29]。与传统纳米材料相比，多组分杂化物在聚合物基体中形成均匀的分散状态，能够更加高效地发挥片层阻隔和性能增强效应，从而抑制聚合物热解产物（燃料和烟气的来源）的逸出，为聚合物材料的抑烟减毒功能化设计奠定了理论基础。

2. 有机-无机杂化性能增强机理

（1）揭示了有机-无机杂化性能增强机理，实现了阻燃增效、抑烟和减毒性能的同步提升。阐明了有机-无机杂化物提高聚合物的热稳定性、抑制热解气体产物释放的作用机理。针对纳米粒子与聚合物基体或小分子阻燃剂之间的相互作用力弱、纳米增强效率低的问题，提出了低维纳米结构增强效应和柔性链大分子梯度渐变界面能量传递效应的力学性能增强机理，以及有机相本质阻燃、无机相物理阻隔和增强炭化、两相协同自由基消除和催化成炭的阻燃性能增强机理，利用对苯二胺和三聚氯氰分子通过嫁接（grafting-to）方法在石墨烯表面生长阻燃性含氮有机框架，从而构筑了有机-无机纳米杂化阻燃体系，实现了材料的力学性能和阻燃性能的同步提升[25]。

（2）揭示了有机-无机杂化物同步增强聚合物阻燃、抑烟和减毒性能的协同机理。为了攻克传统阻燃技术烟气毒性大、阻燃效率低的难题，发展了有机–无机多组分杂化纳米结构的设计方法，提出了吸附阻隔、催化交联炭化和自由基捕获等多重阻燃增效、抑烟减毒的机理，将具有催化交联作用的聚磷腈与二维 BP 相结合，赋予层状无机物高温凝聚相催化成炭和气相自由基捕获的能力，从而达到降低燃烧热释放和减少有毒烟气产量的目的。交联聚磷腈和二维 BP 形成的有机–无机杂化纳米增强体的协同增效作用使得材料的燃烧 PHRR 降低 59.4%、热释放总量（total heat release，THR）降低 63.6%、总产烟量降低 33.0%（图 7-2），且主要毒性产物一氧化碳的产量显著降低，并提出了 BP 与聚磷腈杂化物的协同阻燃机理[27]。

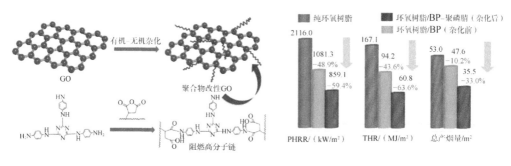

（a）聚合物改性 GO 制备示意图　　　　（b）有机–无机杂化物的阻燃环氧复合材料添加杂化体系前后热释放与产烟量对比图

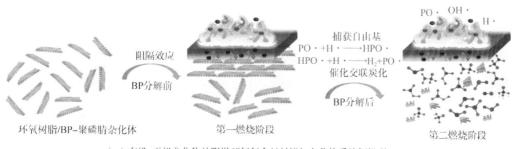

（c）有机–无机杂化物的阻燃环氧复合材料添加杂化体系抑烟机理

图 7-2　有机–无机杂化物的阻燃抑烟设计与机理

3. 多重抑烟减毒机理

提出了吸附阻隔、催化交联炭化和氧化消除毒性等多重抑烟减毒机理，大幅度降低了有毒有害烟气产量。一氧化碳是聚合物材料在燃烧过程中产生的最主要的毒性气体，是火灾事故中造成人员伤亡的主要因素。然而，目前聚合物材料的火灾安全研究主要聚焦于提高材料难燃性和降低燃烧热释放速率，缺乏对燃烧过程中有毒烟气的高效抑制技术。针对上述难题，提出了吸附阻隔、催化交联炭化和氧化消除毒性等多重阻燃增效、抑烟减毒的机理，采用正、负离子相互吸引的界面调控方法将石墨烯层状无机物与过渡金属化合物结合起来，制备出四氧化三钴/石墨烯、镍铁双氢氧化物/石墨烯等一系列具有抑烟减毒功能的过渡金属化合物/石墨烯多组分杂化物[28, 29]。研究结果表明，添加量为 2%的四氧化三钴/石墨烯杂化物使聚乳酸的一氧化碳生成速率下降了 68%。石墨烯层状无机物具有吸附阻隔效应，能够延缓聚合物热解气体产物的逸出；过渡金属化合物一方面催化聚合物基体脱水、环化、交联成炭，增强炭层的抗氧化性能（氧化态碳原子比例显著下降），从而进一步提升阻隔效应，另一方面将一氧化碳催化氧化为二氧化碳，从而大幅度降低聚合物燃烧过程中有毒有害烟气产量。与国际同行报道的结果相比，过渡金属化合物/石墨烯杂化纳米材料在用量较低的情况下，对聚合物燃烧过程中一氧化碳产量表现出较高的抑制效率。

4. 火灾安全性综合评价方法

发明了模拟不同环境下聚合物稳态燃烧的实验装置，建立了基于热释放和烟气毒性的聚合物火灾安全性综合评价方法，并应用于国家重大工程。目前基于聚合物本质燃烧特性发展的燃烧性能评价和测试方法无法满足复杂火灾场景下的材料安全及工程设计需求。针对该难题，发明了模拟不同环境下聚合物稳态燃烧的实验装置，系统开展了通风、外界热辐射等环境因素对聚合物燃烧行为的影响规律的研究，建立了涵盖热释放和烟气毒性等多参数的聚合物火灾安全性综合评价方法。该方法被用于评估大飞机、核电站等国家重大工程中聚合物材料的火灾安全性。

针对聚合物在热危害和烟毒危害方面的火灾安全设计，7.3 节将从阻燃环氧树脂、阻燃 PU、阻燃不饱和聚酯（unsaturated polyester resin，UPR）、阻燃 PO、阻燃涂层、锂电池安全及安全评估方法等方面开展叙述。

7.3　阻燃聚合物材料的研究进展

7.3.1　阻燃环氧树脂

1. 研究背景

高分子材料自发现以来被广泛应用于各个领域。作为其中最重要的一类热固性高分子材料，环氧树脂具有优异的力学性能、黏结性、化学稳定性、绝缘性和尺寸稳定性，且其收缩率低、易于成型加工、成本低廉。因此，环氧树脂被广泛应用于电子电气、涂料、黏结剂、汽车和航空航天等领域。然而，和大部分高分子材料相似，环氧树脂是易燃材料，遇火极易燃烧，且燃烧时会产生大量烟雾，给火灾救援带来极大的难度，这极大地限制了环氧树脂在电子电气等领域的应用。

传统的环氧树脂改性方法主要分为添加型和反应型。添加型阻燃环氧树脂主要是指将一些阻燃剂机械添加到环氧树脂基体中；反应型阻燃环氧树脂主要是指将一些阻燃单元通过化学方法引入环氧树脂分子链中。考虑环境保护，卤系阻燃剂被大量禁用，无卤阻燃剂得到大力发展。9, 10-二氢-9-氧杂-10-磷杂菲-10-氧化物（记为 DOPO）及其衍生物阻燃效率高，是重要的一类无卤阻燃剂。传统的添加型阻燃环氧树脂有一些缺点，纳米复合技术很好地改善了这些状况。目前环氧树脂主要来源于石油基资源，会带来温室气体排放问题。为了绿色可持续发展，利用生物基资源制备环氧树脂得到了广泛关注。制备生物基阻燃环氧树脂也是一种新型的改性方法。基于以上问题，学者做了大量的研究工作。

2. 传统阻燃环氧树脂及其复合材料

对环氧树脂进行阻燃改性的传统方法主要分为添加型和反应型。添加型阻燃环氧树脂因成本低、制备方便而广泛应用在工业领域；反应型阻燃环氧树脂具有较高的阻燃效率和耐久性，受到广泛的关注。

两种阻燃方法都需要将阻燃剂引入环氧树脂基体并对其进行阻燃改性。阻燃剂包括金属氢氧化物阻燃剂、氮系阻燃剂、硼系阻燃剂、磷系阻燃剂、硅系阻燃剂、IFR、卤系阻燃剂等。卤系阻燃剂具有较高的阻燃效率，但含卤系阻燃剂的聚合物在燃烧过程中会产生有害的卤化氢气体和有毒化合物，对环境和火灾救援构成巨大威胁。为了保护环境，卤系阻燃剂已逐渐被禁用，无卤阻燃剂的开发是近年来的研究热点。磷系阻燃剂具有阻燃效率高、毒性低、作用方式多、结构多样化等优点，是近年来大力发展的无卤阻燃剂。

1）添加型阻燃环氧树脂及其复合材料

添加型阻燃环氧树脂是指将阻燃剂通过物理共混方式引入环氧树脂中从而使材料达到难燃甚至不燃的目的。这类阻燃剂通常是一些无机填料（如氢氧化铝、氢氧化镁、红磷、聚磷酸铵（ammonium polyphosphate，APP））或一些含磷、氮或硅的有机化合物。

Wang 等[30-32]利用三氯氧磷和季戊四醇合成螺旋环状结构的季戊四醇二膦酸酯二氯化物（记为 SPDPC）（图 7-3），将 SPDPC 与含 DOPO 结构二元醇反应，制备有机磷低聚物（分别记为 PFR1、PFR2 和 PDPDP）（图 7-3），并将其用于环氧树脂的阻燃改性。添加了三种有机磷低聚物的环氧树脂均有良好的阻燃效果，但是环氧树脂的拉伸强度均略有降低。对比纯环氧树脂，当添加 15%的 PFR2 时，环氧树脂在空气中的残炭量从 0.4%提高到了 5.2%，其 LOI 从 25%提升到了 36%，并且在垂直燃烧测试中达到了 UL-94 V0 等级。在微量锥形量热测试中，对比纯环氧树脂，添加 15%的 PFR2 的环氧树脂的 PHRR（191W/g）下降了 60.04%，THR（17.6W/g）下降了 14.98%。这说明 PFR2 可以有效地提高环氧树脂的阻燃性能。对比三种有机磷低聚物，研究结果表明 PFR2 改性环氧树脂具有更好的阻燃效率，这归因于 PFR2 具有更高的磷含量。

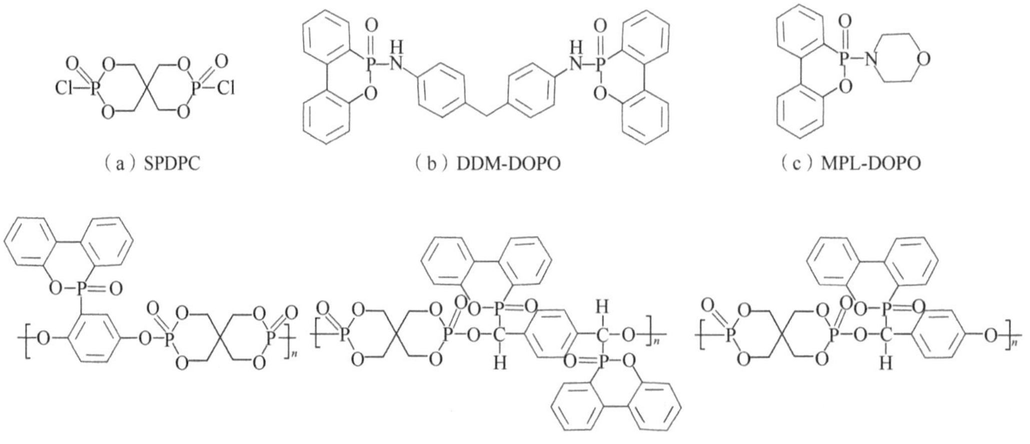

（a）SPDPC　　　　　（b）DDM-DOPO　　　　　（c）MPL-DOPO

（d）PFR1　　　　　（e）PFR2　　　　　（f）PDPDP

图 7-3　添加型含磷阻燃剂的化学式

Wang 等[33]制备了两种 DOPO-磷酰胺化合物（分别记为 DDM-DOPO、MPL-DOPO）（图 7-3），并将其添加到环氧树脂中进行阻燃改性。与纯环氧树脂相比，两种改性环氧树脂仍保持较高的透明度，而且阻燃效果都很优异，其中，DDM-DOPO 改性的环氧树脂在磷负载量仅为 0.25%时即可达到 UL-94 V0 等级，且 LOI 高达 30%。此外，锥形量热仪测试结果表明两种 DOPO-磷酰胺化合物在抑制燃烧热释放和减少烟雾产量方面均发挥了有效的作用。但是 DOPO-磷酰胺化合物的添加使得环氧树脂的力学性能略微下降。

2）反应型阻燃环氧树脂及其复合材料

反应型无卤阻燃环氧树脂又称本征型无卤阻燃环氧树脂，即通过化学键合将阻燃元素磷、氮、硅、硼等引入环氧树脂分子链中实现阻燃，无小分子阻燃剂，对环氧树脂性能的影响较小。

汪沛龙[34]在 DOPO-磷酰胺化合物的基础上，利用 DOPO 制备了三种反应型 DOPO 基低聚物阻燃剂，包括线性柔性链的 DOPO-D230、线性刚性链的 DOPO-OPA 和超支化的 DOPO-HB（图 7-4），并制备了三种反应型无卤阻燃环氧树脂。DOPO-OPA 和 DOPO-HB 的热稳定性比 DOPO-D230 高，且添加 DOPO-OPA 和 DOPO-HB 的环氧树脂的玻璃化转变温度升高，而添加 DOPO-D230 的环氧树脂的玻璃化转变温度降低，这说明苯环这种刚性结构的引入会提高化合物的稳定性和环氧树脂的刚性。力学性能研究结果也表明 DOPO-D230 改性的环氧树脂冲击强度升高，柔性提升；DOPO-OPA 和 DOPO-HB 改性的环氧树脂储能模量升高，刚性提升。由于引入环氧树脂基体主链，三种 DOPO 基低聚物阻燃剂改性的环氧树脂仍保持不错的透明度。从热重分析和锥形量热仪测试结果来看，三种 DOPO 基低聚物阻燃剂不仅在气相中发挥阻燃作用，而且在凝聚相中发挥促进成炭作用。

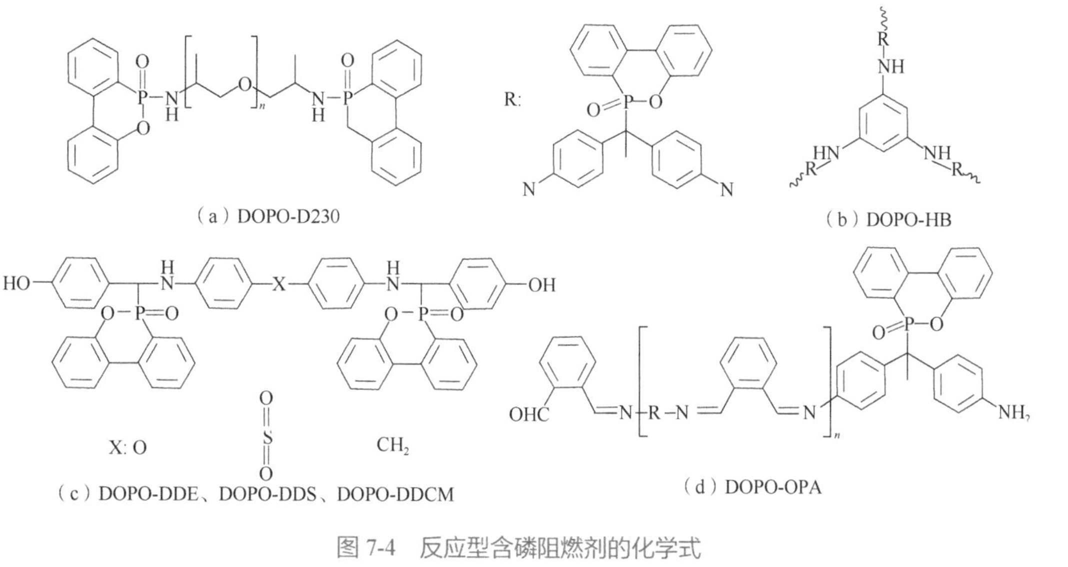

（a）DOPO-D230

（b）DOPO-HB

X：O

（c）DOPO-DDE、DOPO-DDS、DOPO-DDCM

（d）DOPO-OPA

图 7-4　反应型含磷阻燃剂的化学式

Qian 等[35]利用曼尼希（Mannich）反应制备了三种 DOPO 基固化剂（分别记为 DOPO-DDE、DOPO-DDS、DOPO-DDCM）（图 7-4），和 DDM 共同固化环氧树脂。与 DOPO-DDS/环氧树脂和 DOPO-DDCM/环氧树脂相比，DOPO-DDE/环氧树脂具有更高的 LOI（31.5%）和更好的阻燃效率。热重分析结果表明 DOPO-DDE/环氧树脂的残炭量最高，高残炭量可以保护环氧树脂基体不再进一步降解，降低环氧树脂的 PHRR，赋予环氧树脂更高的阻燃效率。三种阻燃改性环氧树脂均表现出良好的阻燃性能，这归因于三种 DOPO 基固化剂在气相和凝聚相中的共同作用。

3. 新型阻燃环氧树脂及其复合材料

1）纳米复合改性阻燃环氧树脂及其复合材料

传统无卤阻燃环氧树脂通过化学或物理方法引入含磷、氮、硅等化合物来达到阻燃的目的，这些方法存在一些劣势，如阻燃剂添加量大、材料的热稳定性和力学性能恶化。纳米复合技术为无卤阻燃环氧树脂另辟蹊径，成为近几十年阻燃领域的研究热点之一。学者在纳米复合改性阻燃环氧树脂领域做了大量的研究工作，包括介孔二氧化硅、改性石墨烯、改性 MoS_2、共价有机框架材料、金属有机框架材料、聚磷腈纳米管、改性 BP 纳米片等。

王鑫[36]为了降低环氧树脂的热危害和非热危害，利用分子设计对石墨烯进行改性，得到一系列功能化石墨烯，并利用纳米复合技术制备高性能的环氧树脂纳米复合材料。Wang 等[28]采用自组装法合成了 Ni-Fe 层状双氢氧化物（layered double hydroxide，LDH）/石墨烯杂化材料（记为 Ni-Fe LDH/GNS），并且制备了 Ni-Fe LDH/GNS 阻燃环氧树脂纳米复合材料。与纯环氧树脂相比，加入 2%Ni-Fe LDH/GNS 的阻燃环氧树脂纳米复合材料的起始热降解温度升高了 25 ℃。此外，Ni-Fe LDH/GNS 阻燃环氧树脂纳米复合材料的 PHRR 和 THR 分别比纯环氧树脂显著下降了 60%和 61%。这说明 Ni-Fe LDH/GNS 的引入明显提高了环氧树脂的热稳定性和火灾安全性。其阻燃性能的显著提高主要归因于 Ni-Fe LDH/GNS 可以起到物理屏障的作用，减少并减缓了可燃气体的产量，而且 Ni-Fe LDH/GNS 可以促进形成致密且绝缘的炭层，保护了环氧树脂基体不会进一步燃烧。

邱水来[37]通过分子设计使用共价或者非共价改性的方式对二维 BP 的表面进行功能化改性，以二维 BP 作为模板，在其表面原位生成含氮的有机阻燃剂，制备了一系列基于二维 BP 的协效纳米杂化阻燃剂。Qiu 等[27]通过共价键接枝和静电吸附将聚磷腈与 BP 纳米片结合,制备了聚磷腈功能化黑磷(记为 BP-PZN)。相比纯环氧树脂,仅添加 2%BP-PZN 的环氧树脂的 PHRR 下降高达 59.4%,THR 下降高达 63.6%。此外,BP-PZN 明显降低了环氧树脂的产烟速率和总产烟量。更重要的是,BP-PZN 阻燃环氧树脂纳米复合材料在暴露于环境条件下 4 个月后呈现空气稳定性,这归因于聚磷腈的表面包覆和嵌入聚合物基体的双重保护。

2)生物基阻燃环氧树脂及其复合材料

目前,全球 90%的环氧树脂来源于二缩水甘油醚双酚 A(记为 DGEBA)型环氧单体,依赖于化石基资源,造成大量的温室气体排放,不利于绿色可持续发展。利用植物油、呋喃、木质素、松香、香草醛、衣康酸等生物基资源开发生物基环氧树脂有了巨大的进展。生物基环氧树脂拥有和石油基环氧树脂一样优异的性能,但同样容易燃烧,这限制了其在高铁、飞机、建筑等领域的应用。因此,赋予生物基环氧树脂阻燃性能是十分重要的。学者利用腰果酚、丁香醛和香草醛等生物基资源制备了许多性能优异的生物基阻燃环氧树脂。

郭文文[38]利用腰果酚制备了一系列腰果酚基固化剂和腰果酚基环氧单体,进而制备了许多性能优异的阻燃腰果酚基环氧树脂。Huang 等[39]以腰果酚、氯代磷酸二苯酯、二苯基次膦酰氯和马来酸酐为原料,合成了两种腰果酚基固化剂(分别记为 Car-DCP-MAH 和 Car-DPC-MAH)(图 7-5),并将其作为 DDM 的替代品来固化环氧树脂。与 DGEBA/DDM 相比,DGEBA/Car-DCP-MAH 和 DGEBA/Car-DPC-MAH 具有更高的 LOI(分别为 29%和 28%),并达到了 UL-94 V0 等级。此外,锥形量热仪测试结果表明,与 DGEBA/DDM 相比,DGEBA/Car-DCP-MAH 和 DGEBA/Car-DPC-MAH 的 PHRR 分别降低了 42.3%和 47.7%。这两种体系优异的阻燃性能主要是由于 Car-DCP-MAH 和 Car-DPC-MAH 可以形成完整致密的炭层。DGEBA/Car-DCP-MAH 和 DGEBA/Car-DPC-MAH 均表现出较好的形状记忆性能,形状恢复效率分别高达 98.6%和 96.3%。

Nabipour 等[40]合成了一种丁香醛基环氧单体(记为 SA-GA-EP)(图 7-5),利用呋喃基固化剂(记为 DIFFA)固化得到了全生物基阻燃环氧树脂(记为 SA-GA-EP/DIFFA)。SA-GA-EP/DIFFA 的拉伸强度、断裂伸长率、杨氏模量分别为 57.4MPa、5.8%和 2.6GPa,与 DGEBA/DDM 相当。SA-GA-EP/DIFFA 的 LOI 高达 40.0%，达到了 UL-94 V0 等级。此外，SA-GA-EP/DIFFA 还具有良好的抗菌能力。全生物基阻燃环氧树脂的生物基含量更高，符合绿色可持续发展理念，并且具有更好的力学性能和阻燃性能，可应用于高端环氧树脂领域。

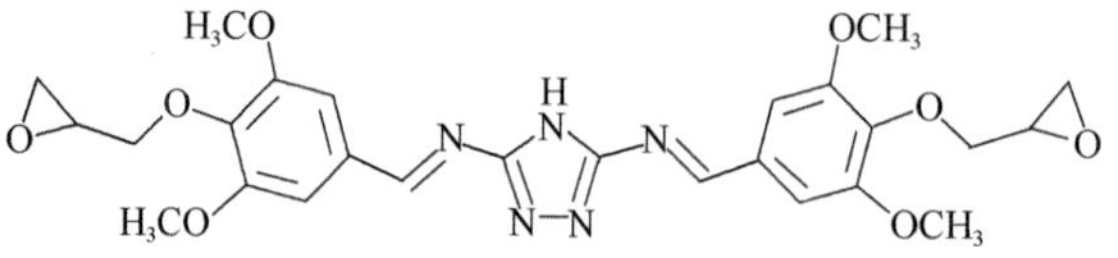

（a）SA-GA-EP

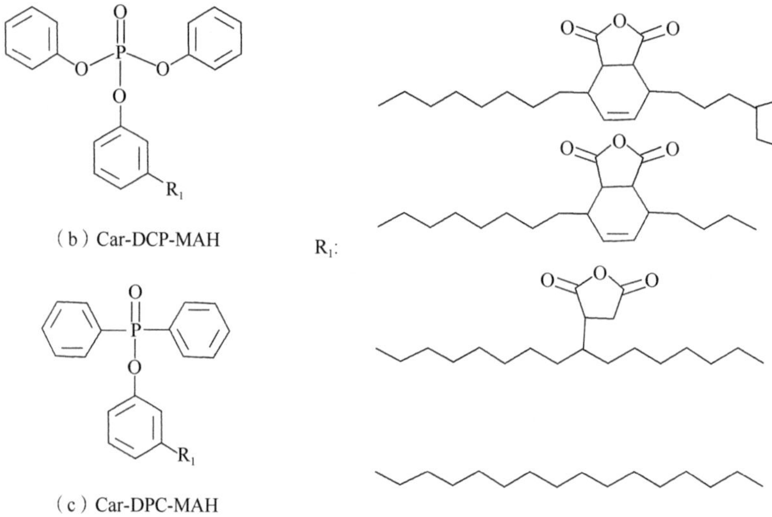

（b）Car-DCP-MAH

（c）Car-DPC-MAH

R₁:

图 7-5　两种腰果酚基固化剂和丁香醛基环氧单体的化学式

4.　小结

环氧树脂因其优异的性能被应用在各个领域，但是易燃性限制了其应用，对环氧树脂进行阻燃改性迫在眉睫。传统的环氧树脂改性方法主要分为添加型和反应型。新型的环氧树脂改性方法主要有纳米复合技术和制备生物基阻燃环氧树脂。未来发展阻燃环氧树脂的方向一定是低碳、环保、绿色。未来环氧树脂的制备需要尽可能少地利用石油化学品，减少污染，降低成本，并且满足电子电气、航空航天等特殊领域的要求。目前学界已经取得了一些进展，但还有很长的路要走。制备高性能的阻燃环氧树脂需要多方面考量，综合利用阻燃改性方法制备环氧树脂是大势所趋。

7.3.2　阻燃 PU

1. 研究背景

PU 是一种开发广泛的多功能聚合物，具有整体平衡和可控特性，是一类通常由多异氰酸酯和大分子多元醇加聚而成的聚合物，在皮革涂饰、合成革制造、涂料、纺织层压、黏结剂、泡沫塑料等众多工业领域具有广阔的应用前景。PU 的最大市场在汽车和家具行业，在过去几年里，PU 在建筑和涂料行业的应用有了很大的增长。事实上，其固有的可燃性是 PU 面临的一个棘手问题，这阻碍了其在某些领域的应用。在这种考虑下，已经有很多方法致力于提高 PU 的阻燃性。

2. 研究进展

根据软质聚氨酯泡沫（flexible polyurethane foam，FPUF）的燃烧特点，目前 FPUF 的阻燃技术手段主要包括如下三种：一是向 PU 泡沫中引入卤、磷、氮、硅等阻燃元素[41, 42]；二是通过浸涂、喷涂等方法处理 PU 软泡[43]；三是采用纳米复合的方法将阻燃剂混入 PU 软泡基体内[44-47]。

1）添加型阻燃 PU

一般而言，设计合成与高分子相容性较好且阻燃效率较高的阻燃剂时，将其直接引入聚合物基体内，往往会呈现非常出色的阻燃效果。卤代化合物以其高效和经济竞争力强的优势长期以来在阻燃 PU 中占有不可或缺的地位。然而，卤系阻燃剂在火灾中会散发出大量有毒气体和烟雾，可能对人类和环境造成二次损害，因此目前大量卤系阻燃剂已被淘汰[48]，开发更环保的替代品是非常可取的。

在过去的几十年中，磷基、磷氮基、硅基、硫基和壳聚糖磷基阻燃剂都用以提高 PU 的火灾安全性。通过磷酸酯、氧化锑、氢氧化铝等添加型阻燃剂来提升 PU 材料本身的火灾安全性，以此来延缓燃烧、阻烟甚至使着火部位自熄，是一种较为常见的方法[49]。Chan 等[50]制备了一系列具有不同浓度阻燃剂、双（[二甲氧基磷酰]甲基）磷酸苯酯（bis([dimethoxyphosphoryl]methyl) phenyl phosphate，BDMPP）和 MA（或可膨胀石墨（expanded graphite，EG））的 FPUF，发现 BDMPP 在气相中起着至关重要的作用，显著降低了有效燃烧热，同时 BDMPP 和 EG 组合具有协同效应。魏路[51]以三聚氰胺、甲醛、环氧氯丙烷为主要原料，通过曼尼希反应、阴离子开环聚合反应合成了羟值为 206.7 mg KOH/g 的三聚氰胺本征结构阻燃聚醚多元醇（记为 MFRP 多元醇）。随后，他在结构中引入低分子量酚醛树脂，合成了黏度较低、阻燃性能更好的三聚氰胺-酚醛本征结构阻燃聚醚多元醇（记为 MPFRP 多元醇）。结果表明，阻燃剂的加入有利于降低发泡物料黏度，提高泡沫耐热性能，当阻燃剂 TCPP/DMMP 添加量（质量分数）为 25% 时，泡沫氧指数高达 29%。通过原位聚合，Ni 等[52]制备了一种新型膨胀型凝胶——二氧化硅/APP 核-壳型阻燃剂（记为 MCAPP），它含有硅、磷和氮。结果表明，MCAPP 可以降低热释放速率，明显提高 PU 材料的热稳定性。Shi 等[53]制备了一系列次磷酸铝（aluminum hypophosphite，AHPi）/类石墨氮化碳（g-C_3N_4）杂化物（记为 CAHPi），然后掺入热塑性聚氨酯（thermoplastic polyurethane，TPU）。其中，样品 TPU/CAHPi20 的 PHRR 和总产烟量分别下降了 40% 和 50%。Yang 等[54]开发了用于聚异氰脲酸酯-聚氨酯（polyisocyanurate-polyurethane，PIR-PUR）泡沫的高效磷基阻燃体系，其中，APP 作为凝聚相阻燃剂，甲基膦酸二甲酯（dimethyl methylphosphonate，DMMP）作为气相阻燃剂。此外，他们还评估了材料的力学性能和隔热性能。

在 PU 泡沫材料中，反应型阻燃剂素有少量高效的特点，同时可以很大程度上克服在聚合物基体中迁移的问题，阻燃效率高。Xing 等[55]采用多元醇改性木质素代替部分聚醚多元醇，填充酚醛包封聚磷酸铵（phenolic encapsulated ammonium polyphosphate，PFAPP），合成无卤阻燃硬质聚氨酯泡沫（rigid polyurethane foam，RPUF）。与纯泡沫（700 ℃时残炭量为 0.2%）相比，含有木质素和 PFAPP 的改性泡沫表现出更高的炭形成量（700 ℃时残炭量为 42.7%）。利用 2-氯苯并三氟化物和双酚 A 合成 2, 2-双[4-(4-氨基-2-三氟甲氧基苯基)苯基]丙烷(2, 2-bis[4-(4-amino-2-trifluoromehyloxyphenyl) phenyl]propane，BAFPP），将其作为扩链剂，通过改变软链段和异氰酸酯指数，Xu 等[56]制备了一系列不同氟含量的含氟聚氨酯弹性体（fluorine-containing polyurethane elastomers，FPUE）。结果表明，由 BAFPP 制备的 FPUE 具有低表面张力、低吸水率、良好的热稳定性和良好的阻燃性能，在微量锥形量热测试中，其 PHRR（282.9 W/g）远低于不含氟 PU 弹性体（537.2 W/g）。

2）阻燃 PU 涂层

涂层技术用于阻燃 PU 泡沫显示出优异的阻燃效果。Pan 等[57]通过逐层组装技术将 β-FeOOH 纳米棒填充涂层沉积在 FPUF 上，以降低其可燃性。涂层由两种组装系统构成：一种是双层体系，由聚乙烯亚胺和 β-FeOOH 纳米棒组成；另一种是三层体系，由聚乙烯亚胺、β-FeOOH 纳米棒和海藻酸钠组成。锥形量热仪测试表明，与纯泡沫相比，三层涂层可导致 PHRR 显著降低，8 个三层涂层样品的 PHRR 降低了 61.8%，但双层涂层样品的 PHRR 略有降低（<20%）。Batool 等[58]通过逐层沉积技术抑制 FPUF 的可燃性，与未涂层的 FPUF 相比，具有 PEI(CNER/NH$_2$-MMT/PEI)$_n$ 和 PEI(CNER/NH$_2$-MMT/tPP)$_n$①架构的多层涂层样品的 PHRR 分别降低了 20% 和 25%，且火生长速率指数降低了 50%。通过逐层自组装方法，Pan 等[59]在 FPUF 表面制备了基于苯基膦酸镧（lanthanum phenylphosphonate，LaPP）的多层薄膜。与未处理的 FPUF 相比，处理过的 FPUF 的 T_{max2} 升高了 15~20 ℃。处理过的 FPUF 的 PHRR 和 THR 分别为 188 kW/m^2 和 20.3 MJ/m^2，相对于纯样品，分别降低了 70% 和 15%。此外，处理过的 FPUF 的烟雾产生也得到抑制。Jia 等[60]通过逐层自组装技术在 FPUF 表面沉积了由 GO 和八氨基多面体低聚倍半硅氧烷（octaamino polyhedral oligomeric silsesquioxane，OA-POSS）组成的二元杂化纳米涂层，旨在增强阻燃性能和混合型 FPUF 的抑烟特性。与纯 FPUF 相比，FPUF@GO/OA-POSS-6 的 PHRR、THR、峰值产烟速率和总产烟量分别降低了 67.3%、28.3%、65.03% 和 42.9%，表明混合型 FPUF 具有优异的阻燃性能和抑烟性能。另外，与纯 FPUF 相比，FPUF@GO/OA-POSS-6 的拉伸强度提高了 42%，经过 3 次压缩，抗压强度平均提高了 83.17%。

3）纳米阻燃 PU 复合材料

纳米材料在 PU 基纳米复合材料领域的应用受到广泛的关注和研究。Qiu 等[61]利用植酸钴改性 BP 纳米片，得到功能化 BP 纳米片（记为 BP-ECExf），将其加入基体，制备了高性能 PUA/BP-ECExf 纳米复合材料（记为 PUA/BP-EC），明显提升了聚氨酯丙烯酸酯（polyurethane-acrylate，PUA）的阻燃性能，其中，PHRR 降低了 44.5%，THR 降低了 34.5%，同时降低了有毒一氧化碳气体的热解产物强度。另外，PUA 的拉伸强度（增加了 59.8%）和拉伸断裂应变（增加了 88.1%）等力学性能得到了显著改善。通过水热法和高温煅烧法，Xu 等[62]合成了 MoO$_3$ 微棒、MoO$_3$

---

① CNER 指聚[(邻甲苯基缩水甘油醚)-共聚甲醛]（poly[(o-cresyl glycidyl ether)-co-formaldehyde]）；PEI 指聚乙烯亚胺（polyethyleneimine）；tPP 指磷酸三苯酯（triphenyl phosphate）。

纳米纤维和 MoO_3 纳米板，将 MoO_3 分别添加到 PU 弹性体中。结果表明，三种形貌的 MoO_3 均能促进成炭并具有阻燃抑烟性能，MoO_3 纳米纤维表现出更高的阻燃性能，1%的添加量可使 PU 的热释放速率达到峰值，弹性体复合材料的 PHRR 从纯样品的 881.6 kW/m^2 降低到 343.4 kW/m^2，降低了 61.0%。在抑烟方面，MoO_3 纳米片的抑烟效果最好；5%的添加量下，弹性体复合材料的烟密度从纯样品的 361 kg/m^3 降低到 212 kg/m^3，降低了 41.3%。Wang 等[19]通过原位聚合制备了用 GNS 增强的 PU 复合材料。形态学研究表明，由于形成了化学键，GNS 很好地分散在 PU 基体中。加入 2.0%的 GNS 后，PU 的拉伸强度和储能模量分别提高了 239%和 202%，表现出高导电性和良好的热稳定性。基于聚环氧丙烷二醇（poly (propylene oxide) glycol，POP）、4, 4′-二苯甲基二异氰酸酯（4, 4′-diphenylmethane diisocyanate，MDI）、1, 4-丁二醇（1, 4-butanediol，1, 4-BD）和 MMT，Cai 等[63]制备了新型 PU/MMT 纳米复合材料。与纯 PU 相比，基于焦炭残留物的增加，PU/MMT 纳米复合材料的热稳定性略有提高。另外，具备高纵横比的层状硅酸盐提高了 PU 的拉伸强度，与纯 PU 相比，含有 4% MMT 的 PU/MMT 纳米复合材料的拉伸强度提高了 25%。

表 7-1 分类汇总了相关工作。

表 7-1　相关工作分类汇总

基体	阻燃剂	阻燃方式	性能改进	发表年份	引用文献
FPUF	MMT、tPP、PEI、CNER 组成多层涂层	涂层沉积	降低热释放 加速炭形成 抑制挥发性气体释放	2020	[58]
TPU	十六烷基-三甲基溴化铵通过静电相互作用修饰六方氮化硼（h-BN）	纳米复合	提升热稳定性 降低热释放 提升拉伸强度	2018	—
TPU	POP、MDI、1, 4-BD 和 MMT	纳米复合	提升热稳定性 提升成炭性能 提升拉伸强度	2007	[63]
FPUF	BDMPP 和 MA（或 EG）	添加阻燃	降低有效燃烧热 抑制熔滴 抑制烟释放	2022	[50]
FPUF	β-FeOOH 纳米棒填充涂层	涂层沉积	降低热释放	2017	[57]
FPUF	GO 和 OA-POSS 组成的二元杂化纳米涂层	逐层自组装	提升阻燃抑烟性能 提升力学性能	2021	[60]

续表

基体	阻燃剂	阻燃方式	提升的性能	发表年份	引用文献
PU	MCAPP	添加阻燃	降低热释放 提升热稳定性	2011	[52]
FPUF	LaPP	逐层自组装	提升热稳定性 提升阻燃抑烟性能	2020	[59]
PUA	BP-ECExf	纳米复合	提升阻燃抑烟性能 提升力学性能	2019	[61]
TPU	CAHPi	添加阻燃	提升阻燃抑烟性能	2017	[53]
PU	GNS	纳米复合	提升力学性能 提升热稳定性 提升导电性	2011	[19]
RPUF	多元醇改性木质素代替部分聚醚多元醇, 填充 PFAPP	本征阻燃	降低热释放 提升成炭性能 提升力学性能	2013	[55]
TPU	BAFPP, 以 BAFPP 为扩链剂	本征阻燃	提升热稳定性 降低热释放	2012	[56]
TPU	MoO$_3$ 微棒、MoO$_3$ 纳米纤维和 MoO$_3$ 纳米板	纳米复合	提升阻燃抑烟性能	2016	[62]
PU	APP, DMMP	添加阻燃	提升阻燃效率	2018	[54]
FPUF	GNS@ Ce$_2$Sn$_2$O$_7$	纳米复合	提升阻燃抑烟性能 提升成炭性能 提升力学性能	2022	—

3. 小结

目前, 在弥补阻燃 PU 材料本身易燃多烟缺陷的同时, 研究者正在探寻最大限度保持甚至增强其他性能的最佳办法, 尤其是材料本身的弹性、柔韧度及拉伸强度。未来几年, 随着节能环保理念的深入及相关政策的大力实施, 阻燃 PU 材料将不仅仅满足于无卤低毒, 从原料到合成到改性再到实际应用均需要最大限度地满足绿色节能的要求。

另外, 随着 PU 综合性能的不断提高, PU 材料的应用领域不断拓展。目前发达国家已经逐步推广 PU 的应用, 我国正在大力研发的 PU 产品包括高铁/地铁/城市轨道交通/公路用减振防噪 PU 弹性体、新能源用新型 PU 薄膜新材料、浇注型混凝土 PU 复合材料、TPU 涂覆织物制品等。但是受相关政策的影响, 我国 PU 消费量增速较为缓慢。

7.3.3 阻燃 UPR

1. UPR 的应用与火灾危害性

UPR 由预聚体和乙烯基稀释交联剂组成。其中，预聚体是通过二元醇、不饱和二元酸与饱和二元酸缩聚生成的线型高分子化合物。当其溶解在液态的乙烯基稀释交联单体中后，通过共聚反应生成体型交联的固化材料。UPR 黏度低、价格低廉、成型工艺优良、耐化学腐蚀性强，并且与纤维等材料设计匹配和复合增强效果优越，因此广泛应用于城镇建设、轨道交通及风电开发等国计民生领域。

然而，UPR 极其易燃，这一方面归因于其含有大量的碳、氢元素；另一方面是因为其常以苯乙烯为稀释共聚单体，固化材料中同时含有聚酯和 PS 链段，前者在高温下发生酯交换、水解、酯键断裂及烷基链裂解等热解反应，后者在热解过程中发生无规断键、解聚、链中 β 断裂等自由基断链反应[64]。一氧化碳、芳香族和碳氢化合物等热解产物为燃烧持续提供燃料，同时这些有毒有害烟气与燃烧热危害共同带来重大生命财产损害。现有商业化阻燃 UPR 中常大量添加 APP、次磷酸铝和氢氧化铝等传统阻燃剂，仍存在易迁移、易团聚、阻燃效率低和耐久性差的缺陷。

提升阻燃效率可以从阻燃结构和方式两方面着手。前者是对阻燃机理的调控，通过改变阻燃结构的元素种类、氧化态、含量、键接等，调控阻燃气相和凝聚相反应，进而改变阻燃 UPR 的热解、热释放、烟气产生、质量损失和炭层生成等燃烧行为；后者经历着从传统阻燃添加剂向有机低聚物型阻燃添加剂，以及从添加型阻燃方式向反应型阻燃方式的转变。这些高效阻燃技术实现了高性能阻燃 UPR 复合材料的设计和制备。

2. UPR 的高效添加型阻燃改性

1）有机磷低聚物

相比小分子阻燃剂，低聚型阻燃剂表现出良好的耐迁移性、宽加工温度和高耐热性能。通过合成不同低聚型阻燃剂，学者分析了主/侧链、磷氧化态和阻燃元素含量等对 UPR 性能的影响[65, 66]。相比聚苯氧基磷酸二苯砜酯（polyphenyloxyphosphate diphenylsulfone ester，PO-S）、聚苯氧基磷酸乙二酯（polyphenyloxy ethylene phosphate，POEG）等苯氧基磷结构，聚甲基膦酸二苯砜酯（polymethylphosphonate diphenylsulfone ester，PCH$_3$-S）、聚苯膦酸二苯砜酯（polyphenyl phosphonate diphenylsulfone ester，PB-S）和聚苯膦酸乙二酯（ethylene polyphenylphosphonate，PBEG）等有机磷低聚物具有更高的阻燃效率（表 7-2）。这归因于甲基膦酸酯和苯基膦酸酯结构具有更高的磷含量。同时，含磷结构的氧化态具有重要影响。相比 15% 阻燃剂含量的 UPR/PCH$_3$-S 和 UPR/PBEG，即使 20%阻燃剂含量的 UPR/PO-S 和 UPR/POEG 磷含量更高，后者的 UL-94 等级仍低于前者。因此，相比+5 价磷氧化态结构，含+3 价磷氧化态的有机磷低聚物更适合 UPR 阻燃性能的提升。由阻燃机理分析可知，有机磷低聚物往往以气相阻燃作用为主，辅之以凝聚相阻燃作用。此外，二元醇单体的差异同样影响 UPR 的阻燃效率。例如，双酚 S 中的砜基在热解、燃烧过程中生成二氧化硫和亚硫酸等物质，在气相和凝聚相中发挥阻燃作用。

表 7-2　有机磷低聚物的结构调控与改性 UPR 阻燃性能

阻燃剂	结构	FR 磷含量/%	FR 含量/%	UL-94 等级	阻燃 UPR 磷含量/%
PCH$_3$-S		9.98	13	V1	1.30
			15	V0	1.50
PCH$_3$-A		10.74	20	No	2.15
PB-S		8.32	15	V2	1.25
			20	V0	1.66
PB-A		8.84	20	No	1.77
PBEG		16.82	13	No	2.19
			15	V0	2.52
PO-S		7.98	20	No	1.60
PO-A		8.45	20	No	1.69
POEG		15.48	20	No	3.10

注：PCH$_3$-A 指聚甲基膦酸二苯丙烷酯（polymethylphosphonate diphenylpropane ester）；PB-A 指聚苯膦酸二苯丙烷酯（diphenylpropane polyphenylphosphonate）；PO-A 指聚苯氧基磷酸二苯丙烷酯（polyphenyloxyphosphate diphenylpropane ester）；FR 指阻燃剂（flame retardant）。

2）DOPO 基阻燃剂

DOPO 具有优异的化学稳定性和热稳定性，基于其 P—H 键与烯基、醛基、羟基等的反应，可以制备阻燃衍生物并有效提升 UPR 的阻燃性能（图 7-6）。例如，基于 DOPO 与烯基的加成反应，合成含磷/硅结构的 DOPO 基硅烷偶联剂（6-(2-(trimethoxysilyl) ethyl) dibenzo [c, e] [1, 2] oxaphosphinine 6-oxide，记为 DOPO-VTS）并通过溶胶-凝胶法引入 UPR 中，通过气相作用抑制燃烧的同时，有效提升高温热氧稳定性和残炭量。这种不同阻燃结构的结合使用还体现在星形含磷阻燃剂 2, 4, 6-三甲酰基苯氧基-1, 3, 5-三嗪阻燃剂（2, 4, 6-triformylphenoxy-1, 3, 5-triazine，记为 TRIPOD-DOPO）的合成中[67]。此外，Chu 等[68]研究了 DOPO 与不同含磷结构在低聚物中的结合对 UPR 性能的影响，合成了聚甲基膦酸 DOPO 基乙二醇酯（polymethylphosphonic acid DOPO based ethylene glycol ester，记为 PCH$_3$PG）、

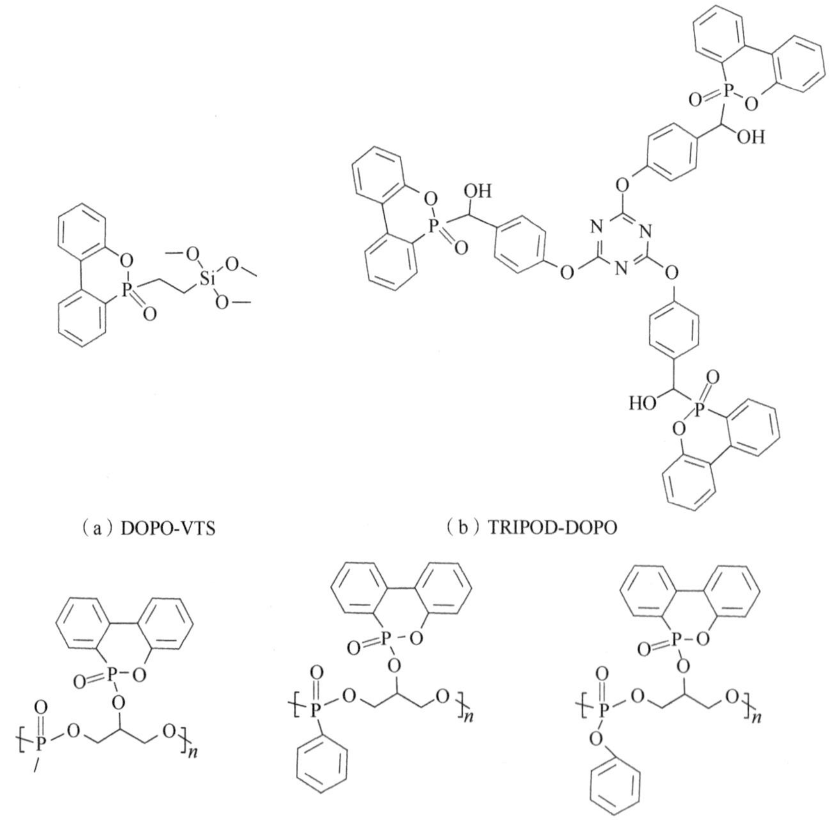

（a）DOPO-VTS   （b）TRIPOD-DOPO

（c）PCH$_3$PG   （d）PBPG   （e）POPG

图 7-6　DOPO 基阻燃剂用于阻燃 UPR 的制备

聚苯膦酸 DOPO 基乙二醇酯（polyphenylene phosphonate DOPO based ethylene glycol ester，记为 PBPG）和聚苯氧基磷酸 DOPO 基乙二醇酯（polyphenyloxyphosphate DOPO based ethylene glycol ester，记为 POPG）等阻燃剂。研究发现含有机磷结构的 PCH₃PG 和 PBPG 表现出更高的阻燃效率。特别是 PCH₃PG，当其添加量为 15% 时，UPR/PCH₃PG 达到 UL-94 V0 等级并具有 29% 的 LOI；当其添加量增加到 20% 时，UPR/PCH₃PG 的 PHRR 和 THR 相比未改性 UPR 样品分别降低 67.9% 和 57.2%。

3）纳米阻燃剂

基于较大的比表面积、较强的吸附能力及可选择性的表/界面改性方式，纳米阻燃剂在聚合物体系中表现出力学性能增强、片层阻隔、催化氧化、气体吸附和抑烟减毒等效应。通过在 CNT 表面负载过渡金属化合物，可以结合其纳米增强作用与过渡金属化合物的催化成炭、催化减毒作用。例如，在 CNT 表面负载 Co-Ni 基层状双金属氢氧化物（layer double hydroxides，LDH）制备 CNT@Co-Ni LDH，低添加量的 CNT@Co-Ni LDH 能明显抑制一氧化碳等毒性烟气的释放。Wang 等[69]将 Cu₂O 负载于 TiO₂ 和 GO 双层纳米片（记为 Cu₂O-TiO₂-GO），2% 的 Cu₂O-TiO₂-GO 能明显降低 PHRR 和 THR，且显著减少苯、一氧化碳和芳香族化合物等有毒热解气体。此外，二维材料的有机表面改性也是提升界面性能和阻燃效率的重要方式。Wang 等[70, 71]设计合成了含有磷、氮、硅元素和烯基的有机改性剂超支化聚磷酸丙烯酸酯（hyperbranched polyphosphate acrylate，HPA）和超支化哌嗪基聚磷酸丙烯酸酯（hyperbranched piperazinyl polyphosphate acrylate，HPPA），并分别接枝在 MoS₂ 和 BN 片层表面，显著改善 UPR 的火灾安全性和力学性能。Chu 等[72]在 TiO₂ 纳米球表面定向生长 Co-Al LDH 和 Ni(OH)₂ 壳层，构筑了含多种过渡金属的 TiO₂@LDH@Ni(OH)₂。基于核-壳杂化材料的吸附作用及催化生成热稳定炭层的阻隔作用，在 3% 的添加量下，UPR 的一氧化碳产量降低 53.3%。此外，多级核-壳结构的大比表面积有助于树脂在纳米球表面的渗透，增大了接触面积，加强了载荷转移，从而提高了 UPR 材料的力学性能。

3. UPR 的反应型阻燃改性

为避免阻燃添加剂在 UPR 中的迁移，可以将阻燃结构引入分子链骨架中制备反应型阻燃 UPR。合成阻燃二元醇/酸以制备 UPR 预聚体，以及合成乙烯基反应型阻燃剂与 UPR 共聚是反应型阻燃 UPR 改性的两种方式。

1）含磷二元酸单体

王冬[73]通过 DOPO 和马来酸酐之间的加成反应，以及阻燃剂 *N, N*-双(2-羟乙基)氨基亚甲基膦酸二乙酯（*N, N*-bis (2-hydroxyethyl) aminomethylene phosphonate diethyl ester，记为 FRC-6）与马来酸酐之间的酯化反应，合成了两种阻燃马来酸酐（分别记为 DOPO-MA 和 FRC-6-MA），并与丙二醇、邻苯二甲酸酐进行缩聚反应，得到了反应型含磷 UPR 预聚体。结果表明 UPR/FRC-6-MA 具有更好的阻燃性能，在空气氛围下的残炭量明显增多，PHRR 和峰值产烟速率分别下降 42.5%和 42.4%。

2）乙烯基阻燃剂

丙烯酸乙二酯环乙二醇磷酸酯（ethylene glycol phosphate ester，记为 EACGP）[74]、丙烯酸季戊二环乙二醇磷酸酯（acrylic acid pentadienyl ethylene glycol phosphate ester，记为 DPHA）[75]为单阻燃结构的反应型阻燃剂（图 7-7）。由数据分析可知，对于 EACGP 和 DPHA 两种磷酸酯类阻燃剂，UPR 的阻燃性能随复合材料中磷含量的增加而明显提升。2-(((((1-氧代-2, 6, 7-氧杂-1-磷杂双环[2.2.2]辛烷)甲氧基)(苯氧基)磷酰基)氧基)丙烯酸乙酯（2-(((((1-oxo-2, 6, 7-oxa-1-phosphorabicyclo [2.2.2] octane)methoxy)(phenoxy) phosphoryl)oxy)ethyl acrylate，记为 APBPE）[67]、1-氧-2, 6, 7-氧杂-1-磷杂双环-[2.2.2]辛烷甲基二烯丙基磷酸酯（1-oxy-2, 6, 7-oxa-1-phosphabicyclo-[2.2.2] octylmethyldiallyl phosphate，记为 PDAP）[76]等反应型阻燃剂中同时含有多种阻燃结构。两种磷酸酯结构分别在 APBPE 和 PDAP 中的结合使用显著提升了反应型阻燃剂中的磷含量。与 EACGP、DPHA 相比，这种磷含量的增加使得 APBPE、PDAP 在相同阻燃剂添加量下阻燃 UPR 的 LOI 稍有提升。此外，小分子乙烯基含磷阻燃剂双（2-丙烯酸乙基酯）苯基膦酸酯（bis (2-ethylacrylate) phenyl phosphonate，记为 PBHA）、双（2-丙烯酸乙基酯）苯基磷酸酯（bis (2-ethylacrylate) phenyl phosphate，记为 POHA）和双（2-丙烯酸乙基酯）苯基硫代磷酸酯（bis (2-ethylacrylate) phenyl thiophosphate，记为 PSHA）可以在 UPR 中作为阻燃稀释交联剂，在完全取代毒性、挥发性苯乙烯以发挥稀释、交联功能的同时，有效提升 UPR 的阻燃性能[77]。

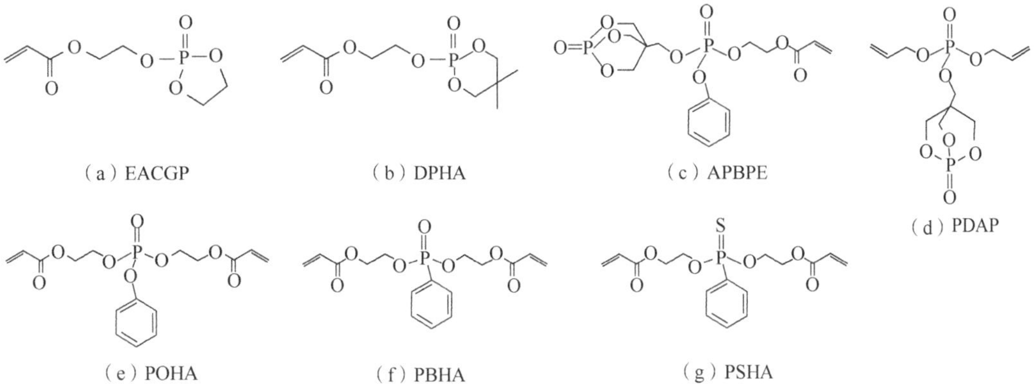

图 7-7 乙烯基阻燃剂用于阻燃 UPR 的制备

3）UPR 的界面阻燃改性

UPR 常用作纤维增强复合材料的基体。然而，无机纤维与 UPR 的相容性差，难以形成较强的相互作用。此外，纤维的烛芯效应会加剧复合材料的燃烧。因此，在纤维增强 UPR 材料中，对纤维表面改性以增强其相容性的同时，可以在界面引入阻燃结构，促进纤维表面成炭，改善烛芯效应。

部分学者合成了磷化的 3-氨丙基三乙氧基硅烷（phosphated 3-aminopropyltriethoxysilane，记为 PKH550）[78]和含磷、氮、硅的硅烷偶联剂（tetramethyl (3-(triethoxysilyl) propylazanediyl) bis(methylene) diphosphonate，记为 TMSAP）[79]等阻燃界面改性剂，并将其接枝在纤维表面。阻燃界面改性剂使 UPR 复合材料在更低的阻燃剂添加量下就可以达到更高的阻燃等级。基体中添加剂含量的降低也减弱了其对树脂黏度的影响，保证了 UPR 的加工性能。此外，还可以在纤维表面构筑粗糙的多级表面结构。例如，通过层层自组装改性，分别将阳离子的聚丙烯酰胺和阴离子改性的 BN 纳米片（记为 BNC）吸附在纤维表面[80]，或者通过水热反应将 Ni-Fe LDH 垂直定向生长在纤维表面[81]，并用作 UPR 的增强纤维。这种改性方式既可以避免纳米材料在基体中的团聚，又可以增大 UPR 与纤维的接触面积和面内方向的界面滑移，进而增强复合材料的阻燃和力学性能。

4. 小结

尽管当前学者已针对阻燃 UPR 存在的问题提出了一些解决思路，但是仍然存在以下不足：①当前研究主要针对 UPR 的燃烧行为，并没有系统研究阻燃结构调控对流变、固化和力学等性能的影响；②阻燃剂添加量至少为 15%时才能使 UPR 达到 UL-94 V0 等级，因此其阻燃效率还需进一步提升；③针对不同阻燃方式的耐久性还需系统研究。同时，阻燃 UPR 的未来发展主要包括以下方面：①有机磷低聚物和反应型阻燃方式具有良好的相容性与耐迁移特性，是阻燃 UPR 设计、制备的重要思路；②尝试将有机磷结构与其他阻燃结构有机结合；③倡导绿色化学理念，减少石油基原材料的使用，基于生物基材料设计、制备阻燃 UPR 符合时代趋势。

7.3.4 阻燃 PO

1. PO 的应用与火灾危害性

PO 是以乙烯、丙烯等为主要片段的均聚物、共聚物及其混合物的总称，是一种轻质、无毒的热塑性高分子材料，主要包括 PE、PP、聚烯烃弹性体（polyolefin elastomer，POE）、乙烯-醋酸乙烯酯共聚物（ethylene-vinylacetate copolymer，EVA）和三元乙丙橡胶（ethylene-propylene-diene monomer，EPDM）等。PO 价格低廉、易加工成型、电绝缘和耐化学腐蚀性能优良，被广泛应用于航空航天、轨道交通、电子电气、建筑等行业。

然而，PO 由碳、氢等元素组成，极易燃烧。其较低的氧指数和较高的热释放速率极易造成火灾事故，严重限制其进一步推广使用。因此，为了减少 PO 燃烧所导致的生命、财产损失，必须对其进行阻燃处理。在当前研究中，常将含气源、炭源和酸源等组分的 IFR 添加到 PO 基体中，制备阻燃 PO 复合材料。在其燃烧时，IFR 催化材料表面生成炭质泡沫层，起到隔热、隔氧、抑烟的作用，并防止熔滴现象的发生。

2. 微胶囊包裹技术

EG、APP、季戊四醇和 MA 等是 IFR 中常见的组分，但存在相容性差、易迁移、耐水性差和阻燃效率低等问题。采用微胶囊包裹技术（包括无机纳米材料和有机组分）对 IFR 进行表面处理是改善磷氮类 IFR 耐水性差、易迁移等缺点的有效方式。

CNT 作为一种具有优良导热性能和成炭性能的纳米填料，可被用于 IFR 体系中，发挥协同增强聚合物阻燃性能的作用机制。此外，李茁实等[82]基于 CNT 疏水且具有优良热性能的特点，制备了 CNT 包裹的 APP（记为 APP@CNT）并用于 EVA。

当其与 Mg(OH)$_2$ 复合使用时，能够制备具有良好阻燃性能与绝缘性能的复合线缆材料。在 PO 燃烧过程中，CNT 优异的热稳定性显著提升了 EVA 的炭层质量，因此高热稳定性无机组分在 APP 表面的包裹在降低 IFR 水溶性的同时，能够提高膨胀型组分的热稳定性。

有机组分包裹方式同样可以提升 IFR 体系的性能。选用韧性和成炭性能好的 PU 作为壳层材料，通过原位聚合方式制备 PU 包裹的 EG（记为 PUEG），能够提升 EG 的初始分解温度、热稳定性和可膨胀体积。使用 PUEG 阻燃的 EVA 相比使用 EG 阻燃的 EVA 有着更高的力学性能和电学性能，这是由于 PU 壳层与基体的良好相容性提升了其分散性[83]。此外，可以采用耐热性能好和难燃的酚醛树脂改性 PU 作为壳层，通过原位聚合方式制备微胶囊化的 APP（记为 PPUAPP），PPUAPP 的表面呈疏水性，在相同阻燃剂添加量下，相比 APP 有着更高的阻燃性能，在 70 ℃热水中浸泡 144 h 后仍能够达到 UL-94 V0 等级[84]。三聚氰胺-甲醛（melamine formaldehyde，MF）也能用于包裹 APP（记为 MCAPP）。与 APP 相比，MCAPP 具有更好的阻燃性能，耐水性也得到了改善[85]。由此可见，如果选用具有特定功能的壳层材料对 IFR 进行适当的微胶囊化，其壳层的隔离保护可有效地改善阻燃剂的耐水性和相容性，从而提高复合材料的阻燃和力学性能。

3. 大分子成炭剂和有机-无机复合成炭剂

季戊四醇等小分子成炭剂的添加量大且容易迁移和渗出，导致阻燃效率不理想，影响 PO 材料的综合性能。大分子成炭剂与基体之间存在更多的弱键作用，同时其分子链与基体间存在物理缠结，改善了传统小分子成炭剂易迁移、耐水性差的缺陷。

1）大分子成炭剂

相比传统的 IFR，三嗪类大分子成炭剂（记为 HCFA）拥有高效的成炭能力、稳定的三嗪环结构及低添加量，在聚合物中具有高效的阻燃性能、抗熔滴性和低烟低毒等优点，已经引起了科研工作者的广泛关注。他们选用哌嗪、乙二胺、1,3-丙二胺、1,4-丁二胺和 N-氨乙基哌嗪等二元胺类化合物，调控了 HCFA 的分子结构（图 7-8）。温攀月[86]研究了 HCFA 的化学组成、结构与其阻燃 PP 复合材料间热性能、阻燃性能和耐水性间的构效关系，阐明了大分子成炭剂高效阻燃的作用机制。结果表明，哌嗪基超支化成炭剂（piperazine-based hyperbranched char-forming agent，

PA-HCFA）拥有最高的热稳定性和残炭量，这与哌嗪类苯环和三嗪环结构相关。热重分析测试和水溶性测试结果表明 HCFA 具有杰出的成炭能力和耐水性，可以作为稳定性佳的阻燃剂而添加到要求低燃和耐水的聚合物材料中。此外，HCFA 的添加对于 PP/APP/HCFA 的 LOI 的增长、UL-94 V0 等级的实现及热释放行为的抑制具有重要作用。

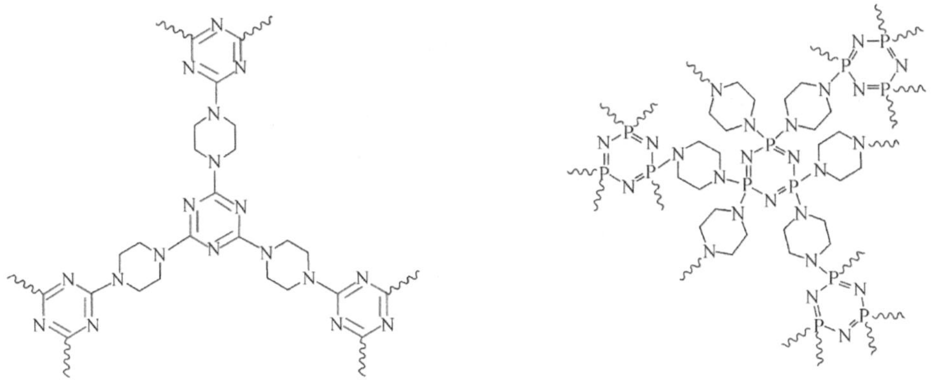

（a）PA-HCFA　　　　　　　　　（b）CPCFA

图 7-8　大分子成炭剂用于阻燃 PO 的制备

此外，六氯环三磷腈也能够作为大分子成炭剂的起始材料。通过缩聚反应，Wen 等[87]合成了基于环三磷腈基超支化成炭剂（cyclotriphosphazene-based hyperbranched char-forming agent，CPCFA），并和微胶囊化的 APP（记为 MAPP）复配用于阻燃 PP。结果表明，CPCFA 和 MAPP 的共同作用可以显著改善 PO 的热稳定性。适当的 MAPP 和 CPCFA 的复配比可以大幅提高聚合物材料的残炭量、LOI，且使复合材料达到 UL-94 V0 等级。当 MAPP 和 CPCFA 的复配比分别为 3/1 和 2/1 时，PP 复合体系在 70 ℃热水中浸泡 72 h 后仍能达到 UL-94 V0 等级。然而，六氯环三磷腈原料的价格较高，不利于 CPCFA 的工业化应用。

2）有机-无机复合成炭剂

层状无机物能够在较低添加量下有效提高 PO 复合材料的阻燃性能，其中，片层结构能够作为阻隔层，与其催化生成的炭层共同阻隔热量、氧气和可燃烟气的传递。然而，层状无机物易在聚合物基体中团聚，降低材料的综合性能，限制了其在高性能聚合物基复合材料中的规模化应用。常规的有机小分子界面改性能够在一定程度上改善层状无机物的分散行为。大分子成炭剂在层状无机物表面的原位聚合不仅能提升层状无机物催化炭化行为，而且能有效改善其与基体间的相容性，增强 PO 材料的力学性能。王伟[88]采用原位聚合方法，在大分子成炭剂合成过程中引入不同比例的钠基蒙脱土（Na-MMT），制备了不同配比的有机-无机复合成炭剂，并与三聚氰胺聚磷酸盐（melamine polyphosphate，MPP）复配，制备了阻燃 PP 复合材料。结果表明，Na-MMT 能够被大分子成炭剂较高的插层分离，且在 PP 基体中分散良好。在阻燃剂总添加量达到 20%，且复合成炭剂和 MPP 添加比为 1∶1 时，阻燃 PP 能够达到 UL-94 V0 等级，且 PHRR 降低 77%。此外，耐水性研究发现有机-无机复合成炭剂的水溶性比 Na-MMT 低，这赋予了 PP 复合材料优良的耐水性。因此，将层状无机物作为无机成炭剂，并结合成炭型有机大分子形成有机-无机复合成炭剂，能够显著提升 PO 材料的催化成炭性能。

4. 抑烟减毒协效剂

国内外火灾统计数据表明，火灾中 70% 以上的死亡事故是由有毒有害烟气造成的。这要求在使用阻燃剂提高材料阻燃性能的同时，应尽量减少材料在热解和燃烧过程的有毒气体产量和产烟量。目前含金属元素的化合物被广泛用作聚合物材料的阻燃、抑烟和减毒协效剂。然而，其阻燃、抑烟和减毒效率还需进一步提升。设计制备具有氧化和催化成炭功能的多元协效剂，并进一步提升 PO 材料的阻燃、抑烟和减毒性能具有很高的研究价值。

1）纳米片层抑烟减毒协效剂

纳米片层的吸附和阻隔作用有助于抑制毒性热解产物的释放，同时含金属纳米片层具有优异的催化成炭和氧化作用。例如，MoS_2 纳米片层具有优异的物理性能和特有性质，其在增强 PO 材料力学性能、提升阻燃/抑烟/减毒效率等方面具有良好的应用前景。MoS_2 纳米片通过乳液预混与熔融共混相结合的方法被分散到 PP 基体中，有效地克服了通过化学剥离法获得的在水相中悬浮的 MoS_2 纳米片的分散障碍，并且为 MoS_2 纳米片和 PP 基体间提供了足够的界面相互作用。非氧化热解研究表明，与纯 PP 相比，添加 1.6% MoS_2 纳米片的 PP 复合材料气体裂解产物的特征峰强度明显降低，可以推测出 MoS_2 纳米片主要作为物理屏障来阻隔气体分解产物的逸出[88]。Wang 等[89]通过离子交换法和共沉淀法制备了钼酸铜（$CuMoO_4$）与 Zn-Al LDH 杂化的纳米片层协效剂（记为 $CuMoO_4$/Zn-Al LDH），并用于制备阻燃 PP 复合材料。结果表明，相比未改性 PP，3% 添加量的 $CuMoO_4$/Zn-Al LDH 使 PP 的热释放及一氧化碳、碳氢化合物、芳香族化合物等毒性热解产物产量得到明显抑制。一氧化碳等毒性气体浓度的降低对于火灾救援有很大的作用。由上述分析可知，$CuMoO_4$ 和 Zn-Al LDH 在减少一氧化碳与提高 PP 的阻燃性能及热稳定性方面具有协效作用，$CuMoO_4$/Zn-Al LDH 能降低 PP 的热释放和有毒气体产量。

2）纳米粉体抑烟减毒协效剂

含多种具有催化活性金属元素的纳米粉体协效剂在火灾环境中具有高效催化成炭和氧化作用，可用于 PO 材料的阻燃协效和抑烟减毒。通过调控稀土锡酸盐金属元素组成，可以制备高效抑烟减毒协效剂。Jia 等[90]采用水热法制备稀土锡酸钕（$Nd_2Sn_2O_7$）、锡酸钐（$Sm_2Sn_2O_7$）和锡酸钆（$Gd_2Sn_2O_7$），并与 IFR 体系复配用于 PO 的阻燃改性。结果表明，PO/IFR/Nd、PO/IFR/Sm 和 PO/IFR/Gd 可以达到 UL-94 V0 等级，而 PO/IFR 仅为 UL-94 V1 等级。纯 PO 和 PO/IFR 在烟密度测试中的最大烟密度分别为 413.3 和 340.3，稀土锡酸盐的使用使 PO 烟密度降低，PO/IFR/Gd 的最大烟密度比纯 PO 低 35.7%。这种抑制作用归因于稀土锡酸盐使烟雾颗粒转化为残留炭，进而增加残炭量并降低烟密度。

5. 小结

无卤阻燃 PO 材料的设计、制备得到了广泛关注。传统阻燃 PO 复合材料中往往添加大量 IFR，存在阻燃效率低、耐水性差、相容性差等严重问题。同时，高添加量的 IFR 会影响 PO 的力学性能。微胶囊包裹型阻燃剂、大分子成炭剂、有机-无机复合成炭剂及抑烟减毒协效剂的设计制备可以有效改善这些问题。虽然当前研究中阻燃剂具有良好的阻燃性能，并且得到的 PO 复合材料具有可接受的力学性能，但大多数阻燃剂仍处于实验室研究阶段，易于制备、高效、无害且低廉的新型阻燃剂将是未来阻燃 PO 材料的理想选择。此外，无卤阻燃 PO 材料体系的效率仍能够进一步提升。当前，一体化 IFR 因相容性好、成分间作用更快、表面迁移率低、保存方便等优点得到关注，有望在阻燃 PO 材料中得到广泛应用。同时，可以进一步研究不同种类的纳米阻燃剂与其他含磷、氮、硅阻燃剂的组合，阐明其与 PO 间的构效调控机制，以开发具有优异力学性能的阻燃 PO 复合材料。

7.3.5　阻燃涂层

1. 研究背景

随着人们生活水平的日益提高，人们对日常居住环境的要求越来越高。木材、织物和 FPUF 等由于具有丰富的色泽、形状及易于加工等特点而广泛用于人们的生活中，如建筑装修和室内陈设。它们给人类生活带来巨大方便的同时，其易燃性却带来了潜在的火灾危险性，造成了严重后果。因此，为了减少材料火灾的燃烧热，预防火灾发生，有必要对木材、织物和 FPUF 等进行阻燃处理或者防火保护，这样才能有利于我国经济快速持续发展和构建和谐社会。

目前阻燃涂层技术已经成为木材、织物和 FPUF 等材料阻燃改性技术中最具便捷性与实用性的技术之一。阻燃涂层技术不仅可以延迟材料的燃烧，而且可以减弱对基体基本性能的影响。阻燃涂层的制备方法一般包括层层自组装法、喷涂法、紫外光固化法、溶胶-凝胶法等。随着阻燃涂层的不断发展，涂层中引入了纳米材料，用于增加涂层的热稳定性与增强抑烟减毒效果，也会将生物基材料引入阻燃体系用于缓解能源危机。总而言之，阻燃涂层逐渐成为当今世界研究开发的重点，其应用已经渗透到社会的各个领域，其发展也将走向高效阻燃、绿色环保与多功能化方向。

2. 研究进展

1）紫外光固化透明阻燃涂层的制备及应用研究

紫外光固化技术是指在紫外光的辐射下，液态的低聚物（包括单体）经过聚合交联形成固体产物（成膜）的过程。紫外光固化技术的生产效率高、固化速度快、零 VOC 排放、涂层收缩率低、易于流水线生产，是一种环境友好的绿色技术。一般来说，紫外光固化涂层主要通过分子设计，制备含有磷、氮、硅、硼等阻燃元素的单体或者低聚物，在引发剂与紫外光辐射下形成阻燃涂层。此外，要求色彩的高级装饰物、要求透明度的窗户玻璃和古建筑保护等场合对阻燃涂层的高透明度提出了全新的需求。

陈希磊[91]基于防火涂层设计与紫外光固化的有机结合，分别通过分子设计制备出一种集阻燃元素和成炭结构于一体的磷酸酯丙烯酸酯单体（phosphate arcylate，记为 BTP）、一种含磷/氮/硅三种阻燃元素并可紫外光湿气双重固化的丙烯酸酯单体

（2-(((3-((9-(((([1, 1'-biphenyl]-2-yloxy)(methyl)phosphoryl)-3, 3-dimethoxy-2, 7, 11-trioxa-3-siladodecan-12-oyl)amino)-4-methylphenyl)carbamoyl)oxy)ethyl acrylate，记为 DGTH）和一种星形丙烯酸酯化三聚氰胺低聚物（2-(((3-acetamido-4- methylphenyl) carbamoyl)oxy)ethyl acrylate，记为 SPUA）（图 7-9）。此外，他还根据文献[92]合成了磷酸酯三丙烯酸酯（tris(acryloyloxy)ethyl phosphate，TAEP），分别将 BTP、SPUA/TAEP、SPUA/DGTH 固化涂层用于保护木材，并采用锥形量热仪研究其防火效果。测试研究结果表明，BTP 和 SPUA/DGTH 体系对杉木具有较好的防火效果，其原因可能是 BTP 本身成炭并催化木材成炭，SPUA/DGTH 体系则能形成强度较高、结构致密的炭层。

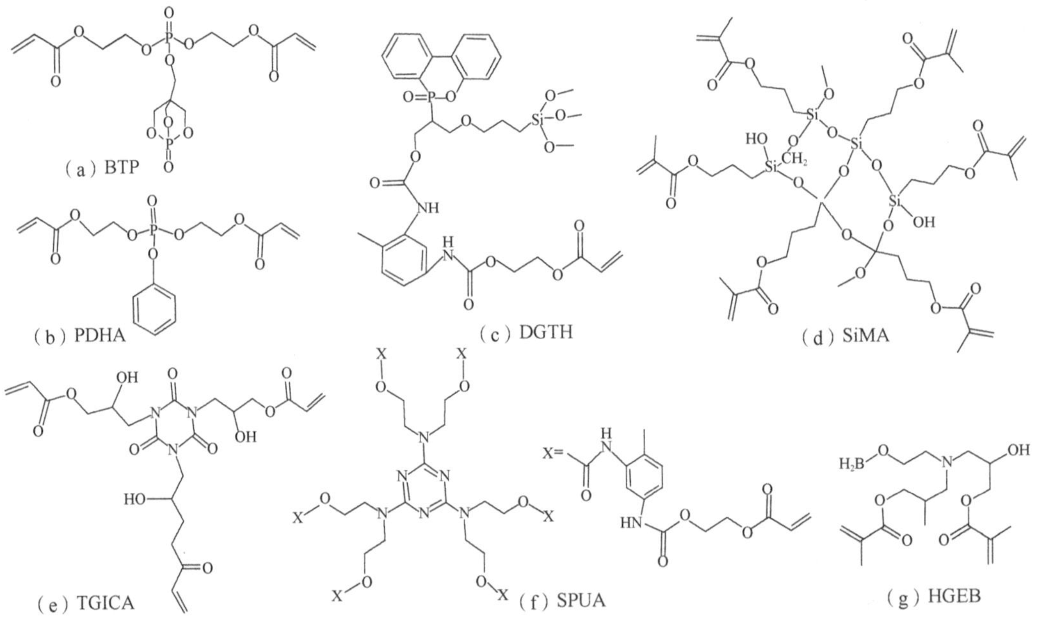

图 7-9　紫外光固化阻燃剂

邢伟义[93]结合紫外光固化与无卤阻燃，分别通过分子设计合成了一种四官能度的磷酸酯丙烯酸酯单体（tetrakis(2-(allyloxy)ethyl) propane-1, 3-diyl bis(phosphate)，记为 BDEEP）、一种两官能度的含硅丙烯酸单体（silicone containing acrylic acid with two functionalities，记为 SHEA）、一种三官能度的含氮丙烯酯（(5-(2-hydroxy-5-oxohept-6-en-1-yl)-2, 4, 6-trioxo-1, 3, 5-triazinane-1, 3-diyl)bis(2-hydroxypropane-3, 1-diyl) diacrylate，记为 TGICA）和一种双官能团的含磷丙烯酸酯单体（phosphorus containing acrylate with bifunctional groups，记为 PDHA）。通过优化阻燃体系，他

最终设计制备了 PDHA/TGICA 和 TAEP/TGICA 透明光固化阻燃涂层,并应用于织物和木材的防火保护。结果显示,涂层棉织物的 LOI 从 21%提升到 24.5%,防火保护的木板具有低 PHRR 及 THR,其涂层具有优良的膨胀炭化性能,有利于隔热隔氧,保护基材。

王孝峰[94]基于膨胀型阻燃原理,合成了两种含硅和硼的陶瓷前驱体(ceramic precursor containing silicon(记为 SiMA)和 boron containing ceramic precursor(记为 HGEB)),并将它们引入紫外光固化涂层中。通过研究发现,当涂层有合适的磷氮硅比或者磷氮硼比时,燃烧时既能形成高膨胀的蜂窝状炭层,又能够有效提高炭层的机械强度。此外,含硅和硼的陶瓷前驱体还会对涂层的热行为产生显著影响:提升炭渣高温下的耐氧化性,降低一氧化碳等多种有毒气体的产量。

2)纳米复合阻燃涂层的制备及应用研究

纳米复合材料由于具有表面效应、小尺寸效应、量子尺寸效应和宏观量子隧道效应,呈现出许多优良的物理和化学特性,如阻隔效应、抗溶剂性、阻燃性能及热稳定性。常用的纳米复合材料制备涂层的方法包括溶胶-凝胶法、层层自组装法(图 7-10)、紫外光固化法等。常见的用于阻燃领域的纳米添加剂主要包括层状无机化合物(MTT、LDH、层状磷酸金属盐)、炭材料(GO、CNT)、金属氧化物(氧化锌、二氧化钛、二氧化铈、氧化镍)和过渡金属碳/氮化物(二维过渡金属碳化物 MXene)。

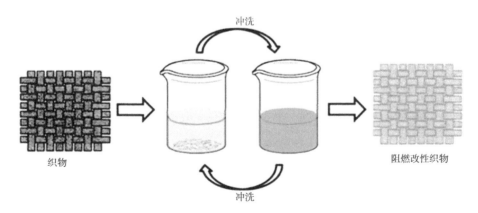

图 7-10 层层自组装示意图

潘海峰[95]采用杂化二组分组装方法将两种二元纳米粒子杂化物(GO/β-FeOOH 和 GO/KH-550-SiO$_2$)填充的涂层构筑于 FPUF 材料的表面。阻燃比较性研究表明,相比于单一组分填充的涂层，二元纳米粒子杂化物填充的涂层极大地提高了泡沫材料的阻燃性能，显示出高效的阻燃效率。这主要是由于纳米片层与纳米棒或纳米粒子之间的互补效应提高了保护层的质量，从而增强了阻燃效果。

潘颖[96]采用层层自组装方法将由四种含不同纳米金属氧化物（氧化锌、二氧化钛、二氧化铈和氧化镍）组成的涂层分别组装到涤纶与涤棉织物上，通过对比四种金属氧化物对涂层增重、形貌的影响，研究四种涂层对基体的热稳定性、燃烧性能的影响。结果显示，含二氧化铈涂层的涤纶织物在 700 ℃下增重最大，相比纯涤纶织物提高了 11.1%；含二氧化钛涂层的涤棉织物的 PHRR 和 THR 相比纯涤棉织物分别降低了 23% 和 30%。

张艳[97]首先采用层层自组装方法，以苎麻布为柔性织物基体，将 PEI 与 APP 分别静电吸附于其表面，形成阻燃涂层；然后通过喷涂的方式，将 $Ti_3C_2T_x$ 均匀地沉积于改性苎麻布表面；最后将具有热修复性能的聚己内酯（polycaprolactone，PCL）通过浸渍的方式涂布于改性苎麻布表面，获得具有热修复性能的阻燃电磁屏蔽柔性织物材料。研究结果显示，这种阻燃涂层具有良好的自熄效果，满足商用电磁屏蔽织物的要求，并且可以在 60 ℃下自愈合划痕。这种简便有效的涂层制备工艺拓展了柔性屏蔽薄膜的设计，有利于赋予电磁屏蔽材料更多的实用功能。

3）生物基阻燃涂层的制备及应用研究

传统 IFR 中作为炭源的材料多为石油裂解后产生的多羟基类化合物，如季戊四醇。随着人们对能源的过度依赖和消耗，石油资源日益枯竭，同时基于石油资源的材料的广泛使用造成了严重的环境污染，因此人们将目光逐渐转移到了天然高分子材料上，如 β-环糊精、木质素、壳聚糖、海藻酸盐[98, 99]。

潘颖[96]合成了氧化海藻酸钠，然后将氧化海藻酸钠与 PEI 分别作为负聚电解质和正聚电解质通过层层自组装技术分别在织物基体上构建涂层。锥形量热仪测试显示涂层修饰的织物的 PHRR 与 THR 相比纯织物分别降低了 77% 和 75%。

胡爽[100]选用自然界含量丰富的多糖类天然高分子壳聚糖为反应起始物，与五氧化二磷和 MA 反应，合成了集酸源、炭源和气源于一体的天然高分子基 IFR（记为 MPCS），并将其应用于阻燃聚乙烯醇（polyvinyl alcohol，PVA）。研究表明，MPCS 在升温降解过程中生成了大量致密的含磷炭层并覆盖在材料表面。该炭层可以作为物理阻隔层，不仅起到隔热隔氧的作用，而且限制了可燃热解产物向材料的表面迁移，从而延缓了材料的进一步热解与燃烧。

7.3.6　阻燃材料与技术在锂电池中的应用

1. 研究背景

为应对化石能源危机和环境污染两大世界性难题，锂电池于 20 世纪 60～70 年代诞生，并凭借其能量密度高、使用寿命长、快充性能好、无记忆效应等诸多优势在众多新能源体系中脱颖而出。目前锂电池已经广泛应用于便携式移动设备（手机、笔记本电脑、相机、儿童玩具等）、新能源汽车、储能电站等诸多领域，渗透到人们生产生活的各个方面，且市场份额逐年增大。当今世界经济的高速发展离不开锂电池的贡献，锂电池正引领世界步入一个崭新的时代。

然而，锂电池也是一把双刃剑，在拥有高能量密度的同时也表现出易燃烧易爆炸的特性。近年来，锂电池能量密度不断提高，装机量逐年攀升，锂电池燃烧、爆炸事故频发（图 7-11）。锂电池事故通常具有突发性强、来不及救援、爆炸威力大及难预测性等特点，这对生命和财产安全构成了巨大的威胁，也对救援产生较大的阻碍，锂电池的安全问题备受关注。因此，提升锂电池的安全性显得极为迫切[101-103]。

（a）新能源汽车发生燃烧　　　　（b）锂电池电瓶着火　　　　（c）手机电池包发生爆炸

图 7-11　典型锂电池燃烧爆炸现场图

从锂电池的结构组成来分析，电池安全性差主要来源于低沸点易燃烧的碳酸酯基电解液和热稳定性差易燃烧的 PO 隔膜。因此，通过阻燃材料与技术将电解液和隔膜从易燃转变为阻燃甚至不燃将从根源上有效解决锂电池的安全问题。本节根据电解质的形态分类简要回顾近些年阻燃电解质的研究进展。

2. 阻燃隔膜

隔膜在锂电池中充当阴极和阳极之间的隔离层，防止两电极接触发生内短路，同时隔膜需要具备微观孔洞结构以保证离子自由通行。因此，隔膜对锂电池的电化学性能和安全性能的影响极其重大。目前绝大部分商用隔膜采用 PO 为原料，如 PE、PP，其具有化学惰性好、力学性能优异、成本低廉等特点。但较差的热稳定性使得PE 在约 135 ℃便会发生熔化收缩，导致阴极与阳极接触并形成内短路，从而诱发电池热失控。同时，PO 极易燃烧，会加剧锂电池燃烧爆炸的危险性。因此，开发热稳定性更优异的阻燃隔膜对提升锂电池安全性能显得极为迫切和必要[104, 105]。

1）阻燃涂层隔膜

最简单有效的提升隔膜热稳定性和阻燃性能的方式是在商用 PO 隔膜表面增加热稳定性更好的阻燃涂层（图 7-12）。Liao 等[106]将二氧化硅包裹的 APP 颗粒涂覆于商用隔膜表面，约 20 μm 的涂层能大幅度改善 PO 隔膜的热稳定性和阻燃性能，同步提升了离子电导率和电化学性能（图 7-12（b））。Mu 等[107]合成了含磷共价有机框架颗粒作为阻燃涂层，形成了三明治结构隔膜。高孔隙率的共价有机框架大幅度提升了电解液保持率，进而优化了电池的循环和倍率性能，同时高磷含量保证了隔膜的阻燃效果。

2）新型聚合物隔膜

为了从根源上摆脱 PO 隔膜的弊病，新型聚合物隔膜也受到了广泛关注。Wang 等[108]通过冷冻干燥方式制备了 PVA/羟基磷灰石纳米复合隔膜，强极性和高孔隙率的隔膜展示出优异的电化学性能，当羟基磷灰石添加量（质量分数）为 10%时，该隔膜的 PHRR 仅为 314 W/g，THR 仅为 23 kJ/g，远低于商用 Celgard 隔膜的热释放（PHRR 和 THR 分别为 1300 W/g 和 42 kJ/g）。随后，Wang 等[109]采用不燃的聚偏氟乙烯-六氟丙烯作为隔膜基体，通过原子沉积方式引入氧化铝涂层至隔膜表层，该隔膜展示出优异的电化学性能和抑制锂枝晶效果，同时表现出不燃的特性。如图 7-12（c）所示，Liao 等[110]通过造纸法制备出富无机的细菌纤维素/凹凸复合隔膜，该复合隔膜热稳定性远优于商用 PO 隔膜，能有效地将电池热失控温度提高 127.9 ℃。同时，复合隔膜阻燃效果优异，其在被点燃时能够迅速炭化，表现出极低的热释放速率和 THR，当其应用于软包电池中，能有效地将电池包的 THR 降低 19.27%，显著提升了锂电池的火灾安全性。

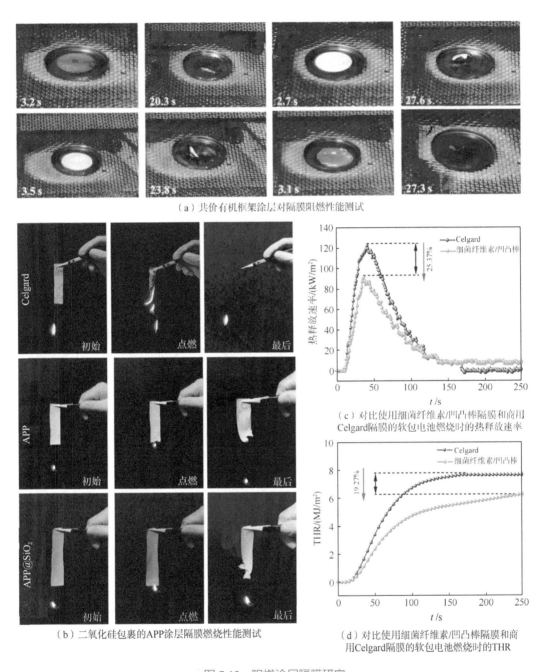

(a) 共价有机框架涂层对隔膜阻燃性能测试

(b) 二氧化硅包裹的APP涂层隔膜燃烧性能测试

(c) 对比使用细菌纤维素/凹凸棒隔膜和商用 Celgard隔膜的软包电池燃烧时的热释放速率

(d) 对比使用细菌纤维素/凹凸棒隔膜和商用Celgard隔膜的软包电池燃烧时的THR

图 7-12 阻燃涂层隔膜研究

3. 阻燃电解质

电解质作为锂离子传递的媒介,在锂电池安全中扮演着十分重要的角色。商用电解质通常由液态环状碳酸酯和链状碳酸酯构成。其中,环状碳酸酯具有高介电常数，保证锂盐的高离解率，并且其还原电势较高，易在阳极侧形成稳定的固态电解质中间相保护层；链状碳酸酯黏度低、锂盐溶解度高，保证了电解液的良好离子电导率[111]。然而碳酸酯基电解液在提供优异电化学性能的同时，其低闪点、易挥发的特性也导致其极易发生燃烧，且热量贡献较大。因此，开发阻燃电解质是提升锂电池安全性能的重中之重。根据其物理形态，阻燃电解质可分为阻燃电解液、阻燃凝胶电解质、阻燃固态电解质。

1）阻燃电解液

通过直接向商用电解液中加入或溶入一定量的阻燃剂来提升电解液整体的阻燃性能是最简便高效的改性方式。合适的电解液阻燃剂通常需满足以下条件：①与正、负极材料兼容性好，即不会与电极材料发生副反应，不影响锂离子的嵌入/脱出；②与溶剂互溶，不会发生析出和分层，且对电解液黏度影响较小，尽量不影响电解液的离子电导率；③电化学窗口宽，具有一定的耐电压性和化学惰性；④阻燃效率高，添加量不超过电解液总质量或体积的 20%，即在保证电解液达到阻燃效果的同时，添加量越低越好。因此，与碳酸酯结构相似的磷酸酯阻燃剂被广泛应用于电解液体系，Wang 等[112]对比研究了不同价态磷酸酯阻燃剂对锂电池电化学性能的影响，当磷酸三乙酯和亚磷酸三乙酯体积添加量大于 5%时，电解液的自熄时间能明显缩短至极低的水平，表明不同价态的磷酸酯均具有较优异的阻燃效果。电化学测试结果表明，五价磷酸酯具有更宽的电化学窗口，对电化学性能影响更弱；三价磷酸酯容易分解，但低添加量有利于在石墨表面形成 SEI 膜，对石墨电极循环具有稳定作用。Takada 等[113]利用低介电常数的 1, 1, 2, 2-四氟乙基-2, 2, 3, 3-四氟丙基醚作为稀释剂制备出以磷酸三甲酯为溶剂的局域高浓度电解液，该新型电解液表现出本征难燃的特性，具有高火灾安全性，同时通过特殊的富阴离子溶剂化结构能在阳极表面还原形成高离子电导率的固态电解质中间相，使电化学性能得到保障。

2）阻燃凝胶电解质

凝胶电解质又称半固态电解质，是指以交联聚合物作为骨架，将电解液溶胀在交联骨架中形成类果冻状的电解质。凝胶电解质因具有形状灵活、能量密度高、安全性能好等诸多优势而被大量研究。Mu 等[114]通过原位聚合三（丙烯酰氧基乙基）磷酸酯和三甘醇二甲基丙烯酸酯形成凝胶电解质，在阻燃剂添加量仅为 7.5%

的情况下通过气相自由基捕捉和凝聚相促进成炭的机理实现了电解质的离火自熄，组装成的软包电池在卷曲、折叠、切角之后依然能稳定运行（图 7-13）。该软包电池在绝热升温的条件下还表现出无明火、无热失控的高火灾安全性。Zhu 等[115]开发了一种多尺度自由基湮灭剂-六氯环三磷腈交联的单宁酸微球（hexachlorocyclotriphosphazene cross-linked tannic acid microsphere，记为 HT），并将其应用于原位聚乙二醇二丙烯酸酯基聚合物电解质，得益于高温下 HT 产生的含磷自由基，该电解质呈现出优异的阻燃性能，在软包电池中展示出优异的抗机械滥用性能，赋予了软包电池出色的火灾安全性。

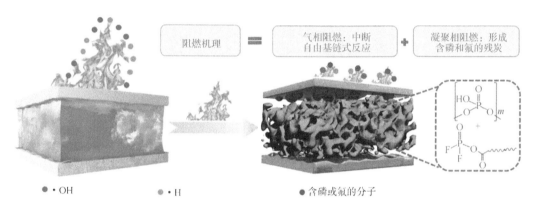

图 7-13　原位聚合三（丙烯酰氧基乙基）磷酸酯和三甘醇二甲基丙烯酸酯凝胶电解质阻燃机理示意图

3）阻燃固态电解质

固态电解质可以杜绝低闪点、易挥发的液体溶剂，不存在因电解液泄漏而诱发的燃烧爆炸事故，能从本质上提升锂电池的安全性能。目前综合性能最优异且最有可能实现产业化的有机固态电解质是聚环氧乙烷（polyethylene oxide，PEO），但是 PEO 极易燃烧且伴随熔体滴落，存在极高的火灾风险性。因此，发展具有阻燃特性的高安全有机固态电解质势在必行。Han 等[116]将多功效的二乙基次磷酸铝引入 PEO 基体中构建纳米复合固态电解质。研究发现，二乙基次磷酸铝能有效抑制 PEO 结晶，提高固态电解质的离子电导率，并且其在循环过程中能参与 SEI 膜的形成，对电池的长循环具有稳定作用。15%添加量的二乙基次磷酸铝能将 PEO 的 LOI 从 16 提升至 22，PHRR 从 600 W/g 降低至 450 W/g，电池的火灾安全性得到显著提升（图 7-14）。

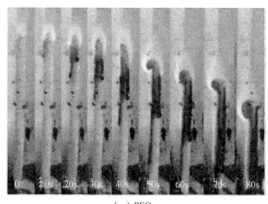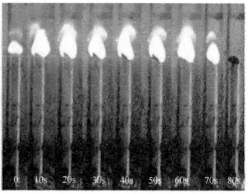

（a）PEO　　　　　　　　　　　　　（b）PEO/二乙基次磷酸铝

图 7-14　PEO 和 PEO/二乙基次磷酸铝固态电解质的燃烧实验对比

4. 小结

随着锂电池市场份额的逐年攀升及能量密度的不断增加，锂电池的安全问题备受关注。在保证电化学性能的前提下，将阻燃材料与技术引入电解质中是目前解决锂电池安全问题最直接有效的途径之一。通过控制成本、简化工艺来平衡电化学性能与阻燃性能依然是发展高安全锂电池所要面对的重大难题。未来阻燃电解质的发展趋势简单归纳如下：①开发阻燃效率更高的阻燃剂，做到"微量高效"，最大限度地减少阻燃剂对电化学性能的毒副作用；②发展多功能阻燃剂，集阻燃性、成膜性、耐压性、界面稳定性等多种效果于一体，实现电化学性能和安全性能的同步提升；③通过阻燃方法与技术的优化，设计出具有阻燃、灭火、抑烟等多重功效的纳米颗粒，推进阻燃电解质的规模化应用；④通过分子结构设计，合成兼具电化学性能的本征不燃电解质，实现无热失控的安全锂电池。

7.3.7　材料安全评估方法

1. 单一指标的材料安全评估方法

目前有较多手段可以用于材料的火灾安全评估，如可燃性试验（如 UL-94 等级）、LOI 测试、热释放试验（锥形量热仪）、烟密度测试[117]。以上方法可以通过获得定量的指标来评价材料的火灾危险性（表 7-3）。

表 7-3　材料主要的火灾危险性参数

火灾危险性参数	含义	相应指标
引燃参数	材料引燃的容易程度	点燃时间、临界热辐射通量、LOI、UL-94 等级、热分解温度等
火蔓延参数	火焰在聚合物表面的传播速度	火焰传播速度等
热释放参数	材料燃烧释放热量的多少、快慢	热释放速率、THR 等
耐火极限	火灾穿透材料的速度	UL-94 等级等
可扑灭程度	材料着火后扑灭的容易程度	UL-94 等级等
烟雾释放参数	材料燃烧释放烟雾的多少、快慢	产烟速率、总产烟量等
有毒气体释放参数	材料燃烧释放有毒气体的种类、多少、快慢	有毒气体的种类、产量等

此外，还可以在以上指标的基础上计算得到火势增长指数、火灾性能指数和烟气毒性参数等较为综合的指数。例如，Zhang 等[118]提出了一种基于锥形量热仪测量复合材料绝缘背表面温度来评估复合材料防火性能的方法，并结合火势增长指数与烟气毒性参数评估和模拟三种碳纤维增强热固性环氧树脂和用于现代飞机机身的热塑性树脂（聚醚醚酮）的可燃性和防火性能。

但不可否认的是，大量的研究表明阻燃剂通常在增强某些性能的同时会削弱另外一些性能。例如，卤系阻燃剂会使材料产生大量有毒烟气；磺酸盐系阻燃剂会加速材料的热分解进程；镧基金属框架能够使 PC 的 PHRR 下降 50%，但其 LOI 仅为 27.5%[119]。因此，单一性能的提升并不足以证明材料阻燃改性的成功，需要对系列样品的所有性能进行更全面的分析和比较才能得到科学的结论，传统的单一指标评价方法依然存在一些局限性。

2. 层次分析法

目前尚无一种通用的评估方法能够从热、烟、毒等方面综合分析材料的火灾危险性。因此，综合评价方法成为材料火灾危险性评价的重要方法[120]。层次分析法是一种定量与定性结合的方法，并且对数据量的需求小，能够基于各种测试结果，综合考量热危害、烟气危害等火灾危险因素，被大量阻燃领域学者应用于材料安全评价[121]。

1）层次分析法简介

层次分析法是由美国学者托马斯·L. 萨蒂（Thomas L. Saaty）于 20 世纪 70 年

代初期提出的一种广泛应用的多准则决策方法。层次分析法基于成对比较，以结构化的方式确定备选方案的准则权重和优先级。层次分析法以分层方式构建问题，从目标下降到连续级别的指标、子指标和备选指标。层次分析法能从宏观到微观，由点及面，适用于深入研究复杂系统的总体目标与各层次因素之间的关系。层次分析法只需经过一致性检验调整各因素之间的相对重要程度，便可以计算各因素权重，可以解决很多复杂系统问题。此外，层次分析法可以将复杂系统问题转化为多个层次的子问题，并针对体系中的各指标进行隶属关系分析，运用数学方法构建判断矩阵，将原本定性的内容转换成一定程度上的定量问题，便于进一步处理。

2）层次分析法的工作步骤

层次分析法用于材料火灾安全评估时的主要步骤如下。

（1）采用会议讨论、专家填表等方式，将所评价或决策材料特性参数划分为目标层、准则层和方案层。

（2）分析目标层、准则层和方案层之间的关系，并判断其相对重要程度，判断矩阵的标度值如表 7-4 所示。

表 7-4　判断矩阵标度值

标度值	含义（两两因素比较，前者比后者的比较结果量化）
9	绝对重要
7	十分重要
5	比较重要
3	稍微重要
1	同样重要
2, 4, 6, 8	上述相邻判断的中间值
倒数	反比较，即后者与前者的比较结果

由此可以得到判断矩阵 A：

$$A = \begin{pmatrix} a_{11} & a_{12} & \cdots & a_{1n} \\ a_{21} & a_{22} & \cdots & a_{2n} \\ \vdots & \vdots & & \vdots \\ a_{n1} & a_{n2} & \cdots & a_{nn} \end{pmatrix} \tag{7-1}$$

式中，n 为每一层次指标因素的个数；a_{ij} 为指标 i 因素相比于指标 j 因素的相对重要程度。

（3）根据式（7-2）对矩阵 A 各列做归一化处理，再根据式（7-3）求出矩阵 A 各行元素之和，并按式（7-4）对 $\overline{\omega_i}$ 进行归一化处理得到 ω_i。

$$\overline{a_{ij}} = \frac{a_{ij}}{\sum_{i=1}^{n} a_{ij}} \quad (i,j=1,2,3,\cdots,n) \tag{7-2}$$

$$\overline{\omega_i} = \sum_{i=1}^{n} \overline{a_{ij}} \quad (i,j=1,2,3,\cdots,n) \tag{7-3}$$

$$\omega_i = \frac{\overline{\omega_i}}{\sum_{i=1}^{n} \overline{\omega_i}} \quad (i=1,2,3,\cdots,n) \tag{7-4}$$

（4）根据 $A_\omega = \lambda_{\max}\omega$ 求出最大特征值 $\lambda_{\max}$ 和其特征向量。

（5）根据式（7-5）计算一致性指标 CI，并在表 7-5 中找到相应的平均随机一致性指标 RI。通过 CR = CI/RI 计算一致性比例 CR，CR 与一致性负相关，一般可接受 CR<0.1 时的不一致程度。如果 CR 较大，则根据归一化值重新进行决策；否则，重复这个过程，直至 CR<0.1。

$$CI = \frac{\lambda_{\max} - n}{n-1} \tag{7-5}$$

表 7-5　平均随机一致性指标 RI

n	RI	n	RI
3	0.58	8	1.41
4	0.90	9	1.45
5	1.12	10	1.49
6	1.24	11	1.51
7	1.32		

（6）计算出在不同准则及总准则下各个方案的相对重要程度。根据专家打分结果，计算各指标的权重，一般包含一、二、三级别的权重 c_i、c_j、c_k。通过式（7-6）可计算方案层对目标层的权重。

$$c_{ijk} = c_i c_j c_k \qquad (7\text{-}6)$$

（7）对决策方案的优劣进行总排序，并做出恰当的选择。

3）层次分析法的应用现状

Mu 等[122]以木质素磺酸钠为改性剂制备了 BNC，将其添加至 PVA 中制备了 PVA/BNC 纳米复合材料，并采用一种基于层次分析法的火灾危险性评价体系对 PVA/BNC 纳米复合材料进行了综合评价。结果表明，BNC 添加量为 4%时，PVA/BNC 纳米复合材料的火灾风险最低。

Ferdous 等[123]研究了不同填料配比的环氧树脂复合材料的热性能、物理性能、力学性能和耐久性等，并通过层次分析法确定了最佳配比，若优先考虑力学性能，则 30%的填料配比是最优的；若优先考虑耐久性，则建议根据力学性能和成本因素的相对重要程度，使用 30%或 50%的填料配比。

李禄超等[124]采用层次分析法并以火势增长指数、毒性气体生产速率指数、放热指数和发烟指数作为评价指标评价了三种碳纤维/环氧树脂复合材料的火灾危险性。研究结果表明，碳纤维夹层板、单向碳纤维预浸料、双向碳纤维布的火灾综合危险指数分别为 2.770、1.7841、1.757；织造方式对火灾危险性影响很弱。

任细运[125]采用层次分析法，以点燃时间、LOI 等四个参数为引燃危险性指标，PHRR、THR 等五个参数为热危险性指标，总产烟量、一氧化碳产量等四个参数为非热危险性指标构建材料火灾危险性评价模型，综合定量地比较了材料的火灾危险性。

金子钰[126]采用层次分析法,建立了二级 PC 复合材料火灾安全性综合评价体系,共包括 6 个一级指标和 22 个二级指标,评估了 PC 及其阻燃复合材料的火灾安全性,揭示了阻燃剂对 PC 材料火灾安全性的影响规律。

层次分析法有一个明显的缺点，即具有主观性，结果受方案层的选择影响，没有客观的标准。此外，传统的层次分析法采用专家打分的方式来确定各影响因素之间的比例，主观性较强，导致排序结果的可靠性较低。

因此，在实际应用中，多将层次分析法与其他方法联用，以形成较为完善的评价方法。Wu 等[127]基于灰色关联分析法、层次分析法及一种新的基于熵的方法，提出了一种用于评估机组运行性能的混合综合评价模型。Gaur 等[128]结合模糊层次分析法、多准则决策法和模糊理想解法，对不同的固体废物管理方案进行了排序，结果表明，40%的生物甲烷化与60%的填埋是现有固体废物管理最佳方案。张紫璇[129]提出了一种两阶段的材料火灾危险性综合评价方法：第一阶段采用德尔菲法和层次分析法确定评价指标权重；第二阶段通过理想解法处理实验数据对指标进行赋值，从而得到材料火灾危险性综合指标分值和排序，并以环氧树脂和碳纤维阻燃复合材料为例验证该方法的可行性。曲娜等[130]利用博弈论对层次分析法得到的权重和结构熵权法得到的权重进行综合，提高了权重计算结果的可靠性。结果表明，烟雾、温度、一氧化碳复合参量综合评分最高，这三种火灾参量可以实现优势互补，有效识别不同类型火灾，并且不易受环境干扰。

综上，层次分析法在材料火灾安全评估领域有着广泛的应用，它与其他方法的结合使用很好地规避了层次分析法本身的一些应用局限性。

7.4　未来挑战与研究展望

虽然含磷阻燃剂与纳米阻燃剂在降低聚合物材料的火灾危险性方面已经呈现了巨大的优势，但是仍然存在一些问题。首先，含磷阻燃剂的环境友好性和可降解性一直被环境领域学者诟病。含磷阻燃剂通常来源于石油基材料，它的合成与制造涉及大量有机溶剂的使用与消耗，导致高的生产成本与潜在的环境问题。同时，含磷阻燃剂的广泛使用造成聚合物废弃物的大量堆积，含磷阻燃剂开始逐渐地在各种生态系统中被检测出，形成了对生物圈的健康隐患。纳米阻燃剂虽然由无机材料组成，但是它的合成过程往往涉及较长时间的高温高压反应，造成了较高的能耗问题。同时，基于微纳尺寸，纳米阻燃剂对生物细胞具有一定的毒性。因此，低的生产成本与良好的环境友好性是含磷阻燃剂与纳米阻燃剂急需解决的关键问题。

除了制造成本与环境友好性问题，含磷阻燃剂的耐水解性与耐候性也值得商榷。含磷阻燃剂通常由小分子化合物或者低聚物组成，分子结构中含有大量的磷酸酯官能团，在潮湿环境中耐水解性较差。此外，含磷阻燃剂和纳米阻燃剂与聚合物的相容性也是影响其性能的关键问题。含磷阻燃剂虽然含有磷酸酯官能团，但是其结构中仍会有烷基与苯环等非极性官能团，因此含磷阻燃剂在使用时应考虑与聚合物基体的极性相似度。极性相似度越高，越有利于含磷阻燃剂在聚合物基体中的分散，同时减少不相容界面的形成。纳米阻燃剂由无机材料组成，与聚合物材料的相容性较差，极易在聚合物基体中形成团聚体，造成力学性能的恶化与阻燃效果的下降。

生物基阻燃剂为改进阻燃剂制造成本与环境友好性提供了一个可行方案。研究者开始将磷元素引入腰果酚、香草醛、山梨醇等生物基材料中，不仅降低了阻燃剂的生产成本，而且有利于含磷阻燃剂在环境中的降解。此外，优化的分子结构设计将有助于提升含磷阻燃剂与聚合物基体的相容性。微胶囊技术有助于含磷阻燃剂在聚合物基体中的分散，以及抑制含磷阻燃剂的吸湿、迁徙、析出、水解等问题。高的制造成本是纳米阻燃剂商业化应用的关键问题，随着大规模制备工艺的推进，纳米阻燃剂的制备成本将会显著下降。此外，纳米阻燃剂与其他商业化阻燃剂的复配设计能够在低成本下实现相同的阻燃性能。表面修饰策略为提高纳米阻燃剂在聚合物中的界面相容性提供了一个可行的方案，通过在无机纳米材料表面引入有机组分，有效改善其与聚合物基体的相容性，从而增强其阻燃性能。

参 考 文 献

[1] 高伟，余威，卢国建，等. 世界各国的阻燃法规及相关管理规定[J]. 消防科学与技术，2008，27（8）：593-595.

[2] Papa A J，Proops W R. Influence of structural effects of halogen and phosphorus polyol mixtures on flame retardancy of flexible polyurethane foams[J]. Journal of Applied Polymer Science，1972，16（9）：2361-2373.

[3] Lämmke A. Verfahren zur gütekontrolle von holzschutzarbeiten mit dämmschichtbildenden flammschutzmitteln[J]. European Journal of Wood and Wood Products，1967，25（3）：95-102.

[4] Bartholmai M，Schartel B. Layered silicate polymer nanocomposites：New approach or illusion for fire retardancy? Investigations of the potentials and the tasks using a model system[J]. Polymers for Advanced Technologies，2004，15（7）：355-364.

[5] 黄宝晟，李峰，张慧，等. 纳米双羟基复合金属氧化物的阻燃性能[J]. 应用化学，2002，19（1）：71-75.

[6] Loutfy R O，Wexler E M. Novel applications of fullerenes in thermal management systems[J]. Fullerenes，Nanotubes and Carbon Nanostructures，2005，12（1-2）：471-476.

[7] Kashiwagi T，Du F M，Douglas J F，et al. Nanoparticle networks reduce the flammability of polymer nanocomposites[J]. Nature Materials，2005，4（12）：928-933.

[8] Horacek H，Pieh S. The importance of intumescent systems for fire protection of plastic materials[J]. Polymer International，2000，49（10）：1106-1114.

[9] Geim A K. Graphene：Status and prospects[J]. Science，2009，324（5934）：1530-1534.

[10] Ávila A F，Yoshida M I，Carvalho M G R，et al. An investigation on post-fire behavior of hybrid nanocomposites under bending loads[J]. Composites Part B：Engineering，2010，41（5）：380-387.

[11] van der Veen I, de Boer J. Phosphorus flame retardants: Properties, production, environmental occurrence, toxicity and analysis[J]. Chemosphere, 2012, 88（10）: 1119-1153.

[12] Wang X, Zhu Q Q, Yan X T, et al. A review of organophosphate flame retardants and plasticizers in the environment: Analysis, occurrence and risk assessment[J]. Science of the Total Environment, 2020, 731: 139071.

[13] Yang T T, Guan J P, Tang R C, et al. Condensed tannin from Dioscorea cirrhosa tuber as an eco-friendly and durable flame retardant for silk textile[J]. Industrial Crops and Products, 2018, 115: 16-25.

[14] Xia Z Y, Kiratitanavit W, Facendola P, et al. Fire resistant polyphenols based on chemical modification of bio-derived tannic acid[J]. Polymer Degradation and Stability, 2018, 153: 227-243.

[15] Xu Z M, Duan L J, Hou Y B, et al. The influence of carbon-encapsulated transition metal oxide microparticles on reducing toxic gases release and smoke suppression of rigid polyurethane foam composites[J]. Composites Part A: Applied Science and Manufacturing, 2020, 131: 105815.

[16] Wang D, Xing W Y, Song L, et al. Space-confined growth of defect-rich molybdenum disulfide nanosheets within graphene: Application in the removal of smoke particles and toxic volatiles[J]. ACS Applied Materials and Interfaces, 2016, 8（50）: 34735-34743.

[17] Feng T T, Zhang Y L, Wang Y X, et al. Fabrication of hollow carbon spheres modified by molybdenum compounds towards toxicity reduction and flame retardancy of thermoplastic polyurethane[J]. Polymers for Advanced Technologies, 2022, 33（3）: 723-737.

[18] Bao C L, Song L, Xing W Y, et al. Preparation of graphene by pressurized oxidation and multiplex reduction and its polymer nanocomposites by masterbatch-based melt blending[J]. Journal of Materials Chemistry, 2012, 22（13）: 6088-6096.

[19] Wang X, Hu Y A, Song L, et al. In situ polymerization of graphene nanosheets and polyurethane with enhanced mechanical and thermal properties[J]. Journal of Materials Chemistry, 2011, 21（12）: 4222-4227.

[20] Tang Y, Hu Y, Song L, et al. Preparation and thermal stability of polypropylene/montmorillonite nanocomposites[J]. Polymer Degradation and Stability, 2003, 82（1）: 127-131.

[21] Song L, Hu Y, Tang Y, et al. Study on the properties of flame retardant polyurethane/organoclay nanocomposite[J]. Polymer Degradation and Stability, 2005, 87（1）: 111-116.

[22] Hu Y, Wang S F, Ling Z, et al. Preparation and combustion properties of flame retardant nylon 6/montmorillonite nanocomposite[J]. Macromolecular Materials and Engineering, 2003, 288（3）: 272-276.

[23] Tang Y, Hu Y A, Wang S F, et al. Intumescent flame retardant-montmorillonite synergism in polypropylene-layered silicate nanocomposites[J]. Polymer International, 2003, 52（8）: 1396-1400.

[24] Kong Q H, Hu Y A, Yang L, et al. Synthesis and properties of poly(methyl methacrylate)/clay nanocomposites using natural montmorillonite and synthetic Fe-montmorillonite by emulsion polymerization[J]. Polymer Composites, 2006, 27（1）: 49-54.

[25] Yuan B H, Bao C L, Song L, et al. Preparation of functionalized graphene oxide/polypropylene nanocomposite with significantly improved thermal stability and studies on the crystallization behavior and mechanical properties[J]. Chemical Engineering Journal, 2014, 237: 411-420.

[26] Yu B，Shi Y Q，Yuan B H，et al. Enhanced thermal and flame retardant properties of flame-retardant-wrapped graphene/epoxy resin nanocomposites[J]. Journal of Materials Chemistry A，2015，3（15）：8034-8044.

[27] Qiu S L，Zhou Y F，Zhou X A，et al. Air-stable polyphosphazene-functionalized few-layer black phosphorene for flame retardancy of epoxy resins[J]. Small，2019，15（10）：1805175.

[28] Wang X，Zhou S，Xing W Y，et al. Self-assembly of Ni-Fe layered double hydroxide/graphene hybrids for reducing fire hazard in epoxy composites[J]. Journal of Materials Chemistry A，2013，1（13）：4383-4390.

[29] Wang X，Song L，Yang H Y，et al. Cobalt oxide/graphene composite for highly efficient CO oxidation and its application in reducing the fire hazards of aliphatic polyesters[J]. Journal of Materials Chemistry，2012，22（8）：3426-3431.

[30] Wang X，Hu Y，Song L，et al. Thermal degradation mechanism of flame retarded epoxy resins with a DOPO-substitued organophosphorus oligomer by TG-FTIR and DP-MS[J]. Journal of Analytical and Applied Pyrolysis，2011，92（1）：164-170.

[31] Wang X，Hu Y，Song L，et al. Flame retardancy and thermal degradation mechanism of epoxy resin composites based on a DOPO substituted organophosphorus oligomer[J]. Polymer，2010，51（11）：2435-2445.

[32] Wang X，Hu Y，Song L，et al. Synthesis and characterization of a DOPO-substitued organophosphorus oligomer and its application in flame retardant epoxy resins[J]. Progress in Organic Coatings，2011，71（1）：72-82.

[33] Wang P L，Fu X L，Kan Y C，et al. Two high-efficient DOPO-based phosphonamidate flame retardants for transparent epoxy resin[J]. High Performance Polymers，2019，31（3）：249-260.

[34] 汪沛龙. 含 DOPO 基衍生物阻燃环氧树脂和碳纤增强环氧复合材料的制备、阻燃性能及其机理的研究[D]. 合肥：中国科学技术大学，2018.

[35] Qian X D，Song L，Hu Y，et al. Novel DOPO-based epoxy curing agents：Synthesis and the structure-property relationships of the curing agents on the fire safety of epoxy resins[J]. Journal of Thermal Analysis and Calorimetry，2016，126：1339-1348.

[36] 王鑫. 石墨烯的功能化及其环氧树脂复合材料的阻燃性能及机理研究[D]. 合肥：中国科学技术大学，2013.

[37] 邱水来. 功能化二维黑磷/聚合物纳米复合材料的阻燃性能研究[D]. 合肥：中国科学技术大学，2019.

[38] 郭文文. 腰果酚衍生物的合成及其阻燃增韧环氧树脂复合材料的性能与机理研究[D]. 合肥：中国科学技术大学，2020.

[39] Huang J L，Ding H L，Wang X，et al. Cardanol-derived anhydride cross-linked epoxy thermosets with intrinsic anti-flammability，toughness and shape memory effect[J]. Chemical Engineering Journal，2022，450：137906.

[40] Nabipour H，Wang X，Song L，et al. A high performance fully bio-based epoxy thermoset from a syringaldehyde-derived epoxy monomer cured by furan-derived amine[J]. Green Chemistry，2021，23（1）：501-510.

[41] Chen X L，Hu Y，Song L，et al. Preparation and thermal properties of a novel UV-cured star polyurethane acrylate coating[J]. Polymers for Advanced Technologies，2008，19（4）：322-327.

[42] Chen X L，Hu Y，Song L. Thermal behaviors of a novel UV cured flame retardant coatings containing phosphorus，nitrogen and silicon[J]. Polymer Engineering and Science，2008，48（1）：116-123.

[43] Cai W，Mu X W，Pan Y，et al. Black phosphorous nanosheets：A novel solar vapor generator[J]. Sol RRL，2020，4（4）：1900537.

[44] Ni J X，Tai Q，Lu H D，et al. Microencapsulated ammonium polyphosphate with polyurethane shell：Preparation，characterization，and its flame retardance in polyurethane[J]. Polymers for Advanced Technologies，2010，21（6）：392-400.

[45] Wu K，Song L，Wang Z Z，et al. Microencapsulation of ammonium polyphosphate with PVA-melamine-formaldehyde resin and its flame retardance in polypropylene[J]. Polymers for Advanced Technologies，2008，19（12）：1914-1921.

[46] Wu K，Wang Z Z，Hu Y. Microencapsulated ammonium polyphosphate with urea-melamine-formaldehyde shell：Preparation，characterization，and its flame retardance in polypropylene[J]. Polymers for Advanced Technologies，2008，19（8）：1118-1125.

[47] Zhao K M，Xu W Z，Song L，et al. Synergistic effects between boron phosphate and microencapsulated ammonium polyphosphate in flame-retardant thermoplastic polyurethane composites[J]. Polymers for Advanced Technologies，2012，23（5）：894-900.

[48] 雷自华，谢思正，左晓佛. 无卤阻燃剂的现状及发展趋势[J]. 山东化工，2021，50（15）：78-79.

[49] 秦桑路，杨振国. 添加型阻燃剂对聚氨酯硬泡阻燃性能的影响[J]. 高分子材料科学与工程，2007，23（4）：167-169，173.

[50] Chan Y Y，Ma C，Zhou F，et al. A liquid phosphorous flame retardant combined with expandable graphite or melamine in flexible polyurethane foam[J]. Polymers for Advanced Technologies，2022，33（1）：326-339.

[51] 魏路. 三聚氰胺本征结构阻燃聚醚多元醇的合成及其聚氨酯硬质泡沫体系研究[D]. 上海：上海应用技术学院，2015.

[52] Ni J X，Chen L J，Zhao K M，et al. Preparation of gel-silica/ammonium polyphosphate core-shell flame retardant and properties of polyurethane composites[J]. Polymers for Advanced Technologies，2011，22（12）：1824-1831.

[53] Shi Y Q，Fu L B，Chen X L，et al. Hypophosphite/graphitic carbon nitride hybrids：Preparation and flame-retardant application in thermoplastic polyurethane[J]. Nanomaterials，2017，7（9）：259.

[54] Yang H Y，Song L，Hu Y A，et al. Diphase flame-retardant effect of ammonium polyphosphate and dimethyl methyl phosphonate on polyisocyanurate-polyurethane foam[J]. Polymers for Advanced Technologies，2018，29（12）：2917-2925.

[55] Xing W Y，Yuan H X，Zhang P，et al. Functionalized lignin for halogen-free flame retardant rigid polyurethane foam：Preparation，thermal stability，fire performance and mechanical properties[J]. Journal of Polymer Research，2013，20（9）：234.

[56] Xu W Z，Lu B，Hu Y A，et al. Synthesis and characterization of novel fluorinated polyurethane elastomers based on 2，2-bis[4-(4-amino-2-trifluoromehyloxyphenyl) phenyl]propane[J]. Polymers for

Advanced Technologies，2012，23（5）：877-883.

[57] Pan H F，Pan Y，Song L，et al. Construction of β-FeOOH nanorod-filled layer-by-layer coating with effective structure to reduce flammability of flexible polyurethane foam[J]. Polymers for Advanced Technologies，2017，28（2）：243-251.

[58] Batool S，Gill R，Ma C，et al. Epoxy-based multilayers for flame resistant flexible polyurethane foam （FPUF）[J]. Journal of Applied Polymer Science，2020，137（29）：48890.

[59] Pan Y，Cai W，Du J，et al. Lanthanum phenylphosphonate-based multilayered coating for reducing flammability and smoke production of flexible polyurethane foam[J]. Polymers for Advanced Technologies，2020，31（6）：1330-1339.

[60] Jia P F，Cheng W H，Lu J Y，et al. Applications of GO/OA-POSS layer-by-layer self-assembly nanocoating on flame retardancy and smoke suppression of flexible polyurethane foam[J]. Polymers for Advanced Technologies，2021，32（11）：4516-4530.

[61] Qiu S L，Zou B，Sheng H B，et al. Electrochemically exfoliated functionalized black phosphorene and its polyurethane acrylate nanocomposites：Synthesis and applications[J]. ACS applied materials and Interfaces，2019，11（14）：13652-13664.

[62] Xu W Z，Li C C，Hu Y X，et al. Synthesis of MoO_3 with different morphologies and their effects on flame retardancy and smoke suppression of polyurethane elastomer[J]. Polymers for Advanced Technologies，2016，27（7）：964-972.

[63] Cai Y B，Hu Y，Song L，et al. Synthesis and characterization of thermoplastic polyurethane/ montmorillonite nanocomposites produced by reactive extrusion[J]. Journal of Materials Science，2007，42（14）：5785-5790.

[64] Kruse T M，Woo O S，Wong H-W，et al. Mechanistic modeling of polymer degradation：A comprehensive study of polystyrene[J]. Macromolecules，2002，35（20）：7830-7844.

[65] Chu F K，Qiu S L，Zhang S H，et al. Exploration on structural rules of highly efficient flame retardant unsaturated polyester resins[J]. Journal of Colloid and Interface Science，2022，608：142-157.

[66] Chu F K，Zhou X，Mu X W，et al. An insight into pyrolysis and flame retardant mechanism of unsaturated polyester resin with different valance states of phosphorus structures[J]. Polymer Degradation and Stability，2022，202：110026.

[67] 白志满. 新型有机磷化合物的合成及不饱和聚酯的阻燃性能与机理研究[D]. 合肥：中国科学技术大学，2014.

[68] Chu F K，Qiu S L，Zhou Y F，et al. Novel glycerol-based polymerized flame retardants with combined phosphorus structures for preparation of high performance unsaturated polyester resin composites[J]. Composites Part B：Engineering，2022，233：109647.

[69] Wang D，Kan Y C，Yu X J，et al. In situ loading ultra-small Cu_2O nanoparticles on 2D hierarchical TiO_2-graphene oxide dual-nanosheets：Towards reducing fire hazards of unsaturated polyester resin[J]. Journal of Hazardous Materials，2016，320：504-512.

[70] Wang D，Wen P Y，Wang J，et al. The effect of defect-rich molybdenum disulfide nanosheets with phosphorus，nitrogen and silicon elements on mechanical，thermal，and fire behaviors of unsaturated polyester composites[J]. Chemical Engineering Journal，2017，313：238-249.

[71] Wang D，Mu X W，Cai W，et al. Constructing phosphorus，nitrogen，silicon-co-contained boron nitride nanosheets to reinforce flame retardant properties of unsaturated polyester resin[J]. Composites Part A：Applied Science and Manufacturing，2018，109：546-554.

[72] Chu F K，Xu Z M，Zhou Y F，et al. Hierarchical core-shell TiO$_2$@LDH@Ni(OH)$_2$ architecture with regularly-oriented nanocatalyst shells：Towards improving the mechanical performance，flame retardancy and toxic smoke suppression of unsaturated polyester resin[J]. Chemical Engineering Journal，2021，405：126650.

[73] 王冬. 含磷氮阻燃单体和功能化二氧化硅的设计与阻燃不饱和聚酯的研究[D]. 合肥：中国科学技术大学，2017.

[74] Dai K，Song L，Hu Y. Study of the flame retardancy and thermal properties of unsaturated polyester resin via incorporation of a reactive cyclic phosphorus-containing monomer[J]. High Performance Polymers，2013，25（8）：938-946.

[75] 林瑛. 本质阻燃不饱和聚酯复合材料的制备及性能研究[D]. 合肥：中国科学技术大学，2016.

[76] Dai K，Song L，Jiang S H，et al. Unsaturated polyester resins modified with phosphorus-containing groups：Effects on thermal properties and flammability[J]. Polymer Degradation and Stability，2013，98（10）：2033-2040.

[77] 褚夫凯，张圣贺，周一帆，等. 不饱和树脂中阻燃稀释交联剂替代挥发性苯乙烯[J]. 中国科学：化学，2021，51（12）：1646-1659.

[78] Zhang S H，Chu F K，Xu Z M，et al. Interfacial flame retardant unsaturated polyester composites with simultaneously improved fire safety and mechanical properties[J]. Chemical Engineering Journal，2021，426：131313.

[79] Chu F K，Yu X J，Hou Y B，et al. A facile strategy to simultaneously improve the mechanical and fire safety properties of ramie fabric-reinforced unsaturated polyester resin composites[J]. Composites Part A：Applied Science and Manufacturing，2018，115：264-273.

[80] Chu F K，Zhang D C，Hou Y B，et al. Construction of hierarchical natural fabric surface structure based on two-dimensional boron nitride nanosheets and its application for preparing biobased toughened unsaturated polyester resin composites[J]. ACS Applied Materials and Interfaces，2018，10（46）：40168-40179.

[81] Chu F K，Hou Y B，Liu L X，et al. Hierarchical structure：An effective strategy to enhance the mechanical performance and fire safety of unsaturated polyester resin[J]. ACS Applied Materials and Interfaces，2019，11（32）：29436-29447.

[82] 李苗实，陆境一，董春，等. 碳纳米管包裹聚磷酸铵协同 Mg(OH)$_2$ 构筑乙烯-醋酸乙烯酯共聚物复合材料及其火安全性能[J]. 复合材料学报，2022，39（1）：182-192.

[83] Wang B B，Hu S，Zhao K M，et al. Preparation of polyurethane microencapsulated expandable graphite，and its application in ethylene vinyl acetate copolymer containing silica-gel microencapsulated ammonium polyphosphate[J]. Industrial and Engineering Chemistry Research，2011，50（20）：11476-11484.

[84] 汪碧波. 核-壳协同微胶囊化膨胀型阻燃剂的制备及其交联阻燃乙烯-醋酸乙烯酯共聚物性能的研究[D]. 合肥：中国科学技术大学，2012.

[85] Wu K，Wang Z Z. Intumescent flame retardation of EVA using microencapsulated ammonium polyphosphate and pentaerythritols[J]. Polymer-Plastics Technology and Engineering，2008，47（3）：247-254.

[86] 温攀月. 新型成炭剂的设计及其阻燃聚合物材料的热稳定性和燃烧性能的研究[D]. 合肥：中国科学技术大学，2017.

[87] Wen P Y，Tai Q，Hu Y，et al. Cyclotriphosphazene-based intumescent flame retardant against the combustible polypropylene[J]. Industrial and Engineering Chemistry Research，2016，55（29）：8018-8024.

[88] 王伟. 含磷氮成炭剂的合成及其膨胀阻燃聚丙烯纳米复合材料的研究[D]. 合肥：中国科学技术大学，2018.

[89] Wang B，Zhou K，Wang B B，et al. Synthesis and characterization of CuMoO$_4$/Zn-Al layered double hydroxide hybrids and their application as a reinforcement in polypropylene[J]. Industrial and Engineering Chemistry Research，2014，53（31）：12355-12362.

[90] Jia P F，Yu X L，Lu J Y，et al. The Re$_2$Sn$_2$O$_7$（Re = Nd，Sm，Gd）on the enhancement of fire safety and physical performance of Polyolefin/IFR cable materials[J]. Journal of Colloid and Interface Science，2022，608：1652-1661.

[91] 陈希磊. 阻燃丙烯酸酯单体/低聚物的合成及其涂层热降解机理与性能研究[D]. 合肥：中国科学技术大学，2008.

[92] Liang H B，Shi W F. Thermal behaviour and degradation mechanism of phosphate di/triacrylate used for UV curable flame-retardant coatings[J]. Polymer Degradation and Stability，2004，84（3）：525-532.

[93] 邢伟义. 含双键磷氮硅单体及其光固化涂层的设计、阻燃性能与机理的研究[D]. 合肥：中国科学技术大学，2011.

[94] 王孝峰. 光固化膨胀阻燃涂层的制备及交联聚乙烯的热老化与机理的研究[D]. 合肥：中国科学技术大学，2013.

[95] 潘海峰. 棉织物和软质聚氨酯泡沫的层层自组装阻燃涂层的设计及其性能研究[D]. 合肥：中国科学技术大学，2015.

[96] 潘颖. 层层自组装阻燃涂层的设计及其涤纶后整理的研究[D]. 合肥：中国科学技术大学，2017.

[97] 张艳. 基于二维碳化钛的纳米复合薄膜与涂层功能材料的设计及电磁屏蔽性能研究[D]. 合肥：中国科学技术大学，2020.

[98] Feng J X，Su S P，Zhu J. An intumescent flame retardant system using β-cyclodextrin as a carbon source in polylactic acid（PLA）[J]. Polymers for Advanced Technologies，2011，22（7）：1115-1122.

[99] Réti C，Casetta M，Duquesne S，et al. Flammability properties of intumescent PLA including starch and lignin[J]. Polymers for Advanced Technologies，2008，19（6）：628-635.

[100] 胡爽. 磷硅杂化与含磷壳聚糖阻燃剂的制备及其阻燃聚合物的性能和机理研究[D]. 合肥：中国科学技术大学，2012.

[101] Wang J L，Cai W，Mu X W，et al. Construction of multifunctional and flame retardant separator towards stable lithium-sulfur batteries with high safety[J]. Chemical Engineering Journal，2021，416：129087.

[102] Han L F，Wang J L，Mu X W，et al. Anisotropic，low-tortuosity and ultra-thick red P@C-Wood

electrodes for sodium-ion batteries[J]. Nanoscale，2020，12（27）：14642-14650.

[103] Wang J L，Cai W，Mu X W，et al. Designing of multifunctional and flame retardant separator towards safer high-performance lithium-sulfur batteries[J]. Nano Research，2021，14（12）：4865-4877.

[104] Liao C，Han L F，Wu N，et al. Fabrication of a necklace-like fiber separator by the electrospinning technique for high electrochemical performance and safe lithium metal batteries[J]. Materials Chemistry Frontiers，2021，5（13）：5033-5043.

[105] Liao C，Wang W，Wang J L，et al. Magnetron sputtering deposition of silicon nitride on polyimide separator for high-temperature lithium-ion batteries[J]. Journal of Energy Chemistry，2021，56：1-10.

[106] Liao C，Wang W，Han L F，et al. A flame retardant sandwiched separator coated with ammonium polyphosphate wrapped by SiO_2 on commercial polyolefin for high performance safety lithium metal batteries[J]. Applied Materials Today，2020，21：100793.

[107] Mu X W，Zhou X，Wang W，et al. Design of compressible flame retardant grafted porous organic polymer based separator with high fire safety and good electrochemical properties[J]. Chemical Engineering Journal，2021，405：126946.

[108] Wang W，Liao C，Liew K M，et al. A 3D flexible and robust HAPs/PVA separator prepared by a freezing-drying method for safe lithium metal batteries[J]. Journal of Materials Chemistry A，2019，7（12）：6859-6868.

[109] Wang W，Yuan Y，Wang J L，et al. Enhanced electrochemical and safety performance of lithium metal batteries enabled by the atom layer deposition on PVDF-HFP separator[J]. ACS Applied Energy Materials，2019，2（6）：4167-4174.

[110] Liao C，Mu X W，Han L F，et al. A flame-retardant，high ionic-conductivity and eco-friendly separator prepared by papermaking method for high-performance and superior safety lithium-ion batteries[J]. Energy Storage Materials，2022，48：123-132.

[111] Liao C，Han L F，Mu X W，et al. Multifunctional high-efficiency additive with synergistic anion and cation coordination for high-performance $LiNi_{0.8}Co_{0.1}Mn_{0.1}O_2$ lithium metal batteries[J]. ACS Applied Materials and Interfaces，2021，13（39）：46783-46793.

[112] Wang W，Liao C，Liu L X，et al. Comparable investigation of tervalent and pentavalent phosphorus based flame retardants on improving the safety and capacity of lithium-ion batteries[J]. Journal of Power Sources，2019，420：143-151.

[113] Takada K，Yamada Y，Yamada A. Optimized nonflammable concentrated electrolytes by introducing a low-dielectric diluent[J]. ACS Applied Materials and Interfaces，2019，11（39）：35770-35776.

[114] Mu X，Li X J，Liao C H，et al. Phosphorus-fixed stable interfacial nonflammable gel polymer electrolyte for safe flexible lithium-ion batteries[J]. Advanced Functional Materials，2022，32（35）：2203006.

[115] Zhu T，Liu G Q，Chen D L，et al. Constructing flame-retardant gel polymer electrolytes via multiscale free radical annihilating agents for Ni-rich lithium batteries[J]. Energy Storage Materials，2022，50：495-504.

[116] Han L F，Liao C，Mu X W，et al. Flame-retardant ADP/PEO solid polymer electrolyte for dendrite-free and long-life lithium battery by generating Al，P-rich SEI layer[J]. Nano Letters，2021，21（10）：

4447-4453.

[117] Lu S Y, Hamerton I. Recent developments in the chemistry of halogen-free flame retardant polymers[J]. Progress in Polymer Science，2002，27（8）：1661-1712.

[118] Zhang Q J, Zhan J, Zhou K Q, et al. The influence of carbon nanotubes on the combustion toxicity of PP/intumescent flame retardant composites[J]. Polymer Degradation and Stability，2015，115：38-44.

[119] 赛霆，冉诗雅，郭正虹，等. 一种锕基金属有机框架的制备及其对聚碳酸酯火安全性和热稳定性的影响[J]. 高分子学报，2019，50（12）：1338-1347.

[120] Yu B G，Liu M，Lu L G，et al. Fire hazard evaluation of thermoplastics based on analytic hierarchy process（AHP）method[J]. Fire and Materials，2009，34（5）：251-260.

[121] 刘晨，宗若雯，陈海燕，等. 基于层次分析法的热塑性聚氨酯及其纳米复合材料火灾危险性综合评价[J]. 火灾科学，2019，28（3）：177-184.

[122] Mu X W，Cai W，Xiao Y L，et al. A novel strategy to prepare COFs based BN co-doped carbon nanosheet for enhancing mechanical performance and fire safety to PVA nanocomposite[J]. Composites Part B：Engineering，2020，198：108218.

[123] Ferdous W，Manalo A，Aravinthan T，et al. Properties of epoxy polymer concrete matrix：Effect of resin-to-filler ratio and determination of optimal mix for composite railway sleepers[J]. Construction and Building Materials，2016，124：287-300.

[124] 李禄超，王志，徐艳英，等. 碳纤维环氧复合材料火灾危险综合评价[J]. 安全与环境学报，2016，16（5）：62-66.

[125] 任细运. 阻燃环氧树脂的燃烧特性及其潜在火灾危险性评价的研究[D].合肥：中国科学技术大学，2021.

[126] 金子钰. 阻燃聚碳酸酯的燃烧特性及其潜在火灾危险性评价的研究[D]. 合肥：中国科学技术大学，2021.

[127] Wu D F，Wang N L，Yang Z P，et al. Comprehensive evaluation of coal-fired power units using grey relational analysis and a hybrid entropy-based weighting method[J]. Entropy，2018，20（4）：215.

[128] Gaur A，Prakash H，Anand K，et al. Evaluation of municipal solid waste management scenarios using multi-criteria decision making under fuzzy environment[J]. Process Integration and Optimization for Sustainability，2022，6：307-321.

[129] 张紫璇. 碳纤维/环氧树脂阻燃复合材料的燃烧特性与火灾危险性评价[D]. 合肥：中国科学技术大学，2023.

[130] 曲娜，郑天芳，张帅，等. 基于权重博弈层次分析法的火灾参量评价[J]. 沈阳航空航天大学学报，2022，39（3）：72-80.

第 8 章　火灾动力学的仿真预测

胡勇　蒋勇　余轲　戴金洋　苏琛尧　周千军

8.1　概　　述

人类在生产生活中会遭受各种严重灾害侵袭，如台风、洪水、旱灾、火灾。在这些灾害中，火灾的发生最为频繁，给人民财产安全与生命健康造成了巨大的影响。应急管理部消防救援局数据调查显示，2021 年共接报火灾事故 74.8 万起，伤亡 4212人，直接财产损失高达 67.5 亿元[1]。统计数据表明，火灾造成的人员死亡数量远超其他灾害之和。此外，全球变暖的加剧正在重塑全球和区域气候，区域性的暖干化倾向正在显著提升全球多区域火灾风险，火灾的防治正成为各国防灾减灾工作的重点方向。

为了更好地开展火灾防治，十分有必要针对火灾复杂动力学过程展开系统性的科学研究，包括火灾的发生与发展及其蔓延机理。一般来说，火灾研究方法主要包含以下三类：理论研究、实验研究和数值模拟研究。理论研究作为其他两种方法的基础，往往需要多学科交叉，涉及流体力学、化学动力学与热力学等。在解决具体工程问题时，基于问题的复杂性和随机性，理论研究往往缺乏及时性和准确性。此外，理论研究的先验分析也需要其他方法提供数据验证和支撑。实验研究是最直观的方法，利用不同尺度的实验，结合相关理论，便可得出一系列经验公式，并直接用于指导工程设计与现场防火救灾。但是实验研究成本高昂、重复性差，而且对于森林火灾、超高层建筑火灾等这类超大规模现象无法开展重复性实验研究。随着计算机技术的蓬勃发展，数值模拟技术在各行各业方兴未艾，不仅改变着传统工业的生产流程，而且极大地降低了设计和研制成本。火灾的数值模拟开始于 20 世纪 80年代，如今又出现了各种超级计算机，超强的算力使得高精度模型的应用变为现实，因此，数值模拟研究已在建筑防火设计、火灾原因调查、应急管理指挥等多个方面获得了广泛认可与应用[2]。

8.2 火灾数值模拟的发展及面临的挑战

8.2.1 火灾数值模拟的发展

火灾燃烧动力学过程是一个十分复杂的物理化学过程,对其研究需要流体力学、燃烧学、热力学、材料学等多学科交叉。因此，在对该过程进行数值模拟时，必须建立完整的、耦合多因素的控制方程，包括质量守恒方程、动量守恒方程和能量守恒方程等。流体的动量守恒方程由法国工程师纳维于 1827 年提出，后由英国数学家斯托克斯加以完善，又称纳维-斯托克斯方程。基于火灾的复杂性，火灾数值模拟除了考虑以上三个守恒方程，还需考虑辐射模型、湍流模型、燃烧模型，以及网格划分与优化和计算结果的后处理技术等[3]。网格划分在模拟软件中属于前处理技术，控制方程、辐射模型、湍流模型、燃烧模型则属于计算模型。火灾数值模拟技术的发展也经历了由简入繁、由经验到确定性的过程，并可概括为代数计算模型、区域模拟及场模拟三大类，不同火灾数值模拟技术有着各自的适用环境[4]。

1. 代数计算模型

代数计算模型也称经验模型或统计模型。代数计算模型的建立如下：基于大量可靠数据，识别和量化实际火灾中的关键因素，对其数据进行回归处理，得到有关火行为特征参数的代数计算公式。

2. 区域模拟

区域模拟是指把有着烟气层的室内火场划分为不同区域，并且假定每个区域的状态参数（如温度、浓度、密度）都是均匀一致的（图 8-1），从而将复杂全场计算简化为针对不同区域的火场模拟计算。Pape 等于 1981 年最早发布了一款区域模拟程序 RFIRES，同年 Emmons 等开发了区域模型 HARVARD，之后学者相继构建了 ASET、ASET-B、FIRST[5]等区域模型，其中，美国国家标准与技术研究院于 1993 年发布的 CFAST 是目前应用最为广泛的一款火灾区域模拟软件[6]。

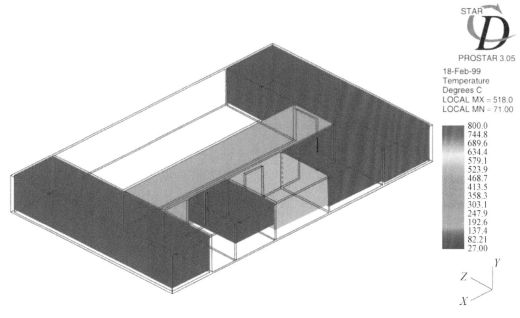

图 8-1　区域模拟[5]

3. 场模拟

场模拟是指将火场整个空间范围划分成若干控制单元，如图 8-2 所示。在各个控制单元内，用数值离散和积分方法求解出火灾发展中各个时刻下的状态参数（烟气浓度、速度、温度等）的分布和变化。常见的火灾场模拟软件有 FDS、ANSYS Fluent、FireFOAM 和 CFX[5]等。

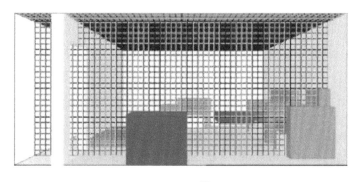

图 8-2　场模拟[5]

8.2.2　火灾数值模拟面临的挑战

代数计算模型的构建主要依靠缩尺模型实验获取数据集，具有一定局限性，且实验耗费较大。由于考虑的因素不够完整，代数计算模型无法给出复杂场景下诸多耦合因素对火场演化的协同影响。但从应用层面看，由于其形式简单、易于计算，代数计算模型在材料的燃烧特性及建筑结构耐火性能评估等方面仍有较好的应用。目前国内外学者也在扩大实验的工况范围，以期提高代数计算模型的适用性和准确性。

区域模拟除了需要求解各个区域的控制方程，还需要代数计算模型提供有关火场特征的一些重要参数（如火源的释热率），以完成火灾场景的完整数值重构。此外，由于对物性参数在空间上进行了平均假设且忽略了热量传输在时间尺度上的变化情况，区域模拟的应用范围有限，且无法准确获取火场温度、燃烧产物在建筑物内的具体空间分布和瞬态变化，无法适用于具有复杂布局的室内火灾。但是区域模拟的计算效率高等特点使其成为简单建筑结构火灾性能化评估中最常用的分析手段。目前学者也在不断完善区域模拟中有关材料和边界条件的数据库设置，以进一步提升其仿真预测由于新型材料广泛使用所致的复杂火灾的能力。

从理论上讲，场模拟可以求解火场中所有热物性参数的时空变化，但受限于计算机硬件条件，至今，大多数场模拟采用时间或空间平均的方法，例如，LES 的核心思想是对纳维-斯托克斯方程进行空间过滤；小于过滤尺度的脉动特征由辐射模型、燃烧模型等各类亚格子模型来综合表征，大于过滤尺度的湍流流动则直接求解，从而分辨出更多的流场细节[7]。LES 的求解精度除了与网格分辨率紧密相关[7]，更重要的是与亚格子模型有关，如何构建高效准确的解析湍流-燃烧相互作用的燃烧模型也一直是计算燃烧领域的核心课题。

当前研究者主要利用区域模拟和场模拟对复杂火灾动力学过程进行仿真重构和分析。但是，前者计算精度不高，而且缺乏时间辨识度的计算结果在实际火灾应急救援中不具有参考意义；后者需要求解纳维-斯托克斯方程，时效性差，在争分夺秒的应急救援中难以发挥作用。为了提高火情应急救援响应能力，保障消防人员和受困人员的安全，有必要开发实时的火灾计算预测模型。随着最近 10 年计算机图形处理器（graphics processing unit，GPU）的飞速发展，基于机器学习的预测模型得到广泛关注，建立快速、精准的基于数据驱动的预测手段成为可能，研究者正积极着眼于开发机器学习模型来实时预测火灾动力学演化过程。

总体而言，火灾数值模拟面临的挑战主要包括：①由多物理多相场耦合所致的火灾发生和发展过程越发明显，传统基于经验参数的计算模型不再适用；②大尺度极端火频发，预测模拟技术需要兼具精度和快速响应能力；③新材料和新能源广泛使用，急需更新模拟基础数据库。这些挑战既是困难，也是推动模拟技术发展的动力。本章将分别从代数计算模型、区域模拟、场模拟及基于机器学习的火灾预测技术等四个方面简要介绍国内外的相关研究进展，以及中国科学技术大学火灾科学国家重点实验室在该领域的主要研究成果。

8.3　火灾动力学数值预测技术

8.3.1　代数计算模型

针对火灾过程的复杂性，代数计算模型以其简单、直观、易于计算的特点为计算和分析火灾中重要特征参数的耦合关系提供了有效手段，成为构建火灾快速预报完整体系中不可或缺的技术。经过近几年的发展，代数计算模型涵盖了从基础火羽流、着火概率到大尺度的林火蔓延等诸多火灾场景。本节主要介绍最具代表性的两类代数计算模型，即火羽流模型和林火蔓延模型。

1. 火羽流模型

火羽流是火灾中热浮力驱动的燃烧流动基本形态，主要由火源上方的火焰及燃烧生成的流动烟气构成。在实际火灾现象中，火羽流的热流密度、火焰高度等对邻近可燃物的热解和着火概率有着重要影响，对燃烧区域的扩大和建筑火灾中极端燃烧现象（如轰燃）的发生都有着重要贡献。因此，针对这一现象建立可靠的代数计算模型具有重要意义，它也是火灾学中的重要基础研究领域。其中，最具代表性的工作是Zukoski等[8]和Heskestad[9]通过将无因次火焰高度(L_f)与无因次放热率(Q_D^*)联系起来获得的有关火焰高度的预测模型：

$$\frac{L_f}{D} = 3.7Q_D^{*2/5} - 1.02 \tag{8-1}$$

式中，D为可燃物直径。

Xu和Tang[10]基于缩尺的房间模型，对不同倾角的外墙作用开展了实验探究，分析了其对溢出羽流的影响规律，发现沿着建筑外立面墙的垂直浮力溢出羽流的温度会随着高度的增加而降低，沿着外立面墙的喷出羽流的外部流速随着斜面墙倾角的增加而增加，并且提出了一种新的无量纲关系式来表征外立面墙的垂直温度。Fang

等[11]研究了挡墙拐角处受限火羽流与顶棚间的作用特征，并提出了一种用于描述顶棚水平射流火行为特征（如温度、热通量）的代数计算模型。

总体而言，火羽流模型越来越多地考虑了实际火场中的复杂工况，如环境风、挡墙限制、多羽流交互作用，这扩大了火羽流模型的适用范围，为不同条件下火灾蔓延特征的预测提供了有益理论和方法。

2. 林火蔓延模型

自火灾学建立以来，森林火灾因其巨大的破坏力一直被科研工作者所关注，林火蔓延模型也在不断更新。较早的比较知名的林火蔓延模型有 McArther 草原火蔓延模型[12]，该模型主要用于预测火场周围植被点燃的概率、火焰高度、火蔓延速率及扑救灭火的危险性指数，其预测较依赖环境参数，如地形、空气温度、相对湿度、风速及植被量。此外，由美国农业部开发的 Rothermel 半经验火蔓延模型[13]也是常用的林火蔓延模型。该模型考虑辐射传热和能量守恒，可针对大范围地表火，预测其火蔓延速率和强度。该模型把林火蔓延看作一系列可燃物点燃的过程，其中，热量从上层的燃烧火焰传递到可燃物，可燃物则经历了表面脱水、进一步加热升温达到点燃临界条件来维持火焰的传播过程。从本质上说，Rothermel 半经验火蔓延模型是一类半经验或半物理模型，模型的预测精度仍然依赖经验参数（如燃料特性参数），调整和优化参数设置是保证 Rothermel 半经验火蔓延模型预测保真性的关键条件之一。为此，Zhou 等[14]提出了基于深度学习的参数优化计算模型，使参数的调整更多考虑局部植被特征的变化，火场仿真结果也更接近实验观测。

我国有关林火蔓延模型的研究开始较晚。1983 年，王正非在研究山火初始蔓延速率测算法时提出了林火蔓延模型。由于该模型不能对下坡林火蔓延进行计算，毛贤敏[15]结合 Lawson 等[16]提出的蔓延因子模型对其进行了修正，修正后的模型在地形因子（即坡度）变化上弥补了先前林火蔓延模型的缺陷，从而建立了比较实用、易于实现的林火蔓延模型，又称王正非-毛贤敏模型。

在极端林火行为的研究方面，针对大尺度林火中可能发生的火旋风问题，Lei 等[17, 18]分别针对固体燃料和液体燃料的火旋风特征开展了实验研究，获得了火旋风高度与热释放速率及旋转卷吸率间的关联公式。Liu 等[19-21]进一步通过分析湍流对火羽流行为的抑制作用，建立了预测火旋风平均火焰宽度和高度的半物理模型，并研究了不同热释放速率条件下的火焰托举和偏移特征，这些开拓性的工作为建立中大尺度火旋风的有效预测模型提供了基础理论和方法。

8.3.2　区域模拟

区域模拟的构建基于对室内火场核心特征的精准解析，其思想是将单个房间划分为多个区域，并假定每个区域的温度、烟灰和气体浓度等关键参数是均匀分布的[22]。一般而言，在火灾发展初期，除了在火源附近，热烟气主要在房间顶部聚集；随着燃烧的进行，热烟气层逐渐变厚，并与下层空气在热物性上形成较明显的差异，因此在实际火灾计算中，常假设为双区域，如图 8-3 所示，将室内火场空间划分为上部的热烟气层与下部的冷空气层，两个区域中温度随时间的变化特征可表述为三个阶段，即火灾初始阶段、火灾全面发展阶段及熄灭阶段。当火源产生后，能量和组分瞬间传输到上层，不存在时间滞后性，各个区域的温度与浓度的时间变化则由控制方程获得。

每层的质量变化可表示为

$$\frac{\mathrm{d}m}{\mathrm{d}t} = \dot{m}_i \tag{8-2}$$

式中，$\dot{m}_i$ 为质量源项之和。

根据热力学第一定律，总的焓源项为

$$\frac{\mathrm{d}\left(C_v m_i T\right)}{\mathrm{d}t} + P\frac{\mathrm{d}V_i}{\mathrm{d}t} = \dot{h}_i \tag{8-3}$$

式中，C_v 为恒定体积下的比热容。焓源项 $\dot{h}_i$ 由火源的热释放，以及与墙壁的热传导、环境热对流和热辐射组成。

理想气体状态方程为

$$P = \rho R T \tag{8-4}$$

式中，$R \approx 289.14\ \mathrm{J/(kg \cdot K)}$ 为比例常数。根据式（8-2）～式（8-4）可以推导出一组层内压强、上层热烟气层体积及温度、下层冷空气层温度随时间变化的控制方程：

$$\frac{\mathrm{d}P}{\mathrm{d}t} = \frac{\gamma - 1}{V}\left(\dot{h}_l - \dot{h}_u\right) \tag{8-5}$$

$$\frac{\mathrm{d}V_u}{\mathrm{d}t} = \frac{1}{P\gamma}\left[\left(\gamma - 1\right)\dot{h} - V_u\frac{\mathrm{d}P}{\mathrm{d}t}\right] \tag{8-6}$$

$$\frac{\mathrm{d}T_\mathrm{u}}{\mathrm{d}t} = \frac{1}{C_P m_\mathrm{u}}\left(\dot{h}_\mathrm{u} - C_P \dot{m}_\mathrm{u} T_\mathrm{u} + V_\mathrm{u}\frac{\mathrm{d}P}{\mathrm{d}t}\right) \tag{8-7}$$

$$\frac{\mathrm{d}T_\mathrm{l}}{\mathrm{d}t} = \frac{1}{C_P m_\mathrm{l}}\left(\dot{h}_\mathrm{l} - C_P \dot{m}_\mathrm{l} T_\mathrm{l} + V_\mathrm{l}\frac{\mathrm{d}P}{\mathrm{d}t}\right) \tag{8-8}$$

式中，P 为层内压强；下标 u 代表上层区域，l 代表下层区域；γ 为比热比，$\gamma = 1.4$；$C_P = 10^{12}\,\mathrm{J/(kg\cdot K)}$ 为比定压热容。

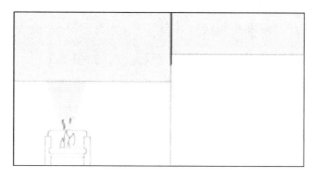

图 8-3　区域模型[22]

在大尺度复杂室内结构中，烟气的运动发展将呈现垂直方向上的非均匀变化，底层火源与上层区域的热量和组分传递也并非无限快过程，火源羽流甚至会直接作用于室内顶部墙面。在这些情况下，双层区域模型的简化假设会引入较大的预测误差。Chen 等[23]提出了一种多层区域模型，如图 8-4 所示，该模型将室内划分成垂直方向上的多层区域，这样的处理细化了对火场特征的描述，对不同层的控制方程开展了研究，尤其关注了层间的辐射换热和开口通风的影响，优化了对垂直方向上温度分布的预测。

另外，为了使火灾数值模拟能够在一定程度上兼顾可靠性和经济性，同时考虑火灾过程的多重性规律，范维澄等[22]提出了场区模拟与场区网模拟的概念。大量的实验研究和火灾现场观察表明，在起火室气体分层不明显，而在相邻房间，烟气有明显的分层现象。场区模拟就是针对室内火灾的这种特点，对起火室开展场模拟，对相邻房间进行区域模拟，在两者的交界面处对固体壁面进行定常化处理，对通风处进行微元化处理，并作为源项放入区域模拟的控制方程中。场区网则是在场区的基础上，把远离火源的房间划分为多个网络节点，在网络与区域的交界面处进行微元化处理。总体而言，这两种建模方法既保证了求解火灾发展过程中状态参数的准确性及模型在复杂建筑与环境条件下的适用性，也保证了在实际应用中合理的计算耗时，这给发展更为高效的火灾数值模拟手段提供了有益思路。

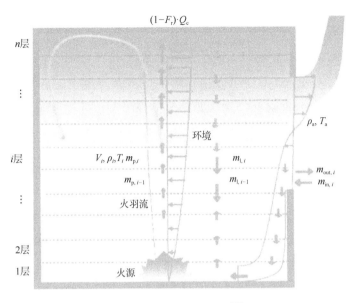

图 8-4　多层区域模型[23]

8.3.3　场模拟

　　火灾数值模拟的最终目的是，通过计算机虚拟重构火灾的真实场景，并且详细刻画出火灾中燃烧场的物理与化学变化规律。区域模拟从一些简单的场景出发，通过划分出不同空间区域来描述腔室火灾的整体分布特征。在不需要知道热物理性质详细空间分布的情况下，这种分层描述能够近似合理地逼近现实火场，结果具有一定参考性。然而，在火灾蔓延过程中，火场的真实情况远比区域模拟的假设更加复杂，例如，在大空间或者形状复杂的建筑中，当局部火源热释放速率较小或通风明显时，火灾中的烟气分层并不明显，区域模拟就失去了成立的前提条件。因此，随着计算机技术的发展和 CFD 模型的成熟，为了更为准确地捕捉火场温度、燃烧产物在空间中的分布和变化规律，火灾数值模拟领域出现了以 CFD 为基础的场模拟。

　　与区域模型简单地将模拟区域划分为上下两个计算单元不同，场模型将模拟的火灾场景划分成无数个控制单元，每个控制单元内物理化学参数相同，相邻单元则遵循普遍的物理学定律：质量守恒方程、动量守恒方程和能量守恒方程。当控制单元足够小时，场模拟结果可无限接近真实火场。但是受限于计算机硬件条件和为了平衡计算效率与精度，控制单元并不能无限小，同时控制单元通常采用空间平均或样本平均方法，较好地解析了主要含能湍流运动，满足对火场主要信息的数值重构需求。因此，场模拟又可划分为三种主要模拟方法，即直接数值模拟（ direct numerical simulation，DNS）方法、LES 方法和雷诺平均纳维-斯托克斯（Reynolds-averaged Navier-Stokes，RANS）方法。LES 方法和 RANS 方法都或多或少地忽略了部分脉动运动信息，但是，LES 方法可以精确解析更多大尺度上的湍流运动，从而捕捉 RANS 方法无法获得的许多非稳态、非平衡过程中产生的尺度效应和拟序结构，同时避免了 DNS 方法由于求解所有湍流尺度而带来的巨大计算成本，因此，LES 方法是目前最具发展潜力的数值模拟方法之一。本节将基于 LES 的概念展开场模拟的讨论，并介绍相关模型发展和应用。

在 LES 方法中，湍流瞬时运动中的小于特征尺度的涡结构信息将被过滤处理。因此，通过滤波函数 $F(X)$，每个变量 f 都将被分解为大尺度的由输运方程直接求解的平均分量（$\tilde{f}$）和小尺度的需要建模计算的分量（$f' = f - \tilde{f}$），其中，过滤变量 $\tilde{f}$ 定义为

$$\bar{\rho}\tilde{f}(X) = \int \rho f(X')F(X - X')\mathrm{d}X' \tag{8-9}$$

由式（8-9）定义的变量也称质量加权平均的过滤变量。将式（8-9）用于燃烧场控制方程，并采用梯度假设封闭层流扩散通量，每个控制单元内的守恒方程可表述如下。

（1）质量守恒方程。单位时间内控制单元内流体质量的变化等于同一时间间隔内流入（或流出）该控制单元的净质量及控制单元内质量源项产生量：

$$\frac{\partial \bar{\rho}}{\mathrm{d}x} + \nabla \cdot (\bar{\rho}\tilde{U}) = \dot{S}_{\mathrm{v}} \tag{8-10}$$

（2）动量守恒方程。控制单元的流体动量变化率等于作用于控制单元的各种力之和：

$$\frac{\partial (\bar{\rho}\tilde{U})}{\mathrm{d}x} + \nabla \cdot (\bar{\rho}\tilde{U}\tilde{U}) = -\nabla \bar{P} - \nabla \cdot (\bar{\tau} - \bar{\tau}_{\mathrm{sgs}}) + (\bar{\rho} - \bar{\rho}_0)g + \dot{S}_{\mathrm{m}} \tag{8-11}$$

（3）组分守恒方程。控制单元内气体组分的变化等于进（或出）控制单元的净组分扩散通量和化学反应及其他多相流源项之和：

$$\frac{\partial (\bar{\rho}\tilde{Y}_{\mathrm{k}})}{\mathrm{d}x} + \nabla \cdot (\bar{\rho}\tilde{U}\tilde{Y}_{\mathrm{k}}) = \nabla \cdot (\bar{\rho}\tilde{D}_{\mathrm{k}}\nabla \tilde{Y}_{\mathrm{k}} + \bar{J}_{\mathrm{k,sgs}}) + \tilde{\dot{\omega}}_{\mathrm{k}} + \dot{S}_{\mathrm{k}} \tag{8-12}$$

（4）能量守恒方程。控制单元内能量的变化等于进（或出）控制单元的净热流量和体积力与表面力的做功：

$$\frac{\sigma\left(\bar{\rho}\tilde{h}\right)}{\partial t}+\nabla\cdot\left(\bar{\rho}\tilde{U}\tilde{h}\right)=\nabla\cdot\left(\bar{\rho}\tilde{D}_{h}\nabla\tilde{h}+\bar{J}_{h,\mathrm{sgs}}\right)+\dot{S}_{e}+\dot{Q}_{r} \qquad （8\text{-}13）$$

式中，$\bar{\rho}$ 为流体密度；$\tilde{U}$ 为速度矢量；$\overline{P}$ 为压力；g 为重力加速度；$\tilde{Y}_{k}$ 与 $\tilde{h}$ 分别为组分质量分数和焓；$\bar{\tau}_{\mathrm{sgs}}=\bar{\rho}\left(\widetilde{UU}-\tilde{U}\tilde{U}\right)$ 为亚格子雷诺应力；$\bar{J}_{k,\mathrm{sgs}}$ 与 $\bar{J}_{h,\mathrm{sgs}}$ 为亚格子标量通量；$\tilde{\dot{\omega}}_{k}$ 为组分的化学反应源项；$\dot{Q}_{r}$ 为热辐射损失；$\dot{S}_{v}$、$\dot{S}_{m}$、$\dot{S}_{k}$ 和 $\dot{S}_{e}$ 为描述在多相流情况下传质传热耦合作用的源项。

　　式（8-10）～式（8-13）就是描述火灾动力学的基本输运方程，结合理想气体状态方程就可以通过数值手段模拟火灾过程。与代数计算模型及区域模拟相比，场模拟具有适用范围广、模拟精度高的特点，但是输运方程的求解涉及复杂的离散算法选取、精度与效率平衡及化学刚性求解等问题。利用简化假设，如低雷诺数流动，可进一步简化输运方程的求解，在火灾模拟软件 FDS 中，这一简化假设降低了复杂火场的计算难度。此外，常见的火灾场模拟软件还包括 ANSYS Fluent[24]和 FireFOAM[25]等。

　　火灾是典型的多物理场耦合现象，包括流动、化学反应、多相耦合及热质输运和热辐射等过程。火灾场模拟的精确度不仅与流体的数值解析有关，而且受其他物理化学过程的数值建模影响，这些亚格子模型包括辐射模型、湍流燃烧模型和碳烟生成模型等。具体到输运方程中，这些子模型提供了用于完整解析火场控制方程的源项，即 $\tilde{\dot{\omega}}_{k}$、$\dot{Q}_{r}$ 等，因此，LES 中子模型的构建成为成功实施火灾场模拟的关键条件。

1. 辐射模型

　　由于火灾过程涉及剧烈的温度变化和丰富的组分变化，以及特殊条件下的压力变化，火灾中的热辐射过程异常复杂。大量的研究表明，热辐射在火灾中占有重要地位，是实现热量传递的主要通道[26, 27]。Nmira 等[28]采用气体光谱辐射秩相关的全光谱 k 分布（full spectrum k-distribution，FSK）方法对不同燃料池火进行了 LES 计算研究，结果表明辐射传热在火场中占据主导地位，并且湍流-辐射的相互作用对辐射传热具有显著影响。在不考虑湍流-辐射的相互作用的情况下，结果存在明显误差（约为 80%）。姚勇征[29]在分析开放空间和隧道中油盆火单位面积质量损失速率后指出，对于大尺寸油盆火，火焰自身的辐射热反馈是燃料-火焰间热交换的主导模式，环境的对流传热等影响较弱。因此，在火灾模拟计算中建立合理的辐射模型至关重要。

在火灾燃烧场中，求解辐射强度（I_η）是描述辐射热通量的基础，其输运方程可表示为

$$\frac{\mathrm{d}I_\eta}{\mathrm{d}s} = \kappa_\eta I_{\mathrm{b}\eta} - \kappa_\eta I_\eta - \sigma_{\mathrm{s}\eta} I_\eta + \frac{\sigma_{\mathrm{s}\eta}}{4\pi} \int_{4\pi} I_\eta(\hat{s}_i) \Phi_\eta(\hat{s}_i, \hat{s}) \mathrm{d}\Omega \qquad (8\text{-}14)$$

式中，等号右边第一项为发射增强项；第二项为吸收衰减项；第三项为散射衰减项；第四项为来自其他方向的散射增强项。为使式（8-14）全封闭，首先需要建模求解吸收系数（κ_η）。κ_η 为不同波数（η）下单一辐射物种的光谱吸收系数。在火灾中，由于燃烧产物多样（成百上千）、温度变化剧烈（从几百开尔文到上千开尔文），以及部分情况下压力的变化，吸收系数变化较大，如果采用精确的逐线（line-by-line，LBL）模型来求解辐射传热方程，那么求解过程将变得异常复杂，即涉及数以亿计波数下辐射强度的积分求和，因此，目前常见的工程建模方法是灰气体（gray-gases，GG）模型，其假设所有气体的吸收系数在整个光谱范围内是恒定的，可由拟合普朗克平均吸收系数获得，所有波数范围下的吸收系数可简化为 κ，该值可由窄带内气体混合物的平均光谱透过率获得（窄带宽度为 $5 \sim 50 \text{ cm}^{-1}$）。火灾模拟软件 FDS 利用了 RADCAL 代码数据库来获得甲烷、水等常见气体的吸收系数。

虽然 GG 模型极大地简化了对复杂辐射过程的模拟计算，但是其计算精度有待改进，学者也一直在发展一种计算效率和精度都可接受的辐射模型。灰气体加权和（weighted-sum-of-gray-gases，WSGG）模型是近几十年来获得较多关注的方法之一。该模型由霍特尔（Hottel）和沙罗菲（Sarofim）在发展纬向方法的框架中首次提出，WSGG 模型的思想和 GG 模型类似，不同的是，WSGG 模型使用若干 GG 假设来表征整个光谱范围内的辐射信息。WSGG 模型同样不需要考虑气体的散射，WSGG 模型下的辐射强度输运方程为

$$\frac{\mathrm{d}I_i(\eta)}{\mathrm{d}s} = -\kappa_{P,i} P_{\mathrm{a}}(\eta) I_i(\eta) + \kappa_{P,i} P_{\mathrm{a}}(\eta) a_i(\eta) I_{\mathrm{b}}(\eta) \qquad (8\text{-}15)$$

式中，$P_{\mathrm{a}}(\eta)$ 为吸收-发射物种的分压；$a_i(\eta)$ 为温度依赖系数；$I_{\mathrm{b}}(\eta) = \sigma T^4(\eta)/\pi$ 为背景黑体辐射强度，由局部波数范围内参与物种的温度和摩尔浓度计算得到。因此，尽管 WSGG 模型假设压力吸收系数 $\kappa_{P,i}$ 是恒定的，但是它可以很容易地应用于非等温、非均质介质。同样地，WSGG 模型提供了吸收系数的信息，因此它易于与 CFD 代码结合。

针对由二氧化碳、水和煤烟组成的燃烧介质，Fraga 等[30]对由不同辐射模型计

算得到的辐射热通量进行了评估。研究发现,当碳烟体积分数由 10^{-8} 增加到 10^{-6} 时,GG 模型的预测值在可接受范围;对于没有碳烟的介质或低碳烟浓度情况,GG 模型与 LBL 模型相比表现更差,平均误差超过 100%,此时,宜采用基于 WSGG 模型的非灰色全局模型。Fernandes 等[31]研究了 GG 假设在封闭环境和开放环境下模拟乙醇、庚烷和甲醇火焰中辐射传递强度的准确性,计算结果表明,GG 假设对强碳烟火焰有较好的预测能力。

除了 WSGG 模型,详细地考虑不同波长吸收系数变化的模型还包括多尺度 FSK 模型[32]、基于光谱线的灰气体加权和(spectral-line-based weighted-sum-of-gray-gases,SLW)模型[33]、吸收分布函数(absorption distribution function,ADF)模型[34]等。由于计算成本较大,这些详细的辐射模型只在计算简单的燃烧场景(如池火)中有所讨论,对于更为广泛的火灾燃烧工况,还缺乏对不同辐射模型计算性能的更系统的研究。例如,在通风不良的环境下,由于燃烧不充分,火场中会产生大量的一氧化碳及碳烟组分,而目前大多数辐射模型只考虑对水和二氧化碳辐射信息的表征,对一氧化碳及碳烟还缺乏足够的讨论,这可能导致对部分火灾场景的模拟精度不足。

2. 碳烟生成模型

碳烟又称碳黑,是燃烧物在缺氧条件下不充分燃烧形成的,在火灾场景中极为常见。碳烟的主要成分为碳,也可能含有少量的氢和氧,通常由直径为 10~80 μm 的单个粒子构成,并且可以通过聚集形成更为复杂的链式结构。火灾中碳烟颗粒对可见光有较强的遮蔽作用,使能见度明显降低,造成火灾中人员逃生困难。同时,碳烟颗粒是 $PM_{2.5}$ 的重要组成部分,一旦被人体大量吸入后,会黏附在鼻腔、口腔和气管内,甚至由扩散作用进入肺部而黏附在肺泡上,对人体器官产生强烈的刺激作用,造成气管堵塞,构成呼吸危害。火灾中产生的碳烟颗粒及有毒气体等共同组成了火灾烟气,这是火灾中人员伤亡的主要原因[35]。

有关碳烟生成的动力学机理十分复杂,包括碳烟前驱体多环芳香烃(polycyclic aromatic hydrocarbons,PAHs)形成过程等,涉及的基元反应可达几百个至上千个。目前,学者对碳烟生成的大致过程达成了一定的共识:①碳烟最初形成时需要存在一定的前驱体;②大分子间发生成核反应,形成碳烟颗粒;③通过气相分子吸附在碳烟颗粒表面来实现碳烟颗粒的表面增长过程;④通过碳烟颗粒之间的碰撞反应来实现碳烟颗粒的凝聚过程。其中涉及非常复杂的流体力学、化学反应动力学、物质/能量的输运、颗粒辐射换热等，以及它们之间的相互作用。碳烟生成模型在综合碳烟的全部生成过程的基础上，利用数学方法模拟计算碳烟生成情况。碳烟生成模型发展至今主要分为三大类：经验模型、半经验模型和基于详细化学反应机理的模型[36]。

经验模型是指通过总结实验结论，利用实验数据的相关性来预测碳烟生长趋势的模型[37]。该模型本身不涉及碳烟生成的具体机理，计算精度较低，但计算成本较小。在常用的火灾场模拟软件 FDS 中，经验模型得到广泛使用。经验模型的具体思路是：假定碳烟主要来源于燃料中部分碳分子的转化，且这一转化过程不依赖火焰温度、燃烧当量比和时间等，燃烧产物中的碳烟体积分数仅与燃烧种类有关，并通过提前设定转化百分数来计算获取最终的碳烟体积分数。

基于详细化学反应机理的模型则采用详细反应机理及更精确的数学计算方法，同时利用更多的计算资源，得到与实际更为接近的碳烟生成模拟结果。许多学者对该模型进行了研究。Wang 和 Frenklach[38]在碳烟生成模型方面开展了大量基础性工作，他们发现碳烟颗粒前驱体 PAHs 的质量增长过程可由脱氢加碳（hydrogen abstraction carbon addition，HACA）机制进行很好的解析，结合该机制及碳颗粒成核、氧化和凝聚等模型，他们获得了 8 种层流预混火焰中碳烟体积分数的较好预测值[39]。Guo 和 Smallwood[40]分别使用矩量法和地址法精确地计算了碳烟颗粒浓度，并充分证明了在碳烟生成过程中解决 PAHs 形成不足问题的必要性。钟北京和刘晓飞[41, 42]首先利用详细化学反应机理对富燃预混甲烷火焰中的芳香烃、PAHs 等的形成进行了数值模拟，模拟结果与实验测量吻合，其次利用反应类的概念和矩量法对层流甲烷预混火焰中的碳烟颗粒进行了数值计算并得到了碳烟颗粒的表面生长和氧化过程可以由 PAHs 进行模拟等一系列结论，该方法能够比较准确地预测碳烟颗粒。蒋勇等[43, 44]对乙炔和乙烷预混火焰进行了碳烟颗粒生成数值模拟，并使用矩量法较好地预测了主产物、中间组分、自由基、芳香烃组分的生成和消耗情况。

3. 湍流燃烧模型

燃烧模型是指以特定的假设为基础，应用气相、凝聚相的物理特性及化学反应机理来描述可燃物燃烧过程的计算模型。湍流燃烧模型是燃烧数值建模的核心，是湍流–化学反应相互作用及其影响下的燃烧动力学演化过程得以成功刻画的关键。

实际中大部分气体燃烧过程是湍流–化学反应相互作用的结果,化学反应释热强化流动不稳定性和浮力效应,湍流则促进混合及燃烧反应。燃烧化学反应机理包含的燃烧组分成百上千,基元反应成千上万,且组分之间的反应时间尺度($10^{-9}\sim$ $10^{-2}\,\mathrm{s}$)相差很大,加上湍流的多尺度及强脉动特性,因此体现湍流–化学反应相互作用的化学反应源项是强非线性和强刚性的。在这种情况下,采用精确的直接求解方法将极大地增加计算量和存储量,按照目前的计算机水平,尚不具有工程应用意义。为了在可接受的计算成本及效率等条件下将燃烧反应的特征得到最大限度的准确还原,必须依托湍流燃烧模型来完成相应的燃烧建模工作。

为应对湍流多尺度和化学多组分特征建模难等问题,经过近几十年的发展,国内外学者提出了具有不同复杂程度和不同场景适用性的湍流燃烧模型,如线性涡模型(linear eddy model,LEM)[45]、涡耗散概念(eddy-dissipation concept,EDC)模型[46]、一维湍流(one-dimensional turbulence,ODT)模型[47, 48]、动态增厚火焰(dynamically thickened flame,DTF)模型[49]、多维条件矩封闭模型[50]、输运概率密度函数(transported probability density function,tPDF)模型[51]和小火焰面(flamelet)模型[52]。从模型的推导假设来看,湍流燃烧模型可大致划分为两大类,即小火焰面类模型和概率密度函数类模型。这两类模型的本质区别在于如何处理湍流燃烧中化学反应与分子扩散输运间的耦合关系,小火焰面类模型假设高维组分空间的动力学演化可由低维参数空间的组分变化来描述。图 8-5 为高维组分空间在低维空间 H_2O-OH-N_2 中的映射结构示意图。由于存在这些差异,这两类模型有各自的建模优势,但也存在各自的、待解决的建模难点。

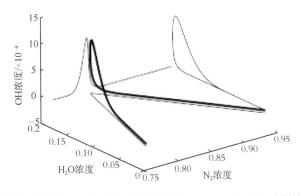

图 8-5　非预混氢气/氮气–空气火焰在低维空间 H_2O-OH-N_2 中的映射结构示意图[52]

1）小火焰面类模型

小火焰面类模型的基本假设是与湍流特征尺寸相比，火焰反应区域尺度更小，燃烧发生在很薄的空间区域，因此从火焰的拓扑结构来看，湍流燃烧可看作由无数细薄的小火焰面结构组成。这一假设简化了燃烧场的求解，温度、组分及热物性参数则可由解算小火焰面方程提前获得，并由低维表征参数（一般为二维或三维，包括混合分数、标量耗散率和反应进度等变量）来描述，燃烧场的解析从而转化为求解这一组表征参数的湍流混合问题。小火焰面类模型包括小火焰−进度变量（flamelet-progress variable，FPV）模型[53]、固有低维流形火焰延伸（flame prolongation of intrinsic low-dimensional manifold，FPI）模型[54]、火焰面生成流形（flamelet generated manifold，FGM）模型[55]、稳态火焰面模型（steady flamelet model，SFM）[52]和反应−扩散流形（reaction-diffusion manifold，REDIM）模型[56]等。

除了在表征参数选取上存在差异，这些模型的主要区别在于对小火焰面的求解方式不同。由于燃烧场的基本火焰结构可分为预混火焰和非预混火焰，传统小火焰面类模型均采用预混火焰或非预混火焰作为小火焰面的基础结构模型，这就产生了适用性单一的问题，即只符合单纯的预混燃烧工况或非预混燃烧工况。现代燃烧理论的发展使人们越来越多地认识到，在大部分燃烧情况下，火场表现为复杂的混合燃烧模式，即存在预混、非预混和部分预混共存耦合的情况，例如，在多相燃烧问题中，燃料液滴的受热预蒸发、湍流弥散等促进了混合燃烧模式的形成。因此，为了进一步提升湍流燃烧模型的精度，发展一套具有自适应性的小火焰面类模型成为计算燃烧领域的研究热点。

首先，为拓展传统小火焰面类模型在多相燃烧问题中的应用，小火焰面结构需要从组分等热物性参数上能够反映气−液两相间的质−热耦合作用，Hollmann 和Gutheil[57]率先提出了一种液雾小火焰面模型，该模型利用一维对冲液雾火焰来获得考虑液滴蒸发作用的组分、温度等基本燃烧特征量，并给出了新小火焰面结构的表征方法，给小火焰面类模型在多相反应流数值模拟中的拓展和应用提供了新方向。Olguin 和 Gutheil[58]通过对多相小火焰面控制方程的推导和数值求解，进一步阐明了气−液耦合源项对火焰面结构的影响。如图 8-6 所示，在不同拉伸率下，相比耗散和混合/蒸发，液滴蒸发都占主导，且由于液滴雷诺数的影响，在强拉伸率下，这一主导更为显著。

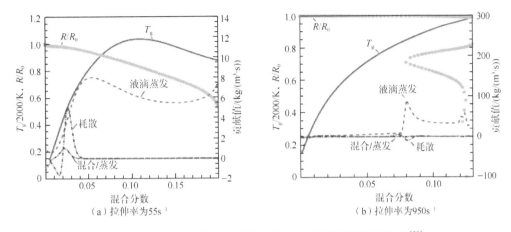

图 8-6　不同拉伸率下对冲液雾火焰结构及乙醇燃料源项分布[58]

R/R_0 指无量纲粒径

Hu 等[59,60]引入了考虑液滴影响的反应进度方程源项修正,通过对贫燃和富燃火焰的计算与分析,揭示了液滴蒸发的耗散效应,由反应进度表征的液雾小火焰面模型也获得了更好的计算结果,解决了传统小火焰面类模型对液雾火焰中液雾预蒸发区域解析精度不高的问题。图 8-7 为在乙醇液雾火焰不同横截面处的温度-混合分数散点图,散点集中分布在上、下两个差异明显的区域,上半部分为典型的非预混火焰燃烧结构,下半部分则来源于液滴蒸发、燃-气混合与值班火焰间的相互作用,即液雾火焰存在典型的混合燃烧模式,除了液滴影响下的非预混燃烧,在构建模型时也需要考虑预混燃烧和部分预混燃烧模式。

自适应地建立针对性的小火焰面结构用于局部区域燃烧火焰的建模计算。国内

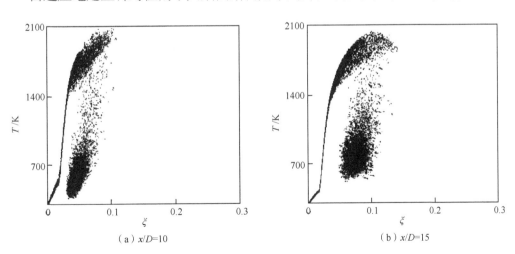

图 8-7　乙醇液雾火焰不同横截面处温度 T-混合分数 ξ 散点图[60]

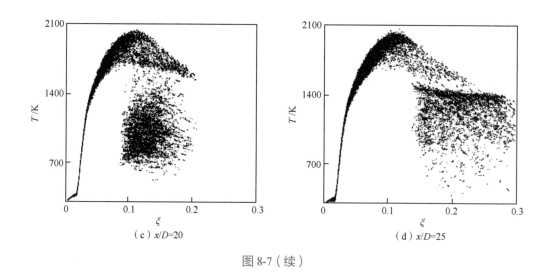

图 8-7（续）

外学者基于不同假设提出了不同的火焰指针定义。Yamashita 等[61]首先利用燃料和氧气质量分数的梯度矢量来定义与判断不同火焰结构。这一方法被广泛用于分析喷雾、煤等两相燃烧和工业燃烧炉等[62-64]复杂燃烧工况中的火焰结构。Favier 和 Vervisch[65]、Domingo 等[66]基于混合分数和反应进度的物理意义定义了区分局部火焰结构的模型，其中，反应进度变量用于建模预混火焰传播，而混合分数变量用于描述扩散反应区中组分输运对化学反应的影响。Yang 等[67]利用这一概念首次数值建模和计算分析了火灾中的特殊火行为，即回燃动力学演化过程。如图 8-8 所示，数值模拟刻画出了前期的重力流过程，以及点火后卷吸和火焰传播引起的燃烧扩散过程，同时指出了采用不同的初始场建模方法会影响回燃的演化发展。Hu 和 Kurose[68]通过混合分数和反应进度的梯度矢量建立了火焰指针模型，成功计算了氢气托举火焰，揭示了火焰抬举机制中预混和非预混燃烧间的相互作用模式，同时，针对液雾火焰，探讨了利用两相小火焰面输运方程来改善对多模式火焰结构的计算，这包括基于方程中预混和非预混分项来定义火焰指针模型，该方法在丙酮液雾火焰中得到了验证[69]。

2）概率密度函数类模型

不同于小火焰面类模型基于燃烧拓扑结构的建模思路，概率密度函数类模型从统计角度描述燃烧场。由于湍流具有脉动特性，燃烧场中任何标量和矢量场的信息都可以由其联合概率密度函数来表征，了解了这一联合概率密度函数就可以推算出

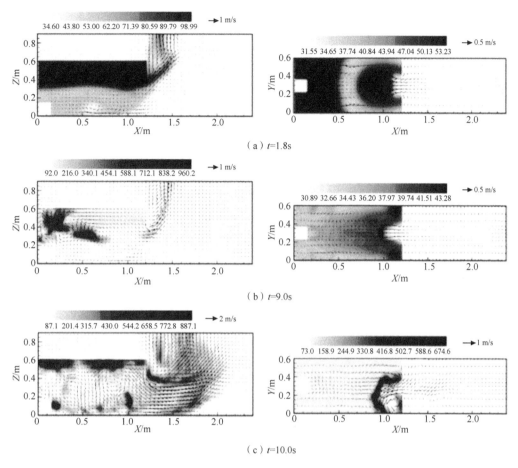

（a）t=1.8s

（b）t=9.0s

（c）t=10.0s

图 8-8　不同时刻下房间中截面上温度和速度场分布[67]

平均和脉动场。因此，准确获取联合概率密度函数信息成为利用概率密度函数类模型成功解决各类燃烧问题的前提条件。联合概率密度函数包括速度-标量场（组分和焓）及单纯标量场的联合概率密度函数，其输运方程都基于纳维-斯托克斯方程推导而来。概率密度函数类模型最大的优势在于输运方程中的化学反应源项可形成自封闭，这是由该模型的统计属性所决定的，但输运方程中还存在未封闭项，即有关局部标量分子扩散过程的条件矩，这是应用概率密度函数类模型求解熄火、重燃等复杂燃烧工况能否成功的关键[70]。例如，标量联合概率密度函数中的组分（$\hat{\Phi}$）分子扩散项为

$$\Theta\left(\hat{\Phi}, x, t\right) = \langle \frac{1}{\rho} \nabla \cdot \left(\rho D_k \nabla \phi_k\right) | \Phi\left(x, t\right) = \hat{\Phi} \rangle \quad (8\text{-}16)$$

求解该项的模型统称为混合模型，包括均值交换作用（interaction by exchange

with the mean，IEM）模型[71, 72]、柯尔（Curl）模型[73]、欧几里得最小扩展树（Euclidean minimum spanning trees，EMST）模型[70]及参数化标量剖面（parameterized scalar profiles，PSP）模型[74, 75]等。最基础的 IEM 模型是基于湍流混合时间尺度（τ_m）和线性回归建立的：

$$\Theta\left(\hat{\varPhi}, x, t\right) = -\frac{1}{2} \frac{\phi_k - \widetilde{\phi_k}}{\tau_m} \qquad (8\text{-}17)$$

IEM 模型的有效性依赖式（8-17）中湍流混合时间尺度的求解，这需根据燃烧场特征进行修正。Ge 等[76]利用两相传质源项对 IEM 模型进行了修正。Hu 等[77]构建了两相标量耗散率输运方程，通过该方程来计算湍流混合时间尺度，实现了在标量混合求解中耦合两相传质的影响。

除了上面介绍的两类湍流燃烧模型，常见的湍流燃烧模型还包括同样基于燃烧拓扑结构分析的 DTF 模型[78]、无模型的隐式 LES[79]和 EDC 模型[80]等，后者被火灾模拟软件 FDS 采用，基于 IEM 模型的思路，首先通过化学反应时间、扩散和对流输运时间封闭求解湍流混合时间尺度，然后结合部分搅拌器概念获得燃烧反应速率源项[81]。

总体而言，概率密度函数类模型可以获得燃烧场更为精准的解析解，但由于其计算成本过高一直未被广泛应用于火灾数值模拟领域；小火焰面类模型的计算效率高等优势使其获得了更多关注。未来湍流燃烧模型会更加关注其自适应性，这是实现复杂燃烧场高效、高保真求解的关键。

8.3.4 基于机器学习的火灾预测技术

1. 机器学习简介

机器学习是一门多领域交叉学科，涉及概率论、统计学、逼近论、凸分析、算法复杂度理论等，其主要目标是研究计算机如何模拟或实现人类的学习行为，以获取新的知识或技能，重新组织已有的知识结构使之不断改善自身的性能。近几年，受益于计算机硬件的高速发展，尤其是基于深度学习的计算机视觉研究的高歌猛进，火灾科学领域的研究者开始将目光投向机器学习与火灾科学的交叉研究，例如，将深度学习（尤其是卷积神经网络（convolutional neural network，CNN））应用于火灾仿真计算中，以提高火场数值重构的效率和精度，为火灾防治提供实时数据支撑。

目前，机器学习在火灾科学领域的应用主要属于有监督学习范畴，即输入的训练数据带有标签，在学习过程中，该标签协助神经网络完成自身内部权重的更新，最终形成可靠的预测模型。此类学习范畴可分为分类和回归两大类，包括决策树、贝叶斯分类、最小二乘回归、逻辑回归、支持向量机（support vector machines，SVM）、神经网络等算法。

本节将主要从火灾动力学实时仿真预测、室内火灾智能预警、事故源强反演等方面简要介绍机器学习的相关应用和研究进展。

2. 机器学习在火灾动力学实时仿真预测领域的应用

随着城市化进程的加快，高层建筑火灾正成为威胁城市发展的重大安全隐患。早期，Habiboğlu 等[82]利用 SVM 开发了火灾视频实时检测系统，可在一定区域内对火灾进行识别，但当火源距离较远或火源量较小时这种方法的识别准确率较低，无法满足实际检测需求。Muhammad 等[83]利用 GoogLeNet 结构开发了一个包含成本效益的 CNN 架构并应用于火灾探测，虽然该网络在一定程度上提高了火焰探测的准确率，但是它无法预测火灾的发展趋势。Wang 等[84]利用 CNN 将恒定火灾热释放速率、开口尺寸和燃料类型作为输入参数与外部烟雾图像配对，在燃料未知的条件下也能很好地识别建筑物内部的瞬态火灾热释放速率，但其检测结果基于一个理想的数据库得出，实际建筑火灾会更加复杂。Ye 等[85]利用随机森林和梯度提升算法开发了基于有限元的机器学习框架用于火灾紧急情况下的实时结构响应预测，弥补了传统有限元方法应用于火灾应急环境时耗时的不足。Sun 等[86]提出了一种具有平滑过程的可更新反向传播（back propagation，BP）神经网络用于隧道火灾温度预测，该网络的训练和预测是一个连续循环过程，可以提前 20 s 精确预测温度和温度变化率，但预测精度随着预测时间的延长会明显降低。Buffington 等[87]提出了深度学习模型 Brain-STORM 用于快速预测高层火灾场景中烟雾、温度和压力的时间演化，但该方法只由一个神经网络来预测每个参数下的每个节点类型的热释放速率，准确性不高。

2019 年，Hodges 等[88]开发了一种新的神经网络模型——逆卷积神经网络（transpose convolutional neural network，TCNN）模型，如图 8-9 所示。该 TCNN 模型可预测两室火灾场景在 30 s 内的动态发展过程。

该 TCNN 模型结构共包含 11 个隐藏层，其中 9 个隐藏层是经过训练的处理层，输入层由 35 个点的向量组成。在通过 TCNN 和 CNN 层进行处理之前，由 3 个全连接层用于转化输入参数，变低维参数为高维数据，以便更好地提取数据特征，在第

1 个全连接层之后使用单一的正则化层来防止训练期间的过拟合。输出像素为 50 ×
50 的图像，12 个图像通道分别对应空间分辨率温度、x 轴速度（u）、y 轴速度（v）
和 z 轴速度（w），其中，x 轴、y 轴和 z 轴如图 8-10 所示。

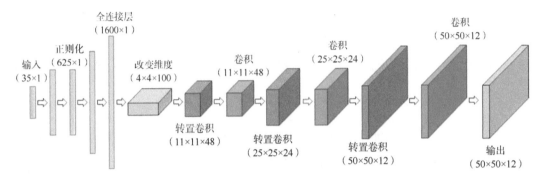

图 8-9　TCNN 模型结构[88]

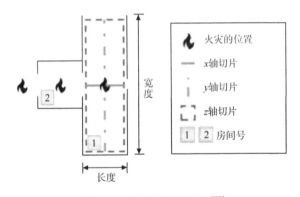

图 8-10　两室结构平面图[88]

图 8-11 为 TCNN 模型预测的 x 轴中心线温度和速度与 CFD 模拟结果之间的对
比。图 8-11（a）对应 TCNN 模型预测，图 8-11（b）对应 CFD 模拟，每个图像对
的轮廓轴按相同比例缩放。图 8-11（c）比较了图像中心线上的温度和速度值，图
8-11（d）显示了 TCNN 模型预测与 CFD 模拟间的比较误差。

整体而言，Hodges 等[88]提出的 TCNN 模型只能依赖区域模拟数据来预测单室
火灾天花板下 0.1 m 位置平面处 30 s 内的平均温度和平均速度场，无法满足当前全
时域内单室火灾实时发展的预测需求，而这恰好是提升城市建筑火灾应急救援能力
的必要基础。

据此，火灾科学国家重点实验室李梦婕[89]利用深度学习技术提出了 CAE-RENN
模型，该模型由卷积自编码器（convolution auto-encoders，CAE）和回归神经网络

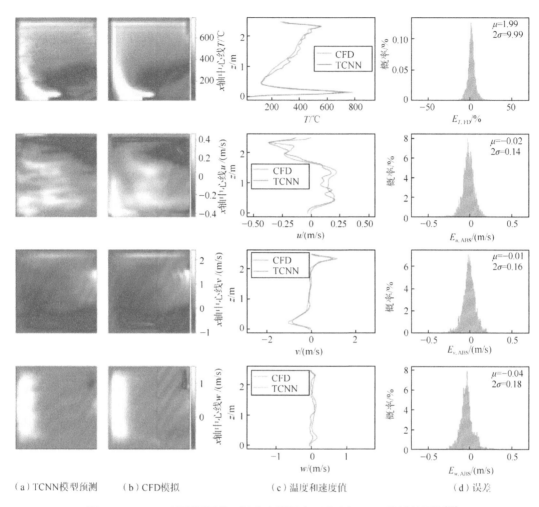

（a）TCNN模型预测　　（b）CFD模拟　　　　　（c）温度和速度值　　　　（d）误差

图 8-11　TCNN 模型预测的 x 轴中心线温度和速度与 CFD 模拟结果图[88]

（regression neural networks，RENN）算法组合开发而成，能实时预测 360 s 内单室火灾中烟气温度和速度变化，并在此基础上引入残差网络（residual networks，ResNet）中的跨越连接和瓶颈层两个概念，开发了更为优异的残差块卷积自编码器-深度神经网络（convolutional autoencoder with residual blocks-deep neural network，CAERES-DNN）模型，并基于此模型对地铁区间隧道的烟气进行了较好的预测。

图 8-12 为 CAERES-DNN 模型结构，总共包括 26 个卷积层、4 个全连接层和 2 个重塑层。相比于 CAE-RENN 模型，该模型可预测更多因素同时影响的建筑火灾发展过程，预测结果也更具表现力和拓展性。其中，CAE-RENN 模型输出场图为 80×3200×3，CAERES-DNN 模型输出场图为 256×256×3，在像素点数量和场图横纵比两方面，后者均有更好的表现；CAE-RENN 模型可以预测恒定火源热释放速率的

火灾场景，CAERES-DNN 模型则可以预测增长时间为 75 s 的采用快速平方火源功率的火灾场景。

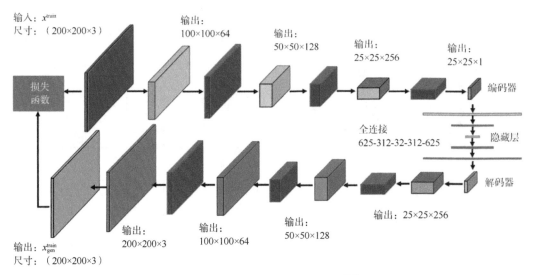

图 8-12　CAERES-DNN 模型结构[89]

如图 8-13 所示，将 CAERES-DNN 模型应用于 200 m 地铁区间隧道的烟气预测。该隧道具有独立的排烟管道，在隧道上部，采用护墙板施工顶部排烟风道，护墙板等距（60 m）安装排烟通风口，隧道高 6.4 m、宽 4.8 m、长 200 m（模拟中国重庆地铁 6 号线部分）。实验中通风口始终为打开状态，隧道外壁面厚度为 0.6 m。模型开发所需的原始数据集来自 FDS 计算的 20 组单侧通风不同火源热释放速率，训练前原始数据集通过预处理来实现数据增长。

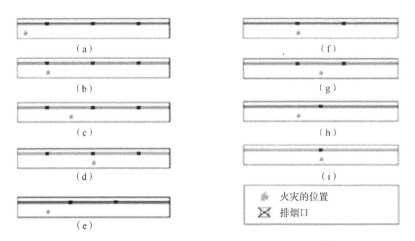

图 8-13　地铁区间隧道（纵断面）九种火灾场景[89]

图 8-14 为释热率为 10 MW、风机功率为 60 m³/s 条件下隧道内完整烟尘能见度轮廓图对比，以及对应的 BL 剖面（隔板下方的线剖面）烟尘能见度走向。在不同时刻下，与 FDS 模拟结果相比，CAERES-DNN 模型预测的烟尘能见度的相对误差在 ±15% 以内，预测的扩散距离在 ±5 m 以内。由此可见，该模型较好地复现了火场的主要特征，且计算效率大约提高了 100 倍。

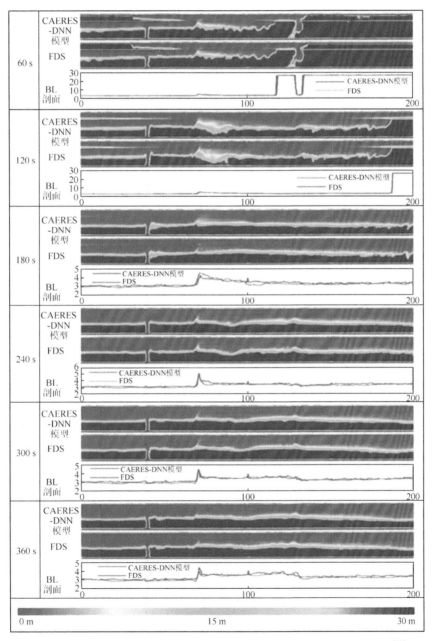

图 8-14　CAERES-DNN 模型与 FDS 模拟对纵向烟尘能见度的预测对比[89]

总体而言，李梦婕[89]提出的方法改进了 TCNN 模型在火灾发展预测时间上的不足，为基于机器学习的仿真预测模型在火灾场景下烟灰等特征参数的高效精准重构提供了思路。

3. 机器学习在室内火灾智能预警中的应用

火灾预警的实现主要依赖人工神经网络（artificial neural networks，ANN）的图像智能识别技术。例如，Wu 等[90]提出了一种基于 BP 神经网络的火灾智能预警算法，将传感器采集的温度、烟雾浓度和一氧化碳浓度等数据作为输入参数来预测火灾发生的概率。Sarwar 等[91]将 ANN 与模糊推理相结合，创建了一种基于自适应网络的模糊推理系统（adaptive-network-based fuzzy inference system，ANFIS）来计算火灾发生的概率，并进行火灾警报响应。Saeed 等[92]基于深度学习算法，结合传感器数据和图像数据，开展了火灾预警相关研究。但总的来说，这些方法或易受强光、烟雾等因素干扰，不适合室内场景，或对计算硬件条件要求较高，且网络结构复杂、参数众多，不适合嵌入式开发项目。

针对以上问题，贺香勇等[93]引入基于概率理论的贝叶斯机器学习算法，采用属性权重和正交矩阵相结合的优化方法对朴素贝叶斯（naive Bayes，NB）算法加以优化改进，提出了一种新的火灾预警核心智能算法，即改进朴素贝叶斯（improved naive Bayes，INB）算法，用于室内场景的火灾智能预警。

图 8-15 为 INB 算法流程及结果。该算法选取温度、一氧化碳浓度和烟雾浓度作为特征属性，输出无火、阴燃和明火三种火灾状态决策类别。其训练与测试所用数据样本来自美国 NIST 有关室内火灾研究的报告[90]。这项研究搭建了全尺寸的房屋模型，并在特定的火灾场景下开展了一系列实验研究，以确定不同类型的火灾报警器对住宅火灾的响应情况。在该数据集上将 INB 算法与 SVM、NB 和 BP 神经网络算法识别结果进行比较，如图 8-15 所示，SVM、NB、INB 和 BP 神经网络算法的识别正确率最终分别稳定在 80%、84%、96% 和 94% 左右，INB 算法表现最优。

4. 机器学习在事故源强反演方面的应用

火灾的正向预测与反向推算是物理过程中相互对立的两个问题，前者是指根据火源信息和边界条件来求解火场温度、热流密度等参数的变化情况，后者是指在掌握火场观测数据的情况下，依据反演算法对火源参数进行反向预测。对这两个问题

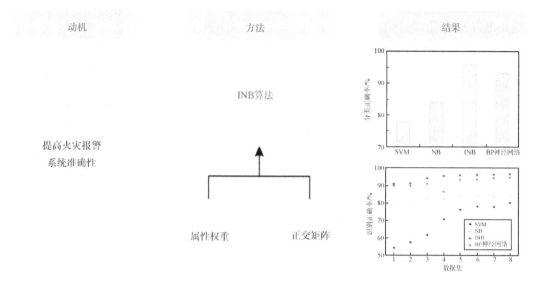

图 8-15　INB 算法流程及结果[93]

的研究可为火灾的高效防控提供完整的预测手段。

　　Overholt 和 Ezekoye[94]开发了一种基于贝叶斯推理方法的火灾反演框架，并将其应用于三个火灾算例，验证了该反演框架的有效性，实现了对火源位置和热释放速率的反演估算；Kurzawski 等[95]将高保真模型计算得出的单位面积产生的总能量作为数据来源，通过贝叶斯反演模型对火源直径及位置做出准确估计。

　　依据源强反演思路，沈迪[96]将由圆柱火焰模型计算出的池火热辐射值作为数据来源通过贝叶斯反演模型推出了真实的火源直径，且与真实火源直径比较其相对误差为 15.5%，小于实验观测数据的不确定性（20%）。图 8-16 为池火燃烧实验装置图，装置中央是圆形池火燃烧器，距离地面约 15 cm，其深度、内径和壁面厚度分别为 10.0 cm、7.1 cm 和 0.32 cm，通过该装置实验可得到甲苯燃料的热辐射数据。

　　贝叶斯反演模型实质上是一种贝叶斯参数估计的机器学习方法，该模型以概率分布的形式表达模型中的所有参数，充分考虑了输入参数及模型的不确定性。贝叶斯反演模型首先根据输入数

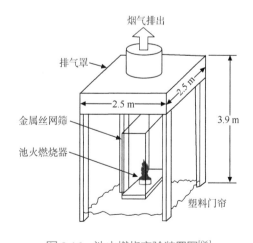

图 8-16　池火燃烧实验装置图[96]

据不断修正未知参数的先验设定，随着模型的迭代更新，其计算的后验概率分布会逐渐趋近实际的场景情况；然后将该后验参数估计值重新输入正向模型中，就能够得出与实际数据相近的结果。图 8-17 为沈迪建立的贝叶斯反演模型正向计算得出的预测值与实验观测值之间的对比图。其中，圆点代表甲苯池火的实验数据，曲线表示将火源直径的后验均值重新输入正向模型后计算得出的热通量数据。可以看出，预测曲线与实验观测数据几乎重合，进一步说明了利用贝叶斯反演模型推算火源直径是合理可行的。

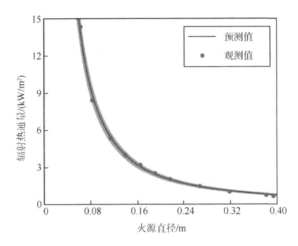

图 8-17 贝叶斯反演模型正向计算得出的预测值与实验观测值之间的对比[96]

8.4 研究展望

当前有关机器学习的应用依然存在一些不足：①机器学习模型尤其是深度学习模型的参数较多，占用的计算机资源较大，模型训练时间较长，有必要在保证准确性的情况下构建一种更为简洁的算法结构；②机器学习模型需要准确的输入，这很大程度上决定了模型的输出准确性，例如，CAERES-DNN 模型使用了无法实时获取的火源热释放速率作为输入，其最终的准确性受到了限制；③需将机器学习定参量的输入模式变为不定参量，使模型可利用更小范围的训练数据获得更大范围的鲁棒性和拓展性，从而增强模型的火灾预测表现力，全面提高模型的实际应用性；④可将火灾算法模型与有关硬件相结合，开发一套完整的火灾检测系统。

在大尺度森林火蔓延数值模拟中，由于尺度变化大、影响因素多（气象因子、地形、太阳朝向）等，获得精确高效的计算结果难度很大。为了解决这一问题，以数据驱动为基础的林火建模计算方法成为该领域仿真技术发展的热点方向。这种仿真方法基于观测数据，通过计算数据的在线修正与迭代来实现模拟精度和效率的双重提升，其中，观测数据可来源于遥感卫星实时观测结果。这种仿真方法极大地弥补了传统经验模型和半经验模型模拟精度不高的缺陷，为森林火灾的防治和应急救援提供了有效的技术支撑。但是基于数据同化的林火仿真技术还存在诸多不足，如初始参数设置有待优化、大气效应有待明确，相信这些问题在不久的将来都能得到很好的解决。

8.5　本 章 小 结

本章首先基于火灾数值模拟技术的发展，简要介绍了三类主要火灾数值模拟技术，即代数计算模型、区域模拟和场模拟，并讨论了当前火灾数值模拟所面临的挑战，然后具体从代数计算模型、区域模拟、场模拟、基于机器学习的火灾预测技术等四个方面分别总结了国内外的发展，尤其是火灾科学国家重点实验室在相关方面的研究工作。

（1）代数计算模型形式简单、易于计算，但考虑因素较少，无法对复杂场景下多因素耦合的火灾演化进行完整重构，因此应用场景有限。随着对火灾基础研究的不断深入，实验的工况范围扩大，代数计算模型引入的因素变多，归纳总结得到的公式也将更趋近实际。

（2）区域模拟以较为简单的方式实现对室内火场的仿真预测。但是火灾往往涉及非常复杂的组分传输和热扩散过程，其火场温度、产物等并不真正满足分层和空间均匀分布要求，回燃、轰燃、游走火等也是室内火灾的典型火行为。针对这些情况，通过采用多层区域模型细化火场演化过程，分别研究不同层的特征，弥补双层区域模型对垂直方向上的预测误差；场区模拟对起火室与相邻房间分别进行场模拟和区域模拟，兼顾了可靠性与经济性。

（3）场模拟可以得到火灾过程中状态参数的空间分布及其随时间的变化趋势，但是还需要深入研究火灾中的气相流动和燃烧过程的理论模型，特别是辐射模型、碳烟生成模型和湍流燃烧模型，也需关注模型间的相互耦合与平衡。利用场模拟对火灾过程进行高效准确的模拟不仅依赖各个子模型的发展与完善，而且对计算机的运行能力提出了更高的要求。

（4）机器学习模型在火灾预测的应用中准确性较高，且相较于场模拟可节省大量的计算资源和时间。但是如何针对具体火灾问题采用和构建合适的机器学习模型是目前的研究难题，尤其是深度学习网络结构具有复杂性和多样性，使得模型选择丰富、结构多变，需充分论证其最终的实用程度。此外，需充分平衡模型复杂度与目标之间的关系，过于复杂的模型会导致不必要的计算资源浪费。

近几年，随着生产生活多样性及气候极端性等因素的变化，火灾的耦合因素多、尺度变化大、次生/衍生灾害广等特点越发突显，发展高效的火灾仿真预测技术越发迫切，如何利用多模拟手段的优势，尤其是结合基于机器学习的火灾预测技术，实现对火灾场景事后重构向火灾态势超实时预测的发展转变成为该领域重要课题。

参 考 文 献

[1] 全国商业消防与安全协会. 2021 年全国消防扑救火灾 74.5 万起，电气引发的占 28.4%[EB/OL].（2022-01-25）[2023-11-12]. http://www.ncfcsa.cn/1/16428.aspx.

[2] 田瑞峰，刘平安. 传热与流体流动的数值计算[M]. 哈尔滨：哈尔滨工程大学出版社，2015.

[3] 陶文铨. 数值传热学[M]. 2 版. 西安：西安交通大学出版社，2001.

[4] 刘京. 建筑环境计算流体力学及其应用[M]. 哈尔滨：哈尔滨工业大学出版社，2017.

[5] Friedman R. An international survey of computer models for fire and smoke[J]. Journal of Fire Protection Engineering，1992，4（3）：81-92.

[6] Janssens M L Development of CFAST Based Fire Simulation Toolkit for Fire Investigators[R]. Washington，D.C.：NCJRS，2022.

[7] 知乎. LBM 与流体力学[EB/OL].（2020-08-23）[2023-11-12]. https://zhuanlan.zhihu.com/p/186280809.

[8] Zukoski E E，Kubota T，Cetegen B. Entrainment in fire plumes[J]. Fire Safety Journal，1981，3（2）：107-121.

[9] Heskestad G. Turbulent jet diffusion flames：Consolidation of flame height data[J]. Combustion and Flame，1999，118（1-2）：51-60.

[10] Xu T，Tang F. Predicting the vertical buoyant spill-plume temperature along building facade with an external sloping facing wall[J]. International Journal of Thermal Sciences，2020，152：106307.

[11] Fang X，Zhang X L，Yuen R K K，et al. Diffusion flame side sag behavior in cross winds：Experimental investigation and scaling analysis[J]. Fuel，2022，310：122252.

[12] Cheney P. A national fire danger rating system for Australia[EB/OL]. [1992-02-06]（2023-11-12）https://afdrs.com.au.

[13] Rothermel R C. A Mathematical Model for Predicting Firespread in Wildland Fuels[R]. Washington，D.C.：USDA Forest Service，1972.

[14] Zhou T J，Ding L，Ji J，et al. Combined estimation of fire perimeters and fuel adjustment factors in

FARSITE for forecasting wildland fire propagation[J]. Fire Safety Journal，2020，116：103167.

[15] 毛贤敏. 风和地形对林火蔓延速度的作用[J]. 应用气象学报，1993，4（1）：100-104.

[16] Lawson B D，Stocks B J，Alexander M E，et al. A system for predicting fire behavior in Canadian forests[C]. Detroit：Eighth Conference on Fire and Forest Meteorology 1985 Society of American Foresters，1985：6-16.

[17] Lei J，Liu N A，Zhang L H，et al. Experimental research on combustion dynamics of medium-scale fire whirl[J]. Proceedings of the Combustion Institute，2011，33（2）：2407-2415.

[18] Liu Z H，Liu N A，Lei J，et al. Evolution from conical to cylindrical fire whirl：An experimental study[J]. Proceedings of the Combustion Institute，2021，38（3）：4579-4586.

[19] Wang P F，Liu N A，Liu X Y，et al. Experimental study on flame wander of fire whirl[J]. Fire Technology，2018，54（5）：1369-1381.

[20] Lei J，Huang P C，Liu N A，et al. On the flame width of turbulent fire whirls[J]. Combustion and Flame，2022，244：112285.

[21] Lei J，Liu N A，Tu R. Flame height of turbulent fire whirls：A model study by concept of turbulence suppression[J]. Proceedings of the Combustion Institute，2017，36（2）：3131-3138.

[22] 范维澄，王清安，姜冯辉，等. 火灾学简明教程[M]. 合肥：中国科学技术大学出版社，1995.

[23] Chen X J，Yang L Z，Deng Z H，et al. A multi-layer zone model for predicting fire behavior in a fire room[J]. Fire Safety Journal，2005，40（3）：267-281.

[24] Blocken B，Stathopoulos T，Carmeliet J. CFD simulation of the atmospheric boundary layer：Wall function problems[J]. Atmospheric Environment，2007，41（2）：238-252.

[25] Chen Z B，Wen J，Xu B P，et al. Large eddy simulation of a medium-scale methanol pool fire using the extended eddy dissipation concept[J]. International Journal of Heat and Mass，Transfer，2014，70：389-408.

[26] Jensen K A，Ripoll J F，Wray A A，et al. On various modeling approaches to radiative heat transfer in pool fires[J]. Combustion and Flame，2007，148（4）：263-279.

[27] Sikic I，Dembele S，Wen J. Non-grey radiative heat transfer modelling in LES-CFD simulated methanol pool fires[J]. Journal of Quantitative Spectroscopy and Radiative Transfer，2019，234：78-89.

[28] Nmira F，Ma L，Consalvi J L. Assessment of subfilter-scale turbulence-radiation interaction in non-luminous pool fires[J]. Proceedings of the Combustion Institute，2021，38（3）：4927-4934.

[29] 姚勇征. 受限出口边界下隧道火灾火行为和烟气输运规律研究[D]. 合肥：中国科学技术大学，2019.

[30] Fraga G C，Zannoni L，Centeno F R，et al. Evaluation of different gray gas formulations against line-by-line calculations in two- and three-dimensional configurations for participating media composed by CO_2，H_2O and soot[J]. Fire Safety Journal，2019，108：102843.

[31] Fernandes C S，Fraga G C，França F H R，et al. Radiative transfer calculations in fire simulations：An assessment of different gray gas models using the software FDS[J]. Fire Safety Journal，2021，120：103103.

[32] Atashafrooz M，Salehi F，Asadi T，et al. Gray and non-gray simulations of the combined conduction and radiation heat transfer in a complex enclosure utilizing FSK method considering the scattering

influences[J]. International Communications in Heat and Mass Transfer，2021，126：105390.

[33] Solovjov V P，Webb B W，André F，et al. Locally correlated SLW model for prediction of gas radiation in non-uniform media and its relationship to other global methods[J]. Journal of Quantitative Spectroscopy and Radiative Transfer，2020，245：106857.

[34] Pierrot L，Rivière P，Soufiani A，et al. A ctitious-gas-based absorption distribution function global model for radiative transfer in hot gases[J]. Journal of Quantitative Spectroscopy and Radiative Transfer，1999，62（5）：609-624.

[35] 黄锐，杨立中，方伟峰，等. 火灾烟气危害性研究及其进展[J]. 中国工程科学，2002，4（7）：80-89.

[36] Kennedy I M. Models of soot formation and oxidation[J]. Progress in Energy and Combustion Science，1997，23（2）：95-132.

[37] Kazakov A，Foster D E. Modeling of Soot Formation during DI Diesel Combustion using a Multi-step Phenomenological Model[R]. Warrendale：SAE International，1998.

[38] Wang H，Frenklach M. A detailed kinetic modeling study of aromatics formation in laminar premixed acetylene and ethylene flames[J]. Combustion and Flame，1997，110（1-2）：173-221.

[39] Appel J，Bockhorn H，Frenklach M. Kinetic modeling of soot formation with detailed chemistry and physics：Laminar premixed flames of C_2 hydrocarbons[J]. Combustion and Flame，2000，121（1-2）：122-136.

[40] Guo H S，Smallwood G J. A numerical study on the influence of CO_2 addition on soot formation in an ethylene/air diffusion flame[J]. Combustion Science and Technology，2008，180（10-11）：1695-1708.

[41] 钟北京，刘晓飞. 层流预混火焰 PAHs 形成的反应机理模型[J]. 工程热物理学报，2004，25（1）：151-154.

[42] 钟北京，刘晓飞. 碳黑颗粒生长模型的初步研究[J]. 工程热物理学报，2004，25（5）：894-896.

[43] 蒋勇，邱榕，范维澄. 考虑详细化学和物理过程的碳氢预混火焰炭黑生成动力学模型及数值模拟[J]. 燃烧科学与技术，2005，11（3）：218-223.

[44] Jiang Y，Qiu R，Fan W C. A kinetic modeling study of pollutant formation in premixed hydrocarbon flames[J]. Chinese Science Bulletin，2005（3）：276-281.

[45] Menon S，Kerstein A R. The linear-eddy model[M]// Echekki T，Mastorakos E. Turbulent Combustion Modeling. New York：Springer，2011：221-247.

[46] Giacomazzi E，Battaglia V，Bruno C. The coupling of turbulence and chemistry in a premixed bluff-body flame as studied by LES[J]. Combustion and Flame，2004，138（4）：320-335.

[47] Jiang Y，An J T，Qiu R，et al. Improved understanding of fire suppression mechanism with an idealized extinguishing agent[J]. International Journal of Thermal Sciences，2013，64：22-28.

[48] Kerstein A R. One-dimensional turbulence：Model formulation and application to homogeneous turbulence，shear flows，and buoyant stratified flows[J]. Journal of Fluid Mechanics，1999，392：277-334.

[49] Hu Y，Kai R，Kurose R，et al. Large eddy simulation of a partially pre-vaporized ethanol reacting spray using the multiphase DTF/flamelet model[J]. International Journal of Multiphase Flow，2020，125：103216.

[50] Klimenko A Y，Pope S B. The modeling of turbulent reactive flows based on multiple mapping conditioning[J]. Physics of Fluids，2003，15：1907-1925.

[51] Haworth D C. Progress in probability density function methods for turbulent reacting flows[J]. Progress in Energy and Combustion Science，2010，36（2）：168-259.

[52] Peters N. Laminar flamelets concepts in turbulent combustion[J]. Proceedings of the Combustion Institute，1986，21：1231-1250.

[53] Pierce C D，Moin P. Progress-variable approach for large-eddy simulation of non-premixed turbulent combustion[J]. Journal of Fluid Mechanics，2004，504：73-97.

[54] Gicquel O，Darabiha N，Thévenin D. Laminar premixed hydrogen/air counterflow flame simulations using flame prolongation of ILDM with differential diffusion[J]. Proceedings of the Combustion Institute，2000，28：1901-1908.

[55] van Oijen J A，de Goey L P H. Modelling of premixed laminar flames using flamelet-generated manifolds[J]. Combustion Science and Technology，2000，161：113-138.

[56] Bykov V，Maas U. Problem adapted reduced models based on reaction-diffusion manifolds[J]. Proceedings of the Combustion Institute，2009，32：561-568.

[57] Hollmann C，Gutheil E. Diffusion flames based on a laminar spray flame library[J]. Combustion Science and Technology，1998，135（1-6）：175-192.

[58] Olguin H，Gutheil E. Influence of evaporation on spray flamelet structures[J]. Combustion and Flame，2014，161（4）：987-996.

[59] Hu Y，Kurose R. Nonpremixed and premixed flamelets LES of partially premixed spray flames using a two-phase transport equation of progress variable[J]. Combustion and Flame，2018，188：227-242.

[60] Hu Y，Olguin H，Gutheil E. A spray flamelet/progress variable approach combined with a transported joint PDF model for turbulent spray flames[J]. Combustion Theory and Modelling，2017，21（3）：575-602.

[61] Yamashita H，Shimada M，Takeno T. A numerical study on flame stability at the transition point of jet diffusion flames[J]. Symposium（International）on Combustion，1996，26（1）：27-34.

[62] Wei H Q，Zhao W H，Zhou L，et al. Large eddy simulation of the low temperature ignition and combustion processes on spray flame with the linear eddy model[J]. Combustion Theory and Modelling，2018，22（2）：237-263.

[63] Akaotsu S，Matsushita Y，Aoki H，et al. Analysis of flame structure using detailed chemistry and applicability of flamelet/progress variable model in the laminar counter-flow diffusion flames of pulverized coals[J]. Advanced Powder Technology，2020，31（3）：1302-1322.

[64] Zhang Z H，Liu X，Gong Y Z，et al. Investigation on flame characteristics of industrial gas turbine combustor with different mixing uniformities[J]. Fuel，2020，259：116297.

[65] Favier V，Vervisch L. Edge flames and partially premixed combustion in diffusion flame quenching[J]. Combustion and Flame，2001，125（1-2）：788-803.

[66] Domingo P，Vervisch L，Bray K. Partially premixed flamelets in LES of nonpremixed turbulent combustion[J]. Combustion Theory and Modelling，2002，6（4）：529-551.

[67] Yang R，Weng W G，Fan W C，et al. Subgrid scale laminar flamelet model for partially premixed

combustion and its application to backdraft simulation[J]. Fire Safety Journal, 2005, 40（2）: 81-98.

[68] Hu Y, Kurose R. Large-eddy simulation of turbulent autoigniting hydrogen lifted jet flame with a multi-regime flamelet approach[J]. International Journal of Hydrogen Energy, 2019, 44（12）: 6313-6324.

[69] Hu Y, Kurose R. Partially premixed flamelet in LES of acetone spray flames[J]. Proceedings of the Combustion Institute, 2019, 37（3）: 3327-3334.

[70] Cao R, Pope S B. The influence of chemical mechanisms on PDF calculations of nonpremixed piloted jet flames[J]. Combustion and Flame, 2005, 143（4）: 450-470.

[71] Kuron M, Hawkes E R, Ren Z, et al. Performance of transported PDF mixing models in a turbulent premixed flame[J]. Combustion Theory and Modelling, 2017, 36（2）: 1987-1995.

[72] Han W, Lin J H, Yeoh G H, et al. LES/PDF modelling of a one-meter diameter methane fire plume[J]. Proceedings of the Combustion Institute, 2021, 38（3）: 4943-4951.

[73] Curl R L. Dispersed phase mixing: Ⅰ. Theory and effects in simple reactors[J]. AIChE Journal, 1963, 9（2）: 175-181.

[74] Meyer D W, Jenny P. A mixing model for turbulent flows based on parameterized scalar profiles[J]. Physics of Fluids, 2006, 18（3）: 035105.

[75] Honhar P, Hu Y, Gutheil E. Analysis of mixing models for use in simulations of Turbulent Spray combustion[J]. Flow, Turbulence and Combustion, 2017, 99: 511-530.

[76] Ge H W, Hu Y, Gutheil E. Joint gas-phase velocity-scalar PDF modeling for turbulent evaporating spray flows[J]. Combustion Science and Technology, 2012, 184（10-11）: 1664-1679.

[77] Hu Y, Olguin H, Gutheil E. Transported joint probability density function simulation of turbulent spray flames combined with a spray flamelet model using a transported scalar dissipation rate[J]. Combustion Science and Technology, 2017, 189（2）: 322-339.

[78] Zhang W, Han W, Wang J, et al. Large-eddy simulation of the Darmstadt multi-regime turbulent flame using flamelet-generated manifolds [J]. Combustion and Flame, 2023, 257: 113001.

[79] Grinstein F F, Kailasanath K K. Three-dimensional numerical simulations of unsteady reactive square jets[J]. Combustion and Flame, 1995, 100（1-2）: 2-10.

[80] Farokhi M, Birouk M. A new EDC approach for modeling turbulence/chemistry interaction of the gas-phase of biomass combustion [J]. Fuel, 2018, 220（15）: 420-436.

[81] McGrattan K, McDermott R, Weinschenk C, et al. Fire Dynamics Simulator （Version 6）—Technical Reference Guide[R]. Gaithersburg: NIST, 2013.

[82] Habiboğlu Y H, Günay O, Çetin A E. Covariance matrix-based fire and flame detection method in video[J]. Machine Vision and Applications, 2012, 23: 1103-1113.

[83] Muhammad K, Ahmad J, Mehmood I, et al. Convolutional neural networks based fire detection in surveillance videos[J]. IEEE Access, 2018, 6: 18174-18183.

[84] Wang Z L, Zhang T H, Wu X Q, et al. Predicting transient building fire based on external smoke images and deep learning[J]. Journal of Building Engineering, 2022, 47: 103823.

[85] Ye Z N, Hsu S C, Wei H H. Real-time prediction of structural fire responses: A finite element-based machine-learning approach[J]. Automation in Construction, 2022, 136: 104165.

[86] Sun B，Liu X J，Xu Z D，et al. An improved updatable backpropagation neural network for temperature prognosis in tunnel fires[J]. Journal of Performance of Constructed Facilities，2022，36（2）：4022012.

[87] Buffington T，Bilyaz S，Ezekoye O A. Brain-STORM：A deep learning model for computationally fast transient high-rise fire simulations[J]. Fire Safety Journal，2021，125：103443.

[88] Hodges J L，Lattimer B Y，Luxbacher K D. Compartment fire predictions using transpose convolutional neural networks[J]. Fire Safety Journal，2019：102854.

[89] 李梦婕. CFD 数据驱动的自编码器模型在火灾预测中的应用研究[D]. 合肥：中国科学技术大学，2021.

[90] Wu L S，Chen L，Hao X R. Multi-sensor data fusion algorithm for indoor fire early warning based on BP neural network[J]. Information，2021，12：59.

[91] Sarwar B，Bajwa I S，Jamil N，et al. An intelligent fire warning application using IoT and an adaptive neuro-fuzzy inference system[J]. Sensors，2019，19（14）：3150.

[92] Saeed F，Paul A，Karthigaikumar P，et al. Convolutional neural network based early fire detection[J]. Multimedia Tools and Applications，2020，79（13-14）：9083-9099.

[93] 贺香勇，蒋勇，胡勇. 改进朴素贝叶斯算法在火灾预警中的应用[J]. 中国科学技术大学学报，2022，52（6）：50-58.

[94] Overholt K J，Ezekoye O A. Quantitative testing of fire scenario hypotheses：A Bayesian inference approach[J]. Fire Technology，2015，51（2）：335-367.

[95] Kurzawski A，Cabrera J M，Ezekoye O A. Model considerations for fire scene reconstruction using a bayesian framework[J]. Fire Technology，2020，56（2）：445-467.

[96] 沈迪. 贝叶斯机器学习在火灾正向预测与源强反算中的应用研究[D]. 合肥：中国科学技术大学，2021.

公共安全专题

第9章 火灾环境下的人员疏散动力学研究综述

宋卫国

行人和疏散动力学已经发展了数十年，作为公共安全领域的一个重要课题，其研究成果对设施设计、活动组织、疏散规划和人群管理具有重要意义。本章以研究方法为分类标准，对国内外尤其是中国科学技术大学火灾科学国家重点实验室的行人和疏散研究进行回顾。考虑疏散路径的几何形状和人群类型，近年来国内外开展了大量可控实验来获取人群运动的基本规律。为了对复杂环境下的人员疏散进行精细预测，对典型疏散行为发生的原因和机理进行探究，研究人员提出了一系列人员疏散模型，但是能够整合火灾影响的人员疏散模型仍然不多。近年来研究人员开始尝试从不同角度对这些模型进行验证。虚拟现实（virtual reality，VR）/增强现实（augmented reality，AR）技术为考虑火灾等灾害影响的疏散研究提供了可能性，但相关技术仍不成熟，还需持续地验证。未来的行人疏散研究应该更多地关注火灾对行人认知、心理和决策的影响，考虑行人动力学的复杂性，机器学习模型成为预测行人运动的一个方向。

9.1 概　　述

火灾是各种灾害中发生最频繁且极具毁灭性的灾害之一，其造成的直接经济损失约为地震的 5 倍，仅次于干旱和洪涝。尤其是建筑、城市公共交通、飞机、舰船等发生火灾时，如何进行人员的安全高效疏散，是公共安全领域面临的巨大挑战，也是急需解决的重大课题之一。按照火灾发生与发展过程，人员疏散过程包括信息确认、决策和运动等阶段。

人员疏散过程受人群类型、建筑结构、外界环境等多种因素的影响。火灾发生后，环境的温度和能见度、氧浓度和有毒气体等火灾产物的浓度都会发生变化，从生理和心理上对人员造成影响。人群的运动也会受到建筑设施几何结构的影响，门、楼梯或其他障碍物都可能成为人员运动的障碍，甚至造成拥挤堵塞。火灾一旦对人们的生命产生明显的影响，由于资源不足，人群中就会出现竞争行为，人们的运动动机提高，这种竞争会使人与人之间的冲突更加激烈，在瓶颈区域甚至出现堵死现象。此外，人在运动能力、身体尺寸、认知水平等方面都具有复杂性，人群构成的异质性会对人员疏散的结果产生显著的影响。

考虑人员疏散过程的复杂性和不确定性，研究人员从不同角度采用不同的研究方法对疏散与行人动力学展开了研究。通常采用实地观测、访谈、问卷和案例分析等方法获得与行人行为和心理相关的统计特征；提出一系列物理模型，对人员疏散过程进行预测和评估，以理解行人与环境之间的相互作用规律和机制。本章针对火灾下的行人与疏散动力研究现状进行综述，确定可能影响行人疏散效率的因素，为未来紧急情况下的人员疏散研究提供建议。

9.2 观测与案例分析

在交通枢纽、大学校园、娱乐休闲场所（商业街道、商场、公园等）和大型活动场所等人流量较大的公共场所，选择容易形成大规模人群聚集和人群对冲、踩踏的区域，通过采集视频数据，结合健康设备监测与问卷调查等方法，可以对真实环境中的人群构成特征、人群的宏观运动特征、人员的典型行为特征等进行统计分析。

在人群构成方面，胡杨慧[1]从群组比例、年龄、性别、文化背景、教育程度等方面对国内外相关研究进行了综述。如表 9-1 所示，交通枢纽群组比例最低，为 13%～55%[2-5]，大学校园群组比例为 47%～81%[6-9]，娱乐休闲场所群组比例可以达到 63%～89%[2, 3, 9, 10]，大型活动场所群组比例最高，可以达到 69%～98%[11-16]。群组规模也呈现出一定的规律性，如图 9-1 所示，在大型活动场所小群组（2～4 人群组）占比约为 52%，大群组（5 人及以上群组）占比约为 45%，只有 3%的单个行人[17]，平均群组规模约为 3 人[18]。

表 9-1　不同场所人群中群组比例及文献来源[1]

场所类型	作者	地点	群组比例	参考文献
交通枢纽				
1	Zhao 等	地铁站（工作日）	13	[19]
2		地铁站（非工作日）	37	
3	Do 等	南十字车站	40	[20]
4	Rahman 等	火车站	42	[21]
5	Singh 等	诺丁汉火车站	55	[9]
大学校园				
1	Vanumu 等	印度理工学院德里分校	47	[22]
2	Singh 等	诺丁汉大学	47	[9]
3	Bakeman 和 Beck	图书馆	50	[23]
4	何民 等	昆明呈贡大学城	56	[24]
5	Federici 等	米兰比可卡大学	66	[25]
6	Li 等	武汉理工大学南湖校区	66	[10]
7	Xi 等	同济大学	75	[26]
8			81	
娱乐休闲场所				
1	Singh 等	街道	63	[9]
2		购物中心	67	
3	Rahman 等	公园	67	[21]
4	Bakeman 和 Beck	咖啡厅	73	[23]
5		商场	79	
6		餐厅	84	
7	Gorrini 等	游客商业步行街	84	[27]
8	Bakeman 和 Beck	剧场	89	[23]
9		游泳池	89	
大型活动场所				
1	Schultz 等	大型集会	69	[28]
2	Aveni	足球比赛后的庆祝会	73	[29]
3			74	
4	Ruback 等	足球比赛	76	[14]
5			76	

续表

场所类型	作者	地点	群组比例	参考文献
大型活动场所				
6	Ruback 等	足球比赛	80	[14]
7	McPhail	篮球比赛	89	[15]
8	Oberhagemann 等	节日庆典	95	[30]
9	Wann 等	足球比赛	98	[31]

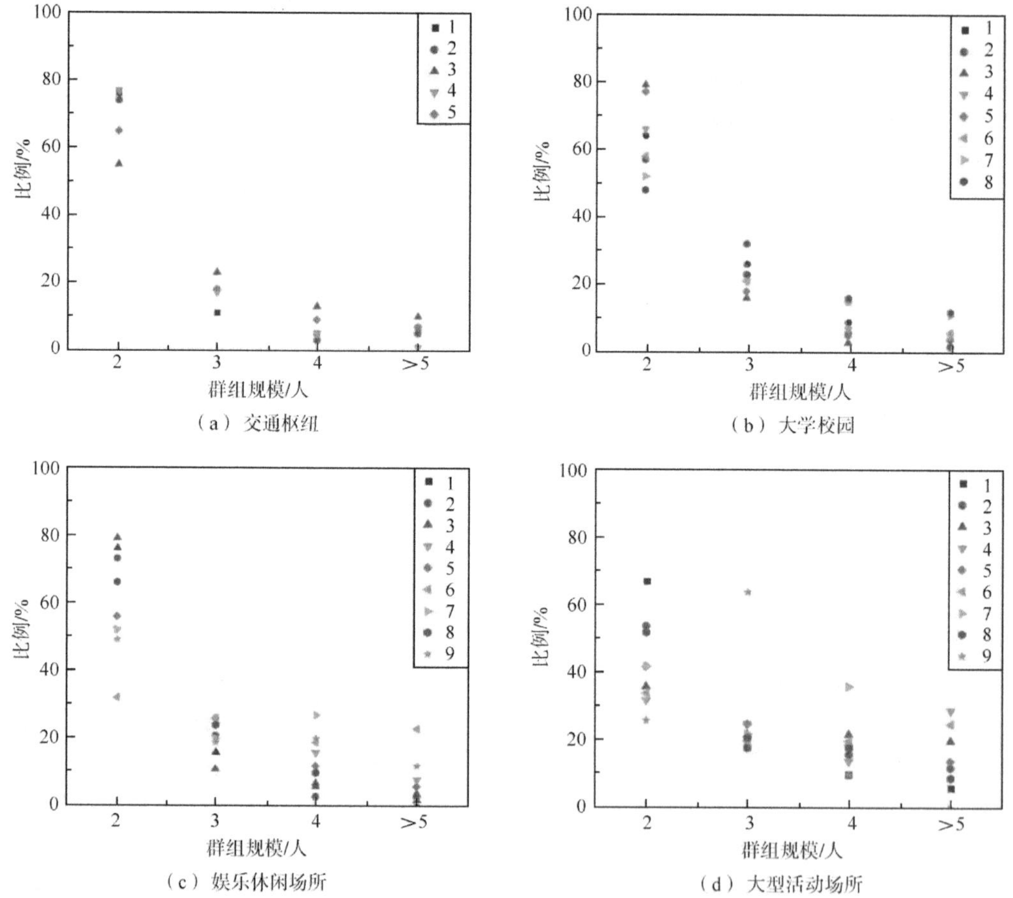

图 9-1　人群中不同群组占比[1]

　　为了保持群组的凝聚性和方便彼此交流，群组成员在不同的密度和群组规模条件下运动时，群组的空间构型有并肩型、V 形、U 形、流线型等特殊的空间分布，在特定情况下大群组会分解成多个小群组，如图 9-2 所示。年龄[32]、身高、性别[33]等因素也会对群组构成产生明显影响，女性二人群组并肩比例大于男性二人、三人群组，混合性别二人群组比同性别二人群组并肩比例更大，群组中男性走在女性前面的比例高达 2/3，身高相近二人群组并肩比例大于身高差别较大二人群组[34]。由于运动速度低和运动方向协调性差，老年二人群组会以轻微的斜对角结构运动[35]。

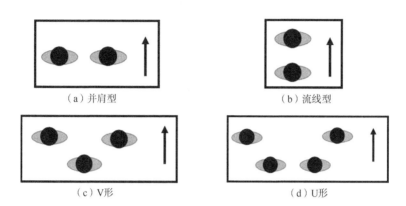

（a）并肩型　　　　　　　　　　　　（b）流线型

（c）V形　　　　　　　　　　　　（d）U形

图 9-2　群组空间构型[1]

　　在火灾预疏散阶段人员典型行为方面，更多的研究是通过火灾时的现场录像、火灾幸存者的口述、问卷调查和疏散演习的方法[36-40]，统计不同环境中人员设法扑灭火灾、通知他人或报警、收集财物、等待帮助和掩护等风险感知[41]和决策反应等不同预疏散阶段典型行为所占比例、时间分布情况，以及预警系统、疏散引导方式、人群类型、性格特征、文化差异、社会关系等因素[42-50]对这些特征的影响。除了火灾中人员的行为规律分析，也有学者针对恐怖袭击、踩踏事故[51-56]、地震[57-60]、海啸[57, 58, 60]、飓风[61-66]等灾害下人员疏散特征进行了研究。通过收集事故灾害环境中人群疏散视频，建立事故数据库，对事故类型时空分布特征、不同事故中人群疏散路径选择、疏散行为等特征进行分析。针对大型集会、宗教活动等常规的大规模人群聚集活动中造成的踩踏事故，分析发现人群密度高、出入口受限、人群管控不足、人群中出现冲突和竞争等是引起人群伤亡灾难的主要因素。基于麦加朝觐、德国"爱的大游行"踩踏事故现场视频，通过分析密集人群的密度场、速度场、压力场等特征参数的时间序列，发现人群中的走停波、层流、湍流等流动特性，结合事故发生过程建立相应的人群踩踏早期预警算法，为踩踏事故的预防提供技术支持。

　　Lian 等[56]利用趋势波动分析和变异系数分析的方法研究了德国"爱的大游行"踩踏事故（图 9-3）的时空特征，结果表明，行人的运动行为具有经验依赖性，当走停时间阈值 R_t 增加时，"走"的状态会更长（图 9-4），但这在人群拥挤时很难实现，从而导致踩踏事件。另外，灾害发生前的走停时间会产生区域性变化，极度拥挤时"走"的状态会变得过于困难，这可能是灾害发生的预兆。

图 9-3   德国"爱的大游行"场景图与灾害发生前的视频截图[56]

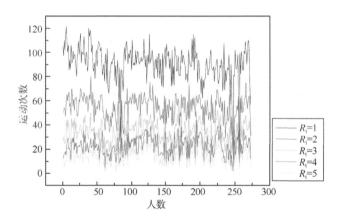

图 9-4   不同走停时间阈值条件下运动次数与人数的变化[56]

基于伦理和安全性等现实条件的制约，除灾害现场的视频资料外，紧急情况下的人群疏散数据的收集难度较大。为了理解紧急情况下的疏散规律，研究人员尝试研究蚂蚁、小鼠等动物的疏散行为[67-74]（图 9-5），以期为人员疏散研究提供参考。结果表明，虽然蚂蚁疏散的整体速度和密度与人有一定差异，但是在速度分布/前向时间等变量、典型疏散现象方面与人存在一定相似之处。图 9-6 展示了在延迟时间 $t_j=1/2$ 和每只蚂蚁所占格子数 $n=2$ 的情况下，最大速度 v_{max} 为 1～5 时的流量-密度关系。可以发现，其最大流量对应的临界密度略大于车辆与行人交通。鼠群通过瓶颈时分成大小不同的簇，相邻两只小鼠通过出口的时间间隔呈幂律分布，与行人疏散有一定相似性，而且小鼠在通过较窄瓶颈时能达到较高的流率。小鼠的空间占位对其逃生顺序有重要影响，出口中央位置或者靠近墙壁的位置有利于小鼠优先逃生，有规律的训练有利于小鼠逐渐获得逃生技能并在时间尺度上取得明显效果。

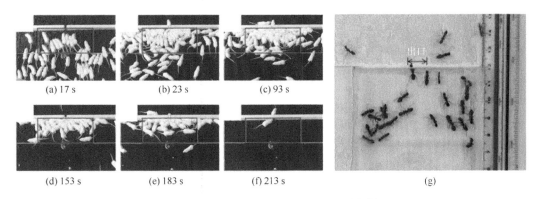

图 9-5　小鼠、蚂蚁疏散实验示意图[71, 74]

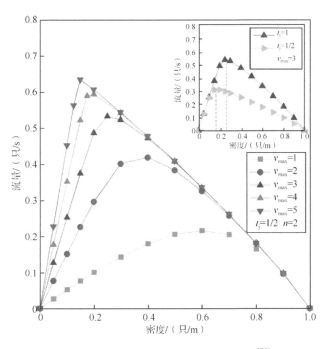

图 9-6　蚂蚁单列实验流量-密度关系图[75]

9.2.1　可控实验

为了研究特定因素影响下的人群疏散与运动特征，可以开展可控实验对特定情况下的人群运动进行多次研究，通过调节实验变量，分析特定因素对人员疏散过程的影响，获得人群运动动力学规律。截至目前，研究人员已开展了大量针对人群运动特征的可控实验，研究人群构成、文化差异、年龄等因素对人群运动宏观和微观特征的影响。按照实验场景分类，这些可控实验包括通道、瓶颈和楼梯等典型建筑结构中的人员疏散实验。

1. 通道

1）直通道

直通道内常见的人群运动方式有单向行人流和双向行人流（分别简称单向流和双向流）。对于单向流，大部分研究关注的是通道宽度[76]、人群构成等条件下宏观基本图的量化方法及其基本规律[77-81]，个体在运动过程中的超越、跟随、避障[82]等典型行为的发生条件，身体摇摆、步幅、步频的变化规律，以及相邻行人的时空分布特征。

针对复杂人群中小群组的研究发现，二人群组比例最大，并肩行走是群组成员最常见的运动模式，并且随着通道宽度的增加，群组的轨迹、速度、构型、成员间差异性都会发生变化[83]。为了研究不同密度条件下二人群组对人群运动的影响，胡杨慧[1]通过改变通道结构、人群数量、二人群组比例等参数开展了人群运动实验，获得了不同人群类型在单向流中的基本图和微观特征，如图 9-7 所示。研究发现，群组和单人的运动基本图在低密度情况下没有显著性差异，但在高密度情况下存在显著性差异，群组的运动速度高于单人的运动速度，在运动过程中二人群组与最近的行人距离更远。

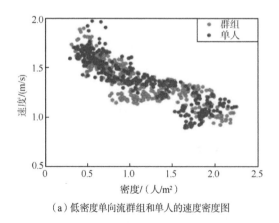
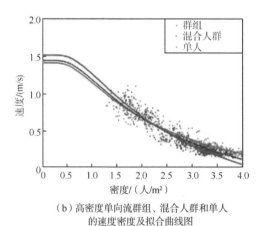

（a）低密度单向流群组和单人的速度密度图　　（b）高密度单向流群组、混合人群和单人的速度密度及拟合曲线图

图 9-7　人群运动实验直通道基本图对比[1]

潘红亮[84]在直通道中开展了行人轮椅混合人群运动实验（图 9-8），发现普通人员会与轮椅保持更大的距离，且轮椅前后向人际距离存在差异，在快速行走时差异更加明显。在直通道内常态行走时，行人在直通道内的自由运动可以分为加速和稳定两个阶段，轮椅人员的自由速度与普通人员存在明显差异（图 9-9），前者的自由速度（1.13 m/s±0.10 m/s）比后者的自由速度（1.57 m/s±0.12 m/s）低 28.0%。轮椅人员的弛豫时间（1.43 s±0.21 s）比普通人员（1.08 s±0.28 s）长 32.4%，轮椅人员需要更长的时间才能加速到自由速度。在直通道内快速行走时，轮椅人员与普通人员的自由速度差距进一步拉大，前者的最大值（3.08 m/s）比后者的最大值（5.92 m/s）低 48.0%，两者的平均值相差 1.38 m/s。然而，由于轮椅人员快速行走时自由速度更低，加速至自由速度所需的弛豫时间（1.32 s±0.30 s）比普通人员（1.87 s±0.56 s）短 29.4%。

图 9-8　行人轮椅混合人群运动实验场景结构示意图和过程截图[84]

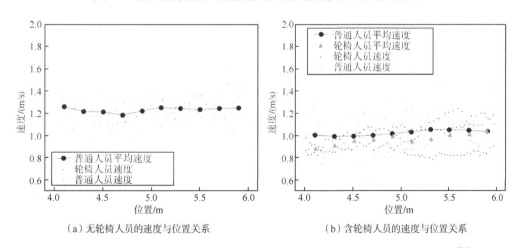

（a）无轮椅人员的速度与位置关系　　　　　（b）含轮椅人员的速度与位置关系

图 9-9　普通人员和轮椅人员在直通道中自由运动时个体瞬时速度与时间关系图[84]

如图 9-10 所示，随着人群密度增大，个体运动进入受限状态，常态行走时轮椅人员的平均速度略小于同一人群中的普通人员（相差 6.25%）。与不包含轮椅人员人群中的普通人员相比，轮椅人员使普通人员的平均速度更低（相差20.58%），轮椅人员会对整体人群产生明显的影响。在快速行走状态下，轮椅人员与普通人员在平均速度方面的差距进一步拉大（12.36%），同时由于存在轮椅人员，人群中普通人员与不包含轮椅人员人群相比，轮椅人员的影响更加明显，平均速度相差 28.5%。无论常态行走还是快速行走，普通人员与其前后向人际距离基本一致。轮椅人员则不相同，在常态行走时其后向人际距离比前向人际距离大 31.1%，在快速行走时差距进一步扩大，后向人际距离比前向人际距离大 88.9%，轮椅人员会与前方人群拉开距离。轮椅人员的速度小于其前方普通人员，平均速度相差 0.46 m/s。

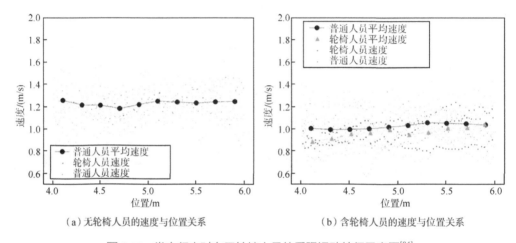

（a）无轮椅人员的速度与位置关系　　　　　（b）含轮椅人员的速度与位置关系

图 9-10　常态行走时有无轮椅人员的受限运动特征示意图[84]

针对老年群体的出行与疏散问题，除了对个体运动速度的统计，近年来也出现了老年群体运动规律的研究。任祥霞[85]通过开展直通道人群运动实验研究了社区老年群体的疏散运动特性（图 9-11），并与相同场景中学生群体的运动规律进行了对比，通过差异检验、数据拟合等方法量化了两类群体的运动差异。

图 9-11　实验场景结构示意图和过程截图[85]

研究发现，在直通道单向运动过程中，老年群体和学生群体的基本图（图 9-12）呈现出显著差异。当群体密度为 0.2～2.8 人/m² 时，老年群体的运动速度比学生群体平均降低 24.67%±8.28%，速度差异的平均值为 0.23 m/s±0.08 m/s，老年群体通行流率比学生群体平均降低 24.99%±8.14%，流率差异的平均值为 0.31 人/（m·s）±0.13 人/（m·s）。考虑研究中社区及低密度情况下的自由速度，利用自由速度对两类群体的运动基本图进行无量纲化处理，结果显示群体密度低于 0.7 人/m² 时的平均速度（老年群体为 1.07 m/s，学生群体为 1.37 m/s）可以使两组群体的无量纲速度、流率实现较好的吻合，结果要比单纯使用老年个体和学生个体的瓶颈自由速度（分别为 1.28 m/s 和 1.40 m/s）效果更好。

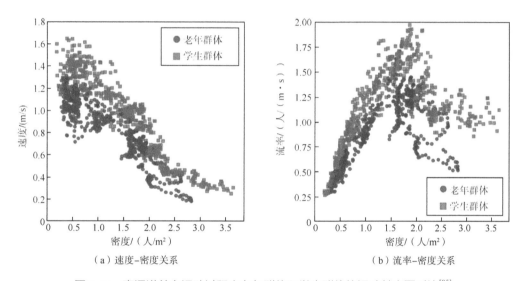

（a）速度–密度关系　　　　　　　　（b）流率–密度关系

图 9-12　直通道单向运动过程中老年群体和学生群体的运动基本图对比[85]

此外，在直通道中运动时，老年人最近邻个体的相对位置分布类似半椭圆形（图 9-13）。相比学生，老年人与最近邻个体之间的人际距离及个人空间面积都更小，同时老年群体表现出更明显的边界排斥效应，即边界距离更大（图 9-14）。

此外，交通枢纽内的携带行李人群的疏散问题也日益受到关注。Shi 等[86]发现携带行李箱提高了行人的自由奔跑速度，对行人自由奔跑有积极作用，携带行李箱时，行人为了尽快到达目的地会提高移动速度。高宇星[87]实验研究了携带拉杆箱对单向流通过长通道的影响，从携带拉杆箱行人和未携带拉杆箱行人形成的混合行人流中观察到了因跟随现象产生的轨迹层状分布，发现携带拉杆箱行人会对周围未携

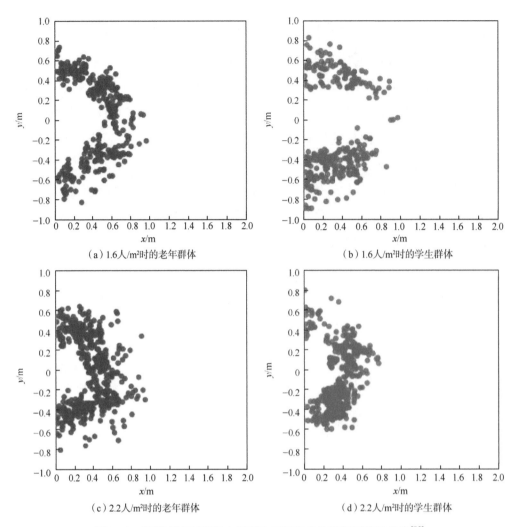

（a）1.6人/m²时的老年群体　　　　　　　　　　（b）1.6人/m²时的学生群体

（c）2.2人/m²时的老年群体　　　　　　　　　　（d）2.2人/m²时的学生群体

图 9-13　不同密度下老年人和学生最近邻个体的相对位置分布[85]

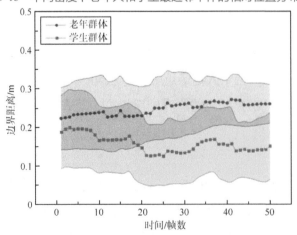

图 9-14　老年群体和学生群体的边界距离[85]

带拉杆箱行人的运动造成阻碍。从图 9-15 来看，随着人群中携带拉杆箱行人比例的增大，基本图数据散点向较低密度区域移动，流量的峰值降低。

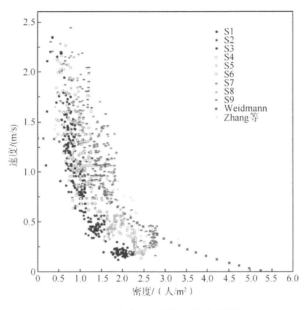

图 9-15　速度-密度关系散点图[87]

对于行人流，学者研究了行人在直通道内与其他行人或障碍物相遇时避障行为、平均速度、弛豫时间[88, 89]、人群的分层特征及其量化方法[90, 91]，以及不同人群密度[92]、分流比[93-95]、人群的年龄构成[94, 96, 97]、障碍物外形与布局[98, 99]等因素影响下的人群流量、速度的变化规律。Shi 等[86]考虑不同行李箱比例和不同排布方式，开展控制实验探究携带行李箱人群的运动特征（图 9-16）。利用最小二乘法拟合行人人际距离，量化受行李箱影响的行人最近邻距离范围（图 9-17）。考虑携带行李箱行人周围个体特征，根据分层现象量化不同运动状态下的行人边界距离。利用核密度估计量化不同行李箱比例和不同排布方式下行人的前向距离，同时为携带行李箱行人相关模拟提供验证参数。对比携带行李箱个体速度和人群速度，发现有序的行人流可以降低行李箱对人群运动效率的消极影响，据此提出了在典型建筑结构中规范行人流的建议。

Shi 等[86]基于携带行李箱个体和群体运动特征的研究，在典型建筑结构中开展携带行李箱行人运动实验。设置专用通道探究直通道内行人流优化策略，统计行人横向偏移距离和超越行为，量化行人避让过程中的冲突，结合行人行为揭示了不同

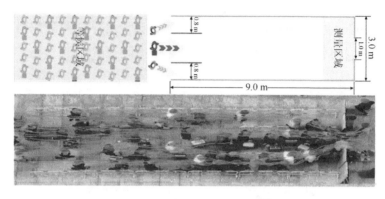

图 9-16 行李箱实验场景图[86]

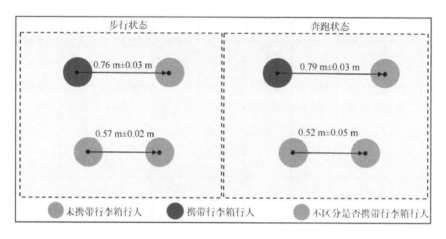

图 9-17 量化人际距离示意图[86]

专用通道下行人运动机制，发现相比于左边行李箱通道，行李箱通道位于中间时行人流量高出 16.2%，提出专用通道设置在中间时行人有最高的运动效率，给出交通枢纽设备设施如安检口、自动扶梯的设置建议。利用分流装置探究瓶颈内行人流优化策略（图 9-18），使用分层现象量化了移动障碍物与携带行李箱行人的空间分布特征，不论分流装置的位置如何，左侧的分流装置与携带行李箱行人的距离大约为 0.6 m，右侧分流装置与携带行李箱行人的距离大约为 0.8 m。平滑轨迹后利用偏转角度揭示了分流装置与瓶颈口的距离对优化行人流的影响，发现越早优化行人流，人群在瓶颈口有越高的运动效率。采用不同出口策略探究双出口场景中行人流优化措施，利用泰森多边形分析出口处行人密度分布，发现行李箱比例增加，出口处密度分布由半拱形转变为条带状，观察到行人携带行李箱后运动特征的变化，揭示了携带行李箱行人与未携带行李箱行人的出口选择机制。

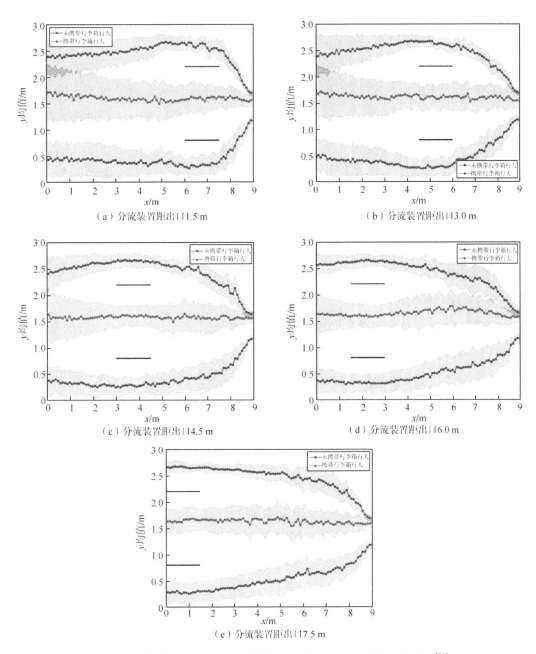

图 9-18　携带行李箱行人与未携带行李箱行人边界距离量化示意图[86]

2）环形通道

为了研究周期性边界下的单/双向流，环形通道也是研究的基本场景。环形通道可以突破实验人数的限制并获得稳定状态下的人群运动规律，主要包括针对窄通道的一维单列运动实验和针对宽通道的二维运动实验。

开展单列运动实验时，通过对实验场景的简化，可以排除行人间的侧向相互作用，只关注前进方向上的纵向相互作用，可以分析行人运动过程中的迈步特征[100, 101]，获得迈步步长、步频、步宽、相邻行人之间的距离（headway）等参数与速度之间的相互关系，揭示文化差异、人群构成、背景音乐、能见度等对行人运动基本图的影响[102-105]。

房志明[106]量化了行人运动与前向距离的关系。刘驰[107]研究了前向距离与迈步步长、迈步周期及走停行为之间的联系，结果显示当前向距离大于 1.1 m 时，迈步步长和迈步周期几乎是稳定的；当前向距离小于 1.1 m 时，迈步步长、迈步周期与前向距离线性相关。宋京涛[108]在人机混合单列运动实验中发现当空间充足且运动状态达到稳定时，行人之间会保持一个固定的前向距离（期望前向距离），该距离与稳定时的平均速度有关。

为了研究火灾时烟气浓度增加引起的能见度降低对运动规律的影响，曹淑超[109]开展了三种透光率（LT=0.3%、0.1%和 0）下的行人单列运动实验（图 9-19），研究了前向距离、运动速度和时间间隔等运动参数的分布特征等。结果表明，行人在视野受限条件下倾向于寻找边界及跟随前方行人运动，得到了前向距离与运动速度关系的两个阶段，发现在视野受限条件下密度与流量关系大致可以分为自由流、最大流和拥挤流三个阶段（图 9-20）。在视野完全受限（LT=0）条件下，行人在单列通道内运动时存在伸出手臂来探索周围情况的行为；但随着视野情况的好转，在LT=0.3%条件下，行人能够看到墙的边界和前方行人时上述行为不再出现。随着行人密度的增加，人群整体运动速度逐渐降低，在高密度实验中可以观察到走停现象，并且随着能见度的降低，走停波变得越来越明显和频繁。

（a）行人的跟踪编号

（b）单个行人的部分轨迹

图 9-19　视野受限条件下的人员跟踪过程截图[109]

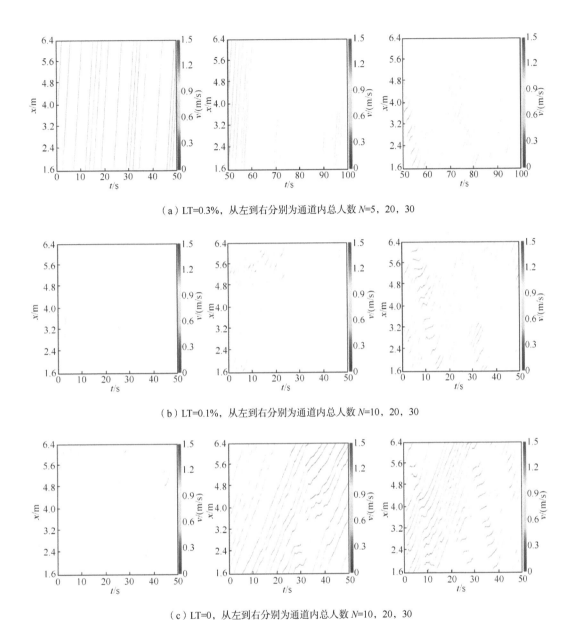

（a）LT=0.3%，从左到右分别为通道内总人数 N=5，20，30

（b）LT=0.1%，从左到右分别为通道内总人数 N=10，20，30

（c）LT=0，从左到右分别为通道内总人数 N=10，20，30

图 9-20 不同视野条件和不同密度下的时空运动特征[109]

对比视野受限与视野正常情况下的行人运动基本图（图 9-21），可以看到在 LT=0 和 LT=0.1%两种透光率下，同一密度下视野受限情况的速度和流量明显要低于视野正常情况，但在 LT=0.3%时，两者的差别变得很小，特别是在自由流阶段。

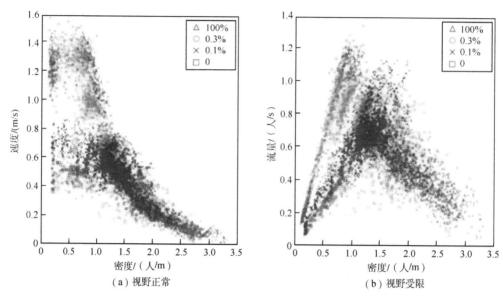

（a）视野正常　　　　　　　　　　（b）视野受限

图 9-21　视野正常和受限情况下的行人运动基本图对比[109]

考虑环境特征对行人流的影响，曾光[110]研究了背景音乐影响下的单列行人运动规律（图 9-22）。研究发现，在背景音乐情况下行人的走停行为比无背景音乐情况下行人的走停行为更明显；持续时间很短的停止行为占比很高（达到 0.5 及以上），背景音乐情况下还出现了持续时间更长的停止行为。为了更清晰地呈现背景音乐情况下停止行为的变化规律，他进一步比较了持续时间大于 0.24 s（约为行人反应时间的均值）的停止行为的频率分布情况，可以看出背景音乐情况下持续时间长的停止行为占比增加。该研究为改善行人流提供了可参考的方式。

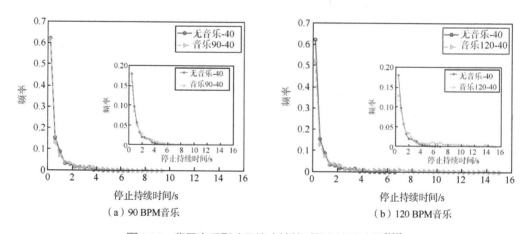

（a）90 BPM音乐　　　　　　　　　（b）120 BPM音乐

图 9-22　背景音乐影响下停止持续时间频率分布图[110]

主图为停止持续时间频率分布，内嵌图为仅考虑大于 0.24 s 的停止持续时间频率分布；BPM指 1 min 的拍数（beat per minute）

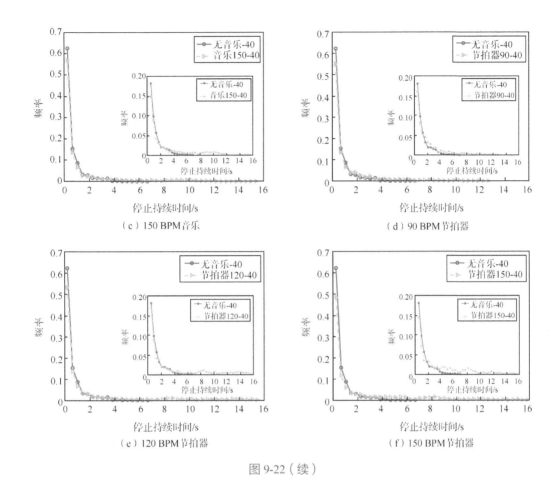

图 9-22（续）

　　考虑年龄特征，任祥霞[85]开展了老年群体相关的行人单列运动实验（图 9-23），分析了老年群体的运动基本图、迈步特征、边界影响、走停现象等特征。在微观层面和宏观层面，行人运动基本图呈现相似的变化趋势，但是微观数据具有较大的波动范围。在行人前向距离和速度关系中，根据前向距离随速度的增长斜率将行人的运动分为三个阶段：强受限阶段、弱受限阶段和自由阶段，老年群体和学生群体具有相同的分段断点（1.1 m 和 2.6 m）。在相同的速度下，相比于学生群体，老年群体倾向于保持更大的前向距离。两组群体在自由阶段的速度具有显著差异，老年群体的平均速度为 0.94 m/s，低于学生群体的平均速度（1.15 m/s）。

　　当人群运动速度为 0.40～1.15 m/s 时（图 9-24），老年群体的步长略长于学生群体 0.01～0.03 m，老年群体的迈步周期略长于学生群体 0.02～0.06 s。随着速度的增大，老年群体的步宽及横向摆动速度的下降幅度大于学生群体，两组之间的差异不断减小，存在速度临界点，使得两组的差异相反，临界点分别为 0.75 m/s 和

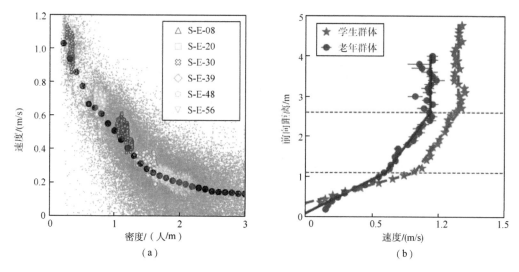

图 9-23 老年群体单列运动过程中微观和宏观基本图，以及不同年龄群体的前向距离和速度的关系[85]

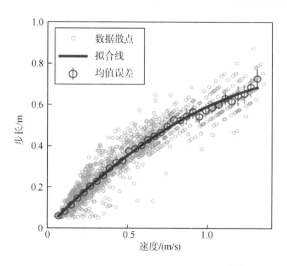

图 9-24 老年群体步长与速度的关系[85]

0.92 m/s。相比于学生群体，老年群体的步宽的波动更为明显，老年群体中个体间运动能力的差异性较大，造成群体迈步数据具有较大的波动范围。

随着密度的增大，行人在一维单列运动中出现走停现象（图 9-25）。当全局密度为 2.18 人/m² 时，老年群体的停止时间是学生群体的 3.24 倍，老年群体的停止时间占比为 35.88%，学生群体的停止时间占比为 11.08%。在走和停的状态转换过程中，老年群体的启动前向距离明显大于学生群体，体现出老年人为减少由状态转化产生的能量消耗而采取的主动停歇现象。

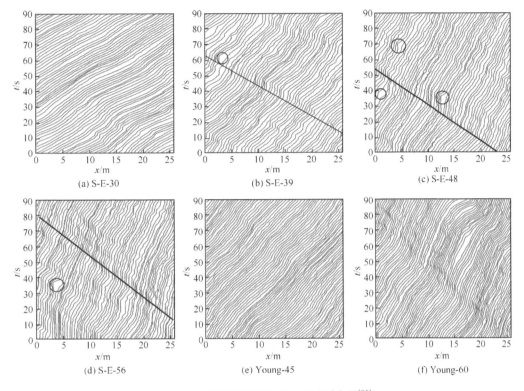

图 9-25　不同密度下的行人运动时空图[85]

通过开展宽通道实验，可以研究在单/双向运动、人车混合、视野受限、撑伞运动[111, 112]、顺时针/逆时针等条件下人群流量的变化规律，分析不同条件下人群分层、走停波等自组织行为的演化规律及其形成机制[113, 114]。针对二人群组，叶锐[115]在环形通道内开展了单向和双向流实验，通过改变行人数量进行了不同全局密度（0.82 人/m²、1.12 人/m²、1.58 人/m² 和 1.96 人/m²）实验，每组实验中二人群组的比例约为 44%，并在实验过程中要求群组手拉手运动。对避障行为进行观测发现，大多数冲突是由群组内的单个成员进行反应而解决的，相应的避障模式主要可以分为与同伴靠得更近、旋转身体、调整与同伴的空间构型。双向运动时，行人会因避障而发生频繁的换道现象，径向速度在各个全局密度下都高于单向流场景。在相同的全局密度下，双向流场景中的拥挤程度和人群危险度高于单向流场景，在双向流从无序到有序的状态转变过程中，这两个量对应的数值也会发生明显下降（图 9-26）。虽然双向流实验可以获得更高的密度，但在密度小于 2.5 人/m² 时单向和双向流基本图并不存在明显的差别（图 9-27）。

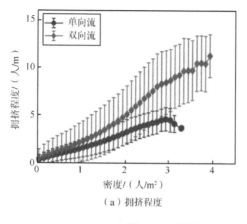 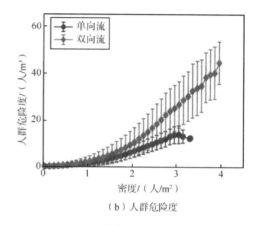

（a）拥挤程度　　　　　　　　　　　　（b）人群危险度

图 9-26　拥挤程度和人群危险度与密度的关系[115]

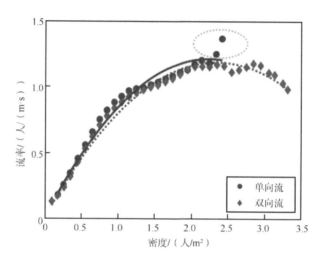

图 9-27　单向流与双向流场景下基本图对比[115]

　　通过研究两个群组成员间的距离与空间相对位置，发现全局密度会影响两个群组成员空间相对位置分布的分散性，但对单向流与双向流的影响是相反的（图 9-28）。随着密度的增大，单向流中群组的运动受限程度会逐渐升高，相对位置的分散性会降低；双向流中群组面临更多的冲突和碰撞，此时他们需要更加频繁地调整相对位置，对应的分散性反而出现升高的趋势。

　　针对行人和自行车的混合交通问题，黄传力[116]开展了环形通道上人群与自行车的混合运动实验（图 9-29）。研究发现，自行车在与人群单向或双向运动时对行人基本图的影响呈现出显著的差异（图 9-30）。在单向流中，自行车明显限制了行人流；在双向流中，当人群密度低于临界密度（0.9 人/m²）时自行车对人群运动的限制不明显，自行车对人群行为的主要影响是产生反向传播密度波。随着前向传播和

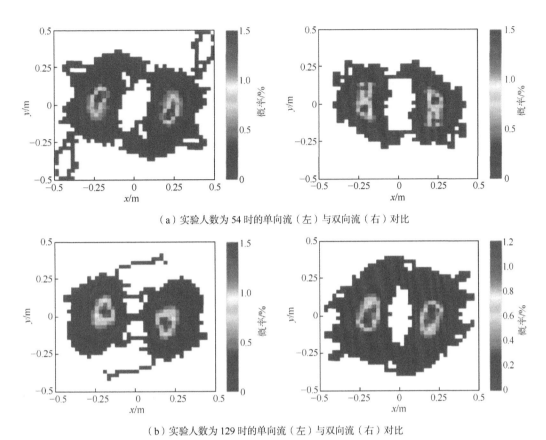

（a）实验人数为 54 时的单向流（左）与双向流（右）对比

（b）实验人数为 129 时的单向流（左）与双向流（右）对比

图 9-28　单向流与双向流场景中不同全局密度下两个群组成员空间相对位置分布热力图[115]

图 9-29　共享道路上自行车影响下的行人运动实验与模拟研究实验过程快照[116]

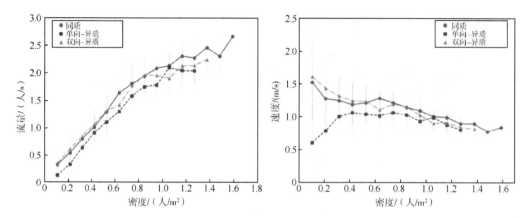

（a）三种交通模式下行人的基本图对比

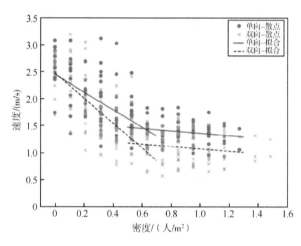

（b）两种交通模式下自行车速度的比较

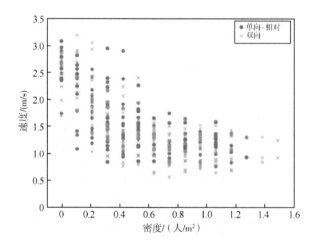

（c）两种交通模式下自行车绕行速度的比较

图 9-30 共享道路上自行车影响下的行人运动实验与模拟研究基本图[116]

后向传播的密度波合并，可能形成稳定的高密度簇。此外，在双向流中，反向密度波还可能通过降低密度分布的不均匀性来促进高密度簇的衰退。

3）拐角

拐角是指具备一定角度的通道。行人在转弯时会出现速度降低和流量减少的现象[117]，人群疏散效率会受到限制。研究拐角的角度变化对人群流量和速度的影响[105, 118, 119]，分析行人在拐弯过程中的减速行为、速度和角速度的变化规律、路径规划和选择倾向[120]，揭示双向流在拐弯处有视线遮挡、障碍物等情况下行人绕道和避障行为特征，对于疏散基础设施的设计和优化具有重要的意义。

叶锐[115]研究了不同密度下单向行人流通过一个直角通道时的运动特征（图 9-31），得到了基本图（图 9-32）、时空图、转弯处速度和角速度变化等定量结果。结果显示，行人在转弯处会出现压缩现象，并且随着直角通道内密度的增大，压缩现象会减弱。角速度随位置的变化曲线具有明显的对称性，其峰值出现在转弯区域。高宇星[87]进一步探究了直角通道中不同的携带拉杆箱行人比例对单向流运动特性的影响，行人更倾向于在单向转弯运动中寻找最短运动路径，通道的内侧和中间区域使用得更为频繁，密度的峰值也往往出现在通道拐弯的内角附近，并且行人在接近转弯处时出现了减速，且越接近拐弯的内角处，速度下降幅度越大。

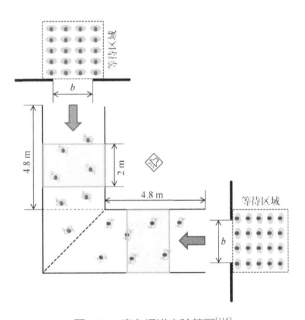

图 9-31 直角通道实验简图[115]

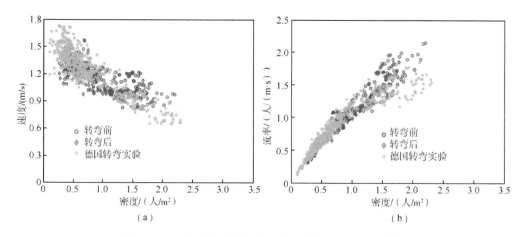

图 9-32 直角通道中单向行人流运动特征的基本图[115]

4）交叉汇流处

在有多股人流交叉、汇聚或分流的交叉路口，如何降低疏散人群的混乱度、增强人群的有序性并提高人员疏散效率是工程中比较关注的问题。相关研究涉及不同交叉角度、干路和支路宽度差等条件下的人群运动动力学特征，研究汇流角度对汇流区域人群密度、速度[103]、流量[102]、疏散时间[121]的影响，建立可测量交叉、汇聚或分流关键区域基本图，以及识别交叉、汇聚或分流过程中的潜在危险区域的方法[75]，分析支路和干路宽度[122, 123]、交叉角度变化[124]及其空间不对称设置[125]等情况下拥塞、分层等现象的动态变化规律，对于调节路口流量、缩短等待时间、提高疏散效率具有重要意义。

大规模人群中，行人的运动方向并不统一，多方向行人运动包含复杂的相互作用，人群容易失去控制。针对这一问题，练丽萍[126]开展了行人汇流实验（图 9-33），研究了四种汇流角度（30°、60°、90°和 120°）时单列行人的汇流运动。研究发现，行人在主道上游和匝道的自由运动速度没有差异，不同汇流角度下主道上游和匝道的基本图重合（图 9-34），主道下游的基本图在低密度时与主道上游和匝道相吻合，在密度高于 0.9 人/m 时，相同密度下主道下游的速度和流量大于主道上游和匝道。实验中主道上游和匝道的最大密度为 2.1 人/m，主道下游的最大密度为 1.6 人/m。对于主道上游和匝道的行人基本图，流量在低密度下随着人群密度的增大而增大，在密度为 0.9 人/m 时流量达到最大值（约为 1.2 人/s），然后流量随着密度的增大而减小。对于主道下游的基本图，在实验密度范围内流量随着密度单调递增，最大值约为 1.37 人/s。另外，与前人的研究结果相比较（图 9-35）表明，文化差异可能导

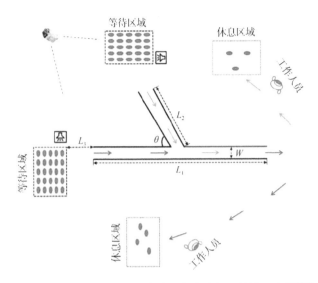

图 9-33　行人汇流的实验研究实验场景设计示意图[126]

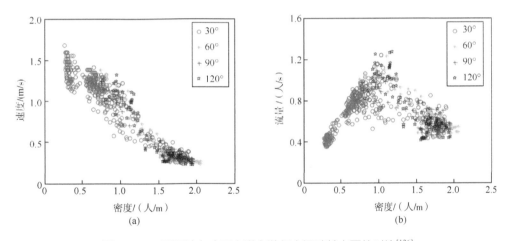

图 9-34　不同汇流角度下主道上游行人运动基本图的对比[126]

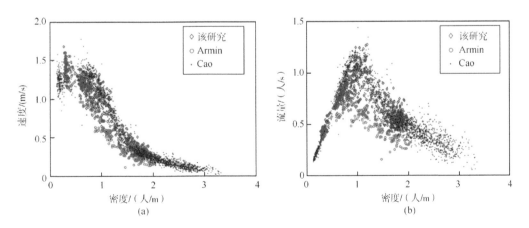

图 9-35　汇流场景主道上游的行人运动基本图与前人研究结果的比较[126]

致行人速度和流量表现上的差异，当文化背景一致时，不同建筑结构（至少是单列椭圆通道和汇流通道）中行人运动基本图是一致的。

在宽通道汇流实验中（图9-36），当匝道宽度为0.8 m时匝道行人流在主道下游形成了单个人的行人层，当匝道宽度为1.6 m时匝道行人流在主道下游形成了两个人的行人层，当匝道宽度为2.4 m或3.2 m时匝道行人流在主道下游形成的行人层包含两个或三个人。在匝道上，相同宽度的匝道上行人层的数目会随着等待区域人数的增加而增加。实验中最大密度为6人/m^2，与之相应的速度大约为0.28 m/s。

（a）场景1

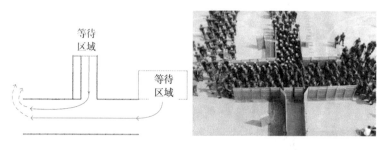

（b）场景2

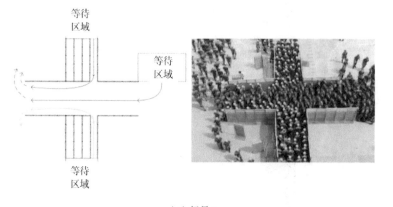

（c）场景3

图9-36 实验场景设置示意图及实验过程截图[126]

当密度为 1.3～2 人/m² 时，汇流区域的速度大于 Helbing 等[53]的研究结果；当密度为 2～5.5 人/m² 时，汇流区域的速度与 Helbing 等[53]的研究结果很接近；当密度为 5.5～6 人/m² 时，汇流区域的速度大于 Helbing 等[53]的研究结果（图 9-37）。

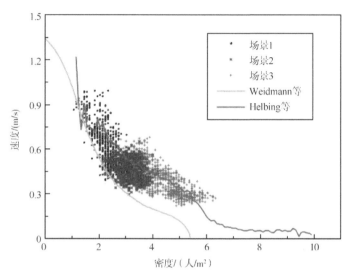

图 9-37　汇流区域密度-速度关系图[126]

此外，练丽萍[126]还研究了十字路口四方向交叉流行人运动特征（图 9-38）。根据不同场景下交叉区域密度和速度随时间的演化，以及每个方向的行人流在交叉区域的密度和速度随时间的演化，得到每个方向行人流在交叉区域的运动作用规律。研究发现（图 9-39），当行人直接往前走时交叉区域的密度最大，最大值接近 10 人/m²，这是目前已知的四方向交叉流可控实验中达到的最大密度。在场景 1 中，每个方向的行人流在交叉区域的密度开始增大时稳定同步增大，在密度接近 10 人/m² 之后，不同方向的行人流密度变化规律发生变化，东向和北向行人流在交叉区域的密度仍然继续增大，西向和南向行人流在交叉区域的密度则下降，这说明在行人激烈的相互作用过程中，东向和北向行人流取得了优势。在其他场景中，各个方向的行人流在交叉区域的密度变化趋势基本同步，这说明在其他场景中行人运动相对有序。分析场景 1 中交叉区域实验初始阶段及密度达到 10 人/m² 前后行人速度分布发现，在实验初始阶段，交叉区域行人较少，当密度为 3.9 人/m² 时，速度大小分布类似高斯分布，平均速度为 0.3～0.4 m/s，速度方向分布比较均匀；在将要达到最大密度前的某个时刻，当密度为 9.2 人/m² 时，交叉区域基本已阻塞，速度大小分布集中

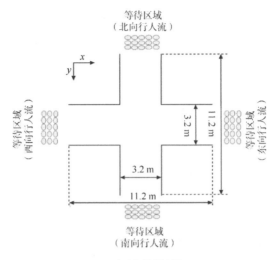

（a）实验场景设计图

（b）场景2实验视频截图

（c）场景3实验视频截图

图 9-38　实验场景设计图与视频截图[126]

在 0.1～0.2m/s；在达到最大密度之后的某个时刻，当密度为 9.7 人/m² 时，速度大小分布集中在 0.3～0.4m/s，速度方向分布集中在某个方向上。在如此大的密度下仍有这么高的速度，这说明行人运动很激烈；速度方向分布集中在某个方向上，这说明该时刻交叉区域的不同运动方向的人群是作为一个整体运动的。十字路口速度的等高线分布图表明场景 1 交叉区域密度在达到最大值前后，交叉区域的速度先减小后增大，通道中的速度则减小。

　　为了让局部变量的计算方法适用于四方向交叉流基本图的研究，练丽萍[126]建立了一个基于行人运动的坐标系，结果表明新的坐标系适合多方向行人流基本图的研究，局部流量在密度为 5 人/m² 时达到最大值，与前人的局部最大流量及对应的密度相近；当密度为 2～5 人/m² 时，局部流量略微小于前人的结果；当密度为 5～6

人/m² 时，局部流量与前人结果很相近；当密度大于 6 人/m² 时，局部流量大于前人的结果（图 9-40）。

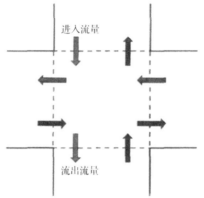

（a）交叉区域进入流量和流出流量计算示意图

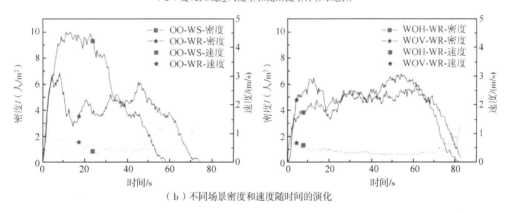

（b）不同场景密度和速度随时间的演化

图 9-39　流量计算示意图与密度和速度随时间的演化曲线[126]

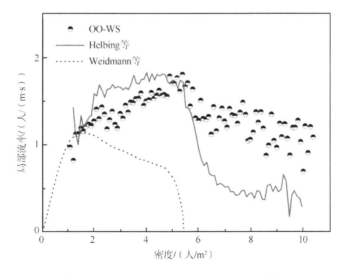

图 9-40　交叉区域局部流率－密度关系[126]

通过对行人运动流场的研究，练丽萍[126]发现当行人沿着通道靠右行走时在交叉区域会形成圆形交通。当行人在通道中直接往前行走时，交叉区域的湍流强度最大并且波动剧烈，即该场景中运动最混乱。当行人在通道中靠右行走时，湍流强度会逐渐稳定。在交叉区域中心放置一个障碍物时，湍流强度最小且最稳定，这说明合理放置障碍物可以使十字路口的四方向交叉流变得稳定有序（图 9-41）。

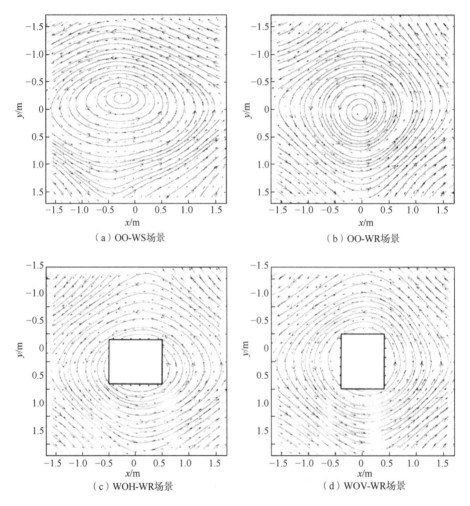

（a）OO-WS场景　　　　　　　　　　　　　（b）OO-WR场景

（c）WOH-WR场景　　　　　　　　　　　　（d）WOV-WR场景

图 9-41　交叉区域时间平均局部速度场[126]

2. 瓶颈

瓶颈是指限制人群运动的出口等建筑结构。人群密度较大时，通行流量会受瓶颈结构的限制而导致疏散效率下降，进而发生拥堵甚至踩踏事故。人员疏散效率受瓶颈结构、人群构成、障碍物设置等多种因素的影响。在实验室搭建典型瓶颈，观测人群在瓶颈内的分层、拉链效应、拱形分布、快即是慢等自组织现象[127]，可以精确地研究瓶颈宽度[128-131]、瓶颈长度[132]、瓶颈角度[133, 134]等参数对瓶颈通行流量的影响及定量关系，分析瓶颈间歇流时间间隔分布、密度、压力等的时空分布特征等。随着研究的深入，考虑儿童[135]、老年人[136]、群组、轮椅人员[137, 138]、行李携带人员等特殊人群通过瓶颈的动力学特征也受到了广泛的关注。在火灾等突发事件中，由于资源有限及灾害对生命的威胁，行人会出现竞争现象，人员通过瓶颈时的行为会表现出一定的复杂性。人群处于竞争状态下，堵塞发生的频率随瓶颈宽度增加而降低[139]，当瓶颈宽度较大时竞争行为会使疏散效率提高[140]，出口流量的变化依赖人群的竞争激烈程度[141]。

瓶颈实验主要关注行人在拥挤状态下的典型运动特性，通行能力是瓶颈实验研究中常用的衡量行人疏散效率的指标参数[142-144]。Liddle 等[132]发现瓶颈外通道的存在使流量降低，而瓶颈外通道的长度对流量的影响较弱。Sun 等[133]在瓶颈前增加漏斗形区域，研究瓶颈形状对通行能力的影响，发现改变瓶颈角度提高了行人的疏散效率。Yanagisawa 等[117]在瓶颈前设置障碍物，增加了行人的流量。Jiang 等[145]发现在紧急情况下，瓶颈处设置两个障碍物可显著提高行人的疏散效率。Shi 等[146]开展可控实验，发现瓶颈的通行能力受障碍物的形状、位置、大小影响。Song 等[128]发现当瓶颈宽度超过某值后，行人流的巷道数量和流量随瓶颈宽度的增加而增加。Müller[139]发现在高动机的行人疏散中，疏散效率随着瓶颈宽度的增加而增大。Rupprecht 等[147]认为瓶颈处的流率与行人等待区域到瓶颈之间的距离无明显关系。如果瓶颈内过于拥挤，瓶颈中单个人的行为和决策会对整体的行人流及疏散时间造成影响[141, 148]。

Hoogendoorn 和 Daamen[127]的研究发现，行人为了更加流畅快速地通过瓶颈，会自发在瓶颈内形成分层，同时这些分层之间存在相互交错，这种现象称为拉链效应（图 9-42）。由于存在拉链效应，瓶颈处的行人流量与瓶颈宽度之间呈现分段函数关系。之后 Seyfried 等[149]在德国开展的实验、Li 等[135]在中国开展的儿童实验及Ren 等[136]在中国开展的老年人实验的结果显示，行人流量与瓶颈宽度之间呈现线性函数关系（图 9-43）。Cepolina[150]发现在行人流上游位置的行人密度过高会导致瓶颈内出现允许通过的流量下降的现象。

针对如何提高瓶颈疏散效率的问题，Helbing 等[151, 152]在数值模拟中发现，出口上游不对称地放置一个障碍物会提高人们恐慌状态下的逃生率，进而研究了障碍物

图 9-42　拉链效应[127]

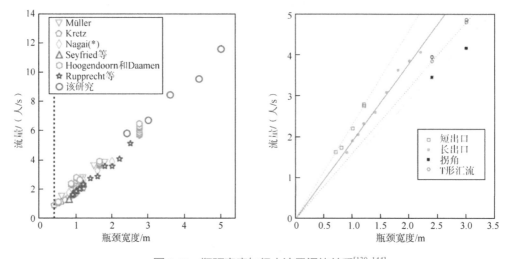

图 9-43　瓶颈宽度与行人流量间的关系[130, 144]

对人群出口流量与相邻行人流出时间间隔的影响。Yanagisawa 等[117]在出口前设置障碍物并开展人群疏散实验，发现当出口前设置障碍物时，人群流量增加约 7%。此外，瓶颈障碍物的数量[145]、尺寸、形状和布局方式[153]等也引起了广泛的关注，研究者期望通过实验获得障碍物的最优分配方式，从而实现疏散过程中对瓶颈流量的优化与控制。Jiang 等[145]发现在门两侧的适当位置放置两根柱子可以最大限度地提高疏散效率。Shi 等[146]实验推断，障碍物在中间出口和拐角出口处具有不同的性能，立柱尺寸和到出口的距离会影响行人的流出。Zuriguel 等[154]的研究提供了关于障碍物对疏散效率起作用的实验证据，表明障碍物减轻了出口处的压力，但总疏散时间不会因障碍物而改变。Frank 和 Dorso[155]研究了固定障碍物对两种逃生行为行人的影响，发现固定障碍物改善疏散效率与行人的逃生行为无关，而是取决于固定障碍物与出口间的相对位置（图 9-44（a））。Zhao 等[156]发现疏散效率对固定障碍物的几何参数非常敏感，板形（图 9-44（b））和双柱固定障碍物比单柱固定障碍物更有效。

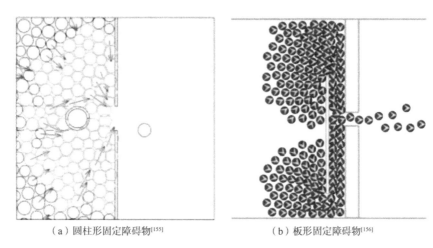

（a）圆柱形固定障碍物[155]　　　　　　（b）板形固定障碍物[156]

图 9-44　模拟中不同形状的障碍物

田伟[157]利用均值漂移（mean-shift）算法对行人在实验过程中的运动轨迹进行提取，发现行人倾向于沿通道两侧行走从而避免与其他行人产生冲突，并在瓶颈处产生分层现象，同一层行人的整体运动被划分为三种模式，即滞后加速、同步加速及前边行人受到堵塞。行人在通道内行走时会根据与前边行人的距离调整在通道中的行走速度，使行走过程更加舒适，并且行人流率随着瓶颈宽度的增加呈现一定的上升趋势。

为了研究学龄前儿童的瓶颈疏散运动特性，李红柳[158]采用实验与模型相结合的方法（图 9-45）分析了学龄前儿童和成年人在高动机下通过瓶颈疏散的运动数据差异，研究了瓶颈宽度对学龄前儿童疏散速率、密度、流量、特征时间等的影响。结果表明，紧急疏散时高动机的学龄前儿童与成年人在瓶颈前的密度分布均呈拱形，瓶颈附近的高密度区域呈同心圆嵌套形状，由中心的峰值密度区域向周边低密度区域过渡。学龄前儿童的峰值密度区域位于瓶颈前约 0.30 m 处，成年人的峰值密度区域位于瓶颈前约 0.50 m 处。学龄前儿童的疏散启动时间服从厄兰（Erlang）分布，80% 的学龄前儿童能够在 2 s 内开始疏散运动，比成年人慢 0.5 s，学龄前儿童的加速时间服从厄兰分布，加速时间与疏散速率的关系服从 S 形函数分布。

（a）学龄前儿童通过有外通道
约束的瓶颈疏散实验截图

（b）成年人通过有外通道约束的瓶颈疏散实验截图

图 9-45　瓶颈疏散实验截图[158]

对于运动能力下降的老年群体，任祥霞[85]通过对比瓶颈内老年群体和学生群体的运动过程，量化了老年群体的运动基本图、疏散效率等特征，分析了老年群体的自由速度、出口反应时间、空间分布及运动策略等疏散特性（图 9-46）。结果表明，老年群体和学生群体的平均速度、流量均相差 1.25 倍。在 0.2～2.8 人/m^2 的密度范围内，速度差的平均值为 0.23 m/s±0.08 m/s，流率差的平均值为 0.31 人/（m·s）± 0.13 人/（m·s）。流量与出口宽度之间呈线性关系，老年群体的流量低于学生群体，老年群体的出口反应时间比学生长，老年群体的人际距离及 K-最近邻（K-nearest neighbor，KNN）邻域面积更小，对边界的排斥作用更明显，根据运动偏向角方向与空间位置的演化关系，发现老年人倾向于采取最短距离的运动策略。

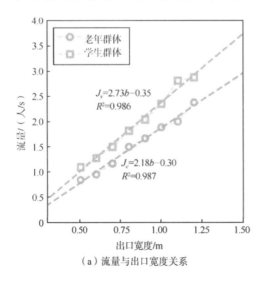

（a）流量与出口宽度关系

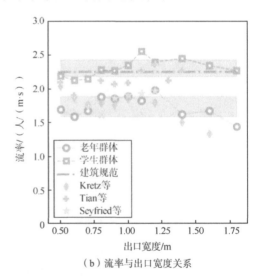

（b）流率与出口宽度关系

图 9-46　瓶颈出口处老年群体和学生群体的流量与流率[85]

考虑老龄化趋势和残疾人口的增长，当人群中存在轮椅人员时，出口流量会受到影响，出口结构的变化导致人群拥挤，相比于出口宽度，轮椅人员数量的影响更强[138]。潘红亮[84]开展了异质人群通过瓶颈的实验，通过分析疏散时间、时空图、前向时间等参数研究了瓶颈角度对人群疏散效率的影响，探究能够提升疏散效率、降低拥挤程度的瓶颈角度。结果表明，在实验所涉及的几种瓶颈结构中，当人群中轮椅混合比小于 2.35%时，在瓶颈角度为 45°的出口场景中疏散效率更高、疏散时间更短、等待比率更低。当人群中轮椅混合比大于 2.35%时，与瓶颈角度为 0 的出口相比，瓶颈角度为 45°的出口的疏散效率没有明显增大，其他角度甚至出现堵塞程度加剧的情况，改变瓶颈角度并不能提升疏散效率。

3. 楼梯

楼梯是建筑疏散中重要的路径之一，人员在楼梯上上行时需克服重力，下行时需控制重力[93]，相比于平面上的运动，人员在楼梯上运动时往往受到限制。尤其在紧急情况下，人对重心的控制相对困难，一旦在楼梯中出现重心不稳而摔倒，极易引发群体性摔倒或踩踏。因此，研究楼梯中人群的疏散行为与运动特征对人员疏散管理十分重要[159]。

早期学者通常用简单的线性关系对楼梯中的人群速度-密度进行表征[160,161]，对人员在不同环境中上、下楼梯的速度进行统计。Ma 等[162]在上海环球金融中心开展了三次疏散实验，研究了超越他人、依赖扶手、相互搀扶等典型行为在楼梯上发生的频率和条件，以及台阶高度、宽度、坡度、运动方向、人员类型、环境照度、群组特征等因素对人员疏散速率的影响。Fujiyama 和 Tyler[163,164]通过可控实验研究了行人肥胖和楼梯斜率对行人运动速度的影响，结果表明楼梯斜率对行人运动速度有影响，肥胖对行人运动速度没有影响。此外，Larusdottir 和 Dederichs[165]在四个托儿中心开展了多次实验以研究儿童的运动特性，结果发现对周围环境的熟悉程度会影响儿童的疏散效率，儿童对楼梯越熟悉，疏散越快，相比于成年人，儿童的出口疏散流率更大。此外，随着楼梯坡度增加，行人水平运动速度逐渐降低，两者线性相关，行人在楼梯上的移动速度与腿部肌肉力量有关，由此建立了预测行人楼梯移动速度的模型。Zietz 和 Hollands[166]组织平均年龄为 70.7 岁±3.1 岁的老年人开展楼梯实验，得到其运动速度为 0.50 m/s。Shi 等[167]开展了一系列单行行李装载运动实验，分析了行人运动时空图（图 9-47 和图 9-48），结果表明随着行李比例的增加，行人平均停滞时间延长，下行过程中行人横向摇摆幅度随速度增加而下降的速度快于上行过程。

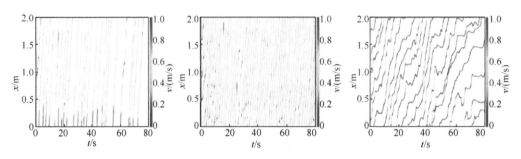

（a）行人零行李负荷的上行过程，从左至右的实验人数 N=5，15，25

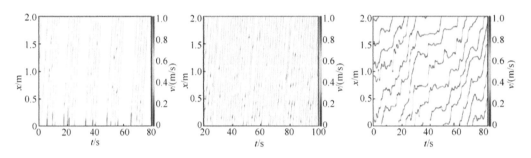

（b）行人半数行李负荷的上行过程，从左至右的实验人数 N=5，15，25

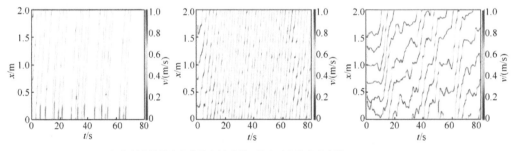

（c）行人满行李负荷的上行过程，从左至右的实验人数 N=5，15，25

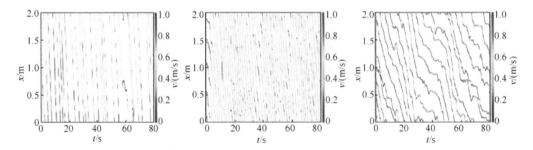

（d）行人零行李负荷的下行过程，从左至右的实验人数 N=5，15，25

图 9-47　不同行李比例情况下行人在楼梯场景中运动时空图[167]

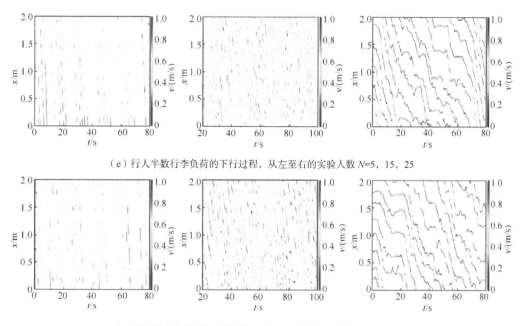

（e）行人半数行李负荷的下行过程，从左至右的实验人数 N=5，15，25

（f）行人满行李负荷的下行过程，从左至右的实验人数 N=5，15，25

图 9-47（续）

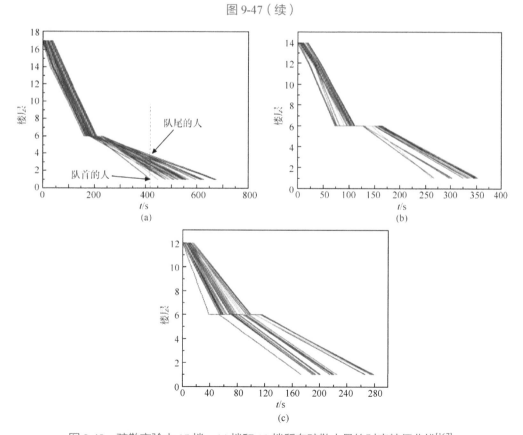

图 9-48 疏散实验中 17 楼、14 楼和 12 楼所有疏散人员的时空特征曲线[167]

在楼层楼梯连接平台处，从上层楼梯进入平台的行人流与本层将要进入平台的行人流相遇[168,169]，多股行人流在楼层连接平台汇合易于形成疏散瓶颈。Yang 等[169]观测了课后学生及疏散演习时的行人下楼运动，发现相比于水平运动，行人在下楼时楼板上会出现排队现象，楼层连接平台内有汇流现象，群组的速度比单个行人的速度小，同时群组会影响其他人的速度。相比于平面运动，楼梯中的行人速度更容易对整体速度造成影响，楼梯宽度对行人流率有较大影响。程泽坤[170]改进了传统的最优迈步模型，区分了行人在楼梯及平台上的迈步，设计了楼梯中的转角静态场域图（图 9-49），发现在高密度下排队行为的出现频率较高，高密度的行人流在疏散时对于楼梯外侧的使用率也更高，楼层通道与上层楼梯相邻最不利于疏散，而通道与上层楼梯相对最有利于楼梯行人疏散。曾益萍等[171,172]开展了不同照度条件下行人汇流实验。Yang 等[169]认为楼层进入流在汇流区域具有优先性，楼层行人在汇流过程中起主导作用，楼梯行人需要在汇流平台前等待直到楼层行人流率较小才能进行疏散。霍非舟等[173,174]通过开展楼梯间疏散实验，分析比较了无汇流与有汇流两种场景下人员时空分布、相邻两楼层速度、不同楼梯平台的流率，以及汇流对基本图的影响，构建了人员通过楼梯疏散计算模型和楼层楼梯连接平台汇流模型（图 9-50）。

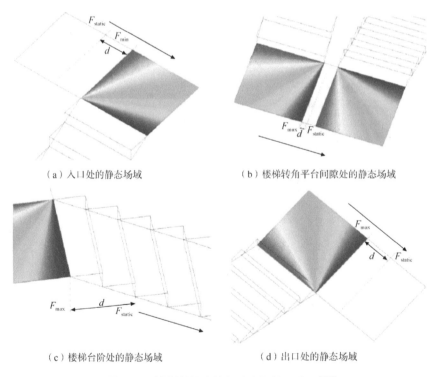

（a）入口处的静态场域

（b）楼梯转角平台间隙处的静态场域

（c）楼梯台阶处的静态场域

（d）出口处的静态场域

图 9-49　楼梯结构中转角静态场域示意图[170]

楼梯平台运动模型轨迹

元胞自动机模型轨迹

图 9-50　楼梯平台运动模型与经典元胞自动机模型轨迹对比[173]

9.2.2　疏散模型

基于实验和观测研究结果，发展可靠的人员疏散模型以实现人群运动的动态推演，对于大型活动的组织、交通基础设施的设计，以及人群疏散路线的优化都具有很高的应用价值，已成为行人与疏散动力学领域的重要部分。一般情况下，人员疏散可以从策略层、战术层和执行层三个层次展开。其中，策略层和战术层更强调宏观层面的出行规划和全局路径选择，更偏向于社会学、心理学等的研究范畴，执行层关注的是人员在已有路径中局部区域内的微观移动，受到交通、安全、消防、物理等多学科研究人员的关注。

从执行层的角度，根据不同的标准，可以对疏散模型进行多种分类，如宏观模型和微观模型，离散性模型和连续性模型，随机性模型和确定性模型，基于格子的模型、基于力的模型、基于速度的模型、基于主体的模型及近期出现的基于机器学习的模型，等等。其中，宏观模型将人群视为连续流体，不区分行人个体的运动特征，关注的是人群整体的流量、密度和速度等宏观特性的演化特征，具有运算速度快的特点。微观模型将人群视为多个具有自驱动能力的粒子，模型中可以考虑个体的物理特征、个体间复杂的相互作用，获得人群疏散和运动过程中更多的微观信息。微观模型又可分为连续性模型和离散性模型。连续性模型利用力、速度等运动参数将行人的运动过程作为时间上的连续函数，其优点在于精度高、模拟效果较好，但计算效率较为低；离散性模型通过将空间离散化对行人疏散进行模拟，模拟精度较低。按照模型中对火灾影响的考虑程度，本节将现有疏散模型分成两大类，即未考虑火灾影响的疏散模型和考虑火灾影响的疏散模型。

1. 未考虑火灾影响的疏散模型

行人动力学领域大部分模型没有考虑火灾的影响，通过定义局部的微观运动规律实现对系统动态演化过程的模拟，对典型的人群运动自组织现象进行重现，对人群疏散时间、流量等进行统计分析。

于彦飞[175]在经典元胞自动机模型中加入摩擦力和排斥力的规则与参数，同时考虑了人与人之间的相互作用、人与环境（如建筑）之间的相互作用，构造了一个多作用力模型（图 9-51），该模型兼顾连续性模型模拟精度高和离散性模型模拟速度快的特点，复现了很多行人的自组织现象，基于该模型开发的行人疏散模拟平台 SafeGo 可结合建筑结构特征，依靠人员疏散速率、分布等关键参数，对人员疏散过程进行动态最优化分析，适用于评估大型复杂民用建筑在火灾环境中的人员疏散能力。

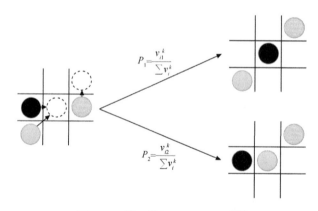

图 9-51　模型转换概率示意图[175]

李健[176]为了复现人员在人群中的推挤-穿行行为，设计了一种行人流元胞自动机模型（图 9-52），定量分析了个体的非常规移动对宏观运动的影响，研究了不同"推挤-穿行"概率下通道内相向行人流平均速度-密度关系（图 9-53），特别是在环境信息的空间分布不对称的情况下，分析了此过程中人员性别、视野范围、对环境熟悉程度等影响疏散效率的因素，探讨了不同出口宽度对疏散时间的作用效果。结果表明，基于不同的人员密度和微观特性，人员动力流过程可分成自由相、过渡相、受限相和阻塞相。对于循环边界条件，相变临界密度与系统尺寸无关。他还通过比照中国人口实际尺寸特征，指出了推挤-穿行行为可接受的人员密度范围。

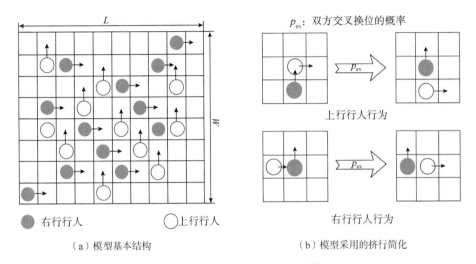

（a）模型基本结构　　　　　　　　　　（b）模型采用的挤行简化

图 9-52　二维行人流示意图[176]

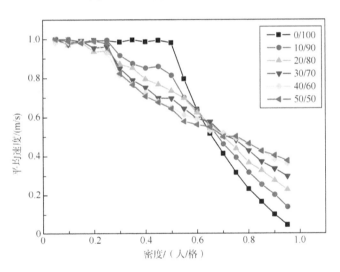

图 9-53　"推挤-穿行"概率为 0.4 时相向行人流平均速度与密度关系[176]

吴春林[177]引入人际关系距离和人眼可视角度范围，对泰森多边形方法作出改进，提出了行人占据多边形方法，用圆的内接十二边形代替人的影响区域，将行人运动方向前方-60°～60°内的多边形面积的 3 倍作为行人占据范围的面积（图 9-54）。使用传统方法、泰森多边形方法和行人占据多边形方法对单通道行人实验数据进行处理分析，发现在统计区域内行人的平均密度、平均速度随时间的变化趋势是一致的，其宏观的行人运动基本图相同。在微观的个人速度-密度数据中，泰森多边形方法得到了一些密度很低、速度很小的不合理数据点，行人占据多边形方法则减少了这些不合理数据点，使速度-密度散点图更为集中，计算得到的局部密度能更好地符合行人速度-密度关系。

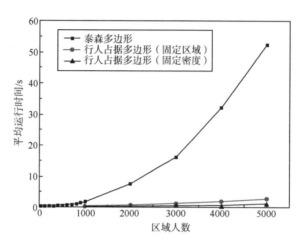

图 9-54　生成两种多边形的平均运行时间[177]

疲劳（特别是行人携带行李行走或奔跑、抢救伤员、爬楼梯、在灾害中受恐慌影响或者存在身体缺陷）对行人疏散具有显著的负面影响。在大规模行人流中，疲劳效应与速度变化相关。罗琳[178]通过行人负重实验得到了行人疲劳效应与运动参数之间的经验关系，以元胞自动机为基础，通过引入动态速率比、新场域等手段，发展了能够模拟行人运动过程中疲劳效应逐渐增强和竞赛能力逐渐下降的元胞模型。研究发现，疲劳人数比例、入口流量和行人的初始期望速度对自由相中通道内的实际流量有显著影响。当平均速度小于 3 m/s 时，疲劳系数与行走距离呈线性关系，当行走距离小于 350 m 时，疲劳系数与平均速度呈指数关系（图 9-55）。行人运动的疲劳效应在很大程度上减弱了负重行人的移动能力，并使这些负重的行人成为没有负重的行人的障碍。

目前，大部分疏散模型将行人抽象为一个质点，不考虑肢体运动对疏散的影响，这种近似在一定程度上对模拟起到了简化作用，但同时忽略了双足运动的周期性、步长的动态调整、占有体积的变化、关节转角的限制及迈步间的相互关联等微观迈步特征对宏观运动的影响。黄中意[179]考虑微观迈步特征对宏观运动的影响，提出了一种考虑迈步特性的行人运动双足模型，基于实验中行人的步态数据，开发了迈步模拟器、迈步控制器和迈步预测器用于对行人运动的模拟和预测。

（a）实验照片，一个负重人员正以正常速度行走

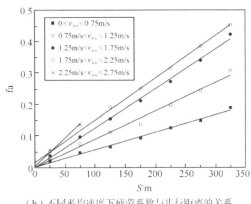

（b）不同平均速度下疲劳系数与步行距离的关系

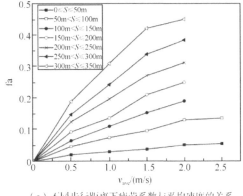

（c）不同步行距离下疲劳系数与平均速度的关系

图 9-55　行人负重实验与结果分析[178]

　　为了更好地模拟行人在楼梯处的疏散行为，程泽坤[170]修改了最优迈步模型，采用多级步长使模型在平面区域的迈步行为更加贴近真实的行人运动（图 9-56），可用于多层和高层建筑物疏散、楼梯行人流自组织行为及汇流特性的模拟研究，并通过复现疏散演习证明了模型的有效性和可靠性。结果表明，高密度下排队行为的出现频率较高，高密度的行人流在疏散时对于楼梯外侧的使用率也更高。

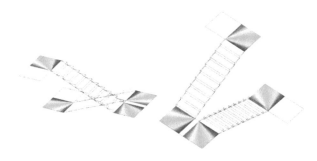

图 9-56　楼梯结构及转角静态场域示意图[170]

张俊[180]在普通格子气模型和平均场模型的基础上引入了概率统计的概念，研究了人员分布不确定性和预动作时间不确定性对疏散结果的影响，模型可通过单次模拟得到一定置信水平下疏散人数和时间的定量关系，提高了普通格子气模型在模拟人数不定区域的疏散时间时的计算效率；建立了一种考虑预动作时间分布和行人速度变化的多格子模型，用于模拟多障碍物空间下的疏散，并通过实验对模型的实用性进行了验证，模型可以较好地重现实验中出现的人员多速度、错位排列、出口独占等疏散动力学现象。谢启苗[181]根据人员疏散过程和参数可控的难易程度，将人员疏散时间的相关参数分为不确定性参数和出口参数，耦合人员疏散模型和多项式混沌展开法建立了人员疏散时间的不确定性分析方法，比较了预动作时间为确定值和随机变量情况下人员疏散时间的不确定性，结果表明所考虑的不确定性参数越多，安全系数并不一定越大，反而增加了人员疏散时间不确定性分析的计算时间成本。他还耦合多项式混沌展开法和方差分解法，提出了人员疏散时间参数敏感性分析方法，基于人员疏散时间计算模型的一阶多项式混沌展开和二阶多项式混沌展开分别给出了人员疏散时间参数的线性敏感度指标和非线性敏感度指标，降低了人员疏散时间参数敏感性分析的计算成本。

2. 考虑火灾影响的疏散模型

关于火灾条件下的人员疏散研究，采用较多的是元胞自动机模型[182]。在模型中引入考虑火源位置的危险等级、人员对出口的熟悉程度因素[183]、温度场域、能见度[184, 185]、火灾烟气[186-189]、火蔓延前锋形状[190]等概念，进一步将由火灾模拟软件 FDS[191]、经典火灾发展曲线[192]等获取的火灾动态演化过程融入行人运动模型。

赵道亮[193]通过考虑紧急情况下人员疏散中的一些特殊行为，分析了从众心理和行为、小群体现象对火场疏散造成的影响，成功地将元胞自动机模型应用于火灾中的人员疏散模拟。研究发现，疏散中的从众心理并不总是有害的，适度的从众心理可以起到信息传递的作用，使疏散更加有序，过分的从众心理会使出口的利用率降低或不平衡，从而导致疏散效率降低并延长疏散时间（图9-57）。适当的增大视野有利于合理利用出口，并提高疏散效率，视野很大时，太频繁地改变目的往往浪费更多的时间。小群体行为使得疏散的行人流不连贯，小群体数量较多或者同类人员数量较多会大大降低疏散效率并延长疏散时间。这种现象在单个出口和两个出口的情况下都会出现（图9-58）。建筑出口的布置应当尽量对称，否则不同出口的使用率会有差异，从而降低疏散效率，并且会形成不稳定的疏散状态。基于人的举棋不定心理，出口过窄会造成人员疏散过程中不良随机因素的增加，从而扰乱自身和他人的疏散秩序（图 9-59）。

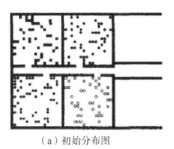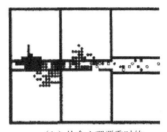

（a）初始分布图　　　　　　　　　（b）从众心理严重时的
　　　　　　　　　　　　　　　　　　堵塞情况（第180时间步）

图 9-57　四房间结构的从众心理[193]

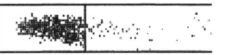

（a）单个出口，不存在吸引力时的人员疏散　　（b）单个出口，存在吸引力时的人员疏散

（c）两个出口，不存在吸引力时的人员疏散　　（d）两个出口，存在吸引力时的人员疏散

图 9-58　小群体疏散[193]

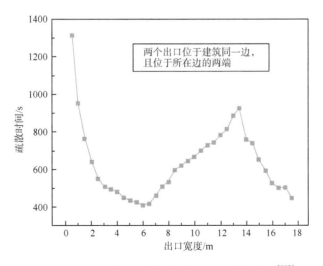

图 9-59　超市疏散中疏散时间与出口宽度的关系[193]

火灾疏散过程中，行人恐慌情绪的传播对疏散结果有较大的影响，人员在恐慌情况下的一些疏散行为也会发生改变。自发的、无意识的和不受控制的情绪感染可以在很多情况下发生，从小群组到大规模恐慌人群。傅丽碧[194]基于流行病学中的SIR(S 指易感人群(susceptible),I 指发病人群(infectious),R 指移出人群(removed))舱室模型，模拟个体在紧急情况下处于不同状态时的情绪强度，并把情绪感染过程与个体运动相互结合（图 9-60）。结果表明，情绪传播过程会出现多个感染周期，并最终趋于动态稳定；在给定系统中，初始感染者比例对系统最终动态稳定时的感

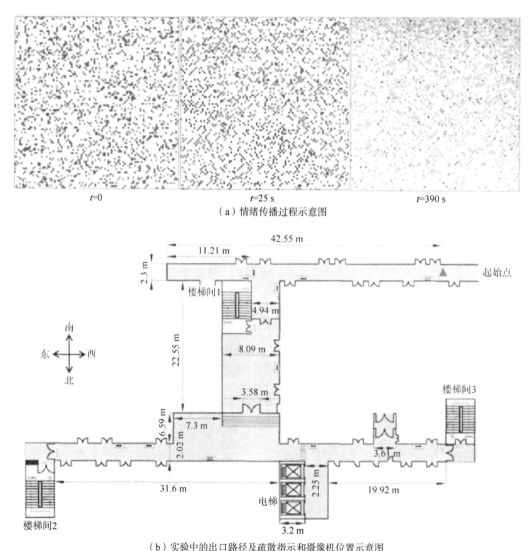

（a）情绪传播过程示意图

（b）实验中的出口路径及疏散指示和摄像机位置示意图

图 9-60　基于情绪传播的疏散模型模拟结果和实验设置示意图[194]

染者比例影响不大；感染频率随着人群平均密度的增加而增大；个体运动会促进情绪传播并增加最终动态稳定时的感染者比例等。

此外，研究人员考虑居民的个体属性（年龄、性别、行动能力）、灾害类型（火灾、恐怖袭击）和不同类型人员构成的影响，以及紧急情况下心理、情绪的变化特征，研究了火灾条件下亲属关系[195]、区域布局、人员构成[196]对疏散的影响，重现了人群通过出口的不连贯运动、出口阻塞和群体行为等现象，探究火源位置、燃烧材料、热释放速率等因素对火灾疏散的影响，研究了烟颗粒生成率、人初始健康点、烟气浓度临界值和趋同效应对人员行动能力和伤亡情况的影响。基于火灾事故的疏散研究已具备一定的规模，研究内容也在逐渐丰富，考虑的因素逐渐增多，对火灾的考虑也从初期的静态火源演变到火灾动态蔓延，更加接近实际情况，提高了模型的实用性。

9.3　新方法、新技术

随着科技的发展和计算机性能的提高，人员安全疏散的研究也出现了一些新的技术和方法，在实验方面有基于 AR/VR 技术的实验研究，在模型方面有基于机器学习的建模方法，这些都引起了广泛的关注。

9.3.1　基于 VR/AR 技术的疏散实验

考虑实验参与者的安全及伦理问题，真实火灾环境下的人员疏散实验无法开展，因此，火灾环境下的人员行为和运动数据较少，难以对其运动和行为进行深入研究。随着 VR 技术的发展，我们可以在虚拟场景中加入火源、烟气等元素，并且 VR 设备的高沉浸感可以带给实验参与者身临其境的感觉，这为开展火灾等危险环境下的人员疏散可控实验提供了可能，能够有效补充紧急情况下的行人实验数据。已有学者结合被试皮肤电导率、心率等生理参数[197]及其与环境中物体碰撞频率的测量[198]，对 VR 技术诱发焦虑的有效性进行了验证[199]。通过比较虚拟和真实环境中的绕障、瓶颈疏散及通道实验中的典型行为、绕障距离、疏散速率、出口流量等参数[200-203]，对虚拟实验的有效性进行了验证。

梁璇文[204]针对不同控制方式在 VR 场景中的有效性进行实验，分别分析对比了在头显-鼠标、鼠标-鼠标、键盘-鼠标三种控制方式下实验参与者的轨迹、绕障距离、绕障起始时间和横向距离等参数与实际实验的异同，在验证虚拟实验的有效性后又设计了单房间的双出口选择实验，分析了实验参与者的首次决策时间和出口选择偏好，得到了具有出口前人数偏好的参与者多于具有出口处流率偏好的参与者，且具有行人数量偏好的参与者做出不优决策的比例更高的结论，并进一步拓展到多房间出口选择实验（图 9-61），分析了实验参与者前三次出口选择的情况，并深入探索了从众行为与避让行为对出口选择的影响。

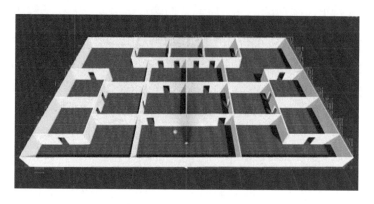

（a）Unity3D 中的场景截图

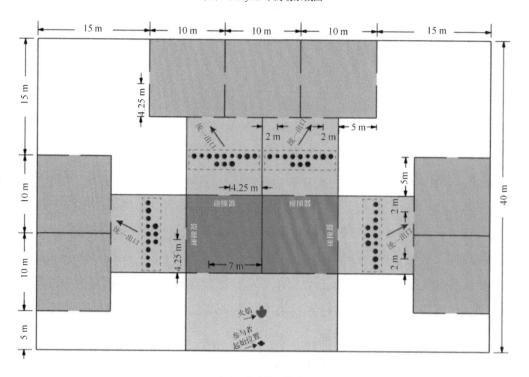

（b）实验设置说明

图 9-61　多房间出口选择实验场景[204]

基于虚拟实验场景搭建灵活、实验可重复性强的优点，VR 技术已经被广泛应用于出口选择和疏散行为等方面的研究，通过设置虚拟环境中烟气、疏散标识、危险程度和障碍物信息、灯光性能等环境特征参数[199, 205-209]，研究人员研究了不同环境下疏散时的路径选择、疏散时间、寻路能力，分析了周围行人的疏散行为对实验参与者在出口选择方面的影响。利用可重复性强和参数设置灵活可控的特点，Liu 等[210]设计了实验参与者对移动非玩家控制角色（none-player character，NPC）的绕行避让实验（图 9-62），实验中有三个可控变量，分别为实验参与者速度、NPC 与实验参与者行进方向夹角及 NPC 来自的方向，共产生 36（=3×6×2）个实验条件，根据实验结果可将回避过程分为判断—回避—返回三个阶段，回避阶段的起始时间受 NPC 与实验参与者行进方向夹角的影响，且行人往往在回避阶段结束时达到最大横向距离，该距离也受夹角的影响，行人更倾向以较小的横向距离和夹角来回避 NPC。Li 等[211]基于现实观测实验搭建了对应的 VR 场景（图 9-63），研究了行人在划定出口路线的障碍物周围的路线选择行为，重点考察了到路线起点的局部距离、行人密度和沿途步行速度这三个因素对行人路径选择的影响。实验发现，选择较近出口路线的人数比例随着到路线起点的局部距离的增加而增加，且人们更倾向于选择行人密度较低的路线，由此建立了路线选择机制并成功预测 74%的选择。

图 9-62　VR 实验场景[210]

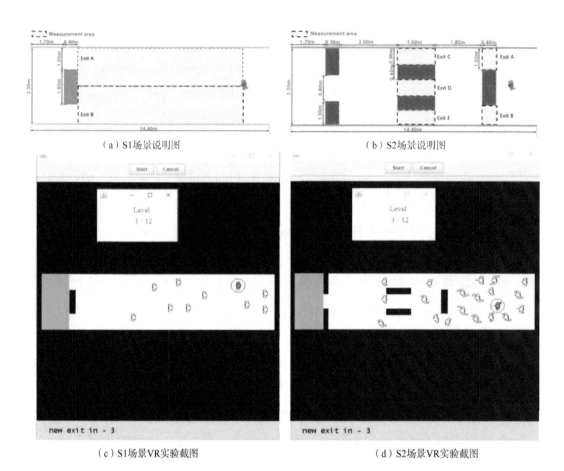

（a）S1场景说明图　　　　　　　　　　　　　　　　（b）S2场景说明图

（c）S1场景VR实验截图　　　　　　　　　　　　　　（d）S2场景VR实验截图

图 9-63　实验场景说明图和 VR 实验截图[211]

9.3.2　基于机器学习的疏散建模研究

随着机器学习技术的发展，基于机器学习的行人疏散仿真模型也不断涌现，大致可分为数据驱动类模型、神经网络类模型及强化学习类模型等。其中，数据驱动类模型主要关注如何采用实测的行人流数据实时动态地驱动仿真模型中的虚拟行人，从而达到实时仿真和参数动态调整的目的；神经网络类模型把行人移动的过程看作基于数据建模的回归预测问题，把行人的行为决策作为因变量，把周边环境中影响行人移动的因素作为自变量，采用神经网络拟合逼近两者的函数关系；强化学习类模型同样考虑对行人移动的决策过程进行建模，但是采用不完全依赖实测数据的自我学习和策略探索方式进行模型训练。与传统模型相比，基于机器学习的行人疏散仿真模型最大的优势在于建模过程去人为化，无须假定行人的行为规则并设定调控参数，行人的行为主要从数据中学习和自我探索。袁璟[212]将由 RGB-D 相机

（一种结合 RGB 彩色图像和深度图像技术的相机）获得的储存了可见光色彩信息和深度信息的 RGB-D 图像应用在行人检测（图 9-64）中，前期工作主要对 RGB-D 图像的显著性进行检测，先利用了一种基于 CNN 的平衡深度图像细节的显著性检测方法处理由设备本身带来的图像噪声问题，再利用了一种基于残差补偿模块的深度信息辅助的显著性检测方法对可见光数据进行相应补充，后期工作则提出了一种基于显著性检测模型抽取特征进行行人检测的方案，并利用公开数据集进行了实验，证明了该模型能实现行人检测任务。

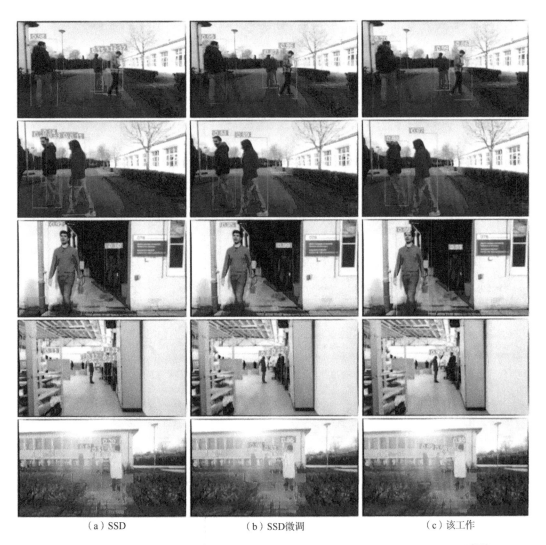

（a）SSD　　　　　　　　（b）SSD微调　　　　　　　（c）该工作

图 9-64　基于显著性检测模型进行行人检测的方法与其他行人检测方法结果对比[212]

SSD 指单步多框检测（single shot multi box detector）

魏梦[213]利用多尺度融合递归卷积神经网络来估计人群密度（图9-65），间接实现了人群计数，同时为了克服该间接估计方法忽略人群局部密度信息的问题，进一步提出了联合训练的多尺度融合递归卷积神经网络，并在4个人群数据集上证明了该网络的有效性，结合该网络得到的人群密度分布图还可以检测人群异常行为，并在2个人群数据集上得到了验证。

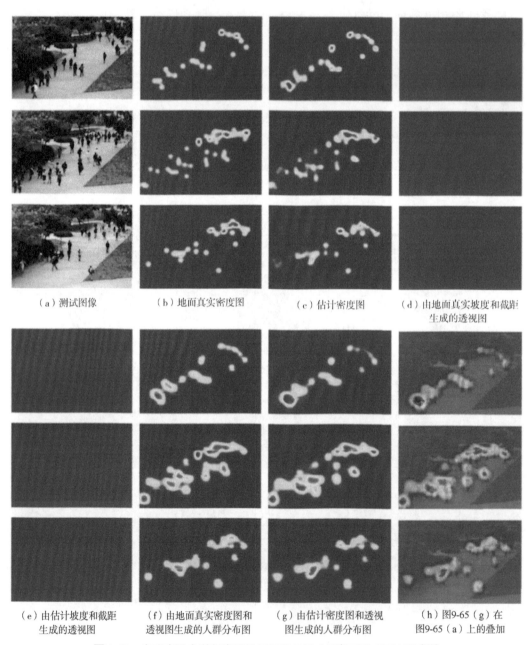

（a）测试图像　　　　（b）地面真实密度图　　　　（c）估计密度图　　　　（d）由地面真实坡度和截距生成的透视图

（e）由估计坡度和截距生成的透视图　　　（f）由地面真实密度图和透视图生成的人群分布图　　　（g）由估计密度图和透视图生成的人群分布图　　　（h）图9-65（g）在图9-65（a）上的叠加

图 9-65　多尺度融合递归卷积神经网络估计人群密度的具体过程[213]

马晴[214]提出了一种由多尺度递归卷积神经网络和光流模块组成的深度基本图网络结构,多尺度递归卷积神经网络学习视频帧图像与行人密度图之间的映射关系,光流模块则通过稀疏光流算法获得行人速度图,通过速度图和密度图的空间对应关系可得到行人运动基本图,并在此基础上对行人异常速度和方向进行检测,实现了行人动力学研究与深度学习相结合的应用(图 9-66)。

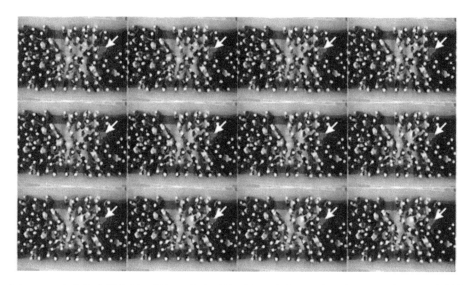

图 9-66　由多尺度递归卷积神经网络实时检测出的速度和方向异常的行人（箭头处）[214]

Zhao 等[215, 216]、Ma 等[217]提出了一种基于 ANN 的行人运动模型,再现了直通道单向流和双向流,并且在双向流中复现了典型的车道现象;后续又提出了多特征融合递归神经网络,通过学习行人自身速度序列及周围人的相对距离和速度,开发了一种新的雷达（radar）最近邻方法,成功再现了双向流场景及车道现象,同时在行人轨迹、分布与基本图方面均能较好地吻合实际实验数据,且明显优于前人的工作（图 9-67）。

基于现有的大量行人运动轨迹数据,以行人间的相对位置和相对速度、到边界和目标的距离,以及行人自身的运动速度等参数作为输入向量,通过神经网络建立其与行人运动速度之间的映射关系,对行人的运动状态向量进行表征,通过网络设计复现疏散人群中的复杂行人交互关系,对行人的疏散轨迹进行预测,将是未来发展的一个重要方向。

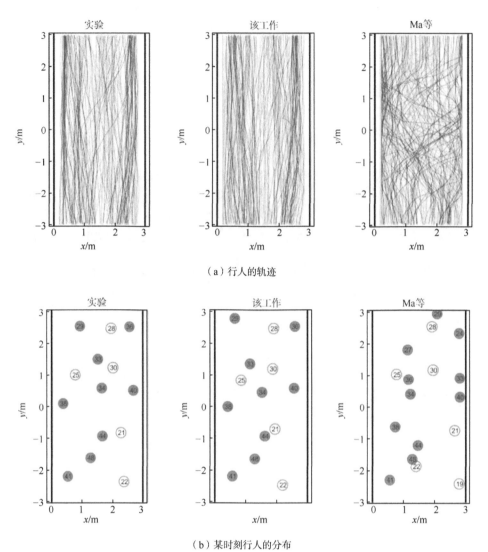

（a）行人的轨迹

（b）某时刻行人的分布

图 9-67　基于数据集中场景 2 的数据，比较现实实验、radar 最近邻方法和 Ma 等[217]工作之间的
行人轨迹和分布[216]

9.4　本章小结

　　本章总结了行人和疏散动力学研究中出现的一些实验、模型和新技术，尤其是中国科学技术大学火灾科学国家重点实验室过去 20 多年来在本领域的研究成果。在过去几十年里，人们进行了大量的行人疏散实验，研究了设施设计和疏散规划中可能需要的典型行人行为、特征参数和关系。然而，基于道德和安全问题，大多数实验是在非紧急情况下进行的，并没有考虑火灾等突发事件的影响。研究人员也开发

了多种疏散模型，有些甚至在工程实践中得到了应用。此外，也有一些建模工作尝试将火灾影响整合到行人模型中，但是由于缺乏实际数据，现有的大多数模型并没有得到全面验证，其可靠性和准确性仍然值得进一步研究。随着 VR/AR 和机器学习技术的发展，在未来的研究中，可以尝试获取虚拟火灾环境的经验数据，为灾害环境下的人员疏散研究提供一种可能。

参 考 文 献

[1] 胡杨慧. 二人群组在行人流中的时空运动特性实验研究[D]. 合肥：中国科学技术大学，2021.

[2] 陈赛. 地铁车站 T 字型通道行人通行效率研究[D]. 北京：北京交通大学，2018.

[3] Cheng L，Yarlagadda R，Fookes C，et al. A review of pedestrian group dynamics and methodologies in modelling pedestrian group behaviours[J]. World Journal of Mechanical Engineering，2014，1（1）：1-13.

[4] Jo H，Chug K，Sethi R J. A review of physics-based methods for group and crowd analysis in computer vision[J]. Postdoc Journal，2013，1（1）：4-7.

[5] Alhajj R，Rokne J. Social Groups in Crowd. Encyclopedia of Social Network Analysis and Mining[M]. New York：Springer，2014.

[6] 姚明，温鹏景，曹淑超，等. 基于群组行为的大学校园楼梯及通道行人运动特征分析[J]. 交通运输系统工程与信息，2019，19（5）：242-250.

[7] Hu Y，Ren X，Zhang J，et al. An experimental study on the movement characteristics of a social group in unidirectional flow[J]. Transportmetrica A：Transport Science，2022：1-20.

[8] Rahman N A，Harada E，Gotoh H. DEM-based group behaviour model and its impact in tsunami evacuation simulation[J]. Journal of Natural Sciences Research，2014，4：1-10.

[9] Singh H，Arter R，Dodd L，et al. Modelling subgroup behaviour in crowd dynamics DEM simulation[J]. Applied Mathematical Modelling，2009，33（12）：4408-4423.

[10] Li X H，Xiong S W，Duan P F，et al. A study on the dynamic spatial-temporal trajectory features of pedestrian small group[C]. Wuhan：2nd International Symposium on Dependable Computing and Internet of Things，2015：112-116.

[11] Gorrini A，Bandini S，Vizzari G. Empirical investigation on pedestrian crowd dynamics and grouping[C]. Julich：Proceedings of the Traffic and Granular Flow，2015：83-91.

[12] Welch M，Schaerf T M，Murphy A. Collective states and their transitions in football[J]. PLoS One，2021，16（5）：e0251970.

[13] Xi J A，Zou X L，Chen Z，et al. Multi-pattern of complex social pedestrian groups[J]. Transportation Research Procedia，2014，2：60-68.

[14] Ruback R B，Collins R T，Koon-Magnin S，et al. People transitioning across places：A multimethod investigation of how people go to football games[J]. Environment and Behavior，2013，45（2）：239-266.

[15] McPhail C. Small groups across the life course of temporary gatherings[C]. San Francisco：Annual

Meeting of the American Sociological Association，2009.

[16] Gayathri H, Aparna P M, Verma A. A review of studies on understanding crowd dynamics in the context of crowd safety in mass religious gatherings[J]. International Journal of Disaster Risk Reduction，2017，25：82-91.

[17] Desportes J P，Lemaine J M. The sizes of human groups：An analysis of their distributions[M]//Canter D，Jesuino J C，Soczka L，et al. Environmental Social Psychology. Dordrecht：Springer Netherlands，1988：57-65.

[18] Reuter V，Bergner B S，Köster G，et al. On modeling groups in crowds：Empirical evidence and simulation results including large groups[M]//Weidmann U, Kirsch U, Schreckenberg M. Pedestrian and Evacuation Dynamics 2012. Cham：Springer，2014：835-845.

[19] Zhao P, Sun L, Cui L, et al. The walking behaviours of pedestrian social group in the corridor of subway station[C]. Beijing：Proceedings of the 2016 Pedestrian and Evacuation Dynamics Conference，2016.

[20] Do T，Haghani M，Sarvi M. Group and single pedestrian behavior in crowd dynamics[J]. Transportation Research Record：Journal of the Transportation Research Board，2016，2540（1）：13-19.

[21] Rahman N A，Harada E，Gotoh H. DEM-based group behaviour model and its impact in tsunami evacuation simulation[J]. Journal of Natural Sciences Research，2014，4：1-10.

[22] Vanumu L D，Rao K R，Tiwari G. Analysis of pedestrian group behaviour[C]. Washington，D.C.：Transportation Research Board 96th Annual Meeting，2017：1-10.

[23] Bakeman R, Beck S. The size of informal groups in public[J]. Environment and Behavior, 1974, 6(3)：378-390.

[24] 何民，韩智泉，于海宁，等. 考虑同伴群动态交流分组的行人仿真模型研究[J]. 交通运输系统工程与信息，2017，17（2）：136-141.

[25] Federici M L，Gorrini A，Manenti L，et al. Data collection for modeling and simulation：Case study at the university of milan-bicocca[C]. Santorini Island：International Conference on Cellular Automata，2012：24-27.

[26] Xi J A，Zou X L，Chen Z，et al. Multi-pattern of complex social pedestrian groups[J]. Transportation Research Procedia，2014，2：60-68.

[27] Gorrini A，Bandini S，Vizzari G. Empirical investigation on pedestrian crowd dynamics and grouping[M]// Chraibi M，Boltes M，Schadschneider A，et al. Traffic and Granular Flow'13. Cham：Springer，2015：83-91.

[28] Schultz M，Rößger L，Fricke H，et al. Group dynamic behavior and psychometric profiles as substantial driver for pedestrian dynamics[M]//Weidmann U，Kirsch U，Schreckenberg M. Pedestrian and Evacuation Dynamics 2012. Cham：Springer，2014：1097-1111.

[29] Aveni A F. The not-so-lonely crowd：Friendship groups in collective behavior[J]. Sociometry，1977，40（1）：96-99.

[30] Oberhagemann D，Könnecke R，Schneider V. Effect of social groups on crowd dynamics：Empirical findings and numerical simulations[M]// Weidmann U，Kirsch U，Schreckenberg M. Pedestrian and Evacuation Dynamics 2012. Cham：Springer，2014：1251-1258.

[31] Wann D L，Friedman K，McHale M，et al. The Norelco sport fanatics survey：Examining behaviors of

sport fans[J]. Psychological Reports，2003，92（3）：930-936.

[32] 郑振华，彭希哲. 社区环境对老年人行为与健康的影响研究——不同年龄阶段老年人的群组比较[J]. 地理研究，2019，38（6）：1481-1496.

[33] Clingingsmith D，Khwaja A I，Kremer M. Estimating the impact of the Hajj：Religion and tolerance in islam's global gathering[J]. Quarterly Journal of Economics，2009，124（3）：1133-1170.

[34] Costa M. Interpersonal distances in group walking[J]. Journal of Nonverbal Behavior，2010，34（1）：15-26.

[35] Gorrini A，Vizzari G，Bandini S. Age and group-driven pedestrian behaviour：From observations to simulations[J]. Collective Dynamics，2016，1：1-16.

[36] Capote J A，Alvear D，Abreu O，et al. Analysis of evacuation procedures in high speed trains fires[J]. Fire Safety Journal，2012，49：35-46.

[37] Boyce K，McConnell N，Shields J. Evacuation response behaviour in unannounced evacuation of licensed premises[J]. Fire and Materials，2017，41（5）：454-466.

[38] Rahouti A，Lovreglio R，Gwynne S，et al. Human behaviour during a healthcare facility evacuation drills：Investigation of pre-evacuation and travel phases[J]. Safety Science，2020，129：104754.

[39] Zhao C M，Lo S M，Zhang S P，et al. A post-fire survey on the pre-evacuation human behavior[J]. Fire Technology，2009，45（1）：71-95.

[40] Bryan J L. A review of the examination and analysis of the dynamics of human behavior in the fire at the MGM Grand Hotel，Clark County，Nevada as determined from a selected questionnaire population[J]. Fire Safety Journal，1983，5（3-4）：233-240.

[41] Bourhim E M，Cherkaoui A. Efficacy of virtual reality for studying people's pre-evacuation behavior under fire[J]. International Journal of Human-Computer Studies，2020，142：102484.

[42] 田玉敏. 火灾中人员的行为及其模拟计算方法的研究[J]. 安全与环境学报，2006，6（1）：26-30.

[43] Tong D，Canter D. The decision to evacuate：A study of the motivations which contribute to evacuation in the event of fire[J]. Fire Safety Journal，1985，9（3）：257-265.

[44] Ramachandran G. Human behavior in fires—A review of research in the United Kingdom[J]. Fire Technology，1990，26（2）：149-155.

[45] Rahouti A，Lovreglio R，Nilsson D，et al. Investigating evacuation behaviour in retirement facilities：Case studies from New Zealand[J]. Fire Technology，2021，57（3）：1015-1039.

[46] Rahouti A，Lovreglio R，Dias C，et al. Investigating office buildings evacuations using unannounced fire drills：The case study of CERN，Switzerland[J]. Fire Safety Journal，2021，125：103403.

[47] Sekizawa A，Ebihara M，Notake H，et al. Occupants' behaviour in response to the high-rise apartments fire in Hiroshima City[J]. Fire and Materials，1999，23（6）：297-303.

[48] McLennan J，Ryan B，Bearman C，et al. Should we leave now? Behavioral factors in evacuation under wildfire threat[J]. Fire Technology，2019，55（2）：487-516.

[49] Shields T J，Boyce K E. A study of evacuation from large retail stores[J]. Fire Safety Journal，2000，35（1）：25-49.

[50] Ge X X，Dong W，Jin H Y. Study on the social psychology and behaviors in a subway evacuation drill in China[J]. Procedia Engineering，2011，11：112-119.

[51] Zhen W，Mao L，Yuan Z. Analysis of trample disaster and a case study—Mihong bridge fatality in China in 2004[J]. Safety Science，2008，46（8）：1255-1270.

[52] Helbing D，Mukerji P. Crowd disasters as systemic failures：Analysis of the Love Parade disaster[J]. EPJ Data Science，2012，1：1-40.

[53] Helbing D，Johansson A，Al-Abideen H Z. Dynamics of crowd disasters：An empirical study[J]. Physical Review E，Statistical，Nonlinear，and Soft Matter Physics，2007，75（4 Pt 2）：046109.

[54] Dong Y H，Liu F，Liu Y M，et al. Emergency preparedness for mass gatherings：Lessons of "12·31" stampede in Shanghai Bund[J]. Chinese Journal of Traumatology，2017，20（4）：240-242.

[55] Alaska Y A，Aldawas A D，Aljerian N A，et al. The impact of crowd control measures on the occurrence of stampedes during mass gatherings：The Hajj experience[J]. Travel Medicine and Infectious Disease，2017，15：67-70.

[56] Lian L P，Song W G，Richard Y K K，et al. Long-range dependence and time-clustering behavior in pedestrian movement patterns in stampedes：The Love Parade case-study[J]. Physica A：Statistical Mechanics and Its Applications，2017，469：265-274.

[57] Yun N Y，Lee S W. Analysis of effectiveness of tsunami evacuation principles in the 2011 Great East Japan tsunami by using text mining[J]. Multimedia Tools and Applications，2016，75（20）：12955-12966.

[58] Yun N Y，Hamada M. Evacuation behavior and fatality rate during the 2011 Tohoku-Oki earthquake and tsunami[J]. Earthquake Spectra，2015，31（3）：1237-1265.

[59] Ao Y B，Huang K，Wang Y，et al. Influence of built environment and risk perception on seismic evacuation behavior：Evidence from rural areas affected by Wenchuan earthquake[J]. International Journal of Disaster Risk Reduction，2020，46：101504.

[60] Sun Y Y，Nakai F，Yamori K，et al. Tsunami evacuation behavior of coastal residents in Kochi Prefecture during the 2014 Iyonada Earthquake[J]. Natural Hazards，2017，85（1）：283-299.

[61] Martín Y，Cutter S L，Li Z L. Bridging twitter and survey data for evacuation assessment of hurricane matthew and hurricane Irma[J]. Natural Hazards Review，2020，21（2）：04020003.

[62] Goodie A S，Sankar A R，DOSHI P. Experience，risk，warnings，and demographics：Predictors of evacuation decisions in hurricanes Harvey and Irma[J]. International Journal of Disaster Risk Reduction，2019，41：101320.

[63] Smith S K，McCarty C. Fleeing the storm(s)：An examination of evacuation behavior during Florida's 2004 hurricane season[J]. Demography，2009，46（1）：127-145.

[64] Younes H，Darzi A，Zhang L. How effective are evacuation orders? An analysis of decision making among vulnerable populations in Florida during hurricane Irma[J]. Travel Behaviour and Society，2021，25：144-152.

[65] Kang J E，Lindell M K，Prater C S. Hurricane evacuation expectations and actual behavior in hurricane Lili[J]. Journal of Applied Social Psychology，2007，37（4）：887-903.

[66] Brown S，Gargano L M，Parton H，et al. Hurricane Sandy evacuation among world trade center health registry enrollees in New York City[J]. Disaster Medicine and Public Health Preparedness，2016，10（3）：411-419.

[67] Zhang T，Zhang X L，Huang S S，et al. Collective behavior of mice passing through an exit under

panic[J]. Physica A：Statistical Mechanics and Its Applications，2018，496：233-242.

[68] Zhang T，Huang S S，Zhang X L，et al. Effect of exit location on flow of mice under emergency condition[J]. Chinese Physics B，2019，28（1）：010505.

[69] Wang S J，Lv W，Song W G. Behavior of ants escaping from a single-exit room[J]. PLoS One，2015，10（6）：e0131784.

[70] Wang S J，Cao S C，Wang Q，et al. Effect of exit locations on ants escaping a two-exit room stressed with repellent[J]. Physica A：Statistical Mechanics and Its Applications，2016，457：239-254.

[71] 张腾. 小鼠群体在紧急情况下的逃生行为与疏散规律实验研究[D]. 合肥：中国科学技术大学，2019.

[72] 肖含仪. 基于小鼠实验的双出口紧急疏散研究[D]. 合肥：中国科学技术大学，2019.

[73] 王姝洁. 蚂蚁群体运动规律的实验与模拟研究[D]. 合肥：中国科学技术大学，2016.

[74] 王巧. 蚂蚁单列运动的实验与模型研究[D]. 合肥：中国科学技术大学，2019.

[75] Wang P，Cao S C，Yao M. Fundamental diagrams for pedestrian traffic flow in controlled experiments[J]. Physica A：Statistical Mechanics and Its Applications，2019，525：266-277.

[76] Zhang J，Seyfried A. Experimental studies of pedestrian flows under different boundary conditions[C]. Qingdao：17th International IEEE Conference on Intelligent Transportation Systems，2014：542-547.

[77] Ren X X，Zhang J，Song W G. Flows of walking and running pedestrians in a corridor through exits of different widths[J]. Safety Science，2021，133：105040.

[78] Pan H L，Zhang J，Song W G，et al. Fundamental diagram of pedestrian flow including wheelchair users in straight corridors[J]. Journal of Statistical Mechanics-Theory and Experiment，2021，2021（3）：033411.

[79] Ren X X，Zhang J，Song W G，et al. The fundamental diagrams of elderly pedestrian flow in straight corridors under different densities[J]. Journal of Statistical Mechanics-Theory and Experiment，2019，2019（2）：023403.

[80] Shi Z G，Zhang J，Ren X X，et al. Quantifying the impact of luggage on pedestrian walking and running movements[J]. Safety Science，2020，130：104856.

[81] Hu Y H，Zhang J，Song W G，et al. Social groups barely change the speed-density relationship in unidirectional pedestrian flow，but affect operational behaviours[J]. Safety Science，2021，139：105259.

[82] Wang W L，Zhang J J，Li H C，et al. Experimental study on unidirectional pedestrian flows in a corridor with a fixed obstacle and a temporary obstacle[J]. Physica A：Statistical Mechanics and Its Applications，2020，560：125188.

[83] 魏晓鸽. 考虑群组行为的人员运动实验与模型研究[D]. 合肥：中国科学技术大学，2015.

[84] 潘红亮. 直通道与出口结构中行人轮椅混合运动实验研究[D]. 合肥：中国科学技术大学，2021.

[85] 任祥霞. 典型场景内老年人多模式疏散特性实验和模型研究[D]. 合肥：中国科学技术大学，2022.

[86] Shi Z G，Zhang J，Shang Z G，et al. The effect of symmetrical exit layout on luggage-laden pedestrian movement in the double-exit room[J]. Safety Science，2022，155：105874.

[87] 高宇星. 典型运动场景下拉杆箱对单向行人流运动规律影响的实验研究[D]. 合肥：中国科学技术大学，2020.

[88] Moussaid M，Helbing D，Garnier S，et al. Experimental study of the behavioural mechanisms underlying

self-organization in human crowds[J]. Proceedings Biological Sciences, 2009, 276（1668）: 2755-2762.

[89] Ma J, Song W G, Fang Z M, et al. Experimental study on microscopic moving characteristics of pedestrians in built corridor based on digital image processing[J]. Building and Environment, 2010, 45（10）: 2160-2169.

[90] Helbing D. A stochastic behavioral model and a "Microscopic" foundation of evolutionary game theory[J]. Theory and Decision, 1996, 40（2）: 149-179.

[91] Helbing D. Traffic and related self-driven many-particle systems[J]. Reviews of Modern Physics, 2001, 73（4）: 1067-1141.

[92] Guo R Y, Wong S C, Xia Y H, et al. Empirical evidence for the look-ahead behavior of pedestrians in bi-directional flows[J]. Chinese Physics Letters, 2012, 29（6）: 068901.

[93] Zhang J, Wang Q, Hu Y H, et al. The effect of a directional split flow ratio on bidirectional pedestrian streams at signalized crosswalks[J]. Journal of Statistical Mechanics-Theory and Experiment, 2018, 2018（7）: 073408.

[94] Alhajyaseen W K M, Nakamura H, Asano M. Effects of bi-directional pedestrian flow characteristics upon the capacity of signalized crosswalks[J]. Procedia - Social and Behavioral Sciences, 2011, 16: 526-535.

[95] Gorrini A, Crociani L, Feliciani C, et al. Social groups and pedestrian crowds: Experiment on dyads in a counter flow scenario[C]. Hefei: 8th International Conference on Pedestrian and Evacuation Dynamics, 2016: 41-46.

[96] Xue S Q, Shi X M, Xiao Y. Experimental characterization of bidirectional flow of children and a comparison with adults[J]. Journal of Statistical Mechanics-Theory and Experiment, 2020, 2020（8）: 083403.

[97] Xue S Q, Shi X M, Shiwakoti N. Would walking hand-in-hand increase the traffic efficiency of children pedestrian flow?[J]. Physica A: Statistical Mechanics and Its Applications, 2021, 583: 126332.

[98] Chen S Y, Fu L B, Fang J, et al. The effect of obstacle layouts on pedestrian flow in corridors: An experimental study[J]. Physica A: Statistical Mechanics and Its Applications, 2019, 534: 122333.

[99] Liu X D, Song W G, Huo F Z, et al. Experimental study of pedestrian flow in a fire-protection evacuation walk[J]. Procedia Engineering, 2014, 71: 343-349.

[100] Ma Y, Sun Y Y, Lee E W M, et al. Pedestrian stepping dynamics in single-file movement[J]. Physical Review E, 2018, 98（6）: 062311.

[101] Jelić A, Appert-Rolland C, Lemercier S, et al. Properties of pedestrians walking in line. Ⅱ. Stepping behavior[J]. Physical Review E, Statistical, Nonlinear, and Soft Matter Physics, 2012, 86（4 Pt 2）: 046111.

[102] Shi X M, Ye Z R, Shiwakoti N, et al. Empirical investigation on safety constraints of merging pedestrian crowd through macroscopic and microscopic analysis[J]. Accident Analysis & Prevention, 2016, 95: 405-416.

[103] Shiwakoti N, Gong Y S, Shi X M, et al. Examining influence of merging architectural features on pedestrian crowd movement[J]. Safety Science, 2015, 75: 15-22.

[104] Wu X S, Yue H, Liu Q M, et al. Experimental analysis and simulation study on turning behavior of

pedestrians in L-shaped corridor[J]. Acta Physica Sinica，2021，70（14）：148901.

[105] Sharifi M S，Song Z Q，Esfahani H N，et al. Exploring heterogeneous pedestrian stream characteristics at walking facilities with different angle intersections[J]. Physica A：Statistical Mechanics and Its Applications，2020，540：123112.

[106] 房志明. 考虑火灾影响的人员疏散过程模型与实验研究[D]. 合肥：中国科学技术大学，2012.

[107] 刘驰. 多组分行人流的实验与模拟研究[D]. 合肥：中国科学技术大学，2018.

[108] 宋京涛. 基于移动机器人的行人单列实验及模型研究[D]. 合肥：中国科学技术大学，2019.

[109] 曹淑超. 视野受限条件下的行人运动实验与模型研究[D]. 合肥：中国科学技术大学，2017.

[110] 曾光. 背景音乐对单列行人流影响的实验研究[D]. 合肥：中国科学技术大学，2019.

[111] Guo N，Jiang R，Hao Q Y，et al. Impact of holding umbrella on uni- and bi-directional pedestrian flow：Experiments and modeling[J]. Transportmetrica B：Transport Dynamics，2019，7（1）：897-914.

[112] Guo N，Hao Q Y，Jiang R，et al. Uni- and bi-directional pedestrian flow in the view-limited condition：Experiments and modeling[J]. Transportation Research Part C-Emerging Technologies，2016，71：63-85.

[113] Jin C J，Jiang R，Wong S C，et al. Observational characteristics of pedestrian flows under high-density conditions based on controlled experiments[J]. Transportation Research Part C-Emerging Technologies，2019，109：137-154.

[114] Ye R，Fang Z M，Lian L P，et al. Traffic dynamics of uni- and bidirectional pedestrian flows including dyad social groups in a ring-shaped corridor[J]. Journal of Statistical Mechanics-Theory and Experiment，2021，2021（2）：023406.

[115] 叶锐. 通道中单向与相向行人流运动特征的实验研究[D]. 合肥：中国科学技术大学，2020.

[116] 黄传力. 共享道路上自行车影响下的行人运动实验与模拟研究[D]. 合肥：中国科学技术大学，2021.

[117] Yanagisawa D，Kimura A，Tomoeda A，et al. Introduction of frictional and turning function for pedestrian outflow with an obstacle[J]. Physical Review E，Statistical，Nonlinear，and Soft Matter Physics，2009，80（3 Pt 2）：036110.

[118] Dias C，Ejtemai O，Sarvi M，et al. Pedestrian walking characteristics through angled corridors an experimental study[J]. Transportation Research Record：Journal of the Transportation Research Board，2014，2421（1）：41-50.

[119] Kaiser A，Löwen H. Unusual swelling of a polymer in a bacterial bath[J]. Journal of Chemical Physics，2014，141（4）：044903.

[120] Ye R，Chraibi M，Liu C，et al. Experimental study of pedestrian flow through right-angled corridor：Uni- and bidirectional scenarios[J]. Journal of Statistical Mechanics-Theory and Experiment，2019，2019（4）：043401.

[121] Aghabayk K，Radmehr K，Shiwakoti N. Effect of intersecting angle on pedestrian crowd flow under normal and evacuation conditions[J]. Sustainability，2020，12（4）：1301.

[122] Lian L P，Mai X，Song W G，et al. An experimental study on four-directional intersecting pedestrian flows[J]. Journal of Statistical Mechanics-Theory and Experiment，2015，2015（8）：P08024.

[123] Lian L P，Mai X，Song W G，et al. Pedestrian merging behavior analysis：An experimental study[J].

Fire Safety Journal，2017，91：918-925.

[124] Zhang J，Seyfried A. Comparison of intersecting pedestrian flows based on experiments[J]. Physica A：Statistical Mechanics and Its Applications，2014，405：316-325.

[125] Shahhoseini Z，Sarvi M，Saberi M，et al. Pedestrian crowd dynamics observed at merging sections impact of designs on movement efficiency[J]. Transportation Research Record，2017，2622：48-57.

[126] 练丽萍. 行人汇流与交叉流的实验研究[D]. 合肥：中国科学技术大学，2018.

[127] Hoogendoorn S P，Daamen W. Pedestrian behavior at bottlenecks[J]. Transportation Science，2005，39（2）：147-159.

[128] Song W G，Lv W，Fang Z M. Experiment and modeling of microscopic movement characteristic of pedestrians[J]. Procedia Engineering，2013，62：56-70.

[129] Kretz T，Grünebohm A，Schreckenberg M. Experimental study of pedestrian flow through a bottleneck[J]. Journal of Statistical Mechanics-Theory and Experiment，2006，2006（10）：P10014.

[130] Liao W C，Seyfried A，Zhang J，et al. Experimental study on pedestrian flow through wide bottleneck[C]. Delft：Proceedings of the Conference on Pedestrian and Evacuation Dynamics 2014，2014：26-33.

[131] 庄异凡. 地铁空间典型瓶颈处的行人运动特性和限流措施研究[D]. 合肥：中国科学技术大学，2018.

[132] Liddle J，Seyfried A，Klingsch W，et al. An experimental study of pedestrian congestions：Influence of bottleneck width and length[C]. Shanghai：Traffic and Granular Flow 2009，2009：1-6.

[133] Sun L S，Luo W，Yao L Y，et al. A comparative study of funnel shape bottlenecks in subway stations[J]. Transportation Research Part A：Policy and Practice，2017，98：14-27.

[134] Tavana H，Aghabayk K. Insights toward efficient angle design of pedestrian crowd egress point bottlenecks[J]. Transportmetrica A：Transport Science，2019，15（2）：1569-1586.

[135] Li H L，Zhang J，Yang L B，et al. A comparative study on the bottleneck flow between preschool children and adults under different movement motivations[J]. Safety Science，2020，121：30-41.

[136] Ren X X，Zhang J，Cao S C，et al. Experimental study on elderly pedestrians passing through bottlenecks[J]. Journal of Statistical Mechanics-Theory and Experiment，2019，2019（12）：123204.

[137] Tsuchiya S，Hasemi Y，Furukawa Y. Evacuation characteristics of group with wheelchair users[C]. Hong Kong：7th Asia-Oceania Symposium，2007：1-12.

[138] Shimada T，Naoi H. An experimental study on the evacuation flow of crowd including wheelchair users[J]. Fire Science and Technology，2006，25（1）：1-14.

[139] Müller K. Zur gestaltung und bemessung von fluchtwegen für die evakuierung von personen aus bauwerken auf der grundlage von modellversuchen[D]. Magdeburg：Technische Hochschule Magdeburg，1981.

[140] Muir H C，Bottomley D M，Marrison C. Effects of motivation and cabin configuration on emergency aircraft evacuation behavior and rates of egress[J]. The International Journal of Aviation Psychology，1996，6（1）：57-77.

[141] Garcimartín A，Parisi D R，Pastor J M，et al. Flow of pedestrians through narrow doors with different competitiveness[J]. Journal of Statistical Mechanics-Theory and Experiment，2016，2016（4）：043402.

[142] 陈亦新. 行人违章过街行为对信号交叉口通行效率影响研究[D]. 北京：北京工业大学，2015.

[143] Moussaïd M，Helbing D，Theraulaz G. How simple rules determine pedestrian behavior and crowd disasters[J]. Proceedings of the National Academy of Sciences of the United States of America，2011，108（17）：6884-6888.

[144] Zhang J，Seyfried A. Quantification of bottleneck effects for different types of facilities[J]. Transportation Research Procedia，2014，2：51-59.

[145] Jiang L，Li J Y，Shen C，et al. Obstacle optimization for panic flow—Reducing the tangential momentum increases the escape speed[J]. PLoS One，2014，9（12）：e115463.

[146] Shi X M，Ye Z R，Shiwakoti N，et al. Examining effect of architectural adjustment on pedestrian crowd flow at bottleneck[J]. Physica A：Statistical Mechanics and Its Applications，2019，522：350-364.

[147] Rupprecht T，Klingsch W，Seyfried A. Influence of geometry parameters on pedestrian flow through bottleneck[M]//Peacock R D，Averill J D. Pedestrian and Evacuation Dynamics. Cham：Springer，2011：71-80.

[148] Heliövaara S，Kuusinen J M，Rinne T，et al. Pedestrian behavior and exit selection in evacuation of a corridor—An experimental study[J]. Safety Science，2012，50（2）：221-227.

[149] Seyfried A，Passon O，Steffen B，et al. New insights into pedestrian flow through bottlenecks[J]. Transportation Science，2009，43（3）：395-406.

[150] Cepolina E M. Phased evacuation：An optimisation model which takes into account the capacity drop phenomenon in pedestrian flows[J]. Fire Safety Journal，2009，44（4）：532-544.

[151] Helbing D，Farkas I，Vicsek T. Simulating dynamical features of escape panic[J]. Nature，2000，407（6803）：487-490.

[152] Helbing D，Buzna L，Johansson A，et al. Self-organized pedestrian crowd dynamics：Experiments，simulations，and design solutions[J]. Transportation Science，2005，39（1）：1-24.

[153] 曹凯，张宁，温龙辉，等. 基于瓶颈识别的轨道交通差异化安检通道布局方法：中国，CN202210505635.1[P]. [2023-12-15].

[154] Zuriguel I，Parisi D R，Hidalgo R C，et al. Clogging transition of many-particle systems flowing through bottlenecks[J]. Nature Publishing Group，2014，4（1）：7324.

[155] Frank G A，Dorso C O. Room evacuation in the presence of an obstacle[J]. Physica A：Statistical Mechanics and Its Applications，2011，390（11）：2135-2145.

[156] Zhao Y X，Lu T T，Fu L B，et al. Experimental verification of escape efficiency enhancement by the presence of obstacles[J]. Safety science，2020，122：104517.

[157] 田伟. 建筑瓶颈处人员运动行为特性参数的提取与研究[D]. 合肥：中国科学技术大学，2011.

[158] 李红柳. 学龄前儿童的典型瓶颈疏散运动特性研究[D]. 合肥：中国科学技术大学，2022.

[159] Vanumu L D，Ramachandra Rao K，Tiwari G. Fundamental diagrams of pedestrian flow characteristics：A review[J]. European Transport Research Review，2017，9（4）：1-13.

[160] Tanaboriboon Y，Guyano J A. Analysis of pedestrian movements in Bangkok[J]. Transportation Research Record，1991，1294：52-56.

[161] Fruin J J. Pedestrian Planning and Design[R]. New York：Metropolitan Association of Urban Designers and Environmental Planners，1971.

[162] Ma J，Song W G，Tian W，et al. Experimental study on an ultra high-rise building evacuation in China[J]. Safety Science，2012，50（8）：1665-1674.

[163] Fujiyama T，Tyler N. An explicit study on walking speeds of pedestrians on stairs[C]. Hamamatsu：10th International Conference on Mobility and Transport for Elderly and Disabled People，2004：1-10.

[164] Fujiyama T，Tyler N. Free walking speeds on stairs：Effects of stair gradients and obesity of pedestrians[C]. Boston：Pedestrian and Evacuation Dynamics，2011：95-106.

[165] Larusdottir A R，Dederichs A. A step towards including children's evacuation parameters and behavior in fire safe building design[J]. Fire Safety Science，2011，10：187-195.

[166] Zietz D，Hollands M. Gaze behavior of young and older adults during stair walking[J]. Journal of Motor Behavior，2009，41（4）：357-365.

[167] Shi D D，Ma J，Luo Q，et al. Fundamental diagrams of luggage-laden pedestrians ascending and descending stairs[J]. Physica A：Statistical Mechanics and Its Applications，2021，572：125880.

[168] Ding N，Luh P B，Zhang H，et al. Emergency evacuation simulation in staircases considering evacuees' physical and psychological status[C]. Madison：2013 IEEE International Conference on Automation Science and Engineering，2013：741-746.

[169] Yang L Z，Rao P，Zhu K J，et al. Observation study of pedestrian flow on staircases with different dimensions under normal and emergency conditions[J]. Safety Science，2012，50（5）：1173-1179.

[170] 程泽坤. 基于改进最优迈步模型的楼梯区域疏散模拟研究[D]. 合肥：中国科学技术大学，2021.

[171] Zeng Y P，Song W G，Jin S，et al. Experimental study on walking preference during high-rise stair evacuation under different ground illuminations[J]. Physica A：Statistical Mechanics and Its Applications，2017，479：26-37.

[172] 曾益萍. 建筑楼梯间行人疏散实验与模拟研究[D]. 合肥：中国科学技术大学，2018.

[173] Huo F Z，Song W G，Chen L，et al. Experimental study on characteristics of pedestrian evacuation on stairs in a high-rise building[J]. Safety Science，2016，86：165-173.

[174] 霍非舟. 建筑楼梯区域人员疏散行为的实验与模拟研究[D]. 合肥：中国科学技术大学，2015.

[175] 于彦飞. 人员疏散的多作用力元胞自动机模型研究[D]. 合肥：中国科学技术大学，2008.

[176] 李健. 考虑环境信息和个体特性的人员疏散元胞自动机模拟及实验研究[D]. 合肥：中国科学技术大学，2008.

[177] 吴春林. 基于行人占据区域的泰森多边形密度统计方法及其模型研究[D]. 合肥：中国科学技术大学，2017.

[178] 罗琳. 考虑人员运动特征变化的行人动力学场域元胞自动机模型研究[D]. 合肥：中国科学技术大学，2018.

[179] 黄中意. 基于双足模型和微观评价方法的行人运动模拟与预测[D]. 合肥：中国科学技术大学，2019.

[180] 张俊. 考虑人员疏散不确定性的离散模型研究[D]. 合肥：中国科学技术大学，2009.

[181] 谢启苗. 基于多项式混沌展开的人员疏散时间不确定性研究[D]. 合肥：中国科学技术大学，2014.

[182] Yang L Z，Fang W F，Huang R，et al. Occupant evacuation model based on cellular automata in fire[J]. Chinese Science Bulletin，2002，47（17）：1484-1488.

[183] Yang L Z，Fang W F，Fan W C. Modeling occupant evacuation using cellular automata—Effect of

human behavior and building characteristics on evacuation[J]. Journal of Fire Sciences, 2003, 21（3）: 227-240.

[184] Yuan W F, Tan K H. Cellular automata model for simulation of effect of guiders and visibility range[J]. Current Applied Physics, 2009, 9（5）: 1014-1023.

[185] Cao S C, Song W G, Liu X D, et al. Simulation of pedestrian evacuation in a room under fire emergency[J]. Procedia Engineering, 2014, 71: 403-409.

[186] Makmul J. A cellular automaton model for pedestrians' movements influenced by gaseous hazardous material spreading[J]. Modelling and Simulation in Engineering, 2020, 2020: 3402198.

[187] Zheng Y, Jia B, Li X G, et al. Evacuation dynamics considering pedestrians' movement behavior change with fire and smoke spreading[J]. Safety Science, 2017, 92: 180-189.

[188] Zheng Y, Li X G, Zhu N, et al. Evacuation dynamics with smoking diffusion in three dimension based on an extended floor-field model[J]. Physica A: Statistical Mechanics and Its Applications, 2018, 507: 414-426.

[189] Yuan W F, Hai T K. A novel algorithm of simulating multi-velocity evacuation based on cellular automata modeling and tenability condition[J]. Physica A: Statistical Mechanics and Its Applications, 2007, 379（1）: 250-262.

[190] Alidmat O K A, Khader A T, Hassan F H. Two-dimensional cellular automaton model to simulate pedestrian evacuation under fire-spreading conditions[J]. Journal of Information and Communication Technology, 2016, 15（1）: 83-105.

[191] Lee J H, Lee M J, Jun C. Fire evacuation simulation considering the movement of pedestrian according to fire spread[J]. International Conference on Geomatic & Geospatial Technology: Geospatial and Disaster Risk Management, 2018, 42（W9）: 273-281.

[192] Datta S, Behzadan A H. Modeling and simulation of large crowd evacuation in hazard-impacted environments[J]. Advances in Computational Design, 2019, 4（2）: 91-118.

[193] 赵道亮. 紧急条件下人员疏散特殊行为的元胞自动机模拟[D]. 合肥: 中国科学技术大学, 2007.

[194] 傅丽碧. 考虑人员行为特征的行人与疏散动力学研究[D]. 合肥: 中国科学技术大学, 2017.

[195] Yang L Z, Zhao D L, Li J, et al. Simulation of the kin behavior in building occupant evacuation based on cellular automaton[J]. Building and Environment, 2005, 40（3）: 411-415.

[196] Georgoudas I, Sirakoulis G, Andreadis A I. An intelligent cellular automaton model for crowd evacuation in fire spreading conditions[C]. Patras: 19th IEEE International Conference on Tools with Artificial Intelligence, 2007: 36-43.

[197] Meng F X, Zhang W. Way-finding during a fire emergency: An experimental study in a virtual environment[J]. Ergonomics, 2014, 57（6）: 816-827.

[198] Gamberini L, Chittaro L, Spagnolli A, et al. Psychological response to an emergency in virtual reality: Effects of victim ethnicity and emergency type on helping behavior and navigation[J]. Computers in Human Behavior, 2015, 48: 104-113.

[199] Tucker A, Marsh K L, Gifford T, et al. The effects of information and hazard on evacuee behavior in virtual reality[J]. Fire Safety Journal, 2018, 99: 1-11.

[200] Moussaïd M, Kapadia M, Thrash T, et al. Crowd behaviour during high-stress evacuations in an

immersive virtual environment[J]. Journal of the Royal Society, Interface, 2016, 13（122）：20160414.

[201] Deb S, Carruth D W, Sween R, et al. Efficacy of virtual reality in pedestrian safety research[J]. Applied Ergonomics, 2017, 65：449-460.

[202] Kinateder M, Warren W H. Social influence on evacuation behavior in real and virtual environments[J]. Frontiers in Robotics and AI, 2016, 3：43.

[203] Olivier A H, Bruneau J, Kulpa R, et al. Walking with virtual people：Evaluation of locomotion interfaces in dynamic environments[J]. IEEE Transactions on Visualization and Computer Graphics, 2018, 24（7）：2251-2263.

[204] 梁璇文. 基于虚拟现实的行人出口选择实验研究[D]. 合肥：中国科学技术大学，2020.

[205] Andrée K, Nilsson D, Eriksson J. Evacuation experiments in a virtual reality high-rise building：Exit choice and waiting time for evacuation elevators[J]. Fire and Materials, 2016, 40（4）：554-567.

[206] Tang C H, Wu W T, Lin C Y. Using virtual reality to determine how emergency signs facilitate way-finding[J]. Applied Ergonomics, 2009, 40（4）：722-730.

[207] Ronchi E, Nilsson D, Kojić S, et al. A virtual reality experiment on flashing lights at emergency exit portals for road tunnel evacuation[J]. Fire Technology, 2016, 52（3）：623-647.

[208] Shih N J, Lin C Y, Yang C H. A virtual-reality-based feasibility study of evacuation time compared to the traditional calculation method[J]. Fire Safety Journal, 2000, 34（4）：377-391.

[209] Cosma G, Ronchi E, Nilsson D. Way-finding lighting systems for rail tunnel evacuation：A virtual reality experiment with Oculus Rift[J]. Journal of Transportation Safety & Security, 2016, 8（sup1）：101-117.

[210] Liu W S, Zhang J, Li X D, et al. Avoidance behaviors of pedestrians in a virtual-reality-based experiment[J]. Physica A：Statistical Mechanics and Its Applications, 2022, 590：126758.

[211] Li H L, Zhang J, Xia L, et al. Comparing the route-choice behavior of pedestrians around obstacles in a virtual experiment and a field study[J]. Transportation Research Part C：Emerging Technologies, 2019, 107：120-136.

[212] 袁璟. RGBD 图像显著性检测与行人检测应用研究[D]. 合肥：中国科学技术大学，2019.

[213] 魏梦. 基于卷积神经网络的人群密度分析[D]. 合肥：中国科学技术大学，2018.

[214] 马晴. 基于深度学习和光流法的行人运动基本图获取方法[D]. 合肥：中国科学技术大学，2020.

[215] Zhao X D, Xia L, Zhang J, et al. Artificial neural network based modeling on unidirectional and bidirectional pedestrian flow at straight corridors[J]. Physica A：Statistical Mechanics and Its Applications, 2020, 547：123825.

[216] Zhao X D, Zhang J, Song W G. A radar-nearest-neighbor based data-driven approach for crowd simulation[J]. Transportation Research Part C：Emerging Technologies, 2021, 129：103260.

[217] Ma Y, Lee E W M, Yuen R K K. An artificial intelligence-based approach for simulating pedestrian movement[J]. IEEE Transactions on Intelligent Transportation Systems, 2016, 17（11）：3159-3170.

第 10 章　城市安全韧性评价指标与模型研究

10.1　城市安全韧性的概念、模型与指标体系

10.1.1　概述

城市是现代文明的重要标志和主要载体,城市化是人类社会的标志性历史进程。根据联合国人居署（United Nations Human Settlements Programme，UN-Habitat）发布的《2020 年世界城市报告》（*World Cities Report 2020：The Value of Sustainable Urbanization*）[1]，2020 年世界城市化率已达到 56.2%，预计 2035 年世界城市化率将达到 62.5%。安全是城市发挥各类功能的首要前提之一，随着城市建成环境持续扩展，城市运行系统与生命体征愈加复杂，城市面临的安全风险也不断增大，频发的自然灾害与人为事故给城市造成了严重的损失，甚至影响城市的存续。例如，美国密歇根州位于五大湖地区，在全球气候变化的背景下，易受到飓风、洪水等灾害的侵袭，在一定程度上影响了人口的居住与搬迁意愿，很多城市面临着收缩。

近年来，韧性（resilience）逐渐成为安全学科的热点话题。2015 年，国际标准化组织安全与韧性委员会（ISO/TC 292 Security and Resilience）将"安全"拓展为"安全与韧性"；联合国第三届世界减灾大会[2]、第三届联合国住房和城市可持续发展大会[3]、第六届全球减灾平台大会[4]等均将"韧性"作为重要主题或议题；联合国国际减灾战略署（United Nations International Strategy for Disaster Reduction，UNISDR，现称联合国减少灾害风险办公室，United Nations Office for Disaster Risk Reduction，UNDRR）开展了"让城市更具韧性"行动[5]；洛克菲勒基金会（Rockefeller Foundation）与奥雅纳工程公司（ARUP）发起了"全球 100 韧性城市"计划[6]；纽约[7]、东京[8]、伦敦[9]、巴黎[10]、鹿特丹[11]、新加坡[12]等城市纷纷开展了

韧性城市建设。

作为一项仍处于不断发展中的理念，韧性的内涵和外延仍是模糊的。基于城市安全研究背景，系统梳理关于城市安全韧性的概念与模型，对于理解城市安全韧性具有重要的研究意义；城市安全韧性评价是将理论转为实践行动的中枢环节，辨析城市安全韧性综合性评价的关键因素，形成具有中国特色的城市安全韧性评价方法，对于提升城市安全韧性实践具有重要的意义。

本节对国内外学者对城市安全韧性的概念进行综述，分析这一概念的发展演化历程，提炼其核心内涵；对相关理论模型和现有的指标体系与评价方法进行综述，明确城市安全韧性综合评价的关键问题；基于中国实际情况，阐述城市安全韧性三角形构建模型的理论内涵，并提出适用于中国城市的城市安全韧性评价指标体系，选取 6 座中国城市开展实证研究，分析中国城市安全韧性提升策略。

10.1.2　城市安全韧性的概念

1. 发展演化历程

韧性的词源是拉丁语词汇"resilio"，原意是"回弹至初始状态"，后来法语和英语先后引入了这个词汇[13]。最初，韧性是物理学和机械学领域的概念，用来指物体或材料在外力作用下发生形变后恢复的能力。1973 年，Holling[14]在生态学范畴中引入了韧性的概念，用以描述生态系统复原稳态的能力。此后，在工程学和社会学领域的研究中，韧性的概念被不断推广。

随着韧性概念应用范围的推广和人们对系统认识角度的变化，韧性的内涵得到了发展。目前，在工程学领域，韧性的主要观点有工程韧性、生态韧性、演进韧性三种[13]，每一次概念的修正都体现了人们对韧性这一概念的新的思索。工程韧性是三种观点中最早被提出的，它与传统的物理学、机械学领域的概念相似。工程韧性是指系统在受到干扰后恢复至平衡状态或稳定状态的能力[14]。1996 年，Holling[15]对韧性的定义进行了改动，认为韧性更应该强调系统在结构改变之前能吸收干扰的量级，并且强调了系统多稳态，这种韧性描述源于生态学领域的研究，因此称为生态韧性。随着对系统认识的进一步加深，Walker 等[16]提出了适应性循环理论，进而产生了演进韧性的概念，在这种理论下，系统不存在稳定状态，韧性更强调系统在不断变化的环境中的适应、转换能力。

韧性的概念于 20 世纪 80 ～ 90 年代在灾后复原的相关研究[17-20]中被安全学科引入，强调社会吸收灾害影响并从中恢复的能力。作为国际话题，韧性在 2002 年世界可持续发展峰会背景文件中被首次提出[21]，该文件倡议通过发展防灾、备灾文化，增强人类社会对自然灾害的韧性并减少发展带来的脆弱性。2005 年联合国第二届世界减灾大会通过的《2005—2015 年兵库行动框架：国家和社区抗灾能力建设》（ *Hyogo Framework for Action 2005—2015：Building the Resilience of Nations and Communities to Disasters* ）[22]将韧性纳入联合国决议性文件，呼吁通过增强减灾能力和灾害管理能力增强国家及地区的韧性。此后，安全韧性的概念引起了越来越多的研究机构与研究者的关注，对其的理解也不仅仅局限于灾害的社会应对管理，风险因素由自然灾害[23, 24]拓宽至事故灾难[25, 26]、公共卫生事件[27, 28]、社会安全事件[29, 30]等各方面，涉及主体由政府部门涵盖至各类物理设施[31-36]和各类社会主体[37-41]，管理环节从预防、恢复延伸至全应急管理流程[42-45]。在安全韧性的概念逐步综合化、全域化的同时，安全韧性的研究领域也更加专业化、精细化，越来越多的研究面向特定情景、特定区域、特定系统的安全韧性过程开展，由此衍生出一般韧性和特指韧性两种概念[46, 47]。一般韧性系指系统面对多种类型突发事件干扰和冲击的安全韧性，强调承灾系统的完整性和突发事件的广谱性；特指韧性系指系统特定部分面对特定类型突发事件干扰和冲击的安全韧性，侧重承灾对象的具体性和突发事件的特殊性。

2. 安全韧性概念综述

基于研究对象、研究目的、研究情景等的广泛性，加之学界对安全韧性理论理解的不断发展和深化，安全韧性的概念虽经多年研讨，但至今尚未形成具有共识性的结论[48-50]。UNISDR[22]将安全韧性定义为暴露于灾害下的系统、社区或社会通过及时有效的方法抵抗、吸收、适应、消除灾害影响以维护和恢复其基本结构和功能的能力；ISO/TC 292 Security and Resilience[51]将城市的安全韧性定义为城市系统及其居民在变化的环境中预测、准备、应对、吸收冲击，在压力和挑战面前积极适应和转变，同时促进包容性和可持续发展的能力；Stephane 等[52]将安全韧性定义为社会系统应对灾害、接受援助、恢复重建的能力。其他研究机构和研究者也根据自身研究工作特点提出了相应的安全韧性的定义[53]，本节选取部分定义总结如表 10-1 所示。

表 10-1　安全韧性的概念综述

机构/作者	年份	安全韧性的定义
Wildavsky[54]	1988	安全韧性是应对未期的风险，在变形之前回弹的能力
Mileti[55]	1999	安全韧性是一个地区在无巨大外界帮助下，经历极端自然事件而不经历毁灭性的损失、不损害生产力和生活质量的能力
Klein 等[56]	2003	安全韧性是承受压力并恢复至原始状态的能力,包括系统在维持相同状态时可以吸收扰动的量级和系统自组织的能力
Godschalk[57]	2003	安全韧性是由物理系统和人类社区组成的可持续网络管理极端事件、能够在极端压力下生存并运转的能力
Walker 等[16]	2004	安全韧性是系统在经历改变时吸收扰动并重组以保持原有功能、结构、身份和反馈的能力
UNISDR[22]	2005	安全韧性是暴露于灾害下的系统、社区或社会为了达到并维持一个可接受的运行水平而进行抵抗或发生改变的能力
Adger 等[58]	2005	安全韧性是相互连接的社会-生态系统吸收反复扰动以维持结构、功能、反馈的能力
Cutter 等[59]	2008	安全韧性是一个社会系统对灾害响应和恢复的能力，包括系统吸收影响、应对极端事件的内在条件和重组/改变/学习以应对威胁的能力
Resilience Alliance[60]	2010	安全韧性是系统能承受扰动而不实质性崩溃的能力
Ahern[61]	2011	安全韧性是系统从变化和干扰中恢复和重组而不进入安全失效状态的能力
Tyler 和 Moench[62]	2012	安全韧性是鼓励实践者通过创新和改变以促进从不可预测的压力和冲击中恢复的能力
CARRI[63]	2013	安全韧性是社区在动荡变化中通过生存、适应、演进、成长以应对风险、控制危害并快速恢复的能力
Wamsler 等[64]	2013	安全韧性城市是能够减少或避免现在和未来灾害、降低脆弱性、建立灾害响应和灾害恢复功能机制与结构的城市
范维澄[65]	2016	安全韧性是城市在逆变环境中承受、适应和迅速恢复的能力
Meerow 等[66]	2016	安全韧性是城市系统维持期望功能或迅速恢复的能力，以及适应变化的快速转型能力
周利敏[67]	2016	安全韧性城市是城市即使经历灾害冲击也能快速重组和恢复生活与生产
Stephane 等[52]	2017	安全韧性是社会系统应对灾害、接受援助、恢复重建的能力
方东平等[68]	2017	安全韧性是城市系统及其各类子系统在受到扰动时维持或迅速恢复其功能，并通过适应来更好地应对未来不确定性的能力
González 等[69]	2018	安全韧性是暴露于自然威胁的系统、个人、社区或国家预防、抵抗威胁影响并通过及时有效的减灾政策和决策过程从中适应和恢复以对其结构、功能、身份进行维持、恢复和改进的能力
ISO/TC 292 Security and Resilience[51]	2019	城市安全韧性是城市系统及其居民在变化的环境中预测、准备、应对、吸收冲击，在压力和挑战面前积极适应和转变，同时促进包容性和可持续发展的能力
Convertino 和 Valverde[70]	2019	安全韧性是系统通过预防、监测、学习、适应工具达到最小化意外情况的频率及强度的状态

注：CARRI 指社区和区域韧性研究所（Community and Regional Resilience Institute）。

从表 10-1 中可以看出，学界在早期对于安全韧性的定义侧重系统在风险和扰动中维持稳定和恢复原状，主要为工程韧性观点的体现。随着时间推移，系统在未知变化环境中适应、转型被越来越多地讨论。尽管对于安全韧性的定义尚未形成共识性的结论，但是这一变化过程反映出学界对安全韧性的理解从工程韧性观点向生态韧性和演进韧性观点转变的总体趋势。在理解方式上，安全韧性可以被理解为系统在风险因素面前的一种抗逆能力或内在属性，也可以被理解为系统在风险环境中所处的一种安全状态，还可以被理解为系统在风险压力下为了实现安全状态而发挥抗逆能力的过程。

10.1.3　城市安全韧性模型与指标体系发展趋势

1. 城市安全韧性模型

目前有关城市安全韧性模型的系统性理论相对较少。ISO/TC 292 Security and Resilience[51]提出了城市安全韧性框架（图 10-1），从人员、资产、过程三个方面表征城市安全韧性的要素，同时地方政府和利益相关者可以通过政策、计划与倡议等

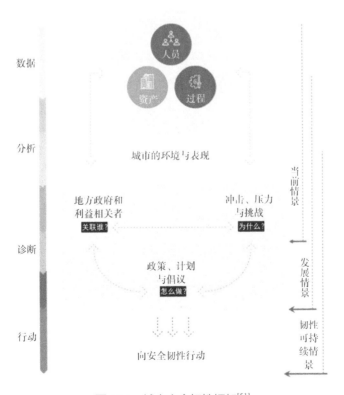

图 10-1　城市安全韧性框架[51]

形式的活动增强城市面对冲击、压力与挑战的安全韧性；范维澄等[71]提出了公共安全三角形模型，从突发事件、承灾载体、应急管理三个维度出发，形成了公共安全科学的基本理论框架；方东平等[68]提出了三度空间系统理论，基于物理、社会、信息组成的三度空间视角阐述了子系统交互下城市安全韧性的内涵。

很多研究机构或研究者从自身研究的对象与关注的问题出发，提出了相应的城市安全韧性研究维度，用以表征城市安全韧性的相关要素。例如，Renschler 等[72]提出人口特征-生态环境-政府服务-物理设施-社区生活能力-经济发展-社会文化资本（population and demographics，environmental/ecosystem，organized governmental services，physical infrastructure，lifestyle and community competence，economic development, and social-cultural capital，PEOPLES）韧性模型，从人员及人口统计数据（组成、分布、经济及社会情况等）、环境及生态系统（空气质量、土地、生物群、生物多样性等）、政府组织服务（法律和安全服务、卫生服务等）、物理基础设施（设施、生命线等）、生活方式及社区竞争力（生活质量等）、经济发展（财政、生产力、就业分布等）、社会文化（教育服务、幼儿和老年人服务等）七个维度概括城市安全韧性要素，并从不同空间尺度开展探讨；Rockefeller Foundation 和ARUP[6]从领导与策略(有效的领导与管理、强有力的利益相关者、整合的发展规划)、健康与福祉（最小化人员脆弱性、多样的生活与就业、有效的生命健康安全保障）、基础设施与生态系统（可靠的交通与通信、有效的基础服务供给、减少暴露度与脆弱性）、经济与社会（可持续的经济、综合安全规范的法规、集体身份与社区互助）四个维度概括城市安全韧性的要素，并用于"全球100韧性城市"计划的评价与创建活动中；Bruneau 等[73]认为安全韧性应包括四个相互关联的维度，即技术韧性、组织韧性、社会韧性、经济韧性；Jha 等[74]认为城市安全韧性包括基础设施韧性、制度韧性、经济韧性、社会韧性四个维度。

2. 城市安全韧性评价指标体系评价方法

基于城市安全韧性评价指标体系的评价方法通过选取一组可体现系统安全韧性特征的指标，对系统组成、管理模式、功能特点等方面的情况进行定性或定量表征，是开展综合性安全韧性评价的主要方法。该方法的优点是具有良好的适用性、系统性、可拓展性、灵活性：在设计指标体系时，研究者可以根据评价目标与评价对象有针对性地设置评价指标项；评价指标数量一般不受限制，可以全面反映评价对象

的关键特征；同一套指标体系与评价方法可以用于对相似的评价对象进行安全韧性
评价；评价指标可以灵活调整，便于后期维护与更新。

通过基于城市安全韧性评价指标体系的评价方法开展城市安全韧性评价时，需
要设计城市安全韧性评价指标体系与配套的评价方法，所关注的风险类型、评价对
象的空间尺度、安全韧性的评价维度、指标量化工具、指标权重确定方式是其核心
问题。基于研究对象、研究目的、研究支撑条件等方面的不同，在具体研究工作中，
对以上问题要采取不同的做法。各核心问题及相应的主要做法总结如表 10-2 所示。

表 10-2　基于城市安全韧性评价指标体系的评价方法的核心问题与主要做法

核心问题	主要做法	特点	典型案例
所关注的风险类型	非特定风险	强调城市对各类风险普遍的安全韧性属性，综合考虑各类型风险要素对城市的影响，对于不同地区具有更好的可推广性	disaster resilience scorecard for cities[75]、city resilience index[76]等
	特定风险	重点突出评价对象面临的某一种或某一类的主要风险因素，根据特定的风险类型进行更加具有针对性的考量，突出本地化的特点	SPUR methodology[77]、coastal community resilience index[78]等
评价对象的空间尺度	社区级	从城市基层组织与治理单元入手，侧重强化邻里连接与资源共享，以及对共同风险的适应性准备与响应	IFRC framework for community resilience[79]、communities advancing resilience toolkit[80]等
	区域级	从具有相对明确行政边界的区域入手，便于得到行政管理部门统计数据的支撑与寻求决策支持，侧重物理、空间、文化、管理多角度评价	disaster resilience scorecard for cities[75]、city resilience index[76]等
	国家级	以国家级的宏观数据作为支撑，侧重衡量一国应对风险以实现经济社会可持续发展的综合水平	resilience analysis of countries under disasters[81]等
安全韧性的评价维度	分项系统	根据评价对象的特点将其划分为物理、社会、经济等方面的分项系统，从而进行安全韧性评价	city resilience index[76]、baseline resilience indicators for communities[82]等
	本征能力	从城市安全韧性所反映的应对能力、恢复能力、适应能力等本征能力的角度进行评价	disaster resilience scorecard for cities[76]、the Australian natural disaster resilience index[83-85]等
指标量化工具	自上而下式	从政府部门或行业机构统计和发布的统计数据或数据库中获取数据，具有获取方便、数据可靠的特点，多用于对同类对象进行横向与纵向比较，表现为数据型指标的形式	community disaster resilience index[86]、PEOPLES framework[87]、基于灾后恢复过程的韧性城市评价体系[88]等
	自下而上式	从评价对象本身及利益相关者处获取相关数据，可以根据评价对象的特点进行具有针对性的设计，更好地调动公众参与性，多用于社区、同系统部门等小范围空间或行业尺度评价，表现为调查问卷、评价打分卡、评价清单、工程分析工具等形式	conjoint community resilience assessment measurement[89]、the city water resilience approach[90]等

续表

核心问题	主要做法	特点	典型案例
指标权重确定方式	无权重	不对各指标的评价结果进行整合化的表征，而是以各指标单独的评价结果为导向，其设计目的在于"查缺补漏"，引导城市全方位改进提升	community disaster resilience toolkit[91, 92]、rural resilience index[93]等
	等权重	用综合指数的形式对各指标的评价结果进行整合化表征，但不区分各指标项之间的重要性程度，从而避免因对指标相对重要性判断带来的价值取向等问题，为评价对象间的横向比较及同一评价对象的纵向改进提供参考依据	a validation of metrics for community resilience to natural hazards and disasters[94]、DS3 model[95]等
	差异权重	利用德尔菲法、层次分析法、重要性排序法等主观方法或因子分析法、熵权法等客观方法对各指标赋予不同的权重，以便发挥专家经验、利用数据特点进行更精细化的评价，但也存在主观色彩较强、过于强调指标差异等问题	community based resilience analysis[96, 97]、resilience inference measurement model[98]、抗震防灾视角下城市韧性社区评价体系[99]等

基于指标体系的城市安全韧性评价方法具有较好的包容性，方便将不同领域的研究者组织起来并在同一个框架下开展工作，因此该方法在城市安全韧性标准化工作中被广泛应用。例如，国际标准化组织城市和社区可持续发展技术委员会（ISO/TC 268 Sustainable Cities and Communities）于 2019 年发布了国际标准《可持续的社区与城市：韧性城市评价指标》（*ISO 37123：2019 Sustainable Cities and Communities—Indicators for Resilient Cities*）[100]。

3. 韧性城市国际标准

国际标准的制定体现了学界对于领域知识形成共识的过程。与韧性城市相关的国际标准目前主要由 ISO/TC 292 Security and Resilience 和 ISO/TC 268 Sustainable Cities and Communities 开展研究。

ISO/TC 292 Security and Resilience 负责国家、社会、行业、组织、公民等层面的安全韧性标准化工作。该技术委员会从安全韧性指导文件、业务连续性管理、应急管理、产品认证、社区韧性、安全管理系统、安全保护、组织韧性、城市韧性等方面开展标准文件制定工作。

在城市韧性领域，该技术委员会于 2017 年 4 月 28 日设立基础性的工作项目"城市韧性的框架与原则"，旨在为城市安全韧性领域国际标准的制定提供基础前提。

"城市韧性的框架与原则"工作项目于 2018 年 2 月 21 日和 2019 年 4 月 10 日形成两个版本的供投票阶段使用的技术报告[51, 101]，其中包含该技术委员会对于安全韧性的界定和理解。对比两个版本技术报告的内容，2018 年版本的技术报告将城市韧性定义为城市系统吸收任何可能的危害并从中迅速恢复、保持自身功能连续性的能力[101]，2019 年版本的技术报告将城市韧性定义为城市系统及其居民在变化的环境中预测、准备、应对、吸收冲击，在压力和挑战面前积极适应和转变，同时促进包容性和可持续发展的能力[51]。两种表述均体现出 ISO/TC 292 Security and Resilience 认为应关注城市应对安全风险、维持自身功能连续性的能力，其差异则体现出 ISO/TC 292 Security and Resilience 认识到城市韧性除维持自身稳定外，还应包括城市适应和转变的能力。

ISO/TC 268 Sustainable Cities and Communities 与 ISO/TC 292 Security and Resilience 在城市安全方面共同工作，其制定的韧性城市标准以维持和改善城市服务、提升人居环境质量为导向。

在城市韧性领域，该技术委员会于 2018 年 3 月 2 日形成《社区可持续发展：韧性城市评价指标》标准工作稿[102]，并于 2019 年 12 月对标准进行发布，标准名称调整为《可持续的社区与城市：韧性城市评价指标》[100]。2018 年标准工作稿将韧性城市定义为能够在灾害、冲击和压力面前管理、适应、维持、保障城市服务并提升生活质量的城市[102]，2019 年发布的标准中则将韧性城市定义为能对冲击和压力进行准备，并从中恢复和适应的城市。从两种表述的差异中可以看出，ISO/TC 268 Sustainable Cities and Communities 也认为城市韧性应包含适应能力。

10.1.4　城市安全韧性评价指标体系构建与评价研究

1. 城市安全韧性三角形构建模型

公共安全三角形模型是公共安全学科具有共识性的基础理论[71]，该模型以突发事件、承灾载体、应急管理作为三条边，以灾害要素作为连接三条边的节点，揭示了公共安全科学的基础要素。

在安全韧性领域开展研究时，也需要构建能体现城市安全韧性基础要素的理论模型。公共安全三角形模型以突发事件、承灾载体、应急管理概括公共安全学科研究的基本框架。本节将公共安全三角形模型应用于城市安全韧性研究领域，结合城市安全韧性领域研究特点和趋势，将突发事件、承灾载体、应急管理聚焦为公共安全事件、城市承灾系统、安全韧性管理。公共安全三角形模型中以灾害要素连接三条边，体现出公共安全学科对于致灾机理等原理性问题的关注；城市安全韧性领域多为应用基础性研究和应用研究，侧重通过应用指导实践。为连接公共安全事件、城市承灾系统、安全韧性管理三条边，需要结合城市安全韧性领域的研究特点寻找更合适的要素。应对、恢复、适应三项关键特征既是城市承灾系统面对公共安全事件的行为模式，又是安全韧性管理对公共安全事件进行的管理流程，将这三项关键特征作为响应过程，可以有机连接公共安全事件、城市承灾系统、安全韧性管理三条边，串联城市安全韧性研究与事件，从而形成城市安全韧性三角形构建模型[103, 104]，如图 10-2 所示。

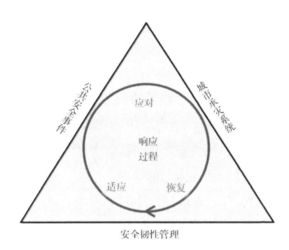

图 10-2　城市安全韧性三角形构建模型

　　城市安全韧性三角形构建模型以公共安全事件、城市承灾系统、安全韧性管理作为概括城市安全韧性基本要素的三个维度，三个维度间通过响应过程进行连接。对城市安全韧性三角形构建模型各关键内容的内涵进行如下分析：①公共安全事件是给城市系统带来影响和破坏的直接因素，具有突发性、不确定性、连锁性、耦合性的特点，包括自然灾害、事故灾难、公共卫生事件、社会安全事件等各类可能在城市中发生的突发事件；②城市承灾系统是公共安全事件的作用载体，既包括建筑、基础设施等城市物理实体，又包括人及由人的行为产生的经济社会和信息社会；③安全韧性管理是对由公共安全事件和城市承灾系统构成的城市灾害体系施加的人为干预作用，可以减弱公共安全事件对城市承灾系统造成的影响或破坏，增强城市的安全韧性，涉及领导协调、资源保障、应急处置等诸多方面的内容；④响应过程贯穿城市安全韧性构建与提升的各个阶段，包含应对、恢复、适应三个步骤，为安全韧性管理的关键环节，城市承灾系统面对安全事件风险会经历上述响应过程，安全韧性管理可以对此过程进行优化，最小化城市承灾系统受到的破坏。

本节将安全韧性城市表述为在外部与内部的冲击和压力下，能够有效应对、快速恢复、进行适应性调整的城市。

2. 城市安全韧性的支撑要素

支撑和保障新时代下的城市安全韧性，需要从科技、管理、文化三个维度（图10-3）形成合力[105]，构建全方位、精细化、智能化的新时代城市安全韧性保障体系与管理创新模式，促进城市治理能力现代化。

图 10-3　城市安全韧性支撑要素

科技创新是城市安全韧性保障的重要基础。通过科技创新，一方面可以进一步把握公共安全事件孕育、演化、致灾规律与时空特征，另一方面可以形成风险评价、监测预警、救援处置、综合保障等多方面的关键技术、装备和平台，为城市安全韧性提供主动智能的保障体系。

管理提升是城市安全韧性保障的重要手段。科学有效的安全韧性管理包含城市安全管理体制、机制、法制等方面的内容，需要覆盖城市规划、建设、运行、再发展等全生命周期安全，做好常态减灾与非常态救灾相统一，使城市具备更精准的应对能力、更迅速的恢复能力、更主动的适应能力。

文化培育是城市安全韧性保障的重要方式。当公共安全事件发生时，管理要素的启动与响应会存在一定的时滞性，直接受影响者与直接处置者在第一时间的反应对于事件应对十分关键，应从社区互助体系、风险转移意识、专业队伍培养、安全宣传教育等方面加强建设，构建安全韧性文化多级网络。

科技与管理侧重自上而下的建设，文化包含自上而下、自下而上两个方向的建设，科技、管理、文化从不同角度形成互补，共同对城市安全韧性保障形成支撑，三者缺一不可。在新时代背景下，城市安全韧性保障机遇与挑战并存，需要进一步创新城市安全科技、强化城市安全管理、培育城市安全文化，拓宽、织密全方位、立体化的城市公共安全网，形成共建、共治、共享的城市安全新格局。

3. 中国城市安全韧性评价指标体系与标准制定

1）城市安全韧性评价框架

确定评价维度是构建城市安全韧性评价指标体系的前提，也是开展城市安全韧性指标评价工作的基础。当前已有的城市安全韧性评价指标体系对于评价维度的划分多基于经验性的判断或目标性的设定，没有定式的划分方法。本节回归学界、业界、国际标准基础理论模型，旨在科学划分评价维度，形成可靠的研究结论支撑研究目标。

城市安全韧性三角形构建模型源于公共安全学科的基础理论——公共安全三角形模型。结合城市安全韧性三角形构建模型开展分析，在公共安全事件、城市承灾系统、安全韧性管理三个维度中，城市承灾系统和安全韧性管理一起组成城市承灾体系的内部因素，公共安全事件为城市承灾体系的外源扰动，安全韧性是城市的一种系统能力和内在属性，应侧重对城市承灾体系内部因素的关注。

人员-机器（设施/设备）-环境-管理（man-machine-environment-management，MMEM）理论模型是业界具有指导意义的风险管理理论模型[106]，包含人员、机器（设施/设备）、环境、管理四个维度，对其内涵进行分析可以看出，环境为风险管理系统的外部因素，人员、机器（设施/设备）、管理组成风险管理系统的内部要素。若从该理论出发开展城市安全韧性评价，可以从人员、机器（设施/设备）、管理三个维度进行分析。

在国际标准方面，ISO/TC 292 Security and Resilience[51]提出的城市安全韧性框架是其制定安全韧性相关国际标准的基础理论模型，该模型侧重对城市本体进行描述，从资产、人员、过程三个维度概括城市的功能与系统。

对上述三种理论模型进行比较可以看出，三者在内在逻辑上具有相洽性：城市安全韧性三角形构建模型和 MMEM 理论模型均包括外部、内部两方面因素。在内部因素方面，两者都将管理作为一个重要维度，MMEM 理论模型将内部实体因素总结为人员、机器（设施/设备），可以被城市安全韧性三角形构建模型的城市承灾系统维度涵盖；城市安全韧性框架从内部因素出发，其资产、人员两个维度可分别与 MMEM 理论模型中的机器（设施/设备）、人员相对应，并被城市安全韧性三角形构建模型的城市承灾系统维度涵盖，过程维度则是管理的一种体现。

综合三种理论模型，结合城市安全韧性评价指标的特点与需求，本节将设施安全韧性、人员安全韧性、管理安全韧性 3 个评价维度作为城市安全韧性评价指标体系的 3 项一级指标，这样的划分方式突出城市系统自身属性，并符合上述三种理论模型的框架，具体关系如图 10-4 所示。

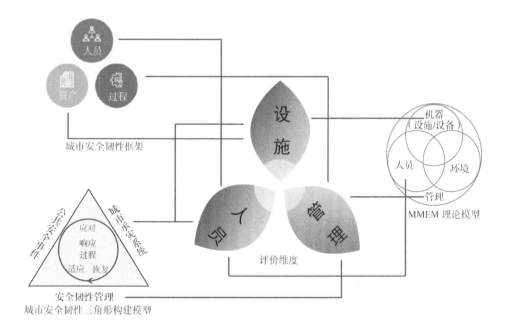

图 10-4　城市安全韧性评价指标体系评价维度

在设施安全韧性、人员安全韧性、管理安全韧性3项一级指标的基础上，对每项一级指标的评价要素进行分析，提炼城市安全韧性评价指标体系的二级指标，具体如下。

对设施安全韧性进行评价时，应考虑对于城市功能有重要影响的基础设施，包括建筑工程、交通设施、生命线工程设施、工业企业，还应关注对应急状态下城市功能连续性有重要影响的监测预警设施和应急保障设施。

人员既是首要保护的对象，又是进行响应过程的能动主体，因此对人员安全韧性进行评价时，应对人员的脆弱性和能动性等方面进行分析，下设二级指标包括人口基本属性、社会参与准备、安全感与安全文化。

管理安全韧性应覆盖顶层设计、应急过程、管理成效、保障措施等方面的内容，其下设二级指标包括管理体系建设、预防与响应、风险控制水平、支撑保障投入。

3项一级指标与13项二级指标体现了开展城市安全韧性指标评价的总体维度与细化领域，构成了城市安全韧性评价指标体系的框架，如图10-5所示。

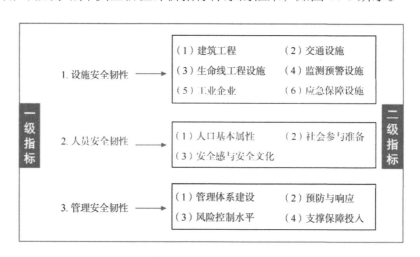

图10-5 城市安全韧性评价指标体系框架

2）城市安全韧性评价指标体系

本节在充分调研国内外城市安全韧性具体评价指标的基础上，为增强评价指标体系对于中国城市的适用性，充分考虑国家公共安全规划目标、中国政府部门考核指标及国内外相关研究成果，基于城市安全韧性评价指标体系框架，围绕城市安全韧性关键特征，突出城市应对、恢复、适应能力，结合数据可获取性、权威性，遴选出 71 项三级指标，作为用于开展城市安全韧性评价的具体指标。

为从应对、恢复、适应三项城市安全韧性关键特征的角度对城市安全韧性本征能力进行评价，本节在遴选三级指标时，对每项三级指标的特点进行考量，与应对、恢复、适应三项关键特征相对应，不同指标在三项关键特征上各有侧重。

三级指标还可以按照指标方向分类，分为正向指标和逆向指标。其中，正向指标是指指标量化结果数据越大则城市安全韧性越强的指标，逆向指标是指指标量化结果数据越小则城市安全韧性越强的指标。

详细的三级指标和其对一级指标、二级指标的从属关系，以及指标类型、指标方向、指标特征如表 10-3 所示。

表 10-3　城市安全韧性评价指标体系

一级指标	二级指标	三级指标	指标类型	指标方向	指标特征
F_1 设施安全韧性	S_1 建筑工程	T_1 基本符合抗震设防要求的建筑物比例	定量	正向	应对
		T_2 安全薄弱区域用地面积比例	定量	逆向	应对
		T_3 土地开发强度	定量	逆向	适应
	S_2 交通设施	T_4 人均道路面积	定量	正向	应对、适应
		T_5 公路桥梁安全耐久水平	定性	正向	应对
		T_6 城际物资运送通道数量	定性	正向	应对、适应
	S_3 生命线工程设施	T_7 备用燃气供应维持基本服务的天数	定量	正向	应对、恢复
		T_8 电力系统事故备用容量占比	定量	正向	应对、恢复
		T_9 户年均停电时间	定量	逆向	应对、恢复
		T_{10} 户年均停水时间	定量	逆向	应对、恢复
		T_{11} 移动电话普及率	定量	正向	应对、适应
		T_{12} 固定宽带家庭普及率	定量	正向	应对、适应
	S_4 监测预警设施	T_{13} 城区公共区域监控覆盖率	定量	正向	应对、恢复
		T_{14} 气象灾害监测预报预警信息公众覆盖率	定量	正向	应对、适应
		T_{15} 市政管网管线智能化监测管理率	定量	正向	应对
	S_5 工业企业	T_{16} 危险化学品企业运行安全风险管控	定性	正向	应对
		T_{17} 尾矿库、渣土受纳场运行安全风险管控	定性	正向	应对
		T_{18} 建设施工作业安全风险管控	定性	正向	应对
	S_6 应急保障设施	T_{19} 人均避难场所面积	定量	正向	应对、适应
		T_{20} 绿化覆盖率	定量	正向	适应

续表

一级指标	二级指标	三级指标	指标类型	指标方向	指标特征
F_1 设施安全韧性	S_6 应急保障设施	T_{21} 万人救灾储备机构库房建筑面积	定量	正向	应对、恢复
		T_{22} 消防站建设情况	定性	正向	应对
		T_{23} 万人医疗卫生机构床位数	定量	正向	恢复
F_2 人员安全韧性	S_7 人口基本属性	T_{24} 人口年龄结构指数	定量	逆向	应对
		T_{25} 残疾人口比例	定量	逆向	应对
		T_{26} 建成区常住人口密度	定量	逆向	适应
		T_{27} 暂住人口比例	定量	逆向	适应
		T_{28} 基本医疗保险覆盖率	定量	正向	恢复、适应
		T_{29} 接受高等教育就业人口比例	定量	正向	适应
	S_8 社会参与准备	T_{30} 万人卫生技术人员数	定量	正向	应对、恢复
		T_{31} 万人人民警察数	定量	正向	应对、恢复
		T_{32} 万人消防员数	定量	正向	应对、恢复
		T_{33} 应急救援队伍数	定量	正向	应对、恢复
		T_{34} 注册志愿者比例	定量	正向	应对、恢复、适应
	S_9 安全感与安全文化	T_{35} 安全生产责任险覆盖率	定量	正向	恢复
		T_{36} 市民安全意识和满意度	定性	正向	适应
		T_{37} 商业保险密度	定量	正向	恢复
		T_{38} 城市安全文化教育体验基地或场馆数量	定量	正向	应对、恢复、适应
F_3 管理安全韧性	S_{10} 管理体系建设	T_{39} 城市各级党委和政府的城市安全领导责任	定性	正向	应对、恢复、适应
		T_{40} 各级各部门城市安全监管责任	定性	正向	应对、恢复、适应
		T_{41} 城市总体规划及防灾减灾等专项规划	定性	正向	应对、恢复、适应
		T_{42} 韧性城市规划或韧性城市提升计划	定性	正向	应对、恢复、适应
		T_{43} 城市级恢复计划制订情况	定性	正向	恢复
		T_{44} 应急预案体系	定性	正向	应对、恢复
		T_{45} 应急演练开展	定性	正向	应对、恢复
		T_{46} 城市社区安全网格化	定性	正向	适应
	S_{11} 预防与响应	T_{47} 城市安全隐患排查整改	定性	正向	应对
		T_{48} 城市综合风险评估	定性	正向	应对
		T_{49} 气象、洪涝灾害监测	定性	正向	应对
		T_{50} 地震、地质灾害隐患监测	定性	正向	应对
		T_{51} 危险化学品运行安全风险监测	定性	正向	应对

续表

一级指标	二级指标	三级指标	指标类型	指标方向	指标特征
F_3 管理安全韧性	S_{11} 预防与响应	T_{52} 建设施工作业安全风险监测	定性	正向	应对
		T_{53} 城市生命线及电梯安全风险监测	定性	正向	应对
		T_{54} 城市交通安全风险监测	定性	正向	应对
		T_{55} 桥梁隧道、房屋建筑安全风险监测	定性	正向	应对
		T_{56} 重大危险源密度	定量	逆向	应对
		T_{57} 年径流总量控制率最低限值	定量	正向	应对
		T_{58} 城市应急管理综合应用平台	定性	正向	应对、恢复
		T_{59} 处置、救援人员从接警到到达现场的平均时间	定量	逆向	应对、恢复
	S_{12} 风险控制水平	T_{60} 百万人口因灾死亡率	定量	逆向	应对
		T_{61} 年因灾直接经济损失占地区生产总值的比例	定量	逆向	应对
		T_{62} 亿元地区生产总值安全生产事故死亡率	定量	逆向	应对
		T_{63} 工矿商贸就业人员十万人安全生产事故死亡率	定量	逆向	应对
		T_{64} 特别重大事故直接经济损失占地区生产总值的比例	定量	逆向	应对
		T_{65} 甲乙类法定传染病十万人死亡率	定量	逆向	应对
		T_{66} 年受灾人数比例	定量	逆向	应对
		T_{67} 万人火灾死亡率	定量	逆向	应对
		T_{68} 万人刑事案件发生率	定量	逆向	应对
	S_{13} 支撑保障投入	T_{69} 公共安全财政支出占比	定量	正向	应对、恢复、适应
		T_{70} 医疗卫生财政支出占比	定量	正向	应对、恢复、适应
		T_{71} 安全科技研发及成果、技术和产品的推广使用	定性	正向	应对、恢复、适应

3）国家标准《安全韧性城市评价指南》制定

基于城市安全韧性评价指标体系，中国标准化研究院、清华大学牵头制定了城市安全韧性评价领域的首部国家标准《安全韧性城市评价指南》（GB/T 40947—2021）[107]，该标准框架包括城市安全韧性评价目的和原则、评价内容和指标、评价方法和指标计算方法等，可用于各级政府及其相关管理部门、第三方机构开展的城市安全韧性评价活动。该标准内容架构如图 10-6 所示。

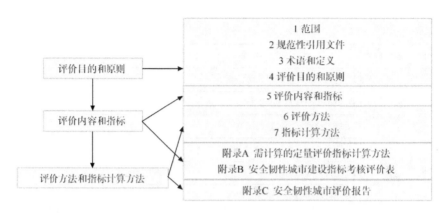

图 10-6　《安全韧性城市评价指南》（GB/T 40947—2021）内容架构

4. 中国城市安全韧性评价应用与结果分析

选取 6 座中国城市作为测评城市，收集城市安全韧性评价指标体系中各三级指标数据，综合重要性排序法（主观方法）和熵权法（客观方法）得到的指标权重确定指标的综合权重，进而计算测评城市的城市安全韧性总体评价结果、城市安全韧性分项评价结果、城市安全韧性特征评价结果，对 6 座测评城市的安全韧性进行横向比较。

各测评城市的城市安全韧性总体评价结果、城市安全韧性分项评价结果如图10-7 所示。

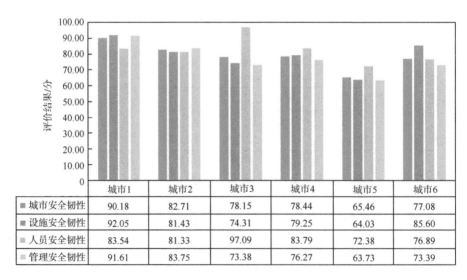

图 10-7　各测评城市的城市安全韧性总体评价结果与城市安全韧性分项评价结果

在城市安全韧性总体评价结果上，城市 1 获得最高的分数（90.18 分），排名第 1；城市 2 次之（82.71 分），排名第 2；城市 4（78.44 分）、城市 3（78.15 分）、城市 6（77.08 分）的分数相近，分列第 3~5 位；城市 5 的分数较低（65.46 分）。

整体而言，各测评城市在设施安全韧性、人员安全韧性、管理安全韧性三个维度上的城市安全韧性分项评价结果与其城市安全韧性总体评价结果大致相符，分项评价结果的分数围绕总体评价结果的分数上下浮动，但不同测评城市在三个维度上的分项评价结果的特点不尽相同。例如，相较其他两个维度，城市 1 在人员安全韧性维度上的分项评价结果分数较低，城市 3 在人员安全韧性维度上的分项评价结果尤为优异；城市 3 在三个维度上的分项评价结果分数差异明显，城市 2 在三个维度上的分项评价结果分数较为一致。

各测评城市关于应对、恢复、适应三项关键特征的城市安全韧性特征评价结果如图 10-8 所示。可以看出，各测评城市的城市安全韧性特征评价结果的总体水平与其城市安全韧性总体评价结果大致相符，城市 1 在三项关键特征上的评价结果分数最高，城市 2 次之，城市 3、城市 4、城市 6 情况相近，城市 5 分数较低。对比三项关键特征的评价结果分数，在恢复特征上，除城市 2 的恢复特征评价结果分数在三项关键特征中排序第 1、城市 1 的恢复特征评价结果分数在三项关键特征中排序第 2 外，其余 4 座测评城市的恢复特征评价结果分数明显低于其他两项关键特征，这反映出我国城市普遍需要加强恢复能力。

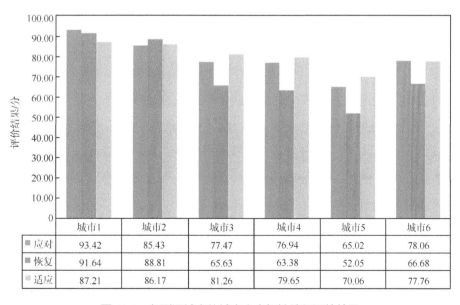

	城市1	城市2	城市3	城市4	城市5	城市6
■ 应对	93.42	85.43	77.47	76.94	65.02	78.06
■ 恢复	91.64	88.81	65.63	63.38	52.05	66.68
■ 适应	87.21	86.17	81.26	79.65	70.06	77.76

图 10-8　各测评城市的城市安全韧性特征评价结果

10.1.5　小结

本节对城市安全韧性的概念、模型、指标体系、国际标准制定情况进行了综述，并从中国城市建设管理实际出发，构建了包含 3 项一级指标、13 项二级指标、71 项三级指标的城市安全韧性评价指标体系，为国家标准《安全韧性城市评价指南》（GB/T 40947—2021）[107]的制定提供了支撑；选取 6 座中国城市作为测评城市，收集指标数据，对城市安全韧性评价指标体系和评价方法开展测评应用，计算各测评城市的城市安全韧性总体评价结果、城市安全韧性分项评价结果、城市安全韧性特征评价结果等安全韧性评价结果，为中国城市安全韧性评价工作的开展及城市安全韧性改进措施的提出提供依据。

10.2　基于韧性曲线的城市安全韧性建模与模拟研究

10.2.1　概述

城市安全韧性定量分析的主要研究方法包括指标体系方法和数理模型方法等。在通过数理模型方法开展城市安全韧性评价时，基于安全韧性曲线的概念框架，由城市系统功能水平的动态变化过程对城市安全韧性进行表征已成为主流做法。该曲线以时间作为横轴、以系统功能水平作为纵轴，反映系统功能水平随时间的变化情况，进而定义系统韧性。例如，Bruneau 等[73]将系统功能水平（百分比）在时间上的积分定义为韧性，提出了社区地震韧性定量评价框架；Barker 等[108]将系统功能水平灾后恢复的比例定义为韧性，提出了基于韧性概念的网络节点重要度评价方法；Min 等[109]依据韧性曲线的形状特点，提出了包含抵御、吸收、恢复的城市基础设施三阶段韧性分析框架。基于韧性曲线的概念框架，不同研究者在城市安全领域开展了探索性的研究。例如，Cimellaro 等[110]通过情景构建方式开展了地震情景下的医疗服务系统韧性定量分析研究，Shafieezadeh 和 Ivey Burden[31]通过结构建模分析与灾害模拟进行了城市海港功能韧性评价，Cox 等[111]通过实证数据分析了城市交通系统应对恐怖袭击事件的韧性。目前城市安全韧性模拟仿真方面已有研究主要集中在城市特定领域，尚缺少城市层面的城市安全韧性定量分析框架与相关研究。

本节将在模型和方法层面对城市安全韧性建模与模拟开展研究，围绕突发事件影响下城市系统的功能变化，构建城市安全韧性定量模拟框架模型，分析城市安全韧性定量模拟涉及的关键模块，并构建城市安全韧性算例，以地震突发事件为例，基于安全韧性曲线的概念框架，通过蒙特卡罗方法对城市在不同强度地震下的安全韧性进行模拟评价[112]。

10.2.2　城市安全韧性定量模拟框架模型

1. 框架模型构建

通过安全韧性曲线的理论框架衡量城市安全韧性的前提之一是对城市功能水平进行表征，故需对影响城市功能水平的要素进行分析，进而构建城市安全韧性定量模拟框架。

城市功能的基础是城市的结构，影响城市功能水平的因素还包括突发事件的破坏作用与恢复性措施的恢复作用：突发事件会对城市系统各功能单元造成破坏，各类措施则对这种破坏进行削弱、对受破坏的城市功能单元进行修复。因此，可以围绕城市组成、城市系统功能、突发事件作用、城市恢复等关键要素构建城市安全韧性定量模拟框架模型，包括城市结构模型、城市安全韧性模型、突发事件模型、城市恢复模型等关键模块，如图 10-9 所示。

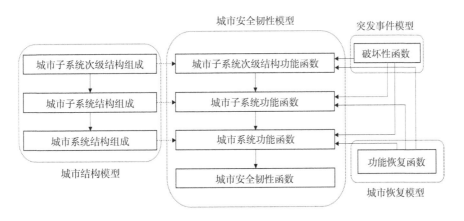

图 10-9　城市安全韧性定量模拟框架模型

2. 模型内涵分析

对城市安全韧性定量模拟框架模型中城市结构模型、城市安全韧性模型、突发事件模型、城市恢复模型等关键模块的内涵及所包含的函数进行分析。

1）城市结构模型

城市结构模型聚焦所研究的情景，包含所关注的城市物理或功能要素，表征城市组成。

在城市组成方面，城市系统由若干相对独立又密切耦合的子系统组成，假设城市包含 n 个子系统，数学上可以用集合的形式表示为

$$\Omega = \{\Omega_1, \Omega_2, \cdots, \Omega_n\} \tag{10-1}$$

式中，Ω 为城市系统，具体可包含多个子系统；Ω_i 为城市子系统 $(i=1,2,\cdots,n)$。

城市子系统 Ω_i 也可以由次级结构组成，若 Ω_i 包含 m 个组成部分，则可表示为

$$\Omega_i = \{\Omega_{i1}, \Omega_{i2}, \cdots, \Omega_{im}\} \tag{10-2}$$

2）城市安全韧性模型

城市安全韧性模型包含描述城市系统功能的函数和界定城市安全韧性的函数，表征城市系统受突发事件影响后维持自身功能连续性的能力。

在城市系统功能方面，城市系统功能水平取决于其各子系统的功能水平及耦合情况，城市系统功能函数可定义为

$$F(t) = F\big(F_1(t), F_2(t), \cdots, F_n(t)\big) \tag{10-3}$$

式中，$F_i(t)$ 为城市子系统 Ω_i 在 t 时刻的功能水平 $(i=1,2,\cdots,n)$；$F(t)$ 为 t 时刻的城市系统功能水平，体现出各城市子系统功能水平对整体的城市系统功能水平的影响。

城市子系统功能水平也是由其次级结构的功能水平决定的，且由于城市是一个复杂巨系统，城市子系统之间存在关联与耦合，城市子系统 Ω_i 的功能水平除受自身次级结构的功能水平的影响外，也可能受其他城市子系统的次级结构的功能水平及系统间耦合情况的影响，因此城市子系统 Ω_i 功能函数可表示为

$$F_i(t) = F_i\big(F_{i1}(t), F_{i2}(t), \cdots, F_{im}(t), \cdots, F_{qv}(t)\big) \tag{10-4}$$

式中，$F_{ij}(t)$ 为城市子系统 Ω_i 的第 j 个组成部分 Ω_{ij} 在 t 时刻的功能水平 $(j=1,2,\cdots,m)$；$F_{qv}(t)$ 为其他与之相关联耦合的城市子系统 Ω_{ij} 的第 v 个组成部分 Ω_{qv} 的功能水平，体现出系统耦合情况对系统功能水平造成影响的可能性。

根据城市系统功能函数和城市子系统功能函数，城市安全韧性函数 $R(t)$ 可定义为

$$R(t) = R\big(F(t)\big) = R\Big(F\big(F_1(t), F_2(t), \cdots, F_n(t)\big)\Big) \qquad （10\text{-}5）$$

城市安全韧性可利用城市系统功能进行定义，各城市子系统的功能也会对城市系统整体的安全韧性产生影响。

3）突发事件模型

突发事件模型包含与突发事件对城市系统功能的破坏作用相关的函数，表征突发事件的产生、发展、演变过程及其对城市系统结构和功能的影响。

考虑突发事件对城市系统功能的破坏作用，突发事件 e^p 对城市系统功能的破坏性函数 $D(t|e^p)$ 与破坏强度函数 $d(t|e^p)$ 定义为

$$D(t|e^p) = \int_{t_p}^{t} d(t|e^p)\, \mathrm{d}t \quad (t \geq t_p) \qquad （10\text{-}6）$$

式中，e 为突发事件；p 为某次突发事件的标识；t_p 为突发事件 e^p 的发生时刻。破坏性函数 $D(t|e^p)$ 体现突发事件 e^p 自发生到 t 时刻对城市系统功能的破坏程度，破坏强度函数 $d(t|e^p)$ 体现 t 时刻突发事件 e^p 对城市系统功能的破坏作用强度。

类似地，突发事件 e^p 对城市子系统 Ω_i 功能的破坏性函数 $D_i(t|e^p)$ 与破坏强度函数 $d_i(t|e^p)$ 可定义为

$$D_i(t|e^p) = \int_{t_p}^{t} d_i(t|e^p)\, \mathrm{d}t \quad (t \geq t_p) \qquad （10\text{-}7）$$

突发事件 e^p 对城市子系统 Ω_i 的组成部分 Ω_{ij} 功能的破坏性函数 $D_{ij}(t|e^p)$ 与破坏强度函数 $d_{ij}(t|e^p)$ 可定义为

$$D_{ij}(t|e^p) = \int_{t_p}^{t} d_{ij}(t|e^p)\, \mathrm{d}t \quad (t \geq t_p) \qquad （10\text{-}8）$$

4）城市恢复模型

城市恢复模型包含城市恢复函数，表征城市系统受突发事件影响后结构及功能恢复的情况。

考虑城市系统功能的恢复，t 时刻城市系统的功能恢复函数可定义为 $B(t|e^p)$，满足：

$$F(t|e^p) = F(t_p) - D(t|e^p) + \int_{t_p}^{t} B(t|e^p)\, \mathrm{d}t \quad (t \geq t_p) \qquad （10\text{-}9）$$

式中，t_p 为突发事件 e^p 的发生时刻。

类似地，城市子系统 Ω_i 的功能恢复函数可定义为 $B_i(t\,|\,e^p)$，满足：

$$F_i(t\,|\,e^p) = F_i(t_p) - D_i(t\,|\,e^p) + \int_{t_p}^t B_i(t\,|\,e^p)\,\mathrm{d}t \quad (t \geqslant t_p) \qquad （10\text{-}10）$$

同时，城市系统功能恢复情况取决于各城市子系统的功能水平，因此有

$$B(t\,|\,e^p) = B\big(F_1(t\,|\,e^p), F_2(t\,|\,e^p), \cdots, F_n(t\,|\,e^p)\big) \quad (t \geqslant t_p) \qquad （10\text{-}11）$$

城市子系统 Ω_i 功能恢复情况亦取决于自身及其他城市子系统的功能水平，并可进一步由各城市子系统次级结构功能水平决定，因此有

$$\begin{aligned}B_i(t\,|\,e^p) &= B_i\big(F_1(t\,|\,e^p), F_2(t\,|\,e^p), \cdots, F_n(t\,|\,e^p)\big) \\ &= B_i\big(F_{11}(t\,|\,e^p), F_{12}(t\,|\,e^p), \cdots, F_{nm_n}(t\,|\,e^p)\big) \quad (t \geqslant t_p)\end{aligned} \qquad （10\text{-}12）$$

上述讨论涉及城市系统、城市子系统、城市子系统次级结构三个层次，类似地，还可以对更次级结构进行讨论，定义其结构组成、功能函数、破坏性函数、功能恢复函数，需要在开展具体研究时根据研究对象与研究方法的特点对相关模型与函数进行具体定义与拓展分析。

10.2.3 城市安全韧性建模与模拟算例研究

1. 算例及情景构建

本节依据城市安全韧性定量模拟框架模型，构建城市安全韧性建模与模拟算例，以地震灾害为例，研究该算例在不同强度地震灾害作用下的受灾与恢复情况的特点及其安全韧性统计性规律。首先对城市结构模型、城市安全韧性模型、突发事件模型、城市恢复模型等关键模块中的模型和函数进行阐述，并介绍研究方法与模拟条件。

1）城市结构模型

本节在构建算例的城市结构模型时，参考美国 NIST[113]在 disaster resilience framework 中的研究思路，重点考虑建筑、交通、电力、通信、供水 5 类对于城市运转具有重要支撑作用的城市子系统，以此构建城市结构模型，并对各子系统的次级结构进行研究和设置，具体如下。

（1）建筑子系统的次级结构为单体建筑，共包含 270 座单体建筑，按照抗震性能分为Ⅰ类、Ⅱ类、Ⅲ类建筑，Ⅰ类建筑抗震性能最强，Ⅱ类建筑次之，Ⅲ类建筑抗震性能最弱，Ⅰ类、Ⅱ类、Ⅲ类建筑的数量分别为 20 座、50 座、200 座。

（2）交通子系统考虑交通道路情况，共包含 132 个路段，将每个路段作为交通子系统的次级结构。

（3）电力子系统的次级结构包括发电站、变配电所、连接线路，共包含 1 座发电站、5 座变配电所，发电站与变配电所分别通过连接线路连接，每座变配电所通过连接线路分别与 54 座单体建筑连接，5 座变配电所覆盖全部 270 座单体建筑。

（4）通信子系统的次级结构包括 5 座通信基站与连接线路，每座通信基站通过连接线路与 1 座电力子系统的变配电所连接，5 座通信基站分别与 5 座变配电所连接。

（5）供水子系统的次级结构为供水站与供水管网，供水站数量为 1 座，供水管网视为整体结构进行考虑。

2）城市安全韧性模型

（1）定义各城市子系统功能水平函数。

①定义建筑子系统的功能水平 $F_1(t)$ 为各单体建筑功能水平 $F_{1k}(t)$ $(k=1, 2,\cdots, 270)$ 的平均值，即

$$F_1(t) = \frac{\sum_{k=1}^{270} F_{1k}(t)}{270} \tag{10-13}$$

各单体建筑功能水平 $F_{1k}(t)(k=1,2,\cdots,270)$ 相互独立。

②定义交通子系统的功能水平 $F_2(t)$ 为各交通路段功能水平 $F_{2l}(t)$ $(l=1,2,\cdots,132)$ 的平均值，即

$$F_2(t) = \frac{\sum_{l=1}^{132} F_{2l}(t)}{132} \tag{10-14}$$

各交通路段功能水平 $F_{2l}(t)(l=1,2,\cdots,132)$ 相互独立。

③定义电力子系统的功能水平 $F_3(t)$ 为发电站到各单体建筑的各用电通路功能

水平 $F_{3\mathrm{rou}_{rs}}(t)$ $(r = 1, 2, \cdots, 5; s = 1, 2, \cdots, 54)$ 的平均值，即

$$F_3(t) = \frac{\sum_{r=1}^{5} \sum_{s=1}^{54} F_{3\mathrm{rou}_{rs}}(t)}{270} \tag{10-15}$$

一个完整的用电模块结构包括发电站-连接线路-变配电所-连接线路-单体建筑。用电通路考虑除单体建筑外的部分，包括发电站、发电站与变配电所之间的连接线路、变配电所、变配电所与单体建筑之间的连接线路。发电站到单体建筑的用电通路的功能水平 $F_{3\mathrm{rou}_{rs}}(t)$ 定义为

$$F_{3\mathrm{rou}_{rs}}(t) = \frac{F_{3\mathrm{gen}}(t) \cdot F_{3\mathrm{lin}_r}(t) \cdot F_{3\mathrm{dis}_r}(t) \cdot F_{3\mathrm{lin}_{rs}}(t)}{F_{3\mathrm{gen}}(t_0) \cdot F_{3\mathrm{lin}_r}(t_0) \cdot F_{3\mathrm{dis}_r}(t_0)} \tag{10-16}$$

式中，$F_{3\mathrm{gen}}(t)$ 为 t 时刻发电站功能水平；$F_{3\mathrm{dis}_r}(t)$ 为 t 时刻变配电所 r 功能水平；$F_{3\mathrm{lin}_r}(t)$ 为 t 时刻发电站与变配电所 r 之间连接线路功能水平；$F_{3\mathrm{lin}_{rs}}(t)$ 为 t 时刻变配电所 r 与单体建筑 rs 之间连接线路功能水平；t_0 为系统初始时刻。鉴于用电通路是一个串联型系统，其中任何一个环节失效（功能为 0）都将导致整个通路的中断，式（10-16）对用电通路功能水平的定义采用各组成结构功能乘积的形式，考虑实际情况下的各组成结构功能水平可能具备量纲，以初始时刻各组成结构功能水平为参照，采用归一化处理的思路。

④定义通信子系统的功能水平 $F_4(t)$ 为各通信基站模块功能水平 $F_{4u}(t)$ $(u = 1, 2, \cdots, 5)$ 的平均值，即

$$F_4(t) = \frac{\sum_{u=1}^{5} F_{4u}(t)}{5} \tag{10-17}$$

考虑电力保障对于通信基站功能的重要性，各通信基站模块功能水平取决于与其相连的变配电所模块功能水平、与发电站间连接线路的功能水平、通信基站功能水平，而变配电所模块功能水平取决于发电站功能水平、发电站与变配电所之间连接线路功能水平及变配电所功能水平。可见，通信子系统和电力子系统的耦合结构同样具备流程结构的特征，其功能水平存在短板效应，即受功能水平最低的组成结构制约，且由于涉及不同组成结构，考虑实际情况下的各组成结构功能水平可能具备量纲，需采用归一化处理的思路，因此有

$$F_{4u}(t) = \frac{F_{3\mathrm{gen}}(t) \cdot F_{3\mathrm{lin}_r}(t) \cdot F_{3\mathrm{dis}_r}(t) \cdot F_{4\mathrm{lin}_{ru}}(t) \cdot F_{4\mathrm{bas}_u}(t)}{F_{3\mathrm{gen}}(t_0) \cdot F_{3\mathrm{lin}_r}(t_0) \cdot F_{3\mathrm{dis}_r}(t_0) \cdot F_{4\mathrm{lin}_{ru}}(t_0)} \tag{10-18}$$

式中，$F_{4\mathrm{lin}_{ru}}(t)$ 为 t 时刻变配电所 r 与通信基站 u 之间连接线路功能水平；$F_{4\mathrm{bas}_u}(t)$ 为 t 时刻通信基站 u 功能水平；t_0 为系统初始时刻。

⑤定义供水子系统的功能水平 $F_5(t)$ 为供水站模块功能水平，由供水站功能水平与供水管网功能水平共同决定。可见，供水子系统亦具备流程结构的特征，与电力子系统类似，考虑实际情况下的各组成结构功能水平可能具备量纲，采用归一化处理的思路，因此有

$$F_5(t) = \frac{F_{5\mathrm{sta}}(t) \cdot F_{5\mathrm{pip}}(t)}{F_{5\mathrm{pip}}(t_0)} \tag{10-19}$$

式中，$F_{5\mathrm{sta}}(t)$ 为 t 时刻供水站的功能水平；$F_{5\mathrm{pip}}(t)$ 为 t 时刻供水管网的功能水平；t_0 为系统初始时刻。

（2）根据各城市子系统功能水平函数，定义城市系统功能水平函数：

$$F(t) = \sum_{i=1}^{5} C_i \cdot F_i(t) \tag{10-20}$$

式中，C_i 为城市子系统 Ω_i 功能水平的权重系数，本节为对 5 类城市子系统对城市安全韧性的影响规律进行研究，在城市系统功能水平函数中不区分各城市子系统功能相对重要性，以免导致某类城市子系统对城市安全韧性的影响趋势因权重过小而被掩盖，故设定 $C_i = 0.2$ $(i=1,2,\cdots,5)$。

（3）定义城市安全韧性函数：

$$R(t) = \frac{\int_{t_0}^{t} F(x)\mathrm{d}x}{F(t_0) \cdot (t - t_0)} \tag{10-21}$$

此城市安全韧性函数的物理意义为图 10-10 中阴影部分面积占矩形面积的比例。

3）突发事件模型

本节选取地震灾害作为研究情景，在设定地震情景下模拟各城市子系统的各组成部分功能变化情况，进而研究城市系统功能水平与城市安全韧性的变化情况。

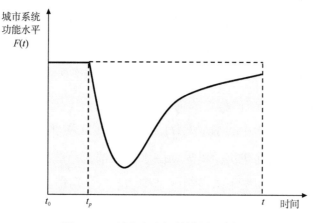

图 10-10　城市安全韧性模型示意图

　　设定 6 级、7 级、8 级三种强度的地震情景，8 级地震对城市系统破坏作用最强，7 级地震对城市系统破坏作用次之，6 级地震对城市系统破坏作用最弱。由于地震灾害具有瞬时突发性的特点，地震波的能量会在短时间内集中作用于各城市子系统的各组成部分，造成直接破坏，而灾前、灾后释放能量很小（不考虑余震情况），在选取的研究时段较长的情况下，可认为地震灾害 e^p 对城市子系统 Ω_i 的组成部分 Ω_{ij} 的破坏强度函数具有冲激函数特征，满足：

$$d_{ij}\left(t\,|\,e^p\right)=c_{ij}^p \cdot \delta\left(t-t_p\right) \cdot f_{ij}\left(t_0\right)\ (p=a,b,c) \tag{10-22}$$

式中，$p=a,b,c$ 分别对应 6 级地震、7 级地震、8 级地震情景；c_{ij}^p 为破坏强度系数；t_p 为地震灾害 e^p 的发生时间；$\delta(t)$ 为单位冲激函数，满足：

$$\begin{cases} \delta(t)=0\ (t\neq 0) \\ \int_{-\infty}^{+\infty}\delta(t)\mathrm{d}t=1 \end{cases} \tag{10-23}$$

　　破坏强度系数的取值为表 10-4 中常数或服从相应分布。

表 10-4　地震灾害对城市子系统组成部分的破坏强度系数

城市子系统	组成结构	6 级地震	7 级地震	8 级地震
建筑	Ⅰ类建筑	0	0	0
	Ⅱ类建筑	0	0	UNI(0.4,0.6)
	Ⅲ类建筑	0	UNI(0.4,0.6)	UNI(0.8,1)
交通	交通路段	UNI(0.2,0.4)	UNI(0.5,0.7)	UNI(0.8,1)

续表

城市子系统	组成结构	6 级地震	7 级地震	8 级地震
电力	发电站	0	0	0
	变配电所	0	$B(1,0.25)$	$B(1,0.5)$
	发电站与变配电所间连接线路	$B(1,0.1)$	$B(1,0.4)$	$B(1,0.7)$
	变配电所与单体建筑间连接线路	$B(1,0.1)$	$B(1,0.4)$	$B(1,0.7)$
通信	通信基站	0	0	0
	变配电所与通信基站间连接线路	0	$B(1,0.2)$	$B(1,0.4)$
供水	供水站	0	0	0
	供水管网	$\mathrm{UNI}(0.1,0.3)$	$\mathrm{UNI}(0.4,0.7)$	$\mathrm{UNI}(0.7,0.9)$

注：$\mathrm{UNI}(x,y)$ 为服从 $[x,y]$ 区间上的均匀分布；$B(1,p)$ 为服从概率 p 的两点分布。

4）城市恢复模型

从城市子系统角度考虑城市恢复，城市各子系统的恢复依赖自身或其他不同子系统的功能水平，建筑子系统的恢复需要多方施工，依赖交通、电力、通信、供水等子系统的功能水平。由于施工特点不同，交通子系统的修复更多地依赖电力、通信子系统，电力、通信子系统的恢复需要大量线路排查与修复，依赖交通、电力、通信子系统，供水子系统恢复的主要任务为管网修复，依赖电力、通信子系统，修复效果存在短板效应，即一个环节的缺失会制约整体效果，因此将各城市子系统功能恢复函数设为

$$B_1\left(t\mid e^p\right)=D_1\cdot\frac{F_2(t)\cdot F_3(t)\cdot F_4(t)\cdot F_5(t)}{F_2(t_0)\cdot F_3(t_0)\cdot F_4(t_0)\cdot F_5(t_0)}\cdot F_1(t_0)\ \left(t\geqslant t_p\right) \tag{10-24}$$

$$B_2\left(t\mid e^p\right)=D_2\cdot\frac{F_3(t)\cdot F_4(t)}{F_3(t_0)\cdot F_4(t_0)}\cdot F_2(t_0)\ \left(t\geqslant t_p\right) \tag{10-25}$$

$$B_3\left(t\mid e^p\right)=D_3\cdot\frac{F_2(t)\cdot F_3(t)\cdot F_4(t)}{F_2(t_0)\cdot F_3(t_0)\cdot F_4(t_0)}\cdot F_3(t_0)\ \left(t\geqslant t_p\right) \tag{10-26}$$

$$B_4\left(t\mid e^p\right)=D_4\cdot\frac{F_2(t)\cdot F_3(t)\cdot F_4(t)}{F_2(t_0)\cdot F_3(t_0)\cdot F_4(t_0)}\cdot F_4(t_0)\ \left(t\geqslant t_p\right) \tag{10-27}$$

$$B_5\left(t\,|\,e^p\right)=D_5\cdot\frac{F_3(t)\cdot F_4(t)}{F_3(t_0)\cdot F_4(t_0)}\cdot F_5(t_0)\left(t\geqslant t_p\right) \qquad （10\text{-}28）$$

式中，D_i 为城市子系统 Ω_i 的功能恢复系数（$i=1,2,\cdots,5$），反映了子系统功能恢复速度。由工程实际可知，电力子系统与通信子系统一般具有较快的恢复速度，供水子系统次之，交通子系统和建筑子系统限于工程任务特点，恢复速度相对较慢。各城市子系统功能恢复系数取值如下：$D_1=0.01$，$D_2=0.01$，$D_3=0.03$，$D_4=0.03$，$D_5=0.02$。

本节的研究重点为该算例在设定地震情景下的城市系统功能水平及城市安全韧性的变化规律。突发事件对城市子系统组成部分的破坏强度系数服从一定的概率分布，每次模拟计算的结果具有一定的随机性，因此运用蒙特卡罗方法开展模拟研究，分析结果的统计性规律。

针对 6 级地震、7 级地震、8 级地震条件各开展 10000 次模拟，选用时间单位为天，研究时间段为 365 天，时间步长为 1 天，设定初始时刻 $t_0=0$，突发事件发生时间 $t_p=1$ 天，模拟当研究时间段结束（$t=365$ 天）时城市系统功能及城市安全韧性情况。对城市系统功能水平函数 $F(t)$、城市子系统功能水平函数 $F_i(t)$、城市子系统组成部分功能水平函数 $F_{ij}(t)$ 的取值进行归一化处理，取值范围均为 $[0,1]$，设定初始时刻系统功能完全正常，即 $F(t_0)=1$，$F_i(t_0)=1$，$F_{ij}(t_0)=1$。本节研究使用的模拟计算软件为 MATLAB R2011b。

2. 模拟结果

图 10-11 反映了单次随机的 6 级地震情景下城市系统及各子系统功能水平随时间变化的模拟情况，此次模拟中，城市交通子系统与电力子系统在地震发生时受到较大影响，供水子系统次之，建筑子系统与通信子系统未受到影响，城市系统功能在第 34 天恢复至正常情况，计算得到城市安全韧性为 0.993。

由于每次模拟结果具有随机性，为反映城市系统应对 6 级地震的安全韧性的统计性规律，通过蒙特卡罗方法在 6 级地震情景下进行 10000 次模拟计算。结果显示，在 6 级地震情景下，城市安全韧性平均值 0.993，最小值为 0.965，最大值为 0.995，得到城市安全韧性分布直方图及累积密度曲线，如图 10-12 所示。

由图 10-12 可以看出，在设定条件下，城市系统在应对 6 级地震时表现出了较强的安全韧性，受影响程度较小。

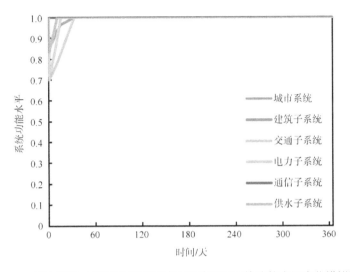

图 10-11　单次随机 6 级地震情景下城市系统及子系统功能水平变化模拟情况

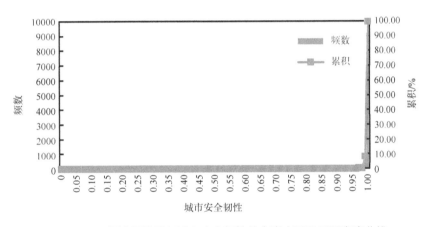

图 10-12　6 级地震情景下城市安全韧性分布直方图及累积密度曲线

图 10-13 反映了单次随机的 7 级地震情景下城市系统及各子系统功能水平随时间变化的模拟情况。此次模拟中，城市电力子系统、供水子系统、通信子系统、交通子系统在地震发生时受到较严重的破坏，系统功能完全恢复也用时较久，建筑子系统在地震发生时受到的破坏程度最小，恢复也较快，城市系统在第 159 天恢复至正常情况，计算得到城市安全韧性为 0.830。

在 7 级地震情景下进行 10000 次模拟计算。结果显示，7 级地震情景下城市安全韧性平均值为 0.835，最小值为 0.268，最大值为 0.971，得到城市安全韧性分布直方图及累积密度曲线，如图 10-14 所示。

由图 10-14 可以看出，在设定条件下，城市系统应对 7 级地震的安全韧性出现

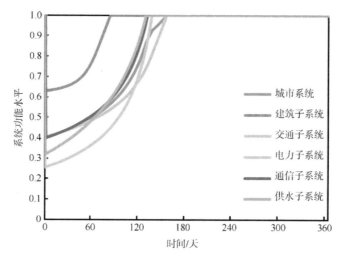

图 10-13　单次随机 7 级地震情景下城市系统及子系统功能水平变化模拟情况

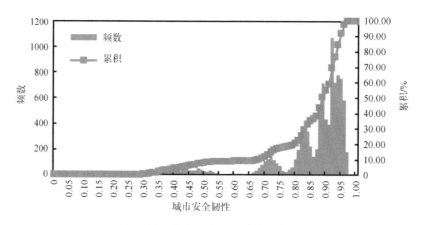

图 10-14　7 级地震情景下城市安全韧性分布直方图及累积密度曲线

了明显的差异化分布，城市安全韧性高于 0.9 的概率接近 50%，但城市安全韧性低于 0.6 的概率接近 10%。由此可见，一般情况下该城市系统可以有效应对 7 级地震灾害，但存在极端条件风险。

图 10-15 反映了单次随机的 8 级地震情景下城市系统及各子系统功能水平随时间变化的模拟情况。此次模拟中，城市各子系统在地震发生时均遭到严重破坏，电力子系统受到的破坏程度尤为严重，各功能水平恢复缓慢，城市系统功能水平在第 365 天恢复至 0.255，计算得到城市安全韧性为 0.205。

在 8 级地震情景下进行 10000 次模拟计算。结果显示，8 级地震情景下城市安全韧性平均值为 0.216，最小值为 0.086，最大值为 0.809，得到城市安全韧性分布直方图及累积密度曲线，如图 10-16 所示。

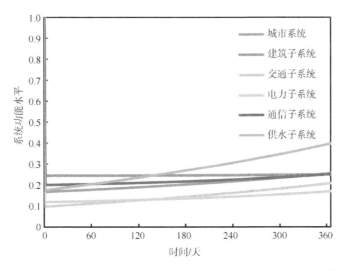

图 10-15　单次随机 8 级地震情景下城市系统及子系统功能水平变化模拟情况

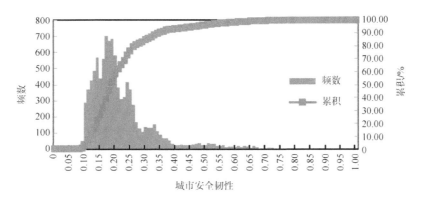

图 10-16　8 级地震情景下城市安全韧性分布直方图及累积密度曲线

　　由图 10-16 可以看出，在设定条件下，城市系统应对 8 级地震的安全韧性整体较低，城市安全韧性低于 0.3 的概率超过 80%，城市系统很难有效应对 8 级地震灾害。

3. 模拟结果优化

　　为计算城市各子系统对城市安全韧性整体水平的影响程度，在 6 级、7 级、8 级三种强度的地震灾害情景下，分别计算建筑子系统、交通子系统、电力子系统、通信子系统、供水子系统的相应组成结构的破坏强度系数为 0（即相应子系统不会发生损害）时 10000 次模拟得到的城市安全韧性的平均值，并与按原始设定条件进行模拟得到的城市安全韧性平均值作比较，得到各子系统组成结构破坏强度系数为 0 时的城市安全韧性提升值，以该提升值反映城市各子系统安全韧性提升对城市安全韧性提升程度的贡献度，相关结果如表 10-5 所示。

表 10-5 城市各子系统组成结构破坏强度系数为 0 时城市安全韧性的提升情况

模拟条件	城市安全韧性（+提升值）		
	6 级地震	7 级地震	8 级地震
原始设定条件	0.993（−）	0.835（−）	0.216（−）
建筑子系统组成部分破坏强度系数为 0	0.993（+0）	0.861（+0.026）	0.367（+0.151）
交通子系统组成部分破坏强度系数为 0	0.996（+0.003）	0.913（+0.077）	0.533（+0.317）
电力子系统组成部分破坏强度系数为 0	0.994（+0.001）	0.971（+0.136）	0.889（+0.673）
通信子系统组成部分破坏强度系数为 0	0.993（+0）	0.872（+0.036）	0.292（+0.076）
供水子系统组成部分破坏强度系数为 0	0.994（+0.001）	0.864（+0.029）	0.359（+0.143）

从表 10-5 中可以看出，在 6 级地震情景下，建筑子系统、通信子系统组成结构破坏强度系数在原始设定条件下为 0，因此模拟结果不变，交通子系统、电力子系统、供水子系统安全韧性提升对于城市安全韧性提升程度的贡献度分别为 0.003、0.001、0.001；在 7 级地震、8 级地震情景下，城市各子系统安全韧性提升对于城市系统安全韧性提升程度均有一定贡献度，电力子系统的贡献度尤为明显，远超其他子系统。这一方面是由于在原始设定条件下，电力子系统自身易损性较大，更重要的一方面是从式（10-24）～式（10-28）中可以看出，电力子系统在城市恢复中发挥了重要作用。图 10-17 为电力子系统组成结构破坏强度系数为 0 时，单次随机的

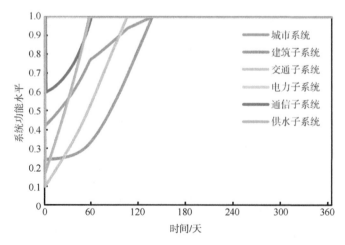

图 10-17 单次随机 8 级地震情景下城市系统及子系统功能水平变化模拟情况（电力子系统组成结构破坏强度系数为 0 时）

8 级地震情景下城市系统及各子系统功能水平随时间变化的模拟情况（城市安全韧性模拟结果为 0.907），在电力子系统完好的情况下，城市恢复速度改善明显，安全韧性显著提升。

10.2.4　小结

本节提出了包含城市结构模型、城市安全韧性模型、突发事件模型、城市恢复模型的城市安全韧性定量模拟框架模型，并对模型机理及框架中各关键模块的模型和函数的内涵进行了分析，可用于对城市安全韧性的定量评价；构建了城市安全韧性算例，以地震灾害为例，以城市在不同强度地震情景下的城市系统功能水平及城市安全韧性变化情况为研究对象，对城市安全韧性定量模拟框架模型进行应用。通过案例分析可以看出，本节提出的城市安全韧性定量模拟框架模型可用于对城市安全韧性进行定量评价，由于城市规模、所处地域、经济水平、城市结构抗震水平等因素都会对城市的安全韧性产生影响，且不同城市面临的安全风险不同、不同突发事件对于城市结构的作用机理不同，在后续研究中，可根据研究目的与相关数据设置城市子系统类别、城市子系统各组成部分及其之间的功能与相互耦合关系，根据突发事件特点设置突发事件破坏强度函数，根据应急措施设置功能恢复函数，在历史案例数据及精细城市结构模型的支撑下，该框架模型可以得到进一步的拓展与应用。

10.3　城市安全韧性影响因素分析研究

10.3.1　概述

本节从灾害案例实际应用的角度对城市安全韧性建模与模拟开展研究。本节以城市安全韧性定量模拟框架模型为基础，结合典型台风灾害情景，建立台风突发事件模型及受灾地区的城市结构模型、城市恢复模型与城市安全韧性模型，对台风给受灾地区造成的灾情影响情况及受灾地区城市安全韧性情况进行定量化模拟评价，识别此次灾情应对中的关键环节和要素。

10.3.2 台风情景下城市安全韧性模型

1. 情景简介

本节以 2009 年 8 月"莫拉克"台风为例,开展城市安全韧性建模与模拟并进行影响因素分析。调研获取的基础资料包括台风的灾害强度数据，以及某受灾地区的灾害损失数据、灾情恢复数据等。灾害强度数据包括体现风力强度的台风近中心最大风速、体现降水强度的受灾地区单日最大观测雨量，灾害损失数据和灾情恢复数据涵盖供水、电力、通信、燃气、交通 5 类重要城市基础设施系统，包括供水、电力、燃气的用户功能中断及修复情况，通信基站功能中断及修复情况，交通道路功能中断及修复情况。

对原始数据进行数据清洗、修正与脱敏处理，以累计受损占总比、累计修复占总比体现各类基础设施的受损与恢复情况，其计算公式如下：

$$D_i(t) = \frac{N_i^{\text{damaged}}(t)}{N_i^{\text{total}}} \times 100\% \quad (i = \text{wa,el,te,ga,tr}) \tag{10-29}$$

$$B_i(t) = \frac{N_i^{\text{repaired}}(t)}{N_i^{\text{total}}} \times 100\% \quad (i = \text{wa,el,te,ga,tr}) \tag{10-30}$$

式中，$D_i(t)$ 为各城市基础设施系统在 t 时的累计受损占总比（含已修复和未修复）；$B_i(t)$ 为各城市基础设施系统在 t 时的累计修复占总比；i 为基础设施系统标识。本节以起始英文字母作为各城市基础设施系统标识，wa、el、te、ga、tr 分别对应供水、电力、通信、燃气、交通系统。N_i^{total} 为各城市基础设施系统的功能单元总数，对于供水、电力、燃气系统，为用户总数；对于通信系统，为通信基站总数；对于交通系统，为道路路段总长度。$N_i^{\text{damaged}}(t)$ 为在 t 时各城市基础设施系统累计受损的功能单元数量，$N_i^{\text{repaired}}(t)$ 为在 t 时各城市基础设施系统累计修复的功能单元数量。本节中时间步长为 1 天，记初始时间 $t=0$，台风登陆的时间 $t=1$ 天。

2. 模型构建

根据城市安全韧性定量模拟框架模型，从城市结构模型、突发事件模型、城市恢复模型、城市安全韧性模型等方面构建本节研究所涉及的模型。

1）城市结构模型

依据灾情基础数据，本节所研究的城市结构包括供水、电力、通信、燃气、交通 5 类子系统，每类子系统的具体结构考虑其功能单元，供水、电力、燃气子系统的功能单元为用户，通信子系统的功能单元为基站，交通子系统的功能单元为单位长度的道路路段，以各子系统功能单元的灾害损失和修复情况刻画灾害应对及恢复的动态演化过程。

2）突发事件模型

影响台风灾害致灾性的因素包括气候、水文、地理、经济社会等多方面的复杂因素，对台风灾害演化模式及致灾机理进行模拟分析是一项复杂的研究工作。本节侧重城市安全韧性评价研究，结合领域内相关研究基础及本次灾害的灾情数据，通过经验回归方法建立台风的灾情演化、灾害损失模型，用于反映台风在相同区域、相同环境条件下灾情演化与灾害损失的规律。

（1）在灾情演化方面，建立风力强度、降水强度两类致灾要素的演化模型。

时文晓等[114]对台风登陆后的风速衰减规律进行了分析，本节依据其研究基础，提出台风登陆后近中心最大风速的衰减规律模型如下：

$$\begin{cases} \dfrac{v(t)}{v_1} = a_2 \cdot t^2 + a_1 \cdot t + a_0 \\ v(t) < v(t-1) \end{cases} (t > 1) \qquad （10\text{-}31）$$

式中，$v(t)$ 为 t 时台风近中心最大风速；v_1 为台风登陆时的近中心最大风速（即 $t=1$ 天时的近中心最大风速）；$v(t) < v(t-1)$ 为风速衰减条件，风速的单位为 m/s；由灾情数据拟合得到本次灾情条件下的近中心最大风速演化系数，$a_2 = 1.25 \times 10^{-2}$ 天$^{-2}$，$a_1 = -2.33 \times 10^{-1}$ 天$^{-1}$，$a_0 = 1.23$，拟合优度为 0.997。

以时间序列模型对本次灾害条件下单日最大观测雨量随近中心最大风速的变化情况进行建模分析，用以刻画相同环境因素下降水强度随风力强度的演化规律，模型如下：

$$p(t) = \sum_n b_n \cdot v(t-n) + b_{\text{const}} \quad (t \geq 1; t \geq n) \qquad （10\text{-}32）$$

式中，$p(t)$ 为单日最大观测雨量（mm）。通过由式（10-31）得到的近中心最大风速时间序列结果与实际的单日最大观测雨量数据对模型参数进行拟合，在二阶模型（$n=1$）时取得较好的吻合结果，系数 $b_0=4.60\times10^1$ mm·s/m，$b_1=2.75\times10^1$ mm·s/m，$b_{\mathrm{const}}=-1.10\times10^3$ mm，拟合优度为 0.942。

因此，本节选取的降水强度模型如下：

$$\begin{cases} p(t)=b_0\cdot v(t)+b_1\cdot v(t-1)+b_{\mathrm{const}} \\ p(t)\geqslant 0 \end{cases} (t\geqslant 1) \tag{10-33}$$

在其他环境因素不变的情况下，由式（10-31）和式（10-33）可以刻画出在不同登陆风速下台风近中心最大风速、单日最大观测雨量随时间的演化趋势，进而用于预测灾害损失情况。

（2）在灾害损失方面，考虑不同子系统的灾害损失模式的特点：供水管线多为地下敷设，灾害损失主要由强降水引发洪涝等次生灾害，对供水设施和管网造成破坏引起，可用时间序列模型进行模拟；电力入户管线多为架空敷设，灾害损失主要由强风导致，可通过多项式模型进行回归；通信基站主要为地上结构，灾害损失主要由强风导致，亦可通过多项式模型进行回归；燃气管线灾害损失主要由台风登陆时风暴潮导致的地质塌陷引起，根据相关资料，塌陷率与风暴潮伴随的降水强度呈线性关系；道路路段为地表结构，灾害损失由强风和强降水导致，需要综合考虑两种灾害要素构建灾害损失回归模型。对应其主要致灾因素，本节对供水、电力、通信、燃气、交通 5 类子系统提出灾害损失模型如下：

$$d_{\mathrm{wa}}(t)=\sum_n c_n\cdot p(t-n)+c_{\mathrm{const}} \quad (t\geqslant 1; t\geqslant n) \tag{10-34}$$

$$d_{\mathrm{el}}(t)=\sum_{n\geqslant 0} d_n\cdot v(t)^n \quad (t\geqslant 1) \tag{10-35}$$

$$d_{\mathrm{te}}(t)=\sum_{n\geqslant 0} e_n\cdot v(t)^n \quad (t\geqslant 1) \tag{10-36}$$

$$d_{\mathrm{ga}}(t)=\sum_{n\geqslant 0} f_1\cdot p(t)+f_0 \quad (t=1) \tag{10-37}$$

$$d_{\mathrm{tr}}(t)=g_1\cdot p(t)\cdot v(t)+g_0 \quad (t\geqslant 1) \tag{10-38}$$

$d_i(t)$ 为城市子系统 $i(i=\mathrm{wa,el,te,ga,tr})$ 在 t 时的当日受损占总比，即

$$d_i(t)=\frac{n_i^{\mathrm{damaged}}(t)}{N_i^{\mathrm{total}}}\times100\% \quad (i=\mathrm{wa,el,te,ga,tr}) \tag{10-39}$$

式中，$n_i^{\mathrm{damaged}}(t)$ 为城市子系统 i 在 t 时的当日受损的功能单元数量；N_i^{total} 为城

市子系统 i 的功能单元总数。

城市子系统 i 在 t 时的累计受损的功能单元数量 $N_i^{\text{damaged}}(t)$ 与当日受损的功能单元数量 $n_i^{\text{damaged}}(t)$ 关系如下:

$$N_i^{\text{damaged}}(t) = \sum_{m=0}^{t} n_i^{\text{damaged}}(m) \quad (i = \text{wa,el,te,ga,tr}) \tag{10-40}$$

因此,城市子系统 i 在 t 时的累计受损占总比 $D_i(t)$ 与当日受损占总比 $d_i(m)$ 关系如下:

$$D_i(t) = \sum_{m=0}^{t} d_i(m) \quad (i = \text{wa,el,te,ga,tr}) \tag{10-41}$$

根据国家标准《热带气旋等级》(GB/T 19201—2006)[115]和《暴雨灾害等级》(GB/T 33680—2017)[116]中对灾害的分类标准,分别以热带气旋的近中心最低风速(10.8 m/s)、暴雨灾害的最低 24 h 降水量(50 mm)作为致灾阈值下限,并综合考虑模型精度与模型阶次,对式(10-34)~式(10-38)进行拟合,得到本节所采用的各城市子系统灾害损失模型:

$$\begin{cases} d_{\text{wa}}(t) = c_0 \cdot p(t) + c_1 \cdot p(t-1) + c_{\text{const}} \\ d_{\text{wa}}(t) \geqslant 0 \qquad\qquad (t \geqslant 1) \\ p(t), p(t-1) \geqslant 50 \end{cases} \tag{10-42}$$

式中,$c_0 = 4.97 \times 10^{-5}$ mm^{-1},$c_1 = 1.30 \times 10^{-5}$ mm^{-1},$c_{\text{const}} = -3.26 \times 10^{-2}$,拟合优度为 0.986。

$$\begin{cases} d_{\text{el}}(t) = d_3 \cdot v(t)^3 + d_2 \cdot v(t)^2 + d_1 \cdot v(t) + d_0 \\ d_{\text{el}}(t) \geqslant 0 \qquad\qquad (t \geqslant 1) \\ v(t) \geqslant 10.8 \end{cases} \tag{10-43}$$

式中,$d_3 = 7.33 \times 10^{-6}$ s^3/m^3,$d_2 = -3.10 \times 10^{-4}$ s^2/m^2,$d_1 = 4.69 \times 10^{-2}$ s/m,$d_0 = -2.55 \times 10^{-2}$,拟合优度为 0.9997。

$$\begin{cases} d_{\text{te}}(t) = e_3 \cdot v(t)^3 + e_2 \cdot v(t)^2 + e_1 \cdot v(t) + e_0 & (v(t) \geqslant 30; t \geqslant 1) \\ d_{\text{te}}(t) = e_4 \cdot v(t) + e_5 & (10.8 \leqslant v(t) < 30; t \geqslant 1) \\ d_{\text{te}}(t) \geqslant 0 & (t \geqslant 1) \end{cases} \tag{10-44}$$

式中,$e_3 = 5.03 \times 10^{-5}$ s^3/m^3,$e_2 = -3.93 \times 10^{-3}$ s^2/m^2,$e_1 = 1.01 \times 10^{-1}$ s/m,$e_0 = -8.49 \times 10^{-1}$;为保证模型在致灾风速区间内的单调性,以线性模型在多项式模型非

单调区间内替代多项式模型， e_4=8.44×10^{-4} s/m ， e_5=−1.47×10^{-2} ，整体拟合优度为 0.999996。

$$\begin{cases} d_{\mathrm{ga}}\left(t\right)=f_1\cdot p\left(t\right)+f_0 \\ d_{\mathrm{ga}}\left(t\right)\geqslant 0 \qquad\qquad \left(t=1\right) \\ p\left(t\right)\geqslant 500 \end{cases} \tag{10-45}$$

式中， f_1=1.73×10^{-7} mm^{-1} ， f_0=−5.43×10^{-5} ，其中，风暴潮伴随的降水量致灾阈值由当地资料确定。

$$\begin{cases} d_{\mathrm{tr}}\left(t\right)=g_1\cdot p\left(t\right)\cdot v\left(t\right)+g_0 \\ d_{\mathrm{tr}}\left(t\right)\geqslant 0 \\ v\left(t\right)\geqslant 10.8 \qquad\qquad \left(t\geqslant 1\right) \\ p\left(t\right)\geqslant 50 \end{cases} \tag{10-46}$$

式中， g_1=8.59×10^{-7} s/（m·mm）， g_0=−2.69×10^{-3} ，拟合优度为 0.961。

3）城市恢复模型

Zorn 和 Shamseldin[117]通过对全球破坏性灾害损失及恢复情况的分析，提出了城市基础设施系统灾后恢复过程的模型：

$$Q_{i,n}\left(t_{i,n}^{\mathrm{relative}}\right)=\frac{t_{i,n}^{\mathrm{relative}}\cdot\left(1+h_i\right)}{\left(t_{i,n}^{\mathrm{relative}}\right)^{l_i}+h_i} \tag{10-47}$$

式中， $Q_{i,n}$ 为归一化的恢复进度， i 为基础设施系统标识， n 为恢复进度百分比， $Q_{i,n}$ 的值为 n%（ n 的值域为 $[0,100]$ ）； $t_{i,n}^{\mathrm{relative}}$ 为归一化的时间进度，表示基础设施系统 i 恢复进度达到 n%用时时长占完全恢复用时时长的比例； l_i 和 h_i 为曲线形状参数。

$Q_{i,n}$ 物理含义公式如下：

$$Q_{i,n}\left(t_{i,n}^{\mathrm{relative}}\right)=\frac{N_i^{\mathrm{repaired}}\left(t_{i,n}^{\mathrm{relative}}\right)}{N_i^{\mathrm{damaged}}\left(t_{i,n}^{\mathrm{relative}}\right)}=\frac{B_i\left(t_{i,n}^{\mathrm{relative}}\right)}{D_i\left(t_{i,n}^{\mathrm{relative}}\right)} \tag{10-48}$$

式中， N_i^{damaged} 为基础设施系统 i 累计受损的功能单元数量； N_i^{repaired} 为基础设施系统 i 累计修复的功能单元数量，易知， $Q_{i,n}$ 的值也等于基础设施系统 i 累计恢复占总比（ B_i ）与累计受损占总比（ D_i ）的比值。

$t_{i,n}^{\mathrm{relative}}$ 计算公式如下：

$$t_{i,n}^{\text{relative}} = \frac{t_{i,n}}{t_{i,100}} \tag{10-49}$$

式中，$t_{i,n}$ 为基础设施系统 i 恢复进度至 $n\%$ 用时时长；$t_{i,100}$ 为基础设施系统 i 完全恢复用时时长。

以上模型认为灾害损失均在初始时刻产生，类似 10.2.3 节提出的地震破坏性函数模型。对于更多灾害类型，灾害损失往往是在一段持续性的过程中产生的，如本节研究的台风灾害，在台风过境期间乃至过境后的一段时间内，城市系统都可能产生灾害损失。

为此，本节对城市基础设施系统灾后恢复过程模型改进如下：

$$B_i(t) = \sum_{t_{e^p} \leqslant t_s \leqslant t} d_i(t_s) \cdot \frac{t_i^{\text{relative}}(t,t_s) \cdot (1+h_i)}{\left(t_i^{\text{relative}}(t,t_s)\right)^{l_i} + h_i} \tag{10-50}$$

式中，$B_i(t)$ 为 t 时基础设施系统 i 的累计修复占总比；$d_i(t_s)$ 为 t_s 时基础设施系统 i 的当日损失占总比；t_s 为当前时间 t 和灾害初始时间 t_{e^p} 之间的时间点；$t_i^{\text{relative}}(t,t_s)$ 为 t_s 时当日灾害损失在 t 时的修复用时时长占比。式（10-50）将各时间点的灾害损失及相应的修复情况以脉冲形式叠加，可用于刻画持续性灾害下城市基础设施系统恢复过程。

在式（10-50）中，城市子系统恢复过程的用时时长以归一化进度的形式进行体现，为得到各城市子系统恢复过程用时时长的模型，还需明确完全恢复用时时长 $t_{i,100}$ 的模型形式。Zorn 和 Shamseldin[117] 针对部分基础设施系统恢复 90% 的用时时长 $t_{i,90}$ 提出相应模型，并给出系数，相应模型可表述如下：

$$t_{i,90}(t_s) = p_i \cdot e^{q_i \cdot d_i(t_s)} \tag{10-51}$$

式中，p_i 和 q_i 为模型参数。

根据式（10-51），曲线形状参数 l_i 和 h_i 确定后，$t_{i,100}$ 与 $t_{i,90}$ 的比例关系也随之确定：

$$t_{i,100} = k_i \cdot t_{i,90} \tag{10-52}$$

式中，k_i 为比例系数，且不随 $t_{i,90}$ 的绝对大小的变化而变化。

根据 Zorn 和 Shamseldin[117] 提供的参数，结合本次台风灾害损失与恢复情况，得到城市恢复模型中各城市子系统恢复模型的关键参数，如表 10-6 所示。

表 10-6　各城市子系统恢复模型关键参数

城市子系统	标识 i	l_i	h_i	k_i	p_i	q_i
供水	wa	0.93	0.68	1.25	6.54	2.18
电力	el	1.04	0.78	1.27	0.26	5.77
通信	te	1.37	0.60	1.54	1.20	2.97
燃气	ga	9.63	−26.00	1.09	7.00	1.63
交通	tr	0.86	0.09	1.58	21.54	1.62

4）城市安全韧性模型

各城市子系统中可正常发挥作用（含未损坏、损坏后已修复两种）的功能单元的比例可以反映城市子系统功能水平的状态，故定义城市子系统功能函数：

$$F_i(t) = 1 - D_i(t) + B_i(t) \ (i = \text{wa,el,te,ga,tr}) \tag{10-53}$$

式中，$D_i(t)$、$B_i(t)$ 分别为 t 时城市子系统 i 各功能单元的累计受损占总比、累计修复占总比；$F_i(t)$ 为 t 时城市子系统 i 功能正常的功能单元的比例。

城市系统功能可以由各子系统功能进行衡量：

$$F_{\text{ci}}(t) = \sum_i C_i \cdot F_i(t) \ (i = \text{wa,el,te,ga,tr}) \tag{10-54}$$

式中，$F_{\text{ci}}(t)$ 为 t 时城市系统功能水平；C_i 为各子系统的功能权重系数。

由于本节对典型台风灾害情景下的城市安全韧性动态过程进行建模分析，C_i 的取值需要体现各子系统对城市功能运转的相对重要性。张风华和谢礼立[118]通过层次分析法对供水、电力、通信、燃气、交通 5 类系统的功能权重系数进行了确定，本节采用其研究结果，具体如表 10-7 所示。

表 10-7　各城市子系统功能权重系数

城市子系统	标识 i	C_i
供水	wa	0.336
电力	el	0.336
通信	te	0.141
燃气	ga	0.045
交通	tr	0.141

城市安全韧性函数采用与 10.2.3 节相同的定义方式：

$$R_{ci}(t) = \frac{\int_{t_0}^{t} F_{ci}(x)\mathrm{d}x}{F_{ci}(t_0) \cdot (t - t_0)} \qquad (10\text{-}55)$$

式中，$R_{ci}(t)$ 为 t 时城市安全韧性；t_0 为研究时间段的初始时刻（本节 $t_0 = 0$）。

3. 模型验证

通过灾害实际结果与模拟结果的对比，对本节所构建的突发事件模型、城市恢复模型等模型的合理性进行验证。

在本次台风灾害强度下（登陆风速为 40 m/s），通过本节构建的模型，对各城市子系统的灾害损失及恢复情况进行模拟，计算城市功能水平随时间变化的情况，比较模拟结果和实际结果，如图 10-18 所示。从图 10-18 中可以看出，城市功能水平的模拟结果与实际结果在整体变化趋势、受影响的深度、恢复进程等方面较为一致。对模拟结果与实际结果进行回归分析，得到城市功能水平的模拟结果与实际结果间的拟合优度为 0.931，如图 10-19 所示。

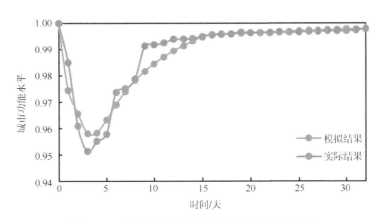

图 10-18　城市功能水平模拟结果和实际结果对比

可见，城市功能水平的模拟结果与实际结果吻合情况良好，本节所构建的模型适用于在此次台风灾害情景下，对该受灾地区因台风灾害产生的灾害损失和恢复过程进行模拟，并可以以此为基础进行城市安全韧性评价与分析。

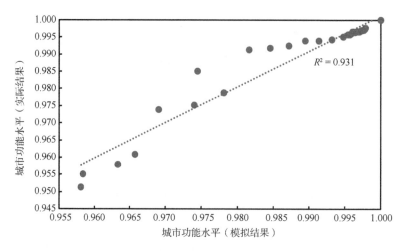

图 10-19　城市功能水平结果回归分析

10.3.3　台风情景下城市安全韧性影响因素定量分析

1. 结果分析

城市各子系统的灾害损失及恢复规律不同，因此在不同时间点影响城市安全韧性的主要因素也不同。本节通过城市子系统 i 对城市安全韧性损失占比 $\mathrm{Lr}_i(t)$ 衡量城市子系统 i 功能水平降低造成的城市安全韧性损失在当前城市安全韧性损失整体情况中所占的比例，定义如下：

$$\mathrm{Lr}_i(t) = \frac{\int_{t_0}^{t} C_i \cdot \left(1 - f_i(x)\right)\,\mathrm{d}x}{(t - t_0) \cdot L_{\mathrm{ci}}(t)} \quad (i = \mathrm{wa,el,te,ga,tr}) \tag{10-56}$$

在不同台风登陆风速条件下，对各城市子系统对城市安全韧性损失占比随时间变化情况进行分析。当台风登陆风速为 30 m/s、40 m/s、50 m/s 时，城市安全韧性损失占比随时间变化情况分别如图 10-20～图 10-22 所示。

由此可见，每次灾害损失及恢复过程中，不同城市子系统对城市安全韧性损失占比随时间变化的特点也各不相同，这与各系统的易损性和恢复速度相关。整体而言，电力子系统和通信子系统易损性较高，在台风灾害初期对城市安全韧性损失占比较大，但因其恢复较快，其对城市安全韧性损失占比在灾害初期过后也会较快下降，此后随时间缓慢变化；交通子系统易损性不高，在灾害初期对城市安全韧性损失占比并不突出，但因其恢复较慢，在台风衰减过程中及台风过境后，其对城市安全韧性损失占比会明显增加；在强台风灾害影响下，供水子系统易损性较高，恢复

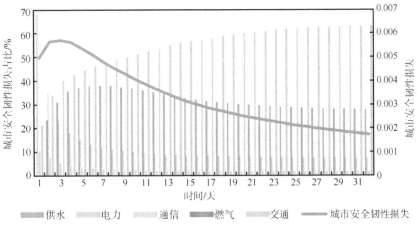

图 10-20　城市安全韧性损失占比随时间变化情况（登陆风速为 30 m/s）

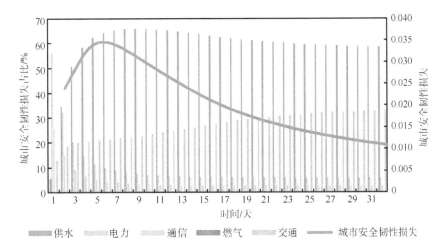

图 10-21　城市安全韧性损失占比随时间变化情况（登陆风速为 40 m/s）

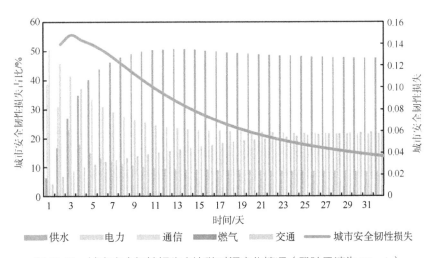

图 10-22　城市安全韧性损失占比随时间变化情况（登陆风速为 50 m/s）

速度一般，因此在全过程中对城市安全韧性损失占比都较大，且在灾害强度增加时表现得尤为明显；相比其他子系统，在台风灾害影响下，燃气子系统易损性很低，故其对城市安全韧性损失占比很小。

2. 结果讨论

从以上分析中可以看出，不同城市子系统在不同强度的台风灾害影响下受破坏的相对程度不同，加之修复过程相关因素的影响，导致不同强度台风灾害下，以及同一灾害的不同时间阶段中，影响城市安全韧性的主要因素是不同的，因此在开展城市安全韧性评价、分析城市安全韧性提升的关键环节时需要具体分析。

以 $t=1$ 天、城市安全韧性损失达到最大值的时间、$t=15$ 天分别作为台风灾害初期、灾情高峰期、灾后恢复期等各灾情阶段的代表性时间节点，在不同的台风登陆风速下，对灾害初期、灾情高峰期、灾后恢复期各阶段中城市安全韧性损失占比排名前 2 位的城市子系统进行整理，如表 10-8 所示。

表 10-8 城市安全韧性损失占比排名前 2 位的城市子系统

台风登陆风速/(m/s)	灾情阶段	城市子系统	
		第 1 位	第 2 位
30	灾害初期	电力	交通
	灾情高峰期	交通	供水
	灾后恢复期	交通	供水
40	灾害初期	电力	通信
	灾情高峰期	供水	交通
	灾后恢复期	供水	交通
50	灾害初期	通信	电力
	灾情高峰期	通信	供水
	灾后恢复期	供水	通信

由上述分析可知，为提升城市安全韧性，在面对一般强度的台风灾害时，需加强对灾后交通道路恢复的保障；在面对较为严重的台风灾害时，需要降低供水子系统的易损性，并提升其恢复能力；在面对极端严重的台风灾害时，需加强对易损性较高的通信子系统和电力子系统的保障。

10.3.4 小结

本节基于城市安全韧性定量模拟框架模型，选取典型台风灾害案例，围绕供水、电力、通信、燃气、交通 5 类子系统，构建城市结构模型、突发事件模型、城市恢复模型和城市安全韧性模型，对不同强度台风灾害下的城市安全韧性进行模拟与评价，识别城市安全韧性提升的关键环节与要素。具体结论如下。

不同的城市子系统面对台风灾害展现出的易损性不同，电力子系统、通信子系统在台风灾害下的受破坏程度较大，其易损性对台风灾害强度展现出较高的敏感性，对城市安全韧性的整体影响也随着台风灾害强度的增强而增大，因此在面对强度较高的台风灾害时，需要格外注意对电力子系统、通信子系统的保护和修复。

不同子系统在灾害初期、灾情高峰期、灾后恢复期等不同阶段对城市安全韧性损失占比的相对高低不同，这主要是由各城市子系统不同的恢复速度造成的。台风灾害初期和灾情高峰期，易损性高、恢复速度快的电力子系统、通信子系统是造成城市安全韧性损失的主要因素，易损性较高、恢复速度较慢的供水子系统在各阶段的城市安全韧性损失中都有较大占比，恢复速度较慢的交通子系统在灾后恢复期对城市安全韧性损失有较大占比。

参 考 文 献

[1] UN-Habitat. World Cities Report 2020：The Value of Sustainable Urbanization[R]. Nairobi：United Nations，2020.

[2] Tepper F. Sendai framework for disaster risk reduction 2015—2030[J]. International Journal of Disaster Risk Science，2015，6（2）：210-233.

[3] United Nations. New Urban Agenda[R]. Quito：United Nations，2017.

[4] United Nations Office for Disaster Risk Reduction. Co-Chairs' Summary of Global Platform for Disaster Risk Reduction 2019[R]. Geneva：United Nations，2019.

[5] UNISDR. How to Make Cities More Resilient：A Handbook for Local Government Leaders[R]. Geneva：United Nations，2012.

[6] Rockefeller Foundation，ARUP. City resilience framework[EB/OL]. （2015-12-31）[2020-04-08]. https://www.rockefellerfoundation.org/wp-content/uploads/City-Resilience-Framework-2015.

[7] Bloomberg M. A Stronger，More Resilient New York[R]. New York：PlaNYC，2013.

[8] Hein C. Resilient Tokyo：Disaster and transformation in the Japanese city[M]// Vale L J，Campanella T J. The Resilient City：How Modern Cities Recover from Disaster. Oxford：Oxford University Press，2005：213.

[9] Nickson A，Woolston H，Daniels J，et al. Managing Climate Risks and Increasing Resilience[R]. London：Greater London Authority，2011.

[10] Mairie de Paris. Pairs Resilience Strategy：Fluctuat Nec Mergitur[R]. Paris：Mairie de Paris，2018.

[11] Gemeente Rotterdam. Rotterdam Resilience Strategy：Ready for the 21st Century[R]. Rotterdam：Gemeente Rotterdam，2016.

[12] Ministry of Foreign Affairs of Singapore. Towards a Sustainable and Resilient Singapore[R]. Singapore：Ministry of Foreign Affairs of Singapore，2018.

[13] 邵亦文，徐江. 城市韧性：基于国际文献综述的概念解析[J]. 国际城市规划，2015，30（2）：48-54.

[14] Holling C S. Resilience and stability of ecological systems[J]. Annual Review of Ecology and Systematics，1973，4（1）：1-23.

[15] Holling C S. Engineering resilience versus ecological resilience[J]. Engineering within Ecological Constraints，1996，31：32.

[16] Walker B，Holling C S，Carpenter S R，et al. Resilience，adaptability and transformability in social-ecological systems[J]. Ecology and Society，2004，9（2）：5.

[17] Timmerman P. Vulnerability Resilience and Collapse of Society. A Review of Models and Possible Climatic Applications[R]. Toronto：University of Toronto，1981.

[18] Jayaraman V，Chandrasekhar M G，Rao U R. Managing the natural disasters from space technology inputs[J]. Acta Astronautica，1997，40（2-8）：291-325.

[19] Alway J，Belgrave L L，Smith K J. Back to normal: Gender and disaster[J]. Symbolic Interaction，1998，21（2）：175-195.

[20] Clark M J. Flood insurance as a management strategy for UK coastal resilience[J]. Geographical Journal，1998，164（3）：333-343.

[21] UNISDR. Natural disasters and sustainable development：Understanding the links between development，environment and natural disasters[J]. Disaster Prevention and Management，2002，11（3）：222-223.

[22] UNISDR. Hyogo Framework for Action 2005—2015：Building the Resilience of Nations and Communities to Disasters[R]. Hyogo：United Nations，2005.

[23] Bakkensen L A，Fox-Lent C，Read L K，et al. Validating resilience and vulnerability indices in the context of natural disasters[J]. Risk Analysis：An Official Publication of the Society for Risk Analysis，2017，37（5）：982-1004.

[24] Cutter S L，Derakhshan S. Temporal and spatial change in disaster resilience in U.S. counties，2010—2015[J]. Environmental Hazards，2020，19（1）：10-29.

[25] Azadeh A，Salehi V，Arvan M，et al. Assessment of resilience engineering factors in high-risk environments by fuzzy cognitive maps：A petrochemical plant[J]. Safety Science，2014，68：99-107.

[26] Cao X H，Lam J S L. A fast reaction-based port vulnerability assessment：Case of Tianjin Port explosion[J]. Transportation Research Part A：Policy and Practice，2019，128：11-33.

[27] Vinkers C H，van Amelsvoort T，Bisson J I，et al. Stress resilience during the coronavirus pandemic[J]. European Neuropsychopharmacology，2020，35：12-16.

[28] Xu W P，Xiang L L，Proverbs D，et al. The influence of COVID-19 on community disaster resilience[J]. International Journal of Environmental Research and Public Health，2020，18（1）：88.

[29] Coaffee J，Moore C，Fletcher D，et al. Resilient design for community safety and terror-resistant cities[J]. Proceedings of the Institution of Civil Engineers-Municipal Engineer，2008，161（2）：103-110.

[30] Emmers R. Comprehensive security and resilience in Southeast Asia：ASEAN's approach to terrorism[J]. The Pacific Review，2009，22（2）：159-177.

[31] Shafieezadeh A，Ivey Burden L. Scenario-based resilience assessment framework for critical infrastructure systems：Case study for seismic resilience of seaports[J]. Reliability Engineering and System Safety，2014，132：207-219.

[32] Rochas C，Kuzņecova T，Romagnoli F. The concept of the system resilience within the infrastructure dimension：Application to a Latvian case[J]. Journal of Cleaner Production，2015，88：358-368.

[33] Bie Z H，Lin Y L，Li G F，et al. Battling the extreme：A study on the power system resilience[J]. Proceedings of the IEEE，2017，105（7）：1253-1266.

[34] Calvert S C，Snelder M. A methodology for road traffic resilience analysis and review of related concepts[J]. Transportmetrica A：Transport Science，2018，14（1-2）：130-154.

[35] Fujita H，Gaeta A，Loia V，et al. Resilience analysis of critical infrastructures：A cognitive approach based on granular computing[J]. IEEE Transactions on Cybernetics，2018，49（5）：1835-1848.

[36] Wang Y，Zio E，Wei X Y，et al. A resilience perspective on water transport systems：The case of Eastern Star[J]. International Journal of Disaster Risk Reduction，2019，33：343-354.

[37] Paton D. Disaster resilience：Integrating individual，community，institutional and environmental perspectives[M]//Paton D，Johnston D. Disaster Resilience：An Integrated Approach. 2nd ed. Springfield：Charles C Thomas Publisher，2017.

[38] Taeby M，Zhang L. Exploring stakeholder views on disaster resilience practices of residential communities in South Florida[J]. Natural Hazards Review，2019，20（1）：04018028.

[39] Platts-Fowler D，Robinson D. Community resilience：A policy tool for local government?[J]. Local Government Studies，2016，42（5）：762-784.

[40] Sahebjamnia N，Torabi S A，Mansouri S A. Integrated business continuity and disaster recovery planning：Towards organizational resilience[J]. European Journal of Operational Research，2015，242（1）：261-273.

[41] Walsh F. Community-based practice applications of a family resilience framework[M]// Becvar D S. Handbook of Family Resilience. New York：Springer，2013：65-82.

[42] Bozza A，Asprone D，Manfredi G. Developing an integrated framework to quantify resilience of urban systems against disasters[J]. Natural Hazards，2015，78（3）：1729-1748.

[43] Henry D，Emmanuel Ramirez-Marquez J. Generic metrics and quantitative approaches for system resilience as a function of time[J]. Reliability Engineering and System Safety，2012，99：114-122.

[44] Ayyub B M. Systems resilience for multihazard environments：Definition，metrics，and valuation for decision making[J]. Risk Analysis，2014，34（2）：340-355.

[45] Chen C K，Xu L L，Zhao D Y，et al. A new model for describing the urban resilience considering adaptability，resistance and recovery[J]. Safety Science，2020，128：104756.

[46] Resilience Alliance. Assessing and Managing Resilience in Social-ecological Systems：A Practitioners Workbook. Version 2.0[R/OL]. （2010-09-09）[2023-11-30]. https://www.resalliance.org/files/Resilience

AssessmentV2_2.pdf.

[47] 杨敏行，黄波，崔翀，等. 基于韧性城市理论的灾害防治研究回顾与展望[J]. 城市规划学刊，2016，（1）：48-55.

[48] Hosseini S，Barker K，Ramirez-Marquez J E. A review of definitions and measures of system resilience[J]. Reliability Engineering and System Safety，2016，145：47-61.

[49] Meerow S，Newell J P. Urban resilience for whom，what，when，where，and why?[J]. Urban Geography，2019，40（3）：309-329.

[50] 赵瑞东，方创琳，刘海猛. 城市韧性研究进展与展望[J]. 地理科学进展，2020，39（10）：1717-1731.

[51] ISO/TC 292 Security and Resilience. Framework and Principles for Urban Resilience：Ballot-ISO/DTR 22370[S]. Geneva：International Organization for Standardization，2019.

[52] Stephane H，Jun R，Brian W. Building Back Better：Achieving Resilience Through Stronger，Faster，and More Inclusive Post-disaster reconstruction[R]. Washington，D.C.：World Bank，2017.

[53] Fisher L. Disaster responses：More than 70 ways to show resilience[J]. Nature，2015，518（7537）：35.

[54] Wildavsky A B. Searching for Safety[M]. New Brunswick：Transaction Books，1988.

[55] Mileti D S. Disasters by Design：A Reassessment of Natural Hazards in the United States[M]. Washington，D.C.：Joseph Henry Press，1999.

[56] Klein R J T，Nicholls R J，Thomalla F. Resilience to natural hazards：How useful is this concept?[J]. Global Environmental Change Part B：Environmental Hazards，2003，5（1-2）：35-45.

[57] Godschalk D R. Urban hazard mitigation：Creating resilient cities[J]. Natural Hazards Review，2003，4（3）：136-143.

[58] Adger W N，Hughes T P，Folke C，et al. Social-ecological resilience to coastal disasters[J]. Science，2005，309（5737）：1036-1039.

[59] Cutter S L，Barnes L，Berry M，et al. A place-based model for understanding community resilience to natural disasters[J]. Global Environmental Change，2008，18（4）：598-606.

[60] Resilience Alliance. Assessing resilience in social-ecological systems：Workbook for practitioners [EB/OL]. （2010-01-31）[2023-11-13]. http://www.resalliance.org/3871.php.

[61] Ahern J. From fail-safe to safe-to-fail：Sustainability and resilience in the new urban world[J]. Landscape and Urban Planning，2011，100（4）：341-343.

[62] Tyler S，Moench M. A framework for urban climate resilience[J]. Climate and Development，2012，4（4）：311-326.

[63] CARRI. Definitions of Resilience：An Analysis[R]. Oak Ridge：CARRI，2013.

[64] Wamsler C，Brink E，Rivera C. Planning for climate change in urban areas：From theory to practice[J]. Journal of Cleaner Production，2013，50：68-81.

[65] 范维澄. 健全公共安全体系 构建安全保障型社会[N]. 人民日报，2016-04-18（009）.

[66] Meerow S，Newell J P，Stults M. Defining urban resilience：A review[J]. Landscape and Urban Planning，2016，147：38-49.

[67] 周利敏. 韧性城市：风险治理及指标建构——兼论国际案例[J]. 北京行政学院学报，2016（2）：13-20.

[68] 方东平，李在上，李楠，等. 城市韧性——基于"三度空间下系统的系统"的思考[J]. 土木工程学报，2017，50（7）：1-7.

[69] González D P，Monsalve M，Moris R，et al. Risk and resilience monitor: Development of multiscale and multilevel indicators for disaster risk management for the communes and urban areas of Chile[J]. Applied Geography，2018，94：262-271.

[70] Convertino M，Valverde L J. Toward a pluralistic conception of resilience[J]. Ecological Indicators，2019，107：105510.

[71] 范维澄，刘奕，翁文国. 公共安全科技的"三角形"框架与"4+1"方法学[J]. 科技导报，2009，27（6）：3.

[72] Renschler C S，Frazier A E，Arendt L A，et al. A Framework for Defining and Measuring Resilience at the Community Scale: The PEOPLES Resilience Framework[M]. Buffalo: Multidisciplinary Center for Earthquake Engineering Research，2010.

[73] Bruneau M，Chang S E，Eguchi R T，et al. A framework to quantitatively assess and enhance the seismic resilience of communities[J]. Earthquake Spectra，2003，19（4）：733-752.

[74] Jha A K，Miner T W，Stanton-Geddes Z. Building Urban Resilience: Principles，Tools，and Practice[M]. Washington，D.C.: World Bank Publications，2013.

[75] UNISDR. Disaster Resilience Scorecard for Cities[R/OL]. （2017-05-31）[2023-11-13]. https://www. unisdr.org/campaign/resilientcities/assets/toolkit/documents/UNDRR_Disaster%20resilience%20scorec ard%20for%20cities_Preliminary_English_Jan2021.pdf.

[76] The Rockefeller Foundation，ARUP. City Resilience Index[R/OL]. （2016-03-31）[2020-04-08]. https://www.arup.com/perspectives/publications/research/section/city-resilience-index.

[77] Poland C. The Resilient City: Defining What San Francisco Needs from its Seismic Mitigation Policies[R]. San Francisco: The San Francisco Planning and Urban Research Association，2009.

[78] Sempier T T，Swann D L，Emmer R，et al. Coastal Community Resilience Index: A Community Self-assessment[R]. Hattiesburg: Mississippi-Alabama Sea Grant Consortium，The National Oceanic and Atmospheric Administration，2010.

[79] International Federation of Red Cross and Red Crescent Societies. IFRC Framework for Community Resilience[R]. Geneva: International Federation of Red Cross and Red Crescent Societies，2014.

[80] Pfefferbaum R L，Pfefferbaum B，van Horn R L. Communities Advancing Resilience Toolkit（CART）: The CART Integrated System©[R]. Oklahoma: University of Oklahoma.

[81] Zhang N，Huang H. Resilience analysis of countries under disasters based on multisource data[J]. Risk Analysis: An Official Publication of the Society for Risk Analysis，2018，38（1）：31-42.

[82] Cutter S L，Burton C G，Emrich C T. Disaster resilience indicators for benchmarking baseline conditions[J]. Journal of Homeland Security and Emergency Management，2010，7（1）：1-22.

[83] Morley P，Parsons M，Marshall G，et al. The Australian Natural Disaster Resilience Index[R/OL]. （2015-10-26）[2023-11-30]. https://www.bnhcrc.com.au/sites/default/files/managed/downloads/t3r06_ 2.4.6_annual_report_june_2015_morley_parsons_-_approved_mpr.pdf.

[84] Parsons M，Morley P，Marshall G，et al. The Australian Natural Disaster Resilience Index: Conceptual Framework and Indicator Approach[R]. Armidale: University of New England，Bushfire and Natural

Hazards CRC，2016.

[85] Parsons M，Reeve I，McGregor J，et al. The Australian Natural Disaster Resilience Index. Volume I—State of Disaster Resilience Report[R]. Armidale：University of New England，Bushfire and Natural Hazards CRC，2020.

[86] Peacock W G，Brody S D，Seitz W A，et al. Advancing Resilience of Coastal Localities：Developing，Implementing，and Sustaining the Use of Coastal Resilience Indicators：A Final Report[R]. College Station：Hazard Reduction and Recovery Center，2010.

[87] Kammouh O，Zamani Noori A，Cimellaro G P，et al. Resilience assessment of urban communities[J]. ASCE-ASME Journal of Risk and Uncertainty in Engineering Systems Part A: Civil Engineering，2019，5（1）：4019002.

[88] 缪惠全，王乃玉，汪英俊，等. 基于灾后恢复过程解析的城市韧性评价体系[J]. 自然灾害学报，2021，30（1）：10-27.

[89] Cohen O，Leykin D，Lahad M，et al. The conjoint community resiliency assessment measure as a baseline for profiling and predicting community resilience for emergencies[J]. Technological Forecasting and Social Change，2013，80（9）：1732-1741.

[90] CWRA Project Team. The City Water Resilience Approach[R/OL]. （2019-04-15）[2023-11-30]. https://www.arup.com/perspectives/publications/research/section/the-city-water-resilience-approach.

[91] Arbon P，Gebbie K，Cusack L，et al. Developing a Model and Tool to Measure Community Disaster Resilience[R]. Adelaide：Torrents Resilience Institute，2012.

[92] Arbon P，Steenkamp M，Cornell V，et al. Measuring disaster resilience in communities and households：Pragmatic tools developed in Australia[J]. International Journal of Disaster Resilience in the Built Environment，2016，7（2）：201-215.

[93] Cox R S，Hamlen M. Community disaster resilience and the rural resilience index[J]. American Behavioral Scientist，2015，59（2）：220-237.

[94] Burton C G. A validation of metrics for community resilience to natural hazards and disasters using the recovery from hurricane Katrina as a case study[J]. Annals of the Association of American Geographers，2015，105（1）：67-86.

[95] Schlör H，Venghaus S，Hake J F. The FEW-Nexus city index—Measuring urban resilience[J]. Applied Energy，2018，210：382-392.

[96] United Nations Development Programme. Community Based Resilience Assessment （CoBRA） Conceptual Framework and Methodology[R]. New York：United Nations Development Programme，2014.

[97] Catherine M W. Understanding Community Resilience：Findings from Community-based Resilience Analysis （CoBRA） Assessments：Marsabit，Turkana and Kajiado Counties，Kenya and Karamoja Sub-region，Uganda[R]. New York：United Nations Development Programme，2014.

[98] Lam N S N，Reams M，Li K N，et al. Measuring community resilience to coastal hazards along the northern gulf of Mexico[J]. Natural Hazards Review，2016，17（1）：04015013.

[99] 杨雅婷. 抗震防灾视角下城市韧性社区评价体系及优化策略研究[D]. 北京：北京工业大学，2016.

[100] ISO/TC 268 Sustainable Cities and Communities. 2019 Sustainable Cities and Communities—

Indicators for Resilient Cities：ISO 37123[S]. Geneva：International Organization for Standardization，2019.

[101] ISO/TC 292 Security and Resilience. Framework and Principles for Urban Resilience：NWIP Ballot-ISO TR 22370[S]. Geneva：International Organization for Standardization，2018.

[102] ISO/TC 268 Sustainable Cities and Communities. 2019 Sustainable Cities and Communities－Indicators for Resilient Cities：ISO/CD 37123[S]. Geneva：International Organization for Standardization，2018.

[103] 黄弘，李瑞奇，范维澄，等. 安全韧性城市特征分析及对雄安新区安全发展的启示[J]. 中国安全生产科学技术，2018，14（7）：5-11.

[104] 黄弘，李瑞奇，于富才，等. 安全韧性城市构建的若干问题探讨[J]. 武汉理工大学学报（信息与管理工程版），2020，42（2）：93-97.

[105] 黄弘，范维澄. "科技·管理·文化"三足鼎立支撑新时代城市安全[J]. 城市管理与科技，2019，21（6）：28-29.

[106] Stolzer A J，Sumwalt R L，Goglia J J. Safety Management Systems in Aviation[M]. 3rd ed. Boca Raton：CRC Press，2015.

[107] 国家市场监督管理总局，国家标准化管理委员会. 安全韧性城市评价指南：GB/T 40947—2021[S]. 北京：中国标准出版社，2021.

[108] Barker K，Ramirez-Marquez J E，Rocco C M. Resilience-based network component importance measures[J]. Reliability Engineering and System Safety，2013，117：89-97.

[109] Min O Y，Dueñas-Osorio L，Xing M. A three-stage resilience analysis framework for urban infrastructure systems[J]. Structural Safety，2012，36-37：23-31.

[110] Cimellaro G P，Reinhorn A M，Bruneau M. Framework for analytical quantification of disaster resilience[J]. Engineering Structures，2010，32（11）：3639-3649.

[111] Cox A，Prager F，Rose A. Transportation security and the role of resilience：A foundation for operational metrics[J]. Transport Policy，2011，18（2）：307-317.

[112] 李瑞奇，黄弘，周睿. 基于韧性曲线的城市安全韧性建模[J]. 清华大学学报（自然科学版），2020，60（1）：1-8.

[113] NIST. Disaster resilience framework 75% draft for San Diego，CA Workshop[EB/OL]. （2015-02-11）[2023-11-11]. https://www.nist.gov/system/files/documents/el/building_materials/resilience/Chapter3_75-Draft_11Feb2015.pdf.

[114] 时文晓，孙趣，张帅，等. 影响台风陆地衰减速率的定量与定性研究[J]. 商，2014，（11）：284-285.

[115] 国家质量监督检验检疫总局，国家标准化管理委员会. 热带气旋等级：GB/T 19201—2006[S]. 北京：中国标准出版社，2006.

[116] 国家质量监督检验检疫总局，国家标准化管理委员会. 暴雨灾害等级：GB/T 33680—2017[S]. 北京：中国标准出版社，2017.

[117] Zorn C R，Shamseldin A Y. Post-disaster infrastructure restoration：A comparison of events for future planning[J]. International Journal of Disaster Risk Reduction，2015，13：158-166.

[118] 张风华，谢礼立. 城市防震减灾能力指标权数确定研究[J]. 自然灾害学报，2002，11（4）：23-29.

第11章　多灾种风险评估

翁文国

11.1　概　　述

"多灾种"（multi-hazard）这个概念首先出现在 1992 年召开的联合国环境与发展大会通过的《21 世纪议程》（*Agenda 21*）中，《21 世纪议程》中提出需要对人类居住区的风险和脆弱性进行全面的多灾种研究[1]。此后，《2005—2015 年兵库行动框架：国家和社区抗灾能力建设》（*Hyogo Framework for Action 2005—2015：Building the Resilience of Nations and Communities to Disasters*）[2]、"约翰内斯堡可持续发展问题世界首脑会议执行计划"（*Johannesburg Plan of Implementation of the World Summit on Sustainable Development*）[3]等都提出了多灾种相关的观点，其关注点包括脆弱性分析、对灾害事故进行风险评估和降低风险等方面。伴随着"多灾种"一词产生的就是各种多灾种风险评估方法，以更好地认识和降低多灾种的风险。

目前，针对单一自然灾害或者事故灾难的研究较为成熟，但这种风险分析的结果往往是不准确和不完备的，只有在考虑和分析所有相关威胁的情况下，才可能有效地降低风险。与单一灾害或事故的风险分析相比，多种灾害事故的风险分析显得更为复杂多变，各种灾害事故的特征不同，分析方法也可能有较大差异，且多种灾害事故并发时的相互关系可能十分复杂，因此并不能简单地将不同的灾害事故进行叠加。同时，目前国内外研究者提出了许多分析方法，多种分析方法需要进行调整和统一，才能适用于更为普遍的情况。

本章将概述多灾种风险评估的相关内容。为了全面把握多灾种的特征与内涵，本章首先建立多灾种概念框架，将涉及自然灾害和事故灾难的多灾种情形分为 3 大类 10 小类，然后根据不同的分类，概述其风险评估的研究现状，并提出问题和展望，最后针对多灾种情形中较为典型的两个场景——Natech（指自然灾害诱发的技术灾难）事件和多米诺事故进行案例研究的展示，分别对某地化工区域中洪水破坏储罐造成氨气泄漏的场景及江苏响水化工企业爆炸事故中的多米诺事故进行分析，展示多灾种风险评估的过程。

11.2　多灾种概念框架

11.2.1　多灾种有关概念的提出与发展

经过多年的多灾种研究，人们普遍认识到，灾害事故间存在着复杂的相互关系，因此提出许多概念、术语和定义，并试图把握灾种间的相互关系的本质特征。然而，精确的定义很少，并且随着新名词的不断产生及旧名词的再定义，研究者提出的定义可能存在交叉、重叠与矛盾，对同一个名词，不同的研究者提出了不同的解释，对同一种概念，可能有多个名词对应。目前对于灾害事故间的相互关系，仍然没有采用统一的概念方法，也没有普遍使用的一套术语来进行全面的概括。因此，要明确不同多灾种情形的本质特征，确定不同的概念和定义的评价对象（如适用于灾害还是事故或者二者兼有），把握住灾害事故间关系的核心内容。

较为明确的是，灾害事故之间如果存在关系，那么从结果来说，要么是相互增强，要么是互斥削弱。其具体的作用过程比较复杂，但是有两种情况是可以区分的：一是一种灾害事故被另一种灾害事故触发，导致链式或者网状一系列灾害事故发生；二是灾害事故之间的关系较为复杂或者模糊，在这种情况中，灾害事故之间并没有较为明显的导致彼此发生的关系，但是一种灾害事故可能会对另一种灾害事故的强度、过程或者结果产生影响。

用以描述灾害事故之间触发关系的名词很多。例如，灾害链[4, 5]描述的是灾害的演化过程，即上一级灾害导致下一级灾害的发生；Erlingsson[6]认为"地震可能引发大规模运动，摧毁房屋，导致房屋内的人死亡"是一个灾害因果链式反应。除此之外，包含"级联"（cascading）的短语也被广泛用来描述这种链式关系。例如，Cutter[7]认为级联危害（cascading hazards）用来描述初始危害直接或间接导致的危害；Zuccaro 和 Leone[8]把主要影响之后的影响称为级联效应；Carpignano 等[9]认为引发山体滑坡的地震或引发火灾的工业爆炸就是典型的级联危害。多米诺效应（Domino effect）同样是一个被广泛使用的词，一般用以描述事故灾难中的链式关系。Cozzani等[10]对其进行了详细的描述，认为多米诺效应是"一种事故，事故中一个主要事件传播到附近的设备，触发一个或多个次要事件，导致比主要事件更严重的总体后果"，并将其分为了三个阶段，主要事故场景、主要事件后的传播效应及一个或多个次要事故场景。Chen 等[11]主要关注了多米诺效应的升级向量（热辐射、超压和碎片）及升级效应，它意味着最终的后果比初始事故严重得多。除事故灾难外，多米诺效应也被用于其他地方。Luino[12]认为多米诺效应存在于暴雨引发的不稳定过程序列中；Delmonaco 等[13]将地震诱发的滑坡包含于多米诺效应中。欧盟委员会认为同时发生的危险也称后续事件、连锁反应、多米诺效应或级联事件，并将洪水引发的山体滑坡作为例子。总的来说，以上提到的概念均从不同方面描述了灾害事故之间的触发关系，"链"主要针对自然灾害的触发关系，多米诺效应多用于描述事故在设备之间的传播，级联效应则主要强调事件的触发及传播过程。典型的例子是自然灾害导致事故灾难的发生，最早由 Showalter 和 Myers[14]在 1994 年提出，称为 Natech 事件。

对于触发之外的其他关系，各种术语所表达的内容并不那么明显和清晰。例如，史培军等[5]将灾害遭遇描述为两种或两种以上本源上没有成因关系的（极端）灾害事件同时发生或相继发生，即使单个事件本身并不极端，也会由于遭遇效应而使极端性扩大的事件；Cutter[7]认为自然过程的复合效应意味着作为初始触发事件的直接或间接结果而发生的地震和其他事件的后续序列等事件。Recherche 等[15]将事件分为耦合事件和独立事件，意在指代多个事件的关系。Greiving[16]将灾害之间的相互关系称为交叉危害效应，包含加重影响或改善影响。此外，还有交互、互连、复杂等术语用以描述灾害事故之间模糊的关系。尽管这种模糊效应通常导致灾害事故本身强度的增加或其影响的增加，但是并不排除灾害事故被阻止发生或其影响被削弱的可能性。

11.2.2 多灾种概念辨析

基于对多灾种（主要针对自然灾害和事故灾难）相关定义和概念的梳理，根据不同的灾害事故相互关系以区分不同的多灾种情形，本章将多灾种情形分为灾害事故相互增强、灾害事故互斥削弱、灾害事故互不影响 3 大类。其中，灾害事故相互增强分为：①跨类别灾害，如 Natech 事件、人为激发灾害（man-induced disasters）；

②灾害相互增强（复合灾害），如灾害链（disaster chain，cascading disasters）、并行灾害；③事故相互增强，如多米诺效应、并行事故。灾害事故互不影响包括灾害事故集（disaster or accident set）和灾害事故偶发（coinciding disasters or accidents）两种情况。同时，灾害和事故的并行发生也称并行灾害事故（concurrent disasters or accidents），如图 11-1 所示。

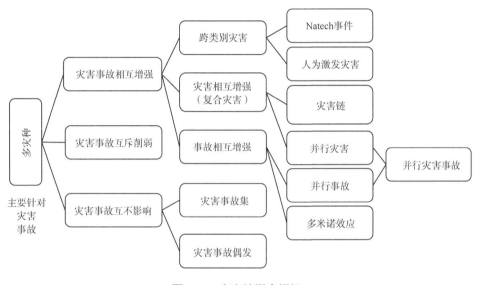

图 11-1　多灾种概念框架

灾害事故相互增强是多灾种风险评估中重点关注的部分。灾种间存在相互关系，多灾种的风险并不能作为单灾种风险的简单线性加和，尤其是在灾害事故相互增强时，若无法准确地认识其相互作用增强的具体过程，则会导致对实际灾害事故的风险及危险性的低估，进而无法提供准确的防灾减灾建议，可能导致灾难性的后果。对于灾害事故间的相互增强，一种是某一种或多种灾害事故过程引发另一种或多种灾害事故过程，导致受灾数量增多、受灾程度加深、受灾范围扩大；另一种是灾害事故的状态过程由于另一种或多种灾害事故的作用而发生改变，导致灾害事故的强度增大，后果更严重。灾害事故相互增强的情形可分为以下几类。

（1）Natech 事件。Natech 一词最早于 1994 年由 Showalter 和 Myers[14]提出，指代自然灾害事件引发的技术紧急事件（natural hazard events that trigger technological emergencies），即自然灾害引发的事故灾难。在实际情况中，地震、风暴、洪水、雷电等自然灾害较为容易引起 Natech 事件，同时，综观国内外的研究，化工园区是

Natech 事件的重点关注区域，其关键工艺设备易受自然灾害的影响。风暴、地震、洪水等自然灾害通过外力冲击导致化工园区中相关结构破坏，造成存有有毒物质的储罐泄漏，是 Natech 事件的主要演化模式。同时，设备单元之间的挤压碰撞也有可能造成容器压力失稳，导致爆炸。

（2）人为激发灾害。人为活动（包括事故灾难）也有可能激发自然灾害，这种多灾种情形称为人为激发灾害。由于事故灾难和自然灾害互相引发，将 Natech 事件和人为激发灾害归为跨类别灾害。

（3）灾害链。灾害链描述的是自然灾害之间的链式关系，即一种或多种灾害（父灾害）发生导致其他灾害（子灾害）发生，其概念多见于国内学者的研究中。1987年，郭增建和秦保燕[4]将一系列灾害相继发生的现象定义为灾链，并进一步将其细分为因果链、同源链、互斥链和偶排链，这也是国内首次提出"灾害链"的概念。此后，国内学者针对灾害链的多灾种情形展开了一系列研究，并提出了灾害链的具体定义，但都围绕着"导致发生"这一核心内容。国外研究者也提出了级联（cascading）、连锁（knock-on）、触发（triggering）等[7, 17]类似的概念，描述的也都是灾害之间的引发关系。

（4）多米诺效应。多米诺效应是指在事故灾难中，当初始事故发生后，事故的扩散导致一个或多个相邻设备发生事故，导致总事故比初始事故更严重的现象。关于多米诺效应概念的研究很多，但总的来说，其核心为"初始事故—传播途径—目标设备或单元"，其本质上是一种事故链。在工业生产中，多米诺事故通常为火灾、爆炸和有毒物质泄漏，其中，火灾热辐射、爆炸碎片、爆炸冲击波是导致事故传播的三个主要因素。一般来说，有毒物质泄漏并不会进一步引起火爆毒事故，因此其通常作为多米诺效应的最后一个事故。部分外文文献将多米诺效应用于其他事件链[18, 19]，但考虑研究者的习惯认知，还是认为多米诺效应描述的是事故灾难之间的关系。

（5）并行灾害事故。成因上并无关联的灾害或事故同时发生时，由于其互相作用，造成超出各自单独作用时的严重后果，称为并行灾害事故。并行灾害事故中的相互作用可以分为两个方面来理解：一方面是不同的灾害事故间的物理过程相互影响，导致各自的强度增加或总体影响加大；另一方面是承灾载体的脆弱性由于某种灾害事故发生了改变，再次发生的另一种灾害事故作用于更加脆弱的承灾载体上，自然导致更加严重的后果。并行灾害和灾害链合称复合灾害。

灾害事故互不影响是指灾害事故间相互独立，其相互关系基本可以忽略。多灾种应该基于特定的空间区域，且若灾害事故发生的时间间隔较远，则可作为单灾种分析，因此只有当互不影响的灾害事故具有空间和时间上相近发生的特质时，才作为多灾种情形中的"灾害事故互不影响"一类。

（1）灾害事故集。灾害事故集是指灾害事故间相互关系可以忽略，相互独立，灾害受一定的孕灾环境和地理要素的影响，事故还可能受相同的管理或生产上的隐患和疏漏影响，在时间和空间上群聚群发的现象，具体可分为灾害集（disaster set）和事故集（accident set）。因为其具有相同或相关的成因，所以可视为一个集合。

（2）灾害事故偶发。灾害事故间相互独立，在成因上也不相关，只是因偶然而在相近的时间和空间内发生，这种多灾种情形称为灾害事故偶发。灾害事故偶发时，各灾种间无明显的相关或相同成因，只是出于巧合而共同发生。

灾害事故互斥削弱是指一种灾害事故发生后，另一种灾害事故不再发生或者强度减弱。因此，灾害事故互斥削弱可以减少风险。如果认为多灾种情形总是增加风险，那么其影响往往会被高估。由于更保守的估计满足安全要求，在多灾种风险评估中灾害事故互斥削弱不是一个关键问题。

11.2.3　多灾种概念的内涵与拓展

本章所提出的多灾种概念框架是通过灾害事故间的相互关系进行分类的，包含灾害间的相互关系、事故间的相互关系及灾害和事故间的相互关系。这种相互关系可以是相互增强、互斥削弱、互不影响，其中，相互增强的关系包含一种灾害事故导致另一种灾害事故发生（链式），以及相互作用导致影响和后果更加严重。

在判定灾害事故间的相互增强关系时，往往不区分增强的是灾害事故本身的强度还是其所造成的影响与后果，例如，灾害链和多米诺效应导致更多的灾害事故发生，灾害事故总的强度增大；并行灾害事故可能自身强度不变，但是其相互作用导致后果与影响的显著扩大。这种对其自身强度和影响不加区分在绝大多数情况下是适用的，也符合人们的直观感受，即灾害事故越强，后果往往越严重。反之，在考虑灾害事故互斥削弱关系时，灾害事故自身越强，可能越能减轻另一种灾害事故的影响。然而，多灾种的复杂性并不只体现在各灾种之间的相互关系上，若综合考虑灾害事故本身、其造成的影响及环境和系统中的关键目标和节点，则各概念之间的关系会更加复杂。

自然灾害和事故灾难都会产生严重的社会危害，前者是自然现象产生的危害，后者是人类生产生活活动引发的灾难。然而，人类作为自然界的一部分，若将人类社会与自然界割裂开来，则会导致相关概念和场景的混乱。例如，典型的地震—滑坡—泥石流灾害链若发生在无人类活动的山区，不对人类社会产生任何影响，其作为一种自然现象还是灾害来看待可能存在争议；人类生产事故导致环境污染（如水污染、空气污染、土壤污染），受到影响的自然生态环境进而威胁人类的生命财产安全，也无法判断其是自然灾害、事故灾难或是人为激发灾害。另外，灾害和事故的影响（如造成交通、电力等基础设施的崩溃）可能是后续影响进一步扩大或产生其他灾害事故的关键环节，但是这种影响并不属于自然灾害或者事故灾难，如何将其加入多灾种的框架中也是需要考虑的问题。同时，在实际案例的分析中，灾害和事故造成的影响可能是另一种灾害事故，或者灾害事故间可能不只有单纯的一种关系，多种灾害事故的组合使得实际情况更加复杂，不能用单一的灾害事故间关系进行分析。因此，对于多灾种情形，不必拘泥于某种定义，更重要的是能准确表达灾害事故、其各自后果及其作用的自然和社会系统的关键环节之间的相互关系。

11.3 多灾种风险评估

11.3.1 风险评估的定义与流程

风险（risk）是指有害事件发生与否的不确定性，辞源于航海者对海上风浪危害的规律性总结。风险作为事故潜在发生可能性与后果最直接的评价指标，被各行各业广泛应用于安全评价与事故预防。美国化工过程安全中心（Centre for Chemical Process Safety，CCPS）[20]定义风险为从事故发生可能性与损失严重程度两个方面衡量人员伤害、环境破坏与经济损失。美国国土安全部（Department of Homeland Security，DHS）[21]则定义风险为事故发生可能性、后果及系统脆弱性的综合考量。

风险与危害（hazard）的定义不同。风险是对危害本身与其发生概率的综合考量。如果危害发生的可能性能够用概率进行测量，则风险可定义为危害发生的概率与损失的乘积[22]：

$$risk = consequence \times probability \qquad (11\text{-}1)$$

对于自然灾害与事故灾难中的人员伤亡风险，常用的风险度量指标为个人风险与社会风险[23]。个人风险（individual risk，IR）旨在度量个人每年面临死亡或严重伤害的风险，可定义为灾害事故中人体死亡率 φ（%）与灾害事故发生的频率 ρ（年$^{-1}$）的乘积[10]：

$$IR = \varphi \cdot \rho \tag{11-2}$$

社会风险（societal risk，SR）则是在考虑个人风险的基础上，进一步考虑区域的人口密度。社会风险旨在反映灾害事故对某一地区总人口的生命安全影响，其度量指标常为发生 N 人死亡的灾害事故发生频率 F，即 F-N 曲线[24]：

$$1 - F_N(x) = P(N > x) \tag{11-3}$$

风险评估是指对危害事件造成影响和损失的可能性进行量化评估，是基于对各个风险因素的考量对风险进行的分析与评价，是各行各业最为重视并常用的安全管理手段之一[25]。对于风险评估定义与流程，国际上已有成熟的标准与规范。在国际标准 ISO 31000《风险管理：指南》（*Risk Management：Guidelines*）与 ISO 31010《风险管理：风险评估技术》（*Risk Management：Risk Assessment Techniques*）中，风险评估分为风险辨识、风险分析、风险评价三个主要步骤[26, 27]。根据国际标准，我国编制了国家标准 GB/T 24353—2022《风险管理 指南》，指出在风险评估三个步骤的基础上开展的风险应对步骤，共同组成风险管理的四大步骤[28]。图 11-2 为风险评估与风险管理的流程示意图。

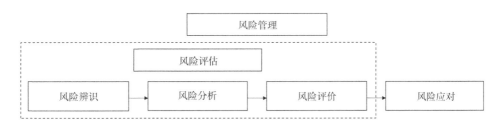

图 11-2　风险评估与风险管理流程示意图

风险辨识作为风险评估的首要步骤，相应方法与理论已有长足的发展。在该步骤中，需完成场景构建、危险源分析、事故类型预测等工作。过程危险分析（process hazard analysis，PHA）法是常用的风险辨识方法之一，该方法以空间环境、建筑设施、危险源、社会环境信息的获取为基础[29]。其他常用的风险辨识方法包括失效模式与影响分析（failure mode & effects analysis，FMEA）法[30]、危害与可操作性分析

（hazard and operability study，HAZOP）法[31]、假设（What-if）分析法等[32]。

风险分析是风险评估的核心步骤，可按照方法性质分为定性风险分析、半定量风险分析、定量风险分析。其中，定量风险分析在风险评估中最为常用。定量风险分析最先应用于美国国家航空航天局及核能管理委员会（Nuclear Regulatory Commission，NRC），并逐渐被各行各业采用[33]。常用的定量风险分析方法包括事件树分析（event tree analysis，ETA）法[34]、事故树分析（fault tree analysis，FTA）法[35]、贝叶斯网络法[36]等。随着计算机的广泛应用，近年来，蒙特卡罗模拟[37]、计算流体动力学模拟[38]等高精度方法也逐渐成为定量风险分析的主流方法。

风险评价以风险分析结果为基础，最常用的评估准则为最低合理可行原则（as low as reasonably practicable，ALARP）[39]。对于个人风险与社会风险，多个国家均提出了相应的最大可接受风险值，如表 11-1 所示[40]。根据可接受风险值与风险分析结果的对比，可评估区域个人风险与社会风险处于可接受区、尽可能降低区或不可接受区，为后续开展风险应对提供定量参考。除此之外，对于经济风险等对量化风险评价要求更高的风险指标，风险价值（value at risk，VaR）概念的引入可更好地将灾害事故风险与各个经济指标相对应[41]。

表 11-1　不同国家所提出的最大可接受风险值

国家	可接受风险（每年）		
	医院等	居住区	商业区
荷兰	1×10^{-6}	1×10^{-6}	1×10^{-6}
英国	3×10^{-7}	1×10^{-6}	1×10^{-5}
新加坡	1×10^{-6}	1×10^{-6}	5×10^{-5}
马来西亚	1×10^{-6}	1×10^{-6}	1×10^{-5}
澳大利亚	5×10^{-7}	1×10^{-6}	5×10^{-5}
加拿大	1×10^{-6}	1×10^{-5}	1×10^{-5}
巴西	1×10^{-6}	1×10^{-6}	1×10^{-6}

11.3.2　多灾种风险评估研究概述

1. Natech 事件

2011 年 3 月 11 日，日本东北部海域发生里氏 9.0 级地震，继而发生海啸，冲击了核电厂的电力系统、通信系统等，引发了一系列爆炸，放射性气体向大气环境释放[42]。日本福岛核事故也是近年来世界范围内发生的极为严重的 Natech 事件。同时，这样的地震—海啸—核泄漏过程包含地震引发海啸的灾害链，海啸和地震共同导致核电厂事故的 Natech 事件，以及核电厂内部由爆炸产生的多米诺效应等多个多灾种情形。

对 Natech 事件的典型案例及历史事故数据进行统计分析[43]，可以明确其特征，总结 Natech 事件发生的规律，为进一步的风险评估奠定基础。在风险评估方面，Natech 事件的核心是自然灾害在工业系统中造成了失效与破坏，因此研究相关设备在自然灾害前的脆弱性，进行损伤概率与结果的计算，是 Natech 事件风险评估研究的重要内容之一。对于自然灾害对工业系统造成损害的过程，Antonioni 等[44]开发了一种识别工艺设备预期的不同损坏模式及可能触发的意外情况的方法，并计算了由自然事件造成的设备项目的损伤概率。Natech 事件主要关注三个方面：①外部事件（地震、洪水等自然灾害）的分类和特征分析，例如，Necci 等[45]提出了一种定量方法，利用峰值电流强度和雷电荷电两个参数的概率分布函数对雷电强度进行了量化；②对目标区域内的设备单元进行分类列表，例如，Lanzano 等[46]将管道系统分为五个类别，以评估与自然灾害发生相关的系统脆弱性；③考虑不同的自然灾害对不同设备造成的损伤模型，例如，Necci 等[45]通过蒙特卡罗模拟，确定了设备雷击的预期频率和设备损坏概率，Milazzo 等[47]对火山灰堆积对一级污水处理设备的影响进行了分析，更新了引起设备故障的火山灰沉积阈值。

Natech 事件重点关注工业区域，因此往往将自然灾害作为对工业安全造成威胁的一种外部事件进行分析，淡化了 Natech 事件中自然灾害与其他威胁的区别，将其包含于一般的工业园区风险中。一般而言，对 Natech 事件风险的研究主要关注个人风险和社会风险[48, 49]。模糊评价法是常用的评价方法。它可以将评估从定性评估转变为定量指标，是一种能够方便、直观地表达自然灾害风险的综合评价方法。在该方法中，风险通常通过使用专家评分结合概率分析构建的指标来描述，如 Natech 风险指数[50]、Han 和 Weng[51]开发的城市天然气管网风险评估指标体系。

2. 人为激发灾害

人为激发灾害的典型例子为诱发地震。瑞士巴塞尔在地下不透水的基岩中注入高压水，以开发城市地下的强化地热系统，在 2006 年和 2007 年诱发了四次 3 级地震[52]。但需要注意的是，自然灾害往往伴随着巨大能量的释放或大范围的自然状态的改变，而一般事故灾难的能量较小、范围较窄，因此一次事故灾难往往不能直接迅速地导致自然灾害的发生，或只能导致较小的自然灾害，需要长时间的人为活动或者多次事故灾难的积累才能激发自然灾害，如人类工程活动导致的滑坡/崩塌等地质灾害、工业排放改变了大气状态进而导致的气象灾害。

人为激发灾害是人为活动导致的生态环境失衡引起的，这种失衡往往在一定的时间尺度上才能显现出来，无法直接明显地看出人为活动和自然灾害之间的触发关系。因此，人为激发灾害的核心研究内容是探究人为活动是如何作用于自然环境、自然环境失衡的阈值是多少等，以总结出人为激发灾害的特征和机理。现有研究一般是通过对已有案例的总结、对指定区域的调查及从物理学、地球科学、生命科学等理论上推导人为激发灾害的机理[53, 54]。

同时，由目前的国内外研究可看出，大多数诱发自然灾害的人类活动为非恶意的人类正常生产生活活动，少部分事故灾难也可能诱发较小的自然灾害，因此在进行相关风险分析时，研究者通常将人类活动作为孕灾环境的一部分，针对自然灾害进行评估，而不对人类活动过程进行风险计算，即只考虑自然灾害的危险程度和可能带来的损失，这与单独分析一般的自然灾害并无较大差异，未将人类活动纳入整个跨类别多灾种的体系中。未来的研究应当将正常人类生产生活活动看作一个灾种，综合考虑人为过程和自然过程的风险，将人类活动纳入多灾种分析的框架中。

3. 灾害链

2008 年 5 月 12 日，汶川地震导致山体滑坡和崩塌，形成大量松散的泥沙和石块，遇上强降雨，造成泥石流灾害；滑坡、山崩、泥石流带来的大量碎块堵截河流，导致河流贮水形成堰塞湖；若再遇到强降雨导致贮水量进一步加大，则会导致溃坝。整个过程是典型的复杂式灾害链。

目前针对灾害链的风险分析研究主要包括灾害链成灾特征与规律、风险评估及防灾减灾措施等方面。通过对各类灾害链的案例进行统计分析，可以研究灾害链形成时的物质、能量的传递过程，总结灾害链分布的时间和空间特征。与灾害链相关的风险评估模型和方法包括概率分析模型[55]、复杂网络模型[56, 57]、系统模拟（如元胞自动机[58]）和利用遥感（remote sensing，RS）技术进行测量分析[59]等。利用研究得到的灾害链演化规律，从防止灾害形成和防止灾害的链式发展两个层次[60]，可阻止灾害链的进一步演变，将灾害控制在一定范围内。

　　未来对灾害链的研究显然需要进一步深入。在山区地震/泥石流、沿海台风、内陆洪涝等灾害链之外，还需要扩展海洋灾害链、雪灾灾害链等其他类型灾害链的研究；在对灾害链进行风险评估时，需要进一步考虑承灾载体的分布与脆弱性、灾害链各灾害间影响范围和对承灾载体的作用叠加等因素；在断链减灾方面，需要加强与其他学科的减灾技术的有机结合。

4. 多米诺效应

　　2015 年 8 月 12 日晚，天津市滨海新区一集装箱内的硝化棉湿润剂散失导致自燃，造成火蔓延至邻近的硝酸铵集装箱并发生爆炸，爆炸进一步导致装有氧化剂和易燃物的其他集装箱爆炸破碎，并发生有毒物质泄漏[61]。事故现场形成了严重的多米诺效应。

　　当前针对多米诺效应的风险分析研究主要集中于火灾和爆炸上，即计算火焰和爆炸对目标设备单元的致损概率：对火灾（热辐射）风险计算的常用模型是比例模型[62]和概率单位模型[10]；对爆炸冲击波的致损研究也主要通过概率单位模型，基于 Eisenberg 等[63]、Khan 和 Abbasi[64]、Cozzani 等[10]的模型对概率单位模型的相关常数进行调整；对爆炸碎片的致损研究主要考虑爆炸碎片的运动轨迹和碎片与目标设备之间的打击与穿透关系，采用蒙特卡罗模拟方法[65]及综合数学几何和物理力学、运动学的知识[66]进行分析。此外，研究者还通过构造多米诺危险指数（Domino hazard index，DHI）[67]、综合固有安全指数（integrated inherent safety index，I2SI）[68]等风险指数等来进行工业优化布局。

　　多米诺效应的风险分析研究趋势是进一步明确多米诺效应的适用范围，明确其评价对象，在较为统一的标准下进行风险分析；在风险计算中加入对设备易损性的研究，在设备设计时关注本质安全；风险表征需要综合考虑个人风险与社会风险，与人员个体防护、人群运动研究及其他社会科学研究相结合。

5. 并行灾害事故

　　Kelly[69]对塔吉克斯坦发生的并行灾害进行了分析。2007～2008 年，塔吉克斯坦冬季异常寒冷的天气伴随着强降雪，破坏了储藏的食物和地面的种子，导致牲畜死亡，造成粮食危机，春季又遭遇了严重的干旱，导致灌溉、工业生产和日常生活用水急剧减少，粮食供应出现严重的问题，社会动荡不安。冬季的严寒和暴雪与春季的极端干旱不断地打击塔吉克斯坦的社会系统，特别是粮食生产和供应系统，造成了十分严重的后果。

随着研究对象的不同，并行灾害和其他多灾种概念可能会互相转化。例如，2010年发生的甘肃舟曲特大泥石流灾害是因为汶川地震导致舟曲山体松动，同时之前遭遇严重干旱导致岩体、土体收缩，裂缝暴露，所以暴雨产生时，雨水渗入岩体，导致岩体崩塌、滑坡，形成泥石流[70]。地震、干旱和强降雨本是成因不相关的灾害，但是由于其先后叠加作用于舟曲山体这个承灾载体，导致其脆弱性发生变化，引发了更加严重的并行灾害的后果。若考虑对舟曲地区人类社区的影响，此次灾害也可以看作地震、干旱、暴雨导致的集中式灾害链。

总的来说，并行灾害事故同样具有较大的偶然性。由于并行灾害事故的作用难以预测，往往带来超过预期的影响和损失。未来的研究应该注重更加准确地总结和识别并行灾害事故之间（尤其是自然灾害之间）的物理作用过程，对承灾载体（尤其是社会关键基础设施）的脆弱性进行更深层次的研究，为提供相应防护措施、防止多灾并发时承灾载体崩溃奠定基础。

6. 灾害事故互不影响

灾害事故互不影响分为灾害事故集和灾害事故偶发两种情形。在对灾害事故互不影响进行风险评估时，可以将每种灾害事故看作单灾种进行分析，难点在于描述不同灾害事故的参考单位不同，需要通过标准化进行灾种之间的比较和加和。目前常用的方法是对灾害强度进行定性描述[18]和建立量化的评分[71]。不同的研究者、组织、国家和地区提出了许多定性和定量方法，因此，未来的研究需要制订通用的统一的标准化方案以更好地促进相关实践。

7. 灾害事故互斥削弱

郭增建等[72]分析了1969年鄂皖暴雨与渤海湾7.4级地震之间的关系。渤海湾地震前的几天，震中区外围放出携热水汽及温室气体，导致在华北形成低压湿热状态。北边缘在长江流域附近的西太平洋副热带高压随之向华北方向移动，此时就不会在鄂皖地带继续降下暴雨，这是灾害之间的互斥现象。

对于灾害事故互斥的多灾种情形，由于其偶发性较大，案例较少，相关研究也较少。同时，由于灾害事故的互斥会降低相关风险，在存在互斥现象时，若人们认为多灾并发会加大风险，则会对灾害事故造成的影响损失进行过高的估计，但是在风险评估中做更加保守的估计是符合安全要求的，因此不考虑多灾种之间的互斥关系也是可行的。

11.3.3　多灾种风险评估的未来展望

灾害事故机制复杂多变、多灾种情景十分复杂，因此难以预测和预防。多灾种风险评估不是一项简单的任务，包括多种灾害事故、承灾载体脆弱性、多风险叠加等步骤。未来多灾种风险评估可以考虑以下方面。

（1）目前研究者使用传统概念描述特定的多灾种情景，这些复杂多样的概念对灾害事故的关系没有统一的标准。总的来说，自然灾害和事故灾难之间的触发关系（灾害链、多米诺效应）很容易识别，需要更多地理解和研究灾害事故之间更为复杂和模糊的关系，并建立总体框架。本章已经进行了一些尝试，未来仍需要对分类的准确性和完整性等进行更多的讨论。

（2）灾害事故的发生是一个复杂的过程，比起实际情况，各种风险分析模型的抽象程度很高、不够细化。特别地，与脆弱性有关的考虑需要更多地纳入多灾种风险评估，如灾害事故发生时承灾载体的分布、灾害事故影响的叠加及设备对多米诺效应的脆弱性等。此外，多灾种风险评估还应与人群移动和个人防护结合。

（3）在灾害事故同时发生的情况下，多种风险不同于单一风险。不仅单一风险不可以简单地叠加，而且应考虑多种风险带来的社会系统的复杂关系，这往往导致从自然学科（生物学、气象学、地质学等）到技术学科（化学、爆炸、火灾、结构、力学等）和社会学科（经济学、管理学、心理学等）等多学科问题。在多灾种风险评估的进一步发展中，跨学科方法非常重要、挑战更大。

（4）多灾种风险评估的目的之一是传达风险结果，以便决策部门能够获得更准确的信息，从而为其决策提供依据。尽管决策部门关注该区域的所有类型的危害，但更重要的是人员和承灾载体的潜在损失。描述这种潜在损失的典型方法是脆弱性曲线、面或矩阵。然而，在灾害事故同时发生的情况下，脆弱性可能表现出非线性变化，因此需要在原始脆弱性的基础上增加一个维度来描述变化，并需要考虑向决策者等非专业人员介绍风险评估的结果和合适的展示方法。

（5）涉及同时发生的多种灾害事故的场景被划分为灾害链、多米诺效应、Natech事件等，这种分类仍然是比较初步的。例如，森林火灾和洪水都属于自然灾害，但它们的性质完全不同；森林火灾和事故灾难的火灾虽然分别是自然灾害和事故灾难，但是它们都属于火灾，具有相同的性质。此外，设施的崩溃或环境污染等危害的影响可能是进一步扩大后续影响或产生其他灾害事故的关键环节，但在多灾种场景中并未考虑这一环节。鉴于此，需要进一步地开发针对多灾种场景的通用方法，以便应用于不同的案例并对结果进行比较，例如，根据灾害要素将灾害分为物质、能量和信息，以便风险评估的结果更加具有对比性。

11.4 多灾种风险评估示例

11.4.1 Natech事件风险评估

洪水灾害属于一种气象灾害，发生频繁，影响范围大，制约着人类的生产和生活。降雨方式的改变、频发的极端事件、土地用途的改变及因社会经济需要而对洪水易发区进行的开发都使得洪水的风险和危害性不断提高。人类的生命、财产、环境和社会经济都面临着日益严峻的洪水风险。本节对洪水造成的Natech事件开展风险辨识和评估工作，并以化工区域为重点研究对象，对其受洪水影响后可能的灾害场景进行分析。

1. 评估步骤

结合洪水灾害的特点，主要评估步骤如下。

（1）评估洪水的频率和强度。洪水的频率用返回周期来表示，强度通常选取最大水流速度和淹没深度来表征。这些数据易于获取，在灾情现场就可以采集。

（2）对洪水灾害中可能遭受破坏的设备进行辨识。灾害场景类型与如下三个因素相关：①危险物质的属性；②设备的围拦措施；③结构损坏的可能形式。洪水中常见的受损设备是管道、法兰、反应装置、储罐等。本节选择常见的储罐作为主要研究对象。

（3）对灾害情景进行假设。洪水导致储罐失效破裂，发生化学品泄漏，进而污染水或空气。

（4）计算目标设备在洪水中的损坏概率。对储罐在洪水中的脆弱性进行分析。

（5）对假设的情景进行定量化风险评估。通过事件树分析法，对灾害后果采用个人风险、社会风险的形式表达。

2. 储罐受洪水影响的脆弱性模型

洪水可能造成三类冲击破坏：①浸渍，水流速度可以忽略；②低速波浪，水流速度小于 1 m/s；③高速波浪，水流速度大于 1 m/s。

参考传统储罐失效事件导致泄漏的风险评估[73]，将可能的损坏程度分为三级：①RS=1 表示仅对储罐产生轻微的影响，导致危险化学品发生轻微泄漏（相当于 10 mm 当量直径的孔）；②RS=2 表示储罐外壳发生破坏，导致危险化学品持续泄漏事故（持续泄漏时间>10 min）；③RS=3 表示储罐发生灾难性破坏或受相邻设备影响，导致危险化学品完全泄漏（持续泄漏时间< 2 min）。压力容器受洪水冲击的损坏等级如表 11-2 所示。对于洪水对储罐的损坏概率，参照 Antonioni 等[44]提出的简化模型，依据淹没深度和水流速度作为主要判定参数，如图 11-3 所示。

表 11-2　压力容器受洪水冲击的损坏等级

水流情况	结构破坏类型	损坏等级
浸渍	法兰连接失效	RS=1
低速波浪	法兰连接失效	RS=1
高速波浪	法兰连接失效	RS=1
	外壳破裂	RS=2
	受连接设备影响	RS=3

3. 洪水破坏储罐风险评估

以实际的化工区域布局为背景，图 11-4 展示了储罐分布情况。对部分参数进行合理假设和简化：假设储罐区遭受的洪水返回周期为 100 年，即频率 $f=1.0\times10^{-2}$ 年$^{-1}$，淹没深度为 0.5 m，水流速度为 2 m/s。研究对象为储罐区内的 11 号储罐（水平圆柱形的加压储罐），损坏等级为 RS=1，泄漏速率为 1.55 kg/s。其他关于储罐属性和灾害情景的设置如表 11-3 所示。按照前面所述的方法，可以计算得到储罐的损坏概率为 0.35。进一步计算考虑洪水影响的储罐失效概率为 3.5×10^{-3}。

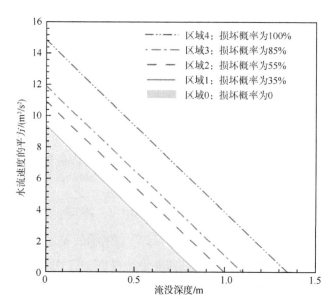

图 11-3　储罐在洪水冲击作用下的损坏概率

（a）总分布图

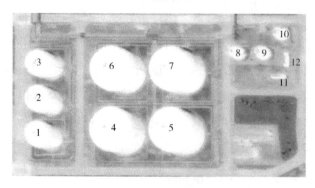

（b）研究区域

图 11-4　化工区域储罐分布图

表 11-3 储罐的相关参数和灾害情景设置

单元	储罐类型	物质	储量/t	泄漏情况	事故类型	故障频率/年$^{-1}$
Tank11	加压	NH_3	60	持续泄漏	毒气扩散	1.0×10^{-5}

对于事故后果，以洪水导致储罐失效，引发氨气泄漏为例，应用高斯模型描述氨气泄漏后形成的非重气云扩散过程。从安全角度，计算时考虑地面处泄漏形成的地面轴线最大浓度。

高斯模型基于以下合理化的假设[74]：不考虑浮力作用；气团移动速度等于风速；气团浓度、密度等服从正态分布。对于上述持续泄漏，根据高斯模型，在泄漏源下风向某点(x,y,z)于t时刻的浓度计算如下：

$$C(x, y, z, t, H) = \frac{2Q}{2\pi u \sigma_y \sigma_z} \cdot e^{-y^2/2\sigma_y^2} \cdot \left(e^{-(z-H)^2/2\sigma_z^2} + e^{-(z+H)^2/2\sigma_z^2} \right) \quad (11\text{-}4)$$

式中，C为浓度（kg/m^3）；Q为持续泄漏速率（kg/s）；u为风速，取 2 m/s；H为有效源高度，取 10 m；σ_y、σ_z分别为对应方向上的扩散系数。

扩散系数受大气稳定度、日照强度和地面粗糙度等影响。按照宇德明[75]使用的分类方法，大气稳定度分为 A/B/C/D/E/F 六类。本章以开阔地 C 类为例，气象条件为弱不稳定。扩散系数与大气稳定度和距离的关系如表 11-4 所示。

表 11-4 扩散系数的计算方法[75]

大气稳定度		σ_x，σ_y/m	σ_z/m
开阔地	A	$0.22x(1+0.0001x)^{-1/2}$	$0.2x$
	B	$0.16x(1+0.0001x)^{-1/2}$	$0.12x$
	C	$0.11x(1+0.0001x)^{-1/2}$	$0.08x(1+0.0002x)^{-1/2}$
	D	$0.08x(1+0.0001x)^{-1/2}$	$0.06x(1+0.0015x)^{-1/2}$
	E	$0.06x(1+0.0001x)^{-1/2}$	$0.03x(1+0.0003x)^{-1}$
	F	$0.04x(1+0.0001x)^{-1/2}$	$0.016x(1+0.0003x)^{-1}$
城市	A 和 B	$0.32x(1+0.0004x)^{-1/2}$	$0.24x(1+0.001x)$
	C	$0.22x(1+0.0004x)^{-1/2}$	$0.2x$
	D	$0.16x(1+0.0004x)^{-1/2}$	$0.14x(1+0.0003x)^{-1/2}$
	E 和 F	$0.11x(1+0.0004x)^{-1/2}$	$0.08x(1+0.0015x)^{-1/2}$

泄漏的氨气在空气中飘移、扩散，影响厂区及周围居民区，对人员生命健康安全的威胁大小与浓度和接触时间有关。本章采用概率函数法计算氨气泄漏后个人风险的分布情况。

概率函数法通过人们在一定时间接触一定浓度毒物所造成影响的概率来描述毒物泄漏后果[76]。概率 Y 与接触毒物的浓度及接触时间的关系如下：

$$Y = A + B\ln\left(C^n \cdot t\right) \tag{11-5}$$

式中，A、B、n 为取决于毒物性质的常数，如表 11-5 所示；C 为毒物浓度（ppm，1 ppm = 10^{-6}）；t 为接触时间（min）。毒气团到达时间是死亡概率超过 1%的时刻。

表 11-5　一些毒物的常数[76]

物质名称	A	B	n
氯	−5.3	0.5	2.75
氨	−9.82	0.71	2.0
丙烯醛	−9.93	2.05	1.0
四氯化碳	0.54	1.01	0.5
氯化氢	−21.76	2.65	1.0
甲基溴	−19.92	5.16	1.0
光气（碳酸氯）	−19.27	3.69	1.0
氟化氢（单体）	−26.4	3.35	1.0

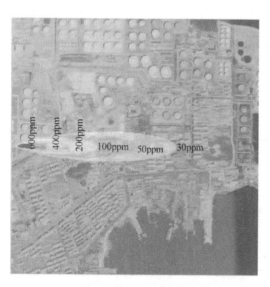

图 11-5　氨气浓度分布图

引入洪水风险，评估储罐失效发生氨气持续泄漏，10 min 后灾害情景下氨气浓度分布和个人风险分布见图 11-5 和图 11-6。计算区域面积为 2000 m×2000 m，网格尺寸为 5 m×5 m。个人风险以 $1.0×10^{-6}$ 为标准，大于该值的区域内风险为不可接受，在影响区域内应做好防灾减灾措施，涉及居民区时，应做好应急演练等工作，也可优化储罐区布局，采取工程性措施，以降低其风险到可接受范围内。

图 11-6 氨气扩散后个人风险大于 10^{-6} 分布图

11.4.2 多米诺事故风险评估

多米诺事故指代在化工事故中由初始事故引发一个或多个次生事故的连锁反应，是规模化化工业中的典型事故类型[39]。2019 年 3 月 21 日，位于江苏省响水县的天嘉宜化工有限公司发生爆炸事故，造成 78 人死亡、76 人重伤、640 人住院治疗。本次事故是一次典型的化工多米诺事故，事故直接原因是违法贮存的硝化废料持续积热升温导致自燃，火势迅速扩大并引发硝化废料爆炸。爆炸引发周边多处起火，还导致大量有毒物质泄漏[77]。本节以该化工企业为多米诺事故的发生场景，应用蒙特卡罗模拟方法，开展多米诺事故风险分析与评估工作。

1. 风险评估步骤

本节介绍应用蒙特卡罗模拟的风险定量评估方法，主要步骤如下。

（1）准备阶段。在多米诺事故风险定量评估的准备阶段，需开展详细的危险源分析，包括现场构建、事故类别识别与基础模型选择，最常用的方法为过程危险分析法[29]。

（2）确定初始事故。向事故场景中的随机化工装置引入装置泄漏（loss-ofcontainment，LOC）事件，可根据相应事件树模型引发火、爆、毒初始事故，从而通过对应事故分析模型计算相应初始事故的发生频率、事故物理效应场、事故升级概率矩阵 P。

（3）事故升级模拟。基于事故升级概率矩阵 P，可分析该事故场景中的化工装置在初始事故影响下的损坏概率，该过程由生成随机数实现。事故场景中每个未破坏的化工装置发生事故升级与否均需要根据其事故升级概率来确定。

（4）事故迭代模拟。以单位时间为步长，开展事故升级过程的迭代模拟，直至多米诺事故发展过程结束。

（5）蒙特卡罗模拟。大量重复步骤（2）~步骤（4），通过蒙特卡罗模拟，可获得该多米诺事故所有可能事故场景的初始事故发生频率及大尺度物理效应场。

（6）结果分析。根据大尺度物理效应场及事故损伤分析模型，可计算获得该区域中人体死亡率的动态分布，从而计算区域个人风险分布。

2. 多米诺事故风险分析模型与方法

1）LOC 事件发生频率

LOC 事件是指储罐、管道、仓库等化工装置中的材料意外或不受控的泄漏事件，是池火灾、蒸汽云爆炸（vapor cloud explosion，VCE）等大部分化工事故的起源。大多数化工安全指导参考书籍明确说明了各类 LOC 事件的发生频率[20, 32, 78]。

2）事件树分析法

事件树分析法在事故发生频率的计算中得到了广泛应用。部分化工安全指导参考书籍罗列了化工产业中可能存在的各类事件树，说明了从 LOC 事件发展为不同种类的初始化工事故的概率[20, 32, 78, 79]。以 1 t 的 LPG 瞬时泄漏的 LOC 事件为例，图 11-7 展示了从 LOC 事件到各类初始事故的事件树[78]。

3）事故分析模型

多米诺事故分析所需的基础模型包括事故后果分析模型、事故损伤分析模型、事故蔓延模型、事故升级概率模型，相应概念在图 11-8 中进行了整理展示[32, 78, 80, 81]。

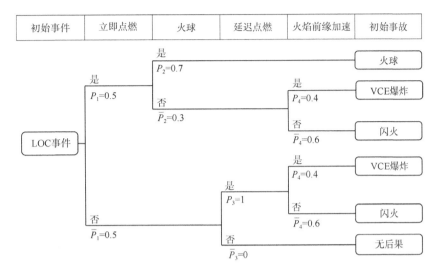

图 11-7　LPG 瞬时泄漏的事件树

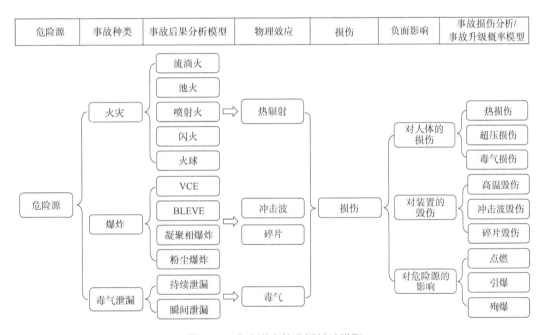

图 11-8　多米诺事故分析基础模型

BLEVE 指沸腾液体膨胀蒸气爆炸（boiled liquid evaporate vapor explosion）

3. 多米诺事故风险评估实例分析

根据相关事故调查报告[77]及该公司环保设施效能评估及复产整治报告[82]，化工厂中的液体与气体危险化学品储存于不同尺寸的水平及垂直储罐中，固体危险化学品与硝化废料则储存于仓库中。图 11-9 展示了事故现场简化平面图。

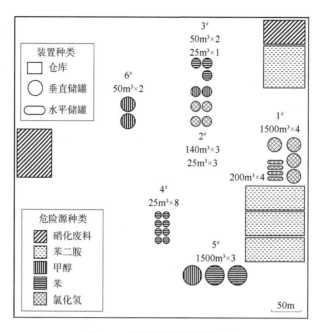

图 11-9　事故现场简化平面图

在本实例分析中，各可能初始事故的发生频率均可通过 LOC 事件发生概率与事件树分析法确定，如表 11-6 所示。

表 11-6　实例分析中各可能初始事故的发生频率

初始事故种类	频率/年$^{-1}$
池火	$6.5×10^{-6}$
闪火	$5.61×10^{-5}$
流淌火	$8.8×10^{-4}$
VCE	$3.74×10^{-5}$
凝聚相爆炸	$1×10^{-5}$
毒气持续泄漏	$4.76×10^{-6}$
毒气瞬间泄漏	$9.52×10^{-5}$

多米诺事故发展过程模拟包括初始事故引入、事故升级模拟、事故迭代模拟三个步骤。随机的初始事故被引入随机的化工装置中，导致该区域物理效应场与事故升级概率矩阵更新。在迭代模拟过程中，物理效应场随事故发展过程而更新，从而实现多米诺事故发展过程模拟。

以由发生在化工厂东北角仓库的池火灾引发的多米诺事故为例，图 11-10 展示了多米诺事故发展过程模拟结果。事故发生的第 1 s，在仓库中引入了初始事故池火灾，导致仓库附近热辐射通量快速上升，如图 11-10（a）所示；当燃烧发生 147 s 后，热辐射导致 5 号储罐破坏并引发了 VCE。图 11-10（b）展示了由爆炸产生的冲击波的超压分布；爆炸导致化工厂中所有储罐的破坏，如图 11-10（c）和（d）所示，爆炸发生后 1 s，化工厂中所有储罐均发生了燃烧或爆炸，导致热辐射通量与冲击波超压在化工厂内的广泛分布；在事故发生 148 s 后，化工厂进入了燃烧与毒气泄漏的稳定阶段，直至消防力量介入。

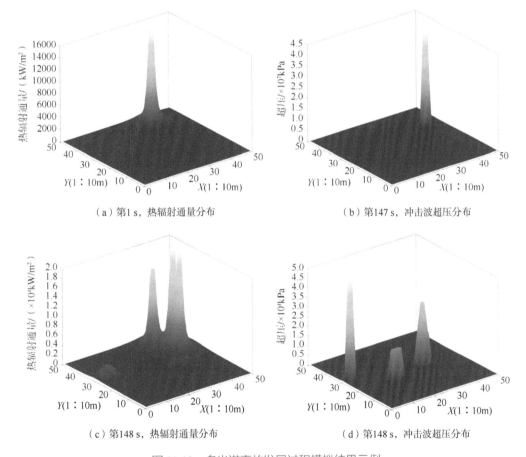

（a）第 1 s，热辐射通量分布　　　（b）第 147 s，冲击波超压分布

（c）第 148 s，热辐射通量分布　　　（d）第 148 s，冲击波超压分布

图 11-10　多米诺事故发展过程模拟结果示例

通过对多米诺事故发展过程模拟的 10000 次重复，可获得大量多米诺事故场景发展过程对应的小尺度物理效应场。通过将物理效应场由小尺度拓展为大尺度，可获知化工厂及其周边区域的热辐射通量、冲击波超压、毒气浓度分布。利用事故损伤分析模型，可根据大尺度物理效应场计算区域人体死亡率分布。结合初始事故的

发生频率，可计算区域个人风险动态分布，如图 11-11 所示。

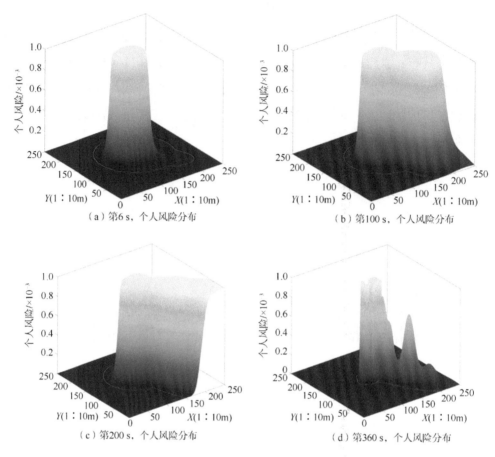

图 11-11　个人风险动态分布

图 11-11 展示了多米诺事故发展过程中随时间变化的个人风险分布，以此为基础，可分析总结多米诺事故各发展阶段的特征。

1）快速发展阶段

在初始事故发生后的 10 s 内，多米诺事故风险分布发生了快速变化。由于爆炸事故具有集中、接连发生的特点，爆炸风险集中体现在多米诺事故发展早期，这也导致多米诺事故风险在发展初期存在较大幅度的波动。由于爆炸事故在初期频发，多米诺事故发生的前 10 s 可被认为是其快速发展阶段。

2）稳定阶段

在快速发展阶段之后，多米诺事故发展进入稳定阶段。在这一阶段，爆炸不再频繁发生，取而代之的是火灾与毒气泄漏事故在多米诺事故个人风险中占主导地位。多米诺事故发展的稳定阶段为事故发生后第 10～第 300 s。

3）衰减阶段

事故发生后第 300～第 500 s 是多米诺事故发展的衰减阶段。在这一阶段，大多数多米诺事故的发展会因消防力量的介入而停止。随着越来越多的多米诺事故停止发展，个人风险逐渐衰减至 0。

参 考 文 献

[1] UNEP. Agenda 21[EB/OL]. （1992-06-14）[2023-11-13]. https://sustainabledevelopment.un.org/content/documents/Agenda21.pdf.

[2] UNISDR. Hyogo Framework for Action 2005—2015：Building the Resilience of Nations and Communities to Disasters[R]. Hyogo：United Nations，2011.

[3] UN. Johannesburg plan of implementation of the world summit on sustainable development[EB/OL]. （2002-09-04）[2023-11-13]. https://documents-dds-ny.un.org/doc/UNDOC/GEN/N02/636/93/PDF/N0263693.pdf?OpenElement.

[4] 郭增建，秦保燕. 灾害物理学简论[J]. 灾害学，1987，2（2）：25-33.

[5] 史培军，吕丽莉，汪明，等. 灾害系统：灾害群、灾害链、灾害遭遇[J]. 自然灾害学报，2014，23（6）：1-12.

[6] Erlingsson U. GIS for Natural Hazard Mitigation. Experiences from Designing the HazMit GIS Expert System Suggests the Need for an International Standard[R]. Miami：Lindorm Publishing，2005.

[7] Cutter S L. Compound，cascading，or complex disasters：What's in a name?[J]. Environment：Science and Policy for Sustainable Development，2018，60（6）：16-25.

[8] Zuccaro G，Leone M. Volcanic crisis management and mitigation strategies：A multi-risk framework case study[J]. Earthzine，2011，4：402-405.

[9] Carpignano A，Golia E，di Mauro C，et al. A methodological approach for the definition of multi-risk maps at regional level：First application[J]. Journal of Risk Research，2009，12（3-4）：513-534.

[10] Cozzani V，Gubinelli G，Antonioni G，et al. The assessment of risk caused by Domino effect in quantitative area risk analysis[J]. Journal of Hazardous Materials，2005，127（1-3）：14-30.

[11] Chen F Z，Zhang M G，Song J，et al. Risk analysis on Domino effect caused by pool fire in petroliferous tank farm[J]. Procedia Engineering，2018，211：46-54.

[12] Luino F. Sequence of instability processes triggered by heavy rainfall in the northern Italy[J].

Geomorphology，2005，66（1-4）：13-39.

[13] Delmonaco G，Margottini C，Spizzichino D. ARMONIA Methodology for Multi-risk Assessment and the Harmonisation of Different Natural Risk Maps[R]. Rome：Institute for Environmental Protection and Research，2007.

[14] Showalter P S，Myers M F. Natural disasters in the United States as release agents of oil，chemicals，or radiological materials between 1980—1989：Analysis and recommendations[J]. Risk Analysis：An Official Publication of the Society for Risk Analysis，1994，14（2）：169-182.

[15] Recherche D G，Marzocchi W，Mastellone M L，et al. Principles of Multi-risk Assessment：Interactions Amongst Natural and Man-induced Risks[R]. Brussels：European Commission，2009.

[16] Greiving S. Integrated risk assessment of multi-hazards：A new methodology[J]. Special Paper-Geological Survey of Finland，2006，42：75.

[17] Odeh D J. Natural hazards vulnerability assessment for statewide mitigation planning in Rhode Island[J]. Natural Hazards Review，2002，3（4）：177-187.

[18] Nguyen H T，Wiatr T，Fernández-Steeger T M，et al. Landslide hazard and cascading effects following the extreme rainfall event on Madeira Island （February 2010）[J]. Natural hazards，2013，65（1）：635-652.

[19] Perles Roselló M，Cantarero Prados F. Problems and challenges in analyzing multiple territorial risks. methodological proposals for multi-hazard mapping[J]. Boletın de la Asociación de Geógrafos Espanoles，2010，52：399-404.

[20] CCPS. Guidelines for Chemical Process Quantitative Risk Analysis[M]. 2nd ed. New York：American Institute of Chemical Engineers，2000.

[21] DHS. DHS risk lexicon[EB/OL]. （2010-09-30）[2023-11-13]. https://www.dhs.gov/xlibrary/assets/dhs-risk-lexicon-2010.pdf.

[22] ACS. Identifying and Evaluating Hazards in Research Laboratories[M]. Washington，D.C.：American Chemical Society's Committee on Chemical Safety，2015.

[23] Gurjar B R，Sharma R K，Ghuge S P，et al. Individual and societal risk assessment for a petroleum oil storage terminal[J]. Journal of Hazardous，Toxic，and Radioactive Waste，2015，19（4）：04015003.

[24] 韩朱旸. 城市燃气管网风险评估方法研究[D]. 北京：清华大学，2010.

[25] 贺治超. 化工多米诺事故风险定量评估模型与方法研究[D]. 北京：清华大学，2022.

[26] ISO/TC 262. Risk Management：Guidelines：ISO 31000[S]. Geneva：International Organization for Standardization，2018.

[27] ISO/TC 262. Risk Management：Risk Assessment Techniques：ISO 31010[S]. Geneva：International Organization for Standardization，2019.

[28] 国家市场监督管理总局，国家标准化管理委员会. 风险管理 指南：GB/T 24353—2022[S]. 北京：中国标准出版社，2009.

[29] Cameron I，Mannan S，Németh E，et al. Process hazard analysis，hazard identification and scenario definition：Are the conventional tools sufficient，or should and can we do much better?[J]. Process Safety and Environmental Protection，2017，110：53-70.

[30] Fattahi R，Khalilzadeh M. Risk evaluation using a novel hybrid method based on FMEA，extended

MULTIMOORA，and AHP methods under fuzzy environment[J]. Safety Science，2018，102：290-300.

[31] Khan F I，Abbasi S A. TOPHAZOP：A knowledge-based software tool for conducting HAZOP in a rapid，efficient yet inexpensive manner[J]. Journal of Loss Prevention in the Process Industries，1997，10（5-6）：333-343.

[32] Assael M J，Kakosimos K E. Fires，Explosions，and Toxic Gas Dispersions：Effects Calculation and Risk Analysis[M]. Boca Raton：CRC Press，2010.

[33] Apostolakis G E. How useful is quantitative risk assessment?[J]. Risk Analysis：An Official Publication of the Society for Risk Analysis，2004，24（3）：515-520.

[34] Alileche N，Olivier D，Estel L，et al. Analysis of Domino effect in the process industry using the event tree method[J]. Safety Science，2017，97：10-19.

[35] Chen F H，Wang C T，Wang J H，et al. Risk assessment of chemical process considering dynamic probability of near misses based on Bayesian theory and event tree analysis[J]. Journal of Loss Prevention in the Process Industries，2020，68：104280.

[36] Khakzad N，Khan F，Amyotte P，et al. Domino effect analysis using Bayesian networks[J]. Risk Analysis：An Official Publication of the Society for Risk Analysis，2013，33（2）：292-306.

[37] He Z C，Weng W G. A dynamic and simulation-based method for quantitative risk assessment of the Domino accident in chemical industry[J]. Process Safety and Environmental Protection，2020，144：79-92.

[38] Masum Jujuly M，Rahman A，Ahmed S，et al. LNG pool fire simulation for Domino effect analysis[J]. Reliability Engineering and System Safety，2015，143：19-29.

[39] 贺治超，毕先志，翁文国. 基于蒙特卡洛模拟的多米诺事故风险量化管理[J]. 中国安全生产科学技术，2020，16（12）：11-16.

[40] 应急管理部. 《危险化学品生产、储存装置个人可接受风险标准和社会可接受风险标准（试行）》解读[EB/OL]. （2014-06-27）[2023-11-13]. https://www.mem.gov.cn/gk/zcjd/201406/t20140627_233065.shtml.

[41] 邵明川. 风险评价的 VaR 方法及应用[D]. 青岛：青岛大学，2017.

[42] Krausmann E，Cruz A M. Impact of the 11 March 2011，Great East Japan earthquake and tsunami on the chemical industry[J]. Natural Hazards，2013，67（2）：811-828.

[43] Sengul H，Santella N，Steinberg L J，et al. Analysis of hazardous material releases due to natural hazards in the United States[J]. Disasters，2012，36（4）：723-743.

[44] Antonioni G，Bonvicini S，Spadoni G，et al. Development of a framework for the risk assessment of Na-tech accidental events[J]. Reliability Engineering and System Safety，2009，94（9）：1442-1450.

[45] Necci A，Argenti F，Landucci G，et al. Accident scenarios triggered by lightning strike on atmospheric storage tanks[J]. Reliability Engineering and System Safety，2014，127：30-46.

[46] Lanzano G，Santucci de Magistris F，Fabbrocino G，et al. Seismic damage to pipelines in the framework of Na-tech risk assessment[J]. Journal of Loss Prevention in the Process Industries，2015，33：159-172.

[47] Milazzo M F，Ancione G，Salzano E，et al. Na-tech in wastewater treatments due to volcanic ash fallout：Characterisation of the parameters affecting the screening process efficiency[J]. Chemical Engineering Transactions，2015，43：2101-2106.

[48] Campedel M，Cozzani V，Garcia-Agreda A，et al. Extending the quantitative assessment of industrial risks to earthquake effects[J]. Risk Analysis：An Official Publication of the Society for Risk Analysis，2008，28（5）：1231-1246.

[49] Han Z Y, Weng W G. An integrated quantitative risk analysis method for natural gas pipeline network[J]. Journal of Loss Prevention in the Process Industries，2010，23（3）：428-436.

[50] Cruz A M，Krausmann E，Franchello G. Analysis of tsunami impact scenarios at an oil refinery[J]. Natural Hazards，2011，58（1）：141-162.

[51] Han Z Y，Weng W G. Comparison study on qualitative and quantitative risk assessment methods for urban natural gas pipeline network[J]. Journal of Hazardous Materials，2011，189（1-2）：509-518.

[52] Ellsworth W L. Injection-induced earthquakes[J]. Science，2013，341（6142）：1225942.

[53] 赵龙辉. 湖南省人类活动诱发地质灾害成因及防治对策研究[J]. 地质灾害与环境保护，2008，19（2）：7-11.

[54] Closson D，Abou Karaki N. Human-induced geological hazards along the Dead Sea coast[J]. Environmental Geology，2009，58（2）：371-380.

[55] Wang J X，Gu X Y，Huang T R. Using Bayesian networks in analyzing powerful earthquake disaster chains[J]. Natural Hazards，2013，68（2）：509-527.

[56] 刘爱华，吴超. 基于复杂网络的灾害链风险评估方法的研究[J]. 系统工程理论与实践，2015，35（2）：466-472.

[57] 高峰，谭雪. 城市雾霾灾害链演化模型及其风险分析[J]. 科技导报，2018，36（13）：73-81.

[58] Wolfram S. Computation theory of cellular automata[J]. Communications in Mathematical Physics，1984，96（1）：15-57.

[59] 李震，陈宁生，张建平，等. 波曲流域冰湖及其溃决灾害链特征分析[J]. 水文地质工程地质，2014，41（4）：143-148，152.

[60] 刘文方，肖盛燮，隋严春，等. 自然灾害链及其断链减灾模式分析[J]. 岩石力学与工程学报，2006，25（S1）：2675-2681.

[61] 佚名. 天津港"8·12"特别重大火灾爆炸事故调查报告公布[J]. 消防界（电子版），2016，（2）：35-40.

[62] Bagster D F. Estimation of Domino incident frequencies-an approach[J]. Process Safety and Environmental Protection，1991，69：195-199.

[63] Eisenberg N A，Lynch C J，Breeding R J. Vulnerability Model：A Simulation System for Assessing Damage Resulting from Marine Spills[R]. Washington，D.C.：U.S. Coast Guard，Office of Research and Development，1975.

[64] Khan F I，Abbasi S A. DOMIFFECT（DOMIno eFFECT）：User-friendly software for Domino effect analysis[J]. Environmental Modelling and Software，1998，13（2）：163-177.

[65] Sun D L，Jiang J C，Zhang M G，et al. Influence of the source size on Domino effect risk caused by fragments[J]. Journal of Loss Prevention in the Process Industries，2015，35：211-223.

[66] Ahmed M，Jerez S，Matasic I，et al. Explosions and structural fragments as industrial hazard：Domino effect and risks[J]. Procedia Engineering，2012，45：159-166.

[67] Tugnoli A，Khan F，Amyotte P，et al. Safety assessment in plant layout design using indexing approach：

Implementing inherent safety perspective：Part 2—Domino hazard index and case study[J]. Journal of Hazardous Materials，2008，160（1）：110-121.

[68] Khan F I，Amyotte P R. Integrated inherent safety index（I2SI）：A tool for inherent safety evaluation[J]. Process Safety Progress，2004，23（2）：136-148.

[69] Kelly C. Field note from Tajikistan compound disaster—A new humanitarian challenge?[J]. Jàmbá：Journal of Disaster Risk Studies，2009，2（3）：295-301.

[70] 中国日报网. 国土资源部部长徐绍史：舟曲泥石流灾害有五方面原因[EB/OL]. （2010-08-10）[2023-11-13]. http://www.chinadaily.com.cn/dfpd/2010gslsl/2010-08/10/content_11130200.htm.

[71] Menoni S. Integration of Harmonized Risk Maps with Spatial Planning Decision Processes[R]. Brussels：European Union，2006.

[72] 郭增建，秦保燕，郭安宁. 灾害互斥链研究[J]. 灾害学，2006，21（3）：20-21.

[73] Uijt de Haag P A M，Ale B J M. Guideline for Quantitative Risk Assessment（Purple Book ）[R]. Hague：Committee for the Prevention of Disasters，1999.

[74] 中国石油化工股份有限公司青岛安全工程研究院. 石化装置定量风险评估指南[M]. 北京：中国石化出版社，2007.

[75] 宇德明. 易燃、易爆、有毒危险品储运过程定量风险评价[M]. 北京：中国铁道出版社，2000.

[76] 沈立，吴起. 危险化学品建设项目设立安全评价[M]. 南京：东南大学出版社，2010.

[77] 应急管理部. 江苏响水天嘉宜化工有限公司"3·21"特别重大爆炸事故调查报告[EB/OL]. （2019-12-23）[2023-11-13]. http://jtt.hunan.gov.cn/jtt/jjzdgz/aqsc/hmd/202010/13937650/files/0298aa057aaf4fff86d47cf2f890a070.pdf.

[78] Casal J. Fire accidents[M]//Casal J. Evaluation of the Effects and Consequences of Major Accidents in Industrial Plants. Amsterdam：Elsevier，2018：75-150.

[79] TNO（Netherlands Organisation for Applied Scientific Research）. Methods for Determining and Processing Probabilities[M]. Hague：Committee for the Prevention of Disasters，1997.

[80] SFPE （Society of Fire Protection Engineers）. SFPE Handbook of Fire Protection Engineering[M]. Greenbelt：Springer，2015.

[81] Hyatt N. Guidelines for Process Hazard Analysis，Hazards Identification and Risk Analysis[M]. Richmond Hill：Dyadem Press，2002.

[82] 江苏省环科院环境科技有限责任公司. 江苏天嘉宜化工有限公司环保设施效能评估及复产整治报告[EB/OL]. （2018-07-04）[2019-09-09]. http://www.doc88.com/p-91261821418976.html.

第12章　城市复杂灾害情景分析与韧性建构研究

张辉　刘奕　巴锐

12.1　概　　述

当前，我国正在经历世界上最大规模的城市化进程，城市规模越来越大，城市人口聚集程度越来越高，城市在国民经济和社会发展中的作用越来越重要。1978~2021 年，我国城镇常住人口从 1.72 亿人增加至 9.14 亿人，城镇化率从 17.90%提高至 64.72%[1]。随着我国城市化进程的不断加快，城市化给人类社会的生活生产带来了变化，并伴随诸多安全问题，自然灾害、事故灾难、社会安全事件、公共卫生事件等公共安全事件的各类风险因素耦合叠加，城市面临的灾害风险日益复杂，城市安全面临重大挑战。党和国家高度重视城市安全，习近平总书记多次强调城市安全发展的重要性，《中华人民共和国国民经济和社会发展第十四个五年规划和 2035年远景目标纲要》和党的二十大报告中也都提出要建设韧性城市。

城市复杂灾害问题具有影响规模大、涉及范围广、复杂程度高等特点。由于城市具有人口集中、建设集中、生产集中、财富集中等高度集聚特征，城市运行日趋复杂、安全风险逐渐增多，城市/城市群容易成为复杂灾害的重要发生地和关键承灾载体[2]。对比单一类型或灾种的城市灾害，不同类型灾害相互作用的多灾种耦合灾害更容易引发城市系统性风险。城市复杂灾害不仅是科学研究的前沿挑战，而且是国内外高度关注、影响国计民生的重大问题，甚至会对国家经济、战略和规划产生巨大影响。例如，2011 年发生在日本东北部海域的重特大地震引发了海啸及核电站核辐射泄漏等级联灾害，引起国际社会对多灾种耦合灾害相关研究的高度重视[3, 4]。开展城市复杂灾害情景分析研究，对于灾害情景应对、应急救援和城市管理至关重要。

近年来,我国诸多城市发生了较为严重的灾害和事故,如郑州市"7·20"特大暴雨内涝灾害、十堰市"6·13"燃气爆炸事故、武汉市"5·14"龙卷风灾害等,复杂的城市场景、多维度的致灾因素和多变的演化过程使得对灾情的态势推演与应急决策极其困难。由于城市复杂灾害的防控管理耦合人、地、事、物等多元要素[5],建立多维度、跨领域的情景分析方法对于城市复杂灾害的全周期应急管理意义重大,增强城市应对复杂灾害等各种冲击、压力和挑战的能力,提高城市系统韧性的理论方法研究十分必要且非常紧迫。

现有研究在城市复杂灾害的机理分析、模型构建或情景应用等方面均取得了重要进展。针对城市复杂灾害的情景分析研究主要关注单一灾害情景,有关多灾种耦合及其交互影响机制的理论和分析工作仍亟待完善,且利用单一数据空间或少数领域的数据分析已难以满足城市复杂灾害的实时处置和应急决策需求,急需建立系统化的复杂灾害情景分析和城市韧性建构方法。

本章将讨论城市复杂灾害情景分析与系统韧性建构方面的研究,总结城市复杂灾害模拟实验与仿真、复杂灾害情景分析方法和韧性城市相关研究进展,并展望未来城市复杂灾害情景分析和韧性研究的主要挑战。

12.2　多灾种耦合灾害情景推演与应急管理

为模拟多种类型的城市复杂灾害,研究者研制了不同尺度的实验设施,并采用缩尺实验、全尺寸实验和灾害现场实测实验等多种实验技术,模拟实现火灾、地震、海啸、冰冻等复杂灾害[6, 7]。各国研究机构建立了多个典型的多灾种耦合模拟实验装置,如美国佛罗里达国际大学(Florida International University,FIU)的"风墙"装置[6]和商业与家庭安全保险机构(Insurance Institute for Business & Home Safety,IBHS)的灾害研究中心,法国建筑科学技术中心(Centre Scientifique et Technique du Bâtiment,CSTB)的儒勒凡尔纳气候风洞中心,日本国家地球科学与防灾研究所(National Research Institute for Earth Science and Disaster Resilience,NIED)的E-Defense 实验装置、大型地震模拟装置、大型降雨模拟装置和冰冻环境模拟装置[8],中国建筑科学研究院、同济大学和重庆大学的地震模拟振动台装置。尽管针对诸多城市复杂灾害已研制和建设了多种实验装置,但现有的实验装置在极限温度控制、流场稳定性控制和多灾种实验模拟技术等方面还有待改进。

多灾种耦合灾害的理论研究包括多灾种耦合的基础理论、耦合效应和风险分析等方面，揭示了不同灾害之间的相互关系和影响机制[9-11]。薛晔等[12]研究了多灾种耦合风险的基本理论，从相关性、组成部分和风险矩阵三个角度研究了定义（即灾害系统的形成因素、结构和风险环境与内部风险因素之间相互依赖相互影响的关系及程度）、分类、形成机制和耦合效应等内容。Kappes 等[9]详细阐述了开展多灾种耦合风险分析相关研究的挑战和困难，并介绍了多灾种耦合灾害的研究方法和步骤。Wang 等[13]综合分析了不同灾害之间的相互关系，将多灾种耦合场景分为相互放大的灾害、相互排斥的灾害和相互无影响的灾害，并针对不同类型的灾害耦合关系提出一系列风险分析方法。此外，相关研究还建立了风雪荷载试验相似性准则[14]、耐火性标度[15]、结构可靠度分析[16]等基础理论，揭示了多灾种之间的演化机制和影响规律。然而，由于多灾种耦合和交互影响机制尚存在诸多不确定性，有关多灾种耦合灾害的理论和分析工作仍亟待完善。

基于不同尺度的实验数据和理论分析，众多学者对多灾种耦合灾害开展了多类型、跨尺度的模拟仿真研究，揭示了灾害的演化和发展过程，并进一步研发了数据驱动的灾害可视化方法和系统。例如，美国联邦应急管理局（Federal Emergency Management Agency，FEMA）开发了美国灾害评估管理系统软件 HAZUS-MH[17-19]，作为基于地理信息系统（geographic information system，GIS）的大型专家系统，综合了建筑环境及其破坏函数的详细数据，能够模拟评估地震、洪水、飓风等灾害造成的损失[18-20]。Zhang[21]提出了数据驱动的大尺度野火蔓延模拟方法。Obara 和 Kato[22]将慢震与巨震相连接，研究了地震的演化与预测方法。针对遭受多灾种耦合影响的城市建筑，一些研究通过模拟大型建筑等复杂结构的破坏机理，对其在受到火灾、地震、飓风等多灾种及其耦合作用下的性能进行了评估[23-26]。总的来说，当前多灾种耦合灾害的模拟研究在城市区域大规模计算与高精度模拟结合方面还较为缺乏。

针对城市复杂灾害情景，以往研究主要关注单一灾种情景的关键问题（如火灾监测、地震韧性评估、洪水应对决策）[27-31]，而针对多灾种耦合的全过程发生发展情景的研究分析较少。Home[32]提出了 15 种非常规重大突发事件的国家情景规划方案，包括核事故、生物事件、化学事故、自然灾害、辐射、爆炸和网络攻击等；Burch 等[33]进一步研究了该 15 种灾害情景中用于处置人类健康风险的 12 种放射学技术。兰德公司、斯坦福国际研究院、荷兰皇家壳牌公司也利用情景分析方法研究了长期战略规划[34-36]。此外，美国地质调查局（United States Geological Survey，USGS）

发起了多灾种示范项目（multi hazards demonstration project，MHDP）[37]，帮助社区减少地震、飓风、洪水、滑坡、野火等自然灾害的风险[38, 39]。

本节针对多灾种耦合的城市复杂灾害，从耦合灾害的类别划分、情景推演方法及灾害案例应用等方面开展研究，提出"实验–模拟–现场"数据融合的多灾种耦合灾害情景推演与应急管理方法。

12.2.1　多灾种耦合灾害类别划分

多灾种耦合效应主要表现在空间与时间上的交叉重叠。Kappes[40]通过对易损性变化的研究，总结了三种类型的多灾种耦合效应，即在短时间内同一区域建筑物暴露于不同灾害、多灾种同时影响和灾害事件连续发生。Wang 等[13]总结分析了多灾种之间典型的交互关系主要包括相互放大效应、相互排斥效应和互不影响作用。本节基于多灾种的时空耦合机制，进一步将多灾种耦合灾害划分为五种典型类型，具体分类如下。

（1）共生耦合灾害。共生耦合灾害是指非同一起源的多个灾害同时发生。与单独发生的灾害相比，多灾种的耦合作用可能导致更为严重的后果[13]。典型的共生耦合灾害如强风–暴雪耦合、强风–暴雨耦合和地震–暴雨耦合。

（2）诱因耦合灾害。诱因耦合灾害是指承灾载体首先受到某种灾害的破坏，然后引发其他灾害并与其影响叠加，进一步放大了耦合效应的灾害。典型的诱因耦合灾害如地震导致火灾的耦合灾害。

（3）累积性耦合灾害。累积性耦合灾害是指多灾种对承灾载体具有长期、缓慢的破坏作用，直至触发永久性的破坏。典型的累积性耦合灾害如管道破裂–冰冻耦合诱发的城市埋地管道爆裂灾害。

（4）序贯耦合灾害。序贯耦合灾害是指由某个灾害事件触发了后续若干灾害事件的耦合灾害链，其中每个事件发生的概率与其他事件或先前事件的概率相关[10, 27]。序贯耦合灾害的级联效应随着时间的推移而增加，并且可能引发较大影响的意外次生事件（级联效应是指灾害之间的演化动力学，由物理事件影响、最初技术故障或人为失误在子系统中导致一系列物理、社会或经济等层面的破坏事件[41]）。典型的序贯耦合灾害如危险化学品泄漏–火灾–爆炸耦合灾害、高压输电塔线的暴雨–洪水耦合灾害。

（5）长短期耦合灾害。长短期耦合灾害是长期持续性灾害与短期突发性灾害的综合。长期持续性灾害（如疫情[42]）以复杂的演化动力学持续存在，需要采取各种预防管控措施加以应对，若同时耦合其他短期突发性灾害（如洪水、火灾、地震），将会造成灾难性后果。典型的长短期耦合灾害如公共卫生事件与洪水、火灾、地震、冰冻耦合灾害，以及管道腐蚀–地震引起的管道爆裂。

上述五种多灾种耦合灾害的示意图如图 12-1 所示。图 12-1（a）展示了这些耦合灾害的类别定义和典型特征，图 12-1（b）展示了典型灾害间的交互耦联关系。多灾种耦合灾害的时空特征和主要案例如表 12-1 所示。

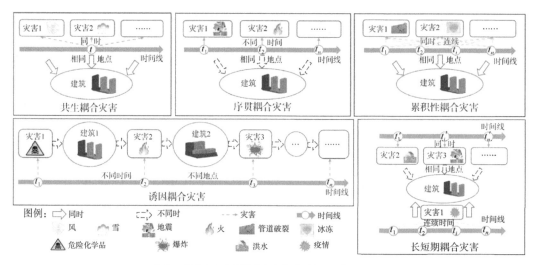

（a）五种典型多灾种耦合灾害的类别定义和典型特征

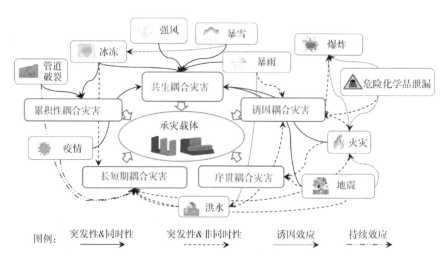

（b）典型灾害间的交互耦联关系

图 12-1　五种典型多灾种耦合灾害示意图

表 12-1　五种多灾种耦合灾害的时空特征和主要案例

耦合灾害类别	典型特征	主要案例
共生耦合灾害	不同灾害在同一时空内耦合	强风-暴雪耦合灾害对建筑物的破坏
诱因耦合灾害	同一空间、不同时间中不同灾害的耦合叠加	地震-火灾耦合灾害对建筑物的破坏
累积性耦合灾害	多种长期性灾害在同一空间内累积耦合	管道破裂-冰冻耦合灾害诱发埋地管道爆裂
序贯耦合灾害	灾害链中多灾种在不同时间和空间中触发耦合	①高压输电塔线的强风-冰冻耦合灾害；②城市危险化学品泄漏-火灾-爆炸耦合灾害；③台风-暴雨-滑坡-内涝耦合灾害
长短期耦合灾害	长期持续性灾害和短期突发性灾害在相同空间中耦合	①与突发火灾、地震、洪水、冰冻灾害耦合的公共卫生事件；②管道腐蚀-地震等灾害耦合导致埋地管道爆裂

12.2.2　多灾种耦合灾害情景推演方法

　　针对单一类型的灾害（如地震、洪水、飓风、滑坡、泥石流、火山爆发）情景，美国 FEMA 和 USGS 提出了流程导向的方法来应对灾害[18-20, 38, 39]。与传统的单一灾种情景应对相比，多灾种耦合灾害的情景应对更加复杂和困难。例如，地震或火灾情景应对流程主要包括影响分析、后果分析和态势分析，地震-火灾耦合灾害的情景应对则需要进一步细分流程，从而处理不同灾害之间的耦联关系。表 12-2 总结了地震、火灾及其耦合灾害情景应对的主要流程。对于地震-火灾耦合灾害，有必要研究震后建筑物结构破坏的严重程度，以及受损建筑能够承受火灾的程度和时间。此外，耦合灾害态势评估对于合理安排后续的灾害救援和应对措施至关重要。因此，与侧重物理、信息和社会系统[43]的研究不同，本节从多灾种耦合、结构与系统及应急管理三个重要维度，对多灾种耦合灾害的情景推演方法进行研究。

表 12-2　地震、火灾及其耦合灾害情景应对流程的差异比对

灾害	主要流程
地震	（1）地震烈度分析：分析地震的烈度和级别
	（2）建筑物破坏分析：评估建筑物结构的破坏程度
	（3）人员伤亡分析：确定伤亡人数
	（4）灾害应对：人员疏散、安置和组织救灾
火灾	（1）火灾强度分析：确定火灾强度和级别，安排救援设备
	（2）火灾态势分析：评估和预测火灾的发生发展与影响范围

续表

灾害	主要流程		
火灾	（3）消防救援策略：制定消防和救援策略		
	（4）灾害应对：人员疏散、安置和组织救灾		
地震诱发火灾的耦合灾害	（1）烈度分析：分析地震的烈度和级别		
	（2）破坏分析	①评估建筑物的破坏程度和火灾发生的可能性	
		②评估火灾破坏程度及其与地震破坏的耦合效应	
		③根据火灾的蔓延和发展情况，分析可燃物状况，评估可能发生火灾的区域	
	（3）救援策略和人员伤亡分析	①制定救援和消防策略	
		②在灭火的同时寻找未破坏的救援通道和幸存者，以避免火势蔓延	
	（4）灾害应对：建立组织，设计管理流程，安排救援队伍，部署任务		

本节提出的多灾种耦合灾害情景推演方法采用"实验-模拟-现场"大数据综合分析技术，主要包括三个阶段：实验和模拟、灾害态势获取、情景分析与应对，方法框架如图 12-2 所示。第一阶段主要通过多尺度实验和理论分析，结合现场实测实验和原型模拟仿真，研究多灾种耦合对结构和系统等承灾载体破坏的动力学演化

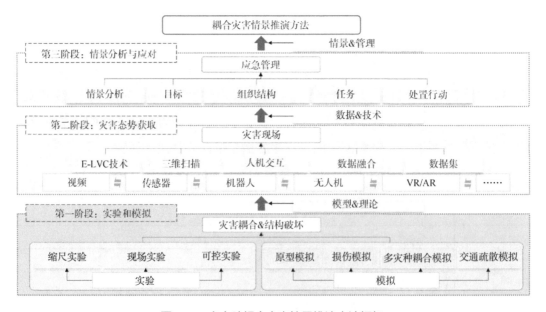

图 12-2　多灾种耦合灾害情景推演方法框架

E-LVC 技术指增强型实时-虚拟-建设性模拟（enhanced, live, virtual simulation, constructive simulation）技术

机制，分析灾害成因和发展趋势。第二阶段研究多灾种耦合灾害的态势获取方法，利用视频、传感器、无人机、机器人、VR/AR 等技术，获取多灾种耦合环境的多源多维度数据；同时，结合实验和模拟结果，利用从灾害环境中获取的数据信息，为灾害救援和应急指挥提供支持。第三阶段综合应用模型和数据双驱动的方法，构建基于新框架的情景推演系统，开展灾害情景分析、确定目标和组织结构、规划任务和处置行动，并设计和完善应急管理流程。利用该情景推演方法，最终实现多灾种耦合灾害情景的全流程推演。

1. 实验和模拟

1）缩尺实验与理论分析

受实验场地、实验规模、可操作性、物理场域等条件的限制，本节采用缩尺实验分析大尺度原型建筑结构在多灾种耦合作用下的实际性能变化。为研究典型结构受灾害的耦合作用效应，将建模、实测和仿真相结合，研究开发多种实验模拟技术，主要针对地震-火灾、管道腐蚀-地震、管道破裂-冰冻、风-雪-冰冻、危险化学品泄漏-火灾-爆炸等多灾种耦合灾害。研究构建多灾种耦合的实验类相似理论，分析原型建筑结构的多灾种耦合致灾效应，包括地震-火灾耦合的温度场热力耦合的类相似理论、风-雪-冰冻多灾种耦合的类相似理论等。

以地震-火灾耦合灾害的研究为例（图 12-3），构建轻钢建筑结构（4.5 m×3.0 m×2.0 m）的缩尺模型，比例为 1∶16。首先在 6.0 m×6.0 m 地震振动台上模拟建筑结构受地震灾害的振动破坏作用，然后将受破坏建筑搬运至 5 MW 的燃烧炉

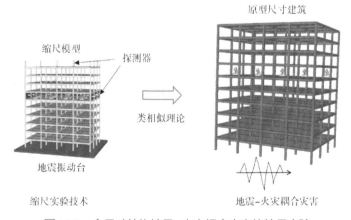

图 12-3　全尺寸结构地震-火灾耦合灾害的缩尺实验

中模拟火灾，实现对地震与火灾的耦合效应模拟。本节在缩尺实验结果的基础上，提出了温度场热力耦合的类相似理论，并揭示了轻钢结构和混凝土框架结构的破坏机理及涂层剥离的过程。

2）现场实验与原型模拟

除缩尺实验之外，本节还利用灾害现场的实测实验分析多灾种的耦合效应，对大跨度屋面结构（如机场候机楼顶）、输电塔线路、典型建筑屋面进行了风-雪-冰冻耦合灾害的实验研究。通过对多个采样点的雪场、风场和气象资料的实地测量，揭示了不同类型屋面的风压、风致振动和积雪分布规律。此外，通过现场实测实验、特性分析和数值模拟，研究了大尺度随机风场对覆冰输电线路的驰振行为及其控制技术。

为推演大规模、高强度的多灾种耦合对城市区域结构和系统的影响，研究开发针对建筑结构、局部地区和区域系统三种空间尺度的一系列原型模拟方法，实现对复杂建筑多点破坏过程的快速分析、对灾害流场和动力学演化的快速重建与预测，以及对多灾种耦合情景下城市多模态疏运的协调组织。图 12-4 展示了不同空间尺度多灾种耦合情景的原型模拟。针对城市区域受多灾种影响的情景分析，基于缩尺实验和现场实测实验的结果，建立面向城市区域灾害的多尺度代理降阶模型，包括基于复杂结构多点破坏机理的子区域降阶模型和灾害流场快速重建模型。此外，在应急组织和行人疏散方面，通过综合运用 VR 实验、可控行人疏散实验、心理行为实

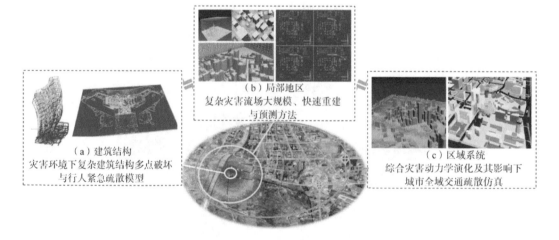

（b）局部地区
复杂灾害流场大规模、快速重建与预测方法

（a）建筑结构
灾害环境下复杂建筑结构多点破坏与行人紧急疏散模型

（c）区域系统
综合灾害动力学演化及其影响下城市全域交通疏散仿真

图 12-4　建筑结构-局部地区-区域系统多尺度多灾种耦合情景的原型模拟

验、大数据分析和仿真方法，揭示多灾种影响下复杂建筑中的行人行为和城市区域的交通机制，并构建大规模人群疏散模拟系统，对灾害应急交通和疏散组织方案进行评估。实验和仿真相结合的方法可以准确预测多灾种耦合灾害的发展演化，为应急交通疏散提供指导。

2. 灾害态势获取

当承灾载体结构和系统遭受多灾种耦合灾害破坏时，快速获取灾害现场的数据信息对于灾害救援、应急管理和指挥决策至关重要。因此，灾害态势获取方法旨在为灾害救援寻找可用的空间通道并进行风险分析，同时为应急指挥管理提供灾害现场的复杂环境情况。为快速获取灾害现场环境信息，采用监控视频、物联网传感器、无人机、机器人、卫星、VR/AR、第五代移动通信技术（5th-generation mobile communication technology，5G）等多种技术手段在灾害现场进行综合应用。基于监控视频和物联网传感器数据，融合灾害动力学和人工智能模型，提出了建筑火源反演算法、多目标图像识别技术等分析方法，实现对灾害演化的快速推演。综合运用无人机倾斜测量和三维实时建模技术，构建了灾害现场的真实三维场景；同时，救援机器人对灾害现场的数据采集和调查也具有重要意义，基于三维建筑测绘、仿生导航定位和 E-LVC 技术，开发了人机交互、虚实结合的机器人操作系统，并集成应用实验和仿真数据，对复杂灾害环境进行高精度测绘。此外，利用 VR 和 AR 技术提升情景应对过程的动态交互[44]，并采用 5G 和卫星技术实现信息通信与数据传输。

将灾害现场获取的多源数据最终汇聚至新研发的多灾种耦合灾害大数据融合处理与分析系统（GEO-container spatial-temporal big-data real-time interactive analysis，GSTRIA），能够实现灾害感知大数据与地理大数据深度融合、实时流数据与持久化兼容存储。针对多源信息、多类型数据的融合分析，开发了多灾种耦合灾害大数据的统一表达、多层次存储和数据融合交互分析方法，并揭示了多灾种之间语义标签的关联关系，从而实现多源数据的融合分析。此外，开发了基于知识图谱、机器学习和文本分析的时空数据分析技术，实现对灾害发生因果关系的推断；提出了"时间–空间–人间"三间数据融合分析方法，揭示灾害演变与社会公众之间的相互作用机制。

3. 情景分析与应对

多灾种耦合灾害及其应对会不可避免地影响当地的城市功能和韧性。因此，采取适当有效的应对措施至关重要。本节所提出的情景推演方法的目标是尽量减少多灾种耦合灾害的影响及其对城市功能和经济发展的破坏。图 12-5 展示了短期和长期灾害对城市功能与经济发展的影响机制。图 12-5（a）是业务持续性管理和城市韧性的传统理论，其中，预防和准备措施主要用于常态化阶段。短期灾害的发生导致城市功能的破坏，如果城市及其社区对多灾种耦合灾害具有较强的抵御能力和恢复能力，并在灾害应急响应和连续性保障支持之下，城市功能的发展和恢复趋势如图 12-5（a）红色曲线所示；否则，发展和恢复趋势将如图 12-5（a）绿色曲线所示。城市功能经过灾后的恢复最终可能出现三种状态：不完全恢复、完全恢复或更优恢复。值得注意的是，短期灾害的情景应对和应急管理需要防止城市功能降至最低可接受水平，且城市恢复时间要短于最长可接受时间。基于传统韧性理论（图 12-5(a)），本节对长期灾害影响下的城市韧性理论进行了改进，如图 12-5（b）所示。当多灾种耦合灾害的演化从量变到质变突破了关键阈值时，应对能力的极限被打破。城市功能会随着复杂灾害的发展和防治措施的改变而发生变化。在灾害的长期影响下，管控措施放松可能会改善城市功能，但灾害影响会更加严重；强化管控会使灾害得

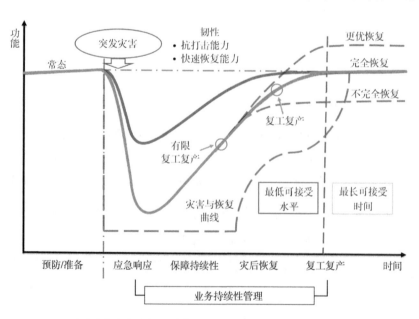

（a）短期灾害影响和业务持续性管理下的城市与社区功能发展

图 12-5　短期和长期灾害影响及城市功能与经济发展的演化机理

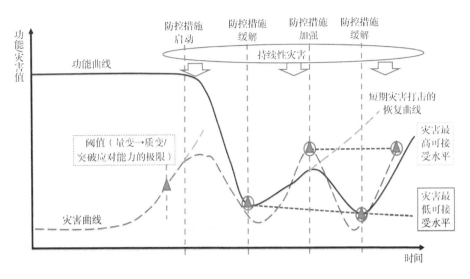

（b）多灾种耦合灾害长期影响下的城市功能与区域经济演化过程

图 12-5（续）

到控制，但城市经济容易受到影响。因此，针对多灾种耦合灾害的过程优化和控制措施需要综合考虑灾害演化与城市功能、经济发展等，采用分时分区的策略获得最优解，从而使灾害演变保持在最高可接受水平和最低可接受水平之间的中间区域。

掌握多灾种耦合灾害的演化机理对于开展情景推演和实施预防措施具有重要意义。基于火灾发展演变的典型阶段[45-47]等研究的成果，本节考虑不同应急响应下火灾与其他灾害的耦合作用，改进了火灾发展曲线，如图 12-6 所示。图 12-6 中实线表示未采取任何干预措施的火灾发展曲线，包括发展期、全盛期和衰退期，虚线表示不同灾害应对方式下火灾与其他灾害的耦合发展过程。在火灾发展期的早期发展阶段，对于传统建筑火灾，如果能够及时采取行动压制火势，避免发展至阈值，火灾发展曲线则会发展为图 12-6 中底部虚线，系统更容易完全恢复；如果应对行动延迟，系统则只能部分恢复。此外，对于地震-火灾耦合灾害，地震破坏了消防设施（如监测设备、灭火设施），在扑灭了局部火灾的同时，其他地区仍在燃烧。这容易导致不同区域的火灾相互作用，形成持久、反复的灾害状态，该种情景下的火灾可能波动发展。但是，如果在火灾发展到阈值后不采取干预措施，火灾将继续充分发展至最大规模，完全燃烧后逐渐进入衰减期。在多灾种耦合灾害的情景应对中，最重要的是采取有效措施避免灾害发展到阈值，并避免发生多灾种的耦合效应。

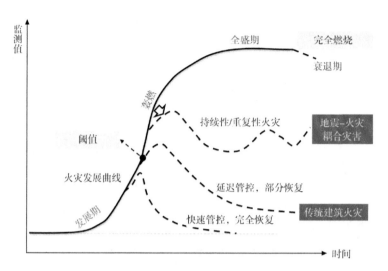

图 12-6　不同应急响应下火灾危险性及其与地震耦合的演化曲线

　　基于所提出的情景推演方法和灾害耦合演化机制，图 12-7 详细介绍了多灾种耦合灾害的情景推演流程框架，包括情景构建、情景分析和情景决策三个主要阶段。

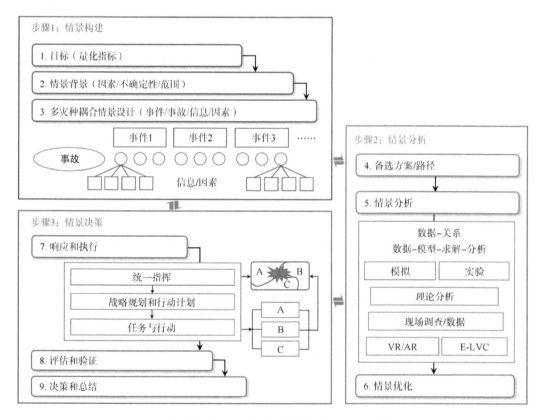

图 12-7　多灾种耦合灾害情景推演流程框架

情景推演的具体流程包括 9 个步骤：①目标（量化指标）；②情景背景（因素/不确定性/范围）；③多灾种耦合情景设计（事件/事故/信息/因素）；④备选方案/路径；⑤情景分析；⑥情景优化；⑦响应和执行；⑧评估和验证；⑨决策和总结。具体而言，首先，在最初使用量化指标等参数确定情景目标后，需要对多灾种耦合情景的背景进行分析，包括影响因素、不确定性和影响范围。结合事件、事故、信息、因素等层面内容构建多灾种耦合灾害的多维情景，并确定多灾种影响下的演练过程。然后，制订备选方案和路径，作为灾害应对的预案和准备；在综合数据、模型、方案和方法的基础上，开展灾害大数据分析和耦联关系分析，采用模拟仿真、实验、VR/AR、E-LVC 等技术，获得优化的指挥和控制方案。最后，针对多灾种耦合灾害影响下的不同地区开展统一指挥，制定战略规划和行动计划，实施灾害救援、行人疏散和应急管理的任务与行动；为不断完善和优化城市复杂灾害的应对策略，还需要持续开展评估和验证；由指挥中心制定灾害应对策略和决策，并总结灾害的情景应对过程。

通过综合集成上述的实验与仿真模型、灾害现场实验数据库、多灾种耦合灾害演化机制和情景推演流程框架，并利用 VR 动态交互技术，本节构建了人在回路的动态交互、虚实一体化的多灾种耦合灾害情景推演系统，与实验设备、数据库和仿真系统实现动态连接。多灾种耦合灾害情景推演系统及其主要功能如图 12-8 所示。

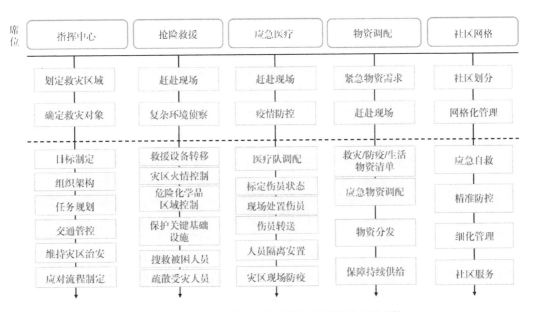

图 12-8　多灾种耦合灾害情景推演系统及其主要功能

该系统集成了结构和系统的情景推演功能、多灾种耦合机制和微观-中观-宏观不同维度的应急管理，能够实现灾害的人机交互情景推演和沉浸式体验。通过模拟情景发展的全过程，并分配不同的灾害响应角色，从而确定灾害应对的组织结构和应急任务。因此，本节提出的情景推演方法和流程框架能够为多灾种耦合灾害的应急管理提供科学的情景推演支持。

12.2.3　风-雪耦合灾害情景推演实例分析

根据12.2.2节提出的多灾种耦合灾害情景推演方法和流程框架，进一步开展强风-暴雪、强风-冰冻、地震-火灾、危险化学品泄漏-火灾-爆炸、管道腐蚀-地震、管道破裂-冰冻等一系列多灾种、多尺度的耦合灾害研究。本节以建筑结构的风-雪耦合灾害为例，介绍情景推演方法的技术流程，包括风-雪耦合灾害实验和模拟、风-雪耦合灾害态势获取及风-雪耦合灾害情景分析与应对。

1. 风-雪耦合灾害实验和模拟

为研究不同灾害之间的相互耦合机制，建立大型实验装置，即多灾种耦合作用实验平台，可以模拟台风、暴雨、暴雪、冰冻、极端低温、极端高温、强日照、湿热等多种极端灾害环境，以及强风-暴雨、强风-暴雪、强风-冰冻等不同灾种耦合的实验环境。多灾种耦合作用实验平台原理图如图12-9所示。

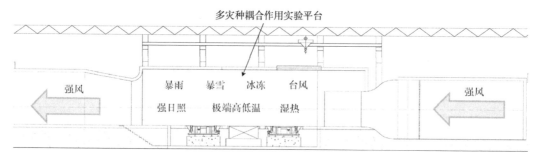

图 12-9　多灾种耦合作用实验平台原理图

本节研究采用三种材料（盐颗粒、硅砂、泡沫塑料）模拟雪荷载，开展了风-雪耦合的缩尺实验，研究风致雪等现象。在缩尺实验中，综合考虑大气边界层风场的相似性、粒子运动的相似性和粒子作用力的相似性，以沉降速度与临界摩擦速度的比值为核心模拟参数，进一步发展了风–雪耦合灾害的类相似理论。该参数的取值对风致雪形态的形成至关重要，也表明在风–雪耦合实验中应选择与雪颗粒沉降速度与临界摩擦速度的比值相同的介质。基于建立的实验类相似理论，选择与雪颗粒参数一致的模拟材料，从而支撑在不同尺度多灾种耦合的模拟实验中应用。

　　本节在新疆乌鲁木齐地窝堡国际机场 T3 航站楼开展了风–雪耦合的现场测量实验，对大跨度结构屋顶多个采样点的积雪分布和风致雪等情况进行了测量。图 12-10 为 2017 年 12 月 28 日航站楼大跨度结构顶板积雪分布的等深线图。可以看出，航站楼顶板积雪分布存在明显的不均匀性，最大积雪深度为 19 cm，而顶板其他区域的积雪深度为 11 ~ 15 cm。结果表明，屋顶大部分区域发生了雪蚀现象，侵蚀量为 3 ~ 7 cm，这主要由降雪期间不同方向风（西北风、东南风、西南风和西风）及其较大的风速（5 ~ 6 级）导致。此外，屋顶上高度为 30 cm 的天窗结构引起的耦合效应也很重要，由于气流被阻挡，风速减小，形成了风速真空区，致使 $Y=44$ m 附近的屋顶区域雪蚀很小，甚至发生了沉积。

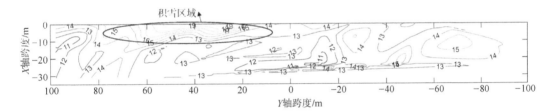

图 12-10　航站楼顶板实测积雪分布的等深线图

　　根据该航站楼建筑的实际尺寸（204.0 m × 75.0 m × 42.0 m），本节构建了全尺寸模型进行原型模拟，航站楼模型到流场的进出口边界、两侧边界和顶部边界的距离分别为 1080 m、2160 m、1080 m 和 400 m。航站楼模型和流场模型的网格划分如图 12-11（a）所示，共计分为 562032 个四面体网格单元。图 12-11（b）为流场 X-O-Z 剖面航站楼模型附近区域的平均风速云图。模拟结果表明，在 10.0 m 高度处平均风速为 6.8 m/s 的指数风廓线作用下，流场的最大平均风速为 11.8 m/s（位于流场顶部）。图 12-11（c）为航站楼模型的顶板摩擦风速分布的模拟结果。可以看出，航站楼顶板大部分区域的摩擦风速均高于 0.2 m/s 的速度阈值，最大摩擦风速为 0.66 m/s。这说明屋顶上的积雪大部分被风侵蚀并流入空气中，这也与现场实测的实验结果一致。

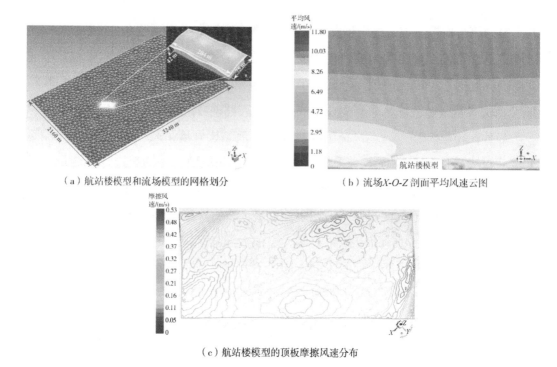

（a）航站楼模型和流场模型的网格划分　　　　　（b）流场X-O-Z剖面平均风速云图

（c）航站楼模型的顶板摩擦风速分布

图 12-11　机场航站楼风-雪耦合灾害的原型模拟结果

针对风-雪耦合灾害对建筑结构的破坏效应，本节研究计算了典型建筑的破坏模式，并根据破坏位置和破坏程度将其划分为不同的类型，如单柱破坏（角柱/侧柱/内柱）、双柱破坏（相邻/非相邻）、小型构件整体破坏、不同高度的高层建筑破坏。高层建筑破坏过程的模拟结果如图 12-12 所示。模拟分析表明，上部楼层的倒塌削弱了建筑物的侧向结构，最终导致建筑物发生较大的变形甚至倒塌。相关模拟分析能够为多灾种耦合灾害发生时的灾害情景快速计算和应急响应提供科学基础。

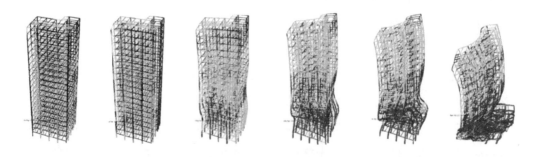

图 12-12　高层建筑破坏过程的模拟结果

2. 风–雪耦合灾害态势获取

为获取灾害现场态势，可以采用多种设备和技术。除视频和传感器外，还可以采用救援机器人和无人机等进入多灾种耦合灾害现场，对现场情况进行实测以获取数据信息，并通过 VR 技术进行实时数据传输。图 12-13 展示了在灾害现场使用多种设备和技术的数据采集流程图，采用基于无人机的大尺度高清晰三维地理信息快速建模技术，构建了城市建筑场景的三维模型，并发展了灾害现场智能移动机器人的视距外高效人机实时交互和协同复杂环境探索技术，对建筑内部环境的三维信息进行扫描和建模，从而收集了大量的灾害现场环境数据，并建立了相应的数据库。发展现场、实验、仿真和数据的虚实结合动态交互技术，通过与机器人、无人机等数据采集源的综合集成，实现对灾害情景的沉浸式展示和人机交互实时感知。多灾种耦合灾害现场的态势获取能够为灾害态势研判和应急救援提供数据信息基础与可视化方法。

图 12-13　基于多种设备和技术的多灾种耦合灾害现场数据采集流程图

3. 风–雪耦合灾害情景分析与应对

基于多灾种耦合灾害情景推演系统，实施面向风–雪耦合灾害的情景分析与应对策略。采用耦合灾害异构数据–多尺度实验–跨领域模型的仿真动态匹配与集成方法，综合结构和系统、多灾种耦合和应急管理三个维度的模型与结果，该系统能够实现人在回路的动态交互和虚实一体化情景推演。采用 E-LVC 技术，可实现多灾种耦合情景的三维 GIS 和实时灾情的四维建模。图 12-14 展示了该系统的风-雪-地震-火灾等多灾种耦合的场景，以及灾害现场数据获取技术的应用。此外，该系统还可以设计多个灾害应对角色及其应急任务分配，实现对多灾种耦合灾害的沉浸式可视化和情景推演。风-雪耦合灾害的现场响应流程主要涉及指挥中心、抢险救援、应急医疗、物资调配和社区网格五种角色与任务。在灾害现场前线，各角色各司其职、相互配合，共同完成灾害多维情景中应急、救灾、组织等工作。

图 12-14　多灾种耦合灾害情景推演系统界面及现场应用

综上所述，本节提出了综合"实验-模拟-现场"数据和模型技术的多灾种耦合灾害情景推演方法：开发了缩尺实验、现场测量实验和原型模拟技术，揭示了多灾种耦合灾害的成因机制和特征分类，并发展改进了耦合灾害的分析理论；基于多种先进设备和信息采集技术，提出了实时获取灾害现场信息的灾害现场调查和实测技术；基于结构与系统、多灾种耦合和应急管理三个维度的综合分析，提出了多灾种耦合灾害情景推演的三阶段、九步骤分析框架，并构建了集实验、仿真和现场数据为一体的多灾种耦合灾害情景推演系统，支撑城市复杂灾害的情景分析和应急管理。

12.3　"三层四域"情景分析方法体系

结合复杂灾害的实验分析、模拟仿真和理论方法，国内外相关研究引入了情景的概念。情景最早由 Kahn 和 Wiener 提出[48]，用于表征和描述未来的情景，以及能够使情景从初始状态发展至未来状态的一系列事实。城市复杂灾害情景用于表示灾害发展及其影响评估的预先规划的方法和路径，辅助在面临不确定性因素时确定响应需求的范围，促进知情决策和应急管理[32]。研究人员开发了多种模型来改进情景分析。朱伟等[49]、钱静等[50]提出了多维度的情景分析方法，支持应急战略和决策；

Quiceno 等[36]利用情景分析，结合优势、劣势、机会和威胁（strengths, weaknesses, opportunities, threats，SWOT）分析，政治、经济、社会、技术、环境和法律（political, economic, sociocultural, technological, environmental, legal，PESTEL）分析，以及系统思维三种方法，研究了针对面临技术转型的电力公司的战略规划设计。

学者已针对单一领域或层面的复杂灾害情景（尤其是对物理空间灾害事件的发展演化、影响因素和破坏作用）开展了众多研究[51, 52]，主要围绕某种灾害的演化过程开展情景分析和推演。孙超等[53]基于多智能体城市道路模型，构建了面向城市暴雨内涝的情景策略；Zhu 等[54]提出了自然灾害转换分析模型，研究了灾害链情景的转换规律；Jacomo 等[55]通过研究中国山区集水区灾害级联的作用机制，提出了多灾种耦合灾害情景的生成模型，可用于指导支撑决策；邓青等[56]利用 E-LVC 技术，研究了多灾种耦合情景的分析和响应方法，有助于增强对灾害的有效应对。随着近年来信息技术的快速发展，社会公众在信息空间中的活动更加频繁，各类电子设备也采集汇聚了海量多源数据信息。早在 2008 年，美国国家科学基金会（National Science Foundation，NSF）就将信息-物理系统（cyber-physical systems，CPS）作为重点资助领域，研究如何协同计算资源和物理系统[57]。随后研究者通过在系统运行和管理中引入人的因素[58]，将社会科学、认知科学与 CPS 融合，进一步将 CPS 发展为信息-物理-社会系统（cyber-physical-social systems，CPSS）[43, 59]，并把社会群体的特征统一划归至社会空间。然而，社会群体的认知，如管理者和公众对信息传播、物理规律、组织决策等方面的认知，与信息、物理、社会各领域空间紧密连接、交叉耦合，这凸显了将认知域单独作为复杂灾害分析系统一部分的重要性。

大数据技术的发展为城市复杂灾害的演化预测和应急管理提供了有力的支持[60, 61]，美国等发达国家设立了"科学人工智能"（AI for Science）等专项计划，用以研究数据分析及其科学应用[62]。针对物理空间中灾害的演化规律，学者通过实验、模拟、案例分析等方法，揭示了火灾、洪涝、地震等灾害的多物理场耦合演化模式及其对承灾载体的作用规律，分析了风险态势演化的耦合性与级联效应及其复杂性成因[29, 63-65]。针对信息空间中灾害的监测预警，学者从灾害特征监测[28]、网络舆情分析[66, 67]、城市计算[68]等多角度开展灾情分析，利用多源监测数据信息推演灾情的发展，由人工智能驱动并融合边缘计算、雾计算、云计算的物联网为城市复杂灾害从物理空间到信息空间的大数据分析提供了支撑[69]。对于社会空间中受灾群体的管理分析，学者研发了多种方法，主要包括基于人工社会、计算实验、平行执行

（artificial societies，computational experiments，parallel execution）的 ACP 方法[68]，"情景-应对"型灾害管理方法[70]，以及社会网络分析、情感分析、社会经济等社会计算方法[71, 72]，以支撑社会空间中灾害影响的分析推演。此外，一系列针对社会群体认知能力的研究[73]通过量化分析人的生理心理、行为情绪、认知观念、应急能力等方面情况[74]，揭示了认知域中复杂灾害与社会群体的交互影响。

基于信息域、物理域、社会域或认知域中某一领域或层面的灾害相关数据，现有研究在机理分析、模型构建或情景应用等方面均取得了重要进展。然而，城市复杂灾害涉及突发事件、承灾载体、应急管理三个维度的众多因素，单一数据空间或少数领域的数据分析已难以满足复杂灾害的适时处置和应急决策需求，因此急需建立系统化的复杂灾害情景分析方法。融合信息-物理-社会-认知（cyber-physical-social-cognitive，CPS-C）四域大数据的灾害情景分析系统能够从多维度、多角度、多层次支撑灾情演变感知，结合规划层面、策略层面、操作层面的系统化分析流程，可最终实现对灾害情景的感知、分析、推演和决策。

此外，也有一些研究关注集成型情景系统的构建方面。王旭坪等[75]提出了基于情景的自然灾害应急管理系统框架，明确了识别关键情景要素的基本思路和"情景-应对"型应急管理的具体流程。Chen 等[76]研究设计了城市人口分布建模等实时大数据驱动的公共安全情景系统框架，为应急决策方案提供支持。张辉和刘奕[70]进一步融合了"数据-模型-案例-社会行为"一体化态势感知模型和基于"情景-应对"的应急决策过程模型，完善了"情景-应对"型国家应急响应系统。然而，以往的情景方法和系统框架主要集中于单一灾种及其后续应对等方面，对于多灾种耦合灾害，由于不同灾害之间相互耦合和影响作用，并涉及多部门参与，灾害情景更加复杂，需要进一步研究推进城市多灾种耦合情景下的应急管理实验、模拟、现场、数据和决策的交互集成。因此，面向多灾种耦合情景的城市复杂灾害情景分析方法还有待进一步改进。

本节基于 12.2 节中提出的"实验-模拟-现场"数据融合的多灾种耦合灾害情景推演与应急管理方法框架，进一步综合"信息-物理-社会-认知"四域大数据，研究形成城市复杂灾害的情景分析方法体系。首先，研究构建 CPS-C 系统，厘清各领域和各数据空间的逻辑关联体系。然后，从"规划-策略-操作"三层面，提出城市复杂灾害风险"三层四域"情景分析方法，梳理系统化分析和应急管理流程。最终，以城市台风-暴雨-内涝灾害为例，对所提出的情景分析方法体系进行实践应用，支撑城市复杂灾害的全周期应急管理和情景演练的开展。

12.3.1 CPS-C 系统构建

面向信息域、物理域、社会域和认知域的四域数据空间（以下简称四域空间），本节提出 CPS-C 系统。CPS-C 系统中四域空间紧密连接，物理域、社会域分别通过传感器网络和社会网络与信息域交互连接，认知域则由社会个体或群体与信息域、物理域、社会域连接，从而形成"三横"（信息域–物理域–社会域）"一纵"（认知域）的逻辑关联体系，如图 12-15 所示。

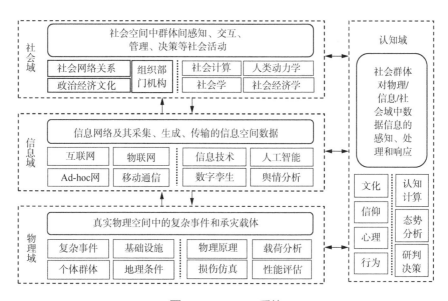

图 12-15 CPS-C 系统

（1）物理域主要涵盖真实物理空间中的自然灾害、事故灾难、公共卫生事件、社会安全事件等复杂事件，以及生物群体、基础设施网络等承灾载体。该域的数据分析涉及复杂事件的力、热、声、光、电等物理作用及其对承灾载体的影响等，研究事件的发生发展演化过程及其对人、地、物等承灾载体的影响。

（2）信息域主要涵盖互联网、物联网、**Ad-hoc** 网、移动通信，以及各类监测设备对人、地、事、物等采集、生成、传输的信息数据。信息域通过物联网等传感器网络，获取物理域中复杂事件、承灾载体等的信息数据；利用互联网、移动通信等新媒体，获取社会域中社会群体的行为、网络关系、社会舆情等信息。该空间汇集时间–空间–人间多源信息，采用数字孪生、平行系统、边缘计算、深度学习等技术开展数据分析计算。

（3）社会域主要涵盖社会群体的感知、交互，以及管理、决策等社会活动。该空间分析了社会群体的网络关系、生理心理特征及社会运行体制机制等。

（4）认知域主要涵盖个体和群体对物理空间、信息空间、社会空间中信息的感知、处理及随之产生的心理、生理、行为与个性、观念、价值、文化等响应。对物理规律、信息传播演化、组织管理决策等的认知评测形成了认知空间中的数据信息。

通过跨领域、跨层级、跨尺度大数据的"四域合一"融合分析，从突发事件事前-事中-事后的时间维度、微观-中观-宏观的空间维度及政府-组织-公众的人间维度感知事件情景态势和场景要素，CPS-C 系统能够分析多源数据信息并评估事件影响，进而推演情景发展趋势，最终支撑合理、快速、正确地研判决策和组织应对，从而实现对复杂事件要素、场景、过程等的全周期应急管理。

12.3.2 城市复杂灾害情景分析方法

城市复杂灾害呈现多灾种、多要素、多场景、多尺度耦合特征[56]。为解决灾害应急管理所面临的系统化不足、信息源单一等问题，本节提出以 CPS-C 系统为基础的城市复杂灾害"三层四域"情景分析方法，从"规划-策略-操作"三层面，构建"目标-情景-任务-资源-响应-评估-决策"系统化分析流程，如图 12-16 所示。

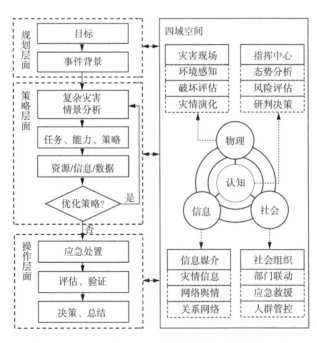

图 12-16　城市复杂灾害"三层四域"情景分析方法

城市复杂灾害"三层四域"情景分析方法的应急管理流程具体如下。

（1）在规划层面，制定考虑灾害利益相关者、相关因素、相关场景等方面的管控目标，融合四域信息分析复杂灾害的全过程：①确定目标，建立复杂灾害分析的规划目标和量化指标；②剖析事件背景，包括灾害的背景信息、影响因素及不确定性因素。

（2）在策略层面，基于群体管控和风险评估的四域空间情景分析方法，细化了灾害防控的流程和路径，优化了复杂灾害的网格化、针对性处置与应对策略：①通过复杂灾害情景分析，研究灾害在物理空间的关键节点、风险要素、重点场景、演化路径和影响范围等，以及在信息空间的社会舆情发展演变和社会空间的人群心理/行为变化；②确定任务、能力及策略，针对灾害演化路径、关键风险环节部署灾害防控任务，制订阶段性应对方案，评估管控能力，并设计演化路径和传播网络的阻断措施；③确定资源信息数据，整合跨领域、跨区域的资源、信息和数据，分析有限资源下的应急物资调配、资源投入分布和区域/任务协调；④优化策略，根据应对策略和情景分析结果，更新优化灾害应对方案和措施，精准把控关键环节和实施细节。

（3）在操作层面，根据规划目标和应对策略，开展灾害的应急处置、评估验证和决策总结：①在应急处置方面，通过统一指挥、部门联动，制订针对性方案、操作性指南等行动计划；②在评估与验证方面，通过专家研判，评估受灾场景、防控措施、受灾群体等，验证灾情数据，撰写评估报告；③在决策与总结方面，将评估结果上报指挥部供领导决策，进行灾害案例总结，并研究灾后恢复重建方案。

城市复杂灾害的物理域主要聚焦灾害现场的环境感知、破坏评估和灾情演化等方面，分析灾害、人群及城市运行系统等对象，通过对物理规律、演化机理的风险认识从而与认知域连接。城市复杂灾害的社会域针对灾害预防、应对、恢复等过程的组织管理及其对政治、经济的影响，通过微观层面人员个体的生理/心理/个性/行为、中观层面群体组织的价值/观念及宏观层面的社会文化/信仰等，从而与认知域连接。城市复杂灾害的信息域融合多种监测设备，对物理域灾害现场进行灾情信息获取与预警，通过互联网、移动通信等分析社会域组织关系、网络舆情、人群移动等，通过对网络灾情信息的感知、传播、分析、推演，从而与认知域连接。采用"规划-策略-操作"应对流程并融合 CPS-C 系统的"三层四域"情景分析方法，可以实现城市复杂灾害的全周期应急管理。

12.3.3 城市内涝实例分析

近年来全球极端天气事件频发，多种自然灾害尤其是洪涝灾害增多。2021 年全球各地发生了多起严重的城镇洪涝灾害，造成巨大的人员伤亡和财产损失。联合国政府间气候变化专门委员会（Intergovernmental Panel on Climate Change，IPCC）发布的《气候变化 2021：自然科学基础》（*Climate Change 2021：The Physical Science Basis*）[77]指出，全球变暖很可能导致大多数地区的强降水事件更加强烈和频繁。根据全球灾害数据平台（https://www.gddat.cn/）发布的《2020 年全球自然灾害评估报告》，洪水已成为 2020 年影响全球的主要自然灾害，频次达 193 次，占 61.66%，比 1990～2019 年的历史均值偏多 43%。为此，本节选取国内外的典型城市内涝案例，采用城市复杂灾害"三层四域"情景分析方法对灾害防控中的灾害成因、关键要素、具体场景等分层次展开剖析。

1. 城市内涝典型案例及其成因分析

1）城市内涝案例对比

尽管自 2012 年"7·21"北京特大暴雨灾害之后，全国众多城市制订和实施了暴雨洪涝灾害的应急规划方案，但是 2021 年"7·20"郑州特大暴雨灾害的现实情况表明，当前部分城市对内涝灾害的应急防控能力依然不足。基于气象部门发布和网络记载的信息，表 12-3 汇总了 2018～2021 年国内外 3 个典型的城市内涝灾害（"7·20"郑州特大暴雨、"7·5"日本西部暴雨和"9·1"美国东北部特大暴雨）的主要数据。3 个城市内涝灾害案例均受台风或飓风等热带气旋的影响，其中，郑州特大暴雨与日本西部暴雨的降雨强度基本在同一数量级，大于美国东北部特大暴雨。相比而言，郑州特大暴雨造成的人员伤亡情况最为惨重。2022 年 1 月 21 日国务院灾害调查组发布的《河南郑州"7·20"特大暴雨灾害调查报告》显示，截至 9 月 30 日，郑州市全市共有 380 人因灾死亡或失踪。其中，山丘区 4 市死亡失踪的 251 人中，82.5%在居住地/固定经营场所/在外生产或行路途中遇难，17.5%在转移或救援途中遇难[78]。除引发网络舆情广泛关注的地铁 5 号线 14 人遇难、京广路隧道 6 人遇难之外，乡镇和农村地区因洪水、泥石流造成的人员伤亡更为严重，应得到更多关注。

表 12-3　典型城市内涝案例对比

参数	"7·20"郑州特大暴雨	"7·5"日本西部暴雨	"9·1"美国东北部特大暴雨
灾害成因	台风"烟花"	台风"派比安"	飓风"艾达"
开始时间	2021 年 7 月 17 日,CST	2018 年 7 月 5 日,JST	2021 年 9 月 1 日,EDT
最大小时降雨量	201.9 mm/h（2021 年 7 月 20 日 16～17 时,CST）	—	80 mm/h（2021 年 9 月 1 日 20 时 51 分～21 时 51 分,EDT）
24 小时降雨量	645.6 mm（2021 年 7 月 20 日 4 时～21 日 4 时,CST）	691.5 mm（至 2018 年 7 月 9 日 0 时,JST）	213.6 mm（2021 年 9 月 1 日,EDT）
72 小时降雨量	640.8 mm（2021 年 7 月 17 日 20 时～20 日 20 时,CST）	1319.5 mm（至 2018 年 7 月 9 日 0 时,JST）	—
人员伤亡情况	380 人遇难失踪（至 2021 年 9 月 30 日,CST）	223 人遇难,失踪 16 人（至 2018 年 7 月 19 日,JST）	51 人遇难（至 2021 年 9 月 5 日,EDT）

注：CST 指中国标准时间（China standard time）；JST 指日本标准时间（Japan standard time）；EDT 指美国东部标准时间（Eastern standard time）。

基于 CPS-C 系统分析可知，多维因素耦合致使表 12-3 中 3 个案例形成严重的城市内涝灾害，其中，城镇基础设施建设水平、信息监测共享情况、响应动员应对措施、风险意识认知能力等因素很大程度上影响了灾情的演化发展和灾害的破坏程度。具体而言，在物理域中，短时极端暴雨是 3 个案例的直接成灾原因，尤其是郑州 201.9 mm/h 的降雨量远超其城市防洪排涝能力，导致城市内涝、山体滑坡、河流洪水等灾害耦合并发。在城镇基础设施建设方面，郑州市雨水管道、排水明沟及地铁/隧道等的防洪排涝设施明显不足，临河临坡工程、城市地下空间等缺乏洪涝防范能力；同时，房屋沿河依山导致抗洪性差、桥梁道路过洪能力不足、农田等侵占水库区/泄洪道等问题加剧了灾害破坏程度。类似问题也存在于其他案例，日本西部暴雨受灾严重的广岛县、冈山县和京都府等地的房屋建设用地以山地丘陵等为主，暴雨极易引发滑坡、泥石流等次生灾害，而抗震性能强的木制房屋难以承受洪涝地质灾害的冲击；美国东北部特大暴雨人员伤亡惨重的纽约州、新泽西州等地的建筑物地下公寓、汽车淹没等造成诸多人员溺亡，地铁、道路等城市交通设施的物理性内涝风险也对人身安全造成极大威胁。此外，在信息域中，气象部门提供了降雨等的监测预报信息，但有关部门对物理/社会域关键场所灾情信息的获取、分析、共享等方面存在不足。在认知域中，有关部门对气象信息、灾害程度等的风险认识不足、研判不够、指挥不力，社会公众的应急自救能力和防灾避险知识不足，城市规划建设理念未足够重视安全。在社会域中，有关部门的灾害应急响应滞后、组织社会动员较差、联动机制不健全、防范应对措施不精准。四域中的多维因素耦合导致了灾情演变为几十甚至几百人遇难失踪的重大灾害。

在规划层面，对比相同或不同级别的城市内涝灾害案例，有助于确定内涝灾害防治的规划目标，预估灾害的可能影响范围和破坏程度，同时梳理灾害影响下城市、乡镇、村庄各区域的薄弱环节，建立灾害损失、人员伤亡、应急物资等的量化指标，从而基于目标指标的规划层面分析，实现具体策略的合理制定。

2）城市内涝成因分析

在操作层面，面向城市内涝灾害的四域空间，对表 12-3 典型内涝灾害进一步进行案例回顾、资料调研和统计分析，城市内涝灾害的主要问题总结如下。

（1）物理域：城市建设与物理防御。城市不合理的规划与建设导致河流、湖泊、地下层等蓄排水能力不足；地铁、隧道、地下车库和商场等城市基础设施系统的防洪排涝能力不足；堤坝、水库及道路、建筑等工程的抗水冲击能力不足；城镇农村对洪水、滑坡等灾害的防御措施不足。

（2）信息域：风险预警与信息通报。暴雨、台风等气象灾害预警时间、空间、等级、雨量的精准化及应急信息发布、通报、传播范围和频率不足；城市常规涉水点预警和内涝点现场情况及时高频地获取、更新、发布不足；涉水信息、求助信息、物资信息等多维信息标准化、可视化、实时化水平不足。

（3）社会域：应急处置与指挥调度。针对暴雨洪涝灾害等极端天气预报预警信息的应急预案未能及时启动、细化和落实；风险区域的应急物资装备、指挥处置队伍未能提前调配；针对低洼路段、涉水点、次生灾害等现场情况未能及时应急处置，特别是未能及时管控人群；针对城市洪涝灾害应急管理的跨层级、跨区域、多部门联动/协调配合不足。

（4）认知域：灾情认知与安全意识。针对暴雨预报预警和灾情发生发展的风险规律认知不足；针对洪涝现场风险情况的认知研判和自救互救能力不足；针对特定场景防洪排涝的应急决策与指挥调度能力不足；针对社会公众的防洪宣传教育不足；城市规划建设中的防灾减灾和安全意识不足。

表 12-4 统计了郑州、西安和杭州三座建成区面积相当的城市基础设施建设情况（建成区是指城市行政区内实际已成片开发建设、市政公用设施和公共设施基本具备的区域）。数据分析表明，郑州的雨水管道长度分别是西安和杭州的 85.06% 和 64.89%，而建成区排水管道长度分别仅是西安和杭州的 81.59% 和 55.26%，且郑州的建成区排水管道密度不足杭州的 58%，这凸显了城市规划建设中防洪排涝基础设施的巨大差距，但也与城市道路长度和路网密度等情况相关，主要因为排水管道大多沿道路铺设。进而考虑道路区域硬化对城市排水的影响。郑州建成区道路面积和面积率分别为杭州的 71.00% 和 73.82%，均明显高于排水设施建设情况的对比值。若再综合人口密度等因素对城市排水的影响，郑州相比于西安和杭州在防洪排涝基础设施建设方面的差距与不足更加明显。

表 12-4　郑州市与其他城市基础设施建设情况对比

城市基础设施	郑州	西安	杭州
排水管道长度/km	5147.70	6798.00	9434.40
雨水管道长度/km	2670.10	3139.20	4114.80
建成区面积/km^2	640.80	700.69	666.18
建成区排水管道长度/km	4984.20	6108.80	9019.00
建成区排水管道密度/(km/km^2)	7.78	8.72	13.54
建成区道路长度/km	2347.67	3152.37	4199.34
建成区路网密度/(km/km^2)	3.66	4.50	6.30
建成区道路面积/km^2	67.41	108.33	94.94
建成区道路面积率/%	10.52	15.46	14.25
人口密度/（人/km^2）	9417.00	7047.00	3789.00

资料来源：住房和城乡建设部《2020 年城市建设统计年鉴》。

2. 城市内涝防控策略分析

1）城市内涝全过程分析

基于规划层面和操作层面对城市内涝典型案例的对比分析，本节在策略层面进一步研究城市内涝在信息-物理-社会-认知四域的应急管理战术策略，采用综合考虑多要素、多场景的全过程管控方法，从物理-社会域、信息-社会域及认知域层面分析情景应对的战术策略，从而支撑灾前预警、灾时管控、灾后恢复的全周期应急管理。城市内涝全过程防控策略如图 12-17 所示。

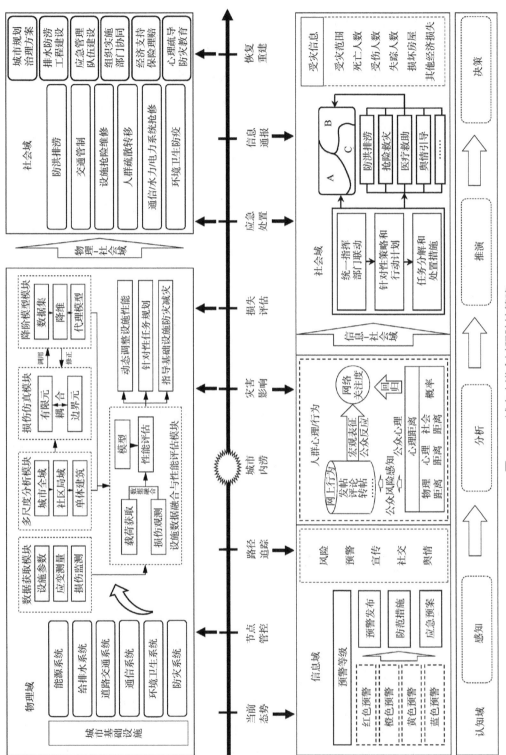

图12-17 城市内涝全过程防控策略

灾前预警阶段主要包括气象部门对当前暴雨、台风等极端天气的预报预警及相关信息通报（信息域），城市的能源、给排水、道路交通、通信、环境卫生、防灾等基础设施系统及时启动应急预案，对关键节点和环节进行防控（物理域），监测追踪灾害的发展路径和演化进程（信息-物理域）。

在城市内涝发生后的灾时管控阶段，需要获取基础设施、暴雨、河流等的多源监测数据并开展多尺度仿真分析，基于物理原理和仿真计算评估系统的性能和风险（物理域），并对人群心理行为、网络舆情进行监测分析（信息域），预测灾害影响范围和损失情况（信息-物理域）。同时，受到暴雨洪涝灾害影响的城市基础设施系统和场所应布置防洪排涝装备和物理隔离设施，抢险维修通信、水力、电力系统和重要设施，并开展交通管制、人群疏散转移和环境卫生防疫（物理-社会域）。应急防汛指挥部需要不断获取实时更新的气象信息、舆情信息、内涝信息、求助信息、物资信息等，分析整合相关信息上报至主管部门，及时开展针对性处置；由应急防汛指挥部统一指挥，分级响应，并组织协调多部门协同联动，对关键场所进行网格化管理，分类别、分层级、分场景进行任务分解和应急处置救援（信息-社会域）。

在灾后恢复阶段，应组织评估城市受灾情况，通报受灾范围、死亡人数、受伤人数、失踪人数、损坏房屋、其他经济损失等灾害损失信息，制订灾后恢复重建方案，涵盖城市规划治理方案制订、排水防涝工程建设、应急管理队伍建设、组织实施部门协同、保险理赔等经济支持、心理疏导与防灾教育等方面（物理-信息-社会域）。

在城市内涝灾前—灾时—灾后的各阶段，对物理-信息-社会域数据信息的感知、分析、推演和决策至关重要（认知域），采用多种技术分析手段和教育管理方法提升管理者乃至全社会对城市内涝风险及其防治的认知水平，可以增强城市内涝情景的全周期管理能力。

2）城市内涝关键要素解析

基于城市内涝典型案例操作层面的分析，针对灾害应急管理中的利益相关场景要素及重点管控的群体和风险点[79]，表 12-5 分别从物理域、信息域、社会域和认知域进一步剖析归纳了城市内涝防治策略的关键要素，并将各领域细分为更具体的子领域。通过准确把握城市内涝的关键要素，可以更全面、更系统地优化灾前—灾时

—灾后的预警、防控、应急与恢复策略。

表 12-5　城市内涝防治策略关键要素

四域空间	子领域	策略关键要素
物理域	地理	地理要素（如山脉/河流/海岸线/交通线/行政区划线）、空间分布、空间关系、地质构造、地形地貌、城镇规划
	气象	降雨、热带气旋、极端天气、海洋/陆地气压、热力条件、季风/环境风、温/湿度、气候变化
	水文水利	河流、湖泊、水库、海洋、地下水层
	承灾载体	人群、建筑、堤坝、设备、交通网、水/电/气/管网等城市/农村基础设施系统组成部分
信息域	物理信息	暴雨预警信息（时间/空间/等级/雨量/发布方式）、GIS、监测监控系统、物联网系统、全球定位系统（global positioning systems，GPS）
	社会信息	互联网信息、社交媒体舆情、社交网络关系、手机/电视/广播等媒介传播信息、可穿戴设备监测数据
社会域	社会	应急预案、疏散系统、避难场所、救援装备、物资配置、物流系统、医疗救助、公共卫生、心理教育
	政治	机构设计、权力分配、联防联控机制、管理制度
	经济	区域经济、经济组成、家户收入、经济补偿、洪涝保险
认知域	个体组织	生理指标、心理反应、自救能力、知识水平、行为/情绪/观念/个性、组织能力
	社区	社区组织、群体行为、互助互救组织理念、专业队伍水平
	国家	文化、信仰、组织领导力、社会动员力、体制机制现代化水平

3. 城市内涝全周期应急管理

采用城市复杂灾害"三层四域"情景分析方法，综合考虑城市内涝的规划目标、操作层面问题和应急防治策略及其关键要素，表 12-6 对城市内涝全周期应急管理的流程进行详细描述，基于"目标-情景-任务-资源-响应-评估-决策"全流程，分析四域空间中城市内涝防治的场景要素及其应急管理方案。通过将所提出的复杂灾害情景分析方法应用于城市内涝的应急管理，推演灾害情景的发展和应对过程，为灾害应急决策提供支持。

表 12-6　城市内涝全周期应急管理

序号	应急流程	场景要素应急管理
1	目标-指标	（1）目标：对比以往案例，建立城市内涝规划目标、分析关键防范场景； （2）指标：量化城市内涝灾害损失、人员伤亡、应急物资等的数量/范围等； （3）预案：细化城市各类场景洪涝灾害的应急预案

续表

序号	应急流程	场景要素应急管理
2	灾害背景 （信息域）	（1）风险：获取台风/暴雨等气象灾害实时监测数据，收集城市内涝风险点（如道路/山坡/地下商场/地下车库）信息，评估灾害风险水平； （2）宣传：通过互联网/手机/电视/广播等媒介宣传预警信息和防范措施，及时调整应急响应级别，通报相关部门； （3）舆情：感知社交网络舆情信息，关注灾害对群众生活物资等的影响； 认知域：感知风险和灾情信息
3	情景分析 （物理-信息域）	开展物理空间中城市内涝与基础设施的交互影响和情景演化分析： （1）监测台风/暴雨灾害的发展演化路径，分析城市基础设施系统及其子系统遭受洪涝灾害的风险、影响及其变化，加强、增设多种（永久的/临时的/可拆卸的）物理防御措施； （2）基于物理仿真系统，融合基础设施的监测数据，通过多尺度分析、损伤仿真、降阶模拟等方法，评估基础设施在洪涝灾害下的性能变化，动态调整基础设施性能，设立针对性防涝排水措施，减弱受灾影响； （3）分析公众心理及其风险感知能力，通过网络、现实中个体与群体行为信息分析，建立及时响应公众反应和关注的舆论引导、宣传教育等应对措施； 认知域：推演城市内涝风险点和灾情演化、分析灾情和舆情信息
4	任务-能力 （社会域）	（1）任务：针对城市基础设施子系统的主要风险点、关键管控节点（如河道/堤坝、地铁/隧道），规划建立防灾减灾任务和防御措施； （2）能力：通过对城市内涝影响范围、损失评估进行仿真分析推演，规划阶段应对方案并设计路径阻断措施，评估防洪排涝和过程控制能力
5	资源-信息-数据 （社会域）	整合资源/信息/数据，分析有限资源投入分布、关键环节与灾害控制点： （1）保障：建立气象、水利、交通、应急、治安、市政、网信等部门协同联动机制； （2）救助：保障应急（装备/设施）、医疗（生理/心理/环境）、生活（物资/必需品）、经济（保险/补贴）等物资； （3）协调：有限可用资源限制下的资源调配、区域协调与任务工作分配
6	情景优化	根据灾情实时信息、情景分析结果、任务规划方案和资源信息数据，通过路径分析、风险评估、群体管控、节点应对，优化城市内涝灾前—灾时—灾后全周期管理过程中的针对性处置措施和智能化、精细化水平
7	应急处置 （物理-信息-社会域）	（1）物理-社会域：①防洪排涝，疏通河道、加固堤坝、设立风暴屏障/泄洪沟渠、交通设施/地下车库防洪排涝；②交通管制，低洼隧道禁行、部分地铁停运、规划停车场所；③设施抢险维修，交通设施、房屋建筑等关键设施抢险维修；④人群疏散转移，低洼村镇、地铁设施、地下商场、山坡河道等洪涝风险点的人群紧急疏散和转移安置；⑤通信/电力系统抢修，抢修保障通信系统、电力系统正常运转；⑥环境卫生防疫，饮用水、食物等消毒处理，预防蚊虫，避免疫情发生； （2）信息-社会域：①统一指挥、部门联动、多方协同、分级响应；②根据针对性策略和行动方案，分解具体任务，实施现场调度/处置措施；③开展防洪排涝、抢险救灾、医疗救助、舆情引导等多方面社会域防控措施； 认知域：物理-信息-社会域的信息分析、情景推演、应急处置、研判指挥
8	评估-验证 （认知域）	内涝情景风险研判、预防/应对方案评估、灾害损失评估与数据验证、灾情信息通报、恢复重建方案报告

续表

序号	应急流程	场景要素应急管理
9	决策-总结（认知域）	基于多方参与、多元协同、多级协作等，助力领导/专家/指挥员的专业快速研判与决策，总结灾害案例经验，建立面向物理-信息-社会-认知域的灾后恢复重建方案

4. 城市内涝情景演练

为应用和验证城市复杂灾害"三层四域"情景分析方法，本节采用 XVR Simulation 软件，构建以北京市北部区域为基础的虚拟城市台风-暴雨-内涝灾害场景，并开展人机虚实交互的情景演练。具体组织架构和小组分工如图 12-18 所示。图 12-18（a）展示了融合"规划-策略-操作"三层面的情景演练组织架构及其主要事务分工。演练由事件指挥部统一指挥，具体分工包括规划层面、策略层面（组织协调、行政与经济）、操作层面及其各项子类别演练内容。基于 CPS-C 系统，情景演练时将参与人员划分为 3 个小组：区域指挥组、应急救援组和新闻媒体组（图 12-18（b）），分别从社会-认知、物理-社会域和信息-社会域对灾害应急管理过程进行情景演练，小组演练内容包括图 12-18（a）中的事务分工内容。

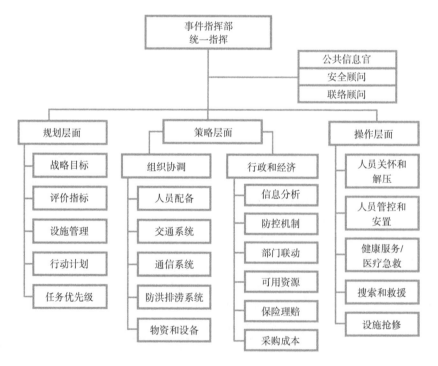

（a）情景演练组织架构

图 12-18　情景演练组织架构及小组分工

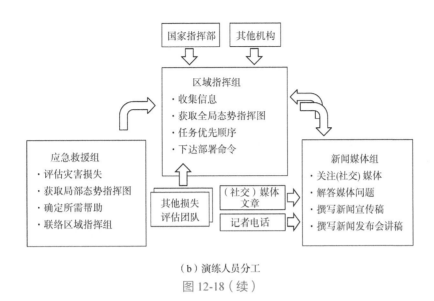

（b）演练人员分工

图 12-18（续）

在灾前准备阶段,首先,区域指挥组收集多源数据信息,预测台风路径(图 12-19
（a ）），并基于全局态势指挥图,确定在可用资源有限情况下的优先任务（如宣传
自我保护措施,疏散老弱病残等特殊群体,加强能源、水源和学校、文物建筑等重
要场所保护措施,扩大应急救援组织,定位应急救援人员,储备布置沙袋等防洪排
涝装备）,明确主要风险点和关键防控场所。然后,区域指挥组下达命令,部署工
作,应急救援组和新闻媒体组根据表 12-6 和图 12-18 中的任务分工,开展人机虚实
交互的情景演练。

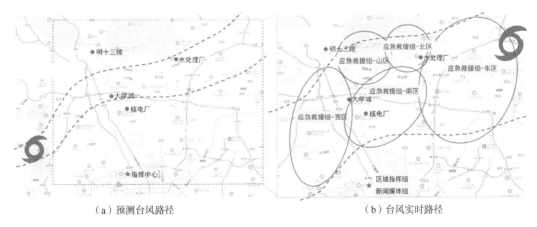

（a）预测台风路径　　　　　　　　　　（b）台风实时路径

图 12-19　城市台风–暴雨–内涝灾害情景演练内容

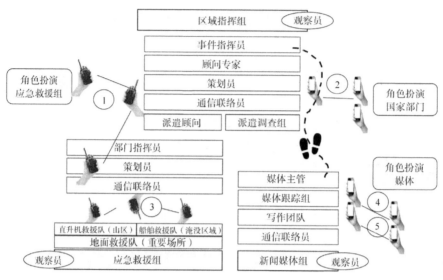

（c）演练角色与内容

图 12-19（续）

在灾时响应阶段，按照图 12-19（c）设置的演练角色与内容进行情景演练。区域指挥组接受国家部门的指挥。其中，事件指挥员和顾问专家负责洪涝灾情信息分析；策划员辅助更新台风实时路径（图 12-19（b）），针对主要风险点和关键防控场所（如图 12-19（a）和（b）中的大学城、核电厂、水处理厂、明十三陵），调动邻近资源、协调救援任务，以制订最优应对方案，并由通信联络员传达任务。应急救援组分派直升机救援队、船舶救援队和地面救援队至山区、淹没区域和重要场所，分区分级开展抢险救援（图 12-19（c）），并向通信联络员报告实时位置。由策划员更新队伍位置和现场情况，部门指挥员与事件指挥员及时沟通灾情救援信息，并提交相关情况报告。新闻媒体组设立媒体跟踪组、写作团队和通信联络员，分别负责网络舆情监测与引导、灾情新闻报告撰写与发布，以及联络其他小组和外界媒体记者等任务；同时，新闻媒体组还与区域指挥组保持沟通，并适时通过新闻发布会、记者招待会等途径发布灾情信息。此外，各小组还设立了观察员角色，监督评价指挥员或主管在信息分析、指挥决策和资源共享等方面的情况。

在灾后恢复阶段，演练中统计了台风过境后的人员伤亡、道路等公共基础设施损失、能源设施破坏程度、水处理厂等主要企业停工停产、文物建筑等重要场所受损等情况。其中，应急救援组开展灾后损失评估，并将评估报告提交至区域指挥组，由区域指挥组组织制订恢复重建方案，经上级部门审核后，由新闻媒体组召开发布会，通报受灾情况和灾后恢复重建方案。

综上所述，本节提出了基于"规划-策略-操作"三层面、"信息-物理-社会-认知"四域合一的城市复杂灾害"三层四域"情景分析方法，从规划、策略、操作三个层面，对城市复杂灾害信息域、物理域、社会域和认知域中的规划目标、灾害成因、应急过程及其关键要素等方面进行情景分析和过程推演，制定了复杂灾害"目标-情景-任务-资源-响应-评估-决策"的全流程应急框架和全周期管理策略，支撑实现对灾害多维度、跨领域信息的感知、分析、推演和决策。

12.4　城市韧性系统性建构及评估

韧性的概念最早是由物理学家为表示弹簧的性质而提出的，后来又被应用到生态系统中。由于人类活动导致地球的行星状态转变为人类世[80]，韧性的概念进一步扩展到人类社会中，如社会-生态韧性[81]、个人心理韧性[82]、组织韧性[83]、社区韧性[84, 85]、国家韧性[86, 87]。UNISDR 对韧性进行了定义：系统、社区或社会在面临灾害时能够及时有效地抵御、吸收、容纳、适应、转变和从灾害影响中恢复的能力，包括通过风险管理来维持和恢复其基本结构与功能的能力[88]。Meerow 等[89]提出了一个韧性城市的综合定义：城市系统及其所有组成的社会生态和社会技术网络在时间和空间尺度上，在面对干扰冲击时保持或迅速恢复预期功能的能力、适应变化的能力，以及系统针对当前或未来情况能够快速转变和适应的能力。黄弘等[90]引入了城市安全等更为具体的韧性概念，并提出了安全韧性城市等构想。

在政策制定层面，有关城市韧性的提升和创新也成为诸多城市、国家和国际组织的关注重点及发展趋势[91]。UNISDR 于 2010 年发起了"使城市更韧性"（Making Cities Resilient，MCR）的全球计划，并通过了《仙台减少灾害风险框架：2015—2030 年》（*Sendai Framework for Disaster Risk Reduction 2015—2030*，简称仙台框架）[92]；2017 年接替发起了新的全球计划"促进城市韧性 2030"（Making Cities Resilient 2030，MCR 2030），提出了包含 10 个基本要素和 117 个指标标准（每个指标赋 0 ~ 5 分）的城市灾害韧性评分卡，用于评估和描述城市韧性[93]。另外，联合国通过的《2030 年可持续发展议程》（*2030 Agenda for Sustainable Development*）也突出强调了减少灾害风险和韧性建设目标[94]。洛克菲勒基金会在 2013 年倡导推动了"全球 100 韧性城市"计划，并建立了评估城市韧性的指标体系，支撑有效提升项目网络中各城市的韧性。此外，一些发达国家或联盟支持资助了许多与韧性城市建设相关的项目，如美国 NSF 的关键基础设施韧性项目[95]、欧盟的针对灾难韧性社会的"欧洲地平线"科研资助框架[96]，以及日本的第六期科学技术创新基本计划，旨在建立网络空间和物理空间融合的可持续和韧性社会[97]。中国地震局在 2017 年实施的"国家地震科技创新工程"中首次在国家层面提出了韧性城市。随后，《中华人民共和国国民经济和社会发展第十四个五年规划和 2035 年远景目标纲要》[98]中首次提出了建设韧性城市的目标。韧性城市在全世界范围引起了前所未有的重视，得到了大力推动和发展。

韧性在城市规划、社会治理、经济发展等方面得到了广泛的关注。根据风险水平和尺度[2]，韧性的内涵涉及国家、城市、社会、社区、基础设施、组织、心理等多尺度层面[82, 85, 99, 100]。其中，社会韧性更关注人类社会对危机事件的抵抗和恢复，从而保障社会安全和稳定发展[101]。特别是在疫情等复杂灾害的持续、反复冲击之下，社会韧性显得尤为重要。社会韧性反映了城市系统在社会、经济、政治、观念、价值和其他城市要素的综合作用下，从复杂灾害等的破坏中适应、响应和恢复的能力[102]。诸多学者针对灾害对社会韧性的影响，从威胁类型或系统类型等方面已开展广泛的研究，如地震韧性[103]、洪水韧性[104]、耦合灾害[52]，或者供应系统[105]、交通系统[106]、电力系统[107, 108]和经济系统[109]。其中，提高社会韧性的社会行动和社会影响日益受到重视。例如，为了增强对沿海突发灾害的社会生态韧性，Adger 等[81]总结了在局部尺度和区域尺度用于减轻灾害风险、维持系统功能和提高适应能力的诸多行动，包括可持续利用措施、多样化机制、治理组织和社会资本。Imperiale 和 Vanclay[110]分析了风险和灾害的多维社会影响，将其分为了八个方面（健康、社区、文化、生计、基础设施、住房、环境和土地），并提出了韧性建设和减少灾害风险的范式，支撑克服社会生态治理中的文化和政治障碍。随着相关研究的不断深入和丰富，社会韧性研究进一步融合分析了在诸多威胁和不确定性背景下权力、政治等的参与作用[111]。此外，英国标准 BS 67000—2019《城市韧性指南》（*City Resilience. Guide*）[112]也强调了城市价值（如多样性和可持续性）的重要性，用于指导城市韧性评估和优先任务的排序过程。

城市系统可能遭受复杂灾害等冲击、压力和挑战，引发多重的、持续的和耦联的影响。其中的利益相关者包括个人、团体和组织等，各种运行系统可能受到复杂事件的多维影响。例如，在疫情大流行的背景下，由于患者的大幅增加，医疗卫生系统在城市系统中最先受到冲击。Haldane 等[113]采用一种针对医疗系统的韧性框架，分析了治理和融资、健康人力资源、社区参与等减缓疫情传播的措施，并提出了综合应对、适应能力、维持功能与资源、降低脆弱性四个要素来增强系统的韧性。此外，省级、区域和国际等尺度的供应链系统[105, 114]和物流系统[115]也得到了广泛的关注，相关研究模拟分析了预先部署库存和备用供应商等韧性策略，并对其满足系统需求的能力进行了比较[116]。为揭示社会韧性提升的影响因素，Fernández-Prados 等[117]在西班牙开展了一项调查，结果强调了政治沟通等治理体系的重要性。此外，Ba 等[52, 100]整合了认知领域（如精神和文化）作为城市物理系统之外灾害应对和韧性建设的重要组成部分。面对社会中不同类型社区的多样化需求，McClelland 等[91]突出强调了利益相关者通过非正式和正式的方式开展自上而下和自下而上的合作，协同提升城市社会的韧性。

为了定量评价和描述社会韧性，学者提出并发展了多种评估方法，如评分卡[93]、评估模型[85]、指标体系[102, 118]和流程分析[91]。UNISDR 提出了一种抗灾能力评分卡，组成包括 10 个基本要素和 117 个指标标准[93]。韧性曲线三角形面积计算法[103, 119]也是衡量灾害影响下城市功能变化和恢复速度的常用方法。Kameshwar 等[85]通过整合决策支持框架和贝叶斯网络，研发了一种概率韧性评估模型，实现对鲁棒性和快速性联合概率的量化。同时，相关研究还引入了新的指标体系来量化引起犯罪的社会系统韧性[118]，以及多灾种耦合影响下的社区韧性[102]，如美国 FEMA 构建的以人口和社区为重点的措施体系[120]。此外，ISO 开展了基于实践的标准计划，构建了 ISO/TS 22393《恢复和更新规划指南》，为评估新型冠状病毒肺炎（corona virus disease 2019，COVID-19）疫情对社区的影响提供了指导框架，并支撑制定城市恢复计划和重建策略，增强城市对疫情的抵御能力[91]。这些韧性评估方法显著推动了社会韧性的有效分析，但对于复杂灾害等破坏事件对系统动态过程的影响仍缺乏韧性分析和定量表征。

本节从城市复杂灾害的系统防范与应对角度，基于 12.2 节和 12.3 节提出的情景分析方法，进一步研究韧性城市建设视角下的城市韧性系统性建构理论模型，对韧性城市的概念及其分类、外延及其定义、内涵及其提升等方面开展深入调研和系统分析。此外，为有效评估城市系统在应对复杂灾害时的韧性水平，本节基于城市系统"需求-能力"差异性分析的韧性评估方法，提出基于城市系统和社会治理的韧性评估分析框架，并以 COVID-19 疫情冲击下的城市医疗系统为例，对提出的理论方法进行应用。

12.4.1 韧性城市外延与内涵系统性建构

1. 韧性城市的概念及其分类

城市系统具有复杂性、动态性和聚集性等特征，其组成包括人、物、运行系统三要素。根据相关研究工作[89]，城市系统可划分为四类主要的子系统：治理体系、物质和能量网络流、城市基础设施，以及社会经济系统。借鉴 CPS 的分析思路[43]，城市系统更需要从信息、物理、社会和认知的角度开展综合分析和解读[121]，从而进一步丰富城市韧性的概念构成和内涵外延。目前农业、生物、环境、工程、社会和管理科学等学科领域已经提出了数十种韧性城市的定义[89]，主要集中于突发事件破坏下的城市、变化、平衡、适应、恢复和愿景等概念内容。针对城市系统的经济、社会、生态、社区和基础设施子系统等具体方面也进行了一些韧性研究[84, 122]。基于现有的韧性城市研究，并结合信息–物理–社会–认知四域分析空间，本节将城市系统的外延内容纳入韧性城市的建构体系，并将其分为三个方面：基础设施韧性、社会单元韧性和复杂系统韧性。

城市基础设施既有静态特征又有动态特征，还有基础性和操作性等特点，涵盖基础结构及运行系统等，有关于其韧性的研究涉及建筑和建筑群、交通系统、电力系统、通信系统、排水设施等方面。Lu 等[29]为建筑物地震韧性恢复能力的量化制定了框架和规范。Matczak 和 Hegger[104]制定了六种治理策略来提升基础设施的抗洪能力，包括多样化风险管理策略、动态调整战略、私人主体参与、适当的规则制度、充足的货币和非货币性资源，以及规范包容的社会辩论。Tonn 等[106]采用分布式、传输式和通用式的系统韧性指标对电力系统进行了定量分析。Umunnakwe 等[107]探讨了通过保险保障、奖励措施和公共援助支出来改善交通基础设施韧性的方法。Rydén Sonesson 等[123]研究了瑞典关键基础设施部门之间的信息共享、协同合作、相互依赖和相关责任，以提高跨部门体系的韧性。对于城市的基础设施，除了物理层面的工程、设备和系统的韧性，政策、战略、治理和管理等社会–物理层面的因素对韧性的提升越来越受到关注。

由于城市韧性涉及社会–生态层面、社会–技术层面等内容[89]，本节采用社会单元韧性的概念来表征城市社会主要组成部分的韧性，包括个人、社区、组织等方面。

具体而言，个人韧性是韧性研究领域最受关注的点，其影响包括生理、心理、环境等个人内外的诸多因素[99]。此外，为了评估社区韧性，美国 FEMA 制定了涵盖 20 个指标的指标体系，包括以人口和社区为重点的措施，但是 Tan[120] 认为 FEMA 的相关方法并不能充分衡量社区对灾害的韧性水平。为了反映企业等组织在面临挑战和冲击时的韧性水平，相关研究提出组织韧性的概念，用于描述组织对突发事件发生过程的预测、应对和适应能力[83]。总的来说，社会单元整合了城市社会中相互依存的组成部分，社会单元韧性是对其韧性能力的综合描述。

韧性城市的第三个方面是指复杂系统韧性，具有物质与精神、主动与被动、现实/虚拟/潜在等诸多属性。典型的城市系统包括经济系统、生态系统、供给系统、信息与通信技术（information communications technology，ICT）系统、文化系统等[105]。其中，文化等层面的内容在韧性城市的分析中容易被忽略，但在实际中不容忽视；经济韧性不仅强调经济系统的快速恢复能力，而且突出强调其资源再配置能力、产业结构调整能力、破坏后不断转型升级的能力，这主要取决于产业结构、生态系统、社会资本等因素的多样性[109]。社会资本代表着复杂系统中联结、桥接和连接的资源，通常可从结构、关系和认知三个维度来表征其网络与资源的各个方面[124]。在韧性城市的概念化过程中，城市系统的物理层面、经济层面和社会层面等的韧性受到较多重视，而虚拟网络层面、精神文化层面的韧性受到较少关注，后者对于灾害等冲击影响下的个人和公众都至关重要。因此，本节通过整合城市中的复杂系统，提出复杂系统韧性作为韧性城市的概念和内涵之一。

综上所述，基础设施、社会单元和复杂系统三个广义层面囊括了与韧性城市密切相关的关键领域，如图 12-20 所示。这种概念分类有助于深入理解韧性城市的外延和内涵，也有利于对城市韧性开展更为全面的评估和提升。

2. 韧性城市的外延及其定义

基于韧性三角形的理念[103]及其随后发展的诸多韧性概念[52, 107, 118]，本节总结了复杂灾害破坏后城市韧性的三种层次，如图 12-21 所示，分别用绿色、蓝色和灰色曲线表示。图 12-21 中城市功能的两个阈值是指反映城市韧性水平的基准线，将城市功能划分为可恢复、部分恢复和不可恢复。同时，韧性城市的主要组成包括基础设施、社会单元和复杂系统三方面。

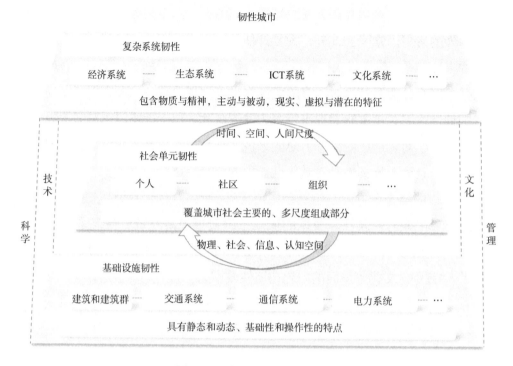

图 12-20　韧性城市的概念分类

图 12-21 中绿色曲线表示城市在灾害冲击下损失较小、恢复能力强、安全水平高的理想和期望状态，在这种韧性层次下，城市功能能够在复杂灾害等破坏性事件发生后快速完全恢复。图 12-21 中蓝色曲线表示受突发事件的影响，城市功能跌破了较高的阈值 1，但仍然高于较低的阈值 2，城市功能的逐步恢复可能需要一段时间的振荡期，在花费较高成本和较长时间之后也只能部分恢复，这不仅因为城市基础设施受到了严重损坏，而且由于社会单元及其之间的相互关系遭到破坏，精神文化等复杂系统受到重创。图 12-21 中灰色曲线表示城市韧性最差的层次，城市功能迅速跌破较低的阈值 2，城市系统受到完全破坏，处于无法恢复的状态，灾后/事后城市基础设施需要在不同的空间位置进行重建，社会单元和复杂系统的再开发与恢复构建则更加困难。

据此，在进一步丰富韧性城市概念和外延的基础上，本节对韧性城市进行了全面的重新定义：城市系统及其基础设施、社会单元、复杂系统等所有组成部分在信息、物理、社会、认知空间和跨时间、跨空间、跨人间尺度进行预警、响应与减缓城市内外破坏的能力，并能够使其维持和适应于必要的功能之上，然后迅速恢复和学习转变至所需的城市功能水平。

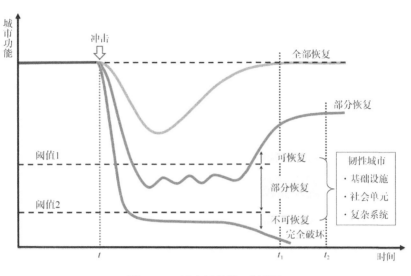

图 12-21　城市韧性的三种层次

3. 韧性城市的内涵及其提升

为了适用、有效地评估城市韧性，研究人员对韧性城市的基本层面或维度进行了调查总结，如针对城市物理和社会系统的韧性"4R"属性（包括鲁棒性（robustness）、冗余性（redundancy）、智能性（resourcefulness）和快速性（rapidity））[103]，MCR全球计划韧性研究文献和城市应用实证中总结的韧性城市四个维度（抵抗力、应对能力、恢复能力、适应能力）[125]。这些特征属性已无法完全适用于新的韧性城市定义，因此本节总结提出更为全面的维度来表征韧性城市的各个特征属性，并研究提出了相应的改进措施。图 12-22 展示了韧性城市评价的 6 个特征维度和 4 个阶段的改善措施。

韧性城市的六维特征包括适应性、鲁棒性、恢复性、冗余性、应对性和学习性。其中，前三维特征描述了城市韧性的总体特征属性，后三维特征详细描述了城市韧性的发展阶段。适应性和鲁棒性是指城市系统抵抗、吸收和应对破坏的能力，这两维特征主要基于城市功能变化的程度和保持功能不变的强度两个角度分析得出；恢复性是指城市系统灾后/事后恢复至原始状态的能力，包括恢复的速度、可逆性和可还原性等方面；冗余性是指城市系统具有足够的可替代要素，能够确保其在面对破坏时的系统稳定；应对性则强调城市系统利用现有资源快速识别、早期预警和及时应对复杂灾害等破坏事件的能力；学习性是指城市系统吸取经验教训，进行创新改造，从而能够完全恢复系统功能甚至恢复至更优水平的能力。

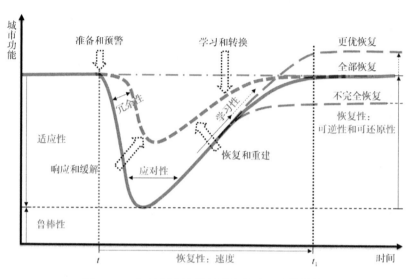

图 12-22　韧性城市评价的特征维度及改善措施

为此，本节提出了 4 个阶段的城市韧性改善措施。首先，准备和预警措施的目的是在破坏事件的早期发生阶段，提高冗余性和应对性。其次，响应和缓解措施旨在提升城市系统对破坏事件的适应性和鲁棒性。再次，恢复和重建措施主要是为了增强城市系统的恢复能力，提升城市功能的恢复速度、可逆性和可还原性。最后，学习和转换措施是为了加强城市系统在破坏、应急和恢复过程中的学习转化能力。此外，这些改善措施的有效性和适用性分析也为城市韧性的评估提供了支持。

12.4.2　基于差异性分析的韧性评估方法

与基于性能的韧性评价方法（如韧性三角形[103]）不同，本节通过分析城市系统的需求与能力之间的差异性来评估城市韧性。受 BS 67000—2019[112]启发，本节提出了基于系统需求与能力差距分析的城市韧性评估方法，如图 12-23（a）所示。城市韧性的利益相关者包括部门、机构、组织、制度和公民等。系统需求是指在总体风险发生概率和影响后果动态变化下的主要需求，容易受到城市系统内外复杂灾害、突发事件、持续干扰等冲击、压力和挑战的多重影响。系统能力是指城市系统当下已经拥有减轻、适应和应对冲击与压力等影响的措施，主要包括适应性、综合性、价值性和持续性措施，其中每种能力的部分子类别列于图 12-23（a）。通过对系统需求和能力的对比分析,可以将"需求-能力"差异性作为评估韧性水平的指标。图 12-23(b)展示了系统在受到冲击、压力或挑战的破坏后,系统需求(蓝色曲线)和系统能力(绿色曲线)随时间的典型变化趋势,灰色曲线代表基于需求与能力差异性的韧性水平变化,纵轴表示城市系统(如医疗系统的物资数量、公共服务的车辆数量)在受到冲击、压力或挑战时从开始时间(n_i)到恢复时间(n_j)的监测值变化。通过分析需求与能力之间的差距,可以研判得到城市韧性的高、中、低三种水平。

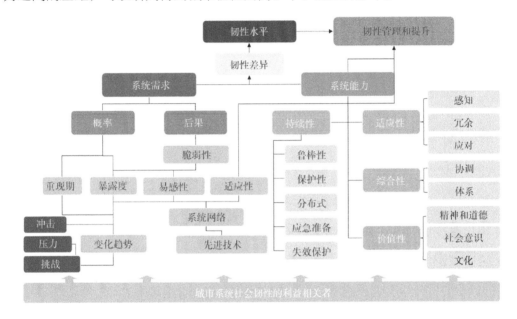

（a）考虑系统需求和能力差异性分析的城市韧性评估

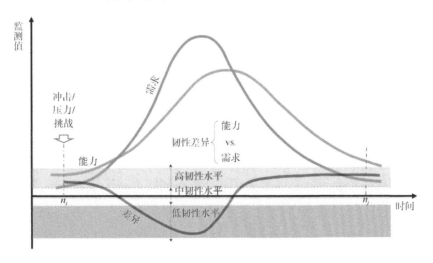

（b）融合系统需求、能力及其差异的韧性水平变化趋势

图 12-23　韧性评估方法的概念模型

为了量化表示城市系统需求与能力的差距，通过计算城市系统第 n 天的实际需求相对于实际能力的值，得到系统需求与能力的相对差值（relative difference，RD），从而衡量韧性水平的波动：

$$RD = \frac{Y_C(n) - Y_D(n)}{Y_C(n)} \tag{12-1}$$

式中，Y_C 和 Y_D 分别为城市系统第 n 天的实际能力和实际需求。

针对城市系统在一段时间内的韧性水平评估，进一步提出了"需求–能力"差异韧性指标（capacities-demands difference resilience indicator，CDDRI），计算获得一段时间内累积的差异值：

$$CDDRI = \frac{\sum_{n_i}^{n_j}(Y_C(n) - Y_D(n))}{\sum_{n_i}^{n_j}(Y_C(n))} \tag{12-2}$$

式中，n_i 和 n_j 分别为第 i 天和第 j 天。

由于城市系统包含多个子系统和测量指标，需要基于 CDDRI 并进一步综合不同子系统需求与能力比较的累积差异值：

$$CDDRI = \sum_1^r \frac{\sum_{n_i}^{n_j}(Y_{Cr}(n) - Y_{Dr}(n))}{\sum_{n_i}^{n_j}(Y_{Cr}(n))} \tag{12-3}$$

式中，r 为城市系统中有关韧性分析的具体项目。

基于城市系统的韧性量化评估方法，本节进一步提出了针对城市系统的韧性评估分析框架，支持对相互依存和相互关联的各城市子系统的整体分析，如图 12-24 所示。典型的城市子系统包括医疗系统、基础设施系统、经济系统、网络空间系统、物流系统、交通系统、生态系统、教育文化系统、公共服务系统等，这些系统与个人、社区、组织等社会单元息息相关，并涉及不同城市和区域等空间范围，城市之间由相关子系统进行连接和沟通，存在相互的包容性和连通性。基于复杂灾害等外部冲击、内部压力和难点挑战等诸多事件对城市系统的破坏，其对城市韧性的影响也随着层次、范围和系统的不同而有所变化。为实现城市的韧性治理，需要综合考虑科技、管理和文化三个维度，并从战略层、战术层和行动层三个层次制定相应的措施，进而支撑对城市系统开展韧性管理。

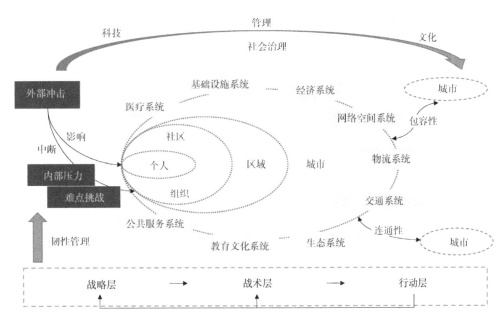

图 12-24　针对城市系统的韧性评估分析框架

　　综上所述，本节综合研究了涵盖城市物理、社会系统、网络空间、认知空间及精神文化等层面的城市韧性外延与内涵，发展提出了涵盖基础设施韧性、社会单元韧性和复杂系统韧性的韧性城市概念分类与综合性定义，并凝练了城市韧性表征的适应性、鲁棒性、恢复性、冗余性、应对性和学习性六维特征，以及准备和预警、响应和缓解、恢复和重建、学习和转换的四阶段措施。此外，本节研究提出了基于"需求-能力"差异性分析的韧性评估方法，通过系统需求与能力的比较，分析城市系统动态过程的韧性水平；构建了城市系统韧性分析框架，支撑对城市系统的综合性韧性分析和管理。

12.5　本 章 小 结

　　城市复杂灾害情景分析与韧性建构研究是一个理科、工科、文科、管理学科多学科交叉融合的研究领域，研究发展应对城市复杂灾害的基础理论与关键方法还较为缺乏。本章重点描述了针对城市复杂灾害的情景分析与韧性城市系统建构的理论方法，提出了综合"实验-模拟-现场"数据和模型技术的多灾种耦合灾害情景推演方法，构建了基于"规划-策略-操作"三层面、"信息-物理-社会-认知"四域合一的城市复杂灾害"三层四域"情景分析方法，发展提出了涵盖基础设施韧性、社会单元韧性和复杂系统韧性的韧性城市概念分类与综合性定义，并提出了基于"需求-能力"差异性分析的韧性评估方法和城市系统韧性分析框架。

然而，由于城市复杂灾害具有影响规模大、涉及范围广、复杂程度高等特点，情景分析仍面临着场景复杂多变、预防管控困难、系统防范不足等问题，需要在科学层面和实践层面持续推进韧性城市的理论方法研究和能力体系建设。迄今，在城市复杂灾害情景分析和韧性建构方面仍面临诸多挑战。

第一个挑战在于城市复杂灾害的科学分类及精准施策。当前对于多灾种的时空耦合影响机制已有部分研究，从耦合效应、影响作用、演化机制等角度对复杂灾害情景进行判别和分析，但仍缺乏标准化的分类依据和精准化的划分标准，需要深入揭示多灾种之间的复杂耦联关系，以及不同类型公共安全事件的相互转化演变模式（如多米诺效应、Natech 事件、次生/衍生灾害）。本章对于多灾种多模式时空耦合的城市复杂灾害进行了尝试性的分类分析，但仍需要更加综合的考虑和更为精细的划分，进一步开展不同类型灾害及其耦合的缩尺-全尺实验分析、多尺度模拟仿真、灾害现场调查实测等方面的研究，从而支撑对不同类型城市复杂灾害的精准施策。

第二个挑战在于数字化和智能化背景下城市复杂灾害情景分析与综合应对。城市复杂灾害种类繁多、情景分析涉及对象多、应急管理实战场景复杂，导致多源异构数据十分庞杂，多部门、多领域、多灾种的海量数据迫切需要强大的数据采集、传输、处理和分析能力。随着大数据和人工智能技术的发展，城市复杂灾害情景分析和综合应对尚需在大数据分析与智能化应用方面不断创新提升，支撑和推动城市的应急信息化建设。此外，在城市数字化系统平台建设过程中，也需要考虑和融合针对城市复杂灾害等冲击、压力与挑战的情景分析模型方法，并综合运用人工智能、云计算、情景推演、VR、数字孪生等新一代信息技术，以及复杂系统分析、认知决策行为、数据智能方法等跨学科跨领域内容，提高情景方法体系及系统平台的数字化、智能化、精细化和科学化水平，从而不断提升城市复杂灾害的情景分析与综合应对能力，赋能城市应急体系建设。

第三个挑战在于城市安全韧性与智慧运营的系统化构建和多样化适配。随着城市规模持续扩增、人口规模加速集聚，城市的快速发展需要科学规划城市布局、有效协同数据智能技术并增强系统安全韧性水平，城市复杂灾害的应急管理与常态运行的智慧管理能力亟待提高，尤其是在面临多种极端情况下的城市应急、运营与恢复的韧性城市系统化构建。同时，不同城市在自然条件、空间布局、工程设施、管理体系、社会系统、经济水平等方面存在差异，且同一城市内部的基层社区、社会结构、组织部门、民众文化等呈现多样化，因此城市韧性体系的建构需要综合考虑不同空间区域、不同社区类型、不同人员结构、不同治理场景、不同参与主体下的治理与服务需求，构建立体化协作与多样化适配的韧性城市体系。未来研究将致力于利用网格化分区、基于智能体的建模和更细粒度的多维数据，开展城市复杂灾害影响下系统微观层面（如基层社区）的情景应对和韧性分析，并深入剖析城市治理中数字化、社会结构和城市治理的体系化协作、适配与建构关系，构建综合考虑顶层结构化和基层多样化的"数字化–社会结构–城市治理"协同的韧性城市体系化模型。

参 考 文 献

[1] 国家统计局. 中华人民共和国 2021 年国民经济和社会发展统计公报[EB/OL]. （2022-02-28）[2024-01-17]. https://www.gov.cn/xinwen/2022-02/28/content_5676015.htm.

[2] Anna K，McLeod Logan T. Resilience：Lessons to be learned from safety and acceptable risk[J]. Journal of Safety Science and Resilience，2021，2（4）：253-257.

[3] Grocholski B，Coontz R. Nature's fury[J]. Science，2016，353（6296）：230-231.

[4] Ritchie H，Roser M. Natural disasters[R/OL]. （2022-12-07）[2023-11-13]. https://ourworldindataorg/natural-disasters.

[5] 贾楠，陈永强，郭旦怀，等. 社区风险防范的三角形模型构建及应用[J]. 系统工程理论与实践，2019，39（11）：2855-2864.

[6] Cornwall W. Doomsday machines：Disaster simulators that whoosh，gush，and rumble can do things supercomputers（so far）can't match[J]. Science，2016，353（6296）：238-241.

[7] Kamath P，Sharma U K，Kumar V，et al. Full-scale fire test on an earthquake-damaged reinforced concrete frame[J]. Fire Safety Journal，2015，73：1-19.

[8] Tagawa Y，Kajiwara K. Controller development for the E-Defense shaking table[J]. Proceedings of the Institution of Mechanical Engineers. Part Ⅰ：Journal of Systems and Control Engineering，2007，221（2）：171-181.

[9] Kappes M S，Keiler M，von Elverfeldt K，et al. Challenges of analyzing multi-hazard risk：A review[J]. Natural Hazards，2012，64（2）：1925-1958.

[10] Marzocchi W，Mastellone M，di Ruocco A，et al. EUR 23615. Principles of Multi-risk Assessment：Interactions Amongst Natural and Man-induced Risks[S]. Brussels：European Commission，2009.

[11] Field C B，Barros V R，Dokken D J，et al. Climate Change 2014 Impacts, Adaptation and Vulnerability.

Part A：Global and Sectoral Aspects[R]. New York：Working Group Ⅱ Contribution to the Fifth Assessment Report of the Intergovernmental Panel on Climate Change，2014.

[12] 薛晔，刘耀龙，张涛涛. 耦合灾害风险的形成机理研究[J]. 自然灾害学报，2013，22（2）：44-50.

[13] Wang J J，He Z C，Weng W G. A review of the research into the relations between hazards in multi-hazard risk analysis[J]. Natural Hazards，2020，104（3）：2003-2026.

[14] Kimbar G，Flaga A. A New Approach to Similarity Criteria for Predicting a Snow Load in Wind-tunnel Experiments[R]. Whistler：Snow Engineering Ⅳ，2008.

[15] McGuire J H，Stanzak W W，Law M. The scaling of fire resistance problems[J]. Fire Technology，1975，11（3）：191-205.

[16] Zhou T，Peng Y B，Li J. An efficient reliability method combining adaptive global metamodel and probability density evolution method[J]. Mechanical Systems and Signal Processing，2019，131：592-616.

[17] Hazus M. Earthquake Loss Estimation Methodology，Technical Manual[M]. Washington，D.C.：Federal Emergency Management Agency，2008.

[18] Ploeger S K，Atkinson G M，Samson C. Applying the HAZUS-MH software tool to assess seismic risk in downtown Ottawa，Canada[J]. Natural Hazards，2010，53（1）：1-20.

[19] Hazus M. Multi-hazard Loss Estimation Methodology：Earthquake Model HAZUS-MH MR5 Technical Manual[M]. Washington，D.C.：Federal Emergency Management Agency，2011.

[20] FEMA. Multi-hazard Loss Estimation Methodology Hurricane Model Technical Manual[R]. Washington，D.C.：Department of Homeland Security，2012.

[21] Zhang C. Data-driven Simulations of Wildfire Spread at Regional Scales[D]. College Park：University of Maryland，2018.

[22] Obara K，Kato A. Connecting slow earthquakes to huge earthquakes[J]. Science，2016，353（6296）：253-257.

[23] Lu X Z，Yang Z B，Xu Z，et al. Scenario simulation of indoor post-earthquake fire rescue based on building information model and virtual reality[J]. Advances in Engineering Software，2020，143：102792.

[24] 邱仓虎，张耕源，李白宇，等. 火灾作用下轻型钢构件（结构）温度场类相似理论研究[J]. 工程力学，2020，37（11）：176-184.

[25] Chen J B，Zeng X S，Peng Y B. Probabilistic analysis of wind-induced vibration mitigation of structures by fluid viscous dampers[J]. Journal of Sound and Vibration，2017，409：287-305.

[26] Yang R，Song Q，Chen P. A direct topological reanalysis algorithm based on updating matrix triangular factorization[J]. Engineering Computations，2019，36（8）：2651-2672.

[27] Bizottság E. Risk Assessment and Mapping Guidelines for Disaster. Management[R]. Brussels：European Commission，2010.

[28] Ba R，Chen C，Yuan J，et al. SmokeNet：Satellite smoke scene detection using convolutional neural network with spatial and channel-wise attention [J]. Remote Sensing，2019，11（14）：1702.

[29] Lu X Z，Liao W J，Fang D P，et al. Quantification of disaster resilience in civil engineering：A review[J]. Journal of Safety Science and Resilience，2020，1（1）：19-30.

[30] Aerts J C J H，Wouter Botzen W J，Emanuel K，et al. Climate adaptation：Evaluating flood resilience strategies for coastal megacities[J]. Science，2014，344（6183）：473-475.

[31] Gaudet B，Simeoni A，Gwynne S，et al. A review of post-incident studies for wildland-urban interface fires[J]. Journal of Safety Science and Resilience，2020，1（1）：59-65.

[32] Home D. National Planning Scenarios Executive Summaries[R]. Washington，D.C.：The Homeland Security Council，2004.

[33] Burch H，Kitley C A，Naeem M. Department of Homeland Security national planning scenarios：A spectrum of imaging findings to educate the radiologists[J]. Emergency Radiology，2010，17（4）：275-284.

[34] Heginbotham E，Nixon M，Morgan F E，et al. The US-China Military Scorecard：Forces，Geography，and the Evolving Balance of Power，1996—2017[M]. Santa Monica：Rand Corporation，2015.

[35] Mietzner D，Reger G. Advantages and disadvantages of scenario approaches for strategic foresight[J]. International Journal of Technology Intelligence and Planning，2005，1（2）：220-239.

[36] Quiceno G，Álvarez C，Ávila R，et al. Scenario analysis for strategy design：A case study of the Colombian electricity industry[J]. Energy Strategy Reviews，2019，23：57-68.

[37] Jones L，Bernknopf R，Cannon S，et al. Increasing Resiliency to Natural Hazards—A Strategic Plan for the Multi-hazards Demonstration Project in Southern California[R]. Reston：U.S. Department of the Interior and U.S. Geological Survey，2007.

[38] Perry S C，Cox D，Jones L，et al. The ShakeOut Earthquake Scenario：A Story that Southern Californians are Writing[R]. Reston：U.S. Department of the Interior and U.S. Geological Survey，2008.

[39] Porter K，Wein A，Alpers C N，et al. Overview of the ARkStorm Scenario[R]. Reston：U.S. Department of the Interior and U.S. Geological Survey，2011.

[40] Kappes M S. Multi-hazard Risk Analyses：A Concept and its Implementation[D]. Vienna：University of Vienna，2011.

[41] Pescaroli G，Alexander D. A definition of cascading disasters and cascading effects：Going beyond the "toppling Dominos" metaphor[J]. Planet@ risk，2015，3（1）：58-67.

[42] Zeng Y P，Guo X J，Deng Q，et al. Forecasting of COVID-19：Spread with dynamic transmission rate[J]. Journal of Safety Science and Resilience，2020，1（2）：91-96.

[43] Zhou Y C，Yu F R，Chen J，et al. Cyber-physical-social systems：A state-of-the-art survey，challenges and opportunities[J]. IEEE Communications Surveys and Tutorials，2020，22（1）：389-425.

[44] Zhu Y，Li N. Virtual and augmented reality technologies for emergency management in the built environments：A state-of-the-art review[J]. Journal of Safety Science and Resilience，2021，2（1）：1-10.

[45] Quintiere J G. Fundamentals of Fire Phenomena[M]. Hoboken：John Wiley & Sons，2006.

[46] Filkov A，Cirulis B，Penman T. Quantifying merging fire behaviour phenomena using unmanned aerial vehicle technology[J]. International Journal of Wildland Fire，2020，30（3）：197-214.

[47] Vacca P，Caballero D，Pastor E，et al. WUI fire risk mitigation in Europe：A performance-based design approach at home-owner level[J]. Journal of Safety Science and Resilience，2020，1（2）：97-105.

[48] Kahn H，Wiener A J. A framework for speculation on the next thirty-three years[J]. Daedalus，1967：

705-732.

[49] 朱伟，刘呈，刘奕. 面向应急决策的突发事件情景模型[J]. 清华大学学报（自然科学版），2018，58（9）：858-864.

[50] 钱静，刘奕，刘呈，等. 案例分析的多维情景空间方法及其在情景推演中的应用[J]. 系统工程理论与实践，2015，35（10）：2588-2595.

[51] Yi F，Yu Z W，Chen H H，et al. Cyber-physical-social collaborative sensing：From single space to cross-space[J]. Frontiers of Computer Science，2018，12（4）：609-622.

[52] Ba R，Deng Q，Liu Y，et al. Multi-hazard disaster scenario method and emergency management for urban resilience by integrating experiment-simulation-field data[J]. Journal of Safety Science and Resilience，2021，2（2）：77-89.

[53] 孙超，钟少波，邓羽. 基于暴雨内涝灾害情景推演的北京市应急救援方案评估与决策优化[J]. 地理学报，2017，72（5）：804-816.

[54] Zhu X H，Li X Y，Wang S Y，et al. Scenarios conversion deduction method of natural disaster based on dynamic Bayesian networks[J]. DEStech Transactions on Computer Science and Engineering，2017，50（5）：68-78.

[55] Jacomo A L，Han D，Champneys A. A model for generating multi-hazard scenarios[J]. Natural Hazards，2017，73：1999-2022.

[56] 邓青，施成浩，王辰阳，等. 基于 E-LVC 技术的重大综合灾害耦合情景推演方法[J]. 清华大学学报（自然科学版），2021，61（6）：487-493.

[57] US National Science Foundation. Cyber-Physical Systems （CPS）[R]. Virginia：US National Science Foundation，2008.

[58] Liu Z，Yang D S，Wen D，et al. Cyber-physical-social systems for command and control[J]. IEEE Intelligent Systems，2011，26（4）：92-96.

[59] Wang F Y. The emergence of intelligent enterprises：From CPS to CPSS[J]. IEEE Intelligent Systems，2010，25（4）：85-88.

[60] 那仁满都拉，宫凌旭，张虎贵，等. 城市内涝的时空分布特征及其成因分析——以呼和浩特市区为例[J]. 灾害学，2022，37（1）：107-111.

[61] 徐选华,杨玉珊,陈晓红. 基于决策者风险偏好大数据分析的大群体应急决策方法[J]. 运筹与管理，2019，28（7）：1-10.

[62] Stevens R，Taylor V，Nichols J，et al. AI for science：Report on the Department of Energy （DOE） Town Halls on Artificial Intelligence （AI） for Science[R]. Argonne：Argonne National Laboratory，2020.

[63] Liu N A，Lei J，Gao W，et al. Combustion dynamics of large-scale wildfires[J]. Proceedings of the Combustion Institute，2021，38（1）：157-198.

[64] 苏伯尼,黄弘,张楠. 基于情景模拟的城市内涝动态风险评估方法[J]. 清华大学学报(自然科学版），2015，55（6）：684-690.

[65] 魏玖长. 风险耦合与级联：社会新兴风险演化态势的复杂性成因[J]. 学海，2019，（4）：125-134.

[66] 刘奕，张宇栋，张辉，等. 面向 2035 年的灾害事故智慧应急科技发展战略研究[J]. 中国工程科学，2021，23（4）：117-125.

[67] 曾大军，曹志冬. 突发事件态势感知与决策支持的大数据解决方案[J]. 中国应急管理，2013，（11）：15-23.

[68] 马亮，杨妹，艾川，等. 基于 ACP 方法的新型冠状病毒肺炎疫情管控措施效果评估[J]. 智能科学与技术学报，2020，2（1）：88-98.

[69] Firouzi F，Farahani B，Marinšek A. The convergence and interplay of edge，fog，and cloud in the AI-driven Internet of Things （IoT）[J]. Information Systems，2022，107：101840.

[70] 张辉，刘奕. 基于"情景−应对"的国家应急平台体系基础科学问题与集成平台[J]. 系统工程理论与实践，2012，32（5）：947-953.

[71] 黄萃，杨超. "计算社会科学"与"社会计算"概念辨析与研究热点比较分析[J]. 信息资源管理学报，2020，10（6）：4-19.

[72] Lazer D，Pentland A，Adamic L，et al. Computational social science[J]. Science，2009，323（5915）：721-723.

[73] 范维澄. 国家突发公共事件应急管理中科学问题的思考和建议[J]. 中国科学基金，2007，21（2）：71-76.

[74] Haghani M. Empirical methods in pedestrian，crowd and evacuation dynamics：Part I. Experimental methods and emerging topics[J]. Safety Science，2020，129：104743.

[75] 王旭坪，樊双蛟，阮俊虎. 基于情景的自然灾害应急管理系统框架[J]. 电子科技大学学报(社科版)，2013，15（3）：17-21.

[76] Chen B，Luo Y Y，Qiu X G. A public safety deduction framework based on real-time big data[C]. Beijing：16th Asia Simulation Conference and SCS Autumn Simulation Multi-Conference，2016：574-584.

[77] IPCC. Climate Change 2021：The Physical Science Basis. Contribution of Working Group I to the Sixth Assessment Report of the Intergovernmental Panel on Climate Change[R]. Cambridge：Cambridge University Press，2021.

[78] 国务院灾害调查组. 河南郑州"7·20"特大暴雨灾害调查报告[EB/OL]. （2022-01-21)[2024-01-17]. https://www.mem.gov.cn/gk/sgcc/tbzdsgdcbg/202201/P020220121639049697767.pdf.

[79] 李正兆，傅大放，王君娴，等. 应对内涝灾害的城市韧性评估模型及应用[J]. 清华大学学报（自然科学版），2022，62（2）：266-276.

[80] Bowman D M J S，Kolden C A，Abatzoglou J T，et al. Vegetation fires in the anthropocene[J]. Nature Reviews Earth and Environment，2020，1（10）：500-515.

[81] Adger W N，Hughes T P，Folke C，et al. Social-ecological resilience to coastal disasters[J]. Science，2005，309（5737）：1036-1039.

[82] Denckla C A，Cicchetti D，Kubzansky L D，et al. Psychological resilience：An update on definitions，a critical appraisal，and research recommendations[J]. European Journal of Psychotraumatology，2020，11（1）：1822064.

[83] Duchek S. Organizational resilience：A capability-based conceptualization[J]. Business Research，2020，13（1）：215-246.

[84] Zhou Q，Zhu M K，Qiao Y R，et al. Achieving resilience through smart cities? Evidence from China[J]. Habitat International，2021，111：102348.

[85] Kameshwar S，Cox D T，Barbosa A R，et al. Probabilistic decision-support framework for community resilience：Incorporating multi-hazards，infrastructure interdependencies，and resilience goals in a Bayesian network[J]. Reliability Engineering and System Safety，2019，191：106568.

[86] Trump D J. National Security Strategy of the United States of America[R]. Washington，D.C.：Executive Office of The President，2017.

[87] Bondarenko S，Tkach I，Drobotov S，et al. National resilience as a determinant of national security of Ukraine[J]. Journal of Optimization in Industrial Engineering，2021，14（Special Issue）：87-93.

[88] UNISDR. Resilience[EB/OL]. [2023-11-13]. https://www.undrr.org/terminology/resilience.

[89] Meerow S，Newell J P，Stults M. Defining urban resilience：A review[J]. Landscape and Urban Planning，2016，147：38-49.

[90] 黄弘，李瑞奇，于富才，等. 安全韧性城市构建的若干问题探讨[J]. 武汉理工大学学报（信息与管理工程版），2020，42（2）：93-97.

[91] McClelland A G，Jordan R，Parzniewski S，et al. Post-COVID recovery and renewal through whole-of-society resilience in cities[J]. Journal of Safety Science and Resilience，2022，3（3）：222-228.

[92] Center A D R. Sendai Framework for Disaster Risk Reduction 2015—2030[R]. Geneva：United Nations Office for Disaster Risk Reduction，2015.

[93] UNISDR. Disaster Scorecard Resilience for Cities[R]. Geneva：United Nations，2017.

[94] UNISDR. Disaster Risk Reduction and Resilience in the 2030 Agenda for Sustainable Development[R]. Geneva：United Nations，2015.

[95] US National Science Foundation. National Science Foundation CRISP/RIPS Abstracts：2014—2018 [R/OL].（2018-11-27）[2023-11-13]. http://www.civil.gmu.edu/crisp/crisp-abstracts-nov27- 2018.pdf.

[96] Mariya G. Pillar Ⅱ - Global Challenges and European Industrial Competitiveness[R]. Luxembourg：Publications Office of the European Union，2021.

[97] Ministry of education，culture，sports，science and technology（MEXT），Government of Japan. Japan's 6th Science，Technology，and Innovation Basic Plan[R/OL].（2021-03-26）[2024-01-17]. https://www8. cao.go.jp/cstp/english/sti_basic_plan.pdf.

[98] 中华人民共和国中央人民政府. 中华人民共和国国民经济和社会发展第十四个五年规划和 2035 年远景目标纲要[EB/OL].（2021-03-13）[2024-01-17]. https://www.gov.cn/xinwen/2021-03/13/ content_5592681.htm.

[99] Kimhi S，Eshel Y，Marciano H，et al. Fluctuations in national resilience during the COVID-19 pandemic[J]. International Journal of Environmental Research and Public Health，2021，18（8）：3876.

[100] 巴锐，张宇栋，刘奕，等. 城市复杂灾害"三层四域"情景分析方法及应用[J]. 清华大学学报（自然科学版），2022，62（10）：1579-1590.

[101] Ghesquiere F D，Simpson A L，Phillips Solomon E，et al. Understanding Risk—Building Evidence for Action：Proceedings from the 2016 UR Forum[R]. Washington，D.C.：World Bank，2016.

[102] Tian C S，Fang Y P，Yang L E，et al. Spatial-temporal analysis of community resilience to multi-hazards in the Anning River Basin，Southwest China[J]. International Journal of Disaster Risk Reduction，2019，39：101144.

[103] Bruneau M，Chang S E，Eguchi R T，et al. A framework to quantitatively assess and enhance the

seismic resilience of communities[J]. Earthquake Spectra，2003，19（4）：733-752.

[104] Matczak P，Hegger D. Improving flood resilience through governance strategies：Gauging the state of the art[J]. WIREs Water，2021，8（4）：e1532.

[105] Osseworth F，Seidel P，Krahmer S，et al. Resilience in supply systems—What the food industry can learn from energy sector[J]. Journal of Safety Science and Resilience，2022，3（1）：39-47.

[106] Tonn G，Reilly A，Czajkowski J，et al. U.S. transportation infrastructure resilience：Influences of insurance，incentives，and public assistance[J]. Transport Policy，2021，100：108-119.

[107] Umunnakwe A，Huang H，Oikonomou K，et al. Quantitative analysis of power systems resilience：Standardization，categorizations，and challenges[J]. Renewable and Sustainable Energy Reviews，2021，149：111252.

[108] Ankit A，Liu Z L，Miles S B，et al. U.S. Resilience to large-scale power outages in 2002—2019[J]. Journal of Safety Science and Resilience，2022，3（2）：128-135.

[109] Xie W，Rose A，Li S T，et al. Dynamic economic resilience and economic recovery from disasters：A quantitative assessment[J]. Risk Analysis，2018，38（6）：1306-1318.

[110] Imperiale A J，Vanclay F. Conceptualizing community resilience and the social dimensions of risk to overcome barriers to disaster risk reduction and sustainable development[J]. Sustainable Development，2021，29（5）：891-905.

[111] Keck M，Sakdapolrak P. What is social resilience? Lessons learned and ways forward[J]. Erdkunde，2013，67（1）：5-19.

[112] BSI SSM/1. City Resilience. Guide：BS 67000—2019[S]. London：British Standards Institution，2019.

[113] Haldane V，de Foo C，Abdalla S M，et al. Health systems resilience in managing the COVID-19 pandemic：Lessons from 28 countries[J]. Nature Medicine，2021，27（6）：964-980.

[114] Ivanov D. Viable supply chain model：Integrating agility，resilience and sustainability perspectives—Lessons from and thinking beyond the COVID-19 pandemic[J]. Annals of Operations Research，2020，319（1）：1411-1431.

[115] Yang S Y，Ning L J，Jiang T F，et al. Dynamic impacts of COVID-19 pandemic on the regional express logistics：Evidence from China[J]. Transport Policy，2021，111：111-124.

[116] Moosavi J，Hosseini S. Simulation-based assessment of supply chain resilience with consideration of recovery strategies in the COVID-19 pandemic context[J]. Computers and Industrial Engineering，2021，160：107593.

[117] Fernández-Prados J S，Lozano-Díaz A，Muyor-Rodríguez J. Factors explaining social resilience against COVID-19：The case of Spain[J]. European Societies，2021，23（sup1）：111-121.

[118] Borrion H，Kurland J，Tilley N，et al. Measuring the resilience of criminogenic ecosystems to global disruption：A case-study of COVID-19 in China[J]. PLoS One，2020，15（10）：e0240077.

[119] Chang S E，McDaniels T，Fox J，et al. Toward disaster-resilient cities：Characterizing resilience of infrastructure systems with expert judgments[J]. Risk Analysis：An Official Publication of the Society for Risk Analysis，2014，34（3）：416-434.

[120] Tan S B. Measuring community resilience：A critical analysis of a policy-oriented indicator tool[J]. Environmental and Sustainability Indicators，2021，12：100142.

[121] 巴锐，张宇栋，刘奕，等. 城市复杂灾害"三层四域"情景分析方法及应用[J]. 清华大学学报（自然科学版），2022，62（10）：1579-1590.

[122] Abdel-Mooty M N，Yosri A，El-Dakhakhni W，et al. Community flood resilience categorization framework[J]. International Journal of Disaster Risk Reduction，2021，61：102349.

[123] Rydén Sonesson T，Johansson J，Cedergren A. Governance and interdependencies of critical infrastructures：Exploring mechanisms for cross-sector resilience[J]. Safety Science，2021，142：105383.

[124] Cai W X，Polzin F，Stam E. Crowdfunding and social capital：A systematic review using a dynamic perspective[J]. Technological Forecasting and Social Change，2021，162：120412.

[125] Johnson C，Blackburn S. Advocacy for urban resilience：UNISDR's making cities resilient campaign[J]. Environment and Urbanization，2014，26（1）：29-52.

第 13 章　应急平台发展研究

袁宏永　苏国锋　陈涛　黄丽达

进入 21 世纪，一系列重大突发事件给社会经济和人民生命安全造成极大威胁，对提高应急能力提出了非常迫切的需求。应急平台建设是应急管理的一项基础性工作，它是以公共安全科技为核心、以信息技术为支撑、以应急管理流程为主线、软硬件相结合的突发公共事件应急保障技术系统，是实施应急预案的工具[1]。应急平台具备风险分析、信息报告、监测监控、预测预警、综合研判、辅助决策、综合协调与总结评估等功能，能够为突发事件预防与准备、监测与预警、应急处置与救援、应急恢复与重建等应急管理工作提供技术系统和装备支撑[2]。应急平台发挥有效作用的前提是建立应急管理科技支撑体系，其中包含风险监测与预警技术、应急决策与评估技术、基于"情景-应对"的决策技术、基于"一张图"的协同会商技术等。我国的应急平台建设是一项结合我国国情和技术发展的全新工程，在近 20 年的时间内，我国迭代建立了两代应急平台体系，在技术不断发展的同时，服务于应急管理体制改革。未来我国需要构建一个风险评估与预防、监测预测预警、应急处置与救援、业务持续性管理相互融合的一体化智慧应急平台，来支撑我国应急管理工作的跨越式发展。

本章将概述近 20 年来应急平台研究的相关进展与成果。首先介绍应急平台构建的背景与需求分析；其次分别介绍国外应急平台相关研究情况、我国第一代应急平台和新一代应急平台的基本架构/核心技术支撑/应用情况；最后，基于现有研究，提出应急平台研发的未来挑战与研究展望。

13.1 应急平台设计需求与导向

13.1.1 应急平台构建背景与需求分析

随着突发事件的复杂性、跨领域性、次生性/衍生性的不断凸显，政府应急管理如何适应复杂突发事件应对与处置的需求增长成为持续关注的焦点[3]。面对重大突发事件应对中科学决策和快速调度的需求，必须建立一套符合应急管理体系，具备快速获取现场信息、研判分析事态、预测突发事件趋势、动态生成应急方案、指挥调度应急资源和评估应急功效的技术平台，将通信技术、信息技术和公共安全科技进行融合，为政府科学高效应对突发事件提供技术支撑。

在突发事件的应对过程中，结合本国国情，建立统一协调、互联互通、信息共享的应急平台体系是世界各国应急管理工作的主流做法。从理论层面审视，应急平台实现了政府应急管理的资源、组织及技术等各种元素的支持和共生，提供了一种兼顾制度理性和技术理性的综合性框架，为分析复杂情境下政府应急管理转型提供了一个新的维度。从实践层面审视，应急平台作为应急管理的重要技术支撑，已成为推动应急管理工作关口前移、重心下移的重要工具和基本保证[4]。世界主要发达国家都对应急平台基础理论和关键技术进行了深入研究，建设了符合本国国情的应急平台，取得了系列进展[5]。美国在 2001 年"9·11"事件后发布了国家突发事件管理系统（national incident management system，NIMS），成立了国土安全部，在国家、州、市县层面设立应急运行中心并建设应急平台，开发了美国突发事件管理的多个系统（如联邦应急管理信息系统（federal emergency management information system，FEMIS）），构成了美国完整的应急平台体系。英国于 2004 年颁布《非军事意外事件法案》，要求各地方政府建立综合应急管理体系（integrated emergency management system，IEM）。2001 年，德国联邦内政部下属的联邦民众保护与灾害救助局开发了德国危机预防信息系统（German emergency planning information system，deNIS），致力于巨灾管理的信息支持。日本的灾害信息系统（disaster information system，DIS）包括早期评价系统和应急决策支持系统，覆盖范围从首相官邸、内阁府和都道府县等行政机关一直延伸到市町村[2]。

我国的应急平台建设是一项立足我国国情和技术发展状况的全新工程。2003 年严重急性呼吸综合征（severe acute respiratory syndrome，SARS）事件后，我国在"一案三制"的顶层设计下,开始全面推进应急管理工作[6]。应急平台的研究最早于 2004 年在清华大学等单位开展。在总结分析前期应急指挥系统、应急联动系统等系列研究和实践的基础上,范维澄院士等提出应急平台的特征不止指挥、信息通信、联动,科学预测事件发展趋势和形成应急决策方案的智能性特征是核心关键。2005 年,国务院办公厅设置国务院应急管理办公室,承担国务院应急管理的日常工作和国务院总值班工作,履行应急值守、信息汇总和综合协调三大职能,发挥运转枢纽作用。随后,省区市、地级市和县级市政府也在办公厅(室)内部设立应急管理办公室。为了更好地应对和处置各类突发事件,在各级应急管理办公室的制度体系建构中,我国设计了国家应急平台体系,研究了综合预测预警和辅助决策技术、应急通信和移动应急平台技术,研发了国家各级应急平台的系列软件等,初步形成了以国务院应急平台为顶层,以省级、市(地)级、县(区)级应急平台及各级政府部门应急平台为节点的第一代应急平台框架体系。

2018 年我国组建应急管理部,开启了中国特色应急管理体制新时代[7]。在新时代背景下,我国应急管理体系面临着指挥场所分散、网络情况复杂、应急通信能力不足、监控资源有待整合、应用系统相对孤立、数据资源孤岛严重、标准规范缺乏等问题,因此需要研发新一代应急平台技术架构以满足服务于统一指挥、专常兼备、反应灵敏、上下联动、平战结合的应急管理体系的新要求。随着物联网、互联网+、大数据、云计算等新兴信息技术的不断发展,应急管理对新技术与业务相结合的需求日益增强,明确新形势下国家应急平台的技术需求、核心功能、信息资源管理、总体架构和系统应用模式等迫在眉睫。因此,围绕不同层级(国家、省、市、县)、不同行业/领域的应急平台业务需求,我国开始研究适应跨领域应急管理特点的云计算服务模型;构建面向多领域、多层级、多用户的应急平台云服务架构;研究跨领域公共安全基础数据的关联、综合汇集与分级分类管理方案;研究支持多数据库和多源异构数据融合的应急大数据总体技术架构;构建基于云计算的应急平台系统应用模式,在此基础上,形成了新一代应急平台框架体系。

13.1.2　设计理念与导向:国家应急管理事业发展变迁

当前,不断动态涌现、交融渗透的技术革命与各类突发事件给世界各国应急平台相关技术创新提供了推动力、多样性和探索空间,应急管理体系的变革和应急平台技术的进步在现实中实现了融合发展[8]。

SARS 事件成为我国应急管理改革的转折点[9]。通过对 SARS 事件的反思发现，以往的依托议事协调机构的分散响应式灾害管理虽然在突发事件联防联控方面发挥了一定作用，但是不能有效地克服灾害应对过程中部门横向协调沟通的碎片化问题和指挥协调能力有限的问题，急需转变传统的分散协调和临时响应机制，建设综合协调、全面管理的应急管理体系[10]。随着国务院应急管理办公室的成立和国家应急预案体系的建设，全国自上而下逐步建立政府统一指挥、各部门协同配合、全社会共同参与的应急管理工作新格局，形成"统一领导、综合协调、分类管理、分级负责、属地管理为主"的应急管理体制。

随着覆盖全国的应急预案体系的形成及各级应急管理办公室的建设，为了提升应对各类突发事件的科技水平和指挥能力，第一代应急平台应运而生。第一代应急平台在其诞生之时，就是实施应急预案、实施应急指挥决策的载体和工具，其科学内涵与技术发展在我国经历了从单纯的信息收集、通信指挥到全面的信息获取、预测、决策、指挥于一体的过程[4, 11-14]。清华大学公共安全研究院范维澄院士团队推动了国家应急平台体系的研发和建设进程。2005 年，第二届中国电子政务论坛上，范维澄院士对应急平台的建设思考做了报告。2006 年 7 月，在全国应急管理工作会议上，范维澄院士在特邀报告中第一次系统阐述了第一代应急平台的内涵、作用、构成和核心要素[15, 16]。2006 年底，在国务院应急管理办公室的组织下，"国家应急平台体系建设项目"和科技部"十一五"科技支撑计划项目"国家应急平台体系关键技术研究与应用示范"开始实施，研究国家应急平台体系的设计方案、标准规范、预测预警与辅助决策、应急通信、安全保障、数据交换共享、软件系统和数据库等关键技术，以及 10 个部门应急平台和 10 个省级应急平台技术研发与示范。之后，相关部门又在以上关键技术基础上启动了国家应急平台体系建设工程项目。2008 年之后，第一代应急平台投入试运行和正式运行，在实践应用中发挥了实际的效果，在 2008 年南方低温雨雪冰冻灾害、"5·12"汶川地震、2008 年北京奥运会安保、"4·14"青海玉树地震等突发事件的应急处置和重大活动安全保障中发挥了重要作用。

以深化党和国家机构改革为契机，立足应急管理新形势、新要求，我国于 2018 年组建应急管理部，开启了中国特色应急管理体制新时代。应急管理部将分散在各部门的应急管理相关职能进行整合，打造统一指挥、专常兼备、反应灵敏、上下联动、平战结合的中国特色应急管理体制，改革力度之大、改革范围之广前所未有，标志着应急管理体制建设迈上了新的发展阶段。

在应急管理部组建的新形势下，应急管理部委托清华大学等单位研究发布了中国应急管理信息化战略规划框架，总体框架包括"四横四纵" 8 个部分。清华大学公共安全研究院应急平台团队根据中国应急管理信息化总体框架对新一代应急平台系统架构进行了设计。与上一代应急平台系统架构相比，新一代应急平台采用了基于云服务的设计思路与架构，结合应急管理部的职责，在设计开发时更加强调应急平台在救援过程中的实战效果。在第一代应急平台构建基础上，清华大学公共安全研究院应急平台团队围绕解决跨领域、跨层级应急大数据建模、共享与全流程应用，以及新兴信息技术支撑下的应急决策理论与方法等科学问题，运用互联网信息中突发事件风险识别与防控、"案例-情景"耦合驱动的情景推演与决策支持、突发事件预警信息精准发布与安全控制、大规模应急疏散和避难、应急时空大数据可视化表达与多方协同会商等关键技术，形成新一代应急平台架构、方案、模型、案例库和核心软件及设备。2019 年，新一代应急平台正式在应急管理部上线应用，在多起突发事件应对中发挥了重要作用。

13.2　应急平台核心技术体系与平台组成

13.2.1　国外应急平台相关研究

突发公共事件的应急平台是一个开放的复杂巨系统，具有多主体、多因素、多尺度、多变性的特征，包含着丰富而深刻的复杂性科学问题。近年来，随着对应急业务提出的高要求及现代化技术的迅猛发展，世界各国一直致力于应急平台的相关研究，解决多学科、多技术、多场景复杂融合的业务问题。

早在 1997 年，美国 FEMA 发布了基于 GIS 技术的国家灾害评估系统（*Hazard United States 97*，HAZUS 97）；2023 年，美国 FEMA 发布了国家多灾种评估系统（*Hazards United States-Multi-Hazard 6.1*，HAZUS-MH 6.1）（最新版本）。HAZUS 为估算地震、洪水、海啸和飓风的风险提供了标准化工具和数据，其模型涉及地震、海啸、洪水、飓风等场景，结合许多学科的专业知识，以创建可操作的风险信息，从而提高社区的弹性。美国 DHS 搭建的通用作战态势图（common operation picture，COP）架构集成通信、信息管理及情报之间的数据，将国土安全合作伙伴和国土安全信息网络（homeland security information network，HSIN）的数据相结合，基于程序融合并基于态势感知，通过增强的地理空间意识，实现对各种风险事件的管理和跨司法管辖区的实时态势感知。此外，美国根据 NIMS 确立的框架和《国家应急预案》（*National Response Plan*，NRP）的总体要求，建立了由多个信息系统组成的应急平台，核心系统为 FEMIS[17]，还建立了覆盖全国的应急通信专用网络（first responders network，FirstNet）[18]，保障警察、消防队员、应急医疗人员等现场应急响应人员间的高效沟通。

英国于 2004 年开始建立 IEM。IEM 通过与世界各地的政府机构及私营部门密切合作以应对多重风险，从准备、响应、缓解到恢复全周期为应急管理提供解决方案。IEM 包括预测（anticipate）、评估（assess）、预防（prevent）、准备（prepare）、响应（respond）和恢复（recover）六项基本内容（图 13-1），英国各个行政区域结合 IEM 及自身特点执行，苏格兰通过《区域复原力伙伴关系》（*Regional Recovery Partnership*，RRP）评估所在地潜在风险及其应对这些风险后果的应对措施，遵循苏格兰《RRP 风险和准备评估指南》（*Regional Resilience Partnerships' Risk Preparedness Assessment Guidance*），并将评估分为四个阶段。此外，英国还提出了《联合处置突发事件的标准方法和原则》（*Joint Emergency Services Interoperability Programme*，JESIP），该原则将人置于事件中心，旨在实现共同努力、拯救生命、减少伤害的总体目标，适用于突发事件的所有阶段[19]。

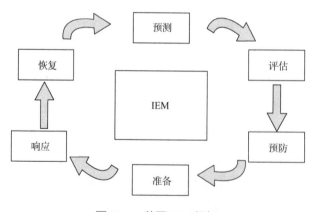

图 13-1 英国 IEM 框架

由于经常受到地震、海啸、台风等自然灾害的影响，日本逐步建立了基于 ICT 技术的 DIS。DIS 包含灾害预警、通信、信息共享等核心功能，实现以预警发布为首要目标的应急平台建设。经过多年的发展，DIS 已经成为保障日本应急救援过程的关键支撑系统。

德国早在 2001 年建立了 deNIS（后升级为 deNIS Ⅱ），为市民建立网络，并为联邦和地方政府决策制定者提供信息沟通支持。2015 年，欧盟启动了伊娜库斯项目（INACHUS：Technological and Methodological Solutions for Integrated Wide Area Situation Awareness and Survivor Localisation to Support Search and Rescue Teams），旨在综合采用先进、智能的技术手段提高急救人员的态势感知能力，并帮助他们在城市搜索与救援（urban search and rescue，USAR）行动中能够及时准确地定位并发现受害者。该项目由 20 个合作伙伴组成，并于 2018 年底完成，所有关键数据会通过一个弹性的临时通信系统传送到通用的作战图片平台，在事件现场提供全面的以地图为中心的视图，具有丰富的 3D 可视化功能，提高整体态势感知能力，并帮助救援队在战略、战术和行动层面进行决策。

13.2.2　第一代应急平台架构与核心技术体系

1. 第一代应急平台总体架构与组成

1）应急平台架构设计

应急平台是以公共安全科技为核心、以信息技术为支撑、软硬件相结合的突发事件应急保障技术系统，是实施应急预案的工具；具备日常应急管理、风险分析、监测监控、预测预警、动态决策、综合协调、应急联动、模拟演练、信息交换共享与总结评估等功能，可以动态生成指挥方案、救援方案、保障方案等。

一个完备而健全的应急平台不仅仅是信息平台，还应该针对未来可能发生的灾害、灾害导致的后果、干预措施、决策及救援等问题给出解决方案[20]，提供全方位的监测监控信息，对潜在威胁进行辨识和风险预警[21]；在突发事件发生时为指挥调度服务，对突发事件进行科学预测和危险评估，动态生成优化的事故处置方案和资源调配方案，形成实施应急预案的交互式实战指南，为应急管理提供便捷工具，为指挥决策提供辅助支持手段。

第一代应急平台的用户为国务院及各级地方政府的应急管理办公室。基于这些用户之间的关系，第一代应急平台体系的总体架构如图 13-2 所示。整个框架按照横向、纵向两个维度进行设计，包括信息的流转方向等信息，有效支撑了这个阶段的应急平台建设与应用需求。

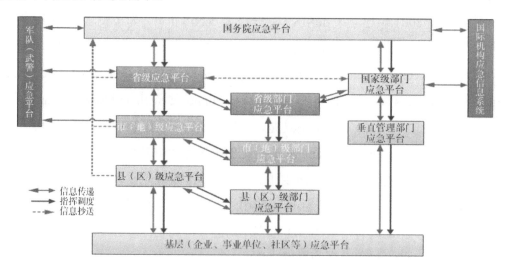

图 13-2　第一代应急平台体系的总体架构

第一代应急平台的构成及其整体架构如图 13-3 所示。在该系统设计中，清华大学公共安全研究院应急平台团队创造性地提出了"八大系统八大库"概念设计，分别是指用来支撑应急管理工作的 8 个业务系统与 8 类数据库。基于该设计开发的应急平台有效支撑了我国各层级应急管理办公室的应急管理业务开展。

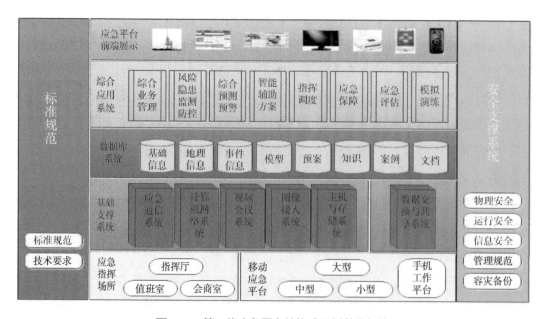

图 13-3　第一代应急平台的构成及其整体架构

2）应急平台组成

应急平台由应急指挥场所、移动应急平台、基础支撑系统、数据库系统、综合应用系统、数据交换与共享系统、安全支撑系统、标准规范等部分组成。

（1）应急指挥场所。应急指挥场所是应急平台部署和运作的物理区域与环境，包括开展值守应急和指挥会商的办公场所。应急指挥场所的建设需要满足日常应急管理和处置突发事件的需要，提供值守应急和指挥会商的基本条件。

（2）移动应急平台。移动应急平台是应急平台的重要组成部分，是开展突发事件现场应急指挥工作的重要载体，是通过与指挥中心的互联互通，实现前后方综合协调与统一指挥的重要保障[22]。根据需要，移动应急平台又可以分为大型/中型车载/方舱应急平台、小型便携式平台、手机工作平台等。

（3）基础支撑系统。基础支撑系统主要包括应急通信系统、计算机网络系统、视频会议系统、图像接入系统、主机与存储系统等。

（4）数据库系统。数据库系统包括基础信息数据库、地理信息数据库、事件信息数据库、模型库、预案库、知识库、案例库、文档库等。

（5）综合应用系统。综合应用系统是一个应急业务全面、应用广泛、涉及众多技术领域的复杂软件系统，是应急平台的重要组成部分。综合应用系统主要包括综合业务管理系统、风险隐患监测防控系统、综合预测预警系统、智能辅助方案系统、指挥调度系统、应急保障系统、应急评估系统、模拟演练系统。

（6）数据交换与共享系统。旨在实现上下贯通、左右衔接、互联互通、信息共享、互有侧重、互为支撑、安全畅通的应急平台体系而建立的标准统一的数据交换与共享系统使不同应急平台之间可以进行数据传输与转换，实现各级应急平台数据交换、共享、整合。

（7）安全支撑系统。安全支撑系统包括物理安全、运行安全、信息安全、管理规范、容灾备份等。该系统主要实现以下目标：①加强应急平台指挥场所的供配电、空调、防火、防灾、防盗等设备安全防护；②依托现有网络安全保障体系，采用专用技术手段，严格控制用户权限，确保信息传输、交换、存储和处理安全；③保障应急平台安全运行；④提供特殊情况下的应急平台功能替代和整体备份等。

（8）标准规范。标准规范主要服务于应急平台的建设和日常运行、维护及管理。根据应急平台的整体构成，星级平台标准体系划分为三个分体系：基础性标准体系、应用支撑标准体系和通用性标准体系。

2. 风险监测与预警技术

1）风险隐患监测防控技术

风险有各种定义[23]。虽然这些定义的出发点和对风险认识的角度各不相同，但是它们有一个共同点：这些定义均认为风险是一个关于事件发生的可能及其后果的综合指标。

与风险隐患监测防控相关的关键技术包括风险隐患识别技术、风险源监测技术、综合风险评估技术、风险防控技术等。风险隐患识别是风险评估的基础，是对尚未发生的、潜在的各种风险进行系统的归类和全面的识别，判断哪些潜在的因素将导致事件的发生，或者在某种特定条件下会使已发生的事件进一步扩大，甚至引起次生、衍生事件，导致更大的损失[24-26]。

风险源监测是指应用系统论、控制论、信息论的原理和方法，结合自动监测、传感器、计算机、通信等现代高新技术，对风险源的安全状况进行实时监测，快速地采集各种数字化和非数字化的信息，尤其是那些可能使风险源的安全状态向非正常状态转化的各种参数的变化趋势，给出风险评估结果，及时发出预警信息，将隐患消灭在萌芽状态[27, 28]。近年来，3S 技术（是遥感技术、GIS 和 GPS 的统称）在风险监测领域不断得到应用。基于遥感技术的测量功能，可以对空间对象的位置信息和形变信息进行监测，其逻辑框架如图 13-4 所示。

综合风险评估分为单灾种情况下的定量综合风险评估和多灾种耦合灾害情况下的综合风险评估。单灾种情况下的定量综合风险评估是以某一危险源为研究对象给出相应的风险评估方法。多灾种耦合灾害情况下的综合风险评估是利用基于突发事件链诱导概率矩阵的灾害综合风险评估数学模型，使用贝叶斯规则和 GIS 空间分析理论对诱导概率进行计算。

风险防控是指基于风险隐患的监测信息，利用风险规避、风险预防、风险控制、风险承受及风险转移等方法对风险进行预防和控制，尽可能根据风险预测、辨识、评估和分析的结果，结合不同风险的特点选择准确合理的风险控制方式，并根据风险监测信息变化及时调整风险处置计划。

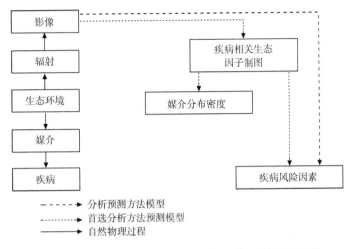

图 13-4　利用遥感进行流行病监测与风险评估的逻辑框架

2）综合预测预警技术

综合预测预警技术是指采用定性和定量的预测方法，对事态发展和后果进行模拟分析，预测可能发生的次生、衍生事件，确定事件可能的影响范围、影响方式、持续时间和危害程度等，并结合相关预警分级指标提出预警分级的建议。

应急平台中典型突发事件预测分析模型包括地震烈度分析模型、震后人员伤亡数量快速估算模型、震后道路通行率分析模型、洪水淹没分析模型、森林火蔓延分析模型等。Wang 和 Takada[29]研究了观测到的地震动强度与预测的地震动强度之间的残值的空间相关性，通过经验平均衰减关系估计，其残差值的建模方式如下：地震动强度的联合概率密度函数可以用空间相关模型和经验平均衰减关系来表征，假设其构成齐次二维随机场。Fan 等[30]以台北 101 大楼为例，对超高层建筑的地震响应进行了数值研究，采用台北盆地地震谱图计算了柱内侧位移和分布，并使用比例加速度图对弹性和非弹性地震响应进行了时程分析。对于森林火蔓延模型的研究，多采用元胞自动机模型。Alexandridis 等[31]利用元胞自动机模型以 1990 年席卷斯佩特塞斯岛的野火为例进行森林火蔓延模拟，并说明了元胞自动机模型的模拟结果，该模型描述了森林火灾在山地景观上蔓延的动力学，同时考虑了植被的类型和密度、风速和风向等因素，模拟了该岛大部分野火。

应急平台作为突发事件预防和处置过程中的信息汇集点与辅助决策平台，必须具备对事前、事中和事后的预测能力。目前采用的方法主要有两种：专业预测模型集成与专业预测结果接入，应急平台的集成架构如图 13-5 所示。

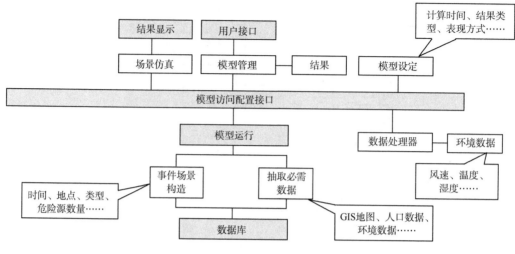

图 13-5　应急平台的集成架构

基于上述理论的第一代应急平台虽然基于对一些突发事件的形成机制、致灾机理、发展演变规律的认识已经建立了一些能够对灾害事故进行预测分析的科学模型和算法。但是综合预测预警既要考虑不同致灾因子的自身特点，又要考虑其相互之间的影响与作用。其难点在于，需要密切结合各专业领域的历史和统计数据，运用数据统计分析、数学物理建模、数值计算等方法，既需要对灾害事故的发生发展规律有深入描述的精细模型，又需要能够满足应急平台需求、可以快速给出预测预警结果的实用化工程模型。

3. 应急决策与评估技术

1）模型链技术

在应急决策时，由于突发事件的应急处置涉及多个环节，突发事件的发展演化复杂多变，对事件的预测分析和处置需要多领域、多类型的模型提供支持，这些模型之间存在复杂的耦合关系，因此，需要在模型库大量的模型中进行选择、组合，构建模型链，实现对突发事件处置过程中复杂决策的支持。邵荃[16]对突发事件应急平台模型库中模型链的构建方法进行了深入研究，根据突发事件模型特点和运用特点，突发事件辅助决策模型分为预测预警、风险分析、应急处置、损失和危害评价、物资调配等阶段模型群；在阶段模型群中，又按照模型针对的应用对象细分为对象模型群。突发事件辅助决策模型架构如图 **13-6** 所示。

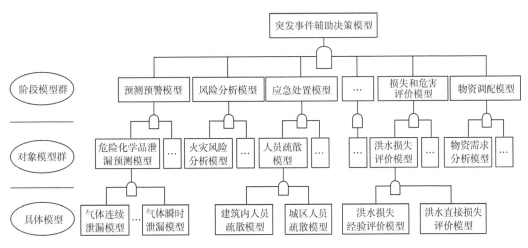

图 13-6　突发事件辅助决策模型架构

裴江南等[32]认为，将突发事件应急决策模型按照一定的原则进行选择和组合，通过完成各自分配的阶段任务来共同完成那些单个模型难以完成的任务，这些模型就构成了突发事件应急决策模型链。

韩智勇等[33]认为，突发事件辅助决策问题的模型求解过程如下：①从突发事件信息源接入各个阶段模型所需的相关信息；②根据相关的信息和每个阶段所对应的决策优化目标从对应的模型群中选择满足阶段决策优化目标的最优模型或者合适模型，并使用模型得出相关输出参数；③根据辅助决策流程框架的阶段衔接规律，使决策进程从前一个阶段向后一个阶段转移，同时将前一个阶段模型运行得出的某些和后一个阶段有关的输出参数传递给后一个阶段，作为后一个阶段根据决策目标对模型的选择依据或者作为后一个阶段模型的输入参数；④一次重复最终得出突发事件辅助决策所需要的相关信息。各个阶段的最优模型或者合适模型组合所形成的模型链（$M_{1i}, M_{2j}, \cdots, M_{nk}$）构成了一种针对某个突发事件特点进行辅助决策的最优模型求解方案，如图 13-7 所示。

钟永光等[34]认为，根据辅助决策流程框架和模型之间的相互关系可以形成一个突发事件模型求解空间。辅助决策流程随着时间的推移、情况或信息的变化需要动态地变化，但在一定时间段的阶段数量是有限的，各个阶段的决策目标相对明确，阶段之间的衔接关系清晰，因此在模型求解空间中可形成图 13-7 所示的模型组合结构体系。该体系是描述辅助决策流程框架中阶段衔接规律和模型之间的关系及参数传递关系的网络图。

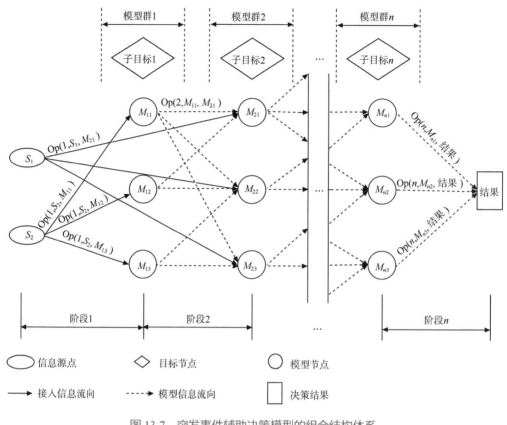

图 13-7　突发事件辅助决策模型的组合结构体系

2）应急决策技术

应急决策是指为了迅速有效地开展预防、处置和救援工作，对应急处置流程和行动方案进行研究和选择的过程，它贯穿突发事件应对的各个阶段，是在巨大压力环境和时间、空间、资源等有限的约束条件下进行的特殊决策过程。Kapucu 等[35]就协同应急管理和国家应急管理网络进行了研究，对领导力、决策、政府间和组织间关系，以及协同应急管理中的技术应用等方面进行了调查，以分析有关协同应急管理的学术讨论和发现。

第一代应急平台建立之初，一些研究人员将情景规划、情景演变等理论引入各类重特大突发事件的应急决策体系中，提出了基于人机交互的应急决策技术。该技术是应急平台中智能辅助方案系统建设的技术基础，包括数字预案技术等。刘新颖[36]对企业基础应急平台与数字预案系统进行了探讨，其认为应急预案是对未来应急情况拟定的预案，在突发事件发生时，需要根据实际态势，在应急预案指导下动态生成应急处置方案。袁宏永等[28]认为，数字预案采取知识表示方法中的框架、本体、逻辑语言等手段，对应急预案进行形式化描述，在突发事件发生时，以数字预案为基础，结合突发事件态势和发展趋势生成现场处置方案。郭雯[37]基于空间信息技术进行了危险化学品公路运输事故应急决策系统的搭建。

3）基于事件链的耦合性事件综合评估方法

在应急管理工作中，应急能力评估是一项重要的基本工作[38]。需要制定客观、科学的评估指标，建立规范的评估体系，定期对本地区、本部门、相关应急机构的应急能力进行评估。评估工作应覆盖突发事件预防和应对的整个过程，从而反映应急体系建设中存在的优势和不足。

李藐等[39]认为，突发事件链就是用来描述突发事件在发生发展的不同阶段、不同过程中可能造成的次生、衍生事件的一种链式关系。事件链提供了一种研究相合性突发事件的方法和思路，可以从事件链的概念、内涵、基本特征、类型等方面描述事件链。袁宏永等[40]认为，事件链具有系统性的特征，事件链通过各个事件与环境及事件节点间的相互联系、相互作用组成一个整体。事件链的常见链式关系如图 13-8 所示。

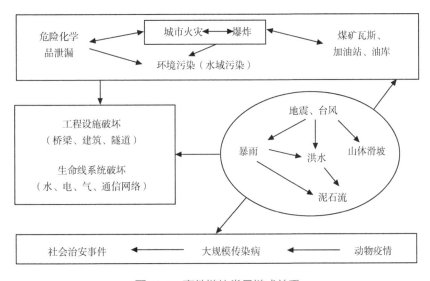

图 13-8　事件链的常见链式关系

季学伟等[41]提出，在事件链的风险分析过程中，首先要描述研究区域内所有可能的风险源的特征；然后要建立适当的模型，逐一计算各初级风险事故对外传播和影响的可能性，以及次级风险装置受到影响发生链式风险事故的可能性期望值；最后要计算不同链式风险事故发生时的影响，以及各种链式风险事故发生相合时的总风险，并与没有链式风险事故发生时的情况进行对比。

4. 协同会商与数据支撑技术

1）协同会商技术

张强[42]针对城市突发事件应急指挥系统指出，在重大突发事件（如地震、洪水）应急处置过程中，应急现场往往电力中断、通信网络遭到破坏，在进行应急现场和后方多部门之间信息交互与协同会商时，大量的信息从应急现场手机中获得，如何将信息快速准确及时分发，同时后方各部门的信息如何汇集到现场，实属难题。范维澄和袁宏永[1]认为，传统的协同会商多基于视频会议技术，通过计算机网络进行语音、文字和视频的交互，彼此之间交换意见，形成应急决策。这就缺乏对于空间地理信息的处理和支持，参与者对事件发生的地点、周边地理环境、交通运输、应急资源布局、应急救援力量调度等信息没有形成良好的空间认知，难以准确形象地建立对象之间的空间关系。何铮[43]详细研究了 GIS 应用于城市突发公共事件风险评估应急平台的可行性。开放地理空间信息联盟（Open Geospatial Consortium，OGC）是提出开放地理信息服务的领先组织，基于 OGC 标准的"应急一张图"地理信息服务框架如图 13-9 所示。这项技术保证了以图文并茂的形式交换信息，极大地增强了参与者的真实感，同时可以叠加各部门对于灾害的专业预警及分析研判，在强大的专业数据支撑下，商讨对灾害的处置措施。其核心技术主要包括应急一张图、态势分析、异地会商等。

2）数据支撑技术

邵荃[16]认为，数据是应急平台各业务系统功能实现和有效运行的基础，数据存储的逻辑结构、物理结构，以及数据内容的完整性、现实性和准确性等都会直接影响业务系统功能的发挥和执行的效率。一方面，应急平台上下级之间需要进行信息互通、协同处置，保持数据结构的一致性、数据内容的互补性；另一方面，应急平台作为综合性的突发事件应急管理信息化工具，其业务包括各类与突发事件预防、处置相关的众多专业领域，应急平台的数据来源于许多专业部门和机构，必须建立

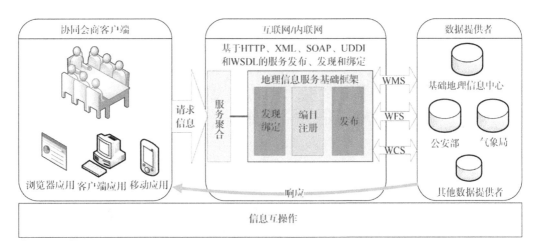

图 13-9　基于 OGC 标准的"应急一张图"地理信息服务框架

HTTP 指超文本传送协议（hypertext transfer protocol）；XML 指可扩展标记语言（extensible markup language）；SOAP 指简单对象访问协议（simple object access protocol）；UDDI 指通用描述、发现与集成（universal description discovery and integration）；WSDL 指万维网服务描述语言（web service description language）；WMS 指万维网地图服务（web map service）；WFS 指万维网要素服务（web feature service）；WCS 指万维网覆盖服务（web coverage service）

科学的数据组织模式，实现对多源、异构数据的有效存储和应用。

邵荃等[44]的研究表明，数据逻辑结构、物理结构，以及数据内容的完整性、现实性和准确性等都会直接影响应急处置的结果，与突发事件相关的基础数据及业务数据经过采集、处理、标准化、传输后存储到应急平台数据库，经过抽取、重新组合、加工、转换和汇总形成多个面向主题的数据集合或面向决策的数据集合，这些数据集合将存储到应急平台数据库中。应急平台数据库从逻辑上分为基础信息数据库、地理信息数据库、事件信息数据库、预案库、模型库、知识库、案例库、文档库等八个数据库，方便数据管理和应用。

基于应急业务需求，对应急平台的数据进行分析，可将应急平台数据分为应急业务数据和公共基础数据两大类[44, 45]。应急平台中应急业务数据与公共基础数据来源广泛，而且通常以不同层次、不同结构、不同尺度和精细程度存储。数据之间的共享是基于应急信息资源目录实现的，资源目录服务实现对各类应急信息资源的统一管理，并通过目录服务、编目服务、发布服务等提供统一的基础支撑。应急信息资源目录共享系统架构（以省级应急平台为例）如图 13-10 所示。

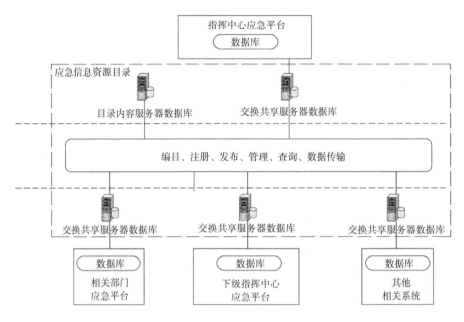

图 13-10　应急信息资源目录共享系统架构

5. 应急演练与保障技术

1）应急演练

汪季玉和王金桃[46]认为，应急演练是应急管理的重要组成部分，是对应急管理机制、应急能力建设的综合检验手段。基于应急平台的应急演练的实现需要多种计算机和信息技术的支撑，应急演练涉及的关键技术包括突发事件场景虚拟仿真技术、多角色协同模拟演练技术、模拟演练评估技术等。针对应急演练的综合技术应用一直备受关注，傅仁军[47]、李东平等[48]讨论了基于 GIS 技术的电力应急演练系统的设计与实现，采用了对象链接和嵌入（object linking and embedding，OLE）自动化、虚拟 GIS 等技术手段，实现了基于 GIS 的多平台混合编程开发应用，并将 GIS 的空间分析功能与地震科学专业模型相结合，为地震应急指挥提供了技术保障。梅玉龙[49]分析了传统应急演练的优势、不足及计算机技术的发展现状，研究开发了一种基于计算机 VR 技术、应用广泛的应急演练系统，对其技术可行性、系统结构、运营模式及系统优势进行了探讨，最终得出该演练系统可与传统应急演练优势互补，从而充分挖掘应急演练在生产安全与社会安全中的巨大潜力的结论。蒋国民[50]将VR 技术与网络协同技术相结合，建立基于浏览器/服务器（browser/server，B/S）架构的数字化消防应急演练平台，结合数值模拟技术，将具有确定性的火灾动力学系统产生的火灾模型和随机性的火灾发展过程进行结合，以计算机科学的技术手段，为企业提供一个三维交互的数字化平台及应急演练的新方法。

按照组织形式，应急演练可分为桌面演练、实战演练和模拟演练。将不同类型的演练相互组合，可以形成单项桌面演练、综合桌面演练、单项实战演练、综合实战演练、示范性单项演练、示范性综合演练等。

应急演练与真实突发事件处置过程主要的区别在于应急演练状态下突发事件是假设的，因此可以依托应急平台开展突发事件应急演练。将应急平台状态设置为应急演练状态，可以基于应急平台的业务系统模拟并推演突发事件的信息接报、预测预警、先期处置、综合研判、指挥调度、总结评估等过程。为了不干扰真实突发事件的应急处置，可以将演练过程信息记录到单独的模拟演练库中。应急平台可以根据情况，辅助和支持应急机构开展桌面演练、实战演练或模拟演练工作。

2）应急保障技术

应急资源是为有效开展应急救援活动,保障应急救援活动正常运行所需的人力、物力、财力、医疗卫生、通信保障和技术等各类资源的综合。其目的是实现对人力、物力、财力、医疗卫生、交通运输、通信保障等各类应急资源的管理，包括对辖区常态下应急资源图谱的掌握、维护、评估和非常态下应急资源的管理，满足突发事件事前、事中、事后应急管理工作的需要。

应急保障包括常态和非常态两个方面。常态下，掌握应急资源状况并对其进行维护、评估；非常态下，为处置突发事件提供应急资源保障。具体如下：①根据辖区突发事件的发生频率和风险级别,建立需求分析模型,进行资源储备的需求分析；②在资源储备需求分析的基础上，结合辖区人口、地理、经济状况进行应急资源保障能力评估，并给出评估结果和相关建议；③对辖区进行资源储备能力、资源调配评价；④研究应急资源调度投放与跟踪，落实相关资源的主责保障部门，根据资源保障情况，定期生成资源保障方案。应急保障关键技术研究的主要内容包括资源选址规划、资源需求计算、资源调度等。支撑应急保障业务的关键技术有资源需求估算、灾后应急资源空间优化配置、灾后应急资源优化调度等。

应急资源调度问题主要涉及两个方面：一方面是选择哪几个资源提供点，以及提供什么类型的资源；另一方面是应急资源用什么工具，以什么运输方式由什么样的路线运送到资源需求点。效率和安全性并重，这是应急资源调度同普通物流运输调度最本质的区别。

13.2.3 新一代应急平台架构与核心技术体系

1. 新一代应急平台总体架构与组成

清华大学牵头承担了"十三五"国家重点研发计划项目"国家公共安全应急平台"，经过 3 年多的研究，项目团队围绕新形势下的应急管理机构改革形势和技术应用需求，设计并研发了面向新阶段的国家公共安全应急平台。

在借鉴国内外顶层设计方法的基础上，新一代应急平台采用"四横四纵"总体架构，如图 13-11 所示，形成"两网络""四体系""两机制"。"两网络"是指全域覆盖的感知网络、天地一体的应急通信网络。"四体系"是指严谨全面的标准规范体系、安全可靠的运行保障体系、智慧协同的业务应用体系、先进强大的大数据支撑体系。"两机制"是指统一完备的信息化工作机制和创新多元的科技力量汇集机制。

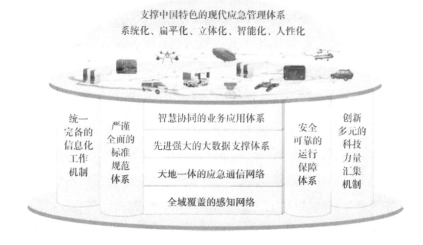

图 13-11　新一代应急平台总体架构

新一代应急平台的总体架构从业务、能力、系统、技术、服务、数据六个维度可进一步细分为业务架构、能力架构、系统架构、技术架构、服务架构和数据架构。

1）业务架构

新一代应急平台的业务包括全过程管理业务、常态业务、非常态业务和综合保

障业务，业务结构如图 13-12 所示。通过信息化建设，建立所有应急任务相关领域
协同关系，依托天地一体化感知与通信网络，打通事前、事发、事中和事后全过程
信息链路，形成随遇接入、全维感知、信息融合、可视指挥、智能协同等能力，实
现业务管理过程的一体化、数字化、全面化、自流程、大众参与。

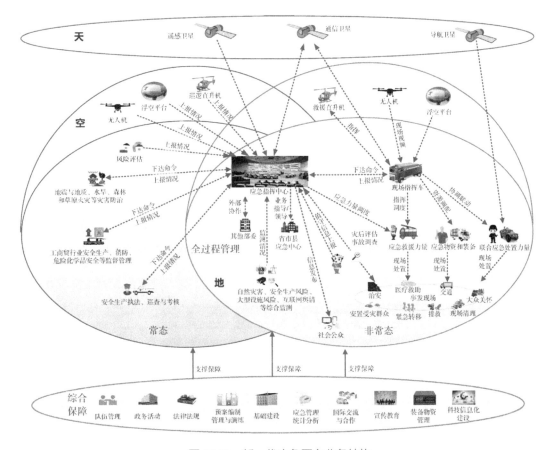

图 13-12　新一代应急平台业务结构

全过程管理业务贯穿常态和非常态，包含应急指挥、监测、值守等业务。以应
急指挥中心为核心，进行全过程的应急值守、政务值班、接处警和预警发布，并依
托天空地一体化的感知手段，采集自然灾害信息、安全生产信息、城市运行大型设
施信息，实现全过程的综合监测。常态业务包括：①各类风险的实时监测、快速识
别及预警；②风险源、风险状态和趋势综合评估；③制定各类灾害防治的措施、方
案及标准；④为监督管理和指挥救援提供信息支撑。非常态业务包括：①预警信息
动态接入；②提供突发事件接报、值班值守等管理功能；③提供可靠的灾情评估与

灾情救助；④提供国际应急救援等。

2）能力架构

按照"感知-分析-决策-指挥-行动-评估"业务链，以及各业务活动对通信网络、大数据服务、安全运维保障等信息化方面的需求，构建集全域透彻感知、天地一体通信保障、精细按需数据支撑、智能可靠安全运维、规范精准监督管理、综合及时监测预警、高效协同指挥救援、全面准确决策支持和透明便捷政务管理等九大能力为一体的能力体系，全面提升应急管理能力现代化水平。

3）系统架构

新一代应急平台系统架构包括感知网络、应急通信网络、大数据支撑体系、业务应用体系、运行保障体系五部分，如图 13-13 所示。其中，感知网络与应急通信网络组成基础部分，以集约化方式统筹感知网络和应急通信网络的建设，提供统一、透明的共用基础设施；支撑部分主要由大数据支撑体系组成，整合汇聚通用数据和

图 13-13　新一代应急平台系统架构

服务资源，为业务应用提供资源共享环境；应用部分主要由业务应用体系组成，基于统一的大数据应用支撑平台，创建业务应用开发生态，形成众创发展模式。运行保障体系从安全与运维方面保障系统健康运行。五大部分相互关联，提供全域的信息感知、广域的通信覆盖、统一的计算存储、联合的数据共享、完整的业务服务和可靠的运行保障等能力，为监督管理、监测预警、指挥救援、风险评估、应急响应、资源调配、灾后救助、事故调查和综合保障等业务提供支撑。

4）技术架构

新一代应急平台基于云计算、大数据、物联网、人工智能等先进技术，搭建感知层，并利用第四代移动通信技术（4th-generation mobile communication technology，4G）/5G、互联网协议第 6 版（internet protocol version 6，IPv6）、警用数字集群（police digital trunking，PDT）、激光通信、高通量卫星通信等通信技术将应急管理领域各种传感器、业务系统等连入全域覆盖、随遇接入、无缝连接和全程贯通的通信网络层，形成"网络中心、逻辑一体"的虚拟资源池，支撑服务层提供基础设施和支撑服务，包括机房、服务器、基础设施服务、平台服务和数据服务，实现应急管理监督、监测预警、指挥救援、决策支持和政务管理等业务应用服务，并在全过程进行应急管理信息化体系的安全防护和运维管理，最终目的是实现基础设施统一调度、信息资源融合共享、应急业务智能应用，全面提升应急管理信息化能力。新一代应急平台技术架构如图 13-14 所示。

5）服务架构

新一代应急平台服务架构以满足各级各类用户业务应用需求为目标，包括基础设施服务、平台服务、数据服务、应用服务、运行保障服务等方面，向用户提供数据、软件等服务集合，有效应对各类自然灾害和事故灾难。

6）数据架构

新一代应急平台的数据架构可按照数据来源、数据组织、数据安全三个维度进行划分，如图 13-15 所示。

图13-14 新一代应急平台技术架构

API指应用程序编程接口（application programming interface）；SDN指软件定义网络（software defined network）

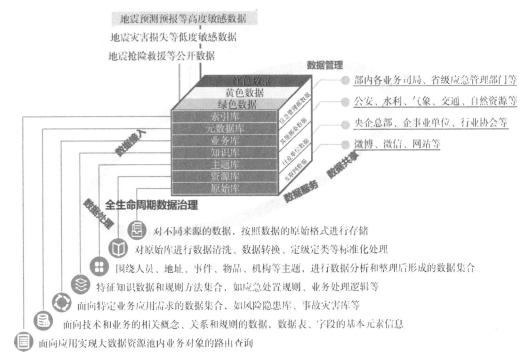

图 13-15　新一代应急平台数据架构

从数据来源角度看，主要包括应急管理部数据、其他部委数据、行业单位数据、互联网数据。从数据组织角度看，主要包括原始库、资源库、主题库、知识库、业务库、元数据库和索引库。从数据安全角度看，建立"三色"数据分类管理，将数据分红色数据、黄色数据和绿色数据三类。其中，红色数据为涉及敏感内容、隐私内容和国家秘密的内容数据；黄色数据为敏感度较低、不涉及隐私和国家秘密的动态数据；绿色数据为可以公开的静态数据。

2. 基于物联网的数据采集技术

数据是应急平台运行的重要基础。根据业务需求，应急平台的数据可以分为两类：应急业务数据和公共基础数据。随着物联网技术的应用和发展，它逐渐进入应急平台技术架构中。国际商业机器（International Business Machines，IBM）公司推出了数个与智慧城市战略相关的解决方案[51]。近年来，数据驱动的应急模式已经成为一种新的国际趋势。越来越多的智能传感器和物联网技术被开发用于安全监测和应急管理[52, 53]。Hillen 等[54]提出了一个用于遥感数据的信息融合基础设施，将实时航空图像与智能手机移动数据相结合，并整合到路由工具中，可服务于公安、医疗等机构及个人。

2012 年，北京市政府启动了一个城市级别的物联网监测项目，覆盖了 10 多个应急管理区域。Chen 等[55]提出了基于物联网技术监测城市基础设施的智能安全城市架构，通过该架构可以监测包括水、电、气等在内的生命线系统，并进行综合风险分析。随着我国的应急管理对于事前预防工作的不断加强，对于数据的需求也越来越大。未来会有越来越多的数据从各类传感器中获取，各类卫星、视频、互联网等数据获取手段的应用也会越来越多，支撑应急管理工作的数据来源、数据类型、数据量也会急剧增大。这就需要我们对整个数据链路的各个方面进行升级，尤其是将物联网技术广泛应用于智能采集与感知终端，实现数据的动态采集、实时更新。新一代应急平台面对城市安全监测、工业安全监测、地震地质灾害监测、区域风险隐患监测、应急救援现场实时动态监测等应用需求，利用智能物联网传感、视频图像传感[56, 57]、卫星遥感[58-60]、航空遥感[61]、众包[62-64]等手段，实现对风险隐患和灾害事故数据的全面感知，构建综合应急管理数据感知系统。2017 年，合肥市针对城市生命线安全监测的需求，依托清华大学公共安全研究院，开始部署城市安全运行监测物联网，对城市燃气、供水、排水、桥梁、消防和水环境等多个领域开展安全监测预警技术的研究和应用，并逐步形成了城市生命线安全的"合肥模式"。

3. 基于灾情影响的风险评估技术

风险评估是进行应急管理的基础，也是应急平台对于突发事件成功处置的关键，在这个方面涉及大量的基础研究与应用。风险评估相关研究主要可以分为自然灾害类事件、事故灾难类事件，以及由自然灾害导致的事故灾难类事件（Natech 事件）。

在风险评估整体研究方面，Sun 等[65]对目前的风险评估方法、技术与应用进行了综合研究，认为目前风险评估工作较大的问题在于评估指标体系的建立过多地依赖专家的主观经验，这样会对风险评估的准确性产生一定的影响。未来的风险评估工作更多地需要基于动态数据进行评估，以增加风险评估的准确性和实时性。

在具体的风险评估方法方面，基于事件链的评估方法研究较多。盖程程等[66]对 Natech 事件的风险评估进行了研究，发现目前的研究主要是从损失角度、评估指标体系角度、可预警时间角度进行的 Natech 事件的风险评估，提出了 GIS 与风险评估相结合的多灾种耦合风险评估方法[67]，并针对洪水[68]、雷电[69]等自然灾害对储罐失效灾害进行了 Natech 事件的风险分析。与此思路类似，Chen 等[70]、Chu 等[71]、杨永胜等[72]研究了如何将 GIS 技术应用在具有空间差异性特点的灾害类型的风险评估中，如各类自然灾害及由自然灾害引起的次生灾害。赵金龙等[73]通过事件链的方法对危险化学品储区储罐的定量风险评估提出了相应的方法。

李藐等[39]基于公共安全三角形框架，在原有事件链基础上将突发事件的内涵进行了创新，认为所有的突发事件（S）都可以通过孕灾体（E）、致灾体（H）、承灾载体（B）、作用形式（Θ）四个要素进行表示，$S=\langle E,\ H,\ B,\ \Theta \rangle$，如图 13-16 所示。

图 13-16　突发事件的四要素表达

进一步，李藐等[39]提出"元作用"概念，将各种突发事件的作用形式进行归纳总结，初步提出了包含物理作用、化学作用、生物作用、信息作用、社会作用、其他作用在内的元作用形式，分析了不同作用形式的可能作用模式，包括基础事件（图 13-17（a））、简单事件（图 13-17（b）~（d））、复杂事件（图 13-17（e））。

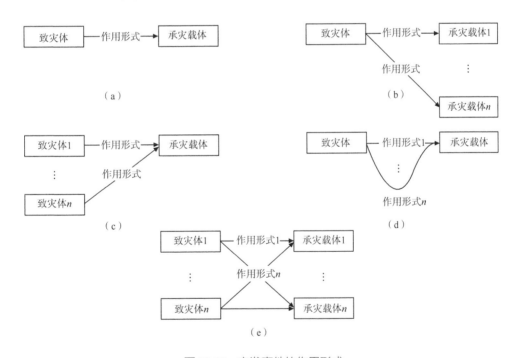

图 13-17　突发事件的作用形式

最终通过元作用的触发或作用条件，就能够在特定时空条件下通过匹配孕灾环境中实体的关键属性与强度，来判断突发事件的发生概率与可能后果。基于这个方法，可以通过设置一个初始事件，结合对应的灾害演化模型来计算未来可能发生的所有突发事件，以及由这些事件组成的具有前后时间序列关系的事件链。这为后续的事件断链处置研究提供了理论和技术基础。

专业的灾害演化模型在风险评估中的相关模拟和应用也有一些研究。赵金龙等[73, 74]用 FDS 对大型外浮顶储罐火灾进行数值模拟，引入人员脆弱性模型，建立了基于 FDS 模拟的储罐区定量动态风险评估方法。苏伯尼等[75]通过二维水力学模型模拟积水的时空分布，并采用基于国内实地调查获得的脆弱性曲线，对福建省龙岩市新罗区的内涝灾害损失风险进行了评估。Zhao 等[76]通过考虑燃烧速率变化的修正扩散模型、泄漏率和燃烧引起的燃料消耗率之间的体积守恒公式，构建了可用于泄漏火灾的定量风险评估方法，并通过大规模溢火实验验证了风险评估结果。

除上述研究方法以外，Zhong 等[77]、杨永胜等[72]基于贝叶斯网络方法，对城市燃气管网泄漏风险、大区域干旱风险等不同事件类型中的风险评估进行了研究。

针对与人相关的风险评估，王崇阳等[78]针对人群踩踏事件，Zhang 等[79]针对大都市谣言传播事件，分别进行了相关事件的风险分析。他们都研究了人与人之间的相互影响关系，研究的重点分别为物理空间交互和信息空间交互，都取得了较好的研究结果。

4. 基于"情景-应对"的决策支持技术

21 世纪以来，随着人类社会发展，非常规突发事件的发生越来越多。由于非常规突发事件很难预测、预警，传统针对重大突发事件的"预测-应对"的决策模式已经不再适用。在这种条件下，研究人员提出了"情景-应对"的应急决策范式[80]，相关的研究内容主要包括情景的构建与表达、突发事件的演化模拟、处置方案的模拟推演、情景推演结果的评估等。

在情景推演系统关键技术和框架构建方面，Zhang 等[81-83]进行了相关研究，提出了"数据融合-模型推演-案例推演-心理行为规律"综合集成的"情景-应对"型应急决策理论和方法，为情景推演系统构建了统一的框架。在此基础上，他承担了"十三五"国家重点研发计划项目"重大综合灾害耦合实验和模拟技术与设备"，构建了实验-数据-仿真综合的重大灾害情景推演与集成分析平台。

在推演技术方面，钱静等[84-86]提出了基于多维情景空间的方法进行情景推演的相关研究，同时考虑时间和空间维度上情景构建与模拟方法。张婧等[87]、王刚桥等[88]、Li 等[89]、苑盛成[90]采用了复杂系统的思维，基于多主体建模方法，对城市交通等涉及人员之间强相互关系的突发事件相关场景进行了情景构建与推演。Huang 等[91]通过贝叶斯网络和多主体建模相结合的方法，研究了对抗场景下的情景构建与模拟。除了通过情景推演来进行决策辅助，韩叶良等[92]研究了基于情景推演的方法进行风险评估的技术，并重点在地震等非常规突发事件上进行了应用。

目前的情景推演技术主要作为辅助决策的工具，可以帮助指挥决策人员来模拟现有方案的可能结果，并对可能结果进行评估。未来，随着深度强化学习技术泛化能力等技术问题的解决，基于"情景-应对"的决策方法还能够结合该技术，实现通过强化学习技术的决策方法生成。

5. 基于"一张图"的综合支撑技术

面对不同类型的复杂灾害，地理空间信息对决策和情况了解至关重要。GIS 在决策中得到了广泛的应用，它能够提供可视化的危险地图、资源位置的空间表示和应急指挥意图[93, 94]。早在 2003 年，Dymon[95]就对应急地图符号学进行了初步调查，以确定和分析各机构目前正在使用的符号学。Robinson 等[96]研究了美国《国土安全地图符号标准》（*Homeland Security Mapping Standard*，ANSI INCITS 415-2006）的应用，该标准是支持美国 DHS 的应急管理地图的点符号标准。Wang 等[97]总结了灾害管理地图的相关要求和关键技术，并提供了一个台风灾害地图的例子。

在发生重大灾害时，通常有多个政府部门参与并承担不同的责任。纵向上，根据事件的严重程度，会有多个响应级别参与，包括地方社区、市政府和现场移动指挥所。横向上，根据灾害的规律，公安、医疗、消防、交通等多个政府部门也会参与其中。这就构成了灾害管理中的一个重要的协作问题，以保持统一的态势感知和纵向及横向指挥。

应急管理"一张图"（emergency GIS，EGIS）是一个相当好的解决方案。它是基于 GIS 的基础性、综合性支撑技术，可以为整个应急平台提供基本的地图服务能力。Chen 等[98]提出了一种构建 EGIS 的方法（图 13-18），以实现应急机构间的态势感知，其技术架构是在以网络为中心的系统中利用 GIS 服务和数据融合技术，通过整合基础地图、灾害影响、未来状态预测和 GIS 技术支持的资源分配而实现可视化。EGIS 通常应用于指挥中心和多个应急机构，不仅可以集中信息，而且可以基于灾害模型的集成，在应急指挥中提供未来的状态灾害演变和风险分析。此外，当加入 EGIS 的任意部门或专家小组具有这种风险分析能力时，都可以通过这一技术进行共享会商，大大加强了应急决策所需的认知能力。

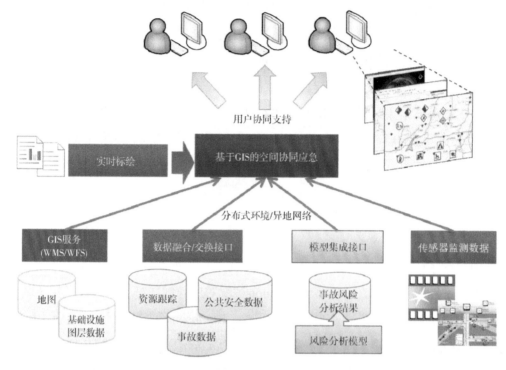

图 13-18　EGIS 概念框架

Yuan 等[99]开发了基于 OGC 标准的跨时空、跨领域、跨层级的 EGIS 技术框架，满足了底图数据集中提供、分布应用的需求，并提出了统一的应急会议地图符号标准体系，形成了国家标准 GB/T 35649—2017《突发事件应急标绘符号规范》。EGIS 的共享共用模式将万维网服务理念引入地理信息的功能设计和构建中，在计算机网络环境下，根据行业标准和接口所建立起来的地理信息服务，为用户提供可调用的地理信息构件，它可以让人们使用计算机网络技术自由地访问分布于不同地方的各种地理信息及服务，如地图、图像、数据集服务、地理空间分析和报表生成，它具有体系标准化、接口通用化、服务层次化、稳定、健壮、服务透明等特点。万维网地理信息服务满足了地图数据集中提供、分布应用的需求，且协同参与者不用关心数据的维护和更新，只需要关注业务应用，极大地降低了数据维护和地图统一的难度。

随着云计算、大数据技术的不断发展，为了解决实际应用底图不一致、重复建设问题，应急管理部提出了云计算模式下"应急一张图"快速构建技术（图13-19），并研制了基于大数据技术打造的云端架构、服务多样、弹性扩展的应急管

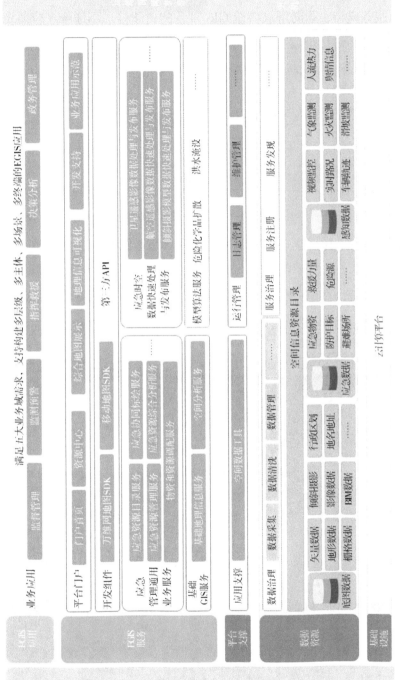

图13-19 云计算模式下"应急一张图"技术架构

理时空服务开放平台，以实现跨层级、跨区域的数据共享，为应急管理部门提供数据快速上图服务支持，同时解决传统 GIS 平台的封闭信息不通畅、应急资源调度不及时、各机构之间信息难以互享等问题，减少灾情造成的损失。该技术是目前中国应急管理部 EGIS 的技术基础，支撑了全国范围内的应急管理部门的应用。

13.3　应急平台应用与实践

13.3.1　应急平台应用部署

自 2006 年清华大学公共安全研究院开始研发我国第一代应急平台以来，我国建成了涵盖国家、省、市、区（县）的应急平台体系，国务院、全国 30 多个省区市、200 多个市县建设了应急平台，辅助政府部门实现了大量突发事件应急处置[100]。应急管理部成立之后，在第一代应急平台的基础上，清华大学公共安全研究院又研发了新一代应急平台的系列关键技术并得到实际应用（图 13-20）。

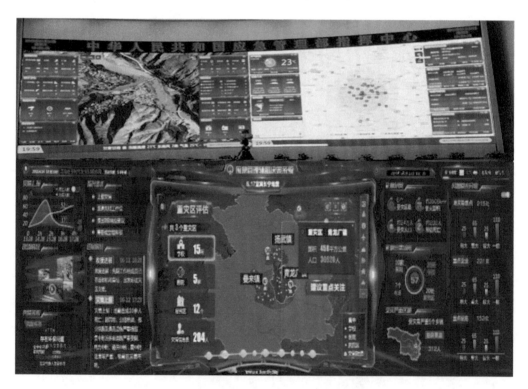

图 13-20　新一代应急平台技术应用概览

基于新一代应急平台技术的应急系统于 2019 年 9 月在应急管理部指挥中心投入使用。建成后的平台涵盖 7 类底图数据，集成应急管理部 4 大类、68 小类、超过 1.8 亿条的业务数据，支持查询危险企业、地灾隐患、人员密集场所等 220 万条关联信息；调阅消防、森林防火、地震救援、矿山、社会力量等 18 类队伍详细信息；检索中央物资库、地方物资库、社会物资库等 5 类救援物资分布和详细清单，建成后的平台能够支持地震、洪涝灾害、火灾、煤矿事故等 19 类应急事件响应和指挥。

在中央业务司局层面，包括国家卫生健康委、住房城乡建设部、工业和信息化部、国家国际发展合作署等国家部委在内，已有多个业务司局及研究单位的 20 余个业务系统正在使用基于新一代应急平台技术的二次开发组件与数据服务。目前这些业务系统大部分已投入实际应用，在各业务领域发挥了重要作用（表 13-1）。在地方应急部门层面，已有北京市应急管理局、广东省应急管理厅、山东省应急管理厅、海南省应急管理厅、湖北省应急管理厅、四川省应急管理厅、浙江省应急管理厅等 20 多个省（市）的近 30 个业务系统正在使用基于新一代应急平台技术的二次开发组件与数据服务。各地应用情况如表 13-2 所示。

表 13-1　新一代应急平台二次开发组件与数据服务在中央业务司局应用情况

部门	业务系统	部门	业务系统
科技和信息化司	应急指挥辅助决策系统	科技和信息化司	互联网+执法系统
科技和信息化司	应急管理部本级无线通信网建设（一期）项目	科技和信息化司	企业全息
科技和信息化司	尾矿库安全生产风险监测预警系统	科技和信息化司	应急管理部综合信息平台
科技和信息化司	应急管理部捐赠项目	防汛抗旱司	防汛抗旱会商子系统
科技和信息化司	应急智图	风险监测和综合减灾司	应急信息资源管理平台数据可视化项目
科技和信息化司	应急指挥综合业务系统	风险监测和综合减灾司	风险监测预警系统（一期）灾害综合风险监测预警系统会商研判展示子系统
科技和信息化司	部政务管理应用系统（一期）互联网+政务服务和监管部分软件部分项目	国家矿山安全监察局	安全生产监管信息化工程（一期）国家安全监管总局建设项目安全生产 GIS 应用服务系统
科技和信息化司	危险化学品风险监测预警系统	应急管理部研究中心	区域（城市）风险综合管理系统项目
科技和信息化司	全国危化品风险预警平台	危险化学品安全监督管理二司	危化司烟爆流向系统

续表

部门	业务系统	部门	业务系统
科技和信息化司	应急管理大数据应用平台	应急管理部 信息研究院	煤炭监管平台
科技和信息化司	通信卫星网络融合项目	救援协调与预案 管理局	国家应对特别重大灾害现场指挥部协调 保障系统

表 13-2 新一代应急平台体系在地方应急部门应用情况

部门	业务系统	部门	业务系统
安徽省应急管理厅	安徽省危化品领域安全防控监测信息 系统	江苏省应急管理厅	江苏省应急指挥信息系统项目
巴彦淖尔市应急管理局	巴彦淖尔市应急指挥智慧平台项目	扬州市应急管理局	扬州市应急管理信息化项目（一期）
成都市应急管理局	成都市城市安全和大数据管理平台	江西省应急管理厅	江西省应急指挥综合应用系统（提前 实施值班值守系统）
成都市应急管理局	成都安全生产综合信息平台升级建设 项目	江西省应急管理厅	江西省应急管理综合应用平台
佛山市应急管理局	智慧安全佛山一期项目	江夏区应急管理局	"智慧江夏"一中心两平台项目
甘肃省应急管理厅	甘肃融合通信调度系统	昆明市应急管理局	昆明市城市安全风险信息管理平台
广东省应急管理厅	广东省"智慧大应急"综合应用平台	昆山市应急管理局	昆山城市大脑安全管控指挥中心建设 项目
广西壮族自治区应 急管理厅	广西安全生产风险监测预警系统	辽宁省应急管理厅	安全生产信息平台建设项目
黑龙江省应急管 理厅	应急管理综合应用平台（一期）视频 融合接入系统采购项目	南通市应急管理局	南通市应急管理指挥信息系统
淮安市应急管理局	淮安市应急管理信息化工程项目	山西省应急管理厅	山西危化品项目
吉林省应急管理厅	吉林省应急管理信息化项目	四川省应急管理厅	危险化学品风险监测预警系统
济宁市应急管理局	济宁市应急管理大数据指挥平台	天津市应急管理局	天津市应急信息化一期项目
江苏省消防救援 总队	实战指挥平台	烟台市应急管理局	烟台市城市公共安全与应急管理项目 一期工程
江苏省应急管理厅	江苏省危险化学品安全生产风险监测 预警系统	云南省应急管理厅	应急管理大数据应用

13.3.2 应急平台应用实践案例

截至 2022 年 10 月底，在应急管理部应急指挥中心的应用中，应急平台共支持了 343 起事件的处置，涵盖全国各地区的地震、林火、防汛、安全生产等多种事件类型。典型案例包括湖北十堰"6·13"燃气爆炸事故、河南郑州"7·20"特大暴雨灾害、四川雅安"6·1"芦山 6.1 级地震等。

1. 典型案例处置

1）2020 年成都市青白江区地震灾害事件

2020 年 2 月 3 日 0 时 5 分，四川省成都市青白江区发生 5.1 级地震，震源深度为 21 km。应急平台系统对接中国地震台网中心的地震速报平台，第一时间获取地震要素信息。当应急管理部指挥中心领导来到指挥大厅时，应急平台系统已经完成对灾情的初步研判：确定了地震发生的地点、影响范围与波及人口；标识出周边 50 km 范围内医院、学校、机场、火车站、水库大坝、危化企业的分布，以及消防救援队、地震救援队、矿山救援队与社会力量的配置；智能生成地震速报和专题图，辅助领导决策。

2）2019 年"利奇马"台风事件

2019 年 8 月 10 日 1 时 45 分前后，2019 年第 9 号台风"利奇马"在浙江省温岭市沿海登陆，登陆时中心附近最大风力为 16 级。应急平台系统通过科学模型与地理信息数据融合分析运算，及时提供了"利奇马"台风大风灾害重要承灾载体风险等级分布、台风大风重要承灾载体分布等技术支持，为有关领导及时全面掌握台风影响与决策提供辅助支撑。

3）2019 年山西二亩沟煤矿生产事故

2019 年 11 月 18 日，山西省平遥县二亩沟煤矿发生爆炸事故，事故共致 15 人遇难，9 人受伤。接到事故信息后，国家安全生产应急救援中心立即调度国家矿山应急救援汾西队、晋中市矿山救护队共 9 个小队、100 余名救援人员全力投入抢险救援。应急平台系统与应急管理部指挥中心全国突发事件上报系统对接，迅速定位事发煤矿，导出该煤矿的企业详情和企业画像信息，智能搜索出周边消防、矿山救援力量和专业救援装备，自动关联当地应急通讯录，为应急指挥提供信息支撑。

2. 案例总结

新一代应急平台技术的应用与推广为突发事件与灾害的应对过程带来了两个本质转变：从"各自救援"向"协同处置"的转变；由"被动报告"向"主动研判"的转变。从案例中不难发现，这两种转变优化了事件处置流程，主要表现在以下四个方面。

（1）快速精准定位事件。应急平台系统对接应急管理部指挥中心全国突发事件上报系统、国家地震台网中心地震速报平台、国家突发事件预警信息发布系统等，通过多个渠道获取突发事件信息，实现信息的协同获取，快速定位事发地点。

（2）全面掌握灾情信息。依托 EGIS，应急平台系统与应急管理部综合信息资源门户对接，依靠互联网，多方式感知灾情动态，实现多源异构数据的融合与应用。

（3）及时研判受灾状况。基于专业模型和大数据分析技术，应急平台系统会对事件可能的发展态势进行提前研判。以地震灾害为例，基于地震快速评估模型与应急物资需求估算模型，应急平台系统能够给在地震发生后 10 min 内提供有关人员伤亡、建筑损伤、直接经济损失、道路通行、物资需求总量与分布等信息的预估结果。

（4）生成方案辅助决策。根据灾情信息与研判情况，应急平台系统在预案信息库中进行智能关联，包括匹配应急资源清单、提出应急资源调拨建议、编制专家与工作队调集名录、综合生成救援力量投送方案建议，辅助决策者应对复杂情况。

13.4　未来挑战与研究展望

近 20 年间，中国应急平台的发展经历了从无到有、从弱到强的过程。目前，应急平台在全国各级应急管理部门都实现了全面覆盖，在日常的应急管理和突发事件发生后的应急处置中为相关部门/用户提供了巨大的支持，明显地提升了应急管理工作的科学性和效率。

随着中国经济和社会的不断发展，中国对于公共安全和应急管理的需求在不断深化，对应急平台的战略需求也逐渐明确。最近几年，随着应急管理部的成立与党的二十大的召开，我国未来应急管理相关工作将呈现出一些新的特点和转变，主要包括：①从重视事后处置向重视事前预防转变；②从关注单一灾害事件向关注多灾害次生和衍生灾害转变；③从基于经验的粗放式应急管理向基于数据的精细化应急管理转变；④信息化建设从各地区独立发展向统一发展的趋势转变。目前的应急平台在支撑国家应急管理工作方面取得了一定成效，但面对应急管理相关工作的新特点和转变带来的新要求，仍然有不断完善与升级的空间。

1. 面向事前预防的灾害监测预警

目前的新一代应急平台技术已经在监测预警方面有了很大的提升，应急管理信息化相关数据的来源涵盖了空（各类卫星）、天（无人机、航空器等）、地（各种传感器、摄像头等）等多种类型，数据的种类正在不断丰富，数据的数量、质量也在不断提高。

我国应急平台围绕事件预防的灾害监测预警相关完善与升级主要遵循早监测、早评估、早预警的原则。随着新型传感器、5G、视频等技术的进一步发展，未来灾害监测的手段和范围会进一步增加，能够对相关灾害形成更早期的监测；随着大数据、人工智能等技术的不断发展，对大量灾害监测数据的分析会越来越成熟，监测数据背后所蕴含的、之前难以挖掘的灾害早期征兆会获得更精准的早期评估；在预警发布方面，未来的应急平台需要在保障当前应急预警信息发布能力的基础上，进一步建立更加精准的、覆盖范围更广、预警手段更多元的综合预警体系。

2. 面向事件链的应急处置辅助决策生成

随着我国的城市化率的提升和现代化水平的提高，灾害的复杂性和链式效应越来越突出，尤其是在人口、物质、能量、财富都很集中的城镇、城市和城市群地区，突发事件发生后往往引起次生/衍生事件，最终导致突发事件链。目前事件链相关研究已经取得了一些进展，但是主要通过定性、半定性的方式进行。

在事件链方面，下一步需要重点尝试从定量角度对事件链进行研究，尤其需要对链式效应的发展路径进行建模和仿真模拟，对相关突发事件在任意时空条件下发生时的可能的事件链演化流程进行推演，并通过断链策略和控制技术的研究，最终实现定量的突发事件应急处置辅助决策支撑。

3. 面向精准应急的数据融合与智能分析

目前应急平台在安全生产领域获取了越来越多的数据，包括以前无法获得的企业安全相关的实时监测数据。这些数据是做好安全生产和应急管理的"金矿"，但是数据挖掘的成功经验不多，相关的理论、技术、管理、制度等方面的研究和实践需要进行更多的开创性工作。

无论用于日常管理还是用于应急救援，未来应急平台都需要基于数据的精准管理。例如，在日常安全生产管理中，未来应急平台可以对企业的历史安全数据、实时监测数据、企业上报数据、经营管理数据等进行融合，在此基础上通过构建与训练相关模型进行数据的智能分析，以支撑精准的安全管理。

4. 面向全国应急需求的智慧应急云服务

近年来，中国的应急管理信息化工作取得了跨越式发展，应急平台及相关信息化系统在全国各地、各级的应急管理部门都有了不同程度的建设，这些应急平台及相关系统为我国的应急管理工作提供了有力支撑。但是，这种分散式的应急平台及相关系统建设存在一些信息孤岛、重复建设、资源浪费等情况。

按照当前应急管理部等相关部门的规划和要求，未来应急平台可以尝试研究开发云平台和云服务的形式，对应急管理相关工作进行支撑。例如，用户可以用相对低廉的价格享受最新的平台智能功能，云服务的形式也能够让应急相关的数据在全国范围内实现原生的互联互通。虽然智慧应急云服务的构建面临多方面的困难，但这是未来应急平台的一个发展趋势与重点。

参 考 文 献

[1] 范维澄，袁宏永. 我国应急平台建设现状分析及对策[J]. 信息化建设，2006，（9）：14-17.

[2] 袁宏永，黄全义，苏国锋，等. 应急平台体系关键技术研究的理论与实践[M]. 北京：清华大学出版社，2012.

[3] 钟开斌. 中国应急管理的演进与转换：从体系建构到能力提升[J]. 理论探讨，2014，（2）：17-21.

[4] 赵琰，骆成凤，陈建国. 省级突发事件应急平台体系建设实践与思考[J]. 中国行政管理，2012，（5）：118-119.

[5] 范维澄，陈涛. 国家应急平台体系建设现状与发展趋势[C]. 北京：中国突发事件防范与快速处置优秀成果选编，2009：204-206.

[6] 陈惠敏. 我国应急管理的发展历程[J]. 中国石油和化工标准与质量，2019，39（22）：99-100.

[7] 朱正威. 中国应急管理 70 年：从防灾减灾到韧性治理[J]. 国家治理，2019，（36）：18-23.

[8] 张小劲，于晓虹. 中国基层治理创新：宏观框架的考察与比较[J]. 江苏行政学院学报，2012，（5）：72-79.

[9] 钟开斌. "一案三制"：中国应急管理体系建设的基本框架[J]. 南京社会科学，2009，（11）：77-83.

[10] 邱霈恩. 中国特色应急管理体系建设探略[J]. 上海行政学院学报，2012，13（3）：78-86.

[11] 朱霞，黄全义，陈健. 突发公共事件应急平台的设计与实现[J]. 四川测绘，2007，30（2）：71-74.

[12] 张辉，刘奕. 基于"情景-应对"的国家应急平台体系基础科学问题与集成平台[J]. 系统工程理论与实践，2012，32（5）：947-953.

[13] 翟丹妮. 应急平台中数字化预案系统建设的研究[J]. 中国公共安全（学术版），2008，（1）：34-37.

[14] 陈涛，翁文国，孙占辉，等. 基于火灾模型的消防应急平台架构和功能分析[J]. 清华大学学报（自然科学版），2007，47（6）：863-866.

[15] 李洺，王巍. 政府应急平台数据库的数据需求、实现路径与管理制度[J]. 电子政务，2008，（5）：56-61.

[16] 邵荃. 突发事件应急平台模型库中模型链构建方法的研究[D]. 北京：清华大学，2009.

[17] 张俊刚，潘翀. FEMIS 与我国应急救援通信系统比较研究[J]. 东南大学学报（哲学社会科学版），2007，9（S2）：77-78.

[18] FEMA and AT&T，Nationwide Broadband For First Responders & Public Safety at FirstNet[EB/OL]. [2023-09-30]. https://www.firstnet.com/.

[19] JESIP，Joint Doctrine：The Interoperability Framework[EB/OL]. [2023-09-30]. https://www.jesip.org.uk/.

[20] 范维澄. 突发公共事件应急信息系统总体方案构思[J]. 信息化建设，2005，（9）：48-55.

[21] 范维澄. 国家突发公共事件应急管理中科学问题的思考和建议[J]. 中国科学基金，2007，21（2）：71-76.

[22] 范维澄. 关于城市公共安全的一点思考[J]. 中国建设信息，2012，（21）：19-20.

[23] 刘奕，倪顺江，翁文国，等. 公共安全体系发展与安全保障型社会[J]. 中国工程科学，2017，19（1）：118-123.

[24] Glade T，Anderson M G，Crozier M J. Landslide Hazard and Risk[M]. Chichester：Wiley Online Library，2005.

[25] Harb R，Radwan E，Yan X，et al. Freeway work-zone crash analysis and risk identification using multiple and conditional logistic regression[J]. Journal of Transportation Engineering，2008，134（5）：203-214.

[26] Gong P B，Sun B J，Liu G，et al. Fuzzy comprehensive evaluation in well control risk assessment based on AHP：A case study[J]. Advances in Petroleum Exploration and Development，2012，4（1）：13-18.

[27] Curran P J，Atkinson P M，Foody G M，et al. Linking remote sensing，land cover and disease[J]. Advances in Parasitology，2000，47：37-80.

[28] 袁宏永，苏国锋，李藐. 论应急文本预案、数字预案与智能方案[J]. 中国应急管理，2007，4（4）：20-23.

[29] Wang M，Takada T. Macrospatial correlation model of seismic ground motions[J]. Earthquake Spectra，2005，21（4）：1137-1156.

[30] Fan H，Li Q S，Tuan A Y，et al. Seismic analysis of the world's tallest building[J]. Journal of Constructional Steel Research，2009，65（5）：1206-1215.

[31] Alexandridis A，Vakalis D，Siettos C I，et al. A cellular automata model for forest fire spread prediction：The case of the wildfire that swept through Spetses Island in 1990[J]. Applied Mathematics and

Computation，2008，204（1）：191-201.

[32] 裴江南，师花艳，王延章. 基于事件链的知识导航模型研究[J]. 中国管理科学，2009，17（1）：138-143.

[33] 韩智勇，翁文国，张维，等. 重大研究计划"非常规突发事件应急管理研究"的科学背景、目标与组织管理[J]. 中国科学基金，2009，23（4）：215-220.

[34] 钟永光，毛中根，翁文国，等. 非常规突发事件应急管理研究进展[J]. 系统工程理论与实践，2012，32（5）：911-918.

[35] Kapucu N，Arslan T，Demiroz F. Collaborative emergency management and national emergency management network[J]. Disaster Prevention and Management：An International Journal，2010，19（4）：452-468.

[36] 刘新颖. 企业基础应急平台与数字预案系统探究[D]. 长春：吉林大学，2009.

[37] 郭雯. 基于空间信息技术的危险化学品公路运输事故应急响应决策支持系统结构设计[D]. 上海：复旦大学，2008.

[38] Fan W C，Su G F，Huang H. Research on digitized emergency response preplan for public safety in China[C]. Incheon：Proceedings of the 8th USMCA International Symposium，2009：45-55.

[39] 李藐，陈建国，陈涛，等. 突发事件的事件链概率模型[J]. 清华大学学报（自然科学版），2010，50（8）：1173-1177.

[40] 袁宏永，付成伟，疏学明，等. 论事件链、预案链在应急管理中的角色与应用[J]. 中国应急管理，2008，（1）：28-31.

[41] 季学伟，翁文国，赵前胜. 突发事件链的定量风险分析方法[J]. 清华大学学报（自然科学版），2009，49（11）：1749-1752，1756.

[42] 张强. 城市突发事件应急指挥系统研究[D]. 武汉：武汉理工大学，2007.

[43] 何铮. 基于 GIS 的城市突发公共事件风险评估应急管理平台研究[D]. 上海：华东师范大学，2009.

[44] 邵荃，翁文国，袁宏永. 基于动态信任网络的突发事件模型库系统的研究[J]. 中国安全生产科学技术，2009，5（3）：19-24.

[45] 邵荃，翁文国，何长虹，等. 突发事件模型库中模型的层次网络表示方法[J]. 清华大学学报（自然科学版），2009，49（5）：625-628.

[46] 汪季玉，王金桃. 基于案例推理的应急决策支持系统研究[J]. 管理科学，2003，16（6）：46-51.

[47] 傅仁军. 基于 3DGIS 技术的电力应急演练系统的设计与实现[D]. 北京：北京工业大学，2012.

[48] 李东平，赵锦慧，沈晓健，等. 基于 GIS 技术的浙江省地震应急指挥演练系统[J]. 地震研究，2006，29（3）：290-293，317.

[49] 梅玉龙. 应急演练计算机三维模拟系统研究[J]. 中国安全生产科学技术，2012，8（4）：92-97.

[50] 蒋国民. 石化企业数字化消防应急演练系统研究[J]. 安全、健康和环境，2011，11（8）：2-4.

[51] Palmisano，Samuel J. A smarter planet：The next leadership agenda[J]. IBM，2008，11（6）：1-8.

[52] Krytska Y，Skarga-Bandurova I，Velykzhanin A. IoT-based situation awareness support system for real-time emergency management[C]. Bucharest：2017 9th IEEE International Conference on Intelligent Data Acquisition and Advanced Computing Systems：Technology and Applications，2017：955-960.

[53] Zhang J，Qi A W. The application of internet of things（IoT）in emergency management system in China[C]. Waltham：2010 IEEE International Conference on Technologies for Homeland Security，

2010：139-142.

[54] Hillen F，Höfle B，Ehlers M，et al. Information fusion infrastructure for remote-sensing and in-situ sensor data to model people dynamics[J]. International Journal of Image and Data Fusion，2014，5（1）：54-69.

[55] Chen T，Xu L，Su G F，et al. Architecture for monitoring urban infrastructure and analysis method for a smart-safe city[C]. Zhangjiajie：2014 Sixth International Conference on Measuring Technology and Mechatronics Automation，2014：151-154.

[56] Huang L D，Chen T，Wang Y，et al. Congestion detection of pedestrians using the velocity entropy：A case study of Love Parade 2010 disaster[J]. Physica A：Statistical Mechanics and Its Applications，2015，440：200-209.

[57] Huang L D，Liu G，Wang Y，et al. Fire detection in video surveillances using convolutional neural networks and wavelet transform[J]. Engineering Applications of Artificial Intelligence，2022，110：104737.

[58] Zhou P F，Chen T，Su G，et al. Research on the forecasting and risk analysis method of snowmelt flood[C]. Blacksburg：International ISCRAM Conference，2020：545-557.

[59] Ba R，Chen C，Yuan J，et al. SmokeNet：Satellite smoke scene detection using convolutional neural network with spatial and channel-wise attention[J]. Remote Sensing，2019，11（14）：1702.

[60] Chen J E，Yao Q，Chen Z Y，et al. The Fengyun-3D（FY-3D）global active fire product：Principle，methodology and validation[J]. Earth System Science Data，2022，14（8）：3489-3508.

[61] Wang J，Huang L，Su G，et al. UAV and GIS based real-time display system for forest fire[C]. Blacksburg：International ISCRAM Conference，2021：527-535.

[62] Deng Q，Liu Y，Zhang H，et al. A new crowdsourcing model to assess disaster using microblog data in typhoon Haiyan[J]. Natural Hazards，2016，84（2）：1241-1256.

[63] Huang L D，Shi P P，Zhu H C，et al. Early detection of emergency events from social media：A new text clustering approach[J]. Natural Hazards，2022，111（1）：851-875.

[64] Huang L D，Liu G，Chen T，et al. Similarity-based emergency event detection in social media[J]. Journal of Safety Science and Resilience，2021，2（1）：11-19.

[65] Sun X P，Chen T，Chang Z X，et al. Research on risk assessment in typical industries and fields[J]. IOP Conference Series：Earth and Environmental Science，2018，199（3）：032022.

[66] 盖程程，翁文国，袁宏永. Natech 事件风险评估研究进展[J]. 灾害学，2011，26（2）：125-129.

[67] 盖程程，翁文国，袁宏永. 基于 GIS 的多灾种耦合综合风险评估[J]. 清华大学学报（自然科学版），2011，51（5）：627-631.

[68] 盖程程，翁文国，袁宏永. 洪水诱发储罐失效的定量风险评估方法[J]. 清华大学学报（自然科学版），2012，52（11）：1597-1600.

[69] 盖程程，翁文国，袁宏永. 雷电灾害对储罐影响的定量风险评估方法研究[J]. 灾害学，2012，27（2）：92-95.

[70] Chen T，Li M，Yuan H. Secondary disaster prewarning based on GIS and subsequent risk analysis[C]. Hong Kong：Proceedings of the 2010 Second International Conference on Communication Systems，Networks and Applications，2010：292-295.

[71] Chu Y Y, Zhang H, Shen S F, et al. Development of a model to generate a risk map in a building fire[J]. Science China Technological Sciences, 2010, 53（10）: 2739-2747.

[72] 杨永胜, 钟少波, 余致辰, 等. 一种城市燃气管网泄漏风险动态计算模型[J]. 中国安全科学学报, 2018, 28（1）: 167-172.

[73] 赵金龙, 黄弘, 李聪, 等. 基于事件链的罐区定量风险评估[J]. 化工学报, 2016, 67(7): 3084-3090.

[74] 赵金龙, 唐卿, 黄弘, 等. 基于数值模拟的大型外浮顶储罐区定量风险评估[J]. 清华大学学报（自然科学版）, 2015, 55（10）: 1143-1149.

[75] 苏伯尼, 黄弘, 张楠. 基于情景模拟的城市内涝动态风险评估方法[J]. 清华大学学报(自然科学版), 2015, 55（6）: 684-690.

[76] Zhao J L, Huang H, Li Y T, et al. Quantitative risk assessment of continuous liquid spill fires based on spread and burning behaviours[J]. Applied Thermal Engineering, 2017, 126: 500-506.

[77] Zhong S B, Wang C L, Yang Y S, et al. Risk assessment of drought in Yun-Gui-Guang of China jointly using the Standardized Precipitation Index and vulnerability curves[J]. Geomatics, Natural Hazards and Risk, 2018, 9（1）: 892-918.

[78] 王崇阳, 翁文国, 王嘉悦. 人群拥挤踩踏事故风险分析算法设计及应用[J].系统工程理论与实践, 2017, 37（3）: 691-699.

[79] Zhang N, Huang H, Duarte M, et al. Risk analysis for rumor propagation in metropolises based on improved 8-state ICSAR model and dynamic personal activity trajectories[J]. Physica A: Statistical Mechanics and its Applications, 2016, 451: 403-419.

[80] 姜卉, 黄钧. 罕见重大突发事件应急实时决策中的情景演变[J]. 华中科技大学学报(社会科学版), 2009, 23（1）: 104-108.

[81] Zhang H, Liu Y. Key problems on fundamental science and technology integration in "scenario-response" based national emergency response platform system[J]. Systems Engineering-Theory and Practice, 2012, 32（5）: 947-953.

[82] Liu Y, Feng Y, Zhang H, et al. Study on multi-dimensional scenario-space method for case-based reasoning[C]. Orlando: The 10th International Conference on Cybernetics and Information Technologies, Systems and Applications, 2013: 9-12.

[83] Ma Y, Yuan S, Zhang H, et al. Framework design for operational scenario-based emergency response system[C]. Baden-Baden: ISCRAM, 2013: 332-337.

[84] 钱静, 刘奕, 刘呈, 等. 案例分析的多维情景空间方法及其在情景推演中的应用[J]. 系统工程理论与实践, 2015, 35（10）: 2588-2595.

[85] Liu C, Qian J, Guo D H, et al. A spatio-temporal scenario model for emergency decision[J]. GeoInformatica, 2018, 22（2）: 411-433.

[86] 钱静, 刘艺, 刘呈, 等. 基于多维情景空间表达的两层案例检索算法研究[J]. 管理评论, 2016, 28（8）: 37-42.

[87] 张婧, 杨锐, 申世飞. 蓄意致灾情景下的应急信息策略[J].清华大学学报（自然科学版）, 2010, 50（8）: 1163-1167.

[88] 王刚桥, 刘奕, 杨盼, 等. 面向突发事件的复杂系统应急决策方法研究[J]. 系统工程理论与实践, 2015, 35（10）: 2449-2458.

[89] Li S Y, Zhuang J, Shen S F, et al. Driving-forces model on individual behavior in scenarios considering moving threat agents[J]. Physica A: Statistical Mechanics and its Applications, 2017, 481: 127-140.

[90] 苑盛成. 基于多智能体的大规模紧急疏散仿真系统研究[D]. 北京: 清华大学, 2012.

[91] Huang L D, Cai G, Yuan H Y, et al. Modeling threats of mass incidents using scenario-based Bayesian network reasoning[C]. Rochester: ISCRAM, 2018: 121-134.

[92] 韩叶良, 苏国锋, 袁宏永, 等. 基于概率情景的多场点系统地震风险分析方法[J]. 清华大学学报(自然科学版), 2012, 52 (4): 540-543, 549.

[93] Chang N B, Wei Y L, Tseng C C, et al. The design of a GIS-based decision support system for chemical emergency preparedness and response in an urban environment[J]. Computers, Environment and Urban Systems, 1997, 21 (1): 67-94.

[94] Wang J P, Ma J P. Research of urban emergency rescue system based on GIS[J]. Geospatial Information, 2004, 2 (3): 25-27.

[95] Dymon U J. An analysis of emergency map symbology[J]. International Journal of Emergency Management, 2003, 1 (3): 227-237.

[96] Robinson A C, Roth R E, Maceachren A M. Challenges for map symbol standardization in crisis management[C]. Seattle: ISCRAM, 2010.

[97] Wang F, Wen R Q, Zhong S B. Key issues in mapping technologies for disaster management[C]. Wuhan: 2nd International Conference on Information Engineering and Computer Science, 2010: 1-4.

[98] Chen T, Su G, Yuan H. Creating common operational pictures for disaster response with collaborative work[J]. WIT Transactions on Information and Communication Technologies, 2014, 47: 393-400.

[99] Yuan H, Huang Q, Su G, et al. Theory and Practice of Key Technologies of Emergency Platform System[M]. Beijing: Tsinghua University Press, 2012.

[100] 刘奕, 张宇栋, 张辉, 等. 面向 2035 年的灾害事故智慧应急科技发展战略研究[J]. 中国工程科学, 2021, 23 (4): 117-125.

第 14 章　国家安全管理研究

陈长坤

国家安全是国家的基本利益，关乎国家独立、经济发展、社会稳定等诸多方面，是国家正常运行和社会稳步发展的重要保障。近年来，随着国际战略格局的变化和我国综合国力的增强，国家安全形势总体上不断改善。但在新形势下，国家安全面临的威胁表现出复杂化、多元化和动态化的特点：外部安全与内部稳定问题相互交织；传统安全和非传统安全挑战相互叠加；国家安全的战略决策与重大事件的应对决策并存[1]。近年来发生的新疆莎车县"7·28"严重暴力恐怖袭击案、香港"占领中环"非法集会、佩洛西窜访台湾等事件严重威胁着国家安全与社会稳定。

党和政府高度重视国家安全。为应对新的国家安全形势，2013 年，党中央设立了中央国家安全委员会，由习近平总书记担任主席[2]；2014 年，在中央国家安全委员会第一次会议上，习近平首次提出了"总体国家安全观"[3]。2015 年 1 月，中共中央政治局审议通过了《国家安全战略纲要》，同年 7 月，新版的《中华人民共和国国家安全法》在第十二届全国人民代表大会常务委员会第十五次会议上通过[4]，标志着"三位一体"的大国家安全体系的建立和完善。《国家自然科学基金"十三五"发展规划》将"国家安全的基础管理规律"列为优先发展领域[5]。然而，国家安全相关研究仍处于快速发展和形成的过程中，尚未形成系统性的科学体系，特别是缺乏新兴大国的国家安全宏观管理理论。

基于国家安全事件应对的特殊困难性，其理论方法、组织机制、决策支持平台等各方面研究都很不足。正确把握国家安全形势变化特点与趋势，构建符合我国发展形势的国家安全管理的决策体系，既能厘清国家安全管理、政策与制度存在的关键瓶颈问题，完善包括理论、战略、政策、方法、技术、平台和系统的国家安全支撑体系，也是提升国家安全保障能力和水平的重要科技支撑。基于此，国家自然科学基金委员会对国家安全科学管理提出了重大需求。2015 年 5 月，国家自然科学基金委员会召开了主题为"国家安全管理中的基础科学问题"的第 134 期双清论坛，来自国内 33 所高校、科研院所和管理部门的 43 名专家学者共同探讨国家安全管理中的科学问题，凝练前沿研究方向，提出科学基金资助建议。2017 年 7 月，国家自然科学基金委员会发布了《"国家安全管理的决策体系基础科学问题研究"重大项目指南》。2018 年 1 月，在国家自然科学基金委员会的指导下，该项目启动实施。开展研究的过程中，范维澄院士团队在重大国家安全事件管理机制、国家安全大数据综合信息集成与分析方法、国家安全风险管理与综合研判理论和方法、国家安全协同应对与辅助决策理论和方法、国家安全管理的决策体系设计等方面取得了一系列成果，完成的政策研究报告获得中央及国家多位领导批示或圈阅，提出的危机事件情景推演技术等成功应用于 COVID-19 疫情传播风险评估与防控策略的分析中。

国家安全体系的建设离不开专业人才的培养。范维澄院士团队直接参与了"国家安全学"一级学科的设置论证。在范维澄院士的直接推动下，2020 年，国务院学位委员会、教育部批准设立"国家安全学"一级学科（学科代码为 1402）。设立"国家安全学"一级学科，是深入贯彻落实总体国家安全观、实施国家安全法、健全国家安全体系，以及强化国家安全全民意识、构筑国家安全人才基础、夯实国家安全能力建设的战略举措，意义深远[6]。

当今世界面临百年未有之大变局，危中孕机、机中藏危，抢先识别风险、提前防范，才能赢得制胜先机[6]。范维澄院士团队立足于国内实际，总结了国外先进经验，针对当前复杂的国家安全新形势，研究了国家安全管理的宏观管理决策和事件应对决策中涉及的关键科学问题，形成了国家安全管理的决策体系的顶层设计思路，探索了重大国家安全事件多部门协同应对机制，提出了一系列国家安全事件管理的信息集成分析模型与方法、风险管理与综合研判理论和方法、协同应对与辅助决策理论和方法，构建了针对国家安全事件的管理决策方法体系，为国家安全事件应对提供科学基础和政策参考，进而为谋划国家安全战略、研判国家安全态势提供分析方法和手段，为增强国家安全能力、合力、战斗力提供理论基础。同时，范维澄院士团队以国家安全管理为实证研究对象，完善了决策理论与方法，促进了管理学科发展，培育了国家安全管理交叉学科方向，打造了一支在国内外有影响力的跨学科研究队伍。

本章依托国家自然科学基金重大项目"国家安全管理的决策体系基础科学问题研究"，主要介绍范维澄院士团队在国家安全管理领域的主要研究成果。

14.1 国家安全管理的重要性

有关国家安全的研究由来已久。早在我国战国时期，孟子便提出"生于忧患，死于安乐"，自此"有备无患，居安思危"成为历代治国的基本原则。西汉时期，贾谊在分析秦国灭亡时指出"仁义不施而攻守之势异也"；唐太宗李世民认为"水能载舟，亦能覆舟"，强调"民本"的重要性。另外，我国《孙子兵法》中讲"兵者，国之大事"，认为军事是关乎国家存亡的大事。总的来说，古人强调对内要仁义，对外要强兵。这些思想丰富了国家安全的内涵，是前人给我们留下的宝贵精神财富。但受限于历史条件，古人的国家安全观仅从政治安全和军事安全两方面考虑，维度较为单一[7]。

时代赋予了国家安全新的内容。现如今，世界范围内国家结构形式和社会形态发生了翻天覆地的变化，文化信仰和意识形态之间的冲突，深海、太空等新活动空间的争夺，科技资源之间的封锁抢占，都是威胁国家安全的潜在因素[8]。在政治安全方面，国内民族分裂势力活跃；伪宗教和邪教危害一直存在；国际上以人权问题干涉内政，意识形态领域的斗争更加复杂化[9]。在国土安全方面，巨灾与国情、民众心理耦合，易触发连锁反应；部分基础设施接近设计寿命，风险性加大；边境海关口岸面临非法移民、贩毒、走私、贩卖人口、疾病蔓延等威胁。在军事安全方面，我国的地缘环境复杂，领土主权和海洋权益冲突日益凸显；政治、经济和外交等方面国家间的博弈与领土争端可能激化为军事冲突。在经济安全方面，霸权国家通过金融战争打击我国，进行金融掠夺，转嫁经济危机；经济增速放缓加大就业和社会保障压力；市场体系不对称加速了我国资源耗竭及自然资源的外流。文化安全是国家安全的深层次主题，通过电台、电视、网络等渠道进行的文化侵略和文化渗透一直存在，且隐蔽性和渗透力强，影响国民价值观念和行为方式。同时，我国在网络信息核心技术、关键产品垄断、网络规则主导权等方面没有话语权，经常性地需要被动地接受国际规则[10]。在社会安全方面，国际、国内多种因素影响使防恐反恐形势复杂化；贫富差距、社会阶层和利益群体矛盾激化可能导致群体性事件，影响社会稳定。在科技安全方面，某些技术先进国家通过控制技术发展，建立竞争优势，垄断国际市场，损害了新兴国家的经济利益；跨国公司争夺科技资源，利用技术标准、专利陷阱和技术封锁等削弱我国自主创新能力。在信息安全方面，斯诺登事件彰显出信息安全问题的重要性；信息泄露、非法控制、窃听等涉及我国公共事业、金融、军工等诸多领域。在生态安全方面，我国空气、水、土壤、海洋等生态环境恶化，生态环境灾难危及国家安全。在资源安全方面，近年的稀土案、力拓案等为国人敲响了警钟；能源、原材料问题多与政治关联，我国利用境外能源资源的国际环境不容乐观；海洋能源资源关系我国能源安全及领土完整，其开发、利用面临严峻的挑战。在核安全方面，日本福岛核事故凸显了核安全的问题，即重大核事故会造成严重的灾难和巨大的社会影响；各种恐怖主义等犯罪行为对核材料、核设施和核运输带来了严重威胁。在其他安全方面，重大基础设施安全、重大疫情蔓延、涉港澳台事务、外交安全等在不同程度上影响和威胁着我国的国家安全和社会稳定[1]。

早在 21 世纪初，范维澄院士便开始了应急管理方面的研究。2005 年，他提出要建设基于先进信息技术和应急信息资源的多网整合的、软硬件结合的应急保障技术系统[11]。2006 年出台的《国务院关于全面加强应急管理工作的意见》把"推进国家应急平台体系建设"列为"加强应对突发公共事件的能力建设"的首要工作，并明确指出"加快国务院应急平台建设，完善有关专业应急平台功能，推进地方人民政府综合应急平台建设，形成连接各地区和各专业应急指挥机构、统一高效的应急平台体系"[12]。

2009～2018 年，在范维澄院士的带领下，"非常规突发事件应急管理研究"重大研究计划完成结题。该计划是国家自然科学基金委员会"十一五"期间启动的第二批重大研究计划，旨在提高对现代条件下灾害事故特点及科学规律的理解和认识，从而加强预防和处置突发事件的能力与防灾减灾能力，保障国家管理正常运行及社会良性发展[13]。在研究计划执行过程中，范维澄院士强调要紧密结合国家安全和公共安全的重大战略规划，着力解决非常规突发事件的共性关键科学问题。该计划在应对方式方面，提出了情景构建理论与方法，完成了应对方式从"预测-应对"到"情景-应对"的发展，为编织全方位的公共安全网络提供了科学基础；在应急模式方面，提出了应急准备理论与方法，完成了应急模式、应急响应到应急准备的发展，为国家突发事件应急体系建设规划编制实施提供了技术支撑；在管理机制方面，基于物联网、大数据和云计算等技术，实现了由简单行政管理向数据驱动的系统治理转变，为国家应急管理提供了应急平台支撑；在影响范围方面，参与了全球治理，为国际卫生组织提供了应急平台方案，牵头制定了应急能力评估国际标准，为厄瓜多尔、巴西等国家设计建设了公共安全系统平台，提升了我国在应急管理领域的国际话语权。

在此基础上，范维澄院士团队开展了国家安全管理的研究。范维澄院士认为，国家安全管理的决策体系的基础科学问题研究涉及两个方面。一方面是国家安全事件管理机制及决策体系设计的基础科学问题研究，研究其事件管理机制等共性问题，特别是涉及多部门协同、多层级贯通、跨区域联动、政府与社会协同、信息共享等难题。另一方面是面向国家安全事件提供决策支持的理论和方法的基础科学问题研究。首先，面对错综复杂的国家安全形势和安全危机，需要及时、充分地获取海量、多样、快变的国家安全数据，并进行集成分析；然后，面对跨模态、跨时空的多源数据和情报信息，需要快速预见安全风险，准确分析当前态势，做出准确的预判与预警；最后，针对国家安全风险和危机应对，需要形成应对方案、统一的指挥调度、行动的协调等。各方面研究均需要多类型科学方法和技术手段协作。

1. 重大国家安全事件管理机制

国家安全事件具有复杂多样性和不确定性，需要从风险管理的视角进行预防和应对，需要多部门、多地区、多层级的协同和防控。目前，我国的重大国家安全事件管理机制存在诸多问题：部门间和地区间的协同与合作存在冲突；多层级、多环节协同制度与实际执行之间存在不同程度的脱耦；政府与社会不同参与主体对于政社联动感知存在差异，即在决策和应对流程上缺乏利益相关者的参与和互动。

针对重大国家安全事件的管理机制，范维澄院士团队主要研究了国家安全管理多部门/多地区配合与冲突解决机制、国家安全事件多层级/多环节协同应对机制、国际安全与国内安全的交互应对机制、国家安全多层面社会联动管理机制等，解决了重大国家安全事件管理中涉及的多部门协同、多层级贯通、跨区域联动、政府与社会协同、信息共享等难题。

2. 国家安全大数据综合信息集成与分析

在国家安全领域，大数据的技术先进性、空间开放性等特征可以带来国家安全数据与信息处理方式的根本性变革。大数据技术的应用对国家安全管理的影响是各国关心的国家安全前沿问题，同时大数据管理是国家安全管理的重要模块。大数据综合信息集成与分析在国家安全管理工作中是风险管理与预判、事件规模及态势预测预警、协同应对、评估应急资源需求并进行应急指挥调度等的基本依据。

在国家安全管理的战略信息需求分析的基础上，范维澄院士团队研究了物理–

信息-社会三元世界的国家安全信息泛在协同感知与交换共享模式和方法、大数据跨模态/跨时空多源信息融合与可信度评估理论和方法、国家安全部门与社会层面信息的整合分析方法，建立了国家安全信息集成与分析系统，为国家安全事件管理提供信息支撑。

3. 国家安全风险管理与综合研判

在当前的形势下，国家安全涵盖领域极广，涉及众多传统安全和非传统安全领域，形势复杂、挑战严峻，国家安全管理也呈现越来越复杂的特征。针对事件复杂度高、预判预测预警困难、指挥应对缺乏经验等难题，国家安全风险管理与综合研判理论和方法的研究已成为国内外国家安全领域的热点和前沿问题，也成为国家安全管理的重要科技需求之一。

在国家安全风险管理与综合研判方面，范维澄院士团队提出了基于情景感知的信息和情景分析方法，获取了国家安全在物理-信息-社会三维空间海量情景信息的实时主动感知、获取、处理和分析方法及实现技术；研究提出了重大国家安全事件风险评估、趋势研判及应对方案评估理论与方法，进而研发了国家安全事件风险评估与趋势研判平台，包括基于任务驱动的国家安全事件情景设计、构建与推演方法的桌面推演系统，基于重大国家安全事件的全过程风险管理的风险评估与趋势研判系统，基于国家安全事件预判、趋势预测、分级预警的预警信息发布系统，实现了国家安全事件的风险识别、趋势研判及国内外威胁预见。

4. 国家安全协同应对与辅助决策

国家安全事件一般从属于突发性危机事件，通常具有突发性、威胁性、紧迫性等特点，需要进行有效的预防与应对，以控制其演化规模和影响范围。危机应对过程是一个多阶段、多主体、多层级的动态演进过程，国家安全协同应对与辅助决策是国家安全管理的决策体系中的一个重要的基础科学问题。

范维澄院士团队围绕国家安全事件发生后的协同应对与辅助决策过程，以危机协同应对与决策建模、动态监测学习和优化技术为核心，利用数据解析技术，进行了国家安全协同应对与辅助决策理论和方法的研究。研究了基于数据解析的危机应对全过程的动态跟踪与监测方法，构建了面向多部门动态协同的危机应对计划与资源配置计划，研究了基于数据解析的应急资源动态优化调度方法，并对开发的危机应对智能决策支持系统在公共安全领域和工业领域进行了应用验证，一定程度上提升了国家安全协同应对的智能化水平。

5. 国家安全管理的决策体系设计

从国家安全事件未来的变化趋势来看，需要新的国家安全管理的决策体系才能满足总体国家安全观的需求。国家安全管理决策新体系包括国家安全事件决策咨询、决策中枢、决策执行机构及运行机制等，为政府制定国家安全管理决策政策提供科学依据。与传统常规的决策体系不同，国家安全管理的决策体系是一个层次更高的结构，建立系统科学的国家安全管理的决策体系是提高安全事件管控能力、化解安全危机的有效手段。

范维澄院士团队通过典型国家安全事件的调研，围绕安全事件有效化解重点研究国家安全管理的决策体系结构，开展国家安全管理的决策体系设计的研究。首先，开展了国家安全事件行为主体的行为特征及其演化规律研究，研究了国家安全管理决策模型与方法，构建了国家安全事件多准则直觉模糊决策模型，提出了多属性复杂大群体决策模型和方法；然后，开展了国家安全管理决策范式和国家安全管理决策情景设计与仿真平台的研究，实现了对不同国家安全事件的模拟仿真；最后，开展了国家安全管理的决策体系的研究，建立了国家安全事件决策信息平台，确立了国家安全决策相应机构及其科学运行机制。

范维澄院士认为，国家安全管理的决策体系包含深刻复杂的科学技术问题、政策选择问题与体制机制问题，需要多学科深度融合，研究开放性强，创新空间巨大，为国家安全管理创新研究提供了广阔前景。国家安全管理的决策体系研究将着力解决国家安全管理的关键科学问题，增强国家安全管理的自主创新能力，提供国家安全智库支持，为支撑和引领国家安全管理能力的持续提升打下科学基础，意义重大。

14.2 国家安全管理建设需求

为了解决国家安全管理中遇到的问题，提高国家安全管理的基础研究水平和科技支撑能力，范维澄院士团队认为应该从国家安全复杂系统与管理体系、国家安全管理基础理论与应用、中国社会公共安全治理体系、国家安全管理平台等四个基础科学问题着手，加强对国家安全管理中关键科学问题的资助并进行深入研究。其中，国家安全复杂系统与管理体系重点涉及国家安全管理本身的复杂性特征与体系问题，属于国家安全顶层设计。国家安全管理基础理论与应用重点针对重大国家安全事件，研究其管理体制机制、风险评估、预测预警、决策体系、模拟仿真、情景推演等共性和特性问题。中国社会公共安全治理体系则研究国家安全基层的安全问题，以夯实国家安全社会基础。国家安全管理平台则以平台形式支撑上述科学问题的研究。国家安全管理领域的四大基础科学问题如图 14-1 所示，具体阐述如下[1]。

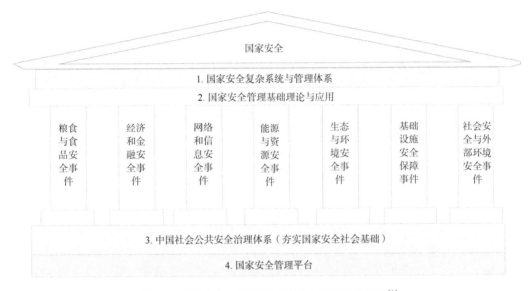

图 14-1　国家安全管理领域的四大基础科学问题[1]

1. 国家安全复杂系统与管理体系

国家安全复杂系统与管理体系主要包括：①国家安全复杂开放巨系统特征与动力学；②国家安全风险演化机理（风险形成、演化等）；③国家安全综合态势分析方法与评判体系；④国家抗逆力增强机制；⑤国家安全战略管理体系；⑥国家安全管理理论与对策等。

2. 国家安全管理基础理论与应用

近年来，国内外学者在粮食与食品安全[14-18]、经济和金融安全[15, 19-22]、网络和信息安全[23-26]、能源与资源安全[27-29]、生态与环境安全[30-32]、基础设施安全保障[33-36]、社会安全与外部环境安全[37-41]、国家安全理论体系[42, 43]等方面取得了突破性进展，提出了一系列提升国家安全水平的技术和管理方法。国家安全领域广阔，因此国家安全的研究必须在纷繁复杂中找到共性。范维澄院士团队凝练了国家安全管理科学中的共性问题：①重大国家安全事件管理体制；②国家安全事件协同应对机制；③国家安全事件的情景构建和推演模型与方法；④重大国家安全事件风险评估与预测预警理论；⑤重大国家安全事件的决策理论与方法；⑥国家安全事件与群体心理行为学；⑦面向国家安全事件的模拟仿真计算方法；⑧面向国家安全事件的数据与知识融合理论和方法。

此外，范维澄院士团队研究了各种重大国家安全事件管理的特性科学问题。①粮食安全与人口系统演化、预警和调控；国家粮食安全危机的概念、范畴，形成的途径、影响机理及出现的概率和影响，监测与预警系统及调控理论与方法体系；新时期保障国家粮食安全的战略构思和政策保障。②食品安全监管的公共治理模式、风险管理策略；食品安全治理的公共政策。③经济安全基础理论和调控方法；宏观经济安全的刻画和调控；体系性金融风险；金融安全的刻画和调控；开放条件下产业安全影响因素、评价体系；经济安全综合评估与监测预警系统。④国家网络空间安全模型和体系架构、技术体系、管理体系；信息安全科学构件的组合方法与扩展方式、基于策略的安全协作方法、安全性度量方法及预测模型、信息系统的弹性架构设计方法、参与人行为的理解与建模。⑤能源安全的刻画和调控；资源安全与经济安全、生态安全之间的关联性分析，其他重大国家安全事件对资源安全的冲击影响机制；国家水和金属资源安全发展战略、目标与管理体系。⑥国家生态环境问题与应对措施，生态环境群体事件发生规律与管控策略，国家生态安全管理协调机制与管理制度。⑦国家重大基础设施的结构与功能安全体系、基础设施与网络空间的协同安全、安全保障战略规划。⑧基于大数据预测解析学的社会安全分析；周边安全与大国关系、周边地区结构重组和调整。

3. 中国社会公共安全治理体系

中国社会公共安全治理体系主要包括：①城市/社区公共安全综合治理体系设计；②城市/社区综合治理创新机制与治理能力评价；③城市/社区全要素风险监测与全过程风险防控；④城市/社区抗逆力增强体系与平台[44]。

4. 国家安全管理平台

国家安全管理平台包括国家安全管理基础研究平台与国家安全管理应用支撑平

台，以期通过基础科学问题研究，将基础研究成果充实到应用平台，提升应用平台的功能水平和科技支撑能力。主要涉及：①国家安全多元信息获取、融合与深度挖掘系统；②国家安全风险评估与抗逆力分析系统；③国家安全情景构建、推演与综合研判系统；④危机协同应对、辅助决策、指挥调度与跟踪反馈系统；⑤与物联网、大数据和云服务技术结合，综合考虑物理、网络、心理三大空间的安全管理平台系统。

14.3　国家安全管理机制及决策体系设计的理论与方法

范维澄院士领衔的国家自然科学基金重大项目"国家安全管理的决策体系基础科学问题研究"针对国家安全管理的决策体系基础科学问题，设置了重大国家安全事件管理机制、国家安全大数据综合信息集成与分析方法、国家安全风险管理与综合研判理论和方法、国家安全协同应对与辅助决策理论和方法、国家安全管理的决策体系设计五个相互关联的研究课题，总体研究内容如图 14-2 所示。

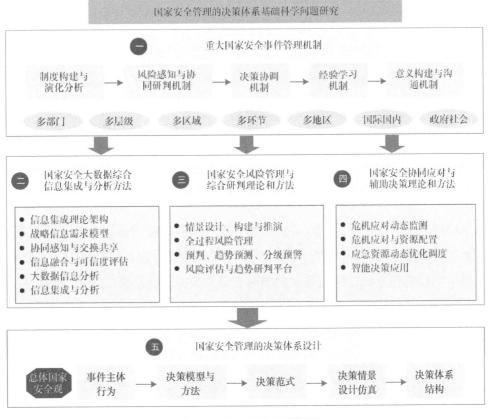

图 14-2　总体研究内容框图

14.3.1 总体研究内容

1. 重大国家安全事件管理机制

针对重大国家安全事件，研究了事件管理机制等共性问题，特别是涉及多部门协同、多层级贯通、跨区域联动、政府与社会协同、信息共享等难题。第一，对重大国家安全事件管理的制度构建与演化进行了专门分析。研究了国家安全事件的分类机制、国家安全事件管理制度演化过程，特别是"一案三制"体系变迁特征，同时对非正式制度对国家安全事件管理的影响进行了分析。第二，研究了重大国家安全事件管理中的风险感知与协同研判机制，构建了国家安全决策协同研判模型，重点关注会商过程中官员间的互动网络结构、团队的异质性、冲突管理策略等因素对决策中协同研判的影响。第三，开展了重大国家安全事件管理中的应急决策协调机制研究。基于国家安全事件决策协调主体和问题分析，深入探讨了重大国家安全事件管理中组织间的关系、决策过程的互动和知识聚合，进而对重大国家安全事件决策协调机制进行系统深入研究，构建了多部门/多地区配合与冲突解决机制，多层级/多环节协同应对机制等。第四，进行了重大国家安全事件管理中的经验学习机制研究，分析了重大国家安全事件管理过程中的经验学习过程与管理决策特征及其互动关系，探索了重大国家安全事件管理经验的学习现状及学习失灵模式，为重大国家安全事件管理经验学习机制的建立与完善提供有价值的研究建议。第五，关注重大国家安全事件管理中的意义构建与沟通机制，研究了政府对国家安全事件的意义构建策略、公众对政府意义构建的信任与接受机理，以及对决策产生的影响。

2. 国家安全大数据综合信息集成与分析方法

以物理世界、信息空间和人类社会三元世界的数据协同感知与关联映射为出发点，综合运用管理科学、国家安全管理的相关基础理论，以及数据科学、信息系统、情报科学的技术与方法，研究了面向国家安全大数据的信息集成理论架构、战略信息需求模型、信息组织与融合方法、信息整合分析与系统应用等，实现了对国家安全大数据的综合信息集成与分析。

首先，基于管理科学、国家安全管理领域的相关基础理论，以及数据科学、信息系统、情报科学的技术与方法，开展了理论回顾与交叉分析，解析三元世界在国家安全管理中的逻辑关系，探究了国家安全管理中业务流程与数据分离的技术和方法，构建了面向国家安全大数据的信息集成理论架构；其次，在分析国家安全管理领域若干典型应用的信息需求基础上，探讨了一般性战略信息需求的描述形式、分析流程和方法，进而把握不同阶段与决策主体信息需求特征、类型及内容等，构建了战略信息需求通用模型和面向多阶段、多主体的个性化需求模型；再次，以事件、任务和目标的主体需求为驱动，从国家安全信息的协同感知与获取、信息组织与交换共享、信息融合与评估体系构建三个方面实现对国家安全综合信息的集成与融合，提出了针对国家安全大数据的多源信息组织与融合方法体系，进而寻求构成国家安全信息分析的符号和概念体系，在把握国家安全大数据信息转化过程和信息结构演变的基础上，建立了针对国家安全大数据的信息分析方法、框架和模式，形成面向国家安全大数据的信息分析范式；最后，依照信息集成与分析的流程，构建国家安全信息集成与分析的系统框架和应用示范系统，为国家安全管理下的社会治理、舆情导控等交互功能提供有力支撑。

3. 国家安全风险管理与综合研判理论和方法

以为国家安全事件管理提供趋势判断为目标，开展了国家安全事件风险管理与综合研判的基础研究。首先，提出了基于情景感知的信息和情景分析方法，获取了国家安全在物理-信息-社会三维空间海量情景信息的实时主动感知、获取、处理和分析方法及实现技术；提出了国家安全事件情景定性、定量分析方法；构建了国家安全事件情景库；基于情景感知信息和情景分析结果完成了国家安全事件情景推演，为应急决策提供辅助意见。其次，在情景推演结果评估的基础上，研究了重大国家安全事件的风险识别方法，研究提出了重大国家安全事件风险评估、趋势研判及应对方案评估理论与方法，揭示了重大国家安全风险源的识别原理，为国家安全事件全过程风险管理提供科技支撑。再次，研究了国家安全事件预判、趋势预测、分级预警方法，提出了国家安全事件多因素耦合诱发机制及后果分析理论；建立了基于大数据分析的国家安全事件危险态势分析模型；研究提出了人为干预与国家安全事件动态博弈及危险趋势转逆条件，构建了国家安全事件趋势预测方法与模型；研究提出了国家安全事件预警参数、阈值理论和分级模型。最后，综合重大国家安全事件管理机制研究成果、国家安全大数据综合信息集成技术与分析方法、国家安全风险管理与综合研判理论与方法，研发了国家安全事件风险评估与趋势研判平台，包括基于任务驱动的国家安全事件情景设计、构建与推演方法的桌面推演系统，基于重大国家安全事件的全过程风险管理的风险评估与趋势研判系统，基于国家安全事件预判、趋势预测、分级预警的预警信息发布系统，实现了国家安全事件的风险识别、趋势研判及国内外威胁预见。

4. 国家安全协同应对与辅助决策理论和方法

围绕国家安全事件发生后的协同应对与辅助决策过程，以危机协同应对与决策建模、动态监测学习和优化技术为核心，利用数据解析技术，进行了国家安全协同应对与辅助决策理论和方法的研究。首先，研究了基于数据解析的危机应对全过程的动态跟踪与监测方法，提出了面向危机应对的预警信息深度挖掘方法、基于集成学习的危机应对过程推演方法及危机应对全过程动态跟踪与监测方法，实现了危机应对全过程的动态跟踪和监测。其次，构建了面向多部门动态协同的危机应对计划与资源配置计划，探讨高效的多部门协同机制，提出了面向多部门协同的危机多阶段应对计划；基于初始的危机全过程协同应对计划，研究了协同应对计划的动态优化方法，实现危机应对的动态协同和优化；基于数据解析技术提出各需求点的资源动态需求模型，研究提出了资源配置计划，实现应急资源配置的优化和资源的高效利用。再次，研究了基于数据解析的应急资源动态优化调度方法，包括基于数据解析的物流网络性能预测方法、面向动态需求的应急资源动态优化调度方法、非确定性应急资源动态优化调度方法，以实现危机处置中的应急资源动态优化调度。最后，对危机应对智能决策理论应用进行了验证。使用开发的危机应对智能决策支持系统在公共安全领域和工业领域进行应用验证，一定程度上提升了国家安全协同应对的智能化水平。

5. 国家安全管理的决策体系设计

针对国家安全事件有效化解难题，通过典型安全事件调研，在总体国家安全观背景下，围绕安全事件有效化解重点研究国家安全管理的决策体系结构，开展了国家安全管理的决策体系设计的研究。第一，开展了国家安全事件行为主体的行为特征及其演化规律研究，通过典型案例下国家安全事件行为主体的行为特征及影响因素分析，对典型行为形成机理、典型行为演化规律及行为风险预测进行探索研究。第二，开展了国家安全管理决策模型与方法研究，构建了国家安全事件多准则直觉模糊决策模型，提出了多属性复杂大群体决策模型和方法，并研究了安全事件中涉及的多部门之间及部门内部的冲突表现形式、冲突解决及达成共识的测度模型和协调机制，为提高国家安全事件的决策效率和决策结果的正确性提供保障。第三，开展了国家安全管理决策范式研究，在国家安全事件动态合作博弈模型、多部门合作博弈机制、决策流程与控制机制等研究的基础上，形成了相应的国家安全事件典型决策范式，大幅提高了决策范式的适应性，形成了国家安全事件管理决策范式智库。第四，开展了国家安全管理决策情景设计与仿真平台研究，构建了不同情景下国家安全事件仿真模型，研发了国家安全事件决策范式仿真系统，实现了对不同国家安全事件的模拟仿真，并分析了其适用性，针对不同安全事件决策情景的特征，构建决策情景的应对策略模式，为选择决策方案或提出新决策方案提供依据。第五，开展了国家安全管理的决策体系研究，建立了国家安全事件决策信息平台，确立了国家安全决策相应机构及其科学运行机制，提供了相应的政策、技术和资源等保障，并根据国家安全事件的等级确定国家安全事件的决策主体，进而制定国家安全管理的总体方针政策，探讨各相关实体部门的合作机制，制订各相关实体部门有关国家安全事件的具体实施方案。

14.3.2　重大国家安全事件管理机制

重大国家安全事件带来的管理挑战的根源是重大国家安全事件的多样性及复杂性。从总体国家安全观的角度看，重大国家安全事件覆盖传统与非传统安全问题，涉及国际与国内事务，关系政治、经济、社会各个领域。从管理学的角度看，应对这些事件的基本目标是一致的，但所需要的各领域知识、组织能力、综合资源是多元的，必须通过多元化组织分工合作的方式来解决。这就不可避免地面临两种经典的复杂组织决策机制的挑战。第一种组织决策机制挑战是如何克服常规组织运行逻辑和组织文化带来的局限性。第二种组织决策机制挑战是如何克服常规组织内不同部门激励机制冲突的问题。

范维澄院士团队在这方面的研究聚焦重大国家安全事件多样性与其管理机制中的多部门分工负责与协调合作机制建设及上述两种经典的复杂组织决策机制挑战问题，重点关注重大国家安全事件中国家安全管理机制的多部门/多地区配合与冲突、国家安全事件多层级/多环节协同应对、国际安全与国内安全交互应对、国家安全多主体社会联动管理等主要问题及其背后的深层复杂影响因素，为从宏观战略与微观策略层面全面切实有效解决重大国家安全事件管理中涉及的多部门协同、多层级贯通、跨区域联动、政府与社会协同、信息共享等难题提供有价值的基础研究支持和相关政策参考。

研究成果明确了国家安全事件的分类框架，分析了国家安全事件管理的"一案三制"体系的建构与演化；研究了非正式制度对国家安全事件管理的作用机理。在跨学科研究的基础上，建立了国家安全风险研判体系中的行为模型，通过情景模拟实验系统考察个体、组织内、组织间等因素对研判行为的影响。在实现理论创新的同时，为相关人员培训选拔工作提供理论支撑，也为国家安全管理的决策体系的组织模式改进提供政策建议。基于社会逻辑观理论、过程理论和知识管理理论，针对重大国家安全事件管理中存在的多部门、多地区配合冲突问题，以及多层级、多环节协同的脱耦问题，构建了重大国家安全事件管理决策协调的"关系耦合-过程互动-知识聚合"理论分析框架，探索建立了国家安全管理的跨部门、跨地区的决策协作机制。通过内容分析法与框架分析法，对我国现有的国家安全事件中的意义构建途径与策略进行分析；通过情景模拟和问卷调查，对不同类型公众的意义构建信任与接受机理进行分析；通过政策研究，为国家安全事件的联动沟通机制建设提供有参考价值的政策建议。以现有规范和政策文件中经验学习相关机制及其运转情况为起点，综合运用国家安全管理、组织学习、知识管理和危机决策的相关理论和方法，分析了国家安全管理决策的特征，研究面向国家安全管理决策的经验学习过程及其互动关系，探索实践层面国家安全管理中经验学习的主要方式及其效果、学习机制运行特征及现实障碍，提出了一套辅助决策的重大国家安全事件管理经验学习机制的运行与完善办法。

范维澄院士团队在这方面的研究针对国家安全事件的多样性、特殊性，在总体国家安全观和应急管理研究成果的基础上，研究了国家安全事件管理的"一案三制"体系的建立与演化过程，针对重大国家安全事件管理中组织间的多主体关系与跨组织间的协同多维度、多层面交流的问题，研究了如何打破组织间边界限制，促进资源有序流动、知识的链接与传播，辅助科学决策与联动响应；在此基础上研究了政府对国家安全事件进行意义构建的方法，分析了公众对政府意义构建的接受和信任机理，以及公众接受和信任对决策的影响机制。

14.3.3　国家安全大数据综合信息集成与分析方法

数据与信息贯穿国家安全管理的各个环节，也是各个环节管理工作和决策分析的重要依据，尤其是在互联网发展的背景下，数据驱动安全已经成为各级别安全防护的共识。面对错综复杂的国家安全形势和安全危机，如何及时充分地获取海量、多样、快变的国家安全数据，系统全面地感知国内外涉及国家安全态势的有价值信息，是一个关乎国家安全的基础科学问题。

范维澄院士团队在这方面的研究内容可以分为四个板块：一套信息集成理论架构、一个战略信息需求模型、三大信息集成与分析模块，以及一个信息集成与分析系统平台。信息集成理论架构聚焦物理世界、信息空间及人类社会三元世界在国家安全管理中的逻辑关系，以政府管理部门原有的基本业务逻辑与数据管理的分离为目标，探索国家安全大数据综合信息集成的实现路径；战略信息需求模型致力于对战略信息需求的识别与表达，构建战略信息需求的通用模型和个性化模型；信息集成与分析模块分别对应国家安全的信息协同感知、多源信息融合、信息整合分析三大模块，研究针对国家安全大数据的综合信息集成与分析方法；信息集成与分析系统平台是对信息处理技术、工具及分析服务组件的集成，为国家安全大数据的综合信息集成与分析提供实现手段和绩效评估工具。国家安全大数据综合信息集成与分析方法研究内容的逻辑架构如图 14-3 所示。其中内容①为信息集成理论架构，内容

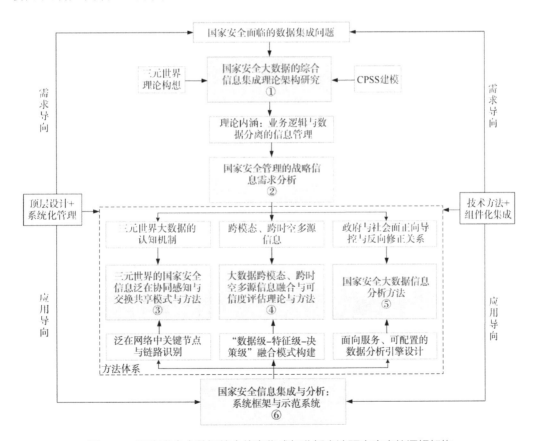

图 14-3　国家安全大数据综合信息集成与分析方法研究内容的逻辑架构

②为战略信息需求模型，内容③、④、⑤为信息集成与分析模块，内容⑥为信息集成与分析系统平台。

14.3.4 国家安全风险管理与综合研判理论和方法

国家安全风险管理与综合研判是国家安全管理的决策体系的重要环节，对事件的发展趋势、决策制定等都起着举足轻重的作用。在国家安全事件应急管理过程中，对相关情景的感知、分析、构建与推演是事件安全管理与评估的基础，国家安全事件的情景包含事件当前状态及事件未来的发展趋势。

范维澄院士团队主要研究基于任务驱动的国家安全事件情景设计、构建与推演方法，重大国家安全事件的全过程风险管理理论与方法，国家安全事件预判、趋势预测、分级预警方法，研发了国家安全事件风险评估与趋势研判平台，实现了国家安全事件的风险识别、趋势研判及国内外威胁预见，为国家安全事件管理提供趋势判断。国家安全风险管理与综合研判理论和方法研究内容的逻辑架构如图14-4所示。

图14-4 国家安全风险管理与综合研判理论和方法研究内容的逻辑架构

研究成果提供了一系列国家安全事件的情景感知、分析、构建、推演方法,风险识别、事件实时评估、发展趋势评估、应对方案评估、应对效果评估、事故总结评估等全过程风险评估理论与方法,事件发生机制与预判分析、趋势预测、预警发布方法,并研发出国家安全事件风险评估与趋势研判平台,为国家安全管理能力的持续提升打下科学基础,如图 14-5 所示。

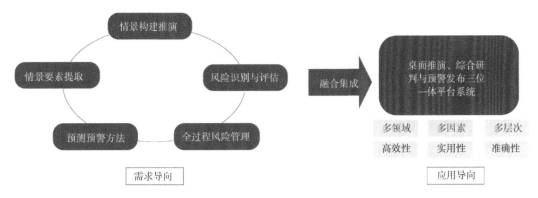

图 14-5　情景推演与综合研判示意图

14.3.5　国家安全协同应对与辅助决策理论和方法

在危机来临时,如何依靠有限的信息与资源,及时地应对与决策,是有效化解危机带来的威胁、保证国家安全和稳定人民生活的重要研究课题。近年来,我国经济迅速发展使得各种国家安全事件呈增多趋势,安全形势也日趋复杂,同时面对不断增长的社会安全需求,必须进行国家安全协同应对与辅助决策理论和方法的研究。

范维澄院士团队围绕国家安全事件发生后的危机应对与辅助决策过程,以危机协同应对与决策建模、动态监测学习和优化技术为核心,利用数据解析技术,进行以下四个专题的研究内容:①基于数据解析的危机应对全过程动态监测方法;②面向多部门动态协同的危机应对计划与资源配置计划;③基于数据解析的应急资源动态优化调度方法;④危机协同应对理论和方法应用研究。国家安全协同应对与辅助决策理论和方法研究内容的逻辑架构如图 14-6 所示。

研究成果提供了国家安全事件的危机应对过程监测方法、面向多部门动态协同的危机应对计划生成与动态调度方法、危机应对资源配置计划、危机应对资源动态优化调度方法等一系列辅助决策理论和方法,为国家安全事件的危机协同应对能力的不断提升提供理论支持和决策辅助。

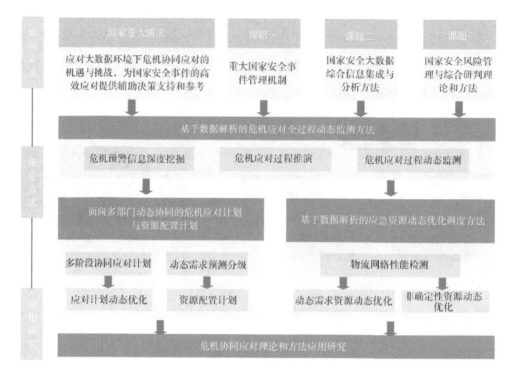

图 14-6　国家安全协同应对与辅助决策理论和方法研究内容的逻辑架构

14.3.6　国家安全管理的决策体系设计

国家安全事件危机管控仍然是薄弱环节，涉及的领域广泛且复杂，必须有效组合各方力量管控事件危机，决策体系结构的设计是其核心问题之一。与传统常规的决策体系不同，国家安全管理的决策体系是一个层次更高的结构，建立系统科学的国家安全决策体系结构是提高安全管控能力、化解安全危机的有效手段。

范维澄院士团队针对国家安全管理的决策体系滞后导致国家安全事件难以有效化解问题，通过典型安全事件调研，在总体国家安全观背景下，重点研究了国家安全管理的决策体系结构，主要包含五个部分：①国家安全事件行为主体的行为特征及其演化规律研究；②国家安全管理决策模型与方法研究；③国家安全管理决策范式研究；④国家安全管理决策情景设计与仿真平台研究；⑤国家安全管理的决策体系结构研究。国家安全管理的决策体系设计研究内容的逻辑架构如图 14-7 所示。

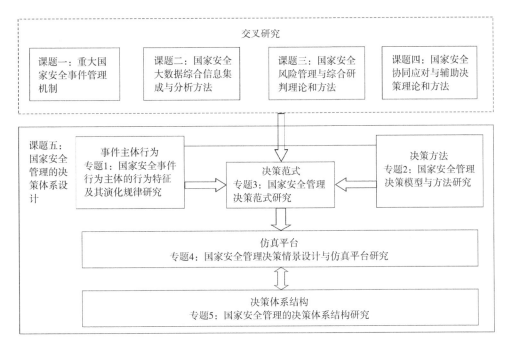

图 14-7　国家安全管理的决策体系设计研究内容的逻辑架构

研究成果构建了针对国家安全事件的管理决策方法体系，并通过不完全信息下多主体动态合作博弈模型、多部门合作博弈机制及决策流程与控制机制，构建了科学的国家安全管理决策新范式，最终构建了国家安全管理的决策体系结构。

14.4　"国家安全学"一级学科的设立

相对美国、以色列等国家的国家安全研究和教育，我国关于国家安全的研究和"国家安全学"学科建设工作处于跟跑状态。在国家自然科学基金重大项目的执行过程中，范维澄院士团队从培养和储备专业人才的角度，一直倡导设立国家安全学。在范维澄院士的着力推动下，2022 年，国务院学位委员会和教育部把"国家安全学"置入新设置的第 14 个"交叉学科"门类，这意味着官方正式把"国家安全学"定位为交叉学科，学科代码为 1402，这是国家安全学科发展的里程碑。

设立"国家安全学"一级学科是我国面向国家安全建设和世界和平发展的重要举措，以满足国家安全支撑体系构建的需求，贯彻服务于总体国家安全观实施，提升国家安全人才培养、科学研究和智库支持等能力，实现国家发展与安全并重的目标。

"国家安全学"一级学科的内涵具有鲜明的中国特色。美国的国家安全概念主要是指对外安全，我国的总体国家安全观则是兼顾内部与外部安全、国土与国民安全、传统与非传统安全、发展问题与安全问题、自身与共同安全等的整体的、系统的国家安全观，是具有鲜明的中国特色的国家安全。国家安全的战略决策与危机管控问题并存，对国家安全的研究提出了重大需求，在总体国家安全观背景下，重构国家安全的理论体系、知识体系、话语体系等也迫在眉睫。加强国家安全教育，适应了国家安全斗争形态的深刻变化，也是贯彻落实总体国家安全观的现实需要。将总体国家安全观学科化、学术化、知识化和系统化，是教育科研战线对保障国家平稳发展的重大贡献，也是其对促进世界和平和共同发展的重大贡献。

14.5　未来挑战与研究展望

在当前复杂的国家安全新形势下，范维澄院士团队研究了国家安全管理的宏观管理决策和事件应对决策中涉及的关键科学问题，形成了国家安全管理的决策体系的顶层设计思路，探索了重大国家安全事件多部门协同应对机制，提出了一系列国家安全事件管理的信息集成分析模型与方法、风险管理与综合研判理论和方法、协同应对与辅助决策理论和方法，为国家安全事件应对提供科学基础和政策参考，进而为谋划国家安全战略、研判国家安全态势提供分析方法和手段，为增强国家安全能力、合力、战斗力提供理论基础；以国家安全管理为实证研究对象，完善决策理论与方法，促进管理学科发展，培育国家安全管理交叉学科方向，造就一支在国内外有影响力的跨学科研究队伍。

在国家安全管理领域，范维澄等[45-48]提出：首先，创新管理机制，建立若干有特色的科学中心，进而建立开放式数据中心与研究平台，并长期持续给予稳定支持，通过科学中心开展科学研究，培养高层次专业人才，聚集高水平专家队伍，发挥国家安全管理智库作用；其次，部署项目群资助，设置若干重大项目及重点项目群，积极推进重大研究计划的设立；再次，资助人才与团队项目，积极扶持和培养国家安全管理领域优青、杰青与创新团队；最后，拓展国际合作，加强国家安全管理基础研究方面的国际合作，充分体现基础研究非涉密的特点和优势。

面对国际国内新形势，要建立覆盖全国的公共安全治理体系，进行与国家安全战略与政策和应急管理体制机制相适应的国家安全与应急管理的顶层设计，在信息融合的情景构建基础上，实现对安全事件风险管理全面综合评估和精细定量评估相结合，建立健全国家安全智库与危机管控机制，实现基于复杂条件、可动态优化的监测预测预警应急决策机制等[47]。

参 考 文 献

[1] 范维澄，翁文国，吴刚，等. 国家安全管理中的基础科学问题[J]. 中国科学基金，2015，29（6）：436-443.

[2] 中央人民政府. 中共中央政治局研究决定中央国家安全委员会设置[EB/OL].（2014-01-24）[2023-11-13]. http://www.gov.cn/ldhd/2014-01/24/content_2575011.htm.

[3] 中央人民政府. 中央国家安全委员会第一次会议召开 习近平发表重要讲话[EB/OL].（2014-04-15）[2023-11-13]. http://www.gov.cn/xinwen/2014-04/15/content_2659641.htm.

[4] 中央人民政府. 中华人民共和国国家安全法（主席令第二十九号）[EB/OL].（2015-07-01）[2023-11-13]. http://www.gov.cn/zhengce/2015-07/01/content_2893902.htm.

[5] 国家自然科学基金委员会. 国家自然科学基金"十三五"发展规划[EB/OL].[2023-11-13]. https://www.nsfc.gov.cn/nsfc/cen/bzgh_135/index.html.

[6] 范维澄，陈建国，申世飞，等. 国家安全若干科学与学科问题的思考[J]. 国家安全研究，2022，（1）：56-70，199.

[7] 范维澄，陈长坤，翁文国，等. 国家安全科学导论[M]. 北京：科学出版社，2021.

[8] 刘跃进，宋希艳. 在总体国家安全观指导下健全国家安全体系[J]. 行政论坛，2018，25（4）：11-17.

[9] 华诚. 境外非政府组织在华活动及对国家政治安全的影响研究[D]. 苏州：苏州大学，2019.

[10] 曾润喜，杨腾飞，徐晓林. 重视网络社会风险 保障国家政治安全——2016"国家政治安全与网络社会风险治理"研讨会综述[J]. 中国行政管理，2016，（6）：158-159.

[11] 范维澄. 突发公共事件应急信息系统总体方案构思[J]. 信息化建设，2005，（9）：11-14.

[12] 范维澄，袁宏永. 我国应急平台建设现状分析及对策[J]. 信息化建设，2006，（9）：14-17.

[13] 范维澄，霍红，杨列勋，等. "非常规突发事件应急管理研究"重大研究计划结题综述[J]. 中国科学基金，2018，32（3）：297-305.

[14] Fan S G，Brzeska J. Feeding more people on an increasingly fragile planet：China's food and nutrition security in a national and global context[J]. Journal of Integrative Agriculture，2014，13（6）：1193-1205.

[15] Kumar A，Nayak A K，Sharma S，et al. Rice straw recycling：A sustainable approach for ensuring environmental quality and economic security[J]. Pedosphere，2023，33（1）：34-48.

[16] Aziz N，He J，Raza A，et al. A systematic review of review studies on women's empowerment and food security literature[J]. Global Food Security，2022，34：100647.

[17] Aworh O C. African traditional foods and sustainable food security[J]. Food Control，2023，145：109393.

[18] Waha K，Accatino F，Godde C，et al. The benefits and trade-offs of agricultural diversity for food security in low- and middle-income countries：A review of existing knowledge and evidence[J]. Global Food Security，2022，33：100645.

[19] Prievozník P，Strelcová S，Sventeková E. Economic security of public transport provider in a three-dimensional model[J]. Transportation Research Procedia，2021，55：1570-1577.

[20] Wang J Q, Shahbaz M, Song M L. Evaluating energy economic security and its influencing factors in China[J]. Energy, 2021, 229: 120638.

[21] Leonov P Y, Bolot A, Norkina A N. Formation of transfer pricing risk management competencies as an integral element of training specialists in economic security[J]. Procedia Computer Science, 2021, 190: 521-526.

[22] Xue W. Construction of low carbon city economic security management system based on BP artificial neural network[J]. Sustainable Energy Technologies and Assessments, 2022, 53: 102699.

[23] Briscoe E, Fairbanks J. Artificial scientific intelligence and its impact on national security and foreign policy[J]. Orbis, 2020, 64（4）: 544-554.

[24] Reveron D S, Savage J E. Cybersecurity convergence: Digital human and national security[J]. Orbis, 2020, 64（4）: 555-570.

[25] Borowitz M J, Rubin L, Stewart B. National security implications of emerging satellite technologies[J]. Orbis, 2020, 64（4）: 515-527.

[26] Liu X M, Li D Q, Ma M Q, et al. Network resilience[J]. Physics Reports, 2022, 971: 1-108.

[27] Biresselioglu M E, Yelkenci T, Ozyorulmaz E, et al. Interpreting Turkish industry's perception on energy security: A national survey[J]. Renewable and Sustainable Energy Reviews, 2017, 67: 1208-1224.

[28] Gong X H. Energy security through a financial lens: Rethinking geopolitics, strategic investment, and governance in China's global energy expansion[J]. Energy Research and Social Science, 2022, 83: 102341.

[29] Novikau A. Rethinking demand security: Between national interests and energy exports[J]. Energy Research and Social Science, 2022, 87: 102494.

[30] Strawa A W, Latshaw G, Farkas S, et al. Arctic ice loss threatens national security: A path forward[J]. Orbis, 2020, 64（4）: 622-636.

[31] Liu C L, Li W L, Xu J, et al. Global trends and characteristics of ecological security research in the early 21st century: A literature review and bibliometric analysis[J]. Ecological Indicators, 2022, 137: 108734.

[32] Watts C, Conger J. Climate change and national security[J]. Orbis, 2022, 66（2）: 159-165.

[33] Prehoda E W, Schelly C, Pearce J M. U.S. strategic solar photovoltaic-powered microgrid deployment for enhanced national security[J]. Renewable and Sustainable Energy Reviews, 2017, 78: 167-175.

[34] Alekseeva A, Laamarti Y, Kozlov V, et al. Transport security in the structure of Russia's national security: New modern challenges[J]. Transportation Research Procedia, 2022, 63: 2301-2307.

[35] Huang H W, Zhang D M, Huang Z K. Resilience of city underground infrastructure under multi-hazards impact: From structural level to network level[J]. Resilient Cities and Structures, 2022, 1（2）: 76-86.

[36] Younesi A, Shayeghi H, Wang Z J, et al. Trends in modern power systems resilience: State-of-the-art review[J]. Renewable and Sustainable Energy Reviews, 2022, 162: 112397.

[37] Szymanski F M, Smuniewski C, Platek A E. Will the COVID-19 pandemic change national security and healthcare in the spectrum of cardiovascular disease?[J]. Current Problems in Cardiology, 2020, 45(9): 100645.

[38] Prikazchikov S A, Yandybaeva N V, Bogomolov A S, et al. National security indicators forecasting

through the pandemic[J]. IFAC-PapersOnLine，2021，54（13）：721-726.

[39] Hoffman F. National security in the post-pandemic era[J]. Orbis，2021，65（1）：17-45.

[40] Karouzakis N，Tzioumis K. Spillover costs of national security policies[J]. Annals of Tourism Research，2021，88：103033.

[41] Gvosdev N K. Toward a national security strategy for the 2020s：Writers and commentators weigh in[J]. Orbis，2022，66（2）：156-158.

[42] 刘跃进，王啸. 国家安全学理论体系演绎[J]. 山西师大学报（社会科学版），2023，50（2）：83-92.

[43] 王秉，吴超，陈长坤. 关于国家安全学的若干思考——来自安全科学派的声音[J]. 情报杂志，2019，38（7）：94-102.

[44] 范维澄. 构建智慧韧性城市的思考与建议[J]. 中国建设信息化，2015，（21）：20-21.

[45] 范维澄，苗鸿雁，袁亮，等. 我国安全科学与工程学科"十四五"发展战略研究[J]. 中国科学基金，2021，35（6）：864-870.

[46] 范维澄，翁文国. 科学家谈管理科学重要方向　国家安全与应急管理[J]. 科学观察，2019，14（5）：23-26.

[47] 范维澄. 落实总体国家安全观　推动应急管理体系和能力现代化[J]. 中国减灾，2024，（1）：10-11.

[48] 范维澄. 推进国家公共安全治理体系和治理能力现代化[J]. 人民论坛，2020，（33）：23.

第15章 国家安全技术研究

陈建国

国家安全是指国家政权、主权、统一和领土完整、人民福祉、经济社会可持续发展和国家其他重大利益相对处于没有危险和不受内外威胁的状态，以及保障持续安全状态的能力[1]。国家安全是一个国家的基本利益，是国家正常运行和社会经济良好发展的重要保障，关系国家独立、政治稳定、经济发展、社会和谐等诸多战略问题。当前，国家安全面临前所未有的新情况、新问题和新特点，内涵和外延比历史上任何时候都要丰富，时空领域比历史上任何时候都要宽广，内外因素比历史上任何时候都要复杂。从外部环境看，当今世界并不太平，经济发展动力不足，局部冲突和动荡频繁，全球性挑战愈加突出，极端主义、恐怖主义、网络攻击、难民危机等深度重塑国际政治生态和安全形态；安全问题同政治、经济、文化、民族、宗教、技术等问题紧密耦合；物联网、互联网、大数据、人工智能等技术和产业发展直接、深刻、持续地改变和重构全球战略布局与发展走向。从国内形势看，我国发展阶段和发展任务发生了深刻变化，工作对象和工作条件发生了深刻变化，面对的矛盾和问题也发生了深刻变化；不仅面临的威胁和挑战增多，各种威胁和挑战的联动效应越发明显，而且任何一个方面的安全短板都可能导致结构性、全局性风险。近年来，新疆莎车县"7·28"严重暴力恐怖袭击案、香港"占领中环"非法集会、中美贸易摩擦、佩洛西窜访台湾等一系列重大事件均事关国家安全。面对国家安全的新形势，如何切实应对现实的、潜在的威胁和挑战，是当前我国急需破解的问题。

国家安全是安邦定国的重要基石，维护国家安全是全国各族人民根本利益所在。坚持总体国家安全观，必须坚持国家利益至上，以人民安全为宗旨，以政治安全为根本，完善国家安全制度体系，加强国家安全能力建设，坚决维护国家主权、安全、发展利益。我国目前的国家安全内涵的丰富程度和内外因素的复杂程度是历史之最。国家的综合实力越强大，科学技术越发达，国际影响力就越大，其在国际中的话语权也越强，维护国家安全的能力就越强。1964 年我国第一颗原子弹爆炸成功，标志着我国的国防实力向前迈出了关键的一步。随着我国综合国力的不断提升，国家安全形势不断改善。近几年来，我国"墨子号"量子科学实验卫星、北斗卫星导航系统、"蛟龙"号载人潜水器、歼 20 隐形战斗机、"复兴号"动车组等大国重器的运用明显提高了我国的国防力量。在面临威胁国家安全的事件时，这些大国重器能为我国提供强有力的保障。

国家综合实力的增强不仅能够在外交方面取得更强的话语权，而且能够在法治方面成为国家活动中的规则制定者和受益者，改进后的法治反过来又能够促进技术的发展，从而形成一个良性循环。随着中国通信技术的发展，华为技术有限公司和大唐电信科技股份有限公司等中国企业参与了全球 5G 标准的制定。同时，技术革新可以促进国家治理形式和方法的现代化。例如，通信手段的普及使得全国性的网络化会议成为可能，但智能手机的流行需要国家增强对网络聊天等的监督。

加强国家安全建设能力需要正确把握国家安全基本规律。当今世界，所有国家的利害关系和稳定性都紧密相连。在高级的安全治理领域，为了系统化保护国家安全，需要采取统筹兼顾的方法。我们要以国家思维、法律思维、底线思维和效率思维促进国家安全能力建设。总体国家安全观将现代世界和社会更加紧密地与时间和空间联系在一起，组合效果更加明显，复杂程度大大增加。在安全治理方面，必须消除单纯的、封闭的、线性的思维方式，注意系统功能、信息机制、突变机制的复杂规律。

本章依托国家自然科学基金重大项目"国家安全管理的决策体系基础科学问题研究"和重大研究计划"非常规突发事件应急管理研究"，介绍范维澄院士团队在国家安全技术领域的主要研究成果。

15.1　国家安全技术的重要性

国家安全科学技术是有效提升国家安全保障能力和水平的重要支撑，在国家安全各个领域均有诸多科学技术问题亟待解决。

以资源安全为例，21 世纪，我国经济快速发展，对资源的需求与日俱增，与资源充足、稳定、可持续供应的矛盾凸显。资源安全在国家安全中占有重要的基础地位，关系资源利用行业的安全，更事关国家主权、生存和发展，事关 14 亿人美好生活的实现。当前，中国经济处于转型时期，生态文明建设提到前所未有的战略高度，资源需求结构正在调整，资源安全的概念和外延也在拓展，要求我们统筹资源自身因素、国内国际市场因素、国际政治军事因素，制定科学合理的资源安全保障战略并适时调整。习近平总书记在十八届中央政治局第六次集体学习时指出："要大力节约集约利用资源，推动资源利用方式根本转变，加强全过程节约管理，大幅降低能源、水、土地消耗强度。要控制能源消费总量，加强节能降耗，支持节能低碳产业和新能源、可再生能源发展，确保国家能源安全……要加强矿产资源勘查、保护、合理开发，提高矿产资源勘查合理开采和综合利用水平。要大力发展循环经济，促进生产、流通、消费过程的减量化、再利用、资源化。"[2]从维护资源安全的科学问题来看，可分为两个方面：一方面是如何研究、制定符合中国国情的资源发现、保护、储备、调配战略，并提升中国资源外交、资源贸易的国际话语权；另一方面是如何研发资源勘探、开采、加工、运输、储备、使用、回收、替代、再生、保护的技术和装备，提升科技保障资源安全的能力和水平。

以粮食安全中的储藏科技为例，为确保把饭碗牢牢端在中国人手中，应建立科技储粮安全体系。围绕影响储粮生态系统的温度、湿度、气体成分、杂质和微生物等因素，综合考虑绿色、节能、环保、安全等方面，突破粮食储备的一系列技术难题，包括自动粮情检测技术、智能通风环流技术、高效安全杀虫抑菌技术、谷物冷却控温技术和安全防控技术等。

以海洋安全为例，自古以来的实践经验表明，"向海则兴、背海则衰"。21世纪是"海洋的世纪"，发展海洋事业已成为全世界的广泛共识。从传统海洋安全来讲，我国的海洋安全形势并不乐观，美国协调区域盟友从推出"亚太再平衡战略"直至"印太战略"，无不将中国视为主要海洋竞争对手，意欲利用海洋实施战略牵制、遏制中国向海洋发展，急需我们从海洋政治安全、海洋军事安全等方面开展战略对策、外交博弈等方面研究。从非传统海洋安全来讲，海洋开发安全、环境安全、资源安全、交通安全等均存在理论、战略、治理等方面的科学技术问题，包括海洋资源开发与利用技术、海洋生态保护与修复技术、海洋防灾减灾与应急体系、海洋调查观测监测与预警技术、海洋航行安全保障技术与装备、海洋安全监管执法技术与装备等。例如，海洋环境安全关注的对象主要包括海洋动力灾害、海洋生态灾害、海上事故灾难等。近年来，我国将科技兴海作为创新驱动发展的"新引擎""新动力""新能力""新局面""新环境"，但是海洋自然环境复杂，海上交通、资源开发、养殖捕捞、旅游等各类生产活动日益活跃，各类海洋环境安全事件高发频发，给我国海洋产业和人民群众生命财产带来巨大损失。沿海地区因处于海洋与大陆的交会地带，是海洋灾害袭击的前沿。我国沿海地区一向是受海洋环境安全事件影响最严重的地带，也是世界海洋灾害最严重地带之一。在全球气候变化的背景下，海洋灾害形成机理、发生规律、时空特征、损失程度呈现出新的特点，为确保沿海经济带的平稳发展和海上各类生产活动正常运行，迫切要求建立健全我国海洋环境安全科学保障体系，加大自主研发海洋环境安全保障关键技术，以有效应对各类海洋环境安全事件，减少经济损失与人员伤亡。海洋环境安全科学包括海洋多源信息采集与融合、海洋环境安全事件风险辨识与评估、应急决策分析与指挥、海洋灾害情景构建与推演、风险预测预警信息发布、海洋复杂场景数据组织存储与动态信息交互等多个科学问题。

15.2　国家安全技术发展需求

国家安全能力建设需要预判、防范、化解重大风险。新时代的防控重点是可能阻碍中华民族伟大复兴的全局性的风险。范维澄院士强调要全面认识风险，主动自觉地防控风险，要有效化解风险，更要及时中止风险、防控风险，最大限度地减轻其对社会的危害。系统性的国家安全工作应具备四种核心能力：第一，对于国内外涉及国家安全的有价值信息，及时、充分、系统、全面地获取和感知的能力；第二，准确分析当前态势，对于安全风险能够快速预见并及时预警的能力；第三，进行情景推演、综合评估，形成对策的能力；第四，从重大事件所造成的国家系统或机构等故障或瘫痪状态中迅速恢复到正常运行状态的能力[3]。

15.2.1　国家安全监测能力

对国家安全监测的核心目的是建立一个能够为政府提供潜在威胁和脆弱性分析、判断及响应的机制，以信息系统和网络空间为应用区域，通过监测相关的国内外部门机构的信息系统，发现恶意的攻击活动，为政府提供安全预警。国家安全监测涉及的领域覆盖总体国家安全观下的各个安全领域，如图 15-1 所示。

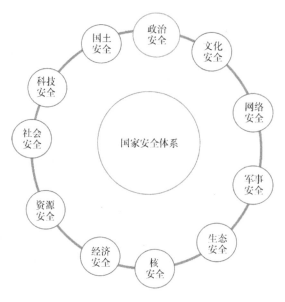

图 15-1　国家安全体系

　　目前国家安全监测的主流途径为自适应传感器网络、基于射频识别的物联网、情报搜集与分析等。"十二五"和"十三五"期间，我国在突发事件现场监测理论方法与信息获取技术研究方面开展了突发事件现场区域立体化监测体系的研究，研制了多层次、立体化监测系统。军队、外交、公安、国安、文化、国土、科技、环保、能源、财政、金融等各个领域都涉及国家安全的情报信息，多年来由相应领域的相关部门和机构建立的信息与情报收集分析平台进行收集，为情报信息的收集发挥了重要的作用。这些平台同时存在资源分散、信息孤岛、部门间信息信号敏感性差的问题。在国家安全问题日益多元化和复杂化的今天，几乎所有危机事件都涉及多元信息，信息表层的弱相关性凸显了情报综合和集成分析的必要性。国家安全态势日渐复杂，凸显出了搭建顶层信息综合平台的重要性。因此，需要通过技术手段解决信息孤岛和部门壁垒带来的情报集成问题，掌握更充分、综合的信息，形成整体力量以支撑协调联动机制的发挥，拉近最高决策层与事件原点之间的距离。情报集成是监测能力的核心之一。情报集成不仅要实现对海量情报数据的获取、汇总、清理、展现，实现对多渠道情报信息的交互印证，而且要利用大数据挖掘、信息碰撞、分析比对、交叉影响分析、相关性分析等技术进行分析，生成智能化情报分析和高度战略价值的情报，最终汇总为国家安全国情和加强安全措施建议的报告，提供给相关部门，实现对国家安全相关部门和社会面的信息整合。

各个领域的安全最终落脚点可归纳为政治安全、经济安全、社会安全三个方面。加强国家安全监测能力建设，需要以此为价值体现点，利用安全科技和信息技术，以国家安全战略为驱动，建立软硬件相结合的国家安全保障技术系统，及时、敏捷、充分地获取国家安全相关数据，以此来面对复杂的安全威胁。

国家面临的安全威胁多元化、复杂化，这给国家安全治理的系统性、专业性提出了极高的要求，迫切需要多种手段的配合。

15.2.2　国家安全研判预警能力

国家安全风险管理与综合研判是当前国家安全管理的重要科技需求之一，是国家安全管理的重中之重，各国纷纷在国家战略层面和辅助支撑平台建设层面进行重点布局。国家安全研判预警能力是指对多源数据和信息进行深度研判，对各种可能的安全风险及时预见、发现、分析、评估，对重大安全威胁及时预警，对可能演变成重大危机的事件在萌芽和初始阶段就启动应对处置。通过信息研判预警系统的建设，实现国家安全的远景预判，实现国家安全预警、全面防控，在国家之间的现代化博弈中抢占先机。

国家安全风险管理与综合研判是国家安全管理的决策体系构建的核心问题之一。在国家安全事件应急管理过程中，需要对相关情景进行感知、分析、构建与推演，这是事件安全管理与评估的基础。基于信息集成与管理评估的国家安全事件预判、趋势研判、分级预警能够为研发国家安全事件风险评估与趋势研判平台提供科学依据，为国家安全相关部门科学研判国家安全事件态势提供技术手段。因此，如何实现国家安全事件的风险识别、趋势研判和分级预警是国家安全研判预警能力建设的重点。

国家安全研判预警能力建设包括多领域全过程风险综合评估能力的建设、国家安全不完整信息下的精准预判能力的建设、多尺度的动态预测及分级预警能力的建设。通过以上三种能力的建设，最终实现国家安全危机判定指标体系的建立，以及多领域信息融合展现与深度研判，并对政治、国土、军事、经济、文化、社会等方面的专题风险评估和综合风险评估给出风险预警提示。结合研判预警报告，综合军事、政治、经济、科技、文化、外交等决策变量，兼顾国际国内环境、国家形象、意识形态、传媒民意、时间约束、资源约束等要素，能够辅助决策层进行近、中、远期的战略规划，并对拟/制定的国家安全战略规划进行推演和预评估，对已实施的战略规划进行定期再评估。

国家安全事件的发生、发展过程往往是跨领域的，且涉及物理、信息及社会等多个维度。国家安全事件的演化是由个人、社会、国家层面的数据耦合驱动的，涉及大量的关系复杂多样的对象主体。因此，对于安全事件情景的感知、事件趋势的研判与预测应该立足于多角度、多尺度、多要素的关联分析，构建多层次的动态趋势模型，为国家安全研判预警能力的建设提供技术支撑。

此外，国家安全原生事件往往演化出一系列新的次生、衍生事件，使风险事件产生次级影响，波及其他领域和地域，还可能形成多米诺效应，由此可能产生新的国家安全事件等。因此，国家安全事件的风险评估不能只针对事前的预防，而应从事前、事中、事后进行多领域、全过程风险综合评估，重点提升面向国家安全的全过程、多领域的风险评估建设能力。

国家安全事件的预判要在事件处于萌芽阶段执行，尽管数据信息的来源是多源、多层次的，但数据信息不够完整，信息系统不够完善，缺乏有效的信息。近年来，随着我国科学技术的发展，我国也在监测预测预警体系方面加大了基础研究的力度，在地质灾害、气象灾害、公共卫生、海洋灾害等领域监测预测预警信息化水平显著提高。面向综合应急管理工作的需要，对综合预测预警进行了研究，提出了诸多科学高效的预测预警方法和模型，如事件链模型和基于事件链的风险分析、预测预警方法。

15.2.3 国家安全应急处置能力

国家安全应急处置能力是指国家在情报集成和综合研判的基础上，面对突发国家安全事件，能够及时、科学地进行国家安全危机应对决策的能力。国家安全治理要求各国在平时综合国际国内形势和开展长远战略规划，防患突发安全事件于未然，从长远发展的角度维护国家安全；在国家安全事件发生时综合实时态势和各种约束条件，及时、科学应对，最大限度地维护国家利益和国家形象。上述目标的实现离不开强大的国家安全应急处置能力。

国家安全应急处置能力主要如下：第一，可视化的国家安全危机演化能力，即通过情景推演等技术对危机演化的过程进行分析，预测危机发展方向，评估危机后果，并根据结果进行危机预警；第二，应急处置方案的生成及优化能力，即根据国家安全危机类型及级别编制相应的处置预案，在实际应对危机时，结合领导、专家、处置人员意见和相关案例，形成相应的危机应对方案，辅助决策层进行国家重大安全危机的战略决策，并根据危机处置的结果反过来对应急处置方案进行优化；第三，多层级、多方面的协同会商能力，即实现参与危机应对人员的多点异地远程协同会商，以及相关部门的态势汇总、协调指挥和统筹调度。为实现上述目标，需要建立国家安全应急处置机制，综合各种安全风险和危机态势，协调统筹、跟踪任务、反馈信息，对各种战略实施的效果和优缺点进行科学评估，优化应急处置方案，缩短决策的时间和链条，为最高决策层提供战略决策和战略谋划的建议。

我国应急管理体系的核心是应急预案和应急体制、机制、法制，即"一案三制"，如图 15-2 所示。"一案三制"关注现代应急管理理论的最新研究成果，反映了事件生命周期研究、行为分析、案例研究等前沿探索领域的许多重要原则，也显示了其在响应速度、动员能力、处理效果等方面的良好应用。我国设立了中国共产党中央国家安全委员会，加强对国家安全工作的领导，美国、俄罗斯、日本等国家也有类似的体制机制。

图 15-2　"一案三制"示意图

我国现行应急管理体制还存在部门协调困难等问题。当前国家安全应急处置能力建设的重点是优化应急管理体制机制。在应急决策方面，一方面需要加强"大数据-小样本"的综合分析与应急决策方法的研究，另一方面需要强化基于"案例推理-知识发现-机器学习"的主动决策理论与方法的研究。大数据时代依靠的数据驱动的决策方式难以应用于信息量有限的突发事件的应急决策，因此需要开展"抽样分析＋全数据验证"的综合应急决策理论研究，将常态下的"大数据"应用于突发事件的"小样本"。"案例推理-知识发现-机器学习"的主动决策理论与方法是未来应急决策研究的发展方向之一。知识发现是指按需从信息中心获得知识的过程。应急决策研究涉及信息的融合、传播、分析处理，知识发现对于应急决策至关重要。机器学习研究用计算机模拟实现人类的学习行为，进而改善自身性能。除此之外，还需要加强突发事件的模拟仿真方法研究。复杂突发事件演化的不确定性对仿真精确性影响很大，但现有研究大多基于传统仿真决策的流程和规则，集中在各类仿真系统构建方法研究方面，对于应急条件下利用实时数据进行动态优化、调整系统仿真过程的研究不足，未深入考虑应急条件下仿真决策分析的特性。后续要加强对应急环境下决策分析准则、流程的研究，以及应急决策的综合影响及其不确定性对结果影响的评估方法的研究，形成适用于应急环境的决策理论。复杂事件的应急决策分析要求决策支持系统必须同时具备多领域知识系统、模型或工具协同计算、分析的能力。为此，需要对分布式环境下的多领域知识系统、应急决策模型的智能化综合集成方法进行研究。科学选择优化模型，利用分布式模型实现对突发事件的异地模型在线协同推演将是应急决策研究的未来方向之一。

15.3 国家安全事件的情景推演、监测预警与决策管控技术

面对错综复杂的国家安全形势和安全危机，如何敏捷、充分地获取海量、多样、快变的国家安全和危机相关数据，全面感知国内外涉及国家安全的有价值信息；面对跨领域、跨模态、跨时空的多源数据和信息，如何及时预见安全风险，准确分析当前态势，科学预测危机发展趋势，深度研判并预警；面对涉及国家安全的各种安全风险和危机态势，如何高效开展基于综合情报的战略谋划和部署，统筹各种力量并协调行动……这些都是当前国家安全在理论、战略、治理、技术等方面所面临的重大挑战。国家安全科学体系是一个包括多方面内容、涉及多方面问题、具有多方面关联的随机、开放的复杂巨系统[4]，涉及风险管理、情景推演、预判预警、决策管控等多方面的交叉科学问题。

15.3.1 国家安全风险管理理论与评估方法

国家安全体系极其广泛，既有内部安全隐患，也有外部安全威胁；国家面临的安全风险更加多元化、复杂化，对国家安全治理的系统性、专业性提出了极高要求。因此，迫切需要创建完善国家安全风险管理理论，构建风险识别、评估和预警机制，深度研判多源数据和信息，及时预见、发现、分析各种可能的安全风险，识别并评估主要安全风险源与风险等级，及时预警重大安全威胁，实现精准识别和全面防控各种国家安全威胁。科学有效的风险管理是确保既定战略实施、趋利避害的有效屏

障，对于全面评估国际、国内安全形势，制定并不断完善国家安全战略，明确国家安全战略的指导方针、中长期目标，以及重点领域的国家安全政策、工作任务和措施，完善国家安全任务"清单"具有重要意义，是新形势下准确识变、科学应变和主动求变以强化国家安全风险治理的重要抓手。

国家安全涵盖了政治安全、国土安全、军事安全、经济安全、文化安全、社会安全、科技安全、网络安全、生态安全、资源安全、核安全、海外利益安全、生物安全、深海深空深地深蓝安全等众多传统安全和非传统安全领域，形势复杂、挑战严峻。传统风险管理理论在面向单一领域风险评估时已经建立了较为成熟的框架与方法，如 ISO 发布的一系列风险管理指南的国际标准[5-7]，但当下国家安全风险管理理论与评估方法需要考虑国家安全正面临的外部安全威胁与内部安全威胁相互激荡的新情况、新问题，国家安全事件之间存在紧密耦合的相互关联性，可预见与不可预见风险交织。此外，各种不可预见风险因素使国家安全事件的现实往往超乎预期，需要对事件全过程进行风险管理。因此，进一步深入研究针对国家安全事件全过程的风险管理理论与方法尤为重要。

国家安全风险管理理论与评估方法的研究已经成为国内外风险管理领域的热点前沿问题之一，受到了各国情报部门、政府部门及学术机构的决策者与研究人员的广泛关注。近年来一些国际重要机构和期刊均刊登了大量国家安全风险管理相关的研究报告和论文，主要关注事件危险性、承灾载体脆弱性和管理有效性等方面；随着国际国内形势的变化，其研究内容和研究重点也呈现出明显的时代特征。

1. 新兴、非传统风险不断涌现

Science 近年来发表了许多有关个人隐私政策、数据共享和国家安全关系、生化武器威胁评估、生态安全评估、生化恐怖袭击评估、虚拟世界和游戏与国家安全关系等与国家安全管理相关的论文。《美国科学院院报》（*Proceedings of the National Academy of Sciences of the United States of America*，PNAS）近年来也刊登了国家安全和科学交流关系、石油市场与美国国家安全关系评估、伊朗石油危机与美国国家安全评估、政治决策评估、网络冲突的时机等论文。管理科学的重要期刊 *Management Science* 刊登了大量与国家安全风险管理相关的论文，如安全检查队列建模、恐怖袭击威胁的短期应对分析、基于广义场景的连续风险措施模拟、软件安全、隐私保护和技术扩散。

2. 不可预见、极端事件风险时有发生

近年来，一些极端的、小概率的，甚至是不可预见的重大事件时有发生，给风险管理者提出了新的严峻挑战。*Risk Analysis* 就此类问题发表专刊[8-12]，提出了极端事件风险评估和决策的主要困难：①不可预测性，后果难以评估；②预防准备难以估计；③个体决策的局限性。相应地，研究者认为极端事件风险评估需要考虑系统的复杂性（complexity）、后果的模糊性（ambiguity），以及不确定性（uncertainty），并利用超系统（system of systems，SoS）工程方法进行风险评估。此外，也有研究者在风险和脆弱性概念的基础上认为应该进一步提出韧性的概念模型，以此处理不可预见及极端事件的风险管理问题，如美国洛克菲勒基金会于2016年提出的韧性城市评估指标体系[13-16]。

3. 多领域、全过程风险综合评估渐成共识

国家安全事件的发生、发展过程往往是跨领域的，且涉及物理、信息及社会等多个维度。已有研究者提出了CPSS，该系统在CPS与物联网的基础上融合了个体行为和社会因素，与传统的国家安全事件的数据相比，CPSS 在系统、需求、攻击模式、对策等方面都涉及更加广泛的问题，主要涉及信息-物理层的安全研究和个人及社会层的安全研究[17]。此外，国家安全原生事件往往演化出一系列新的次生、衍生事件及重大危害链式效应，并由此可能产生的新的国家安全事件等。因此，研究者已经意识到，国家安全事件的风险评估不能只针对事前的预防，而应从事前、事中、事后进行多领域、全过程风险综合评估。

总的来说，关于国家安全事件风险管理的研究主要集中在单一致灾因子分析，而对多致灾因子综合作用的研究不多，基本上仅形成了框架或处于定性、半定量研究阶段。近年来，国家安全事件风险管理研究已由传统风险事件转向新兴、非传统风险事件，且特别关注不可预见、极端事件；风险放大理论研究信息传播、社会文化、制度结构、社会群体行为反应与风险事件的相互作用，这种相互作用会放大或减弱风险信号，使风险事件产生次级影响，远远超过了风险事件对人类或环境的直接影响，会波及其他领域和地域，导致更为广泛的"涟漪效应"，因此全过程、多领域的风险管理研究越来越受到重视。风险沟通的研究主要涉及风险沟通的内容与原则、步骤与渠道等；关于公众心理对于风险沟通的影响及公众有关风险的主

观认知和判断等方面研究不多[18, 19]。另外，基于风险评估结果进行城市和国家的韧性研究是一个重要的趋势[20]。

15.3.2 国家安全情景构建、推演、研判技术与方法

国家安全事件的发生、发展和演化是一个动态过程，呈现复杂性和不确定性，采用传统"预测-应对"型理论与方法研究存在诸多弊端，而采用"情景-应对"型理论与方法、提前开展战略性研究，是有效应对国家安全事件的科学手段之一。未来发展具有不确定性，发展趋势是多样化的，发展状况也是多元化的，情景构建、推演、研判技术与方法将主观能动作用纳入发展预测分析中的关键因素和交叉影响分析。在时间维，需要覆盖管理过程的全生命周期，持续不断地反映在复杂交互作用下的动态变化，及时反映管理主体对国家安全事件的控制作用，形成闭合控制信息环路。在空间维，需要对事件涉及的大量对象主体进行全面的多尺度感知。在社会维，需要对事件所影响的社会群体活动进行实时监测。情景构建过程基于情景要素分析，对国家安全事件情景的基本构成要素进行划分，并对各要素间的关联关系进行分析。情景推演是在情景构建的基础上，利用相关模型、复杂网络、多智能体等动力学模型研究方法，探索国家安全事件可能的后续情景。情景研判是基于全面准确的情景态势感知信息，通过假设、预测、模拟等手段实现对国家安全事件当前态势的准确描述，并提出各种可能的未来情景。

情景构建、推演、研判技术与方法在理论基础、技术支撑和应用研究方面均取得了一定成果。但是目前各层面的研究相对独立，针对物理-社会-心理交叉融合的研究尚处于起步阶段，情景推演融合定性与定量分析于一体的研究也有待深入。例如，情景推演的研究主要集中于复杂系统和复杂网络，由于社会系统具有高度复杂性、多样性和多层次性，情景构建和推演面临很大的挑战。国家安全事件的情景分析必须对情景的概念、分析过程、分析方法等进行更深入的界定和研究。鉴于关键情景要素的分析、选取与组合是实现准确情景构建的重要途径，如何真实地反映国家安全事件在物理、社会和心理空间的演化特性是亟待解决的问题。

已有部分学者开展了国家安全事件的情景推演研究工作。美国兰德公司采用SWOT 分析法推演美中军事对抗情景[21]。"9·11"事件后，不少学者提出了恐怖袭击定量风险评估模型，通过情报收集、恐怖袭击场景模拟和策略博弈等方法量化

风险并对应对策略进行评估[22, 23]。在巨灾应对方面，很多学者从突发事件危险性、承灾载体脆弱性和应急管理有效性等方面对其进行风险评估[24, 25]。社会安全领域也有不少情景构建研究[26]。网络空间安全是国家安全的一个极其重要的领域，国外学者基于权力转移理论探讨了中美在网络空间的较量[27]。在生物安全领域，不少研究关注利用航空、铁路、地铁、公交等交通大数据分析追踪预测传染病传播路径[28-30]。总体而言，目前关于国家安全风险单一致灾因子或某领域内风险的研究较为充分，对跨领域风险的研究较少。

还有一部分以定性框架研究为主的国家安全宏观策略研究。清华大学国家安全研究中心和清华大学智库中心正在开展国家安全宏观策略研究。Friedberg[31]认为，美中贸易摩擦期间，两国的大国关系和双边关系是研究的重点。Hsieh[32]通过定性分析认为，世界贸易组织争端解决机制可以有效处理双边贸易摩擦问题。姜峥睿[33]对中美贸易关系进行详细的考察，从理论基础到历史背景，再到发展历程，为中美贸易摩擦的研究奠定了现实的基础。部分研究关注中国的国际地位，为中国的大国关系和双边关系研究奠定了基础，进而探讨了双边关系的变化对贸易、科技、社会等各个领域的影响[34-37]，这些均为中美贸易摩擦期间各领域的风险应对和政策制定奠定了理论基础。但是这些研究侧重宏观层面，所用的方法和依托的学科主要属于管理大类，提出的应对方案也多为政策性质，缺少对策略的量化分析，容易导致战术失误。

当前国家安全情景推演的研究主要具有以下特点：①在战略层，基本仅形成框架或处于定性研究阶段，定量研究不足，多在同一层面、某一领域讨论，战略分析广度和深度均不够，缺少量化和面向快速变化的国家安全情景的快速响应；②在战役层，缺少策略的量化分析方法，容易导致决策失误；③在战术层，以静态研究为主，很少考虑国家安全系统的实时动态变化性，缺少对策略执行力和执行时间与快速变化的国家安全情景的匹配分析。

国家安全风险具有跨层级和跨领域演化的特点，需要考虑战略–战役–战术一体化，重新进行国家安全情景应对，考虑情景的多层次、跨领域、快速变化（应对能力、时间响应），迫切需要研究更加复杂多变、随时动态调整的国家安全动力学原理，构建多源数据融合分析和国家安全事件跨领域情景推演及应对策略量化评估技术。

15.3.3　国家安全事件预判、预测、预警技术与方法

国家安全事件涵盖领域广泛，其发生与分布具有许多不确定性因素。它们通常由多个因子导致，并且各个事件之间存在紧密耦合的相互关联性，具有关联复杂、隐蔽性强等特点，极易造成灾难性后果[38]。例如，2010 年，闻名世界的"震网"病毒侵入了伊朗布什尔核电站的工业控制软件，导致放射性物质泄漏等严重影响，危害程度巨大。这是一起由信息安全引起，关联核安全、社会安全、生态安全等多领域的典型的国家安全事件。

国家安全事件具有难以预测性，属于复杂系统领域。事件演化机理的主要模式可梳理为四种：转化、蔓延、衍生、耦合，也有学者将突变模式纳入其中。耦合与转化、蔓延、衍生模式的区别在于后者通常由内部因素或单一外部因素引起，而耦合一直存在于国家安全事件演化的整个过程中。耦合是承灾载体在事件的破坏力、环境因素、承载力等多个因素作用下发生的突变；突变适用于不同类事件的演化，可通过确定系统中的控制变量和状态变量来分析国家安全事件耦合演化及突变演化机制。

国家安全事件的预判过程涉及多源、多层次的数据信息，过剩信息背后隐藏的是有效信息匮乏。预判要在事件处于萌芽阶段实施，此时通常面临着数据信息不完整、信息系统不完善等困难。不完整信息下事件预判是指对其他参与人的特征、策略空间及收益函数信息了解不够准确，或者不是对所有参与人的特征、策略空间及收益函数都有准确信息，在这种情况下进行的博弈。在全球化和我国发展崛起的大背景下，针对不完整信息下国家安全事件精准预判机制与方法的研究可为国家政治安全、军事安全、国土安全等领域的博弈提供重大理论支撑。国家安全事件的演化由个人、社会、国家层面的数据耦合驱动，涉及大量关系复杂多样的事件对象主体。因此，对于事件趋势的预测由多角度、多尺度、多要素关联分析而来。针对国家安全事件的演化，构建多参数数据耦合驱动的多尺度动态趋势预测模型，可为解决国家安全事件的管理决策提供技术手段。安全预警理论主要包括逻辑预警理论、风险分析预警理论、系统预警理论和信号预警理论，其中，逻辑预警理论和风险分析预警理论应用较多。在各类预警系统的应用中，警情程度的判断依据，即预警参数的确定和预警阈值的计算，对于构建国家安全事件预警系统至关重要。预警阈值是与之相关的多种因素共同作用、共同影响的结果，同时阈值效应可作为预警发布的参

考依据。

国家安全事件预判、预测、预警技术与方法研究涉及诸多领域学科的研究。目前危机事件预判预测预警研究大多基于单一诱导因素进行探讨，评判尺度也较为单一，对于事件多因素诱发机制和多尺度趋势预测的研究还有待深入。在趋势预测方面，安全防御技术通常采用静态博弈理论，动态博弈理论可有效弥补针对主动意图的攻击的不足。在预警方面，阈值理论、预警发布方式选优理论与靶向发布机制等方面的研究都较为新颖。

15.3.4 国家安全危机研判、决策、管控技术与方法

国家安全危机管控目标是要建立一套综合、高效、实践性强的危机管控体系，构建和完善国家安全危机决策机制，持续有效地保障国家安全和人民安全。20世纪90年代以来，尤其在"9·11"事件引发的聚焦恐怖主义等非传统安全威胁的危机管控研究热潮下，各国政府和学术界开始从更多角度、更深层次对危机管控理论展开综合与系统研究。在研究内容上，主要集中在人类社会危机现象的成因、社会危机预警和防范的可行性、社会冲突与危机发生的关系、政府控制危机的途径和方法、经济全球化与转型国家社会危机发生率的关系、转型国家面临的危机困境、社会政治转型与政权合法性危机等。在研究重点上，更加侧重危机控制途径与方法、危机控制过程中的信息化管理、危机管理模型设计、危机管理体制机制法制建设等。同时，在综合、动态危机管理研究的需求上逐渐达成一致，涌现出危机周期理论、危机管理钻石模型理论、系统理论等研究成果，为各国构建和完善自身安全危机决策机制提供了有力的理论指导。目前，我国危机管控理论主要借鉴国外的研究经验，针对国内新形势的理论创新有待提升，在政府危机管理的法治化、政府危机管理中的责任传递机制、组建具有针对性的危机管理指挥系统等方面的研究亟待加强。

总体国家安全观要求逐渐改变传统安全事件的研判、决策、管控体系，迫切探索和构建总体国家安全观需求下国家安全事件研判、决策新范式，提出新的系统化国家安全事件决策、管控体系结构，包括国家安全事件决策咨询、决策中枢、决策执行机构及运行机制等，为政府制定国家安全管理决策政策提供科学依据，进一步提高国家安全事件应对决策的适用性。

15.4　未来挑战与研究展望

党和国家高度重视国家安全，鼓励国家安全领域科技创新，发挥科技在维护国家安全中的作用。持续加强国家安全的科技保障能力，要求我们不断分析国家安全的形势与需求，凝练国家安全思想理论、风险管控、危机决策、领域能力提升等方面的关键科学技术问题，并进行理论创新、技术创新、管理创新。范维澄院士团队针对国家安全若干科学问题的思考涉及国家安全风险管理理论与评估方法，国家安全情景构建、推演、研判技术与方法，国家安全事件预判、预测、预警技术与方法，国家安全危机研判、决策、管控技术与方法。通过持续的科技创新和学科发展，不断为构建国家安全韧性保障的理论体系、增强国家安全科技的自主创新能力、发展国家安全交叉学科、培养国家安全创新型人才作出重要贡献。

参 考 文 献

[1] 中央人民政府. 中华人民共和国国家安全法（主席令第二十九号）[EB/OL]. （2015-07-01） [2023-11-13]. http://www.gov.cn/zhengce/2015-07/01/content_2893902.htm.

[2] 中国中共党史学会. 中国共产党历史系列辞典[M]. 北京：中共党史出版社, 2019.

[3] 范维澄, 陈长坤, 翁文国, 等. 国家安全科学导论[M]. 北京：科学出版社, 2021.

[4] 范维澄. 构建智慧韧性城市的思考与建议[J]. 中国建设信息化, 2015, （21）：20-21.

[5] ISO. Risk Management—Principles and Guidelines：ISO 31000：2018[S]. Geneva：ISO, 2019.

[6] ISO. Risk Management—Vocabulary：ISO 31073：2022[S]. Geneva：ISO, 2022.

[7] ISO. Risk Management—Risk Assessment Techniques：ISO/IEC 31010：2019[S]. Geneva：ISO, 2019.

[8] Haimes Y Y. On the complex definition of risk：A systems-based approach[J]. Risk Analysis：An International Journal，2009，29（12）：1647-1654.

[9] Bristow M，Fang L P，Hipel K W. System of systems engineering and risk management of extreme events：Concepts and case study[J]. Risk Analysis：An International Journal, 2012, 32（11）：1935-1955.

[10] Kazemi R，Mosleh A. Improving default risk prediction using Bayesian model uncertainty techniques[J]. Risk Analysis：An International Journal，2012，32（11）：1888-1900.

[11] Haimes Y Y. Strategic preparedness for recovery from catastrophic risks to communities and infrastructure systems of systems[J]. Risk Analysis：An International Journal, 2012, 32（11）：1834-1845.

[12] Ding P，Gerst M D，Bernstein A，et al. Rare disasters and risk attitudes：International differences and implications for integrated assessment modeling[J]. Risk Analysis：An International Journal，2012，32（11）：1846-1855.

[13] Haimes Y Y. Responses to Terje Aven's paper：On some recent definitions and analysis frameworks for risk，vulnerability，and resilience[J]. Risk Analysis：An International Journal, 2011, 31（5）：689-692.

[14] Aven T. On some recent definitions and analysis frameworks for risk，vulnerability，and resilience[J]. Risk Analysis：An International Journal，2011，31（4）：515-522.

[15] da Silva J. City Resilience Index：Understanding and Measuring City Resilience[R]. New York：Rockefeller Foundation（Arup International Development），2013.

[16] van Puyvelde D，Brantly A F. US National Cybersecurity[M]. London：Taylor & Francis，2017.

[17] Wisner B，Blaikie P，Cannon T，et al. At Risk：Natural Hazards，People's Vulnerability and Disasters[M]. London：Routledge，2014.

[18] Flanagan B E，Gregory E W，Hallisey E J，et al. A social vulnerability index for disaster management[J]. Journal of Homeland Security and Emergency Management，2011，8（1）：1-24.

[19] McCreight R. Resilience as a goal and standard in emergency management[J]. Journal of Homeland Security and Emergency Management，2010，7（1）：1-7.

[20] 刘跃进. 非传统的总体国家安全观[J]. 国际安全研究，2014，32（6）：3-25，151.

[21] Heginbotham E. The U.S.-China Military Scorecard：Forces，Geography，and the Evolving Balance of Power，1996—2017[M]. Santa Monica：Rand Corporation，2015.

[22] Guikema S D，Aven T. Assessing risk from intelligent attacks：A perspective on approaches[J]. Reliability Engineering and System Safety，2010，95（5）：478-483.

[23] Merrick J，Parnell G S. A comparative analysis of PRA and intelligent adversary methods for counterterrorism risk management[J]. Risk Analysis：An International Journal，2011，31（9）：1488-1510.

[24] Hallegatte S. An adaptive regional input-output model and its application to the assessment of the economic cost of Katrina[J]. Risk Analysis：An International Journal，2008，28（3）：779-799.

[25] 盖程程，翁文国，袁宏永. 基于 GIS 的多灾种耦合综合风险评估[J]. 清华大学学报（自然科学版），2011，51（5）：627-631.

[26] 刘霞，严晓. 非常规突发事件动态应急群决策："情景－权变"范式[J]. 四川行政学院学报，2010，（4）：5-8.

[27] 程聪慧，郭俊华. 网络恐怖主义防范视角下的城市安全系统去脆弱性[J]. 情报杂志，2016，35（8）：11-16.

[28] Du Z W，Wang L，Cauchemez S，et al. Risk for transportation of coronavirus disease from Wuhan to other cities in China[J]. Emerging Infectious Diseases，2020，26（5）：1049-1052.

[29] Gilbert M，Pullano G，Pinotti F，et al. Preparedness and vulnerability of African countries against importations of COVID-19：A modelling study[J]. Lancet，2020，395（10227）：871-877.

[30] Gostic K，Gomez A C，Mummah R O，et al. Estimated effectiveness of symptom and risk screening to prevent the spread of COVID-19[J]. eLife，2020，9：e55570.

[31] Friedberg A L. The future of U.S.-China relations：Is conflict inevitable?[J]. International Security，2005，30（2）：7-45.

[32] Hsieh P L. China-United States trade negotiations and disputes：The WTO and beyond[J]. Asian Journal of WTO and International Health Law and Policy，2009，4：369.

[33] 姜峥睿. 合作与摩擦：中美贸易关系发展研究[D]. 长春：吉林大学，2017.

[34] Mikheev V V，Lukonin S A. China-USA：Multiple vector of trade war[J]. Mirovaia Ekonomika I Mezhdunarodnye Otnosheniia，2019，63（5）：57-66.

[35] 陈晓红，岳崴，曹裕. 状态转换行业系统性风险与市场波动关联性——基于深圳股市的实证研究
[J]. 中国软科学，2011，（4）：44-53.

[36] 李飞，李怡君，张志钦. 税收成本对经济的影响[J]. 当代经济，2009，（8）：74-75.

[37] Gill B，Ni A. The People's Liberation Army Rocket Force：Reshaping China's approach to strategic
deterrence[J]. Australian Journal of International Affairs，2019，73（2）：160-180.

[38] Franklin M，Halevy A，Maier D. From databases to dataspaces：A new abstraction for information
management[J]. ACM Sigmod Record，2005，34（4）：27-33.